SOLIDWORKS 2024

中文版 机械设计

从入门到精通

赵罘 杨晓晋 赵楠　编著

人 民 邮 电 出 版 社
北 京

图书在版编目（CIP）数据

SOLIDWORKS 2024中文版机械设计从入门到精通 / 赵罘，杨晓晋，赵楠编著. -- 北京 : 人民邮电出版社，2024.5
ISBN 978-7-115-63741-3

Ⅰ. ①S… Ⅱ. ①赵… ②杨… ③赵… Ⅲ. ①机械设计－计算机辅助设计－应用软件 Ⅳ. ①TH122

中国国家版本馆CIP数据核字(2024)第056409号

内容提要

SOLIDWORKS 是一款三维 CAD 软件，该软件以参数化特征造型为基础，具有功能强大、易学易用等特点。

本书系统地介绍了 SOLIDWORKS 2024 中文版在草图绘制、实体建模、实体特征编辑、曲线与曲面设计、装配体设计、工程图设计、钣金设计、焊件设计、动画设计、标准零件库、线路设计、配置与系列零件设计表、渲染输出和仿真分析等方面的功能。各章除了介绍软件的基础知识，还利用典型实例介绍具体的操作步骤，引领读者一步步完成实例的创建，使读者能够快速而深入地理解 SOLIDWORKS 中一些抽象的概念和功能。

本书可作为广大工程技术人员的 SOLIDWORKS 自学教程和参考书，也可作为高等学校计算机辅助设计课程的参考书。本书配套数字资源包含书中的实例文件、实例操作讲解视频和每章的 PPT 文件。

◆ 编　　著　赵　罘　杨晓晋　赵　楠
　责任编辑　王旭丹
　责任印制　王　郁　胡　南

◆ 人民邮电出版社出版发行　　北京市丰台区成寿寺路 11 号
　邮编　100164　　电子邮件　315@ptpress.com.cn
　网址　https://www.ptpress.com.cn
　固安县铭成印刷有限公司印刷

◆ 开本：787×1092　1/16
　印张：18.5　　　　2024 年 5 月第 1 版
　字数：499 千字　　2025 年 4 月河北第 8 次印刷

定价：79.80 元

读者服务热线：(010)81055410　印装质量热线：(010)81055316
反盗版热线：(010)81055315

前 言

PREFACE

SOLIDWORKS 公司是一家专业从事三维机械设计、工程分析、产品数据管理软件研发和销售的国际性公司。其产品 SOLIDWORKS 是世界上第一套基于 Windows 系统开发的三维 CAD 软件，它有一套完整的 3D MCAD 产品设计解决方案，即在一个软件包中为产品设计团队提供所有必要的机械设计、验证、运动模拟、数据管理和交流工具。该软件以参数化特征造型为基础，具有功能强大、易学易用等特点，是当前流行的三维 CAD 软件。

本书重点介绍 SOLIDWORKS 2024 的各种基本功能和操作方法，可以帮助读者提高实际操作能力，并巩固所学知识。本书采用通俗易懂的语言由浅入深地讲解 SOLIDWORKS 2024 的基本内容和操作步骤，各章既相对独立又前后关联。全书内容翔实，图文并茂，建议读者在学习的过程中结合软件，从头到尾循序渐进地学习。本书主要内容如下。

（1）认识 SOLIDWORKS：包括软件基本功能、操作方法和常用模块的相关知识。

（2）草图绘制：讲解草图的绘制和修改方法。

（3）实体建模：讲解基于草图的三维特征建模命令。

（4）实体特征编辑：讲解基于实体的三维特征建模命令。

（5）曲线与曲面设计：讲解曲线和曲面的建立过程。

（6）装配体设计：讲解装配体的具体设计方法和步骤。

（7）工程图设计：讲解装配图和零件图的设计方法。

（8）钣金设计：讲解钣金的建模步骤。

（9）焊件设计：讲解焊件的建模步骤。

（10）动画设计：讲解制作动画的基本方法。

（11）标准零件库：讲解标准零件库的使用。

（12）线路设计：讲解线路的设计方法。

（13）配置与系列零件设计表：主要讲解生成配置、插入设计表的基本方法。

（14）渲染输出：讲解渲染图像的基本方法。

（15）仿真分析：讲解公差分析、有限元分析、流体分析、数控加工分析和运动模拟。

本书由赵罘、杨晓晋、赵楠编著，参加编写工作的还有王上、金宇杰、陶欣、李建儒。

作者力求展现给读者尽可能多的 SOLIDWORKS 强大功能，希望本书对读者掌握 SOLIDWORKS 有所帮助。由于作者水平所限，疏漏之处在所难免，欢迎广大读者批评指正，电子邮件请发往：zhaoffu@163.com。

作者

2023 年 9 月 12 日

资源与支持

资源获取

本书提供如下资源：

- 每章所用模型文件；
- 视频讲解文件；
- PPT 课件。

要获得以上资源，扫描下方二维码，根据指引领取。

提交勘误

作者和编辑尽最大努力来确保书中内容的准确性，但难免会存在疏漏。欢迎您将发现的问题反馈给我们，帮助我们提升图书的质量。

当您发现错误时，请登录异步社区（https://www.epubit.com/），按书名搜索，进入本书页面，点击“发表勘误”，输入错误相关信息，点击“提交勘误”按钮即可（见下图）。本书的作者和编辑会对您提交的意见进行审核，确认并接受后，您将获赠异步社区的 100 积分。积分可用于在异步社区兑换优惠券、样书或奖品。

与我们联系

我们的联系邮箱是 contact@epubit.com.cn。

如果您对本书有任何疑问或建议，请您发邮件给我们，并请在邮件标题中注明本书书名，以便我们更高效地做出反馈。

如果您有兴趣出版图书、录制教学视频，或者参与图书翻译、技术审校等工作，可以发邮件给我们。

如果您所在的学校、培训机构或企业，想批量购买本书或异步社区出版的其他图书，也可以发邮件给我们。

如果您在网上发现有针对异步社区出品图书的各种形式的盗版行为，包括对图书全部或部分内容的非授权传播，请您将怀疑有侵权行为的链接发邮件给我们。您的这一举动是对作者权益的保护，也是我们持续为您提供有价值的内容的动力之源。

关于异步社区和异步图书

“异步社区”(www.epubit.com) 是由人民邮电出版社创办的 IT 专业图书社区，于 2015 年 8 月上线运营，致力于优质内容的出版和分享，为读者提供高品质的学习内容，为作译者提供专业的出版服务，实现作者与读者在线交流互动，以及传统出版与数字出版的融合发展。

“异步图书”是异步社区策划出版的精品 IT 图书的品牌，依托于人民邮电出版社在计算机图书领域 40 余年的发展与积淀。异步图书面向 IT 行业以及各行业使用 IT 技术的用户。

目 录

CONTENTS

Chapter 1

第 1 章 认识 SOLIDWORKS

本章主要介绍 SOLIDWORKS 2024 中文版的基础知识，包括 SOLIDWORKS 概述、SOLIDWORKS 的文件操作、常用工具命令、操作环境设置、参考坐标系、参考基准轴、参考基准面、参考点、SOLIDWORKS 2024 新增功能概述，以及参考几何体建立实例。基本操作命令的使用直接关系到软件的使用效率，也是以后学习的基础。

重点与难点

- SOLIDWORKS 的文件操作
- 常用工具命令
- 操作环境设置

1.1 SOLIDWORKS 概述

本章先对 SOLIDWORKS 的背景及其主要特点进行简单的介绍，让读者对该软件有个大致的认识。

1.1.1 软件背景

20 世纪 90 年代初，国际微型计算机（简称微机）市场发生了根本性的变化，微机性能大幅提高，而价格一路下滑，微机卓越的性能足以运行三维 CAD 软件。为了开发基于微机平台的三维 CAD 软件，1993 年，PTC 公司的技术副总裁与 CV 公司的副总裁成立 SOLIDWORKS 公司，并于 1995 年成功推出了 SOLIDWORKS 软件。在 SOLIDWORKS 软件的促动下，从 1998 年开始，国内外也陆续推出了相关软件，原来运行在 UNIX 操作系统的 CAD 软件也从 1999 年开始，将其程序移植到了 Windows 操作系统中。

SOLIDWORKS 采用的是智能化的参变量式设计理念及 Microsoft Windows 图形化用户界面，具有卓越的几何造型和分析功能，操作灵活，运行速度快，设计过程简单、便捷，被业界称为“三维机械设计方案的领先者”，受到广大用户的青睐，在机械制图和结构设计领域已经成为三维 CAD 的主流软件。设计师和工程师利用 SOLIDWORKS 可以更有效地为产品建模并模拟整个工程系统，加快产品的设计和生产，从而制造出更加富有创意的产品。

1.1.2 软件主要特点

SOLIDWORKS 是一款参变量式设计软件。所谓参变量式设计，就是将零件的设计用参数描述，并在设计的过程中通过修改参数的数值改变零件的外形。

SOLIDWORKS 在 3D 设计中的特点有以下几个。

- SOLIDWORKS 提供了一整套完整的动态界面和可用鼠标拖曳控制的设置。
- 用 SOLIDWORKS 资源管理器可以方便地管理 CAD 文件。
- 配置管理是 SOLIDWORKS 软件体系结构中非常独特的一部分，它涉及零件设计、装配设计和工程图设计。
- 可通过三维模型自动生成工程图，包括视图、尺寸和标注。
- 钣金设计工具：可以使用折叠、折弯、法兰、切口、标签、斜接、放样的折弯、绘制的折弯、褶边等工具创建钣金零件。
- 焊件设计：绘制框架的布局草图，选择焊件轮廓后，SOLIDWORKS 将自动生成 3D 焊件。
- 装配体建模：创建装配体时，可以通过选取各个曲面、边线、曲线和顶点来配合零部件，创建零部件间的机械关系，进行干涉、碰撞和孔对齐检查。
- 仿真装配体运动：只需单击和拖曳零部件，即可检查装配体运动情况是否正常，以及是否存在碰撞。
- 材料明细表：可以基于设计自动生成完整的材料明细表（BOM），从而节约大量的时间。
- 零件验证：SOLIDWORKS Simulation 工具能帮助新用户和专家进行零件验证，确保其设计具有耐用性、安全性和可制造性。
- 标准零件库：通过 SOLIDWORKS Toolbox、SOLIDWORKS Design Clipart 和 3D ContentCentral，可以即时访问标准零件库。

- 照片级渲染：通过 PhotoView 360 对 SOLIDWORKS 3D 模型进行演示或虚拟化，以及材质研究。
- 步路系统：可使用 SOLIDWORKS Routing 自动处理和加速管筒、管道、电力电缆、缆束，以及电力导管的设计过程。

1.1.3 启动 SOLIDWORKS

启动 SOLIDWORKS 2024 有如下两种方式。

（1）双击桌面的快捷方式图标。

（2）选择【开始】|【所有程序】|【SOLIDWORKS 2024】命令。

SOLIDWORKS 2024 的启动界面如图 1-1 所示。

图 1-1 SOLIDWORKS 2024 的启动界面

1.1.4 界面功能介绍

SOLIDWORKS 2024 的操作界面包括菜单栏、工具栏、状态栏、管理区域、任务窗格等，如图 1-2 所示。菜单栏包含 SOLIDWORKS 的所有命令，工具栏可根据文件类型（零件、装配体、工程图）来调整并设定文件的显示状态，而底部的状态栏则可以提供设计人员正在使用的有关功能的信息。

本节对其操作界面中常用的一些区域进行介绍。

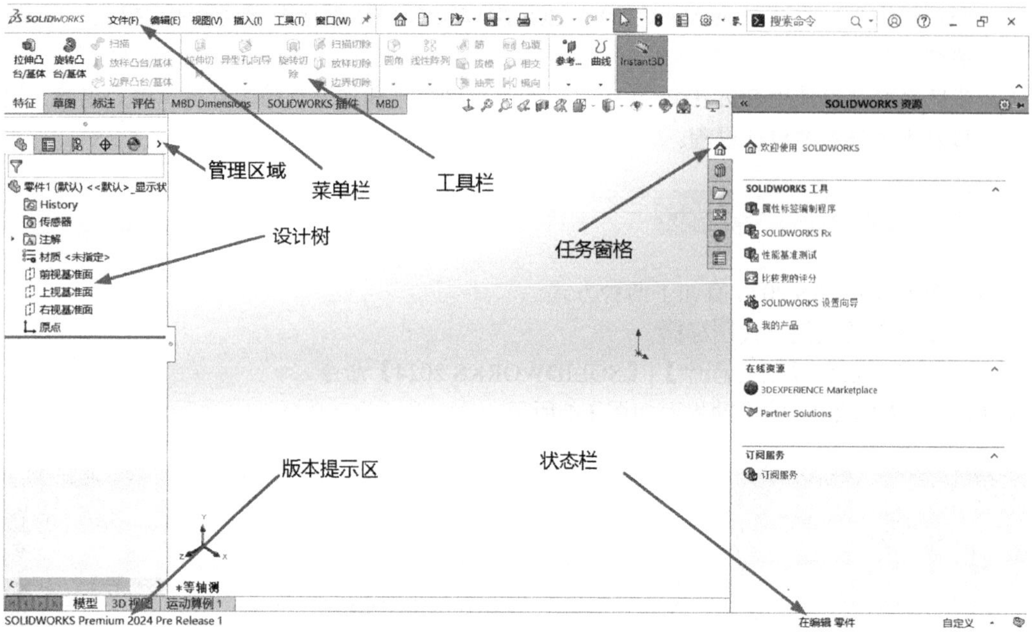

图 1-2　操作界面

1. 菜单栏

菜单栏如图 1-3 所示，其位于操作界面的最上方，其中最关键的功能集中在【插入】与【工具】菜单中。

图 1-3　菜单栏

工作环境不同，SOLIDWORKS 中的菜单及其中的命令也会有所不同。在进行一些任务操作时，不起作用的菜单命令会暂时变灰，此时将无法选择该菜单命令。以【窗口】菜单为例，选择【窗口】|【视口】|【四视图】菜单命令，如图 1-4 所示，视图将切换为四视图形式，以便查看模型，如图 1-5 所示，但这个命令在工程图状态下无法使用。

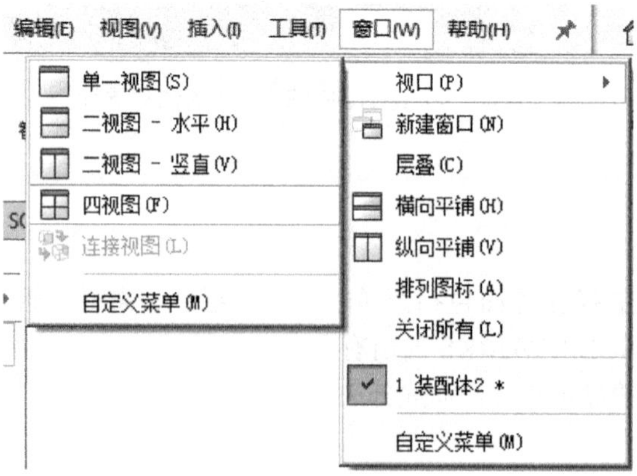

图 1-4　视口选择

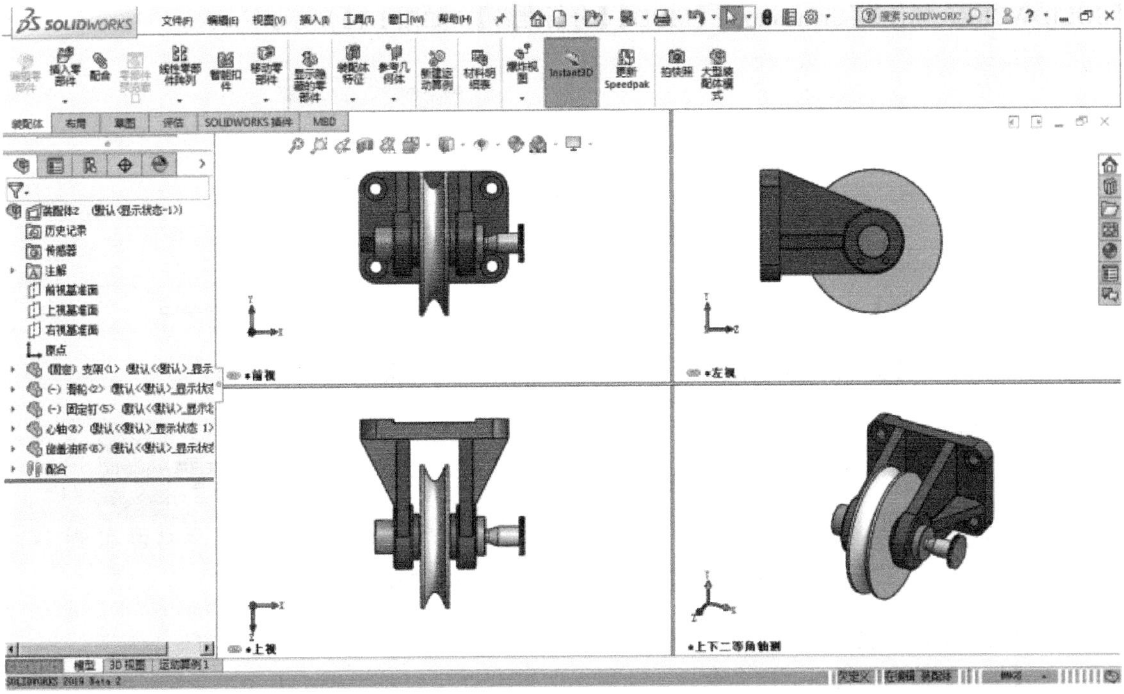

图 1–5 四视图

2. 工具栏

SOLIDWORKS 2024 的工具栏包括标准主工具栏和自定义工具栏两部分。【前导视图】工具栏如图 1-6 所示，其以固定工具栏的形式显示在绘图区域的正上方。

图 1–6 【前导视图】工具栏

(1) 自定义工具栏的启用方法：选择【视图】|【工具栏】命令，如图 1-7 所示，或者在【视图】菜单栏上单击鼠标右键，显示出【工具栏】子菜单。

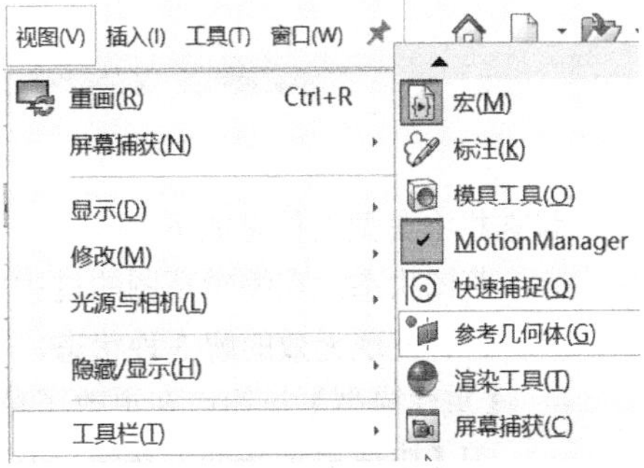

图 1–7 【工具栏】命令

从图 1-7 中可以看到，SOLIDWORKS 2024 提供了多种工具栏，方便用户使用。

选择某个命令，打开某个工具栏（如【参考几何体】工具栏），它有可能默认摆放在操作界面的边缘，可以拖曳它到绘图区域中成为浮动工具栏，如图 1-8 所示。

在使用工具栏或执行工具栏中的命令时，将鼠标指针移动到工具栏中的图标上，就会弹出一个窗口来显示该工具的名称及相应的功能，如图 1-9 所示，显示一段时间后，该窗口会自动消失。

(2)【Command Manager】（命令管理器）工具栏是一个上下文相关工具栏，它可以根据要使用的工具栏进行动态更新，默认情况下，它根据文档类型嵌入相应的工具栏。【Command Manager】工具栏下有 9 个不同的选项卡标签，分别是【特征】【草图】【标注】【评估】【MBD Dimensions】

【SOLIDWORKS 插件】【Simulation】【MBD】【分析准备】，如图 1-10 所示。

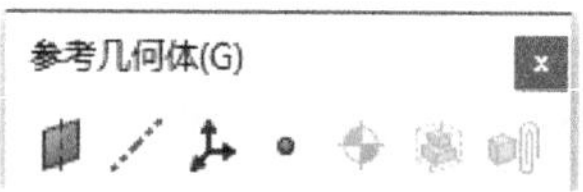

图 1-8 【参考几何体】工具栏

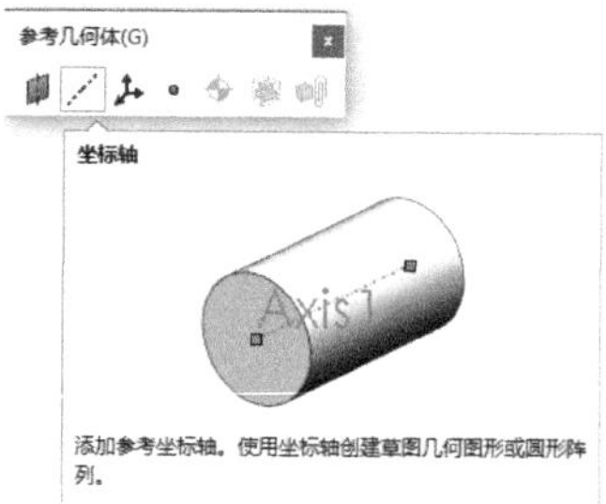

图 1-9 工具提示

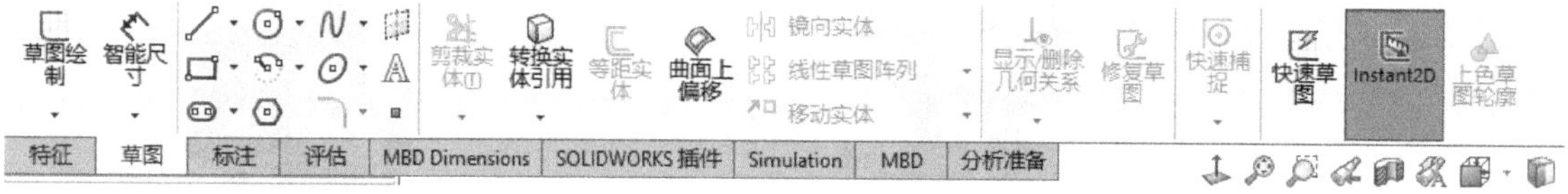

图 1-10 【Command Manager】工具栏

- 【特征】【草图】选项卡分别提供特征与草图的相关命令。
- 【标注】选项卡提供标注命令。
- 【评估】选项卡提供测量、检查、分析等命令。
- 【MBD Dimensions】选项卡提供自动尺寸方案的尺寸标注命令。
- 【SOLIDWORKS 插件】选项卡提供常用的插件命令。
- 【Simulation】选项卡提供应力分析的命令。
- 【MBD】选项卡提供完整的自动尺寸方案的命令。
- 【分析准备】选项卡提供有关分析的命令。

3. 状态栏

状态栏位于绘图区域的右下角，显示当前正在编辑的内容的状态，以及鼠标指针的位置坐标、草图状态等信息，如图 1-11 所示。

图 1-11 状态栏

状态栏中典型的信息如下。

- 草图状态：在编辑草图的过程中，状态栏中会出现完全定义、过定义、欠定义、没有找到解、发现无效的解 5 种状态。在零件设计完成之前，最好完全定义草图。
- 【重建模型】按钮：在更改了草图或零件而需要重建模型时，该按钮会显示在状态栏中。
- 【快速提示帮助】按钮：它会根据 SOLIDWORKS 的当前模式给出相关的提示和选项，对初学者来说很有用。

4. 管理区域

绘图区域的左侧为 SOLIDWORKS 文件的管理区域，也称为左侧区域，如图 1-12 所示。

管理区域包括【特征管理器】（Feature Manager）、【属性管理器】（Property Manager）、【配置管理器】（Configuration Manager）、【标注专家管理器】（DimXpert Manager）和【外观管理器】（Display Manager）。

单击管理区域右侧的箭头 ›，可以展开显示窗格，如图 1-13 所示。

图 1–12　管理区域

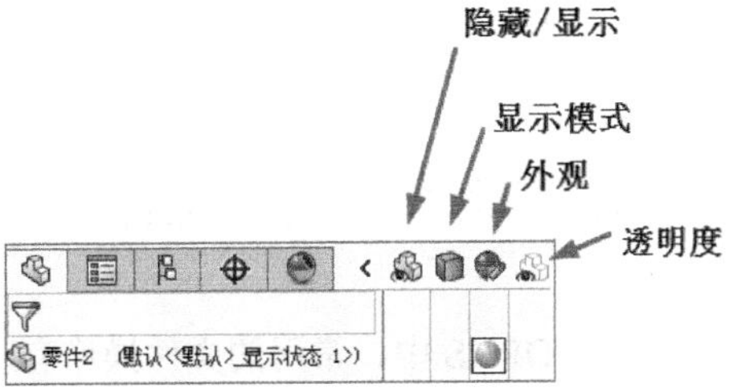

图 1–13　展开显示窗格

5. 任务窗格

绘图区域右侧的任务窗格（见图 1-14）是一个与管理 SOLIDWORKS 文件有关的工作区域，包括【SOLIDWORKS 资源】任务窗格、【设计库】任务窗格和【文件探索器】任务窗格等。通过任务窗格，用户可以查找和使用 SOLIDWORKS 文件。

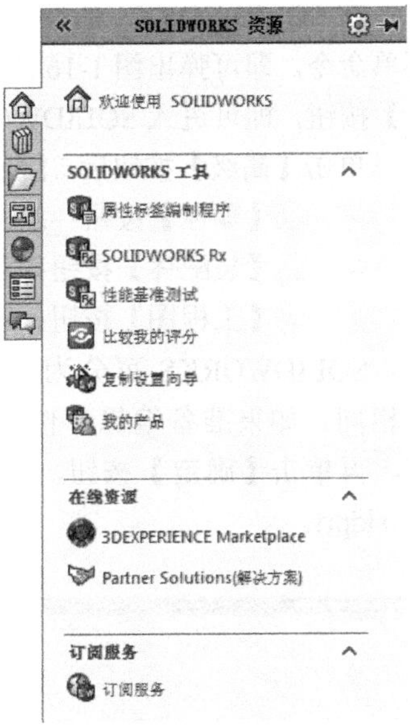

图 1–14　任务窗格

1.1.5　特征管理器设计树

特征管理器设计树如图 1-15 所示，其位于 SOLIDWORKS 操作界面的左侧，是 SOLIDWORKS 操作界面中比较常用的部分。它提供了激活的零件、装配体或工程图的大纲视图，用户可以很方便地查看模型或装配体的构造情况，或者查看工程图中的不同图纸和视图。

特征管理器设计树用来组织和记录模型中的各个要素及要素之间的参数信息和相互关系，以及模型、特征和零件之间的约束关系等，其中几乎包含所有设计信息。

特征管理器设计树的功能主要有以下几种。

（1）以名称来选择模型中的项目，如特征、草图、基准面及基准轴。SOLIDWORKS 在这一方面的很多功能与 Windows 操作界面类似。如果在选择的同时按住 Shift 键，可以选取多个连续项目；在选择的同时按住 Ctrl 键，可以选取非连续的多个项目。

（2）确定和更改特征的生成顺序。在特征管理器设计树中拖曳项目可以重新调整特征的生成顺序，同时将更改重建模型时特征重建的顺序。

（3）双击特征的名称可以显示特征的尺寸。

（4）如果要更改项目的名称，在名称上缓慢单击两次使其处于可编辑状态，然后输入新的名称即可。

（5）用鼠标右键单击清单中的特征，然后在弹出的菜单中选择【父子关系】命令，即可查看父子关系。

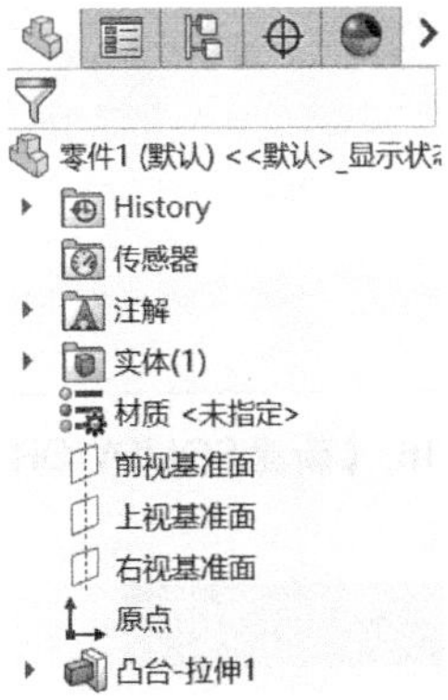

图 1–15　特征管理器设计树

（6）单击鼠标右键，还可显示如下项目：特征说明、零部件说明、零部件配置名称、零部件配置说明等。

（7）可以在特征管理器设计树中添加文件夹。

1.2 SOLIDWORKS 的文件操作

在 SOLIDWORKS 中，常用的文件操作有新建文件、打开文件和保存文件。

1.2.1 新建文件

在 SOLIDWORKS 的操作界面中单击左上角的【新建】按钮，或者选择【文件】|【新建】菜单命令，即可弹出图 1-16 所示的【新建 SOLIDWORKS 文件】对话框，在该对话框中单击【零件】按钮，即可进入 SOLIDWORKS 2024 经典的用户界面。

单击【高级】按钮后，【新建 SOLIDWORKS 文件】对话框如图 1-17 所示。

- 【零件】按钮：双击该按钮，可以生成单一的三维零部件文件。
- 【装配体】按钮：双击该按钮，可以生成零件或其他装配体的排列文件。
- 【工程图】按钮：双击该按钮，可以生成属于零件或装配体的二维工程图文件。

SOLIDWORKS 可分为零件、装配体及工程图 3 个模块，针对不同的模块，其文件类型各不相同。如果准备编辑零件文件，在【新建 SOLIDWORKS 文件】对话框中单击【零件】按钮，再单击【确定】按钮，即可打开一个空白的零件图文件，后续存盘时，文件默认的扩展名为 .sldprt。

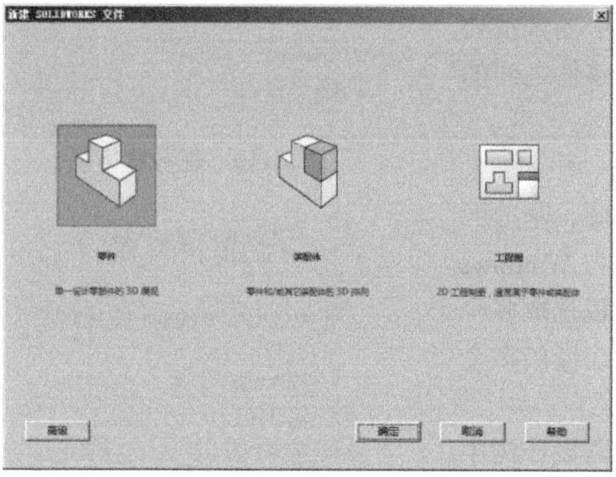

图 1-16 【新建 SOLIDWORKS 文件】对话框（1）

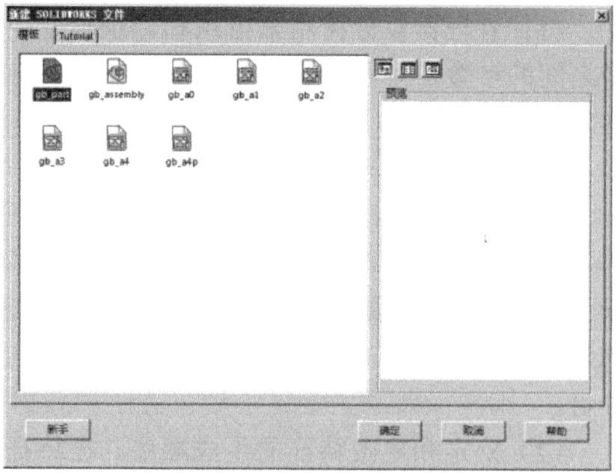

图 1-17 【新建 SOLIDWORKS 文件】对话框（2）

1.2.2 打开文件

单击【新建 SOLIDWORKS 文件】对话框中的【零件】按钮，可以打开一个空白的零件图文件。单击【标准】工具栏中的【打开】按钮，打开【打开】对话框，如图 1-18 所示，选择已经存在的文件，可将其打开并对其进行编辑操作。

在【打开】对话框里，系统会默认显示前一次读取的文件格式。

SOLIDWORKS 可以读取的文件格式及允许的数据转换方式有如下几类。

- SOLIDWORKS 零件文件，扩展名为 .prt 或 .sldprt。
- SOLIDWORKS 组合件文件，扩展名为 .asm 或 .sldasm。
- SOLIDWORKS 工程图文件，扩展名为 .drw 或 .slddrw。
- DWG 文件，AutoCAD 格式，扩展名为 .dwg。
- IGES 文件，扩展名为 .igs。可以导入 IGES 文件中的 3D 曲面作为 SOLIDWORKS 3D 草图实体。
- STEP AP203/214 文件，扩展名为 .step 或 .stp。SOLIDWORKS 支持 STEP AP214 文件的实体、面及曲线颜色的转换。
- VRML 文件，扩展名为 .wrl。VRML 文件可在 Internet 上显示 3D 图像。
- Parasolid 文件，扩展名为 .x_t 或 .x_b。
- Pro/ENGINEER 文件，扩展名为 .prt、.xpr 或 .asm、.xas。SOLIDWORKS 支持 Pro/ENGINEER 17～Pro/ENGINEER 2001 的文件，以及 Wildfire 1 和 Wildfire 2 的文件。

1.2.3　保存文件

单击【标准】工具栏中的【保存】按钮，或者选择【文件】|【保存】菜单命令，在弹出的对话框中输入要保存文件的名称及设置文件保存路径，便可以将当前文件保存。选择【文件】|【另存为】菜单命令，弹出【另存为】对话框，如图 1-19 所示。在【另存为】对话框中更改文件保存路径后，单击【保存】按钮，即可将创建好的文件保存在指定的路径中。

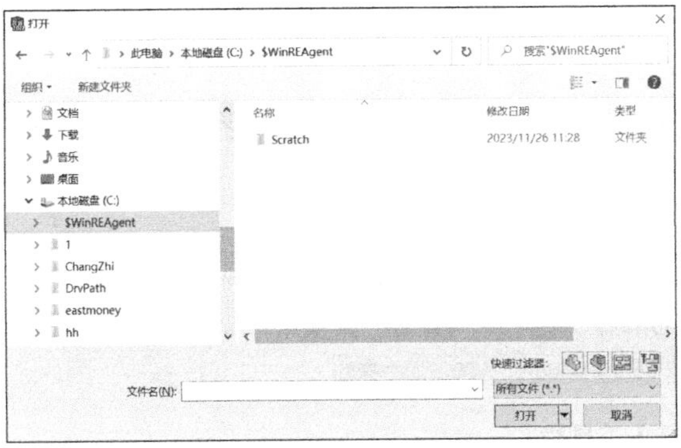

图 1-18　【打开】对话框

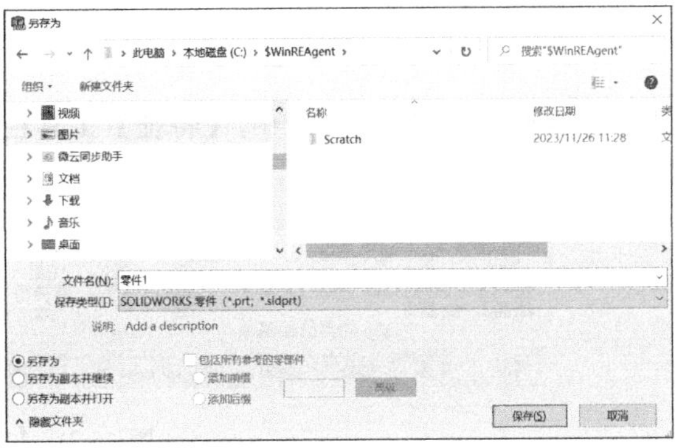

图 1-19　【另存为】对话框

【另存为】对话框中的主要设置如下。

- 【保存类型】：用于在下拉列表中选择一种文件的保存格式。
- 【说明】：在该选项后面的文本框中可以输入对文件提供模型的说明。

1.3　常用工具命令

常用的工具命令主要包含在各种工具栏中，经常使用的工具栏有【标准】工具栏、【特征】工具栏、【草图】工具栏、【装配体】工具栏和【工程图】工具栏。

1.3.1 【标准】工具栏

【标准】工具栏如图 1-20 所示，其位于操作界面正上方。

图 1-20 【标准】工具栏

【标准】工具栏中常用按钮的含义如下。

- 【新建】按钮：单击可打开【新建 SOLIDWORKS 文件】对话框，从而建立一个空白文件。
- 【打开】按钮：单击可打开【打开】对话框，以打开磁盘驱动器中已有的文件。
- 【保存】按钮：单击可将目前正在编辑的工作视图，按原先读取的文件名称存盘；如果工作视图是新建的文件，则系统会自动启用另存新文件的功能。
- 【打印】按钮：单击可将指定范围内的图文资料传输到打印机或绘图机上。
- 【撤销】按钮：单击可以撤销本次或者上次的操作，可重复撤销多次。
- 【选择】按钮：单击可进入选取对象的模式。
- 【重建模型】按钮：单击可以使系统依照图文数据库里最新的图文资料更新屏幕上显示的模型。
- 【文件属性】按钮：显示激活文档的摘要信息。
- 【选项】按钮：更改 SOLIDWORKS 的选项设定。

1.3.2 【特征】工具栏

在 SOLIDWORKS 2024 中，【特征】工具栏直接以选项卡的形式显示在操作界面的上方，如图 1-21 所示。

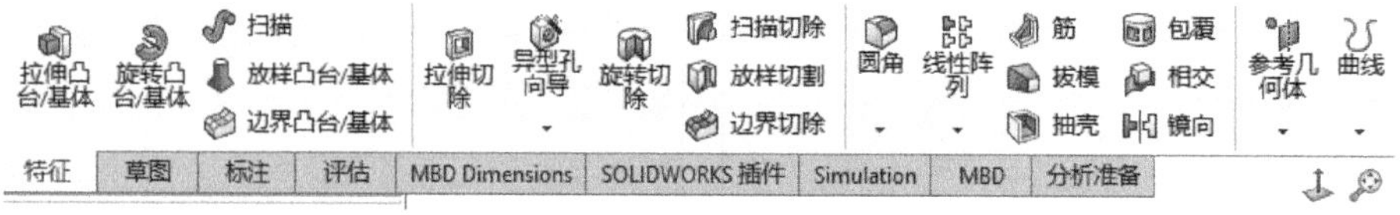

图 1-21 【特征】工具栏

此外，也可以选择【视图】|【工具栏】|【特征】菜单命令，将【特征】工具栏悬浮在操作界面中，如图 1-22 所示。

图 1-22 悬浮状态的【特征】工具栏

【特征】工具栏中常用按钮（有些按钮隐藏在下拉列表中）的含义如下。

- 【拉伸凸台 / 基体】按钮：单击可从一个或两个方向拉伸草图以生成一个实体。
- 【旋转凸台 / 基体】按钮：单击可将用户选取的草图轮廓图形绕着用户指定的旋转中心轴生成 3D 模型。

- 【扫描】按钮：单击可以沿开放或闭合路径通过扫描闭合轮廓的方式生成实体模型。
- 【放样凸台 / 基体】按钮：单击可以在两个或多个轮廓之间添加材质来生成实体特征。
- 【边界凸台 / 基体】按钮：单击可从两个方向在轮廓间添加材料以生成实体特征。
- 【拉伸切除】按钮：单击可在一个方向上拉伸草图以形成实体，再将此实体从已有的实体中抠除。
- 【旋转切除】按钮：单击可通过绕轴心旋转绘制的轮廓来切除实体模型。
- 【扫描切除】按钮：单击可沿开放或闭合路径通过扫描轮廓的方式来切除实体模型。
- 【放样切割】按钮：在两个或多个轮廓之间通过移除材质来切除实体模型。
- 【边界切除】按钮：单击可从两个方向在轮廓之间移除材料来切除实体模型。
- 【圆角】按钮：单击沿实体的边线生成圆形内部或外部面。
- 【倒角】按钮：单击可以沿边线生成一条倾斜的边线。
- 【筋】按钮：单击可为 3D 模型按照用户指定的断面图形添加一个加强肋特征。
- 【抽壳】按钮：单击可为 3D 实体模型添加平均厚度薄壳特征。
- 【拔模】按钮：单击可为 3D 模型的某个曲面或平面添加拔模倾斜面。
- 【异型孔向导】按钮：单击可以利用预先定义的剖面插入孔。
- 【线性阵列】按钮：单击可以沿一个或两个线性方向阵列特征、面及实体等。
- 【圆周阵列】按钮：单击可以绕轴心阵列特征、面及实体等。
- 【包覆】按钮：单击可将草图轮廓闭合到面上。
- 【圆顶】按钮：单击可添加一个或多个圆顶到所选平面或非平面上。
- 【镜向】按钮：单击可以绕面或者基准面镜向特征、面及实体等。
- 【参考几何体】按钮：单击其下方的按钮可以弹出【参考几何体】下拉列表，再根据需要选择不同的基准，然后在设定的基准上插入草图来编辑或更改零件图。
- 【曲线】按钮：单击其下方的按钮可以弹出【曲线】下拉列表。
- 【Instant3D】按钮：启用拖曳控标来动态修改特征。

1.3.3 【草图】工具栏

和【特征】工具栏一样，【草图】工具栏也有两种形式，如图 1-23 所示。

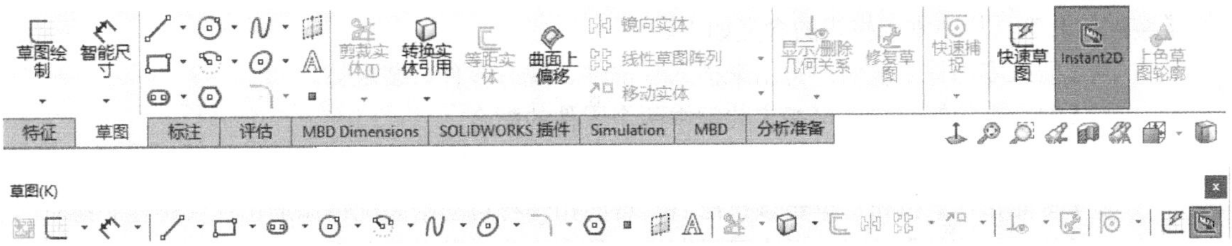

图 1-23 【草图】工具栏的两种形式

【草图】工具栏中常用按钮（个别按钮隐藏在下拉列表中）的含义如下。

- 【草图绘制】按钮：在任何默认基准面或用户设定的基准面上，单击该按钮，可以生成草图。
- 【3D 草图】按钮：单击可以在工作基准面上或在 3D 空间的任意点处生成 3D 草图实体。
- 【智能尺寸】按钮：单击可以为一个或多个所选实体生成尺寸。

- 【直线】按钮：单击并依次指定线段的起点及终点位置，可在工作图文件里生成一条连续的直线段。
- 【边角矩形】按钮：单击并依次指定矩形的两个对角点位置，可在工作图文件里生成一个矩形。
- 【圆】按钮：单击并指定圆形的圆心点位置后，移动鼠标指针并单击，可在工作图文件里生成一个圆形。
- 【圆心 / 起 / 终点画弧】按钮：单击并依次指定圆弧的圆心点、起点及终点位置，可在工作图文件中生成一个圆弧。
- 【多边形】按钮：单击可生成边数为 3 ～ 40 的等边多边形，可在绘制多边形后更改边数。
- 【样条曲线】按钮：单击并依次指定曲线的每个“经过点”位置，可在工作图文件里生成一条不规则曲线。
- 【绘制圆角】按钮：单击可在两直线段的交点位置用圆弧过渡。
- 【点】：单击该按钮，将鼠标指针移到绘图区域里所需要的位置，单击即可在工作图文件里生成一个点。
- 【基准面】按钮：单击可插入基准面到草图。
- 【文字】按钮：单击可在面、边线及草图实体上绘制文字。
- 【剪裁实体】按钮：单击可以剪裁一个草图要素，直到它与另一个草图要素的相交处。
- 【转换实体引用】按钮：单击就可以将模型中的所选边线转换为草图实体。
- 【等距实体】按钮：单击可以在已有的草图等距的位置生成一个相同的草图。
- 【镜向实体】按钮：单击可根据某个中心线图形对被选取的 2D 像素进行镜向操作。
- 【线性草图阵列】按钮：单击可对草图实体和模型边线生成线性草图阵列。
- 【移动实体】按钮：单击可移动一个或多个草图实体。
- 【显示 / 删除几何关系】按钮：单击可在草图实体之间添加（亦可删除）重合、相切、同轴、水平、竖直等几何关系。
- 【修复草图】按钮：单击能够找出草图错误，在有些情况下还可以修复这些错误。

1.3.4 【装配体】工具栏

【装配体】工具栏如图 1-24 所示，可用于管理零部件也可用于控制零部件的移动及配合。

【装配体】工具栏中常用按钮的含义如下。

- 【插入零部件】按钮：可用来插入零部件、现有零件、装配体。
- 【配合】按钮：单击可指定装配中两个零件的配合。
- 【线性零部件阵列】按钮：单击可以从一个或两个方向在装配体中生成零部件线性阵列。
- 【智能扣件】按钮：单击该按钮后，智能扣件将自动给装配体添加扣件（螺栓和螺钉）。
- 【移动零部件】按钮：单击可沿着设定的自由度内移动零部件。
- 【显示隐藏的零部件】按钮：单击可以切换零部件的隐藏和显示状态。
- 【装配体特征】按钮：单击可以选择各种装配体特征，如图 1-25 所示。
- 【新建运动算例】按钮：单击可以新建一个装配体模型的运动模拟。
- 【材料明细表】按钮：单击可以新建一个材料明细表。
- 【爆炸视图】按钮：单击可以生成和编辑装配体的爆炸视图。

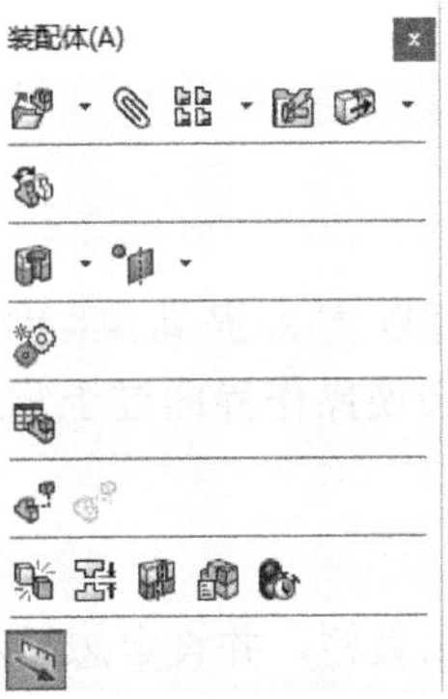

图 1-24 【装配体】工具栏

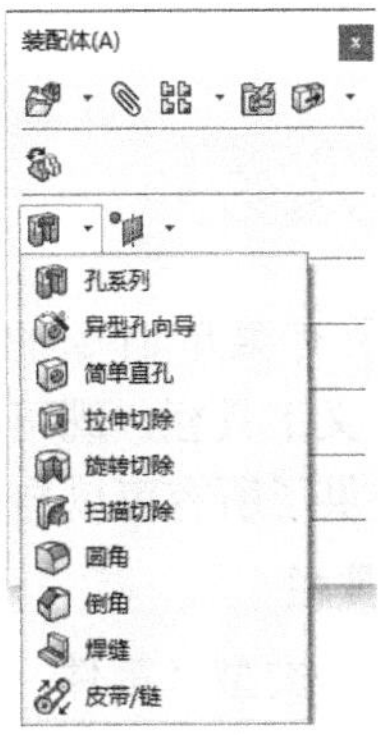

图 1-25　装配体特征

- 【干涉检查】按钮：单击可以检查装配体中是否有干涉的情况。
- 【间隙验证】按钮：单击可以检查装配体中所选零部件之间是否有空隙。
- 【孔对齐】按钮：单击可以检查装配体中是否存在未对齐的孔。
- 【装配体直观】按钮：单击可以按自定义属性直观显示装配体零部件。
- 【性能评估】按钮：单击可以分析装配体的性能。

1.3.5 【工程图】工具栏

【工程图】工具栏如图 1-26 所示。

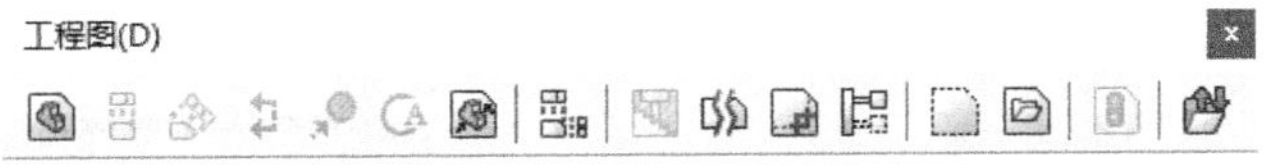

图 1-26 【工程图】工具栏

【工程图】工具栏中常用按钮的含义如下。

- 【模型视图】按钮：单击可将一个模型视图插入工程图文件中。
- 【投影视图】按钮：单击可将正交视图插入投影的视图。
- 【辅助视图】按钮：功能类似于【投影视图】按钮，不同的是，它可以垂直于现有视图中的参考边线来展开视图。
- 【剖面视图】按钮：单击可以用一条剖切线来分割父视图，并在工程图中生成一个剖面视图。
- 【局部视图】按钮：单击可显示一个视图的某个部分（通常是以放大比例显示）。
- 【标准三视图】按钮：单击可以为所显示的零件或装配体生成 3 个相关的默认正交视图。
- 【断开的剖视图】按钮：单击可通过绘制一个轮廓在工程图视图上生成断开的剖视图。
- 【断裂视图】按钮：单击可将工程图视图用较大比例显示在较小的工程图纸上。
- 【剪裁视图】按钮：通过隐藏除了定义区域之外的所有内容集中于工程图视图的某一部分。
- 【交替位置视图】按钮：可在不同位置显示装配体零部件的运动范围。

1.4 操作环境设置

SOLIDWORKS 的功能十分强大，但是它的所有功能不可能都一一罗列在操作界面上供用户调用。这就需要在特定的情况下，通过调整操作设置来满足用户的设计需求。

1.4.1 工具栏的设置

工具栏包含所有菜单命令的快捷方式。使用工具栏可以大大提高 SOLIDWORKS 的设计效率。合理利用自定义工具栏，既可以使操作方便快捷，又不会使操作界面过于复杂。SOLIDWORKS 的一大特色就是提供了所有可以自定义的工具栏按钮。

1. 自定义工具栏

用户可根据文件类型（零件、装配体或工程图）来放置工具栏，并设定想显示的工具栏及隐藏想隐藏的工具栏。自定义工具栏的操作如下。

（1）选择【工具】|【自定义】菜单命令，或者在工具栏区域单击鼠标右键，在弹出的菜单中选择【自定义】命令，弹出【自定义】对话框。

（2）在【工具栏】选项卡下，如图 1-27 所示，勾选想显示的工具栏对应的复选框，同时取消勾选想隐藏的工具栏对应的复选框。

（3）如果显示的工具栏位置不理想，可以将鼠标指针指向工具栏上按钮之间的空白区域，然后拖曳工具栏到想要的位置。例如，将工具栏拖到 SOLIDWORKS 操作界面的边缘，工具栏就会自动定位在操作界面边缘。

2. 自定义命令

（1）选择【工具】|【自定义】菜单命令，或者在工具栏区域单击鼠标右键，在弹出的菜单中选择【自定义】命令，弹出【自定义】对话框，打开【命令】选项卡，如图 1-28 所示。

图 1-27 【工具栏】选项卡

图 1-28 【命令】选项卡

（2）在【类别】栏中选择要改变的工具栏，对工具栏中的按钮进行调整。

移动工具栏中的按钮。在【命令】选项卡中找到需要的按钮，单击要使用的按钮，将其拖曳到工具栏中即可。

删除工具栏中的按钮。单击要删除的按钮，并将其从工具栏拖到绘图区域中即可。

1.4.2 鼠标常用方法

鼠标在 SOLIDWORKS 中的应用频率非常高，可以用其实现平移、缩放、旋转、绘制几何图形和创建特征等操作。基于 SOLIDWORKS 系统的特点，建议使用三键鼠标，在设计时便于提高效率。表 1-1 列出了三键鼠标的使用方法。

表 1-1　三键鼠标的使用方法

鼠标按键	作　用	操作说明
左键	用于选择菜单命令和实体对象，单击按钮，绘制几何图形等	直接单击
滚轮（中键）	放大或缩小	按住 Shift 键 + 中键并上下移动鼠标，可以放大或缩小视图；直接滚动滚轮，同样可以放大或缩小视图
	平移	按住 Ctrl 键 + 中键并移动鼠标，可将模型按鼠标移动的方向平移
	旋转	按住鼠标中键不放并移动鼠标，即可旋转模型
右键	弹出快捷菜单	直接单击鼠标右键

1.5 参考坐标系

SOLIDWORKS 使用带原点的坐标系统。用户选择基准面或者打开一个草图并选择某一面时，将生成一个与基准面或者所选面对齐的新的原点。原点可以用作草图实体的定位点，并有助于定向轴心透视图。原点还有助于 CAD 数据的输入与输出、计算机辅助制造、质量特征的计算等。

1.5.1 原点

零件原点显示为蓝色，代表零件的 (0,0,0) 坐标。当草图处于激活状态时，草图原点显示为红色，代表草图的 (0,0,0) 坐标。

1.5.2 参考坐标系的属性设置

单击【参考几何体】工具栏中的【坐标系】按钮，或者选择【插入】|【参考几何体】|【坐标系】菜单命令，弹出图 1-29 所示的【坐标系】属性管理器。

（1）【原点】：用于定义原点。单击其选择框，在绘图区域中选择零件或者装配体中的顶点、点、中点或者默认的原点等即可定义原点。

（2）【X 轴】【Y 轴】【Z 轴】：分别用于定义各轴。单击其选择框，在绘图区域中选择边线以定义所选轴的方向。

（3）【反转轴方向】按钮：单击可反转轴的方向。

图 1-29 【坐标系】属性管理器

1.6 参考基准轴

参考基准轴的用途较多，在生成草图几何体或者进行圆周阵列时常使用参考基准轴，可概括为以下 3 项。

（1）基准轴可以作为圆柱体、圆孔、回转体的中心线。

（2）作为参考轴，辅助生成圆周阵列等特征。

（3）将基准轴作为同轴度特征的参考轴。

1.6.1 参考基准轴的属性设置

单击【参考几何体】工具栏中的【基准轴】按钮，或者选择【插入】|【参考几何体】|【基准轴】菜单命令，弹出图 1-30 所示的【基准轴】属性管理器。

在【选择】选项组中可以生成不同类型的基准轴。

- 【一直线 / 边线 / 轴】：选择一条草图直线或者边线作为基准轴。
- 【两平面】：选择两个平面，利用两个平面的相交线作为基准轴。
- 【两点 / 顶点】：选择两个点、两个顶点或者两个中点之间的连线作为基准轴。
- 【圆柱 / 圆锥面】：选择一个圆柱或者圆锥面，将其轴线作为基准轴。
- 【点和面 / 基准面】：选择一个平面，然后选择一个顶点，由此生成的轴通过所选择的顶点垂直于所选的平面。

1.6.2 显示参考基准轴

选择【视图】|【隐藏 / 显示】|【基准轴】菜单命令，可以看到菜单命令左侧的按钮处于选中状态，如图 1-31 所示，这表示基准轴可见（再次选择该菜单命令，将关闭基准轴的显示）。

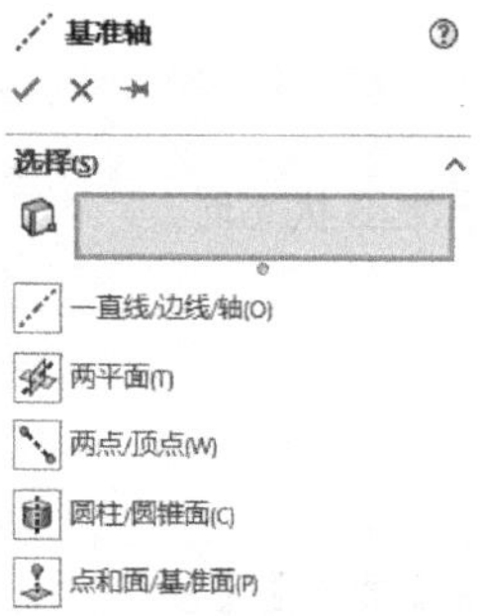

图 1-30 【基准轴】属性管理器

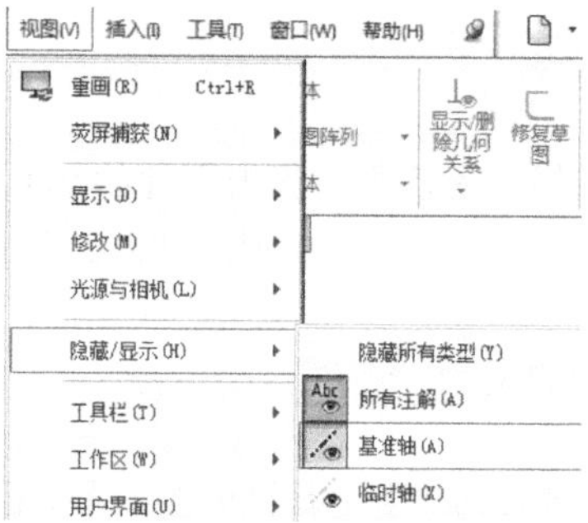

图 1-31 选择【基准轴】菜单命令

1.7 参考基准面

特征管理器设计树中默认提供前视、上视及右视基准面，除了默认的基准面外，还可以生成参考基准面。

在 SOLIDWORKS 中，参考基准面的用途有很多，总结为以下几项。

（1）作为草图绘制平面。

（2）作为视图定向参考面。

（3）作为装配时零件相互配合的参考面。

（4）作为标注尺寸的参考面。

（5）作为模型生成剖面视图的参考面。

（6）作为拔模特征的参考面。

参考基准面的属性设置方法：单击【参考几何体】工具栏中的【基准面】按钮，或者选择【插入】|【参考几何体】|【基准面】菜单命令，弹出图 1-32 所示的【基准面】属性管理器。

图 1–32 【基准面】属性管理器

在【第一参考】选项组中，选择需要生成的基准面类型及项目。

- 【平行】：通过模型的表面生成一个基准面。
- 【重合】：通过一个点、一条线和一面生成基准面。
- 【两面夹角】：通过一条边线与一个面以一定夹角生成基准面。
- 【等距距离】：在平行于一个面的指定距离处生成等距基准面。
- 【反转】：选择此选项，在相反的方向生成基准面。
- （垂直）：可以生成垂直于一条边线、一条轴线或者一个平面的基准面。

1.8 参考点

SOLIDWORKS 可以生成多种类型的参考点，用来构造对象。

单击【参考几何体】工具栏中的【点】按钮，或者选择【插入】|【参考几何体】|【点】菜单命令，弹出图 1-33 所示的【点】属性管理器。

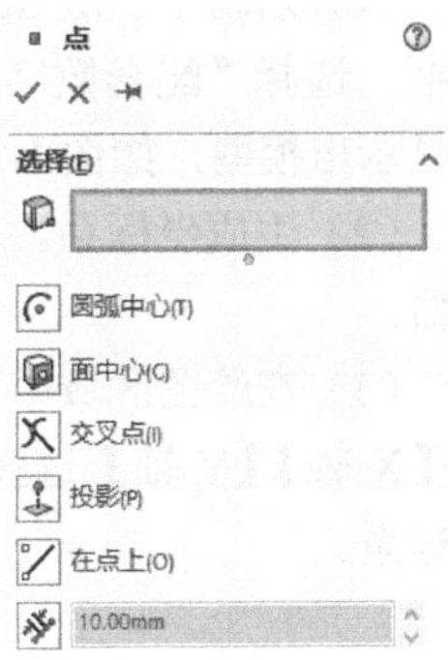

图 1–33 【点】属性管理器

【选择】选项组中包括以下选项。

- 【参考实体】：在绘图区域中选择用来生成点的实体。
- 【圆弧中心】：按照选中的圆弧中心来生成点。
- 【面中心】：按照选中的面中心来生成点。
- 【交叉点】：按照交叉的点来生成点。
- 【投影】：按照投影的点来生成点。
- 【在点上】：在某个点上生成点。
- 【沿曲线距离或多个参考点】：沿边线生成一组参考点，输入距离或者百分比数值即可。

1.9 SOLIDWORKS 2024 新增功能概述

SOLIDWORKS 2024 新增功能如下。

（1）当在特征管理器设计树中多重选择具有显示和隐藏状态的实体、基准面或草图时，上下文工具栏中会显示【隐藏】按钮和【显示工具】按钮，这两个按钮可以用于更改所有所选实体的可见性状态。

（2）在特征管理器设计树中，可以隐藏和显示草图的单个块，还可以查看块是欠定义（-）、过定义（+）还是完全定义。

（3）可以创建圆柱形边界框，这对具有圆柱形几何体（例如旋转零件、圆形零件或车削零件）

很有用，SOLIDWORKS 会捕获边界框参数并将它们记录在自定义属性对话框中。

（4）可以从源特征生成对称线性阵列，线性阵列使用两个方向创建对称线性阵列。

（5）Direct Sparse 解算器已从用于仿真算例的解算器列表中移除。对于使用 Direct Sparse 解算器的传统算例，SOLIDWORKS Simulation 使用 Intel Direct Sparse 解算器。

（6）SOLIDWORKS Visualize 使用 Dassault Systemes 的企业 PBR 着色模型（DSPBR）来精确复制金属、玻璃、塑料和其他曲面的逼真外观。

（7）如果在工程图视图中保存具有特定显示样式的 SOLIDWORKS 工程图，eDrawings 支持在 eDrawings 2024 及更高版本中保存的任何 .edrw 文件的每种显示样式。

（8）可以在布线装配体的特征管理器设计树中的线路零件下查看 3D 电线、电缆及其芯线的标记或名称，【电气】属性管理器会自动预分配标记或名称。

1.10 参考几何体建立实例

本节结合现有模型，介绍生成参考几何体的具体方法。

1.10.1 生成参考坐标系

（1）启动中文版 SOLIDWORKS，单击【标准】工具栏中的【打开】按钮，弹出【打开】对话框，选择“配套数字资源 \ 第 1 章 \ 实例文件 \1.10.SLDPRT”，单击【打开】按钮，在绘图区域中显示出模型，如图 1-34 所示。

（2）生成坐标系。单击【参考几何体】工具栏中的【坐标系】按钮，弹出【坐标系】属性管理器。

（3）在绘图区域中单击模型上的一个顶点，顶点的名称将显示在【原点】选择框中。分别单击【X 轴】【Y 轴】选择框，在绘图区域中选择边线，如图 1-35 所示，单击【确定】按钮，生成坐标系。

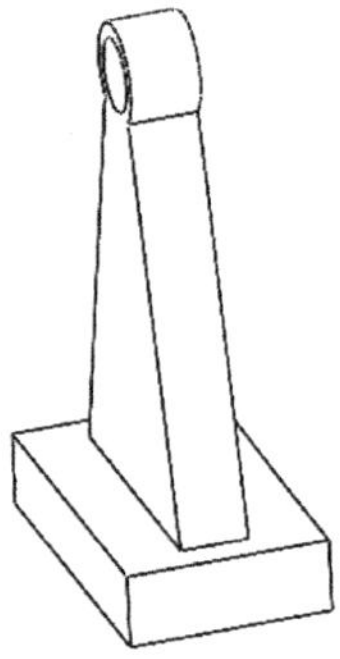

图 1-34　打开模型

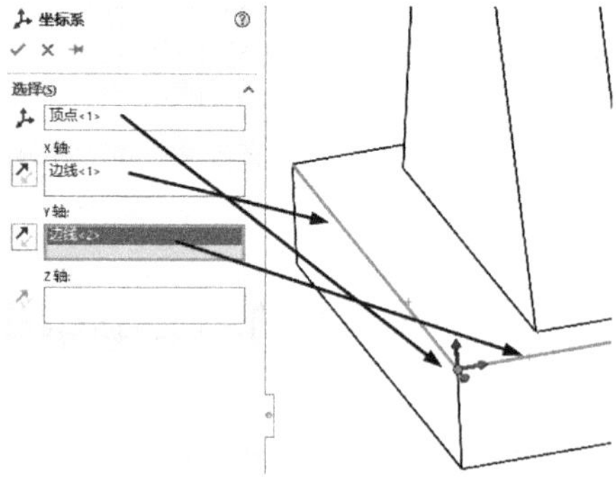

图 1-35　生成坐标系

1.10.2 生成参考基准轴

（1）单击【参考几何体】工具栏中的【基准轴】按钮，弹出【基准轴】属性管理器。

（2）单击【圆柱 / 圆锥面】按钮，选择模型的曲面，检查【参考实体】选择框中列出的项目，如图 1-36 所示，单击【确定】按钮，生成基准轴。

1.10.3　生成参考基准面

（1）单击【参考几何体】工具栏中的【基准面】按钮，弹出【基准面】属性管理器。

（2）单击【两面夹角】按钮，在绘图区域中选择模型的右侧面及其上边线，【参考实体】选择框中显示出了选择的项目名称，设置【角度】为“45.00 度”，如图 1-37 所示。绘图区域中会显示出新的基准面的预览效果，单击【确定】按钮，生成基准面。

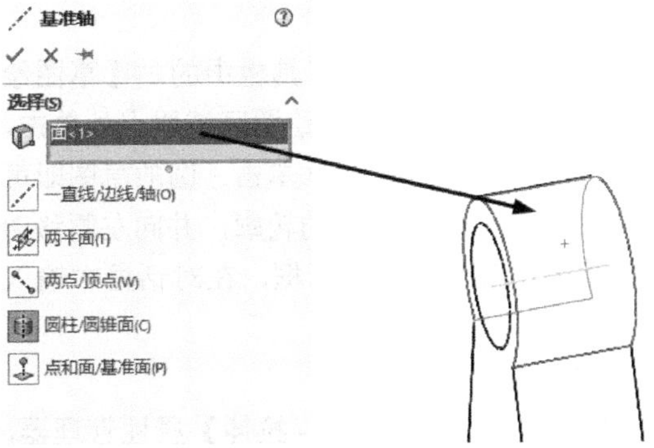

图 1-36　生成基准轴

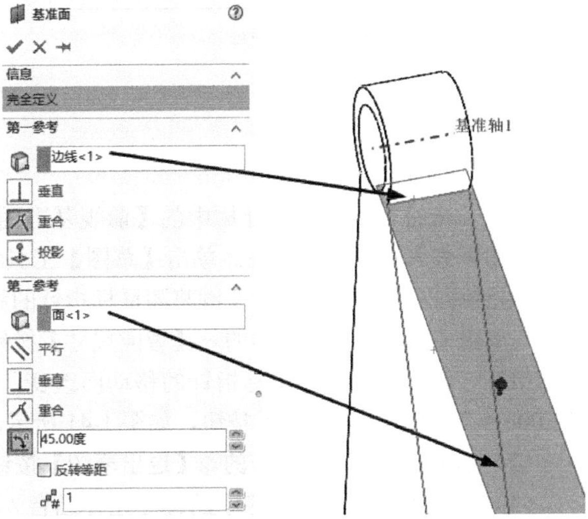

图 1-37　生成基准面

1.11　我的第一个三维模型

本节以阶梯轴模型为例，介绍 SOLIDWORKS 实体建模的基本过程，阶梯轴模型如图 1-38 所示。

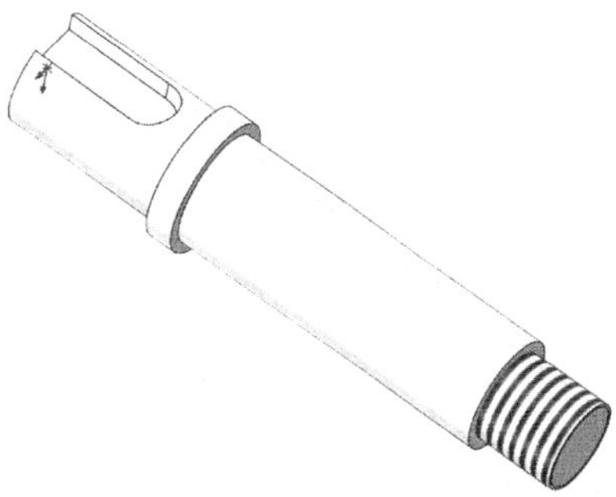

图 1-38　阶梯轴模型

1.11.1　新建 SOLIDWORKS 零件并保存文件

（1）启动中文版 SOLIDWORKS，单击【标准】工具栏中的【新建】按钮，弹出【新建 SOLIDWORKS 文件】对话框，单击【零件】按钮，单击【确定】按钮，如图 1-39 所示。

（2）选择【文件】|【另存为】菜单命令，弹出【另存为】对话框，在【文件名】文本框中输入“阶梯轴”，单击【保存】按钮，如图 1-40 所示。

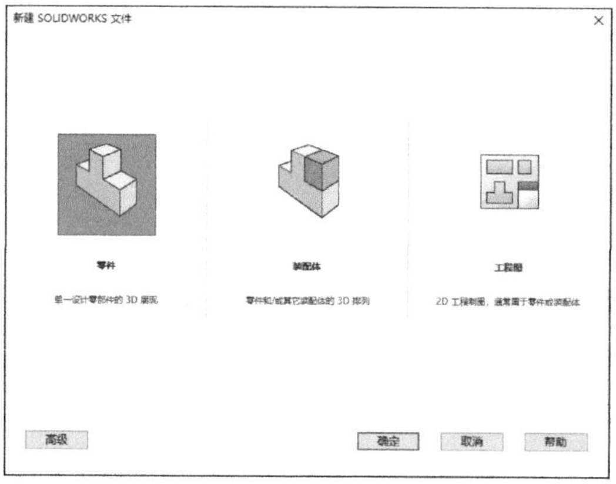

图 1–39　新建零件

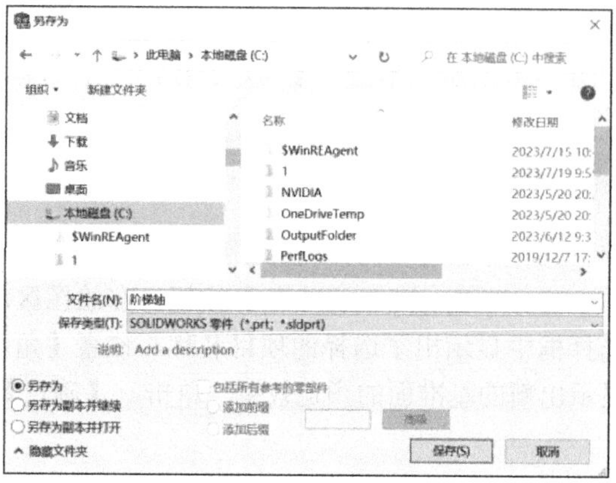

图 1–40　另存为零件

1.11.2　建立基体部分

（1）单击特征管理器设计树中的【前视基准面】图标，单击【草图】工具栏中的【草图绘制】按钮，进入草图绘制状态。单击【草图】工具栏中的【圆】按钮，在绘图区域原点处单击，将鼠标指针向右下方移动，一个圆将随鼠标指针的移动而自动改变大小，再次单击，圆的草图即可生成。单击【草图】工具栏中的【智能尺寸】按钮，在绘图区域中单击圆的轮廓，并向左侧移动鼠标指针，圆的尺寸将随鼠标指针的移动而改变，单击将弹出【修改】对话框，在对话框中输入"20.00mm"，单击【确定】按钮，如图 1-41 所示。

（2）单击绘图区域右上方的【退出草图】按钮，完成草图的绘制。

（3）单击【特征】工具栏中的【拉伸凸台 / 基体】按钮，弹出【凸台 - 拉伸】属性管理器，按图 1-42 所示进行参数设置。单击【确定】按钮，完成拉伸凸台特征的建立。

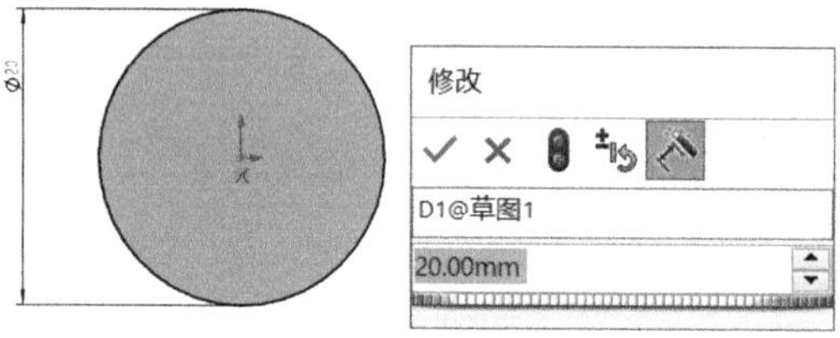

图 1–41　绘制草图（1）

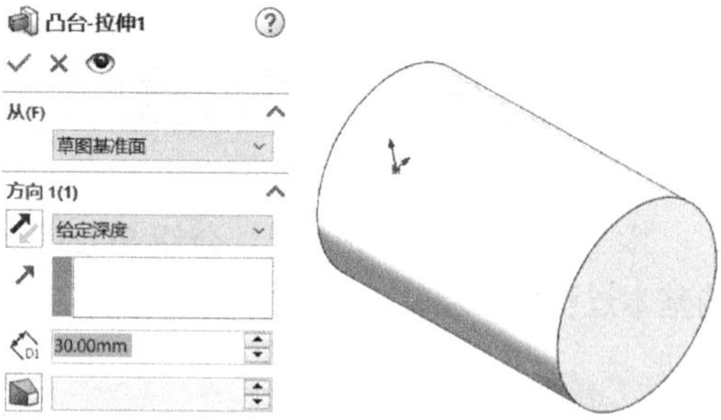

图 1–42　拉伸凸台参数设置（1）

（4）单击刚建立的圆柱体的前端面，单击【草图】工具栏中的【草图绘制】按钮，进入草图绘制状态。单击【草图】工具栏中的【圆】按钮，在绘图区域原点处单击，将鼠标指针向右下方移动，再次单击，圆的草图将生成。单击【草图】工具栏中的【智能尺寸】按钮，在绘图区域中单击圆的轮廓，并向左侧移动鼠标指针，单击将弹出【修改】对话框，在对话框中输入"24.00mm"，单击【确定】按钮，如图 1-43 所示。

（5）单击绘图区域右上方的【退出草图】按钮，完成草图的绘制。

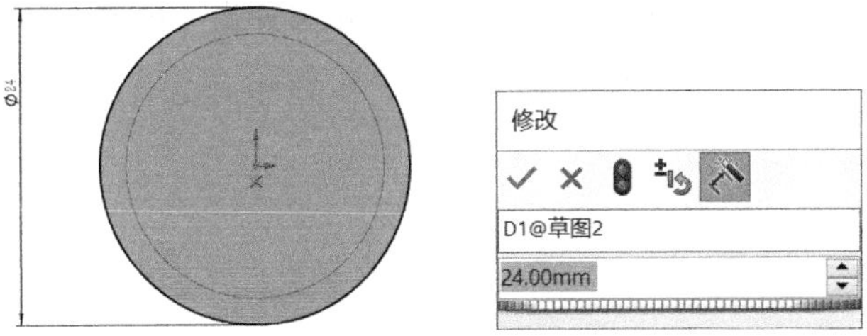

图 1-43 绘制草图（2）

（6）单击【特征】工具栏中的【拉伸凸台 / 基体】按钮，弹出【凸台-拉伸】属性管理器，按图 1-44 所示进行参数设置。单击【确定】按钮，完成拉伸凸台特征的建立。按住鼠标中键并移动，可以查看模型的侧面，如图 1-45 所示。

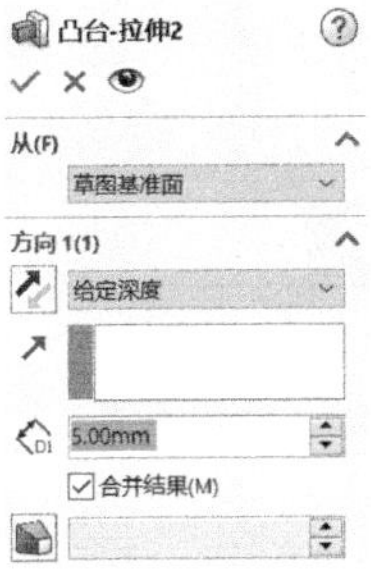

图 1-44 拉伸凸台参数设置（2）

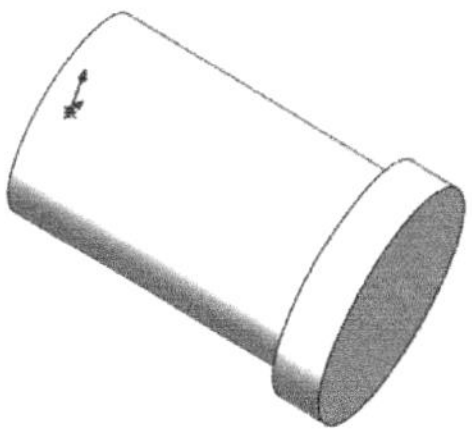

图 1-45 拉伸凸台（1）

（7）单击刚建立的圆柱体的前端面，单击【草图】工具栏中的【草图绘制】按钮，进入草图绘制状态。单击【草图】工具栏中的【圆】按钮，在绘图区域原点处单击，将鼠标指针向右下方移动，再次单击，生成圆的草图。单击【草图】工具栏中的【智能尺寸】按钮，在绘图区域中单击圆的轮廓，并向左侧移动鼠标指针，单击将弹出【修改】对话框，在对话框中输入“20.00mm”，单击【确定】按钮，如图 1-46 所示。

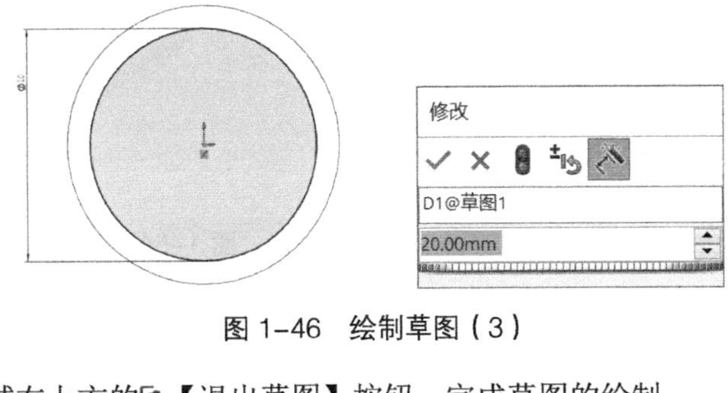

图 1-46 绘制草图（3）

（8）单击绘图区域右上方的【退出草图】按钮，完成草图的绘制。

（9）单击【特征】工具栏中的【拉伸凸台 / 基体】按钮，弹出【凸台 - 拉伸】属性管理器，按图 1-47 所示进行参数设置。单击【确定】按钮，完成拉伸凸台特征的建立。按住鼠标中键并移动，可以查看模型的侧面；向前滚动鼠标滚轮，可以缩小模型，如图 1-48 所示。

（10）单击刚建立的圆柱体的前端面，单击【草图】工具栏中的【草图绘制】按钮，进入草图绘制状态。单击【草图】工具栏中的【圆】按钮，在绘图区域原点处单击，将鼠标指针向右下方移动，再次单击，生成圆的草图。单击【草图】工具栏中的【智能尺寸】按钮，在绘图区域中单击圆的轮廓，并向左侧移动鼠标指针，单击将弹出【修改】对话框，在对话框中输入“16.00mm”，单击✓【确定】按钮，如图 1-49 所示。

图 1-47　拉伸凸台参数设置（3）

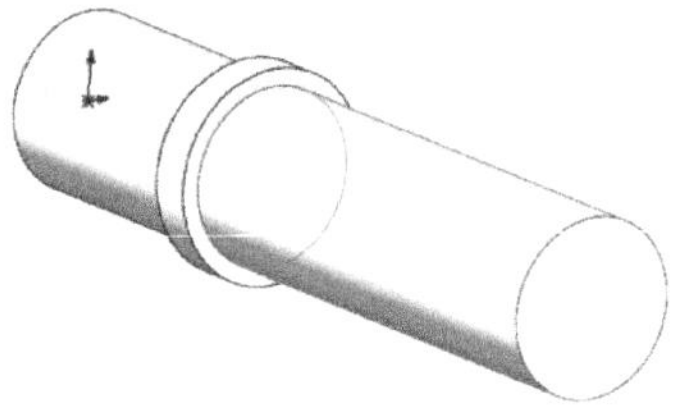

图 1-48　拉伸凸台（2）

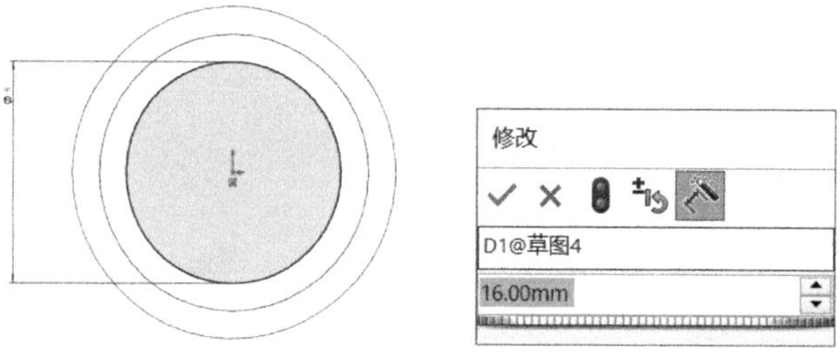

图 1-49　绘制草图（4）

（11）单击绘图区域右上方的【退出草图】按钮，完成草图的绘制。

（12）单击【特征】工具栏中的【拉伸凸台 / 基体】按钮，弹出【凸台 - 拉伸】属性管理器，按图 1-50 所示进行参数设置。单击✓【确定】按钮，完成拉伸凸台特征的建立。按住鼠标中键并移动，可以查看模型的侧面；向前滚动鼠标滚轮，可以缩小模型，如图 1-51 所示。

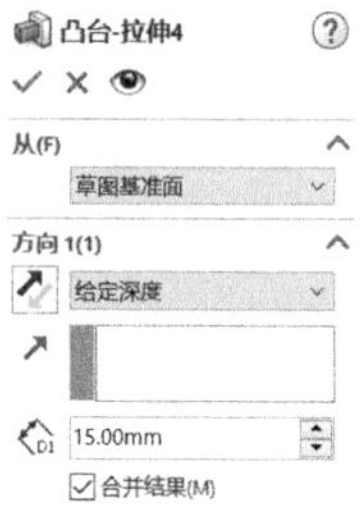

图 1-50　拉伸凸台参数设置（4）

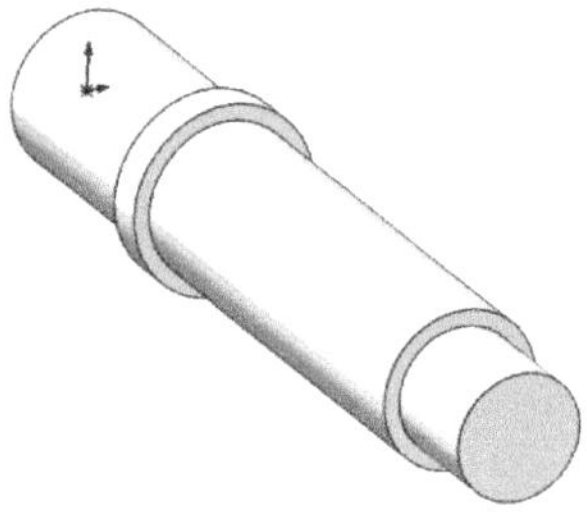

图 1-51　拉伸凸台（3）

1.11.3　建立辅助部分

（1）选择【插入】|【注解】|【装饰螺纹线】菜单命令，弹出【装饰螺纹线】属性管理器。在绘图区域中单击刚建立的拉伸凸台特征端面的圆边线，属性管理器将自动识别出其直径是 15.00mm，单击✓【确定】按钮，完成装饰螺纹线特征的建立。按住鼠标中键并移动，可以查看模型的侧面；向前滚动鼠标滚轮，可以缩小模型，如图 1-52 所示。

（2）单击特征管理器设计树中的【上视基准面】图标，单击【草图】工具栏中的【草图绘制】按钮，进入草图绘制状态。单击【草图】工具栏中的【直槽口】按钮，在绘图区域原点处单击，将鼠标指针向下方移动，在接近凸台处单击；将鼠标指针向右移动，会看到一个直槽口随鼠标指针的移动而自动改变大小，再次单击，直槽口的草图将生成。单击【草图】工具栏中的【智能尺寸】按钮，在绘图区域中单击直槽口的下中心点，再单击下侧凸台的上边线，并向右侧移动鼠标指针，其尺寸将随鼠标指针的移动而变化，单击将弹出【修改】对话框，在对话框中输入“10.00mm”，单击【确定】按钮。单击直槽口下端的圆弧，向右下方移动鼠标指针，其尺寸将随鼠标指针的移动而变化，单击鼠标，将弹出【修改】对话框，在对话框中输入“5.00mm”，单击【确定】按钮，结果如图1-53所示。

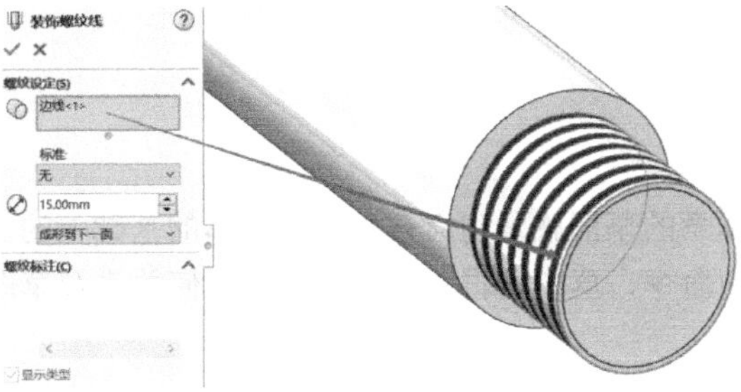

图1-52 装饰螺纹线

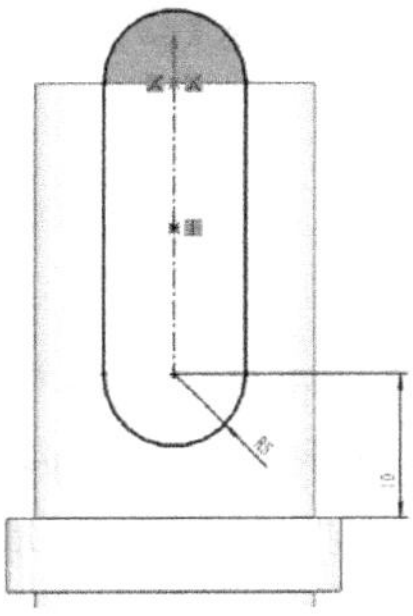

图1-53 绘制草图

（3）单击绘图区域右上方的【退出草图】按钮，完成草图的绘制。

（4）单击【特征】工具栏中的【拉伸切除】按钮，弹出【切除-拉伸】属性管理器，按图1-54所示进行参数设置。参数输入完成后，绘图区域中将出现黄色的切除预览区域，可以单击【方向】按钮来调整切除区域，要保证切除的区域处于中心平面的一侧。单击【确定】按钮，完成拉伸切除特征的建立。

（5）按住鼠标中键并移动，可以查看模型的侧面；向前滚动鼠标滚轮，可以缩小模型，如图1-55所示，第一个三维模型建立完成。

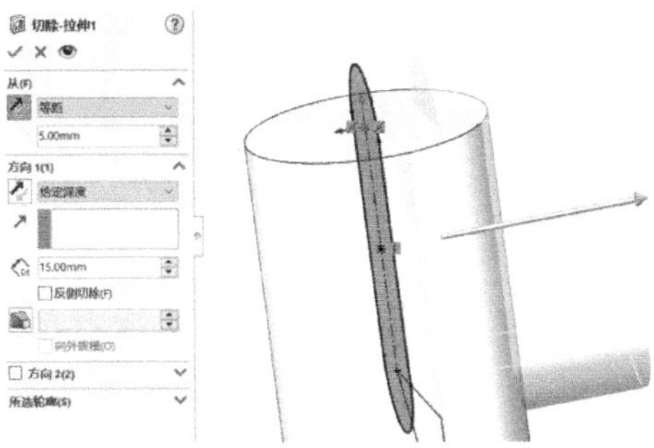

图1-54 拉伸切除参数设置

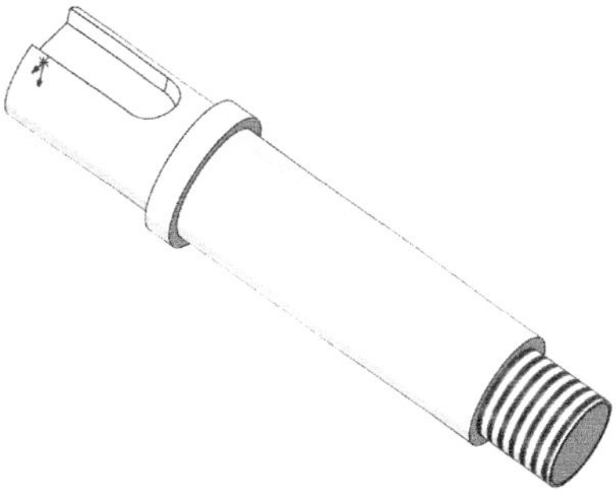

图1-55 阶梯轴模型

Chapter 2

第 2 章

草图绘制

第 1 章中介绍了参考几何体的使用方法，本章的草图就是建立在参考几何体的基础上的。本章主要介绍草图的绘制，内容包括基础知识、草图命令、草图编辑、尺寸标注、几何关系及草图绘制实例。2D 草图是建立三维特征的基础。

重点与难点

- 基础知识
- 草图命令
- 草图编辑
- 尺寸标注
- 几何关系

2.1 基础知识

在使用草图命令前，要先了解草图绘制的基本概念，以更好地掌握草图绘制和草图编辑的方法。本节主要介绍草图的基本操作、草图绘制工具栏，以及绘制草图时鼠标指针的显示状态。

2.1.1 进入草图绘制状态

草图必须绘制在平面上，这个平面既可以是基准面，也可以是三维模型上的平面。刚进入草图绘制状态时，系统默认有 3 个基准面：前视基准面、右视基准面和上视基准面，如图 2-1 所示。由于没有其他平面，因此零件的初始草图绘制是从系统默认的基准面开始的。

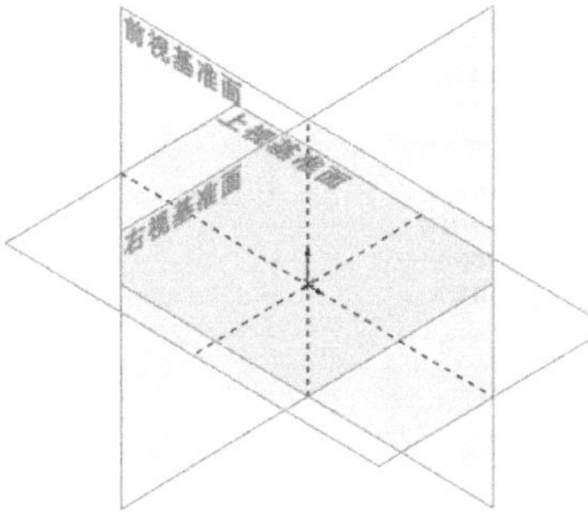

图 2–1　系统默认的基准面

图 2-2 所示为常用的【草图】工具栏，该工具栏中有绘制草图、编辑草图的按钮及其他草图按钮。

绘制草图时，既可以先指定绘制的平面，也可以先选择草图绘制实体，用户可根据实际情况灵活选择。进入草图绘制状态的操作方法如下。

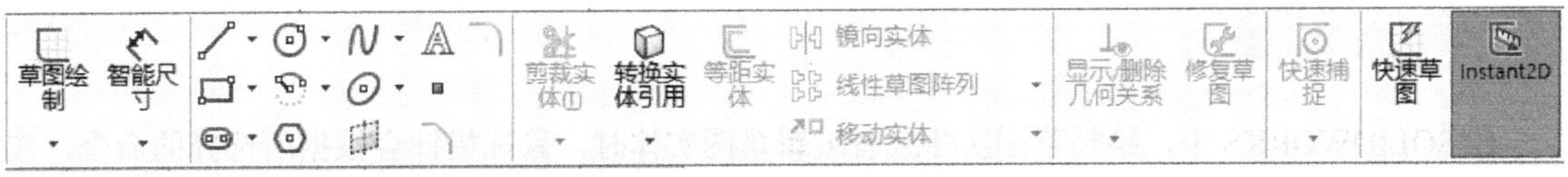

图 2–2 【草图】工具栏

（1）在特征管理器设计树中选择要绘制草图的基准面，即前视基准面、右视基准面或上视基准面。

（2）单击【草图】工具栏中的【草图绘制】按钮，或者单击【草图】工具栏中要绘制的草图实体，进入草图绘制状态。

2.1.2 退出草图绘制状态

零件是由多个特征组成的，有些特征需要由一个草图生成，有些（如扫描实体、放样实体等）则需要由多个草图生成。因此草图绘制完成后，才可建立特征。退出草图绘制状态的方法主要有以下几种，在实际工作中可灵活运用。

（1）菜单方式。

草图绘制完成后，选择【插入】|【退出草图】菜单命令，如图 2-3 所示，退出草图绘制状态。

（2）工具栏按钮方式。

单击【草图】工具栏上的【退出草图】按钮，或者单击【标准】工具栏上的【重建模型】按钮，退出草图绘制状态。

（3）右键快捷方式。

在绘图区域单击鼠标右键，弹出图 2-4 所示的菜单，在其中单击【退出草图】按钮，退出草图绘制状态。

（4）绘图区域退出方式。

在进入草图绘制状态后，绘图区域右上角会出现图 2-5 所示的草图状态提示图标。单击【退出草图】按钮，可确定绘制的草图，并退出草图绘制状态。

图 2-3 【插入】菜单

图 2-4　右键菜单

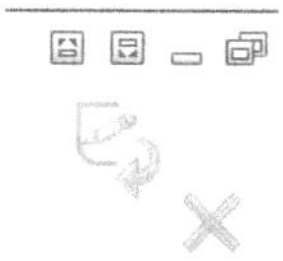

图 2-5　草图状态提示图标

2.1.3　鼠标指针

在 SOLIDWORKS 中，绘制草图实体或者编辑草图实体时，鼠标指针会根据所选择的命令，在绘图区域变为相应的图标。执行不同的命令时，鼠标指针会在不同的草图实体及特征实体上显示不同的形状，鼠标指针既可以在草图实体上显示，也可以在特征实体上显示。注意，特征实体上的鼠标指针只能显示在绘图平面的实体边缘。

下面为常见的鼠标指针类型。

- 【点】鼠标指针：执行【绘制点】命令时显示的鼠标指针。
- 【线】鼠标指针：执行【绘制直线】或者【中心线】命令时显示的鼠标指针。
- 【圆弧】鼠标指针：执行【绘制圆弧】命令时显示的鼠标指针。
- 【圆】鼠标指针：执行【绘制圆】命令时显示的鼠标指针。
- 【椭圆】鼠标指针：执行【绘制椭圆】命令时显示的鼠标指针。
- 【抛物线】鼠标指针：执行【绘制抛物线】命令时显示的鼠标指针。
- 【样条曲线】鼠标指针：执行【绘制样条曲线】命令时显示的鼠标指针。
- 【矩形】鼠标指针：执行【绘制矩形】命令时显示的鼠标指针。
- 【多边形】鼠标指针：执行【绘制多边形】命令时显示的鼠标指针。
- 【草图文字】鼠标指针：执行【绘制草图文字】命令时显示的鼠标指针。
- 【剪裁草图实体】鼠标指针：执行【剪裁草图实体】命令时显示的鼠标指针。
- 【延伸草图实体】鼠标指针：执行【延伸草图实体】命令时显示的鼠标指针。
- 【分割草图实体】鼠标指针：执行【分割草图实体】命令时显示的鼠标指针。
- 【标注尺寸】鼠标指针：执行【标注尺寸】命令时显示的鼠标指针。
- 【圆周阵列草图】鼠标指针：执行【圆周阵列草图】命令时显示的鼠标指针。
- 【线性阵列草图】鼠标指针：执行【线性阵列草图】命令时显示的鼠标指针。

2.2 草图命令

草图命令是绘制草图要素的基本命令，用户可通过草图命令绘制实体建模时需要用的 2D 草图。

2.2.1 绘制直线

单击【草图】工具栏上的【直线】按钮，或选择【工具】|【草图绘制实体】|【直线】菜单命令，打开【插入线条】属性管理器，如图 2-6 所示。

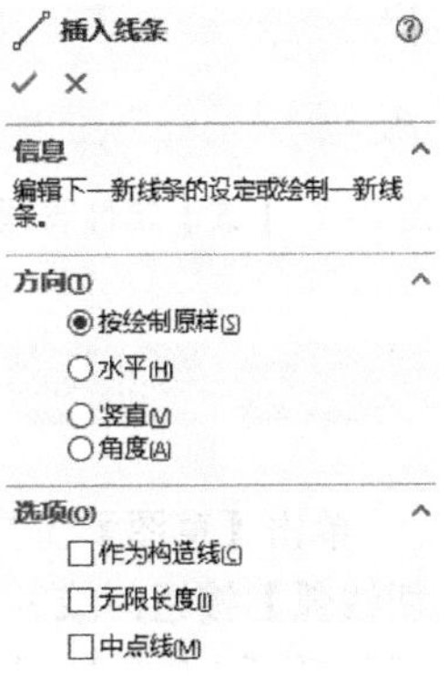

图 2-6 【插入线条】属性管理器

1. 直线的属性设置

- 【按绘制原样】：以指定的点绘制直线。
- 【水平】：以指定的长度在水平方向绘制直线。
- 【竖直】：以指定的长度在竖直方向绘制直线。
- 【角度】：以指定角度和长度绘制直线。

2. 绘制直线的操作方法

（1）新建零件文件，用鼠标右键单击前视基准面，在弹出的菜单中单击【草图绘制】按钮，进入草图绘制状态。

（2）选择【工具】|【草图绘制实体】|【直线】菜单命令，或者单击【草图】工具栏上的【直线】按钮，鼠标指针变为【直线】鼠标指针。

（3）在绘图区域单击以确定起点，移动鼠标指针，再次单击以确定终点。此时绘制直线命令仍然处于激活状态，可以继续单击以绘制其他的直线。

（4）单击鼠标右键，弹出菜单，选择【选择】命令，结束直线的绘制状态。

2.2.2 绘制圆

单击【草图】工具栏上【圆】按钮，或选择【工具】|【草图绘制实体】|【圆】菜单命令，打开【圆】属性管理器。圆有中心圆和周边圆两种，当以某一种方式绘制圆以后，【圆】属性管理器如图 2-7 所示。

1. 圆的属性设置

- ：绘制基于中心的圆。
- ：绘制基于周边的圆。

2. 绘制中心圆的操作方法

（1）新建零件文件，用鼠标右键单击前视基准面，在弹出的菜单中单击【草图绘制】按钮，进入草图绘制状态。选择【工具】|【草图绘制实体】|【圆】菜单命令，或者单击【草图】工具栏上的【圆】按钮，开始绘制圆。

（2）在【圆类型】选项组中单击【绘制基于中心的圆】按钮，在绘图区域中单击以确定圆的圆心，如图 2-8 所示。

（3）移动鼠标拖出一个圆，然后单击确定圆的半径，如图 2-9 所示。

（4）单击【圆】属性管理器中的【确定】按钮，完成圆的绘制，结果如图 2-10 所示。

图 2-7 【圆】属性管理器

图 2-8 确定圆心

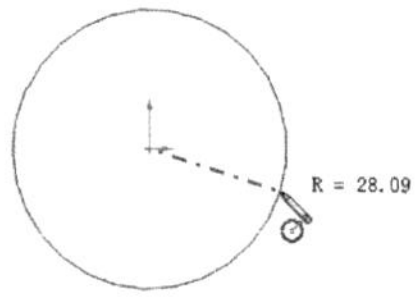

图 2-9 确定圆的半径

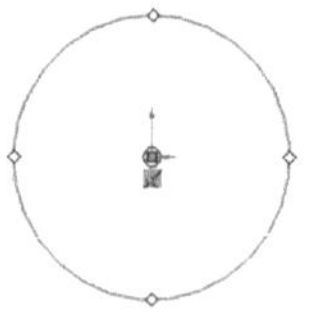

图 2-10 绘制的圆

2.2.3 绘制圆弧

单击【草图】工具栏上的【圆心 / 起 / 终点画弧】按钮，或【切线弧】按钮，或【3 点圆弧】按钮，或者选择【工具】|【草图绘制实体】|【圆心 / 起 / 终点画弧】、【切线弧】或【3 点圆弧】菜单命令，打开【圆弧】属性管理器，如图 2-11 所示。

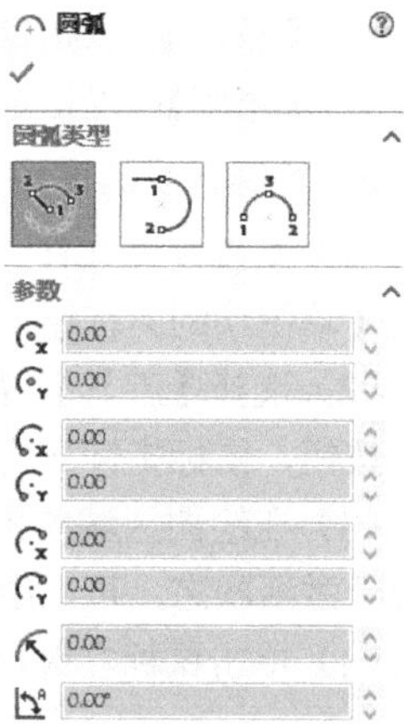

图 2-11 【圆弧】属性管理器

1. 圆弧的属性设置

- ：基于圆心 / 起 / 终点画弧方式绘制圆弧。
- ：基于切线弧方式绘制圆弧。
- ：基于 3 点圆弧方式绘制圆弧。

2. 绘制圆弧的操作方法

（1）新建零件文件，用鼠标右键单击前视基准面，在弹出的菜单中单击【草图绘制】按钮，进入草图绘制状态。选择【工具】|【草图绘制实体】|【圆心 / 起 / 终点画弧】菜单命令，或者单击【草图】工具栏上的【圆心 / 起 / 终点画弧】按钮，开始绘制圆弧。

（2）在绘图区域单击，确定圆弧的圆心，如图 2-12 所示。

（3）在绘图区域的其他位置单击，确定圆弧的起点，如图 2-13 所示。

（4）在绘图区域的其他位置单击，确定圆弧的终点，如图 2-14 所示。

图 2-12 确定圆弧圆心

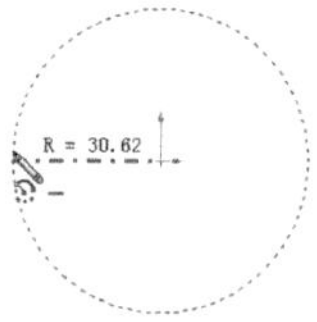

图 2-13 确定圆弧起点

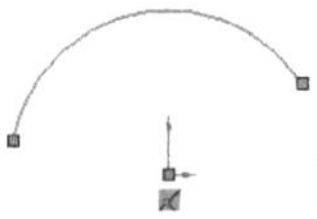

图 2-14 确定圆弧终点

（5）单击【圆弧】属性管理器中的【确定】按钮，完成圆弧的绘制。

2.2.4 绘制矩形

单击【草图】工具栏上的【边角矩形】按钮，打开【矩形】属性管理器，如图 2-15 所示。矩形有 5 种类型，分别是边角矩形、中心矩形、3 点边角矩形、3 点中心矩形和平行四边形。

1. **矩形的属性设置**

- ：用于绘制标准矩形草图。
- ：绘制一个带有中心点的矩形。
- ：以所选的角度绘制一个矩形。
- ：以所选的角度绘制带有中心点的矩形。
- ：绘制标准平行四边形草图。

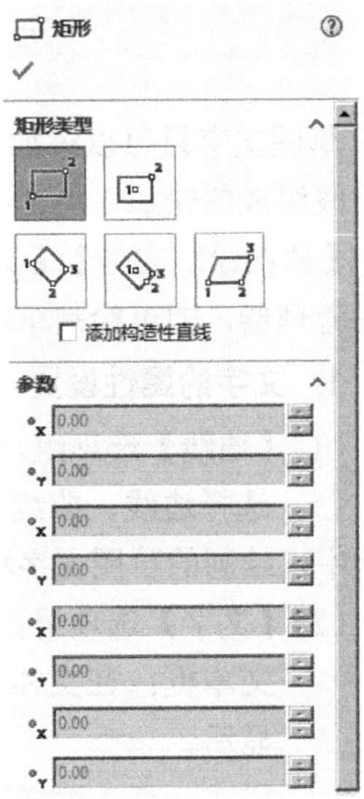

图 2-15 【矩形】属性管理器

2. **绘制矩形的操作方法**

（1）新建零件文件，用鼠标右键单击前视基准面，在弹出的菜单中单击【草图绘制】按钮，进入草图绘制状态。选择【工具】|【草图绘制实体】|【矩形】菜单命令。

（2）在【矩形】属性管理器中单击【边角矩形】按钮。

（3）在绘图区域中确定一点作为矩形左下角的顶点，拖动鼠标，再次单击确定右上角的顶点。

（4）单击【矩形】属性管理器中的【确定】按钮，完成矩形的绘制。

2.2.5 绘制多边形

【多边形】命令用于绘制边数为 3 ～ 40 的等边多边形，单击【草图】工具栏上的【多边形】按钮，或选择【工具】|【草图绘制实体】|【多边形】菜单命令，弹出【多边形】属性管理器，如图 2-16 所示。

图 2-16 【多边形】属性管理器

1. **多边形的属性设置**

- ：在后面的数值框中输入多边形的边数，通常为 3 ～ 40。
- 内切圆：以内切圆方式生成多边形。
- 外接圆：以外接圆方式生成多边形。
- ：显示多边形中心的 X 坐标。
- ：显示多边形中心的 Y 坐标。
- ：显示内切圆或外接圆的直径。
- ：显示多边形的旋转角度。
- 【新多边形】：单击该按钮，可以绘制另外一个多边形。

2. **绘制多边形的操作方法**

（1）新建零件文件，用鼠标右键单击前视基准面，在弹出的菜单中单击【草图绘制】按钮，进入草图绘制状态。选择【工具】|【草图绘制实体】|【多边形】菜单命令，或者单击【草图】工具栏上的【多边形】按钮，此时鼠标指针变为【多边形】鼠标指针。

（2）在【多边形】属性管理器中的【参数】选项组中，设置多边形的边数，再选择内切圆模式或外接圆模式。

（3）在绘图区域单击，确定多边形的中心，拖动鼠标，在合适的位置单击，确定多边形的形状。

（4）单击【多边形】属性管理器中的【确定】按钮，完成多边形的绘制。

2.2.6 绘制草图文字

草图文字只可以添加在连续曲线或边线组中，包括由直线、圆弧或样条曲线组成的轮廓。单击【草图】工具栏上的【文字】按钮，或选择【工具】|【草图绘制实体】|【文字】菜单命令，弹出图 2-17 所示的【草图文字】属性管理器，即可绘制草图文字。

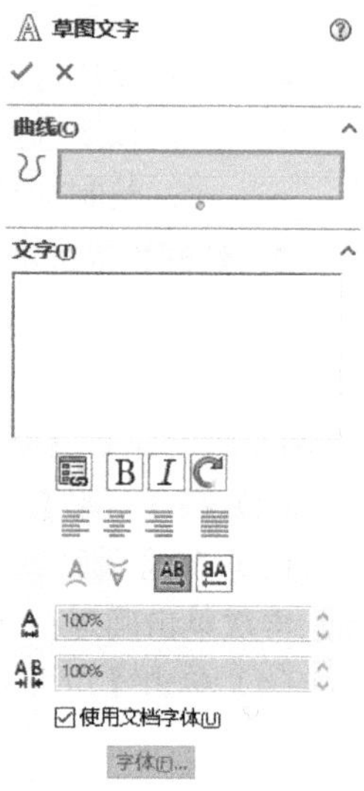

图 2-17 【草图文字】属性管理器

1. 文字的属性设置

（1）【曲线】选项组。

：选择边线、曲线、草图及草图段。所选实体的名称显示在右侧文本框中，绘制的草图文字将沿草图实体排列。

（2）【文字】选项组。

- 文本框：在文本框中输入文字，文字在绘图区域中沿所选实体显示。
- 样式：有 3 种样式。【加粗】用于将输入的文字加粗，【斜体】用于将输入的文字以斜体方式显示，【旋转】用于将选择的文字以设定的角度旋转。
- 对齐：有 4 种对齐方式，分别是【左对齐】、【居中】、【右对齐】和【两端对齐】，对齐功能只可用于沿曲线、边线或草图段排列的文字。
- 反转：有 4 种样式，分别是【竖直反转】、【竖直反转返回】、【水平反转】和【水平反转返回】，其中【竖直反转】只可用于沿曲线、边线或草图段排列的文字。
- ：按指定的百分比均匀加宽每个字符。
- ：按指定的百分比更改字符之间的距离。
- 【使用文档字体】：勾选后将使用文档字体，取消勾选可以使用另一种字体。
- 【字体】：单击以打开【选择字体】对话框，根据需要可以设置字体样式和大小。

2. 绘制草图文字的操作方法

（1）新建零件文件，用鼠标右键单击前视基准面，在弹出的菜单中，单击【草图绘制】按钮，进入草图绘制状态。

（2）在绘图区域中绘制一条直线。

（3）选择【工具】|【草图绘制实体】|【文本】菜单命令，或者单击【草图】工具栏中的【文字】按钮，弹出【草图文字】属性管理器。在【草图文字】属性管理器的【文字】文本框中输入要添加的文字。此时，添加的文字会出现在绘图区域的直线上。

（4）单击【草图文字】属性管理器中的【确定】按钮，完成草图文字的绘制。

2.3 草图编辑

草图绘制完毕后，需要对草图进行进一步编辑以符合设计的需要。本节将介绍常用的草图编辑方式，包括绘制圆角、绘制倒角、剪裁草图实体、镜向草图实体、线性阵列草图实体、圆周阵列草图实体、等距实体、转换实体引用等。

2.3.1　绘制圆角

选择【工具】|【草图工具】|【圆角】菜单命令，或者单击【草图】工具栏上的【绘制圆角】按钮，弹出图 2-18 所示的【绘制圆角】属性管理器，即可绘制圆角。

1. 圆角的属性设置

- ：指定圆角的半径。
- 【保持拐角处约束条件】：如果顶点具有尺寸或几何关系，勾选该复选框，将保留虚拟交点。
- 【标注每个圆角的尺寸】：勾选后，将尺寸添加到每个圆角。

2. 绘制圆角的操作方法

（1）新建一个零件文件，用鼠标右键单击前视基准面，在弹出的菜单中单击【草图绘制】按钮，进入草图绘制状态。先绘制一个五边形，如图 2-19 所示。然后选择【工具】|【草图绘制工具】|【圆角】菜单命令，或者单击【草图】工具栏上的【绘制圆角】按钮，弹出【绘制圆角】属性管理器。

（2）在【绘制圆角】属性管理器中，设置圆角的半径为“20.00mm”。

（3）依次单击五边形的各个顶点。

（4）单击【绘制圆角】属性管理器中的【确定】按钮，完成圆角的绘制，结果如图 2-20 所示。

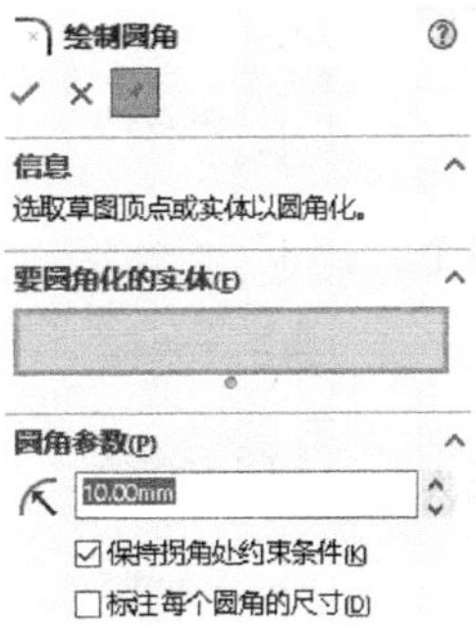

图 2-18 【绘制圆角】属性管理器

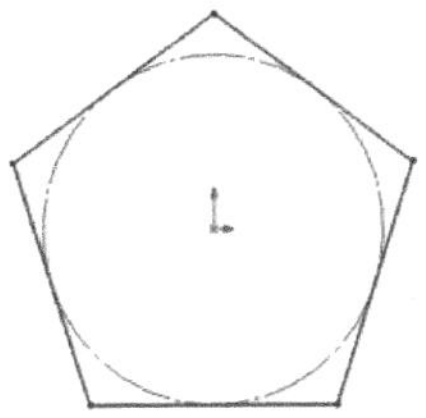

图 2-19　绘制前的草图

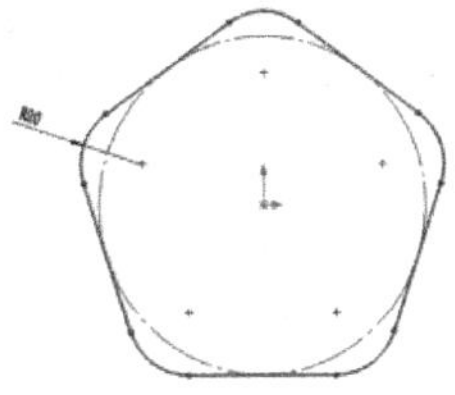

图 2-20　绘制后的草图

2.3.2　绘制倒角

绘制倒角命令是将倒角应用到相邻的草图实体中，此命令在 2D 和 3D 草图中均可使用。选择【工具】|【草图工具】|【倒角】菜单命令，或者单击【草图】工具栏上的【绘制倒角】按钮，弹出图 2-21 所示的【绘制倒角】属性管理器。

1. 倒角的属性设置

- 【角度距离】：以“角度 - 距离”方式设置绘制的倒角。
- 【距离-距离】：以“距离 - 距离”方式设置绘制的倒角。
- 【相等距离】：将设置的倒角距离值应用到两个草图实体中。
- ：设置倒角的距离。

2. 绘制倒角的操作方法

（1）新建一个零件文件，用鼠标右键单击前视基准面，在弹出的菜单中单击【草图绘制】按钮，进入草图绘制状态。先绘制一个多边形，如图 2-22 所示。然后选择【工具】|【草图绘制工具】|【倒角】菜单命令，或者单击【草图】工具栏上的【绘制倒角】按钮，弹出【绘制倒角】属性管理器。

（2）设置绘制倒角的方式，此处采用系统默认的“距离 - 距离”方式，在右侧的数值框中输入数值“20.00mm”。

（3）单击图形右上角的两条边线。

（4）单击【绘制倒角】属性管理器中的【确定】按钮，完成倒角的绘制，结果如图 2-23 所示。

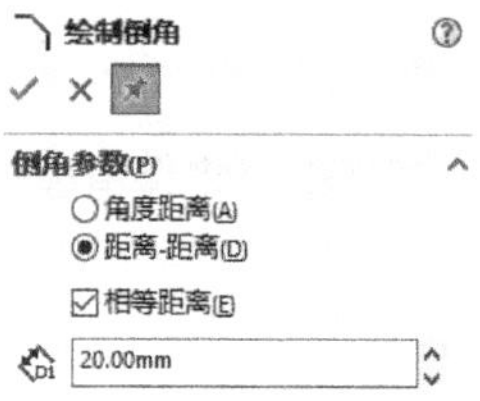

图 2-21 【绘制倒角】属性管理器

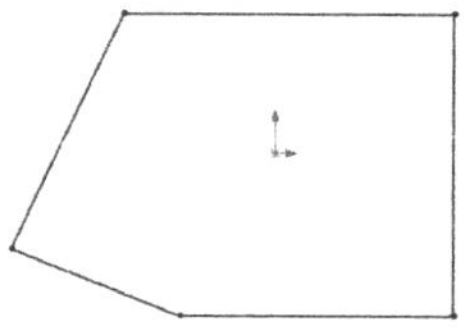
图 2-22 绘制倒角前的图形

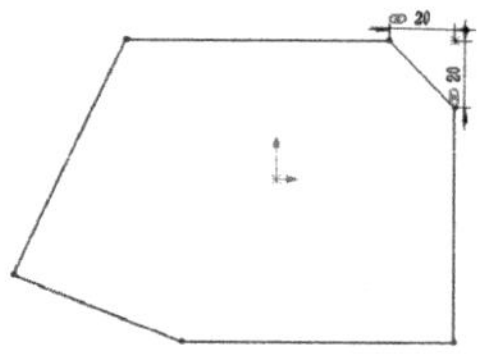

图 2-23 绘制倒角后的图形

2.3.3 剪裁草图实体

剪裁草图实体命令是比较常用的草图编辑命令，剪裁类型可以为 2D 草图及在 3D 基准面上的 2D 草图。选择【工具】|【草图工具】|【剪裁】菜单命令，或者单击【草图】工具栏上的【剪裁实体】按钮，弹出图 2-24 所示的【剪裁】属性管理器。

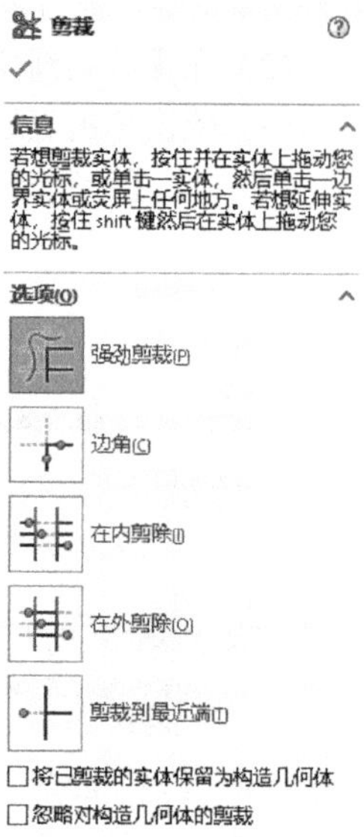

图 2-24 【剪裁】属性管理器

1. 剪裁的属性设置

- 【强劲剪裁】：通过将鼠标指针移过每个草图实体来剪裁多个相邻的草图实体。
- 【边角】：剪裁两个草图实体，直到它们在虚拟边角处相交。
- 【在内剪除】：选择两个边界实体，剪裁位于两个边界实体内的草图实体。
- 【在外剪除】：选择两个边界实体，剪裁位于两个边界实体外的草图实体。
- 【剪裁到最近端】：将一个草图实体剪裁到其最近交叉的实体端。

2. 剪裁草图实体的操作方法

（1）新建一个零件文件，用鼠标右键单击前视基准面，在弹出的菜单中单击【草图绘制】按钮，进入草图绘制状态。先用【直线】工具绘制一个图形，如图 2-25 所示。然后选择【工具】|【草图工具】|【剪裁】菜单命令，或者单击【草图】工具栏上的【剪裁实体】按钮，此时鼠标指针变为，并弹出【剪裁】属性管理器。

（2）在【选项】选项组中选择【剪裁到最近端】模式。

（3）单击图形外侧的直线段，被选中的直线段将被剪裁掉。

（4）单击【剪裁】属性管理器中的【确定】按钮，完成剪裁草图实体的操作，如图 2-26 所示。

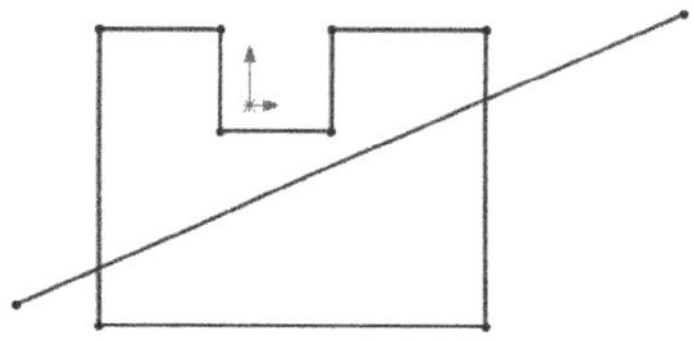
图 2-25 剪裁前的图形

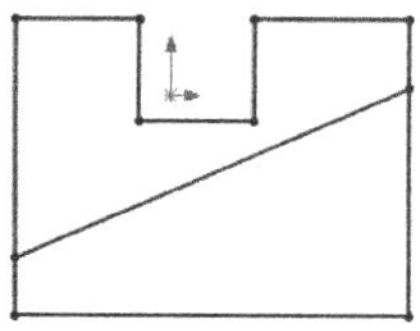
图 2-26 剪裁后的图形

2.3.4　镜向草图实体

镜向命令适用于绘制对称的图形，镜向的对象为 2D 草图或在 3D 基准面上生成的 2D 草图。选择【工具】|【草图工具】|【镜向】菜单命令，或者单击【草图】工具栏上的【镜向实体】按钮，弹出【镜向】属性管理器，如图 2-27 所示。

1. 镜向的属性设置

- 【要镜向的实体】：选择要镜向的草图实体，所选择的实体将出现在【要镜向的实体】选择框中。
- 【复制】：勾选该复选框可以保留原始草图实体，并镜向草图实体。
- 【镜向轴】：选择边线或直线段作为镜向轴，所选择的对象会出现在【镜向轴】选择框中。

2. 镜向草图实体的操作方法

（1）新建一个零件文件，用鼠标右键单击前视基准面，在弹出的菜单中单击【草图绘制】按钮，进入草图绘制状态。利用【多边形】和【直线】工具绘制图形，如图 2-28 所示。选择【工具】|【草图绘制工具】|【镜向】菜单命令，或者单击【草图】工具栏上的【镜向实体】按钮，弹出【镜向】属性管理器。

（2）单击属性管理器中【要镜向的实体】下面的选择框，使其变为粉红色，然后在绘图区域中框选图 2-28 中的五边形，作为要镜向的原始草图。

（3）单击属性管理器中【镜向轴】下面的选择框，使其变为粉红色，然后在绘图区域中选取图 2-28 中的竖直直线，作为镜向轴。

（4）单击【镜向】属性管理器中的【确定】按钮，草图实体镜向完毕，结果如图 2-29 所示。

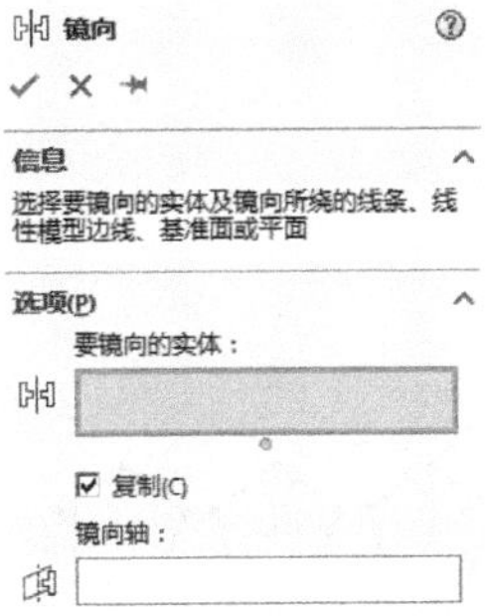

图 2-27 【镜向】属性管理器

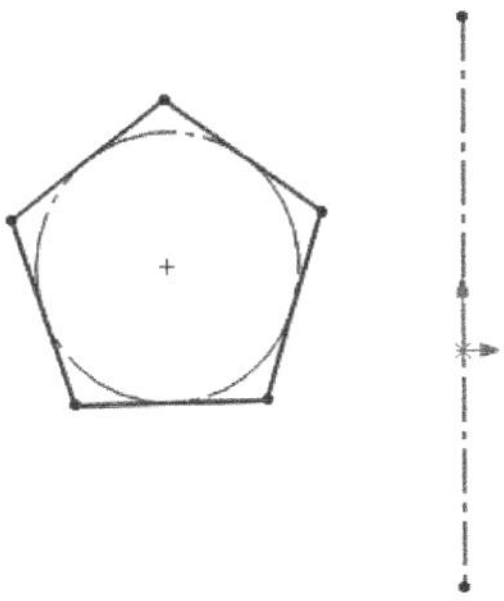

图 2-28　镜向前的图形

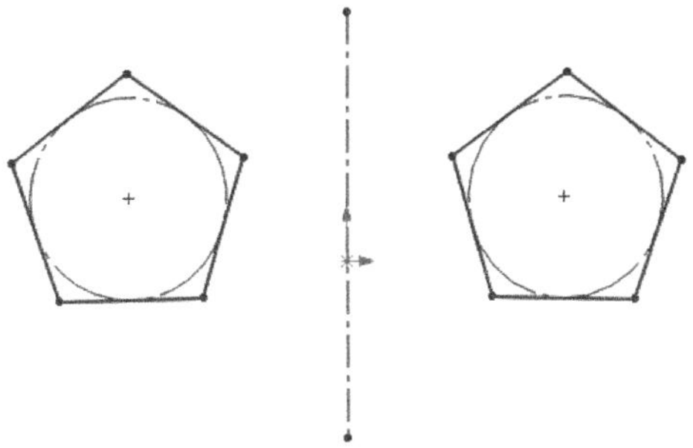

图 2-29　镜向后的图形

2.3.5　线性阵列草图实体

线性阵列就是将草图实体沿一个或者两个轴复制多个，并有序排列。选择【工具】|【草图工具】|【线性阵列】菜单命令，或者单击【草图】工具栏中的【线性草图阵列】按钮，弹出图 2-30 所示的【线性阵列】属性管理器。

1. 线性阵列的属性设置

- 【反向】：可以改变线性阵列的方向。
- 【间距】：线性阵列 *X* 轴、*Y* 轴相邻两个特征参数之间的距离。
- 【标注 X 间距】：形成线性阵列后，在草图上自动标注特征尺寸。
- 【数量】：经过线性阵列后最后形成的草图总个数。
- 【角度】：线性阵列的方向与 *X* 轴、*Y* 轴之间的夹角。

2. 线性阵列草图实体的操作方法

（1）打开“配套数字资源\第 2 章\基本功能\2.3.5.SLDPRT”中的实例素材文件，用鼠标右键单击前视基准面，在弹出的菜单中单击【草图绘制】按钮，进入草图绘制状态。选择【工具】|【草图绘制工具】|【线性阵列】菜单命令，或者单击【草图】工具栏上的【线性阵列草图实体】按钮，弹出【线性阵列】属性管理器。

（2）单击【线性阵列】属性管理器中的【要阵列的实体】选项组的选择框，选取图 2-31 中的草图，其他设置如图 2-32 所示。

（3）单击【线性阵列】属性管理器中的【确定】按钮，结果如图 2-33 所示。

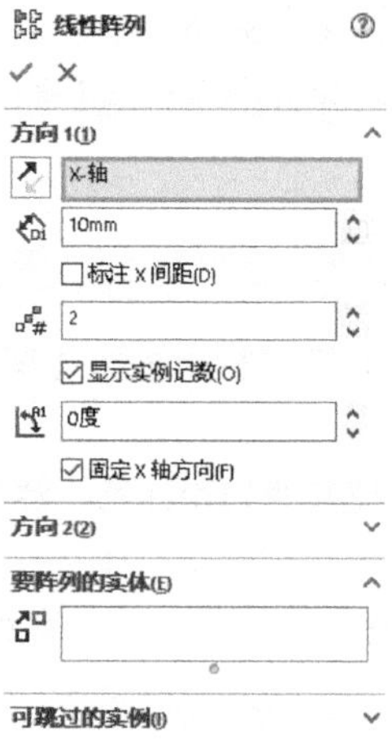

图 2-30 【线性阵列】属性管理器

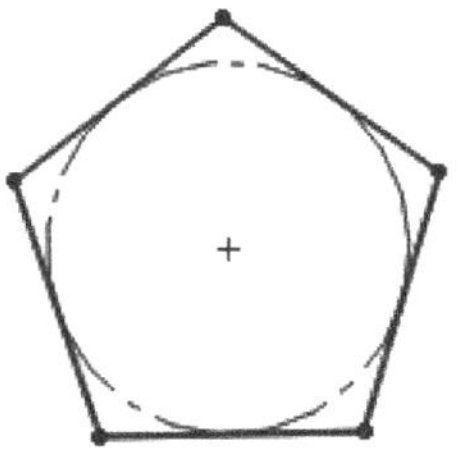

图 2-31 阵列草图实体前的图形

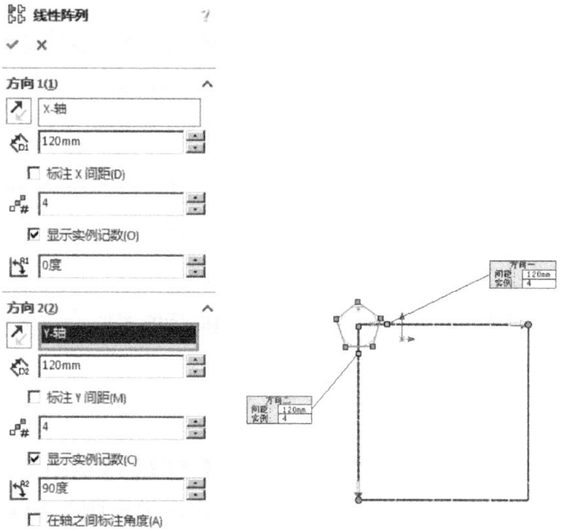

图 2-32 【线性阵列】属性管理器中的设置

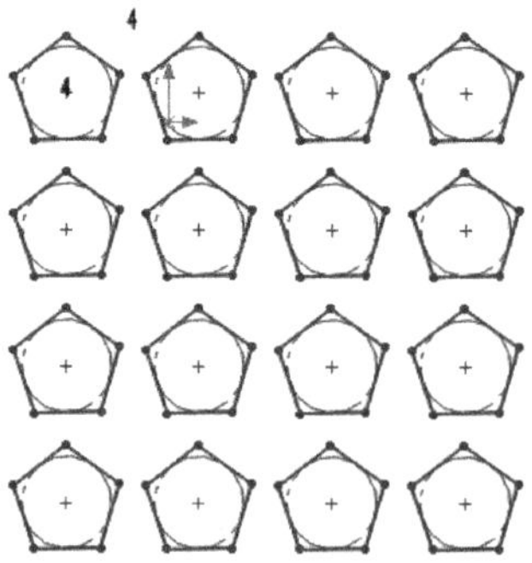

图 2-33 阵列草图实体后的图形

2.3.6 圆周阵列草图实体

圆周阵列就是将草图实体沿一个指定大小的圆弧进行环状阵列。选择【工具】|【草图绘制工具】|【圆周阵列】菜单命令，或者单击【草图】工具栏上的【圆周草图阵列】按钮，弹出图 2-34 所示的【圆周阵列】属性管理器。

1. 圆周阵列的属性设置

- 【反向旋转】：草图进行圆周阵列时围绕原点旋转的方向。
- 【中心 X】：草图进行圆周阵列时旋转中心的横坐标。
- 【中心 Y】：草图进行圆周阵列时旋转中心的纵坐标。
- 【间距】：设定阵列的总度数。
- 【数量】：经过圆周阵列后最后形成的草图总个数。
- 【半径】：圆周阵列的旋转半径。
- 【圆弧角度】：圆周阵列旋转中心与要阵列的草图重心之间的夹角。

2. 圆周阵列草图实体的操作方法

（1）打开“配套数字资源\第 2 章\基本功能\2.3.6.SLDPRT”中的实例素材文件，用鼠标右键单击前视基准面，在弹出的菜单中单击【草图绘制】按钮，进入草图绘制状态。选择【工具】|【草图绘制工具】|【圆周阵列】菜单命令，或者单击【草图】工具栏上的【圆周草图阵列】按钮，弹出【圆周阵列】属性管理器。

（2）单击【圆周阵列】属性管理器中的【要阵列的实体】选项组中的选择框，选取图 2-35 中圆形外的三角形草图，在【参数】选项组的【中心 X】、【中心 Y】数值框中输入原点的坐标值，在【数量】数值框中输入“6”，在【圆弧角度】数值框中输入“360 度”。

（3）单击【圆周阵列】属性管理器中的【确定】按钮，结果如图 2-36 所示。

图 2-34 【圆周阵列】属性管理器

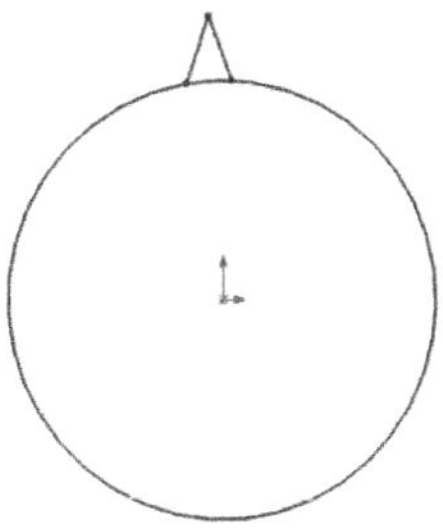

图 2-35 圆周阵列前的图形

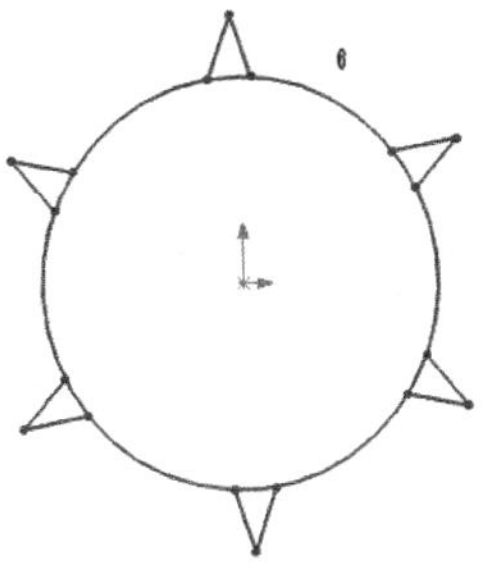

图 2-36 圆周阵列后的图形

2.3.7 等距实体

等距实体是指按指定的距离等距复制一个或者多个草图实体、模型边线或模型面。选择【工具】|【草图工具】|【等距实体】菜单命令，或者单击【草图】工具栏上的【等距实体】按钮，弹出图 2-37 所示的【等距实体】属性管理器。

1. 等距实体的属性设置

- ：【等距距离】设定数值以特定距离来等距复制草图实体。
- 【添加尺寸】：勾选后可为等距的草图添加等距距离的尺寸标注。

- 【反向】：勾选后可更改单向等距复制实体的方向。
- 【选择链】：勾选后可生成所有连续草图实体的等距。
- 【双向】：勾选后可在绘图区域中双向生成等距实体。
- 【顶端加盖】：在草图实体的顶部添加一个顶盖来封闭原有草图实体。

2. 等距实体的操作方法

（1）打开“配套数字资源\第 2 章\基本功能\2.3.7.SLDPRT”中的实例素材文件，用鼠标右键单击前视基准面，在弹出的菜单中单击【草图绘制】按钮，进入草图绘制状态。选择【工具】|【草图工具】|【等距实体】菜单命令，或者单击【草图】工具栏上的【等距实体】按钮，弹出【等距实体】属性管理器。

（2）在绘图区域中选择图 2-38 所示的草图，在【等距距离】数值框中输入“20mm”，勾选【添加尺寸】和【双向】复选框，其他选项保持默认设置。

（3）单击【等距实体】属性管理器中的【确定】按钮，完成等距实体的操作，结果如图 2-39 所示。

图 2-37 【等距实体】属性管理器

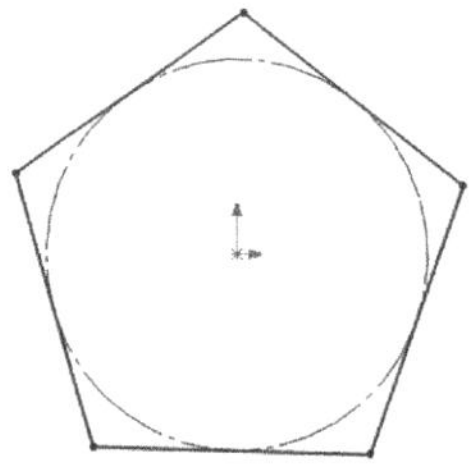

图 2-38 等距实体前的图形

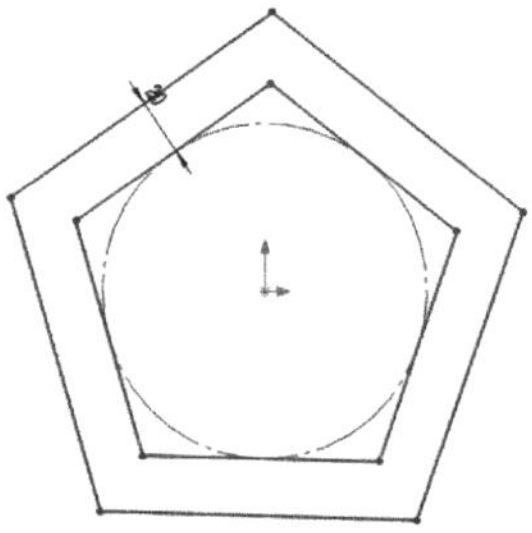

图 2-39 等距实体后的图形

2.3.8 转换实体引用

转换实体引用是通过已有模型或者草图，将其边线、环、面、曲线、外部草图轮廓线、一组边线或一组草图曲线投影到草图基准面上，进而生成新的草图。使用该命令时，如果引用的实体发生更改，那么转换的草图实体也会发生相应的改变。

转换实体引用的操作方法如下所述。

（1）打开“配套数字资源\第 2 章\基本功能\2.3.8.SLDPRT”中的实例素材文件，单击图 2-40 所示的基准面 1，然后单击【草图】工具栏上的【草图绘制】按钮，进入草图绘制状态。

（2）单击实体左侧的前端面。

（3）选择【工具】|【草图绘制工具】|【转换实体引用】菜单命令，或者单击【草图】工具栏上的【转换实体引用】按钮，结果如图 2-41 所示。

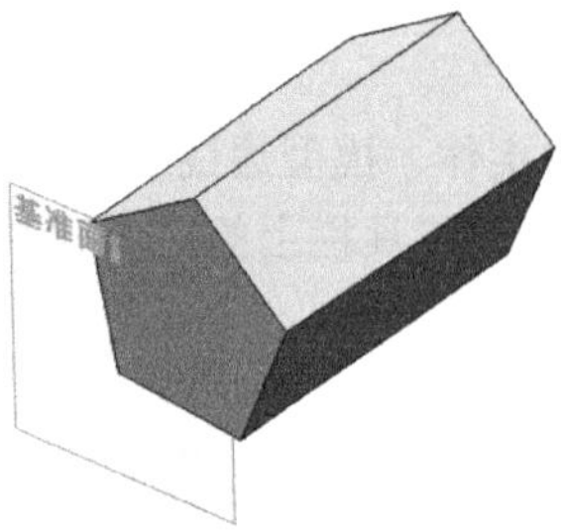

图 2-40 转换实体引用前的图形

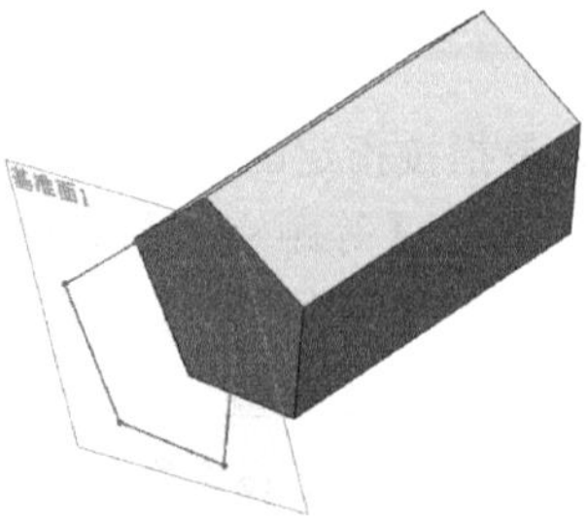

图 2-41 转换实体引用后的图形

2.4 尺寸标注

绘制完草图后，需要标注草图的尺寸。

2.4.1 线性尺寸

（1）打开“配套数字资源 \ 第 2 章 \ 基本功能 \2.4.1.SLDPRT”中的实例素材文件，单击【草图】工具栏中的【智能尺寸】按钮，或者选择【工具】|【标注尺寸】|【智能尺寸】菜单命令，或者在绘图区域中用单击鼠标右键，然后在弹出的菜单中选择【智能尺寸】命令。默认尺寸类型为平行尺寸。

（2）定位智能尺寸项目。移动鼠标指针时，智能尺寸会自动捕捉到最近的方位。当预览想要的位置及类型时，可以单击鼠标右键锁定该尺寸。

智能尺寸项目有下列几种。

- 直线或者边线的长度：选择要标注的直线，拖动到标注的位置。
- 直线之间的距离：选择两条平行直线，或者一条直线与一条平行的模型边线。
- 点到直线的垂直距离：选择一个点及一条直线或者模型上的一条边线。
- 点到点距离：选择两个点，然后为每个尺寸选择生成的位置，生成图 2-42 所示的距离尺寸。

（3）单击确定尺寸数值所要放置的位置。

2.4.2 角度尺寸

要在两条直线或者一条直线和模型边线之间放置角度尺寸，可以先选择两个草图实体，然后在其周围拖曳鼠标指针来预览智能尺寸。鼠标指针位置改变，要标注的角度尺寸数值也会随之改变。

（1）打开“配套数字资源 \ 第 2 章 \ 基本功能 \2.4.2.SLDPRT”中的实例素材文件，单击【草图】工具栏中的【智能尺寸】按钮。

（2）单击其中一条直线。

（3）单击另一条直线或者模型边线。

（4）拖动鼠标指针以预览角度尺寸。

（5）单击确定尺寸数值的位置，生成图 2-43 所示的角度尺寸。

2.4.3 圆形尺寸

可以在任意角度位置放置圆形尺寸，显示的尺寸数值为直径尺寸。若将尺寸数值竖直或者水平放置，尺寸数值会显示为线性尺寸。

（1）打开“配套数字资源 \ 第 2 章 \ 基本功能 \2.4.3.SLDPRT”中的实例素材文件，单击【草图】工具栏中的【智能尺寸】按钮。

（2）选择圆形。

（3）拖动鼠标指针以预览圆形直径。

（4）单击以确定尺寸的位置，生成图 2-44 所示的圆形尺寸。

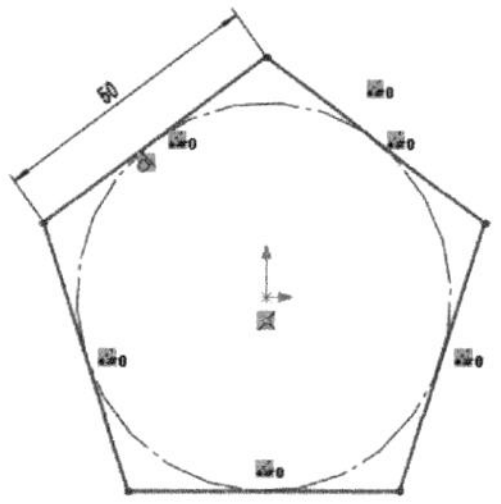

图 2-42 生成点到点的线性尺寸

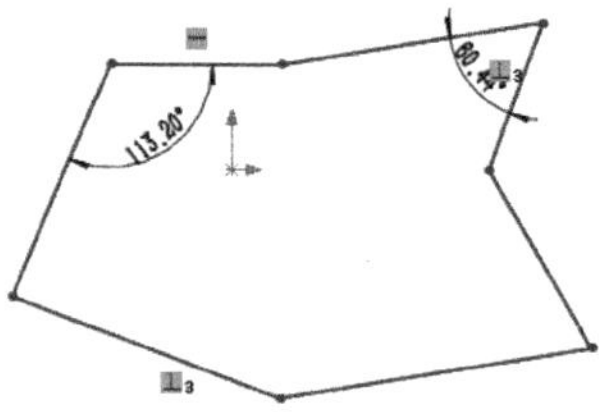

图 2-43 生成的角度尺寸

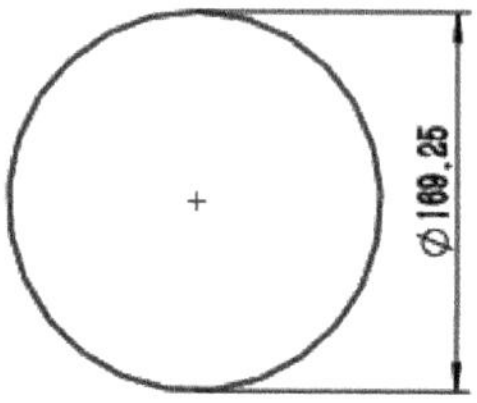

图 2-44 生成的圆形尺寸

2.4.4 修改尺寸

要修改尺寸，可以双击草图的尺寸，在弹出的【修改】属性管理器中进行设置，如图 2-45 所示，然后单击✓【确定】按钮完成操作。

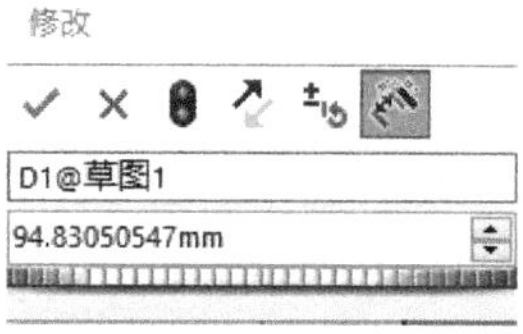

图 2-45 【修改】属性管理器

2.5 几何关系

绘制草图时使用几何关系可以更容易地控制草图形状，便于用户更好地表达设计意图。表 2-1 详细说明了使用各种几何关系要选择的草图实体及其使用后的效果。

表 2-1 几何关系选项与效果

图标	几何关系	要选择的草图实体	使用后的效果
	水平	一条或者多条直线，两个或者多个点	使直线水平，使点水平对齐
	竖直	一条或者多条直线，两个或者多个点	使直线竖直，使点竖直对齐
	共线	两条或者多条直线	使草图实体位于同一条无限长的直线上
	全等	两段或者多段圆弧	使草图实体位于同一个圆周上
	垂直	两条直线	使草图实体相互垂直
	平行	两条或者多条直线	使草图实体相互平行
	相切	直线和圆弧、椭圆弧或者其他曲线，曲面和直线，曲面和平面	使草图实体保持相切
	同心	两个或者多段圆弧	使草图实体共用一个圆心
	中点	一条直线或者一段圆弧和一个点	使点位于直线或者圆弧的中心
	交叉点	两条直线和一个点	使点位于两条直线的交叉点处
	重合	一条直线、一段圆弧或者其他曲线和一个点	使点位于直线、圆弧或者曲线上
	相等	两条或者多条直线，两段或者多段圆弧	使草图实体的所有尺寸参数保持相等
	对称	两个点、两条直线、两个圆、两个椭圆或者其他曲线和一条中心线	使草图实体相对于中心线保持对称

续表

图标	几何关系	要选择的草图实体	使用后的效果
	固定	任何草图实体	使草图实体的尺寸和位置保持固定，不可更改
	穿透	一个基准轴、一条边线、一条直线或者一条样条曲线和一个草图点	草图点与基准轴、边线、直线或者样条曲线在草图基准面上穿透的位置重合
	合并	两个草图点或者端点	使两个点合并为一个点

2.5.1　添加几何关系

添加几何关系命令用于为已有的实体添加约束，此命令只能在草图绘制状态中使用。

生成草图实体后，单击【尺寸 / 几何关系】工具栏中的【添加几何关系】按钮，或者选择【工具】|【几何关系】|【添加】菜单命令，弹出图 2-46 所示的【添加几何关系】属性管理器。在属性管理器中，可以在草图实体之间，或者在草图实体与基准面、轴、边线、顶点之间生成几何关系。

生成几何关系时，必须至少有一个项目是草图实体，其他项目可以是草图实体或者边线、面、顶点、原点、轴，也可以是其他草图的曲线投影到草图基准面上所形成的直线或者圆弧。

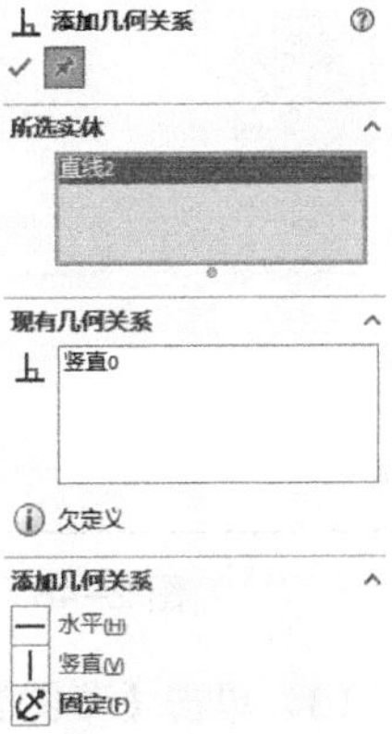

图 2-46 【添加几何关系】属性管理器

2.5.2　显示 / 删除几何关系

显示 / 删除几何关系命令用来显示已经应用到草图实体中的几何关系，或者删除不再需要的几何关系。

单击【尺寸 / 几何关系】工具栏中的【显示 / 删除几何关系】按钮，可以显示手动或者自动应用到草图实体上的几何关系，并可以删除不再需要的几何关系，还可以通过替换列出的参考引用关系来修正错误的草图实体。

2.6 草图绘制实例一

本节通过绘制法兰垫片轮廓来讲解草图的绘制方法，用到的草图绘制命令主要有中心线、圆、直线、镜向实体等，最终效果如图 2-47 所示。

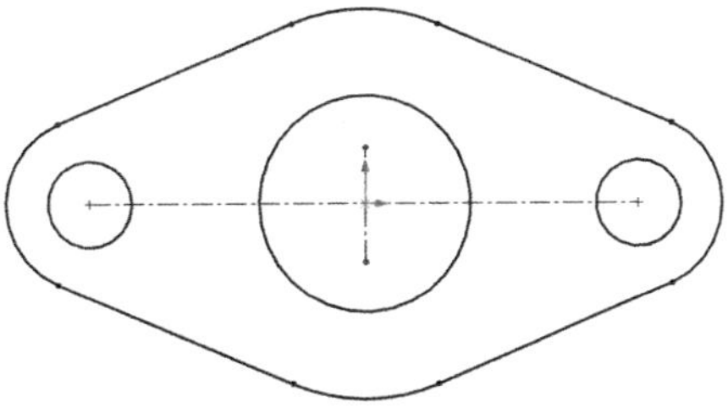

图 2–47　草图实例

2.6.1 进入草图绘制状态

（1）启动中文版 SOLIDWORKS，单击【标准】工具栏中的【新建】按钮，弹出【新建 SOLIDWORKS 文件】对话框，单击【零件】按钮，单击【确定】按钮，如图 2-48 所示。

（2）选择【文件】|【另存为】菜单命令，弹出【另存为】对话框，在【文件名】文本框中输入“2-1”，单击【保存】按钮，如图 2-49 所示。

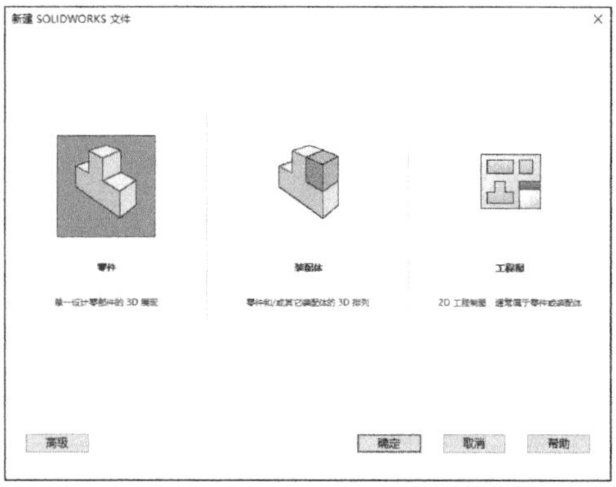

图 2-48　新建零件

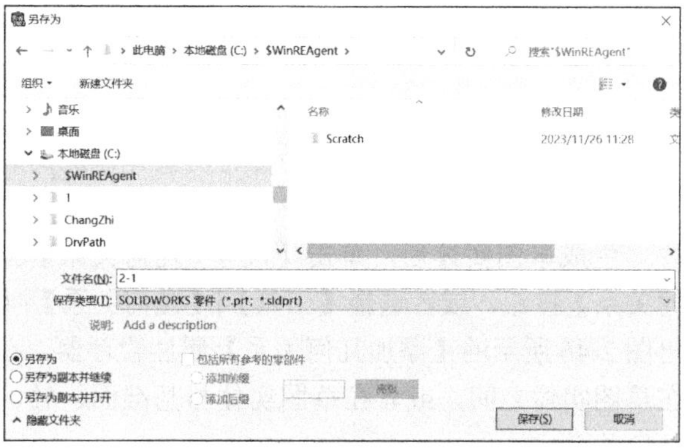

图 2-49　【另存为】对话框

（3）单击【草图】工具栏中的【草图绘制】按钮，进入草图绘制状态，单击【前视基准面】图标，使前视基准面成为草图绘制平面。

2.6.2 绘制草图

（1）单击【草图】工具栏中的【圆】按钮，在所选的前视基准面上选中坐标原点并单击以生成圆心，向外拖曳鼠标画圆。单击鼠标右键，在弹出的菜单中选择【选择】命令，完成圆的绘制，结果如图 2-50 所示。

（2）单击【草图】工具栏中的【直线】按钮右侧的下拉按钮，在下拉列表中单击【中心线】按钮。过圆心绘制两条中心线，如图 2-51 所示。

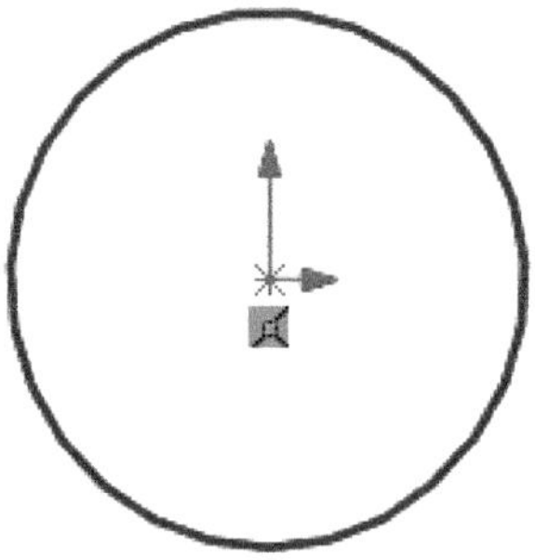

图 2-50　绘制圆形草图

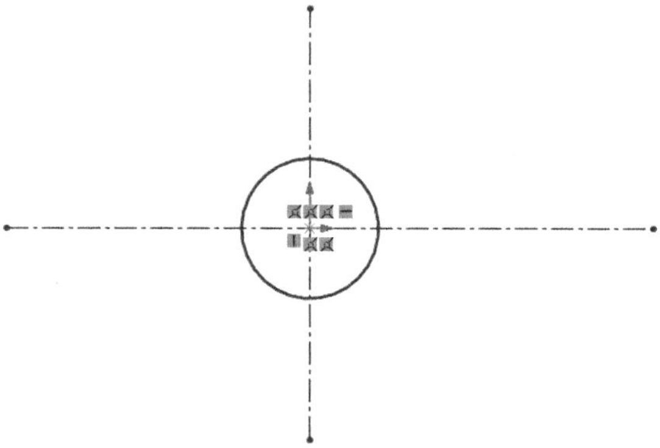

图 2-51　绘制草图中心线

（3）单击【草图】工具栏中的【圆】按钮，在坐标原点处绘制一个与前一个圆的圆心重合的圆，如图 2-52 所示。

（4）单击【草图】工具栏中的◎【圆】按钮，在左侧端点处绘制第一个圆，如图 2-53 所示。

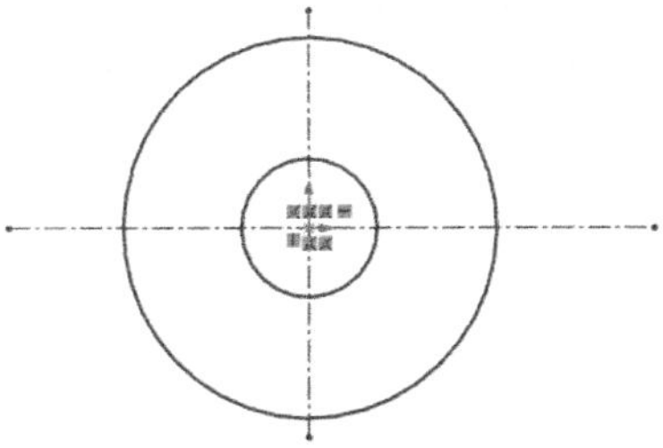

图 2–52　绘制同心圆

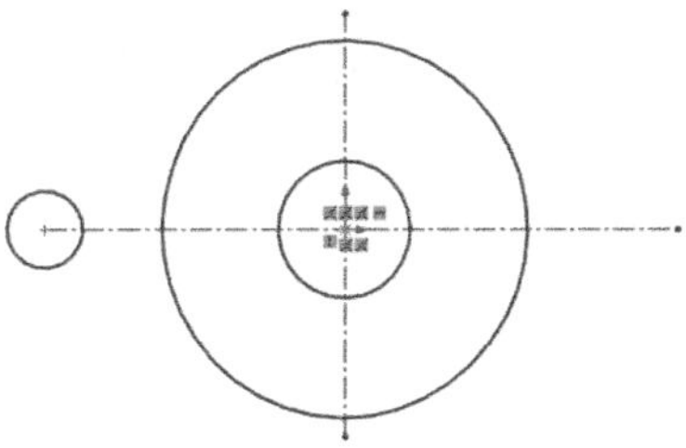

图 2–53　画出左侧第一个圆

（5）单击【草图】工具栏中的◎【圆】按钮，在左侧端点处绘制第二个圆，使其与第一个圆的圆心重合，然后单击鼠标右键，在弹出的菜单中选择【选择】命令，完成该圆的绘制，如图 2-54 所示。

（6）单击【草图】工具栏中的⋈【镜向实体】按钮，弹出【镜向】属性管理器，如图 2-55 所示。选择【选项】选项组下的【要镜向的实体】选择框，依次单击左侧的两个圆。再选择【选项】选项组下的【镜向轴】选择框，再单击绘图区域的竖直中心线，完成左侧两圆的镜向。单击✓【确定】按钮，完成两个圆的镜向操作，如图 2-56 所示。

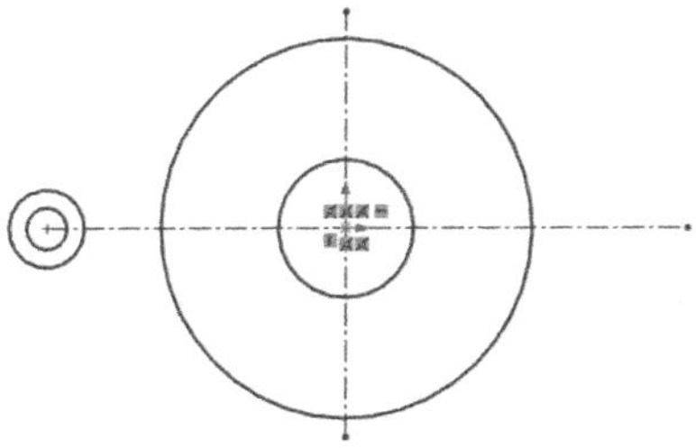

图 2–54　画出左侧的第二个圆

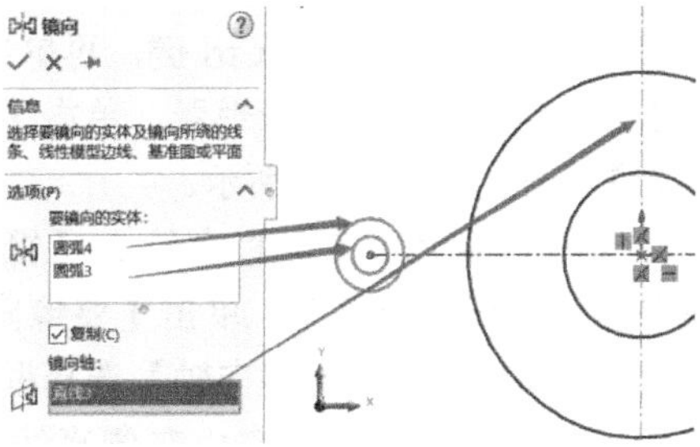

图 2–55 【镜向】属性管理器

（7）单击【草图】工具栏中的↖【智能尺寸】按钮，选中中心线上坐标原点处的小圆，输入直径“10”，再选中中心线上的大圆，输入直径“18”。选择左侧端点处的小圆，输入直径“4”，再选中另一个圆，输入直径“8”。选中左侧的圆和右侧的圆，向下放置线性尺寸，输入距离“26”。当所选对象变成黑色时，表示该尺寸已被固定，尺寸已经标注好，结果如图 2-57 所示。

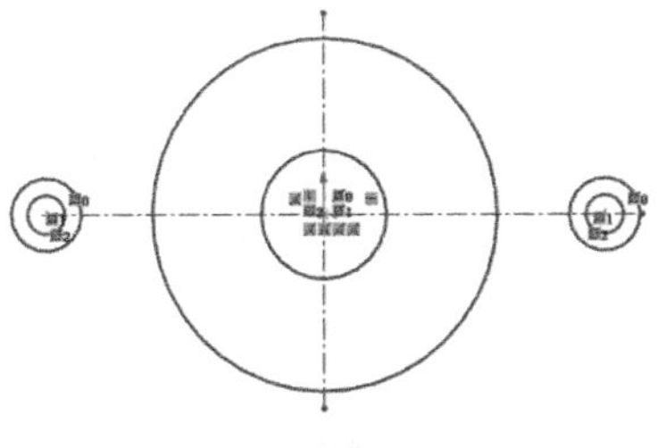

图 2–56　完成镜向操作

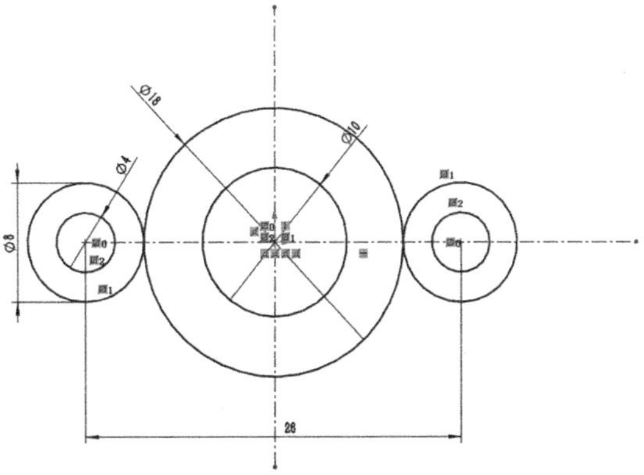

图 2–57　定义部分尺寸

（8）单击╱【直线】按钮，在左侧的外圆处生成第一个端点，然后移动鼠标指针至中间的外圆处并生成第二个端点，完成直线的绘制。注意，该直线不要与圆有任何约束，如图 2-58 所示。

（9）选中步骤（8）中绘制的直线，按住 Ctrl 键，选中左侧的外圆，进入图 2-59 所示的【添加几何关系】属性管理器，在【所选实体】选项组中能看到所选择的两个对象，分别是【圆弧 2】和【直线 3】。单击【相切】按钮，单击✓【确定】按钮。

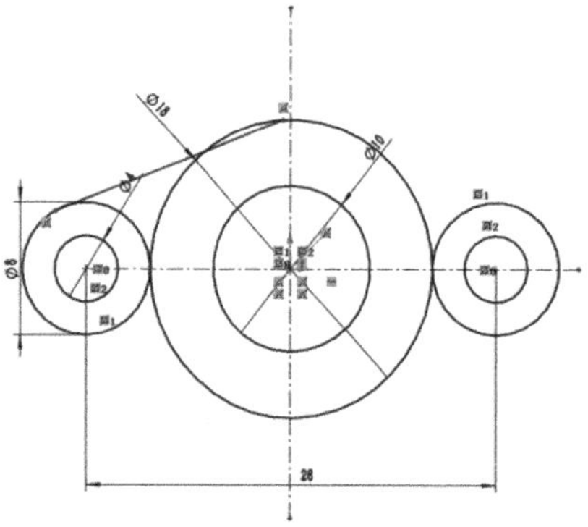

图 2-58　绘制直线

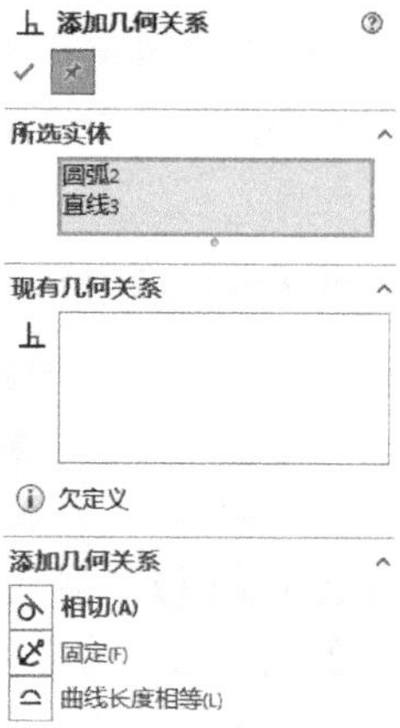

图 2-59 【添加几何关系】属性管理器

（10）选中该直线，按住 Ctrl 键，再单击中心线上的外圆，进入【添加几何关系】属性管理器，单击【相切】按钮，单击✓【确定】按钮，如图 2-60 所示。

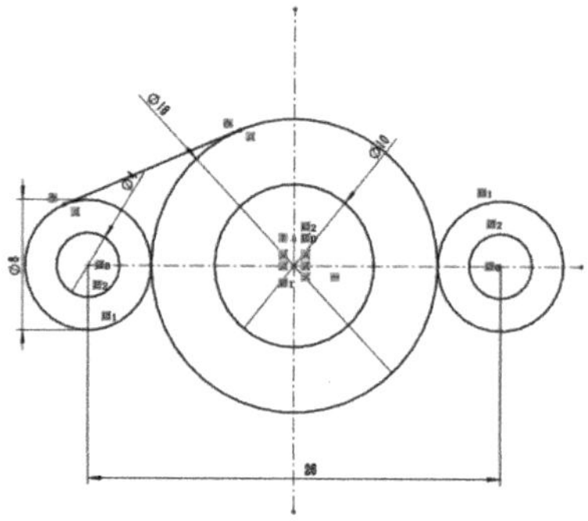

图 2-60　完成直线与两个圆的相切

（11）单击【草图】工具栏中的【镜向实体】按钮，弹出【镜向实体】属性管理器，单击【要镜向的实体】选择框，选择所绘制的直线，单击【镜向轴】选择框，选择竖直的中心线，单击✓【确定】按钮，完成左侧直线到右侧的镜向，如图 2-61 所示。

（12）重复以上步骤，单击【草图】工具栏中的【镜向实体】按钮，弹出【镜向实体】属性管理器，单击【要镜向的实体】选择框，选择左侧绘制的直线和右侧镜向的直线，单击【镜向轴】选择框，选择水平的中心线，单击✓【确定】按钮，完成左侧和右侧直线到水平构造线另一侧的镜向，如图 2-62 所示。

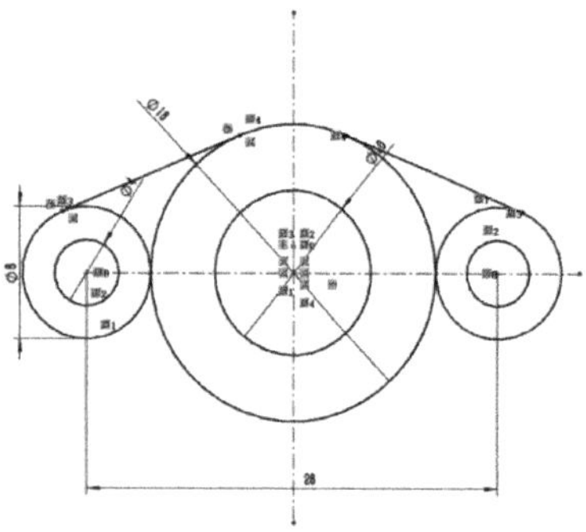

图 2-61　完成直线段的镜向

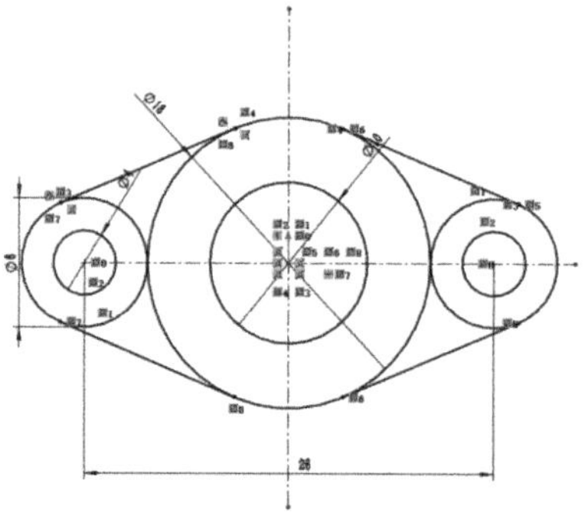

图 2-62　完成镜向

2.6.3 裁剪草图

单击【草图】工具栏中的【剪裁实体】按钮，然后选择要裁剪的线段，拖动鼠标即可裁剪掉需要裁剪的线段，最后单击【确定】按钮，完成裁剪，裁剪完成后的效果如图 2-63 所示。

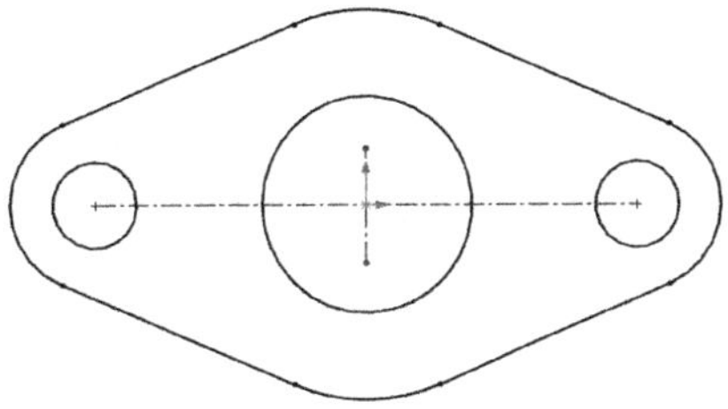

图 2–63 裁剪后的效果

2.7 草图绘制实例二

本节通过绘制特种垫片轮廓来讲解草图的绘制方法，用到的草图绘制命令主要有中心线、圆、圆弧、直线、镜向实体、绘制圆角等，最终效果如图 2-64 所示。

2.7.1 新建 SOLIDWORKS 零件并保存文件

（1）启动中文版 SOLIDWORKS，单击【标准】工具栏中的【新建】按钮，弹出【新建 SOLIDWORKS 文件】对话框，单击【零件】按钮，单击【确定】按钮。

（2）选择【文件】|【另存为】菜单命令，弹出【另存为】对话框，在【文件名】文本框中输入“2-2”，单击【保存】按钮。

2.7.2 新建草图并绘制尺寸基准线

（1）单击【草图】工具栏中的【草图绘制】按钮，进入草图绘制状态。单击【上视基准面】图标，使上视基准面成为草图绘制平面。单击【视图定向】下拉列表中的【正视于】按钮，效果如图 2-65 所示。

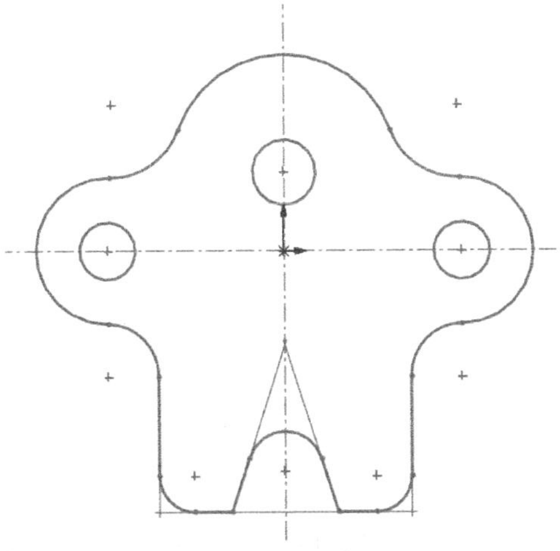

图 2–64 草图实例

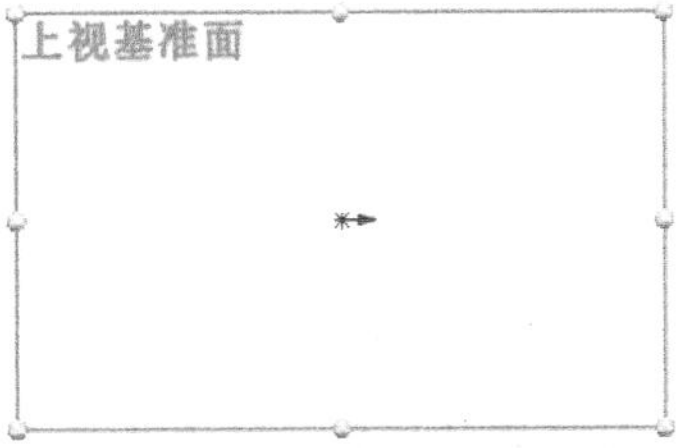

图 2–65 正视于上视基准面

（2）单击【草图】工具栏中的【中心线】按钮，弹出【插入线条】复选框，在【方向】选项组中选择【水平】单选项，在【选项】选项组中勾选【作为构造线】和【中点线】复选框，在【参数】选项组中的【距离】数值框中输入“300.00”。单击坐标原点，以此为线条的中点，再单击一点以确定插入的线条，插入后单击✓【确定】按钮，如图 2-66 所示。

（3）再单击【中心线】按钮，在【插入线条】属性管理器中的【方向】选项组中选择【竖直】单选项，在【选项】选项组中勾选【作为构造线】和【中点线】复选框，在【参数】选项组中的【距离】数值框中输入“300.00”。单击坐标原点，以此为线条的中点，再单击一点以确定插入的线条，插入后单击✓【确定】按钮，如图 2-67 所示。

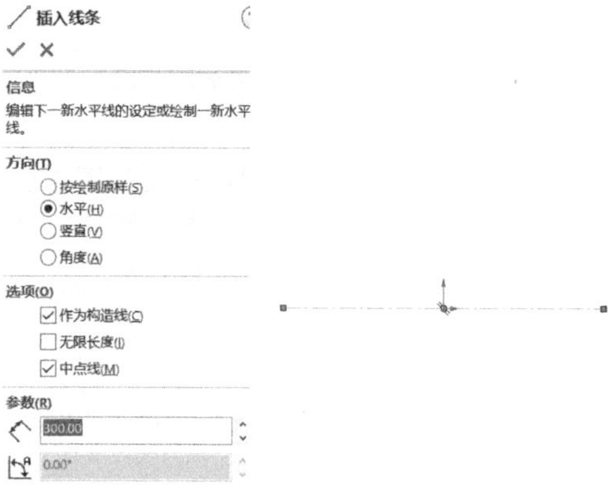

图 2-66　插入水平中心线

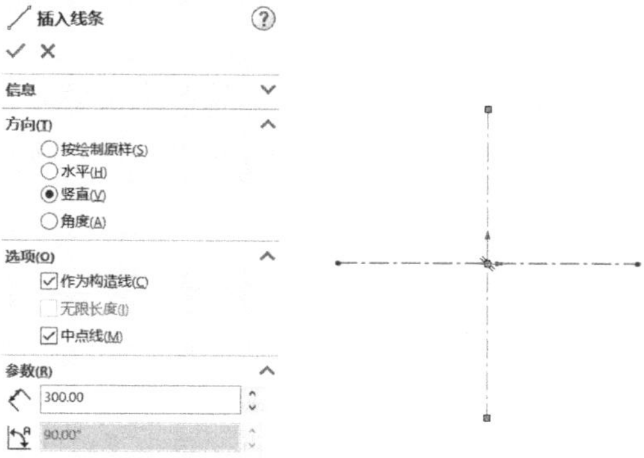

图 2-67　插入竖直中心线

2.7.3　在中心线上绘制圆并标注尺寸

（1）单击【草图】工具栏中的【圆】按钮，在竖直中心线的原点上方绘制圆，如图 2-68 所示。

（2）标注圆的直径。单击【草图】工具栏中的【智能尺寸】按钮，单击圆并在合适位置单击以放置尺寸，并在【动态尺寸】框中输入圆的直径“25mm”，如图 2-69 所示。

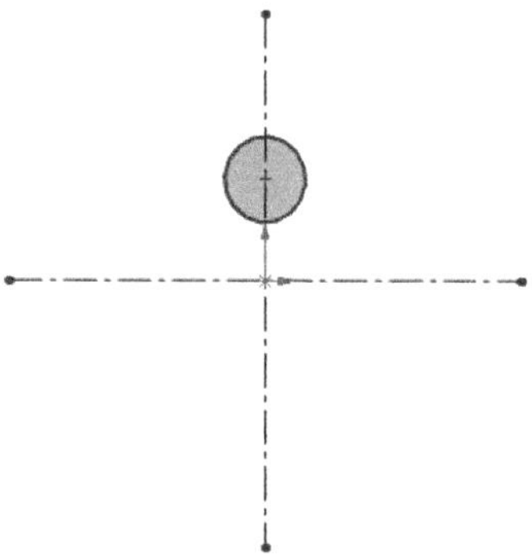

图 2-68　绘制圆

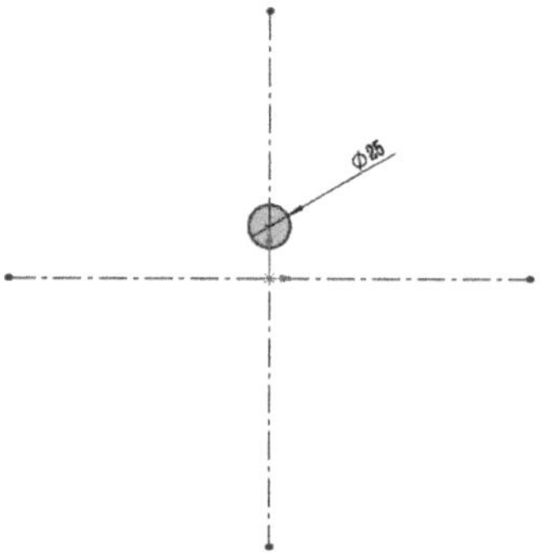

图 2-69　标注圆的直径尺寸（1）

（3）标注圆的位置。继续单击【智能尺寸】按钮，单击圆的圆心和水平中心线并在合适位置单击以放置尺寸，并在【动态尺寸】数值框中输入“30mm”。单击✓【确定】按钮，如图 2-70 所示。

（4）单击【草图】工具栏中的【圆】按钮，在水平中心线左右各绘制一个圆，如图 2-71 所示。

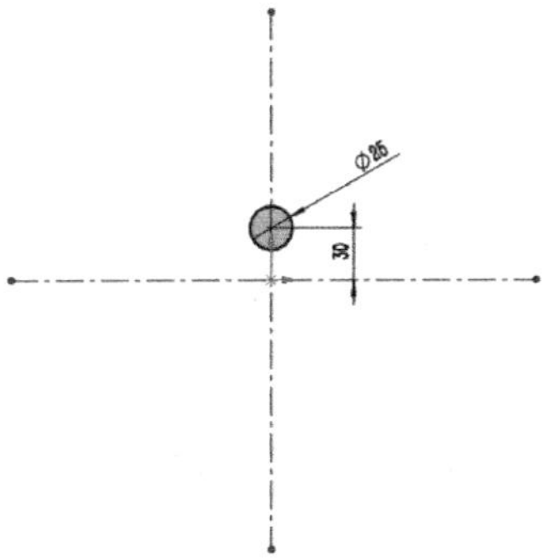

图 2–70 标注圆的位置尺寸（1）

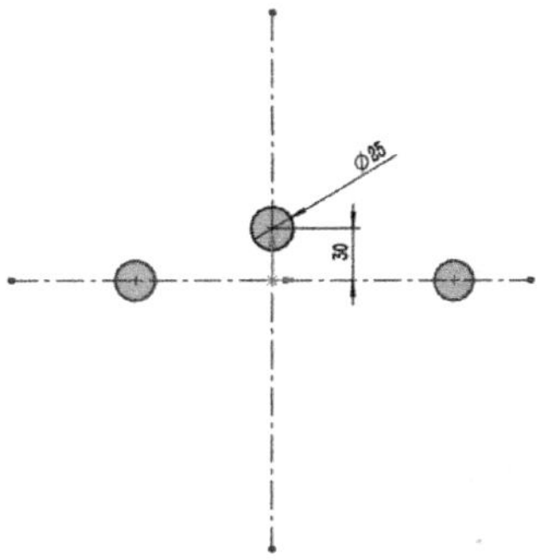

图 2–71 绘制两个圆

（5）标注圆的直径。单击【草图】工具栏中的【智能尺寸】按钮，单击圆并在合适位置单击以放置尺寸，并在【动态尺寸】单击数值框中输入圆的直径“22mm”，如图 2-72 所示。

（6）标注圆的位置。再单击【智能尺寸】按钮，单击圆的圆心和竖直中心线并在合适位置单击以放置尺寸，并在【动态尺寸】数值框中输入“50mm”。单击【确定】按钮，如图 2-73 所示。

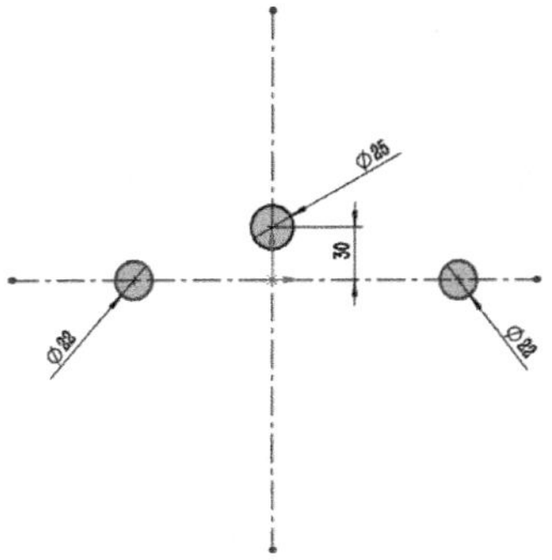

图 2–72 标注圆的直径尺寸（2）

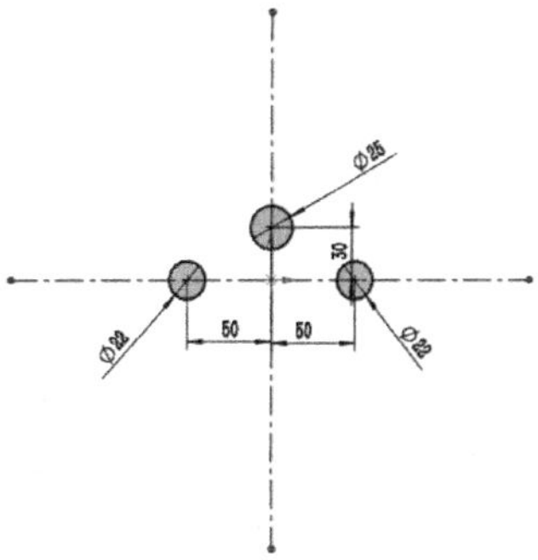

图 2–73 标注圆的位置尺寸（2）

2.7.4 绘制外围圆并标注尺寸

（1）单击【草图】工具栏中的【圆】按钮，在竖直中心线上方绘制一个大圆，如图 2-74 所示。

（2）标注圆的直径。单击【草图】工具栏中的【智能尺寸】按钮，单击圆并在合适位置单击以放置尺寸，并在【动态尺寸】数值框中输入圆的直径“90mm”。单击【确定】按钮，如图 2-75 所示。

（3）单击【草图】工具栏中的【圆】按钮，在水平中心线左右各绘制一个大圆，如图 2-76 所示。

（4）标注圆的直径。单击【草图】工具栏中的【智能尺寸】按钮，单击圆并在合适位置单击以放置尺寸，并在【动态尺寸】数值框中输入圆的直径“56mm”。单击【确定】按钮，如图 2-77 所示。

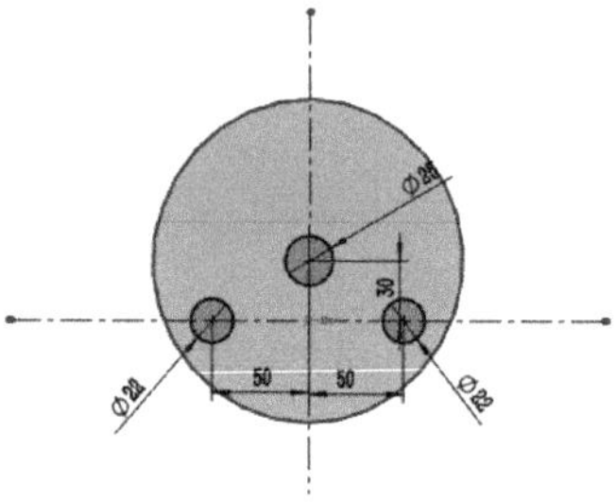

图 2-74　绘制圆

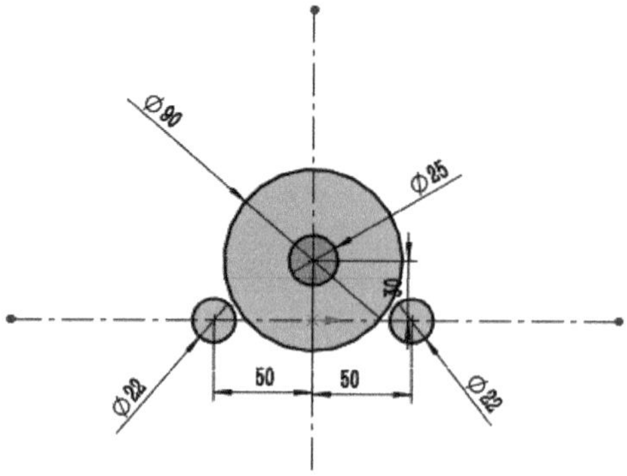

图 2-75　标注圆的直径尺寸（1）

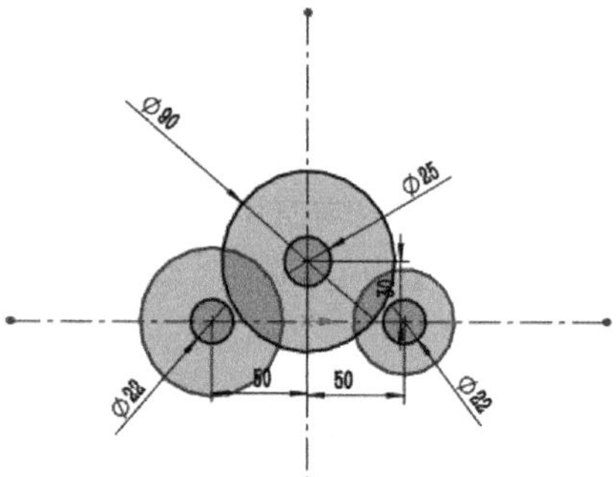

图 2-76　绘制两个圆

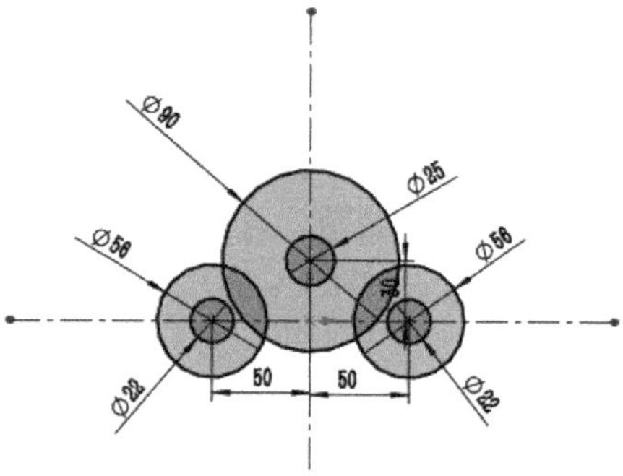

图 2-77　标注圆的直径尺寸（2）

2.7.5 剪裁实体

（1）单击【草图】工具栏中的【剪裁实体】按钮，弹出【剪裁】属性管理器，在【选项】选项组中单击【强劲剪裁】按钮，如图 2-78 所示，在图中要剪裁的一边按住鼠标左键，拖至要剪裁的另一边。

（2）再单击【剪裁实体】按钮，用同样的步骤将图形右侧的相同位置以强劲剪裁方式剪裁实体，单击【确定】按钮，结果如图 2-79 所示。

图 2-78 【剪裁】属性管理器

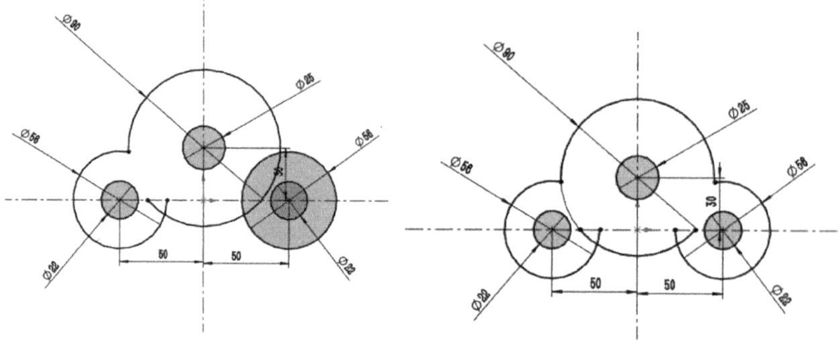

图 2-79　剪裁实体

2.7.6　绘制圆角一

（1）单击【草图】工具栏中的【绘制圆角】按钮，弹出【绘制圆角】属性管理器。在【要圆角化的实体】选项组中选择需要倒圆角的两个相邻边，在【圆角参数】选项组中的【半径】数值框中输入“28.00mm”，勾选【保持拐角处约束条件】复选框，单击✓【确定】按钮，如图 2-80 所示。

（2）再单击【绘制圆角】按钮，用同样的步骤在图形右侧的相同位置绘制圆角，单击✓【确定】按钮，结果如图 2-81 所示。

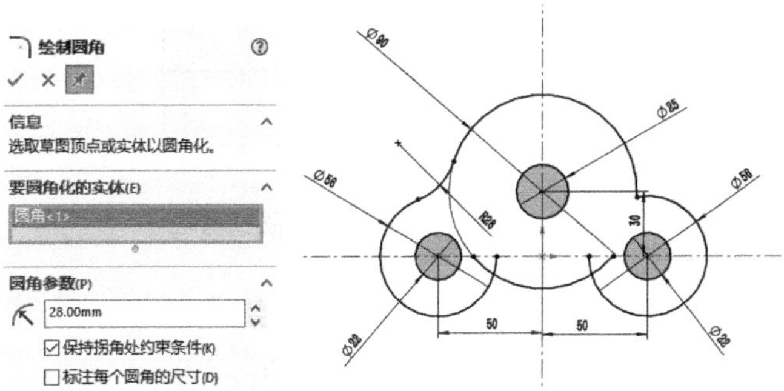

图 2-80　圆角（1）

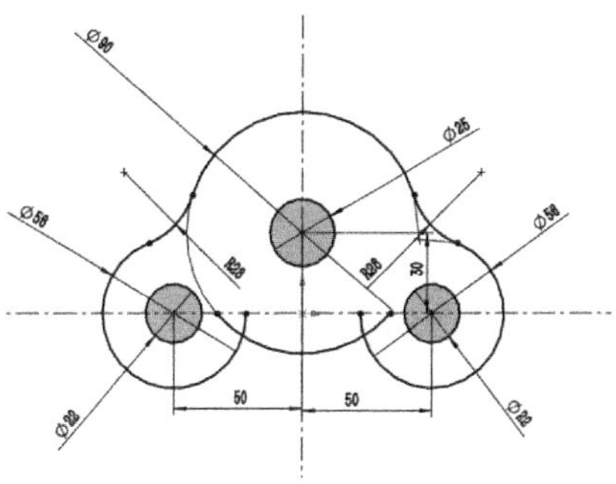

图 2-81　圆角（2）

2.7.7　绘制图形下边界

（1）单击【草图】工具栏中的【直线】按钮，绘制直线，其起点与左侧圆形的边重合，向下绘制竖直的直线，在适当位置向右绘制一条连续的水平直线，再向上绘制一条连续的竖直直线，并与右侧圆形重合。单击✓【确定】按钮，如图 2-82 所示。

（2）单击【草图】工具栏中的【智能尺寸】按钮，标注上一步绘制的直线的尺寸，单击✓【确定】按钮，如图 2-83 所示。

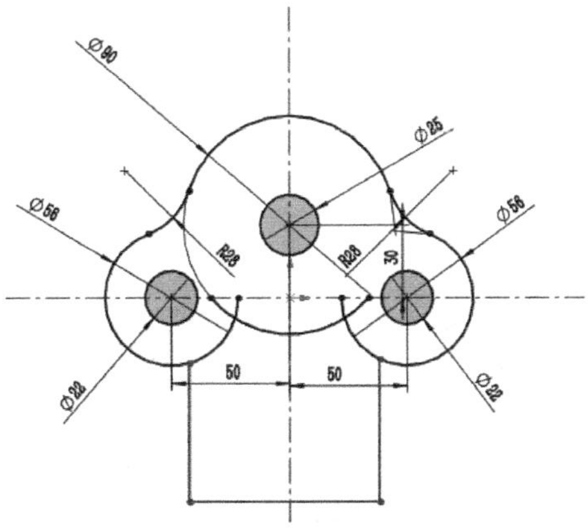

图 2-82　绘制直线

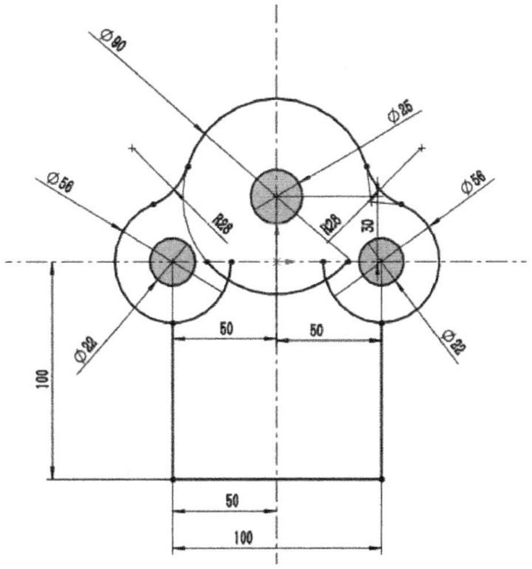

图 2-83　标注直线尺寸

（3）单击【草图】工具栏中的【剪裁实体】按钮，弹出【剪裁】属性管理器，在【选项】选项组中单击【强劲剪裁】按钮，将图形中的部分线段剪裁掉，单击✓【确定】按钮，如图 2-84 所示。

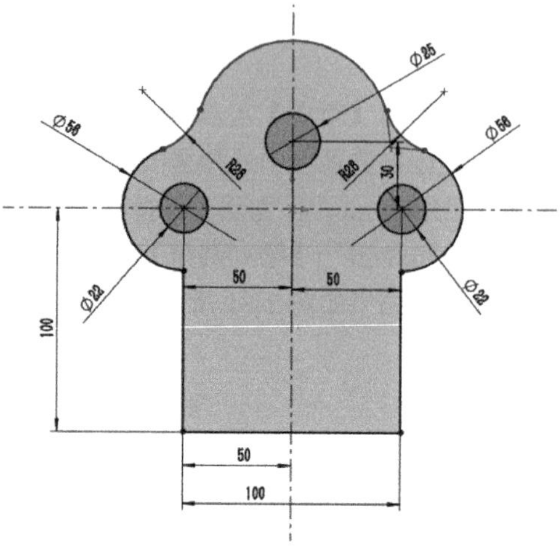

图 2-84　强劲剪裁

2.7.8　绘制圆角二

（1）单击【草图】工具栏中的【绘制圆角】按钮，弹出【绘制圆角】属性管理器。在【要圆角化的实体】选项组中选择需要倒圆角的两个相邻边，在【圆角参数】选项组中的【半径】数值框中输入“20.00mm”，勾选【保持拐角处约束条件】复选框，单击✓【确定】按钮，如图 2-85 所示。

（2）再单击【绘制圆角】按钮，用同样的步骤在图形右侧的相同位置绘制圆角，单击✓【确定】按钮，如图 2-86 所示。

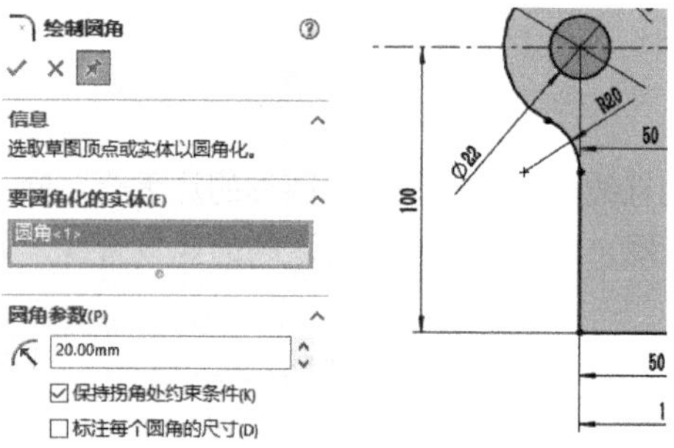

图 2-85　圆角（1）

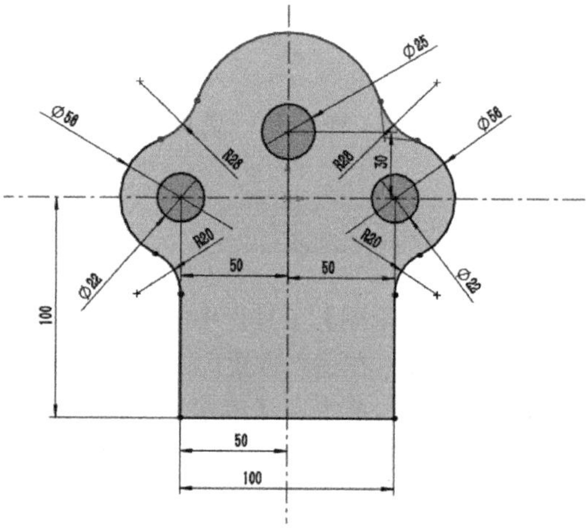

图 2-86　圆角（2）

（3）单击【草图】工具栏中的【绘制圆角】按钮，弹出【绘制圆角】属性管理器。在【要圆角化的实体】选项组中选择左下角的两个相邻边，在【圆角参数】选项组中的【半径】数值框中输入“14.00mm”，勾选【保持拐角处约束条件】复选框，单击✓【确定】按钮，如图 2-87 所示。

（4）再单击【绘制圆角】按钮，用同样的步骤在图形右侧的相同位置绘制圆角，单击✓【确定】按钮，如图 2-88 所示。

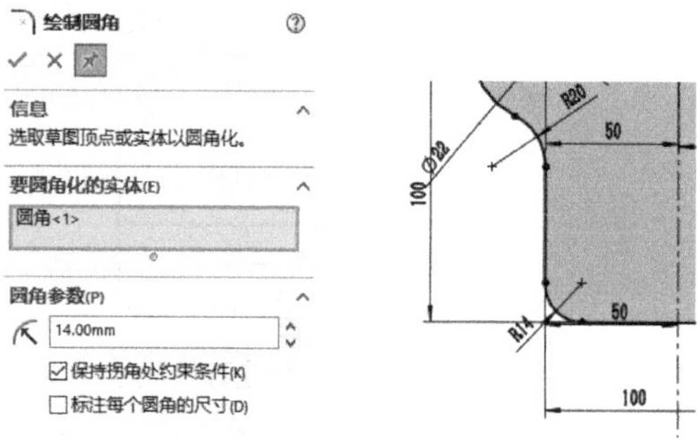

图 2-87　圆角（3）

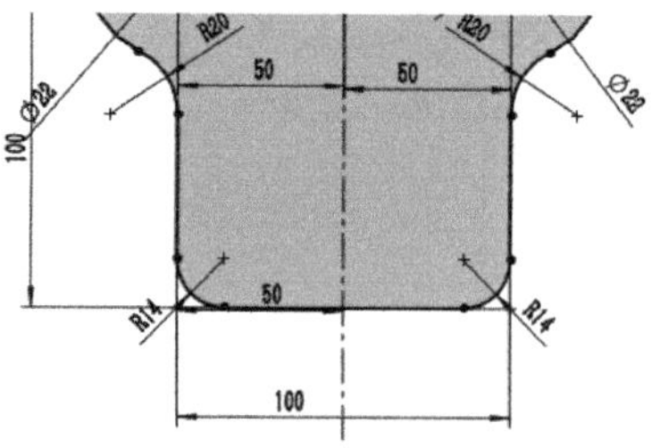

图 2-88　圆角（4）

（5）单击【草图】工具栏中的【直线】按钮，绘制直线，其起点与底边重合，向右上绘制，直至与竖直中心线重合。单击【确定】按钮，如图 2-89 所示。

（6）单击【草图】工具栏中的【智能尺寸】按钮，标注上一步绘制的直线的尺寸，首先标注直线第一个端点与竖直中心线的距离为 21mm，如图 2-90 所示。

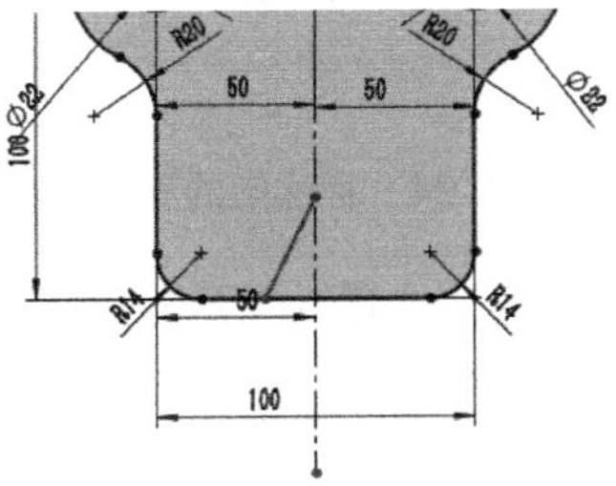

图 2-89　直线

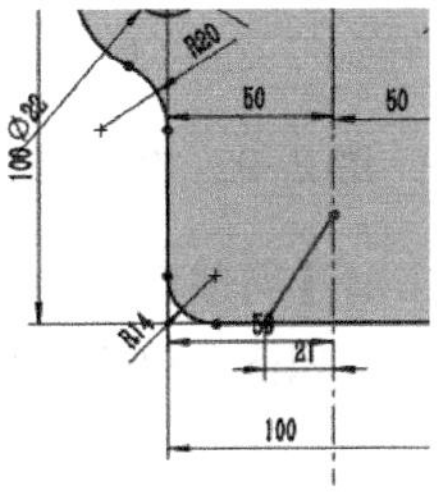

图 2-90　标注直线尺寸（1）

（7）标注直线第二个端点与底边的距离为 64mm，单击【确定】按钮，如图 2-91 所示。

（8）单击【草图】工具栏中的【镜向实体】按钮，单击【选项】选项组中的【要镜向的实体】选择框，选择第（5）步绘制的倾斜直线，勾选【复制】复选框，单击【镜向轴】选择框，选择竖直中心线，单击【确定】按钮，如图 2-92 所示。

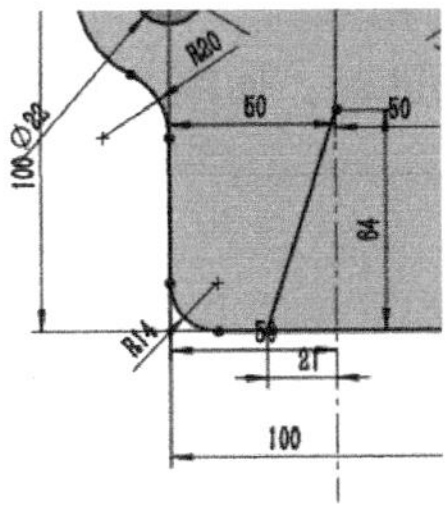

图 2-91　标注直线尺寸（2）

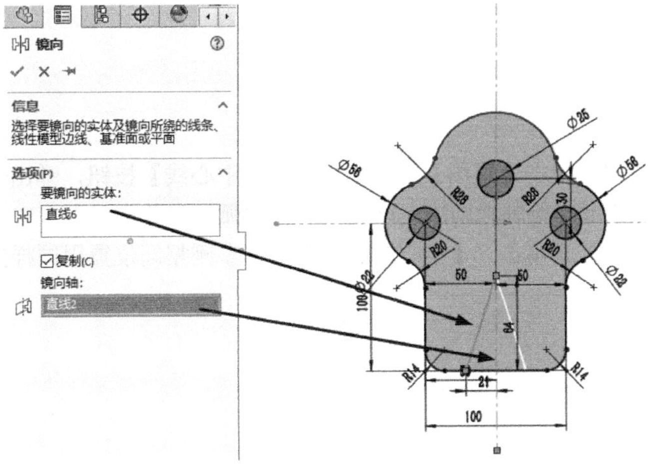

图 2-92　镜向

2.7.9　绘制相切圆弧

（1）单击【草图】工具栏中的【圆】按钮，以竖直中心线上的一点为圆心，并与倾斜直线相切绘制一个圆，如图 2-93 所示。

（2）标注圆的直径。单击【草图】工具栏中的【智能尺寸】按钮，单击圆并在合适位置单击以放置尺寸，并在【动态尺寸】数值框中输入圆的直径“30.00mm”，如图 2-94 所示。

（3）单击【草图】工具栏中的【剪裁实体】按钮，左键弹出【剪裁】属性管理器，在【选项】选项组中单击【强劲剪裁】按钮，在图中要剪裁的一边按住鼠标左键，拖至要剪裁的另一边，将图形下边不需要的边线剪裁，如图 2-95 所示。

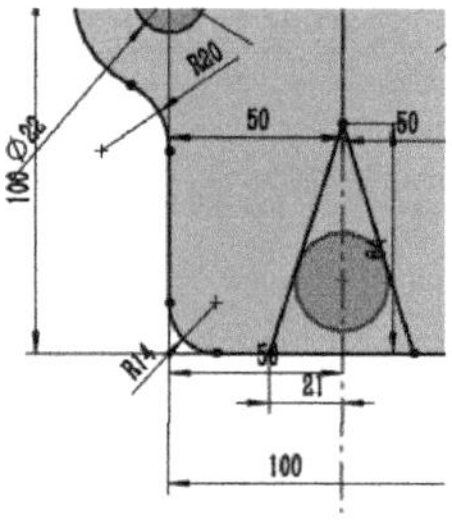

图 2–93　绘制圆

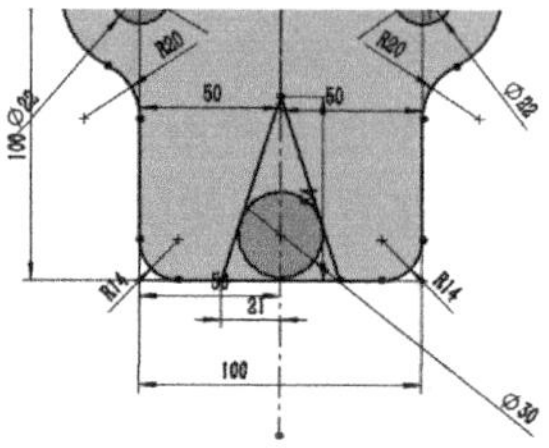

图 2–94　标注圆的直径尺寸

（4）再单击【剪裁实体】按钮，用同样的步骤将图形其他位置以强劲剪裁的方式剪裁，单击✓【确定】按钮，如图 2-96 所示。

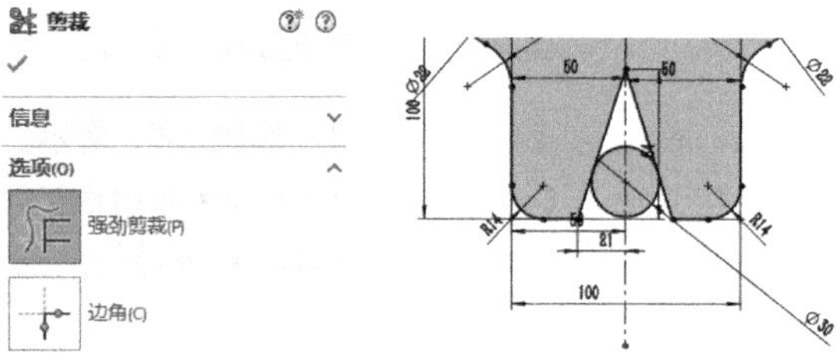

图 2–95　剪裁实体（1）

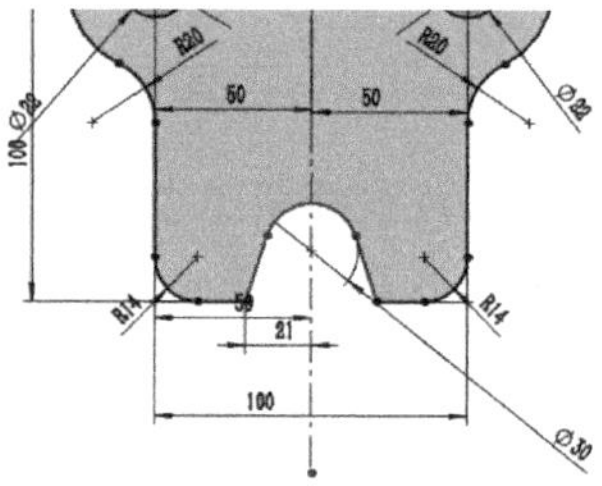

图 2–96　剪裁实体（2）

2.7.10　绘制延长中心线

（1）单击【草图】工具栏中的【中心线】按钮，弹出【插入线条】属性管理器，以图中上方交点为起点绘制辅助线，该辅助线与圆弧相切并交于竖直中心线，如图 2-97 所示。

（2）再单击【中心线】按钮，在右侧相同位置用同样方式绘制延长辅助线，如图 2-98 所示。

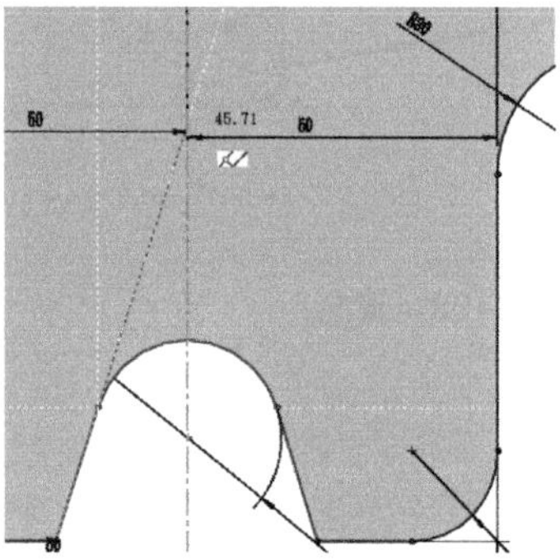

图 2–97　延长辅助线（1）

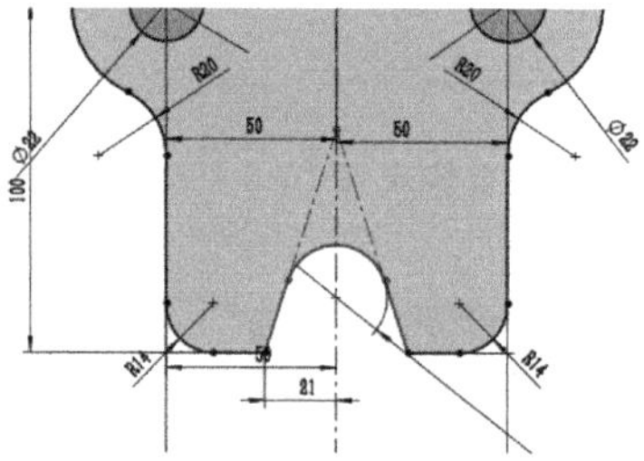

图 2–98　延长辅助线（2）

2.7.11　标注缺失尺寸

对图形进行剪裁操作后，有一些已经标注的尺寸会缺失（虚线延长线顶端距离底部的尺寸），需要重新标注缺失的尺寸。单击【草图】工具栏中的【智能尺寸】按钮，单击上方圆弧并在合适位置单击以放置尺寸（不需要修改尺寸），标注延长辅助线的顶点与图形的底边的距离（不需要修改尺寸），如图 2-99 所示。

至此，草图实例已经绘制完成。

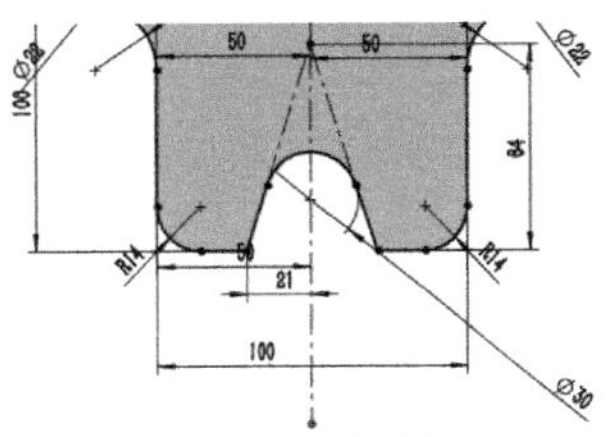

图 2–99　标注距离尺寸

Chapter 3

第 3 章 实体建模

实体建模是 SOLIDWORKS 三大功能之一。实体建模命令分为两大类，第一类是需要草图才能建立特征的命令，第二类是在现有特征基础上进行特征编辑的命令。本章讲解基于草图的实体建模，内容包括拉伸凸台 / 基体特征、旋转凸台 / 基体特征、扫描特征、放样特征、筋特征、孔特征，以及螺丝刀建模实例和蜗杆建模实例。

重点与难点

- 拉伸凸台 / 基体特征
- 旋转凸台 / 基体特征
- 扫描特征
- 放样特征
- 筋特征和孔特征

3.1 拉伸凸台 / 基体特征

拉伸凸台 / 基体特征是将 2D 草图沿着直线方向（常用的是 2D 草图的垂直方向）平移而形成的实体特征。

3.1.1 拉伸凸台 / 基体特征的属性设置

单击【特征】工具栏中的【拉伸凸台 / 基体】按钮，或者选择【插入】|【凸台 / 基体】|【拉伸】菜单命令，弹出属性管理器，如图 3-1 所示。

【凸台 - 拉伸】属性管理器中常用的是【方向】选项组，如果拉伸方向只有一个，则只需用到【方向 1】选项组。如果需要同时从一个基准面向两个方向拉伸，则会同时用到【方向 2】选项组。

此处重点介绍【方向】选项组的用法。

（1）【终止条件】：设置特征拉伸的终止条件，其中的选项如图 3-2 所示。

- 【给定深度】：可以沿预览图中的相反方向拉伸特征。

图 3-1 【凸台-拉伸】属性管理器

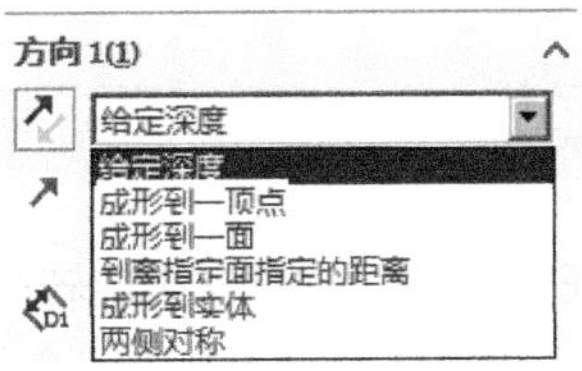

图 3-2 【终止条件】选项

- 【成形到一顶点】：拉伸到在绘图区域中选择的顶点处。
- 【成形到一面】：拉伸到在绘图区域中选择的一个面或者基准面处。
- 【到离指定面指定的距离】：拉伸到和选择的面具有一定距离处。
- 【成形到实体】：拉伸到在绘图区域中所选择的实体或者曲面实体处。
- 【两侧对称】：按照草图所在平面的两侧对称距离生成拉伸特征。

（2）【拉伸方向】：在绘图区域选择方向向量，草图以此方向拉伸形成实体。

（3）【深度】：2D 草图沿拉伸方向平移的距离。

（4）【拔模开 / 关】：单击此按钮，可以设置拔模的角度。

3.1.2 练习：生成拉伸凸台 / 基体特征

下面简单练习生成拉伸凸台 / 基体特征的方法。

（1）打开“配套数字资源 \ 第 3 章 \ 基本功能 \3.1.2.SLDPRT”中的实例素材文件，如图 3-3 所示。

（2）单击【特征】工具栏中的【拉伸凸台 / 基体】按钮，或者选择【插入】|【凸台 / 基体】|【拉

伸】菜单命令，弹出属性管理器，按图 3-4 所示进行参数设置，单击✓【确定】按钮，生成拉伸特征，如图 3-5 所示。

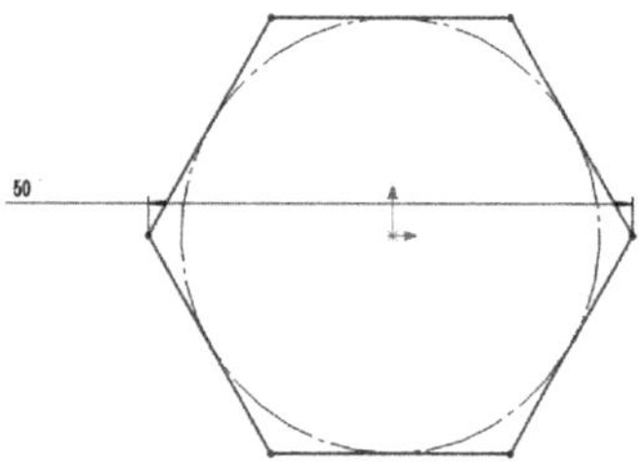

图 3-3　打开文件

图 3-4 【凸台-拉伸】属性管理器

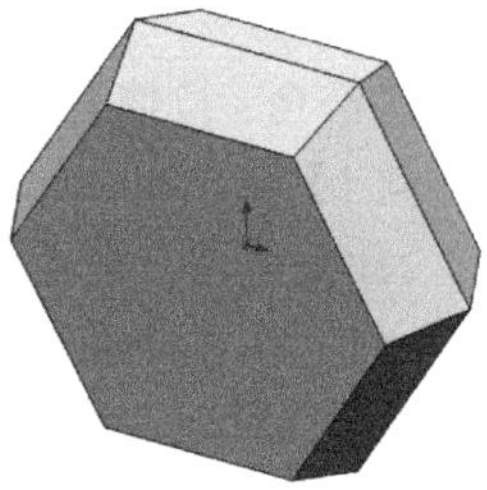

图 3-5　拉伸特征

3.2 旋转凸台 / 基体特征

旋转凸台 / 基体特征是将 2D 封闭草图沿着某一轴线旋转而形成的实体特征。

3.2.1 旋转凸台 / 基体特征的属性设置

单击【特征】工具栏中的【旋转凸台 / 基体】按钮，或者选择【插入】|【凸台 / 基体】|【旋转】菜单命令，弹出属性管理器，如图 3-6 所示。常用选项介绍如下。

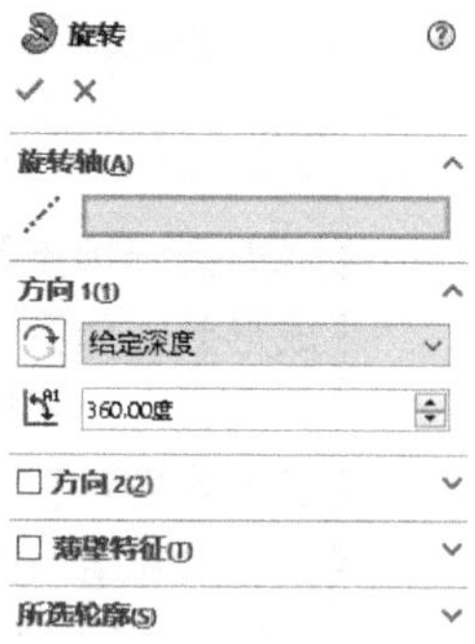

图 3-6 【旋转】属性管理器

1. 【旋转轴】选项组

【旋转轴】：指定草图旋转所绕的轴线。

2. 【方向】选项组

包括【方向 1】选项组和【方向 2】选项组，两者同样是从两个方向进行旋转。【方向】选项组中的常用选项如下。

（1）【旋转类型】：在草图基准面中定义旋转方向，包括如下各项。

- 【给定深度】：从草图以单一方向旋转。
- 【成形到一顶点】：从草图基准面旋转到指定顶点。
- 【成形到一面】：从草图基准面旋转到指定曲面。
- 【到离指定面指定的距离】：从草图基准面旋转到指定曲面的指定距离。
- 【两侧对称】：从草图基准面以顺时针和逆时针方向旋转相同角度。

（2）【角度】：设置旋转角度，以顺时针方向从所选草图开始旋转指定角度。

3.2.2　练习：生成旋转凸台 / 基体特征

下面简单练习生成旋转凸台 / 基体特征的方法。

（1）打开“配套数字资源 \ 第 3 章 \ 基本功能 \3.2.2.SLDPRT”中的实例素材文件，如图 3-7 所示。

（2）单击【特征】工具栏中的【旋转凸台 / 基体】按钮，或者选择【插入】|【凸台 / 基体】|【旋转】菜单命令，弹出【旋转】属性管理器，在绘图区域中单击竖直的中心线，按图 3-8 所示进行参数设置，单击【确定】按钮，结果如图 3-9 所示。

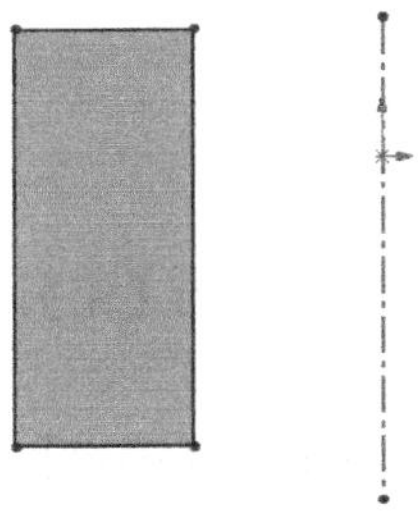

图 3–7　打开的素材文件

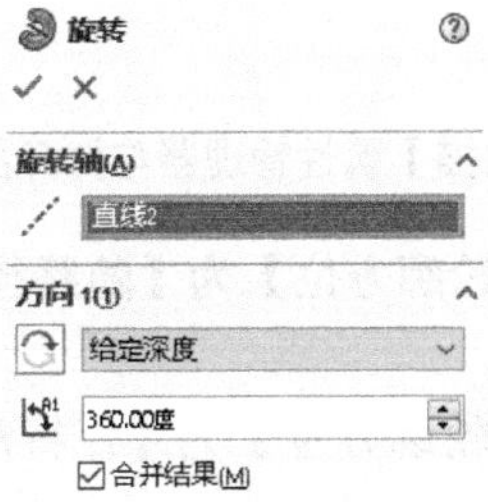

图 3–8 【旋转】属性管理器

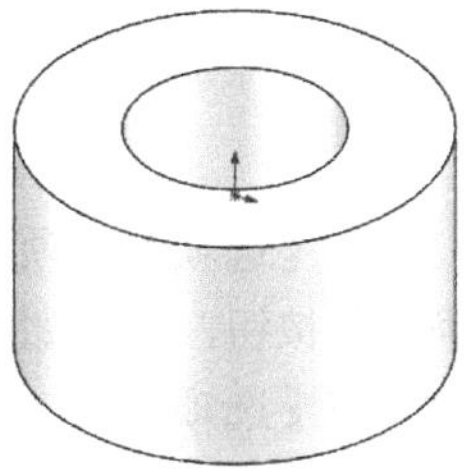

图 3–9　旋转凸台 / 基体特征

3.3　扫描特征

扫描特征是沿着一条路径移动轮廓生成的基体、凸台、切除或者曲面等特征。

3.3.1　扫描特征的属性设置

单击【特征】工具栏中的【扫描】按钮，或者选择【插入】|【凸台 / 基体】|【扫描】菜单命令，弹出属性管理器，如图 3-10 所示。常用选项介绍如下。

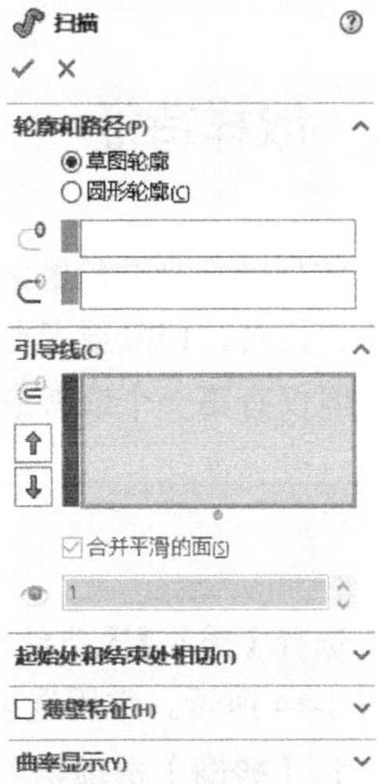

图 3–10 【扫描】属性管理器

1.【轮廓和路径】选项组

- 【轮廓】：设置用来扫描的草图轮廓。
- 【路径】：设置轮廓扫描的路径。

2.【引导线】选项组

- 【引导线】：在轮廓沿路径扫描时加以引导以生成特征。
- 【上移】、【下移】：调整引导线的顺序。
- 【合并平滑的面】：改进带引导线扫描的性能，并在引导线或者路径曲率不连续的所有点处分割扫描。

3.3.2　练习：生成扫描特征

下面简单练习生成扫描特征的方法。

（1）打开“配套数字资源 \ 第 3 章 \ 基本功能 \3.3.2.SLDPRT”中的实例素材文件，选择【插入】|【凸台 / 基体】|【扫描】菜单命令，弹出属性管理器，按图 3-11 所示进行参数设置。

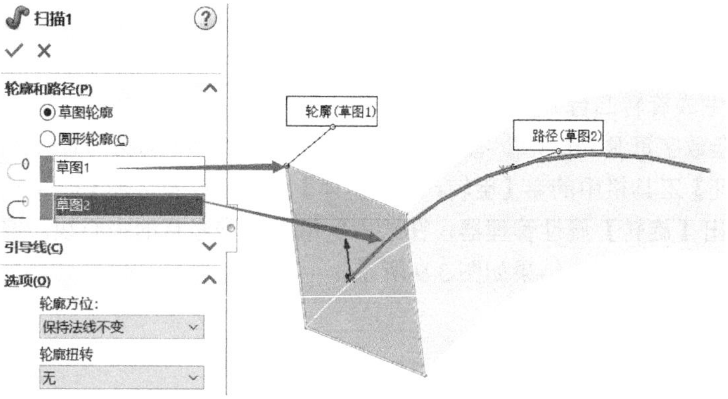

图 3-11 【扫描】属性管理器与打开的素材文件

（2）在【选项】选项组中，设置【轮廓方位】为【随路径变化】、【轮廓扭转】为【无】，单击✓【确定】按钮，结果如图 3-12 所示。

（3）在【选项】选项组中，设置【轮廓方位】为【保持法线不变】，再单击✓【确定】按钮，结果如图 3-13 所示。

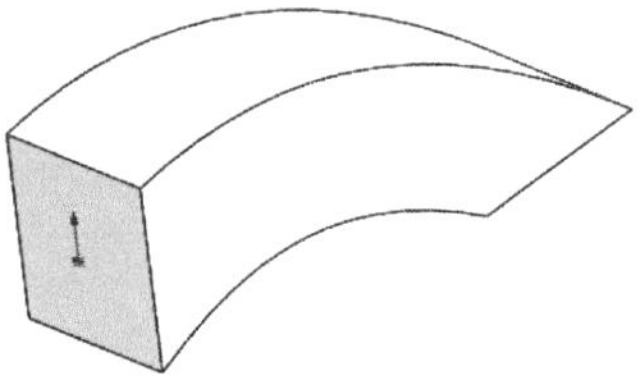

图 3-12 随路径变化的扫描特征

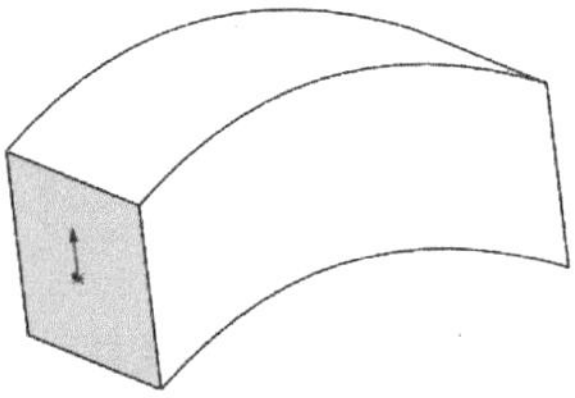

图 3-13 保持法线不变的扫描特征

3.4 放样特征

放样特征是在轮廓之间进行过渡以生成特征，放样的对象可以是基体、凸台、切除或者曲面，可以使用两个或者多个轮廓生成放样特征，但仅有第一个或者最后一个对象的轮廓可以是点。

3.4.1 放样特征的属性设置

选择【插入】|【凸台 / 基体】|【放样】菜单命令，弹出属性管理器，如图 3-14 所示。常用选项介绍如下。

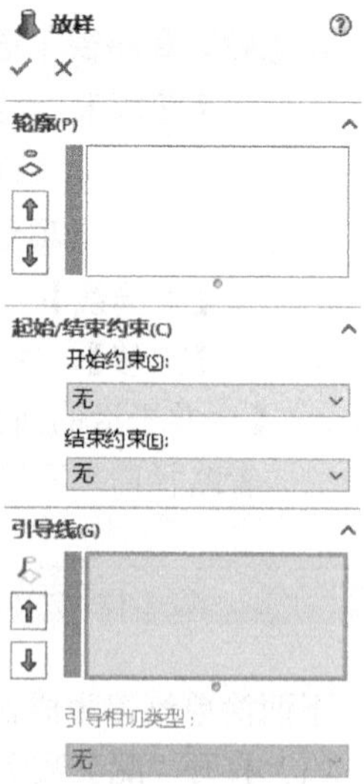

图 3-14 【放样】属性管理器

1. 【轮廓】选项组

- 【轮廓】：用来生成放样特征的轮廓，可以选择要放样的草图轮廓、面或者边线。
- 【上移】、【下移】：用于调整轮廓的顺序。

2. 【起始 / 结束约束】选项组

【开始约束】、【结束约束】：应用约束以控制开始和结束轮廓是否相切，包括如下选项。

- 【无】：不应用相切约束（即曲率为零）。
- 【方向向量】：根据所选的方向向量应用相切约束。
- 【垂直于轮廓】：应用在垂直于开始或者结束轮廓处的相切约束。

3.【引导线】选项组

（1）【引导线】：选择引导线来控制放样。

（2）【上移】、【下移】：用于调整引导线的顺序。

3.4.2　练习：生成放样特征

下面简单练习生成放样特征的方法。

（1）打开“配套数字资源 \ 第 3 章 \ 基本功能 \3.4.2.SLDPRT”中的实例素材文件。

（2）选择【插入】|【凸台 / 基体】|【放样】菜单命令，弹出属性管理器。在【轮廓】选项组中单击【轮廓】选项组的选择框，在绘图区域中分别选择两个草图，如图 3-15 所示，单击✓【确定】按钮，结果如图 3-16 所示。

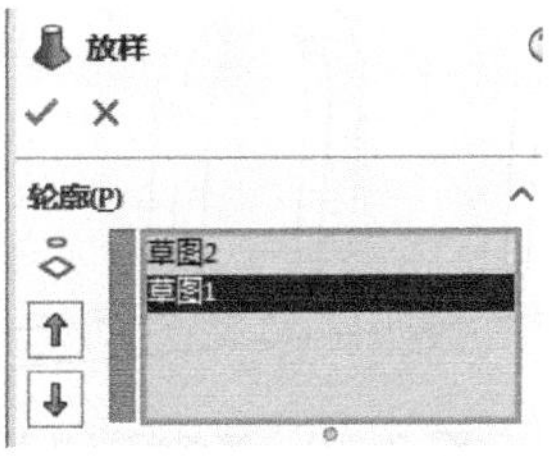

图 3-15 【轮廓】选项组

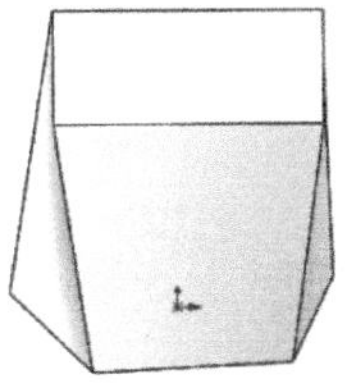

图 3-16　放样特征

3.5 筋特征

筋特征是在轮廓与现有零件之间以指定方向和厚度进行延伸的特征。可以使用单个或者多个草图生成筋特征，也可以使用拔模生成筋特征，或者选择要拔模的参考轮廓来生成筋特征。

3.5.1　筋特征的属性设置

单击【特征】工具栏中的【筋】按钮，或者选择【插入】|【特征】|【筋】菜单命令，弹出属性管理器，如图 3-17 所示。常用选项介绍如下。

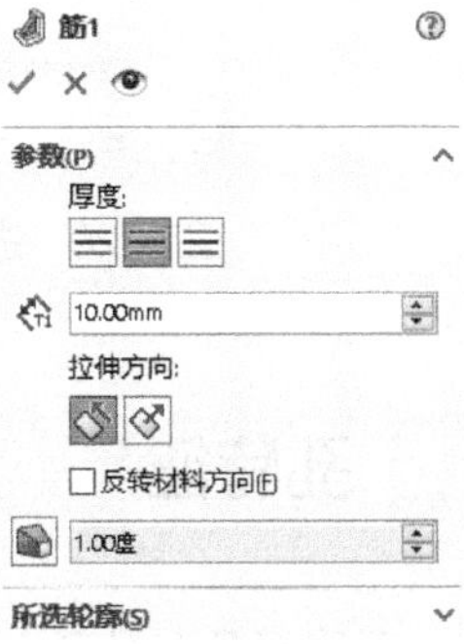

图 3-17 【筋】属性管理器

（1）【厚度】：在草图边缘添加筋的厚度。

- 【第一边】：只延伸草图轮廓到草图的一边。
- 【两侧】：均匀延伸草图轮廓到草图的两边。
- 【第二边】：只延伸草图轮廓到草图的另一边。

（2）【筋厚度】：设置筋的厚度。

（3）【拉伸方向】：设置筋的拉伸方向。

- 【平行于草图】：平行于草图生成筋特征。

- 【垂直于草图】：垂直于草图生成筋特征。

（4）【反转材料方向】：更改拉伸的方向。

（5）【拔模开 / 关】：添加拔模特征到筋，可以设置拔模的角度。

3.5.2 练习：生成筋特征

下面简单练习生成筋特征的方法。

（1）打开“配套数字资源 \ 第 3 章 \ 基本功能 \3.5.2.SLDPRT”中的实例素材文件，单击特征管理器设计树中的【草图 2】图标，选择【插入】|【特征】|【筋】菜单命令，弹出属性管理器。按图 3-18 所示进行参数设置，单击【确定】按钮，结果如图 3-19 所示。

图 3-18 【筋】属性管理器

图 3-19 筋特征（1）

（2）在【参数】选项组中，按图 3-20 所示进行参数设置，单击【确定】按钮，结果如图 3-21 所示。

图 3-20 进行参数设置

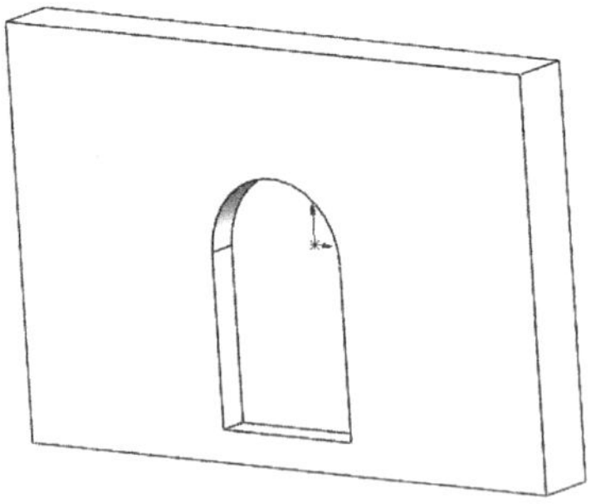

图 3-21 筋特征（2）

3.6 孔特征

孔特征是在模型上生成的各种类型的孔。在平面上放置孔并设置深度，可以通过标注尺寸的方法定义它的位置。

3.6.1　孔特征的属性设置

1. 简单直孔

选择【插入】|【特征】|【简单直孔】菜单命令，弹出属性管理器，如图 3-22 所示。常用选项介绍如下。

（1）【终止条件】：设置孔的深度。

（2）【拉伸方向】：用于在除了垂直于草图轮廓以外的其他方向拉伸孔。

（3）【深度】：设置孔的深度数值。

（4）【孔直径】：设置孔的直径。

2. 异型孔

单击【特征】工具栏中的【异型孔向导】按钮，或者选择【插入】|【特征】|【孔向导】菜单命令，弹出【孔规格】属性管理器，如图 3-23 所示。常用选项介绍如下。

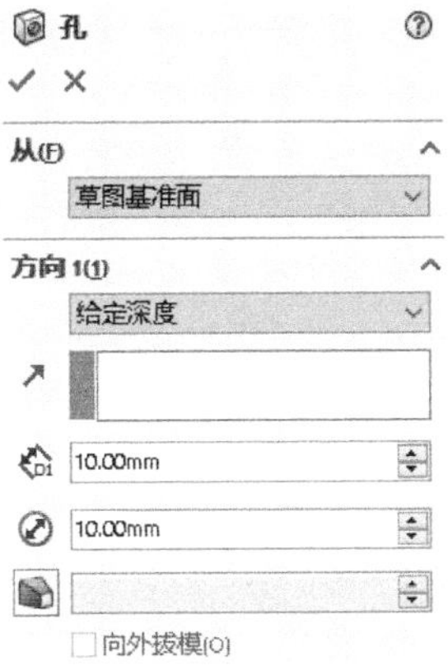

图 3-22　【孔】属性管理器

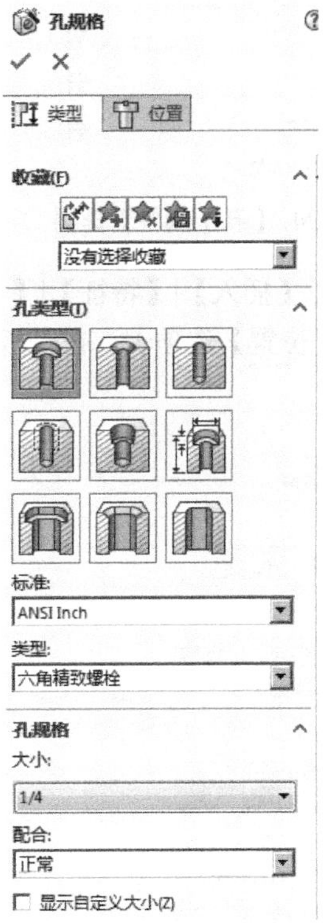

图 3-23　【孔规格】属性管理器

（1）【孔规格】属性管理器中的两个选项卡。

- 【类型】：设置孔类型参数。
- 【位置】：在平面或者非平面上找出异型孔向导孔，使用尺寸工具定位孔中心。

（2）【孔类型】选项组会根据孔类型而有所不同，孔类型包括【柱孔】、【锥孔】、【孔】、【螺纹孔】、【管螺纹孔】、【旧制孔】、【柱孔槽口】、【锥孔槽口】、【槽口】。

- 【标准】：选择孔的标准，如【ANSI Inch】或者【JIS】等。
- 【类型】：选择孔的类型。

3.6.2 练习：生成孔特征

下面简单练习生成孔特征的方法。

（1）打开“配套数字资源\第 3 章\基本功能\3.6.2.SLDPRT”中的实例素材文件，选择【插入】|【特征】|【简单直孔】菜单命令，在平板模型的上表面单击以确定一点，属性管理器中的设置如图 3-24 所示，单击✓【确定】按钮，结果如图 3-25 所示。

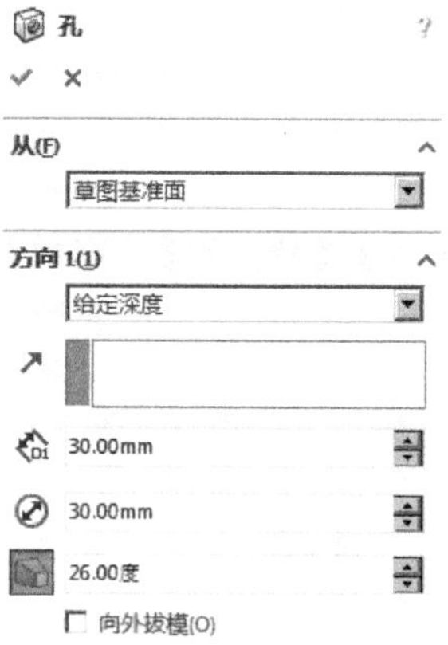

图 3-24 【孔】属性管理器

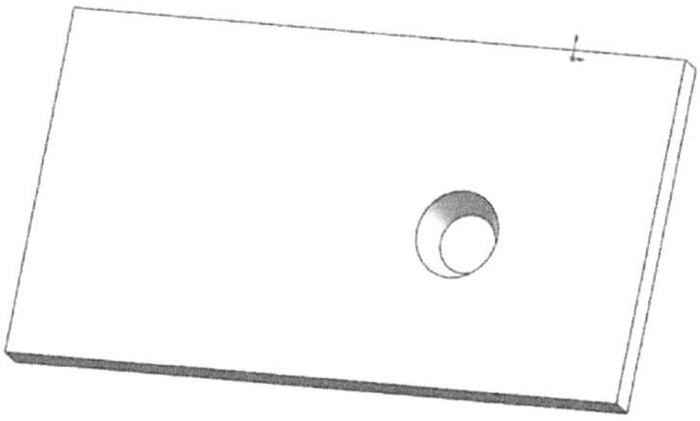

图 3-25 简单直孔特征

（2）选择【插入】|【特征】|【孔向导】菜单命令，弹出属性管理器，按图 3-26 所示进行参数设置；打开【位置】选项卡，在平板模型的上表面单击以确定一点，单击✓【确定】按钮，结果如图 3-27 所示。

图 3-26 【孔规格】属性管理器

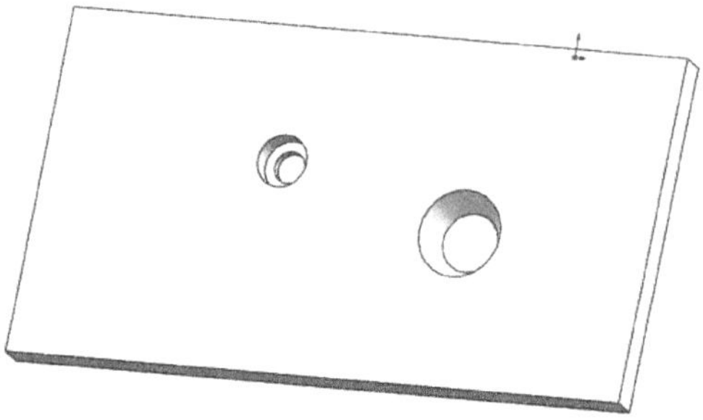

图 3-27 异型孔特征

3.7 螺丝刀建模实例

本节应用前面讲解的知识完成一个螺丝刀的建模过程，最终效果如图 3-28 所示。

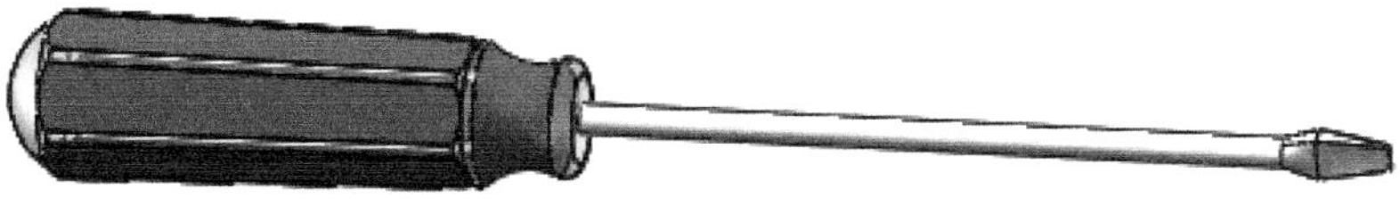

图 3-28　螺丝刀模型

3.7.1 生成把手部分

（1）用鼠标右键单击特征管理器设计树中的【上视基准面】图标，单击弹出的菜单中的【草图绘制】按钮，进入草图绘制状态。使用【草图】工具栏中的【多边形】、【智能尺寸】工具，绘制图 3-29 所示的草图。单击绘图区域右上方的【退出草图】按钮，退出草图绘制状态。

（2）单击【特征】工具栏中的【拉伸凸台 / 基体】按钮，弹出属性管理器，按图 3-30 所示进行参数设置，单击【确定】按钮，生成拉伸凸台特征。

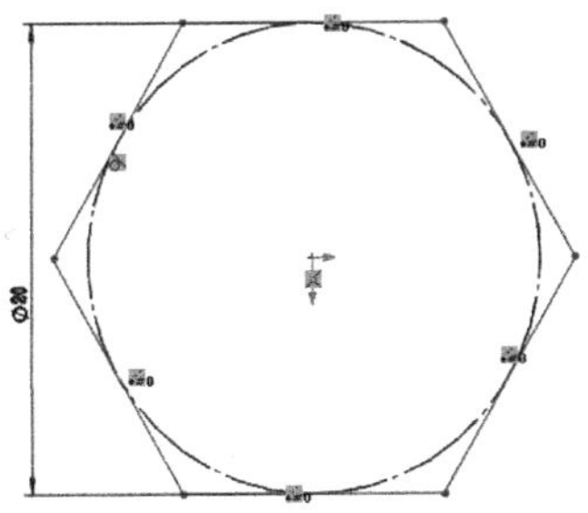

图 3-29　绘制草图并标注尺寸（1）

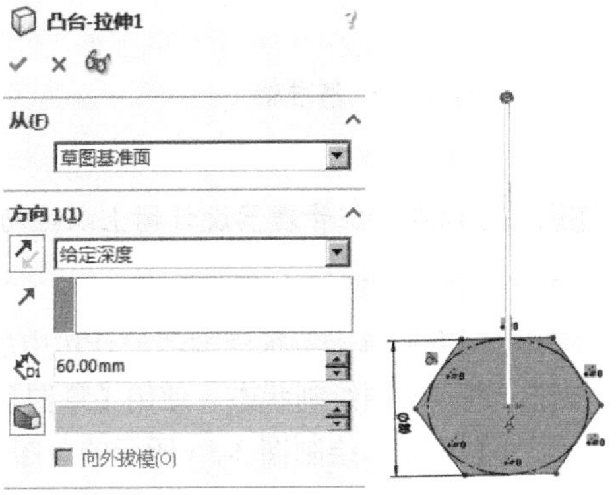

图 3-30　拉伸凸台特征

（3）选择【插入】|【特征】|【拔模】菜单命令，弹出属性管理器，具体设置如图 3-31 所示，单击【确定】按钮，生成拔模特征。

（4）用鼠标右键单击特征管理器设计树中的【前视基准面】图标，单击弹出的菜单中的【草图绘制】按钮，进入草图绘制状态。使用【草图】工具栏中的【直线】、【智能尺寸】工具，绘制图 3-32 所示的草图。单击【退出草图】按钮，退出草图绘制状态。

（5）单击【插入】|【参考几何体】|【基准轴】菜单命令，弹出属性管理器，按图 3-33 所示进行参数设置，单击【确定】按钮，生成基准轴。

（6）单击特征管理器设计树中的【草图 2】图标，再单击【特征】工具栏中的【旋转切除】按钮，弹出属性管理器，具体设置如图 3-34 所示。

（7）单击【特征】工具栏中的【绘制圆角】按钮，弹出属性管理器，单击六棱柱外侧的 6 条边线，按图 3-35 所示进行参数设置，单击【确定】按钮，生成圆角特征。

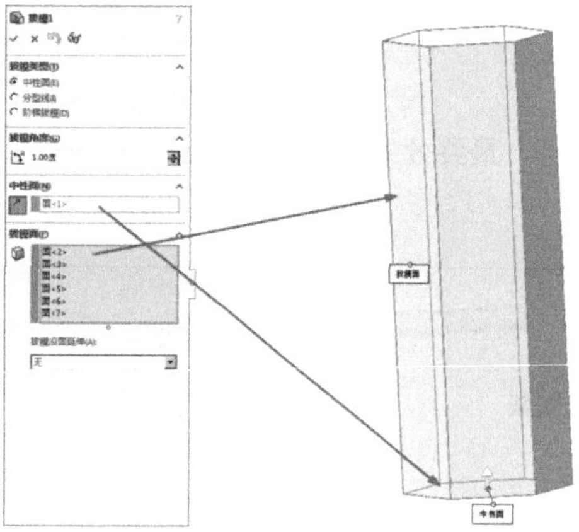

图 3-31　拔模特征

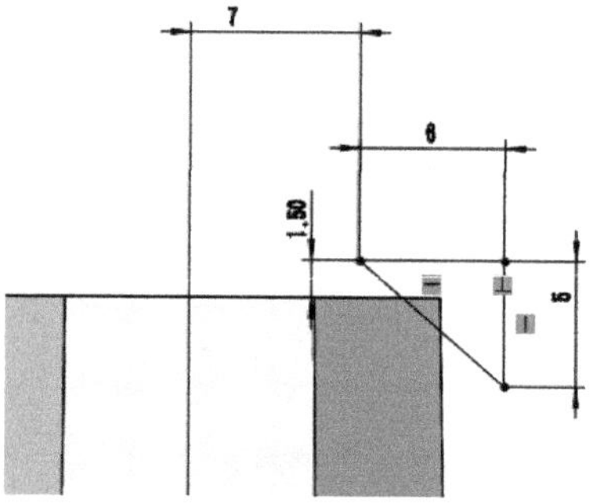

图 3-32　绘制草图并标注尺寸（2）

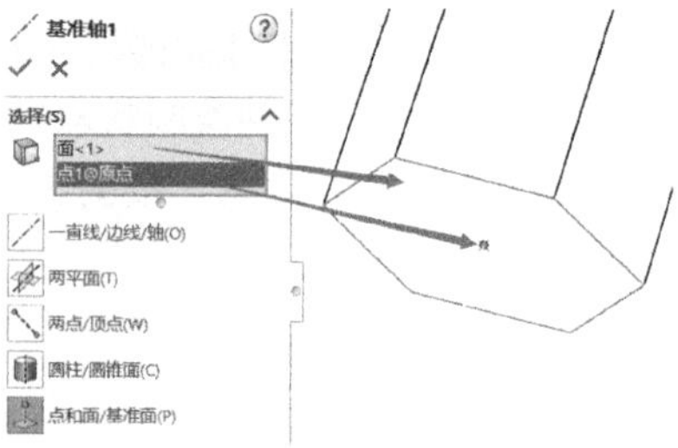

图 3-33　基准轴

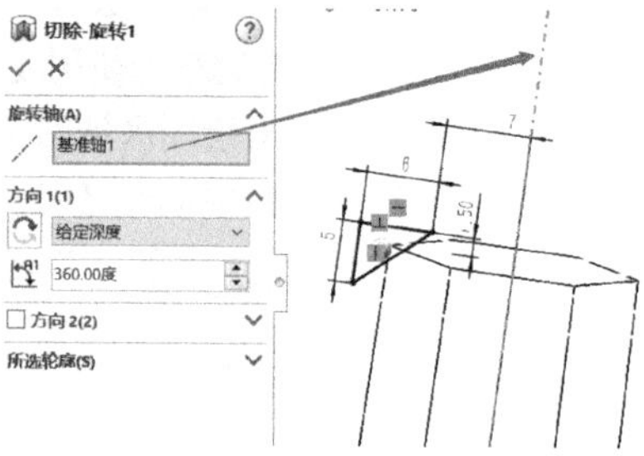

图 3-34　旋转切除特征

> **注意**　可以在特征管理器设计树上以拖动放置方式来改变特征的排列顺序。

（8）用鼠标右键单击特征管理器设计树中的【前视基准面】图标，单击弹出菜单中的【草图绘制】按钮，进入草图绘制状态。使用【草图】工具栏中的【直线】、【圆心 / 起 / 终点画弧】、【智能尺寸】工具，绘制图 3-36 所示的草图。单击【退出草图】按钮，退出草图绘制状态。

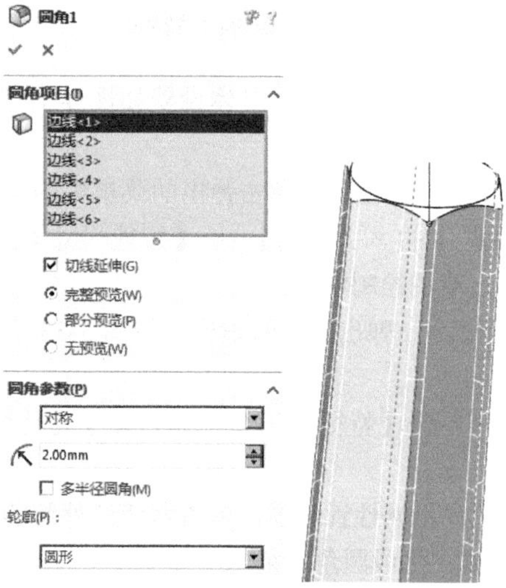

图 3-35　圆角特征

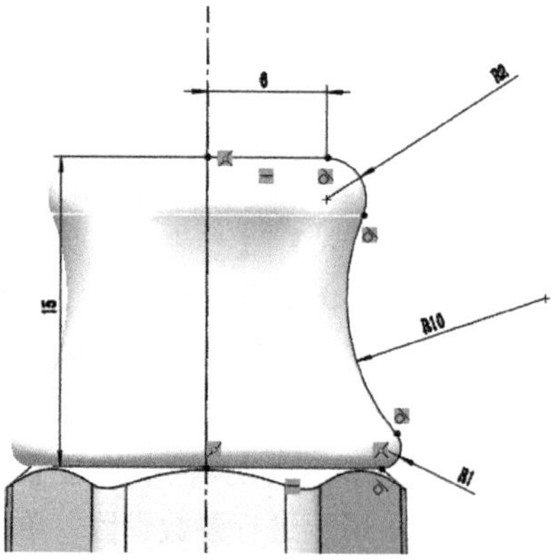

图 3-36　绘制草图并标注尺寸（3）

（9）单击特征管理器设计树中新建立的草图图标，再单击【特征】工具栏中的【旋转凸台 / 基体】按钮，弹出属性管理器，按图 3-37 所示进行参数设置，单击✓【确定】按钮，生成旋转特征。

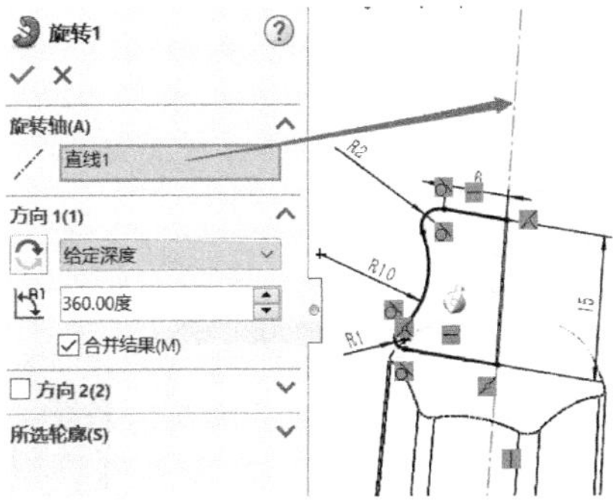

图 3–37 旋转特征

3.7.2 生成其余部分

（1）用鼠标右键单击【旋转 1】特征的上表面，单击弹出菜单中的【草图绘制】按钮，进入草图绘制状态。使用【草图】工具栏中的【圆】、【智能尺寸】工具，绘制图 3-38 所示的草图。单击【退出草图】按钮，退出草图绘制状态。

（2）单击【特征】工具栏中的【拉伸凸台 / 基体】按钮，弹出属性管理器，按图 3-39 所示进行参数设置，单击✓【确定】按钮，生成拉伸凸台特征。

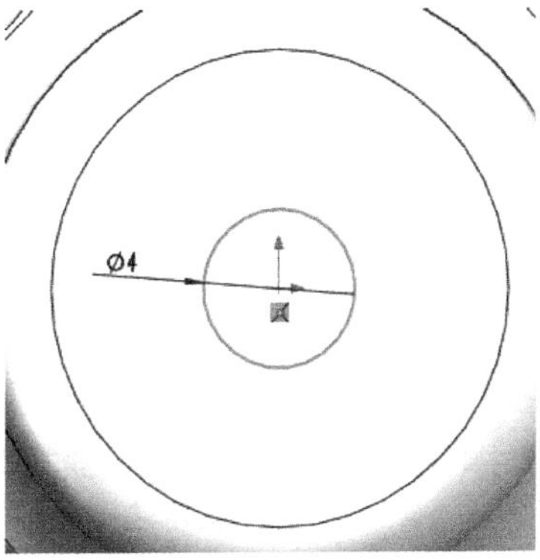

图 3–38 绘制草图并标注尺寸（1）

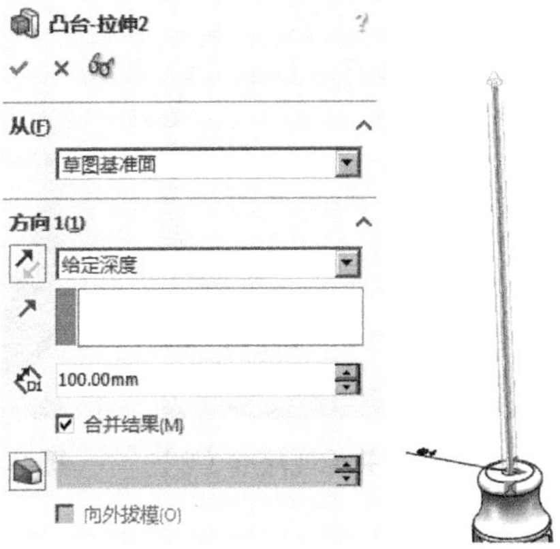

图 3–39 拉伸凸台特征

（3）选择【插入】|【参考几何体】|【基准面】菜单命令，弹出属性管理器，单击刚建立的拉伸凸台特征的上表面，按图 3-40 所示进行参数设置，在绘图区域预览新建的基准面，单击✓【确定】按钮，生成基准面。

（4）选择【插入】|【参考几何体】|【基准面】菜单命令，弹出属性管理器，单击刚建立的拉伸凸台特征的上表面，按图 3-41 所示进行参数设置，在绘图区域预览新建的基准面，单击✓【确定】按钮，生成基准面。

（5）用鼠标右键单击特征管理器设计树中的【基准面 1】图标，单击弹出菜单中的【草图绘制】按钮，进入草图绘制状态。使用【草图】工具栏中的【中心矩形】、【智能尺寸】工具，绘制图 3-42 所示的草图。单击【退出草图】按钮，退出草图绘制状态。

（6）用鼠标右键单击特征管理器设计树中的【基准面 2】图标，单击弹出菜单中的【草图绘制】按钮，进入草图绘制状态。使用【草图】工具栏中的【中心矩形】、【智能尺寸】工具，绘制图 3-43 所示的草图。单击【退出草图】按钮，退出草图绘制状态。

（7）单击【草图】工具栏中的【3D 草图】按钮，进入草图绘制状态。使用【草图】工具栏中的【直线】、【智能尺寸】工具，绘制图 3-44 所示的草图。单击【退出草图】按钮，退出草图绘制状态。

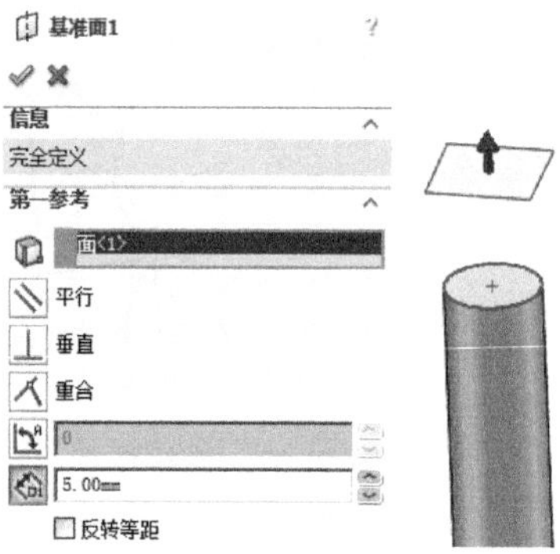

图 3-40　基准面（1）

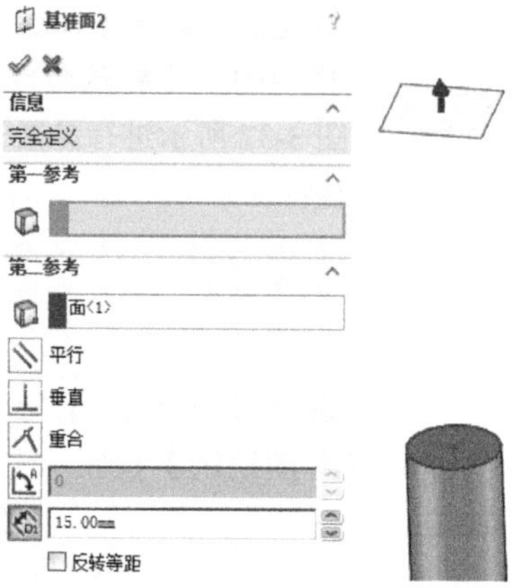

图 3-41　基准面（2）

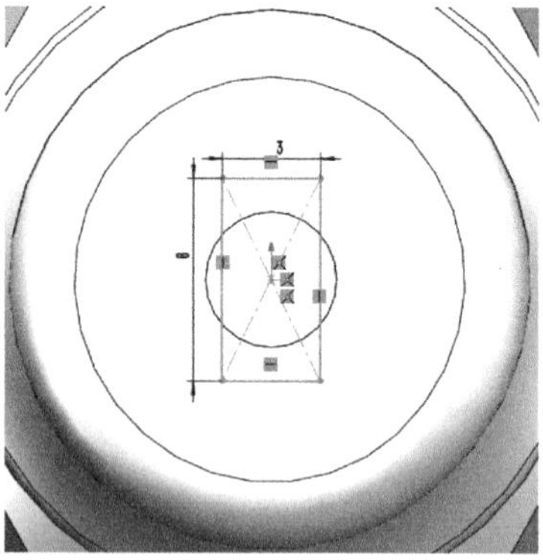

图 3-42　绘制草图并标注尺寸（2）

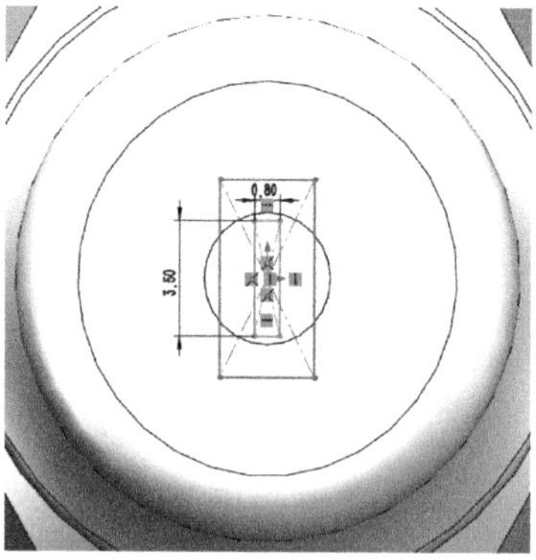

图 3-43　绘制草图并标注尺寸（3）

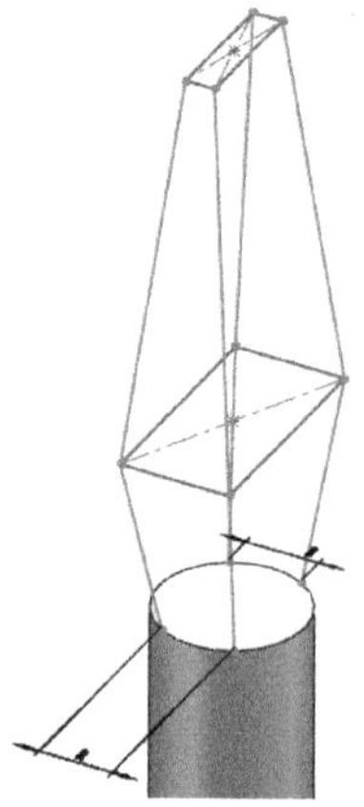

图 3-44　绘制草图并标注尺寸（4）

（8）选择【插入】|【凸台 / 基体】|【放样】菜单命令，弹出属性管理器。按图 3-45 所示进行参数设置，生成放样特征。

（9）用鼠标右键单击特征管理器设计树中的【前视基准面】图标，单击弹出菜单中的【草图绘制】按钮，进入草图绘制状态。使用【草图】工具栏中的【直线】、【智能尺寸】工具，绘制图 3-46 所示的草图。单击【退出草图】按钮，退出草图绘制状态。

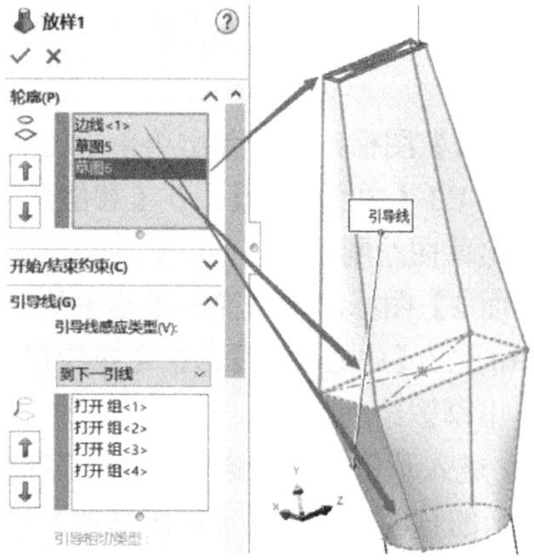

图 3-45　放样特征

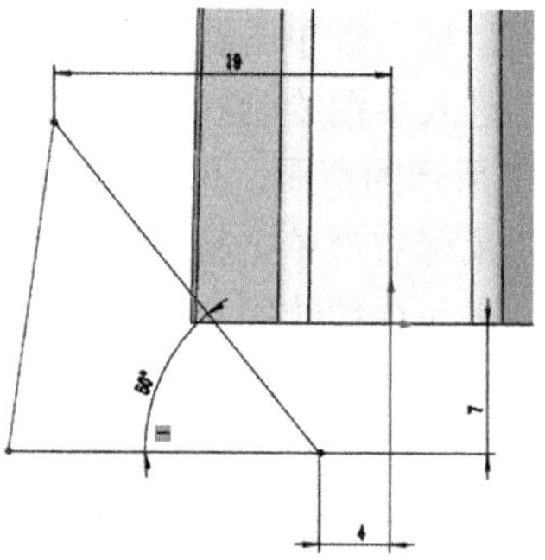

图 3-46　绘制草图并标注尺寸（5）

（10）单击【特征】工具栏中的【旋转切除】按钮，弹出属性管理器，按图 3-47 所示进行参数设置，单击✓【确定】按钮，生成旋转切除特征。

（11）单击模型的下表面，使其处于选择状态。选择【插入】|【特征】|【圆顶】菜单命令，弹出属性管理器，按图 3-48 所示进行参数设置，单击✓【确定】按钮，生成圆顶特征。至此，螺丝刀模型制作完成。

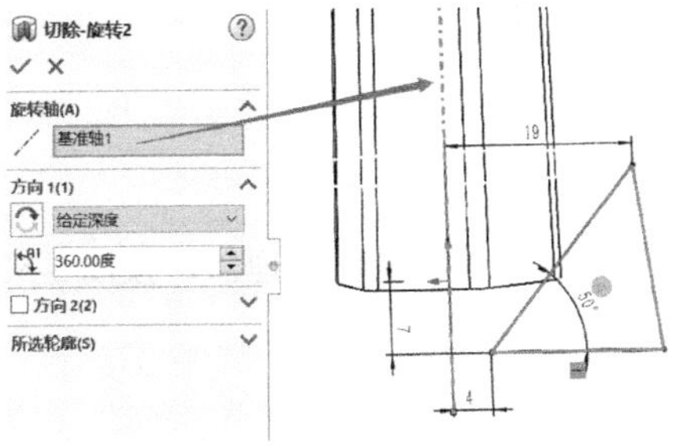

图 3–47　旋转切除特征

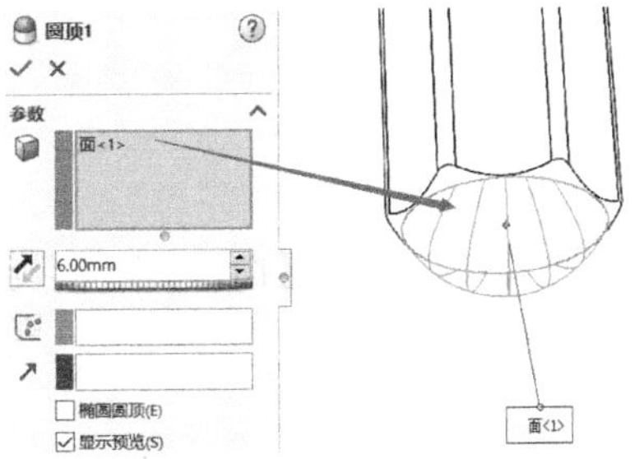

图 3–48　圆顶特征

3.8 蜗杆建模实例

本节应用讲解的知识完成蜗杆的建模过程，最终效果如图 3-49 所示。

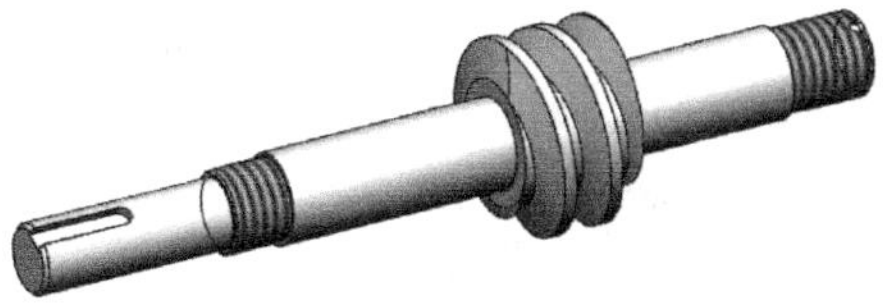

图 3–49　蜗杆模型

3.8.1 生成基础部分

（1）用鼠标右键单击特征管理器设计树中的【前视基准面】图标，单击弹出菜单中的【草图绘制】按钮，进入草图绘制状态。使用【草图】工具栏中的【直线】、【中心线】、【智能尺寸】工具，绘制图 3-50 所示的草图。单击【退出草图】按钮，退出草图绘制状态。

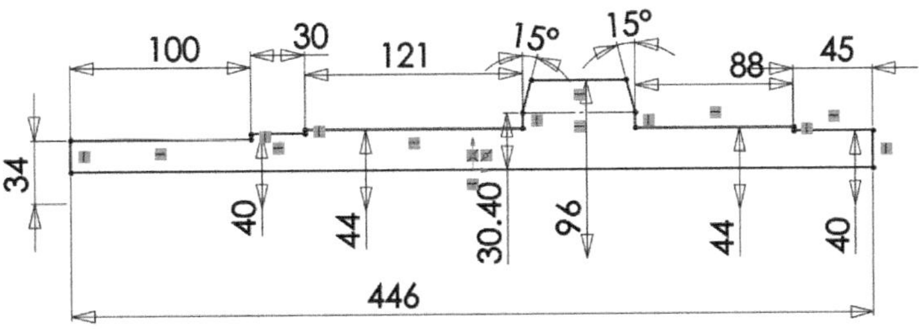

图 3–50　绘制草图并标注尺寸（1）

（2）单击【特征】工具栏中的【旋转凸台 / 基体】按钮，弹出属性管理器，按图 3-51 所示进行参数设置，单击✓【确定】按钮，生成旋转特征。

（3）用鼠标右键单击特征管理器设计树中的【前视基准面】图标，单击弹出菜单中的【草图绘制】按钮，进入草图绘制状态。使用【草图】工具栏中的【圆】、【智能尺寸】工具，绘制图 3-52 所示的草图。单击【退出草图】按钮，退出草图绘制状态。

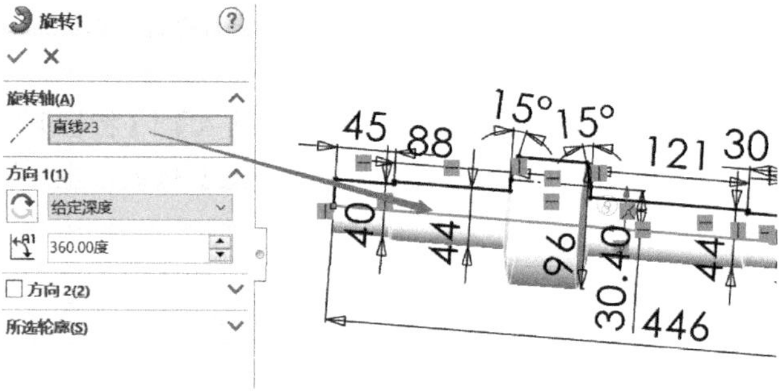

图 3-51　旋转特征

（4）选择【插入】|【曲线】|【螺旋线 / 涡状线】菜单命令，弹出属性管理器，按图 3-53 所示进行参数设置。

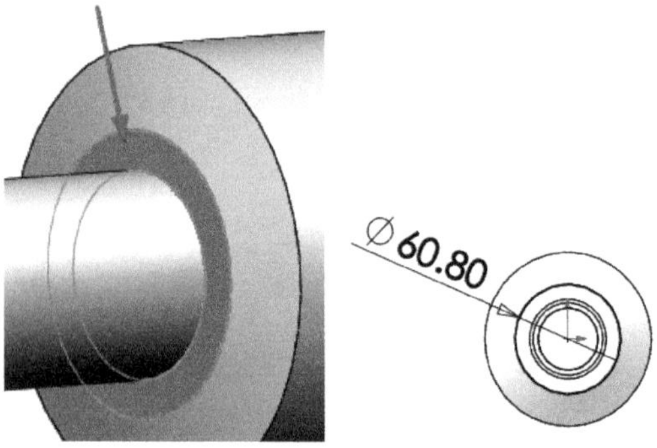

图 3-52　绘制草图并标注尺寸（2）

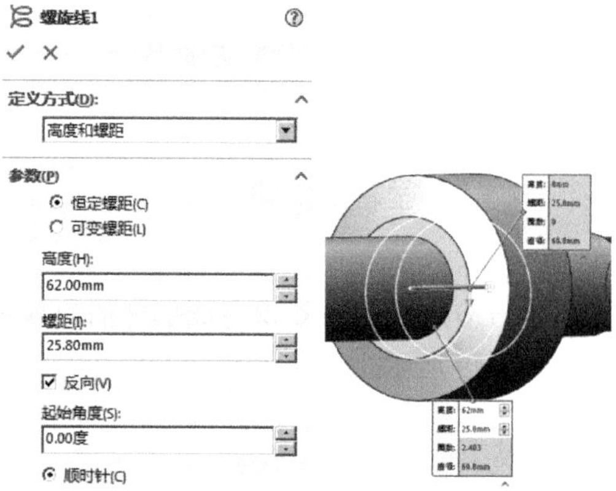

图 3-53　建立螺旋线

（5）用鼠标右键单击特征管理器设计树中的【上视基准面】图标，单击弹出菜单中的【草图绘制】按钮，进入草图绘制状态。使用【草图】工具栏中的【直线】、【中心线】、【智能尺寸】工具，绘制图 3-54 所示的草图。单击【退出草图】按钮，退出草图绘制状态。

（6）选择【插入】|【切除】|【扫描】菜单命令，弹出属性管理器，按图 3-55 所示进行参数设置，单击✓【确定】按钮。

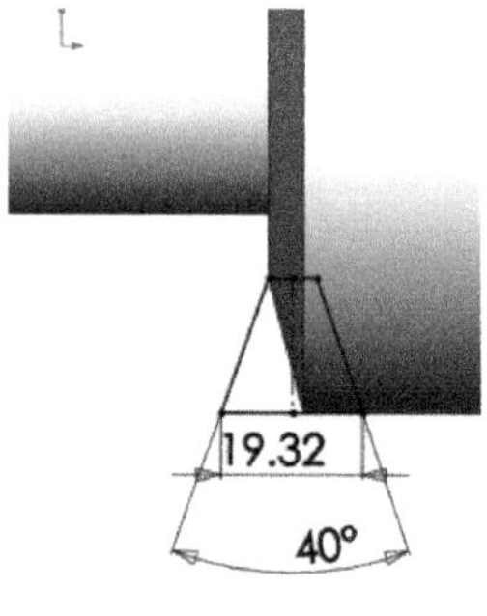

图 3-54　绘制草图并标注尺寸（3）

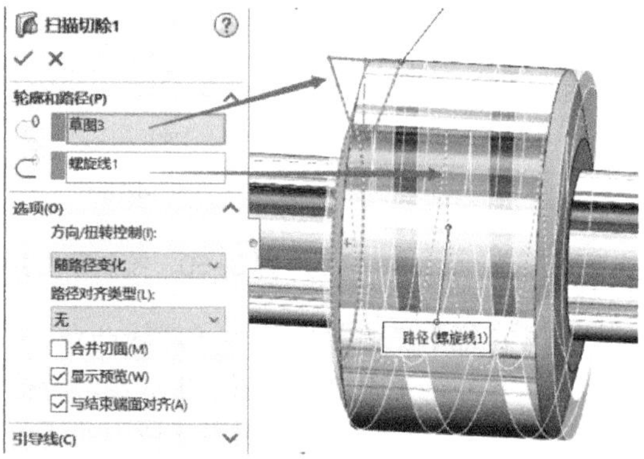

图 3-55　扫描切除特征

3.8.2　生成辅助部分

（1）选择【插入】|【注解】|【装饰螺纹线】菜单命令，弹出【装饰螺纹线】属性管理器。在绘图区域中单击蜗杆端部的圆边线，属性管理器中的设置如图 3-56 所示，单击✓【确定】按钮，完成装饰螺纹线特征的建立。

（2）再次选择【插入】|【注解】|【装饰螺纹线】菜单命令，弹出【装饰螺纹线】属性管理器。在绘图区域中单击蜗杆中部的圆边线，属性管理器中的设置如图 3-57 所示，单击✓【确定】按钮，完成装饰螺纹线特征的建立。

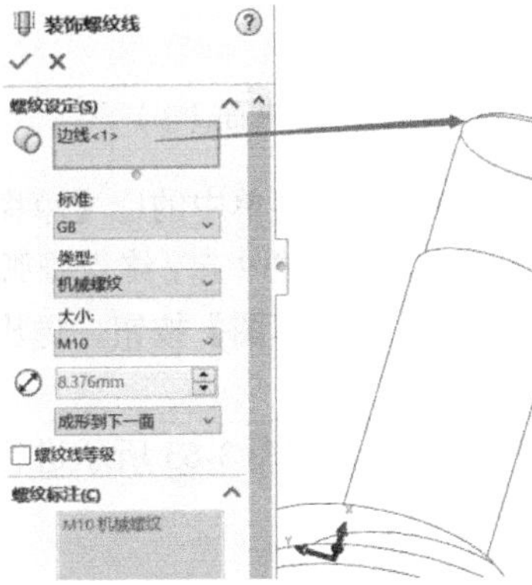

图 3-56　装饰螺纹线特征（1）

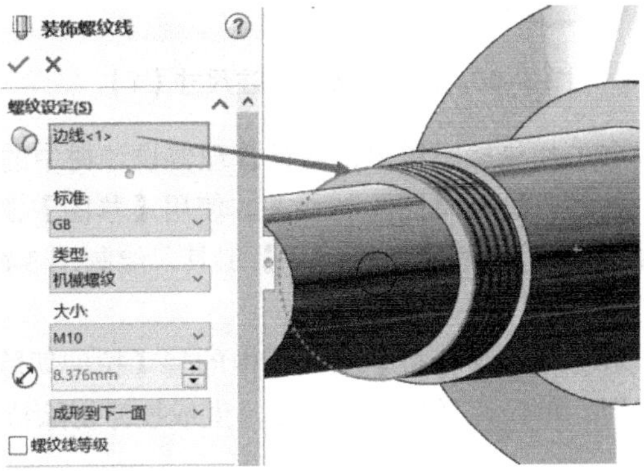

图 3-57　装饰螺纹线特征（2）

（3）选择【插入】|【特征】|【倒角】菜单命令，弹出属性管理器，按图 3-58 所示进行参数设置，单击✓【确定】按钮，生成倒角特征。

（4）选择【插入】|【特征】|【倒角】菜单命令，弹出属性管理器，按图 3-59 所示进行参数设置，单击✓【确定】按钮，生成倒角特征。

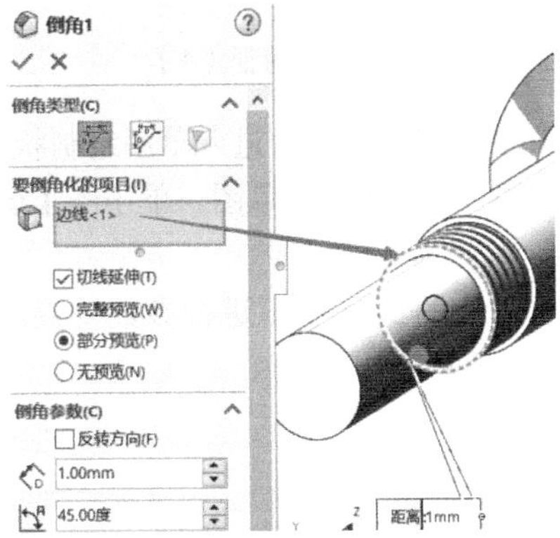

图 3-58　倒角特征（1）

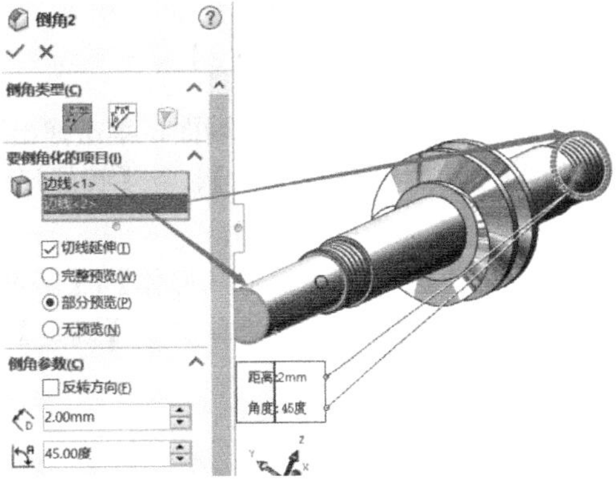

图 3-59　倒角特征（2）

（5）用鼠标右键单击特征管理器设计树中的【前视基准面】图标，单击弹出菜单中的【草图绘制】按钮，进入草图绘制状态。使用【草图】工具栏中的▪【点】、【智能尺寸】工具，绘制图 3-60 所示的草图。单击【退出草图】按钮，退出草图绘制状态。

（6）单击特征管理器设计树中的【上视基准面】图标，选择【插入】|【参考几何体】|【基准面】菜单命令，弹出属性管理器，按图 3-61 所示进行参数设置，在绘图区域中预览新建的基准面，单击✓【确定】按钮，生成基准面。

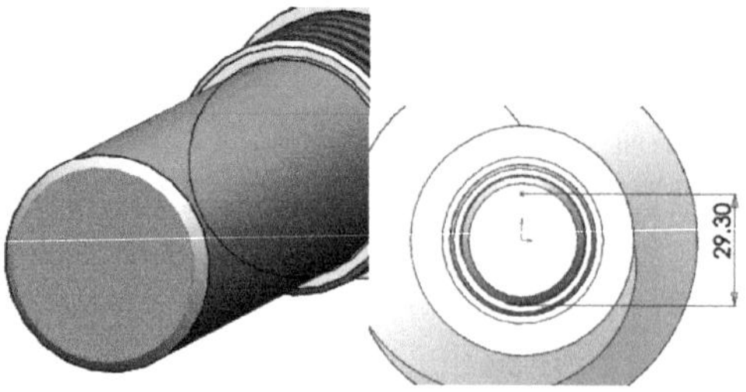

图 3-60　绘制草图并标注尺寸（1）

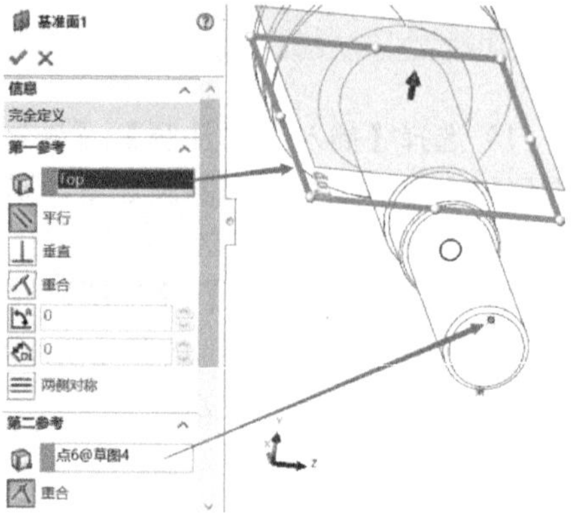

图 3-61　基准面（1）

（7）用鼠标右键单击特征管理器设计树中的【基准面 1】图标，单击弹出菜单中的【草图绘制】按钮，进入草图绘制状态。使用【草图】工具栏中的【直线】、【圆心 / 起 / 终点画弧】、【中心线】、【智能尺寸】工具，绘制图 3-62 所示的草图。单击【退出草图】按钮，退出草图绘制状态。

（8）单击【特征】工具栏中的【拉伸切除】按钮，弹出属性管理器，按图 3-63 所示进行参数设置，单击【确定】按钮，生成拉伸切除特征。

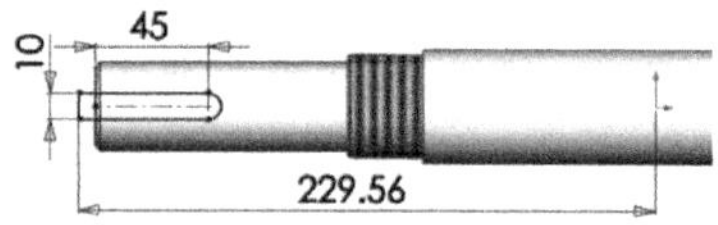

图 3-62　绘制草图并标注尺寸（2）

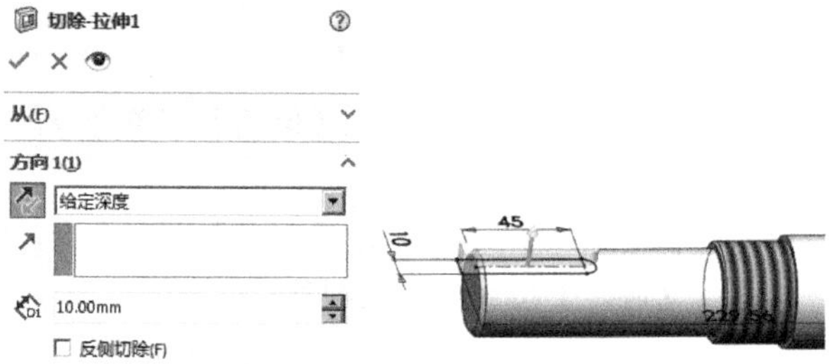

图 3-63　拉伸切除特征（1）

（9）用鼠标右键单击模型的端面，单击弹出菜单中的【草图绘制】按钮，进入草图绘制状态。使用【草图】工具栏中的【点】、【智能尺寸】工具，绘制图 3-64 所示的草图。单击【退出草图】按钮，退出草图绘制状态。

（10）选择【插入】|【参考几何体】|【基准面】菜单命令，按图 3-65 所示进行参数设置，在绘图区域中预览新建的基准面，单击【确定】按钮，生成基准面。

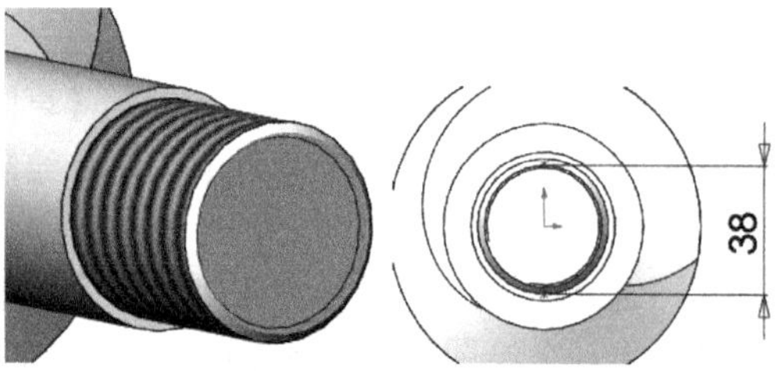

图 3-64　绘制草图并标注尺寸（3）

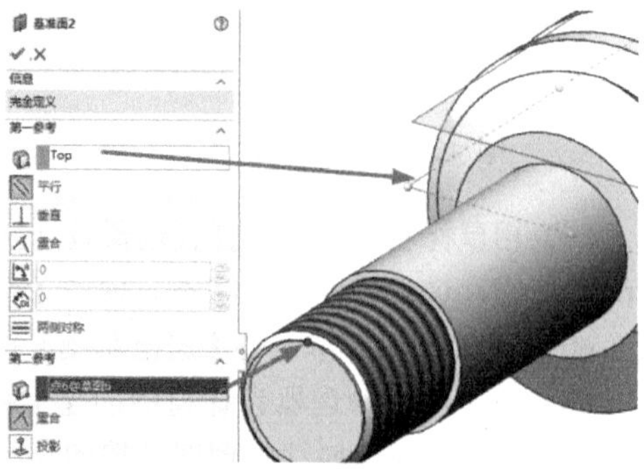

图 3-65　基准面（2）

（11）用鼠标右键单击特征管理器设计树中的【基准面 2】图标，单击弹出菜单中的【草图绘制】按钮，进入草图绘制状态。使用【草图】工具栏中的【直线】、【圆心 / 起 / 终点画弧】、【中心线】、【智能尺寸】工具，绘制图 3-66 所示的草图。单击【退出草图】按钮，退出草图绘制状态。

（12）单击【特征】工具栏中的【拉伸切除】按钮，弹出属性管理器，按图 3-67 所示进行参数设置，单击【确定】按钮，生成拉伸切除特征。至此，蜗杆模型制作完成。

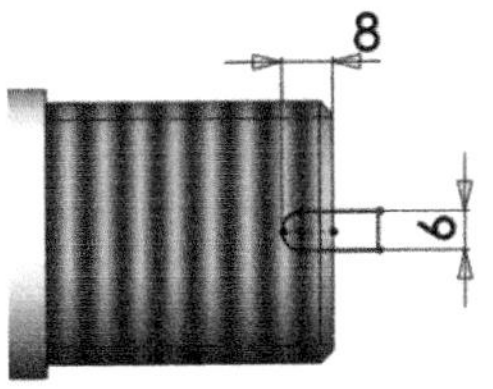

图 3–66　绘制草图并标注尺寸（4）

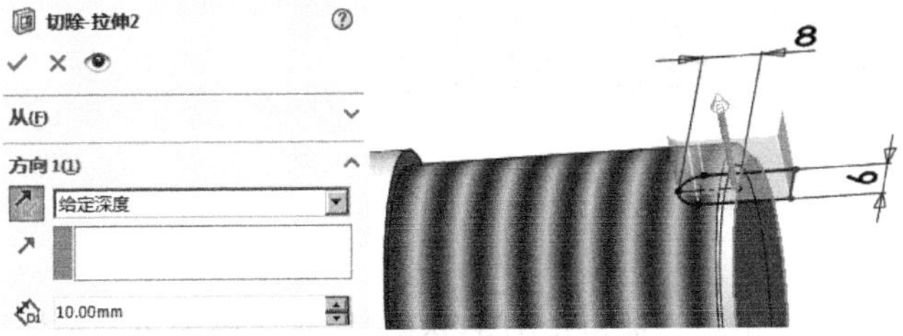

图 3–67　拉伸切除特征（2）

Chapter 4

第 4 章 实体特征编辑

本章讲解的是 SOLIDWORKS 实体建模的第二类特征，即在现有特征的基础上进行二次编辑的特征。这类特征不需要草图，可以直接对实体进行编辑操作。本章的内容包括圆角特征、倒角特征、抽壳特征、特征阵列、镜向特征（软件中使用“镜向”，所以本书正文中均使用“镜向”）、圆顶特征和实体建模实例。

重点与难点

- 圆角特征与倒角特征
- 抽壳特征与阵列特征
- 镜向特征与圆顶特征

4.1 圆角特征

圆角特征是在零件上生成内圆角面或者外圆角面的一种特征，可以在一个面的所有边线上、所选的多组面上、所选的边线或者边线环上生成圆角。

4.1.1 圆角特征的属性设置

单击【特征】工具栏中的【圆角】按钮，或者选择【插入】|【特征】|【圆角】菜单命令，弹出属性管理器，如图 4-1 所示。常用选项介绍如下。

（1）【要圆角化的项目】选项组。

- 【边线、面、特征和环】：右侧的选择框用于在绘图区域中选择要进行圆角处理的实体。
- 【切线延伸】：将圆角延伸到所有与所选面相切的面。
- 【完整预览】：显示所有边线上的圆角预览效果。
- 【部分预览】：只显示一条边线上的圆角预览效果。
- 【无预览】：可以缩短复杂模型的重建时间。

（2）【圆角参数】选项组。

- 【半径】：设置圆角的半径。
- 【多半径圆角】：以不同边线作为半径生成圆角。

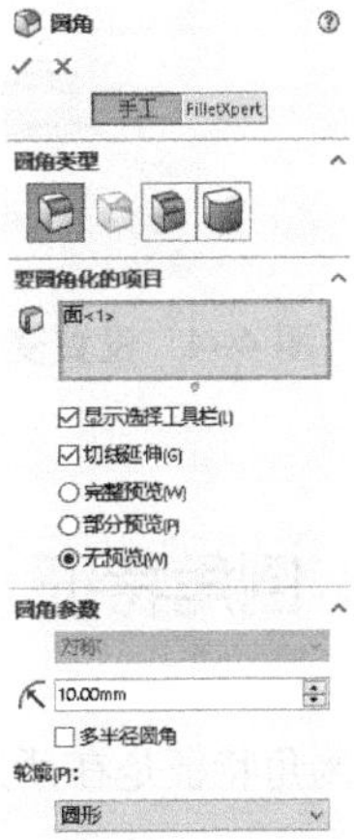

图 4-1 【圆角】属性管理器

4.1.2 练习：生成圆角特征

下面简单练习生成圆角特征的方法。

（1）打开“配套数字资源\第 4 章\基本功能\4.1.2.SLDPRT”中的实例素材文件，选择【插入】|【特征】|【圆角】菜单命令，弹出属性管理器。单击模型上表面的 4 条边线，按图 4-2 所示进行参数设置，单击✓【确定】按钮，生成等半径圆角特征，如图 4-3 所示。

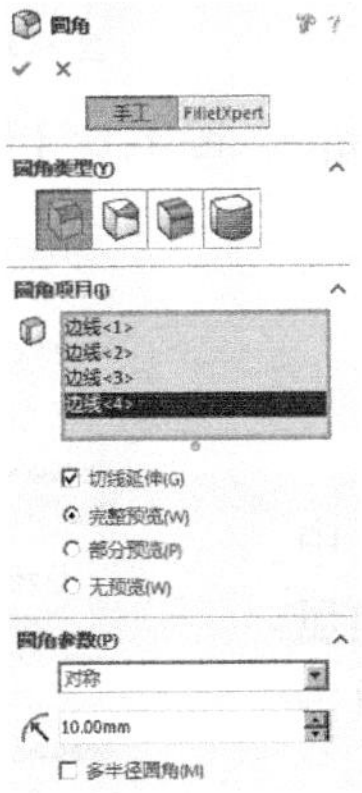

图 4-2　设置等半径圆角特征

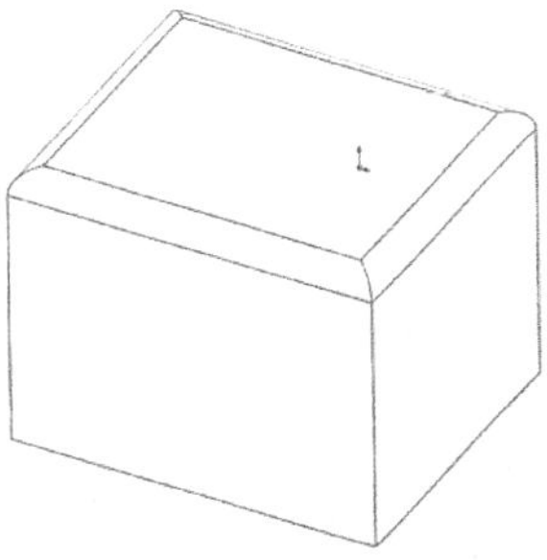

图 4-3　等半径圆角特征

（2）在【圆角类型】选项组中单击【变半径】按钮。在【圆角项目】选项组中单击【边线、面、特征和环】选择框，在绘图区域中选择模型正面的一条边线，按图 4-4 所示进行参数设置，单击✓【确定】按钮，生成变半径圆角特征，如图 4-5 所示。

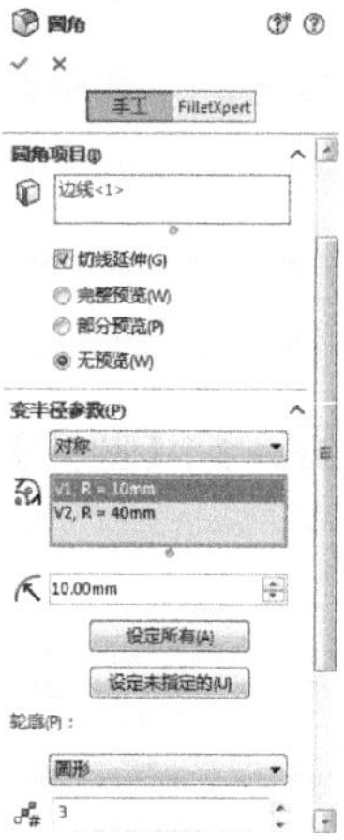

图 4-4　设置变半径圆角特征

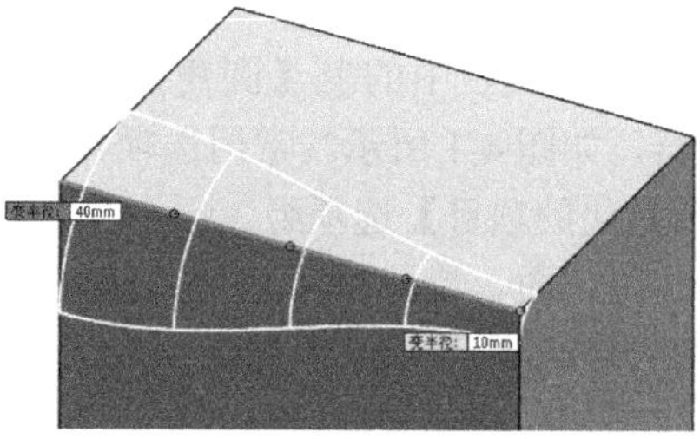

图 4-5　变半径圆角特征

4.2 倒角特征

倒角特征是在所选边线、面或者顶点上生成的倾斜特征。

4.2.1 倒角特征的属性设置

选择【插入】|【特征】|【倒角】菜单命令，弹出属性管理器，如图 4-6 所示。【倒角类型】各选项介绍如下。

- 【角度距离】：通过设置角度和距离来生成倒角。
- 【距离 - 距离】：通过设置两个面的距离来生成倒角。
- 【顶点】：通过设置顶点来生成倒角。
- 【等距面】：通过偏移选定边线旁边的面来等距倒角。
- 【面 - 面】：创建对称、非对称、包络控制线和弦宽度倒角。

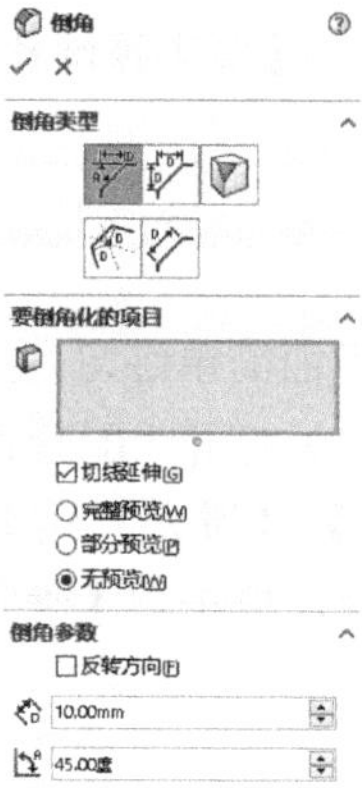

图 4-6 【倒角】属性管理器

4.2.2 练习：生成倒角特征

下面简单练习生成倒角特征的方法。

（1）打开“配套数字资源 \ 第 4 章 \ 基本功能 \4.2.2.SLDPRT”中的实例素材文件，选择【插入】|【特征】|【倒角】菜单命令，弹出属性管理器，单击模型的一条边线，按图 4-7 所示进行参数设置，单击✓【确定】按钮，生成不保持特征的倒角特征，如图 4-8 所示。

（2）在【倒角选项】选项组中，勾选【保持特征】复选框，单击✓【确定】按钮，生成保持特征的倒角特征，如图 4-9 所示。

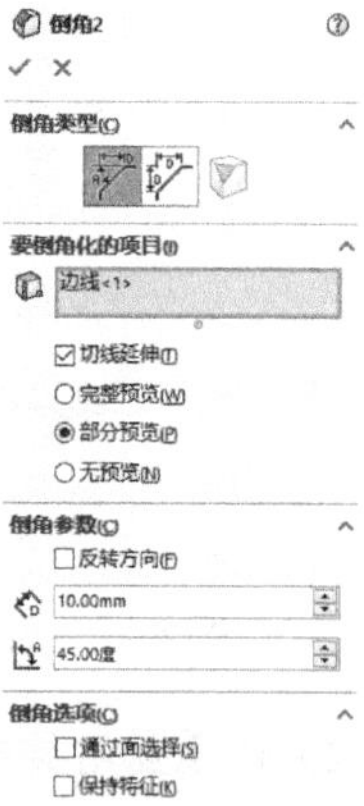

图 4-7 【倒角】属性管理器

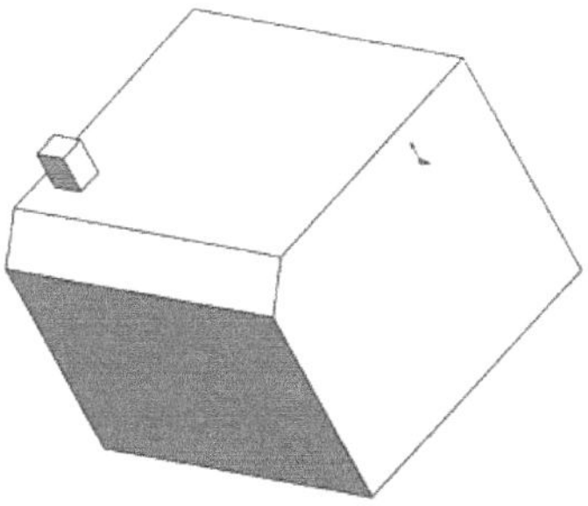

图 4-8　不保持特征的倒角特征

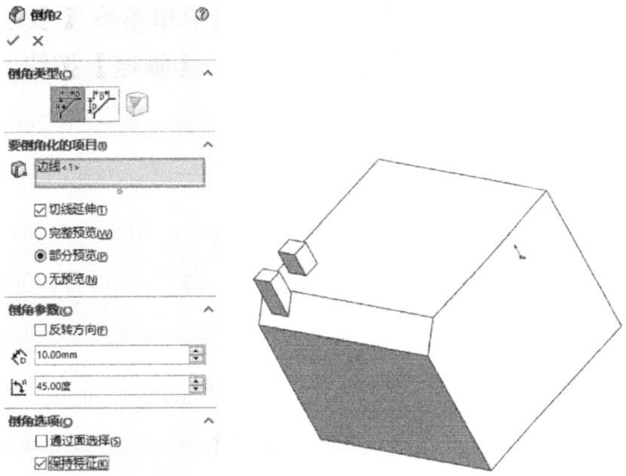

图 4-9　保持特征的倒角特征

4.3 抽壳特征

抽壳特征可以掏空零件，使所选择的面敞开，并在其他面上生成薄壁特征。

4.3.1　抽壳特征的属性设置

单击【特征】工具栏中的【抽壳】按钮，或者选择【插入】|【特征】|【抽壳】菜单命令，弹出图 4-10 所示的属性管理器，常用选项介绍如下。

- 【厚度】：设置保留面的厚度。
- 【移除的面】：用于在绘图区域选择一个或者多个面。
- 【壳厚朝外】：增加模型的外部尺寸。
- 【显示预览】：显示抽壳特征的预览效果。

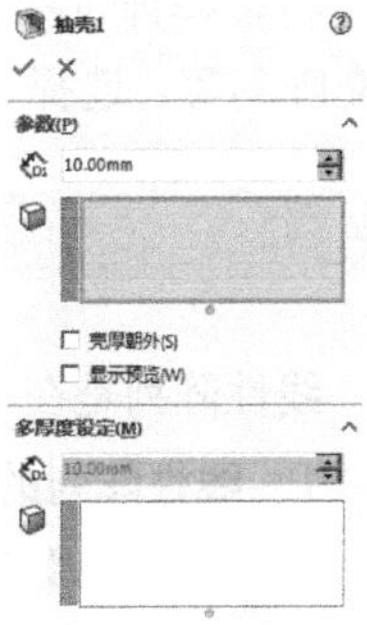

图 4-10 【抽壳】属性管理器

4.3.2　练习：生成抽壳特征

下面简单练习生成抽壳特征的方法。

（1）打开“配套数字资源 \ 第 4 章 \ 基本功能 \4.3.2.SLDPRT”中的实例素材文件，选择【插入】|【特征】|【抽壳】菜单命令，弹出属性管理器。在绘图区域选择模型的上表面，按图 4-11 所示进行参数设置，单击✓【确定】按钮，生成抽壳特征，如图 4-12 所示。

图 4-11 【抽壳】属性管理器

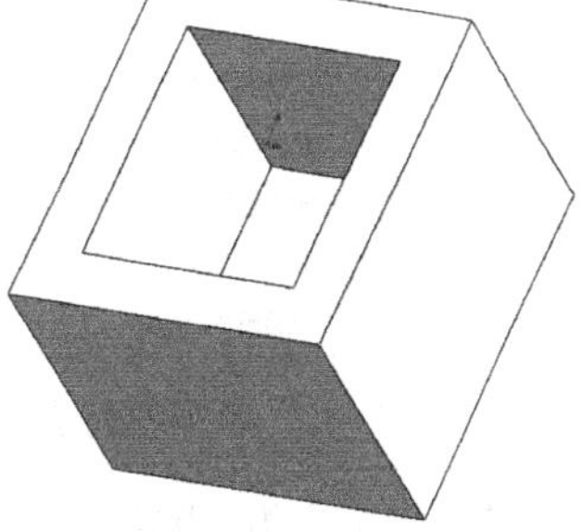

图 4-12　抽壳特征

（2）在【多厚度设定】选项组中单击【多厚度面】选择框，选择模型的前侧面和右侧面，按图 4-13 所示进行参数设置，单击✓【确定】按钮，生成多厚度抽壳特征，如图 4-14 所示。

图 4-13 【多厚度设定】选项组

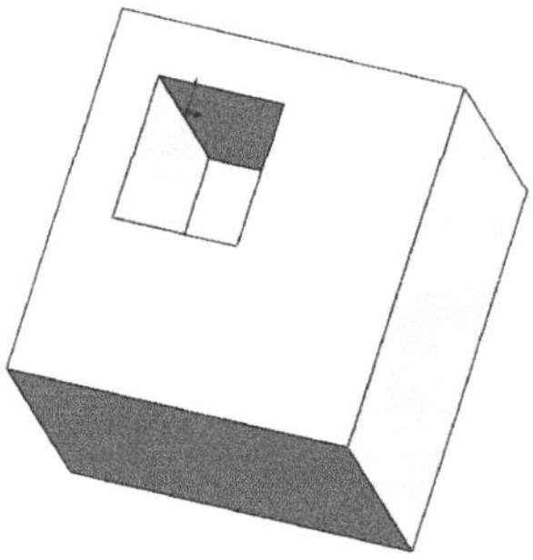

图 4-14　多厚度抽壳特征

4.4 特征阵列

特征阵列包括线性阵列、圆周阵列、表格驱动的阵列、草图驱动的阵列、曲线驱动的阵列和填充阵列等。选择【插入】|【阵列 / 镜向】菜单命令，弹出的特征阵列子菜单如图 4-15 所示。

4.4.1 线性阵列

线性阵列是在一个或者几个方向上生成多个指定的源特征。

1. 线性阵列的属性设置

单击【特征】工具栏中的【线性阵列】按钮，或者选择【插入】|【阵列 / 镜向】|【线性阵列】菜单命令，弹出属性管理器，如图 4-16 所示。常用选项介绍如下。

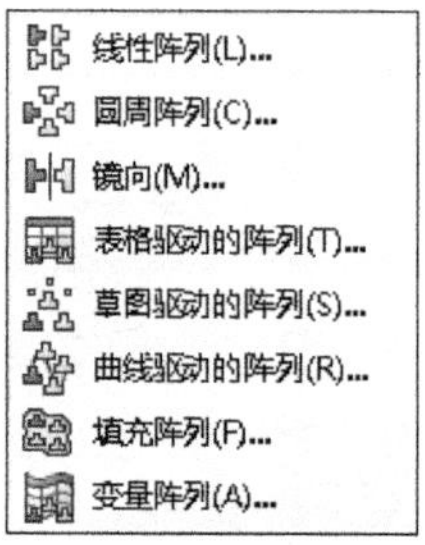

图 4-15　特征阵列子菜单

图 4-16 【线性阵列】属性管理器

- 【阵列方向】：设置阵列方向，可以选择线性边线、直线、轴或轴。
- 【间距】：设置阵列实例之间的距离。

- 【实例数】：设置阵列实例的数量。

2. 练习：生成线性阵列

下面简单练习生成线性阵列的方法。

（1）打开“配套数字资源 \ 第 4 章 \ 基本功能 \4.4.1.SLDPRT”中的实例素材文件，单击特征管理器设计树中的【凸台-拉伸 2】特征，使之处于被选择状态。

（2）单击【特征】工具栏中的【线性阵列】按钮，或者选择【插入】|【阵列 / 镜向】|【线性阵列】菜单命令，弹出属性管理器。按图 4-17 所示进行参数设置，单击✓【确定】按钮，生成线性阵列。

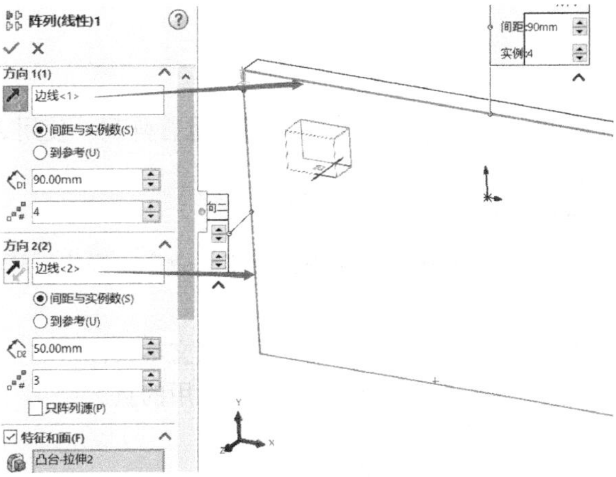

图 4-17　线性阵列

4.4.2　圆周阵列

圆周阵列是将源特征围绕指定的轴线复制多个。

1. 圆周阵列的属性设置

单击【特征】工具栏中的【圆周阵列】按钮，或者选择【插入】|【阵列 / 镜向】|【圆周阵列】菜单命令，弹出属性管理器，如图 4-18 所示。常用选项介绍如下。

- 【阵列轴】：在绘图区域选择轴或模型边线，作为阵列特征所围绕的轴。
- 【等间距】：自动设置总角度为 360°。
- 【角度】：设置实例之间的角度。
- 【实例数】：设置源特征的实例数。

2. 练习：生成圆周阵列

下面简单练习生成圆周阵列的方法。

（1）打开“配套数字资源 \ 第 4 章 \ 基本功能 \4.4.2.SLDPRT”中的实例素材文件，单击特征管理器设计树中的【凸台-拉伸 2】特征，使之处于被选择状态。

（2）单击【特征】工具栏中的【圆周阵列】按钮，或者选择【插入】|【阵列 / 镜向】|【圆周阵列】菜单命令，弹出属性管理器。按图 4-19 所示进行参数设置，单击✓【确定】按钮，生成圆周阵列。

图 4-18 【阵列（圆周）】属性管理器

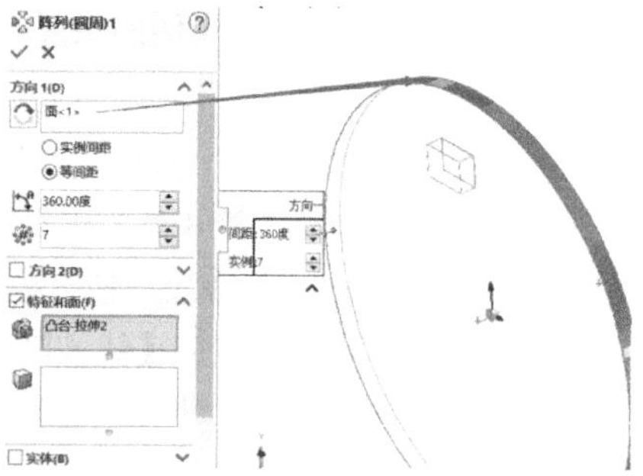

图 4-19 圆周阵列

4.4.3 表格驱动的阵列

表格驱动的阵列可以使用 *X*、*Y* 坐标对指定的源特征进行阵列。使用 *X*、*Y* 坐标进行孔阵列是表格驱动的阵列的常见应用。

1. 表格驱动的阵列的属性设置

选择【插入】|【阵列 / 镜向】|【表格驱动的阵列】菜单命令，弹出对话框，如图 4-20 所示。常用选项介绍如下。

（1）【读取文件】：用于输入含 *X*、*Y* 坐标的阵列表或者文本文件。

（2）【参考点】：指定在放置阵列实例时 *X*、*Y* 坐标所适用的点。

- 【所选点】：将参考点设置到所选顶点或者草图点。
- 【重心】：将参考点设置到源特征的重心。

（3）【坐标系】：设置用来生成表格阵列的坐标系。

（4）【要复制的实体】：根据多实体零件生成阵列。

（5）【要复制的特征】：根据特征生成阵列，可以选择多个特征。

（6）【要复制的面】：根据构成特征的面生成阵列，可选择绘图区域的所有面。

2. 练习：生成表格驱动的阵列

下面简单练习生成表格驱动的阵列的方法。

（1）打开“配套数字资源 \ 第 4 章 \ 基本功能 \4.4.3.SLDPRT”中的实例素材文件，单击特征管理器设计树中的【凸台-拉伸 2】特征，使之处于被选择状态。

（2）选择【插入】|【阵列 / 镜向】|【表格驱动的阵列】菜单命令，弹出对话框。按图 4-21 所示进行参数设置，单击【确定】按钮，生成表格驱动的阵列。

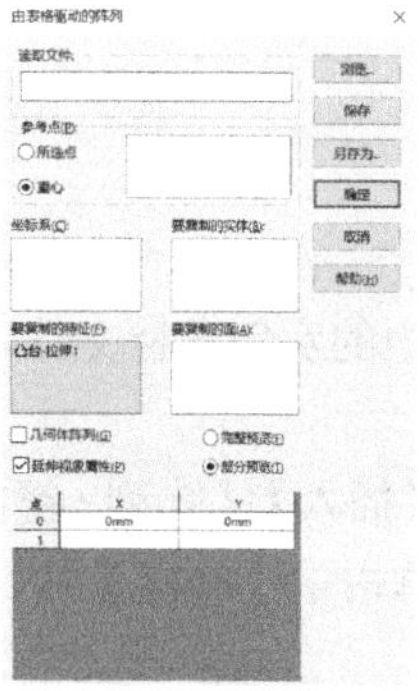

图 4-20 【由表格驱动的阵列】对话框

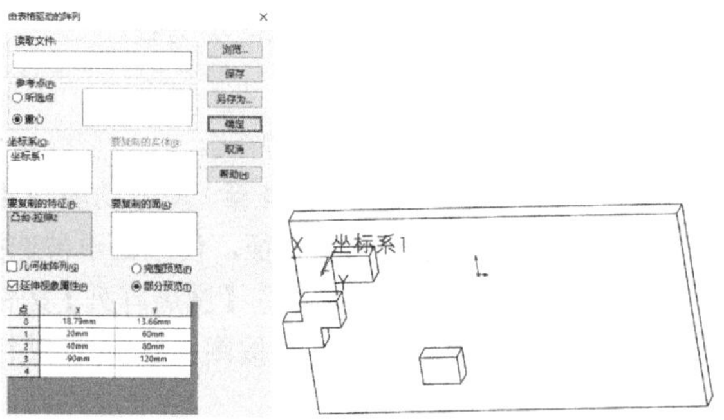

图 4-21 表格驱动的阵列

4.4.4 草图驱动的阵列

草图驱动的阵列是通过草图中的特征点复制源特征的一种阵列方式。

1. 草图驱动的阵列的属性设置

选择【插入】|【阵列 / 镜向】|【草图驱动的阵列】菜单命令，弹出属性管理器，如图 4-22 所示。常用选项介绍如下。

（1）【参考草图】：在特征管理器设计树中选择草图用作阵列。

（2）【参考点】：进行阵列时所需的位置点。

- 【重心】：根据源特征的类型决定重心。
- 【所选点】：在绘图区域选择一个点作为参考点。

2. 练习：生成草图驱动的阵列

下面简单练习生成草图驱动的阵列的方法。

（1）打开“配套数字资源 \ 第 4 章 \ 基本功能 \4.4.4.SLDPRT”中的实例素材文件，单击特征管理器设计树中的【凸台-拉伸 2】特征，使之处于被选择状态。

（2）选择【插入】|【阵列 / 镜向】|【草图驱动的阵列】菜单命令，弹出属性管理器。根据需要，按图 4-23 所示进行参数设置，单击✓【确定】按钮，生成草图驱动的阵列。

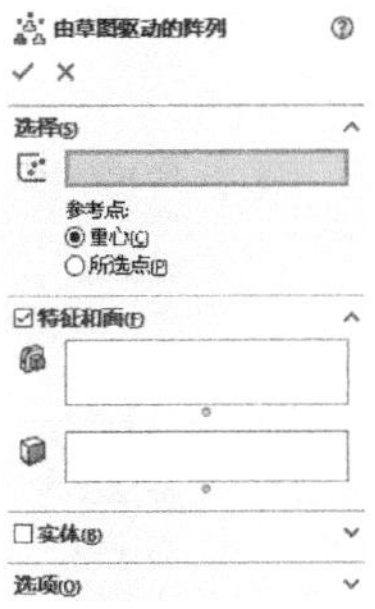

图 4-22 【由草图驱动的阵列】属性管理器

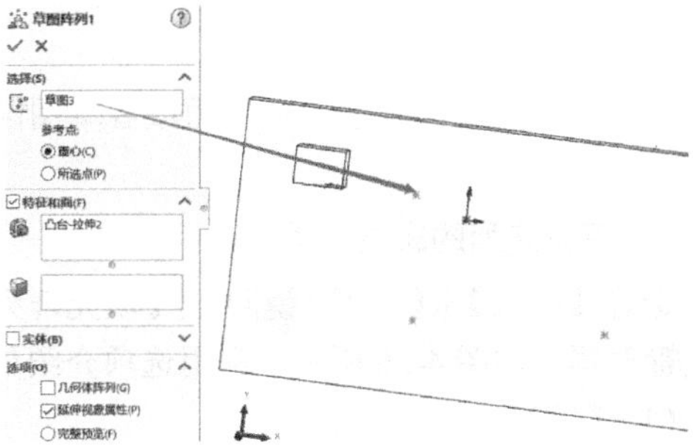

图 4-23　草图驱动的阵列

4.4.5 曲线驱动的阵列

曲线驱动的阵列是通过草图中的平面或者 3D 曲线复制源特征的一种阵列方式。

1. 曲线驱动的阵列的属性设置

选择【插入】|【阵列 / 镜向】|【曲线驱动的阵列】菜单命令，弹出属性管理器，如图 4-24 所示。常用选项介绍如下。

- 【阵列方向】：选择曲线、边线、草图实体。
- 【实例数】：设置阵列的实例数。
- 【等间距】：使阵列实例之间的距离相等。
- 【间距】：设置阵列实例之间的距离。

2. 练习：生成曲线驱动的阵列

下面简单练习生成曲线驱动的阵列的方法。

（1）打开“配套数字资源 \ 第 4 章 \ 基本功能 \4.4.5.SLDPRT”中的实例素材文件。单击特征管理器设计树中的【凸台-拉伸 2】特征，使之处于被选择状态。

（2）选择【插入】|【阵列 / 镜向】|【曲线驱动的阵列】菜单命令，弹出属性管理器。按图 4-25 所示进行参数设置，单击✓【确定】按钮，生成曲线驱动的阵列。

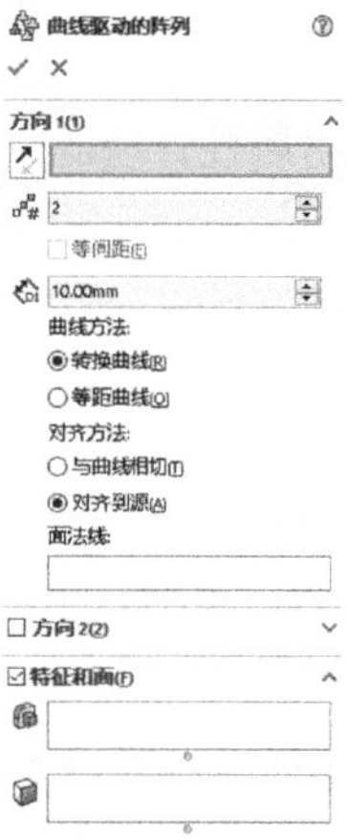

图 4-24 【曲线驱动的阵列】属性管理器

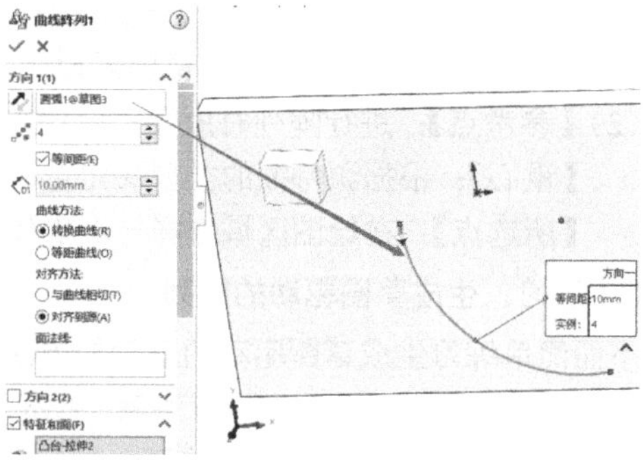

图 4-25 曲线驱动的阵列

4.4.6 填充阵列

填充阵列是在限定的实体平面或者草图区域进行阵列复制的阵列。

1. 填充阵列的属性设置

选择【插入】|【阵列 / 镜向】|【填充阵列】菜单命令，弹出属性管理器，如图 4-26 所示。常用选项介绍如下。

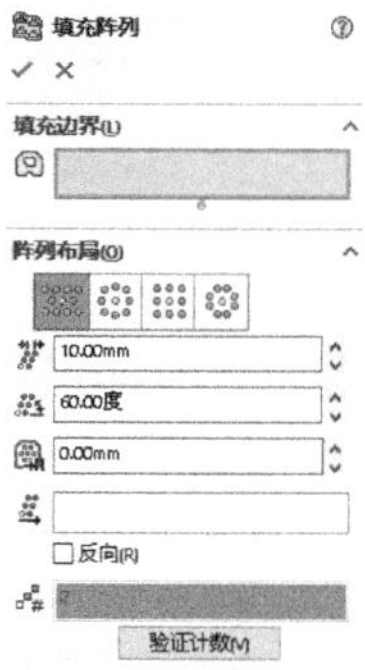

图 4-26 【填充阵列】属性管理器

（1）【填充边界】选项组。

【选择面或共平面上的草图、平面曲线】：设置要使用阵列填充的区域。

（2）【阵列布局】选项组。

- 【穿孔】：为钣金穿孔式阵列生成网格。
- 【实例间距】：设置实例中心之间的距离。
- 【交错断续角度】：设置实例行之间的交错断续角度。
- 【边距】：设置填充边界与最远端实例之间的距离。
- 【阵列方向】：设置参考方向。

2. 练习：生成填充阵列

下面简单练习生成填充阵列的方法。

（1）打开“配套数字资源 \ 第 4 章 \ 基本功能 \4.4.6. SLDPRT”中的实例素材文件。

（2）选择【插入】|【阵列 / 镜向】|【填充阵列】菜单命令，弹出属性管理器。按图 4-27 所示进行参数设置，单击✓【确定】按钮，生成填充阵列。

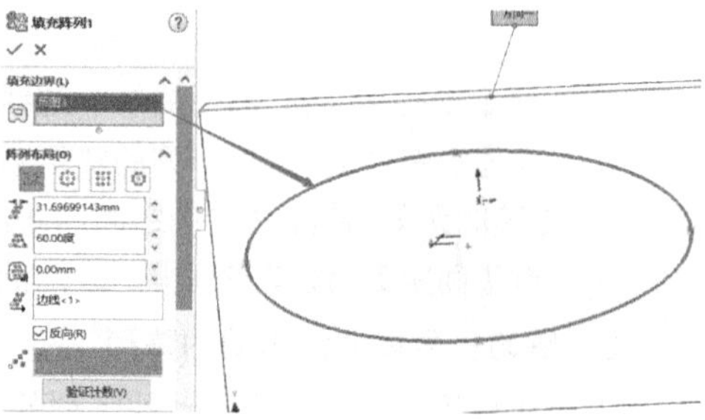

图 4-27 填充阵列

4.5 镜向特征

镜向特征是沿基准面生成一个对称的特征。

4.5.1 镜向特征的属性设置

单击【特征】工具栏中的【镜向】按钮，或者选择【插入】|【阵列 / 镜向】|【镜向】菜单命令，弹出属性管理器，如图 4-28 所示。常用选项介绍如下。

- 【镜向面 / 基准面】选项组：在绘图区域选择一个面或基准面作为镜向面。
- 【要镜向的特征】选项组：选择模型中的一个或者多个特征。
- 【要镜向的面】选项组：在绘图区域选择要镜向的特征面。

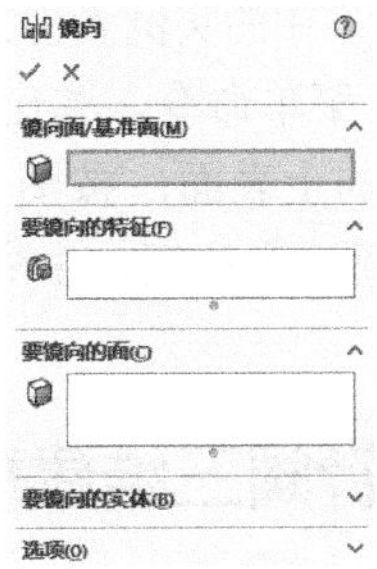

图 4–28 【镜向】属性管理器

4.5.2 练习：生成镜向特征

下面简单练习生成镜向特征的方法。

（1）打开“配套数字资源 \ 第 4 章 \ 基本功能 \ 4.5.2.SLDPRT”中的实例素材文件，单击特征管理器设计树中的【切除-拉伸 1】特征，使之处于被选择状态。

（2）单击【特征】工具栏中的【镜向】按钮，或者选择【插入】|【阵列 / 镜向】|【镜向】菜单命令，弹出属性管理器。按图 4-29 所示进行参数设置，单击✓【确定】按钮，生成镜向特征。

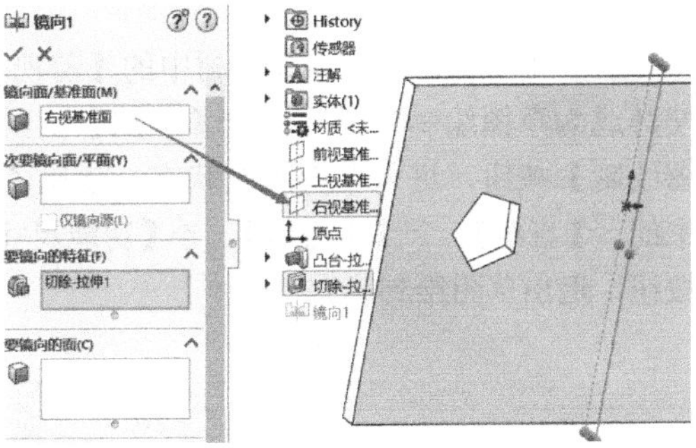

图 4–29　镜向特征

4.6 圆顶特征

使用圆顶命令可以在同一模型上生成一个或者多个圆顶。

4.6.1 圆顶特征的属性设置

选择【插入】|【特征】|【圆顶】菜单命令，弹出属性管理器，如图 4-30 所示。常用选项介绍如下。

- 【到圆顶的面】：选择一个或者多个平面、非平面。
- 【距离】：设置圆顶扩展的距离。
- 【约束点或草图】：选择一个点或者草图，通过对其形状进行约束以控制圆顶形状。

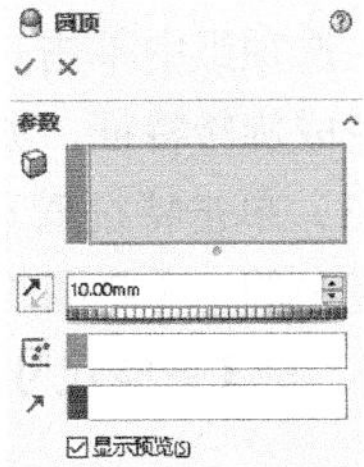

图 4–30 【圆顶】属性管理器

- ↗【方向】：在绘图区域选择方向向量，以垂直于面以外的方向拉伸圆顶。

4.6.2 练习：生成圆顶特征

下面简单练习生成圆顶特征的方法。

打开“配套数字资源 \ 第 4 章 \ 基本功能 \4.6.2. SLDPRT”中的实例素材文件，选择【插入】|【特征】|【圆顶】菜单命令，弹出属性管理器。在绘图区域选择模型的上表面，按图 4-31 所示进行参数设置，单击✓【确定】按钮，生成圆顶特征。

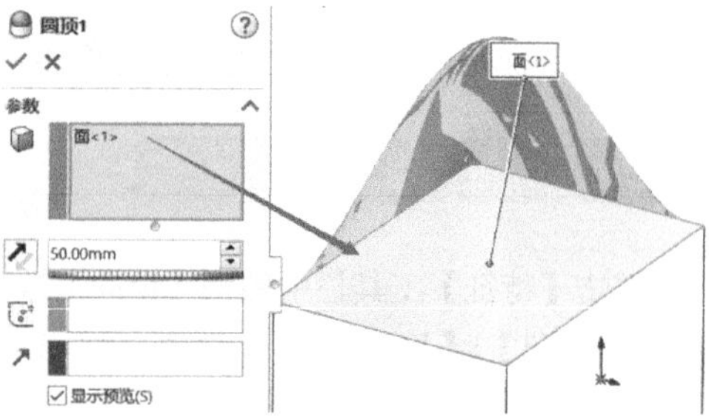

图 4-31　圆顶特征

4.7 针阀三维建模实例

本节应用本章所讲解的知识完成针阀的建模过程，最终效果如图 4-32 所示。

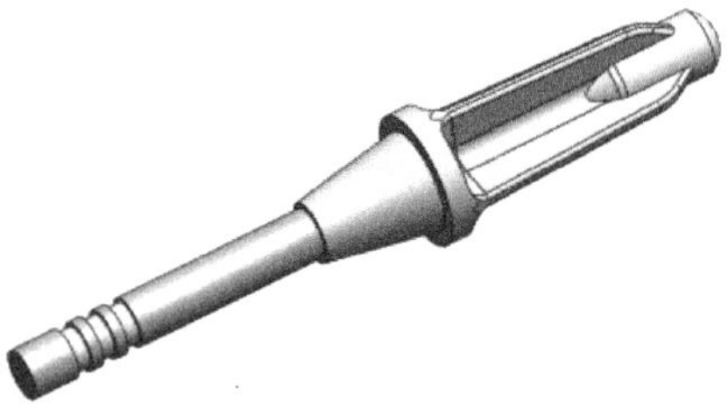

图 4-32　针阀三维模型

4.7.1 建立阀帽部分

（1）单击特征管理器设计树中的【前视基准面】图标，使其成为草图绘制平面。单击【草图】工具栏中的【草图绘制】按钮，进入草图绘制状态。使用【草图】工具栏中的【直线】、【中心线】、【智能尺寸】工具，绘制图 4-33 所示的草图。单击【退出草图】按钮，退出草图绘制状态。

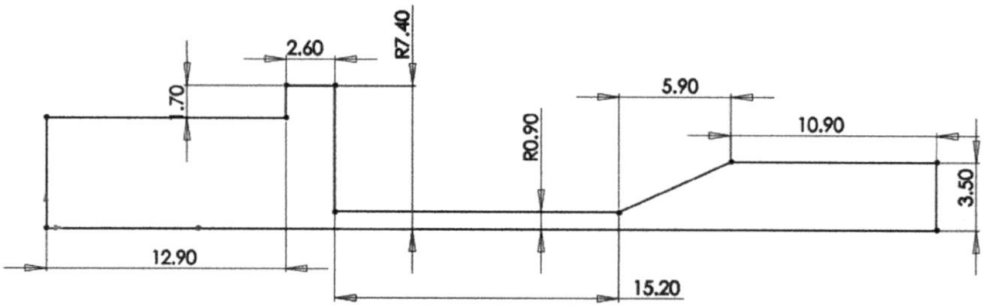

图 4-33　绘制草图并标注尺寸（1）

（2）单击【特征】工具栏中的【旋转凸台 / 基体】按钮，弹出【旋转】属性管理器。在【旋转轴】选项组中单击【旋转轴】选择框，在绘图区域中选择草图中的中轴线，单击✓【确定】按钮，生成旋转特征，如图 4-34 所示。

（3）单击特征管理器设计树中的【前视基准面】图标，使其成为草图绘制平面。单击【草图】工具栏中的【草图绘制】按钮，进入草图绘制状态。使用【草图】工具栏中的【直线】、【中心线】、【智能尺寸】工具，绘制图 4-35 所示的草图。单击【退出草图】按钮，退出草图绘制状态。

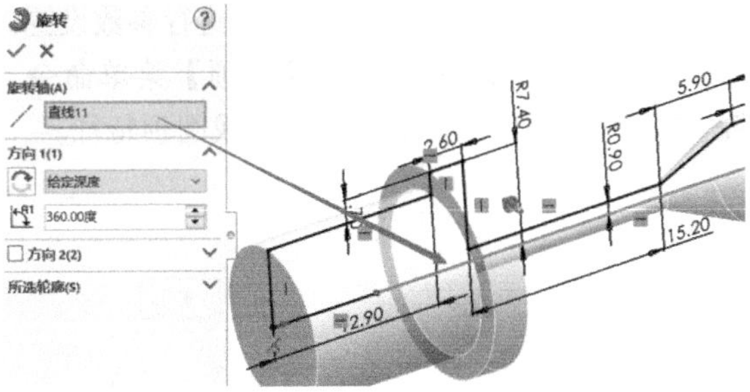

图 4–34 旋转特征

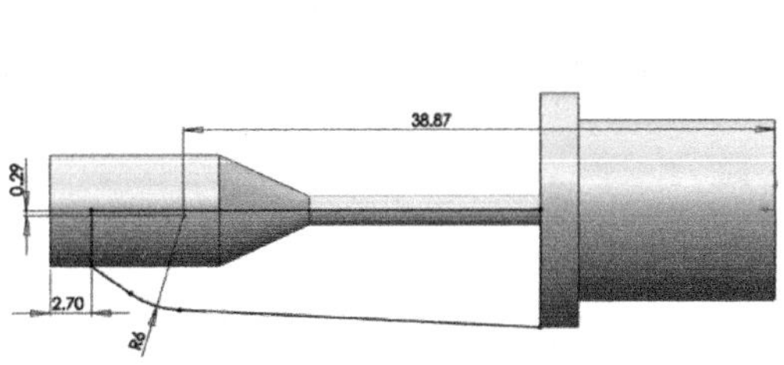

图 4–35 绘制草图并标注尺寸（2）

（4）单击【特征】工具栏中的【拉伸凸台 / 基体】按钮，弹出【凸台 - 拉伸】属性管理器。按图 4-36 所示进行参数设置，单击✓【确定】按钮，生成拉伸特征。

（5）单击【特征】工具栏中的【圆角】按钮，弹出【圆角】属性管理器。在绘图区域中选择模型的两条边线，按图 4-37 所示进行参数设置，单击✓【确定】按钮，生成圆角特征。

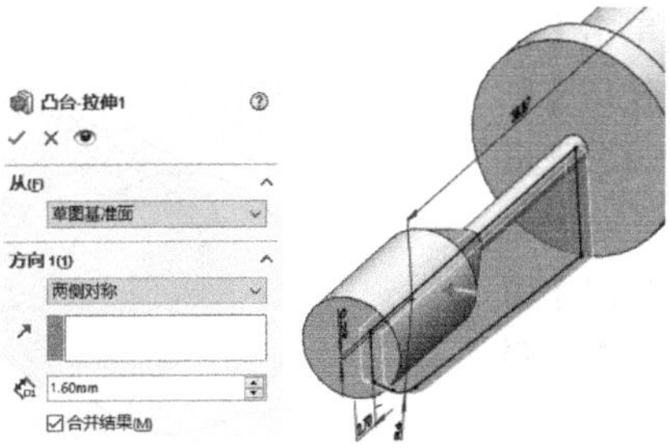

图 4–36 拉伸凸台特征

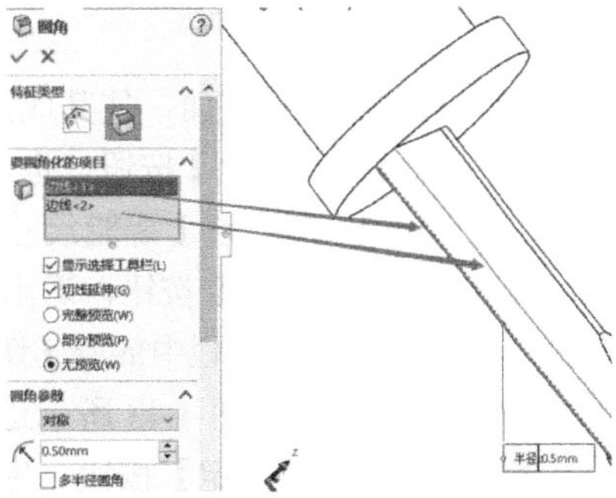

图 4–37 圆角特征（1）

（6）单击【特征】工具栏中的【圆周阵列】按钮，弹出【圆周阵列】属性管理器。按图 4-38 所示进行参数设置，单击✓【确定】按钮，生成圆周阵列。

（7）单击【特征】工具栏中的【圆角】按钮，弹出【圆角】属性管理器。在绘图区域中选择模型的 12 条边线，按图 4-39 所示进行参数设置，单击✓【确定】按钮，生成圆角特征。

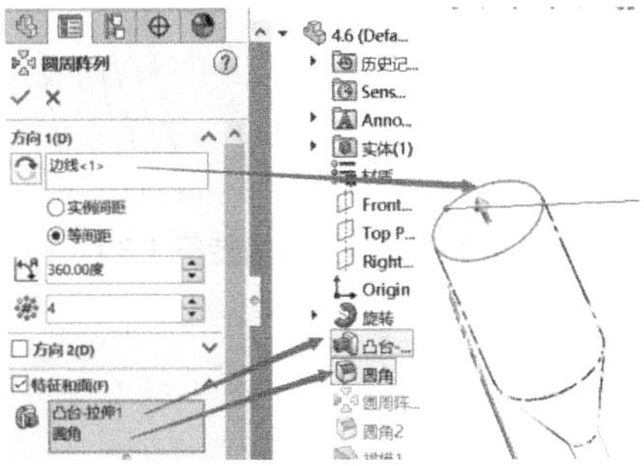

图 4–38 圆周阵列

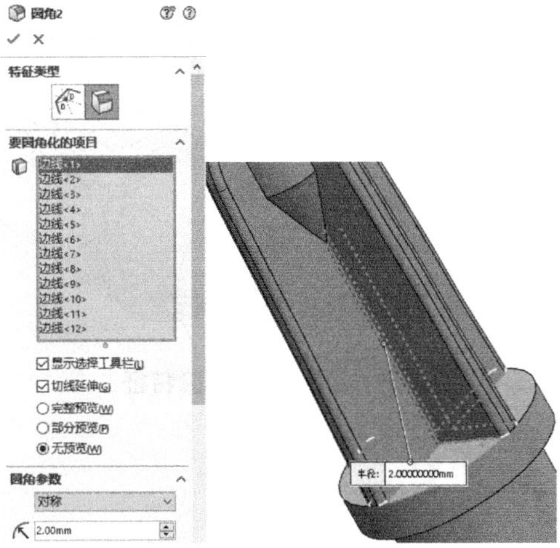

图 4–39 圆角特征（2）

（8）选择【插入】|【特征】|【拔模】菜单命令，弹出属性管理器，按图 4-40 所示进行参数设置。

（9）单击模型的上表面，使其处于被选择状态。选择【插入】|【特征】|【圆顶】菜单命令，弹出【圆顶】属性管理器。按图 4-41 所示进行参数设置，单击✓【确定】按钮，生成圆顶特征。

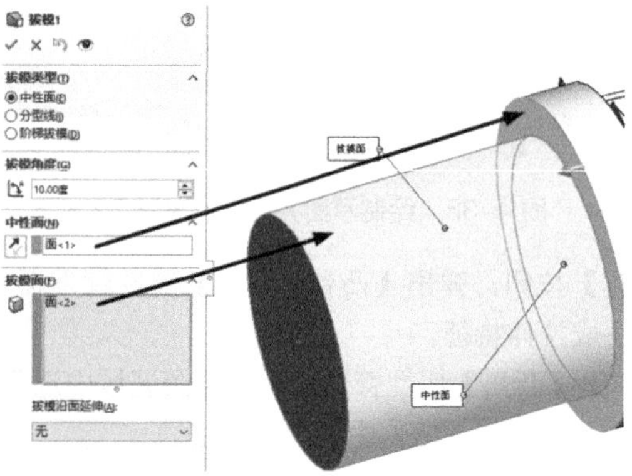

图 4-40　拔模特征

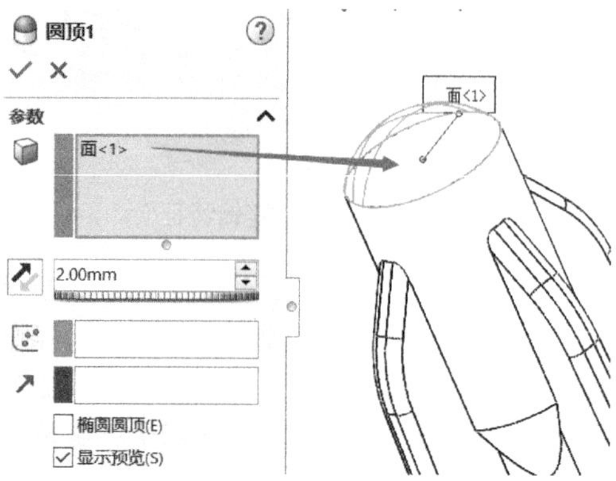

图 4-41　圆顶特征

（10）单击拔模特征的底面，使其成为草图绘制平面。单击【草图】工具栏中的【草图绘制】按钮，进入草图绘制状态。使用【草图】工具栏中的【圆】、【智能尺寸】工具，绘制图 4-42 所示的草图。单击【退出草图】按钮，退出草图绘制状态。

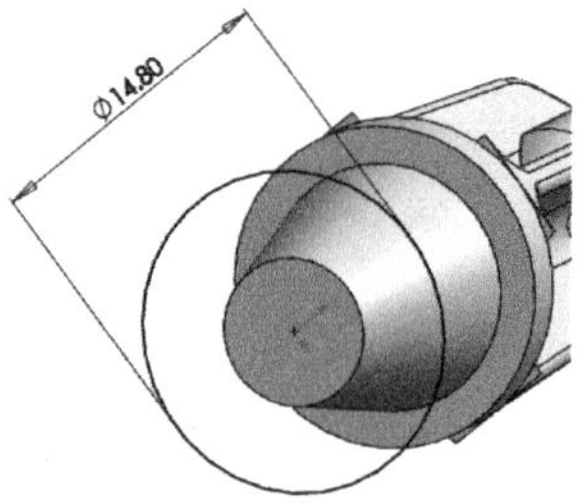

图 4-42　绘制草图并标注尺寸（3）

（11）单击【特征】工具栏中的【切除-拉伸】按钮，弹出【切除-拉伸】属性管理器。按图 4-43 所示进行参数设置，勾选【反侧切除】复选框，单击✓【确定】按钮，生成拉伸切除特征。

（12）单击【特征】工具栏中的【圆角】按钮，弹出【圆角】属性管理器。在绘图区域中选择模型的 4 条边线，按图 4-44 所示进行参数设置，单击✓【确定】按钮，生成圆角特征。

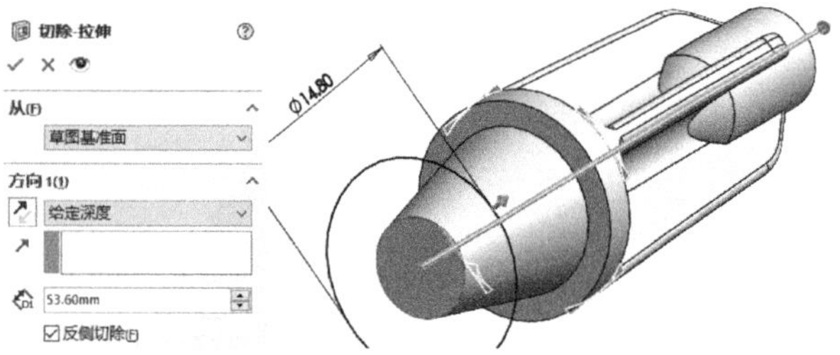

图 4-43　拉伸切除特征

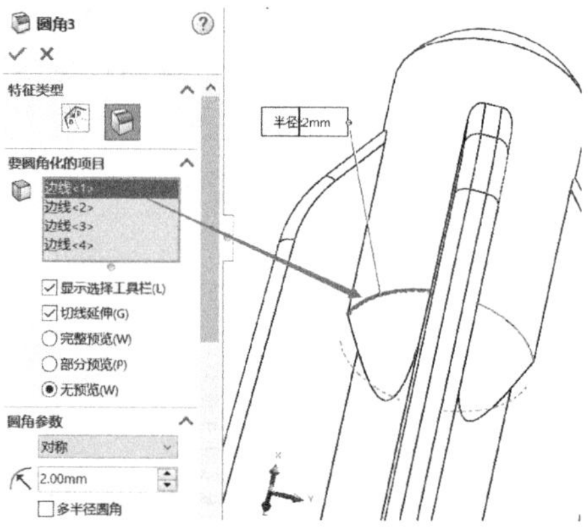

图 4-44　圆角特征（3）

4.7.2　建立阀头部分

（1）单击拔模特征的底面，使其成为草图绘制平面。单击【草图】工具栏中的【草图绘制】

按钮，进入草图绘制状态。使用【草图】工具栏中的【圆】、【智能尺寸】工具，绘制图 4-45 所示的草图。单击【退出草图】按钮，退出草图绘制状态。

（2）单击【特征】工具栏中的【拉伸凸台 / 基体】按钮，弹出【凸台 - 拉伸】属性管理器。按图 4-46 所示进行参数设置，单击【确定】按钮，生成拉伸特征。

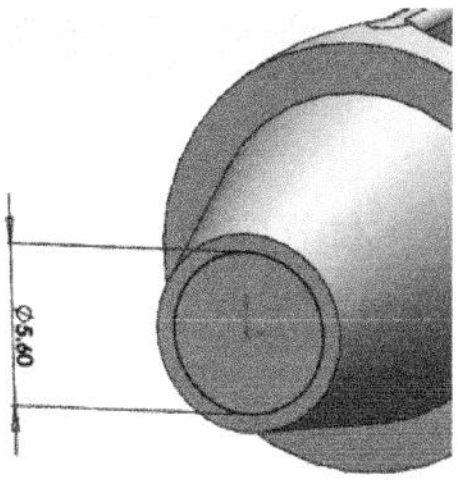

图 4-45　绘制草图并标注尺寸（1）

（3）单击特征管理器设计树中的【前视基准面】图标，使其成为草图绘制平面。单击【草图】工具栏中的【草图绘制】按钮，进入草图绘制状态。使用【草图】工具栏中的【直线】、【中心线】、【智能尺寸】工具，绘制图 4-47 所示的草图。单击【退出草图】按钮，退出草图绘制状态。

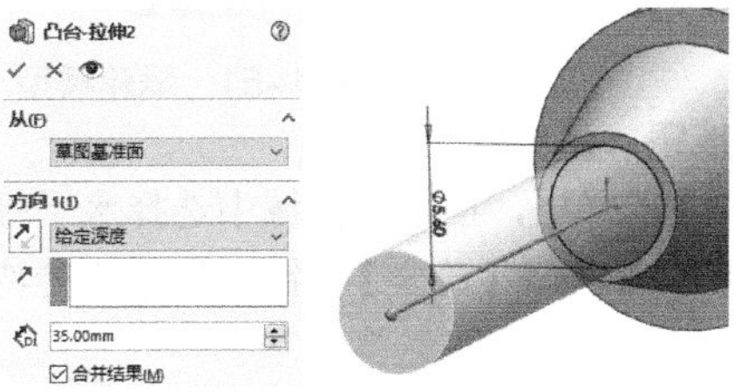

图 4-46　拉伸特征

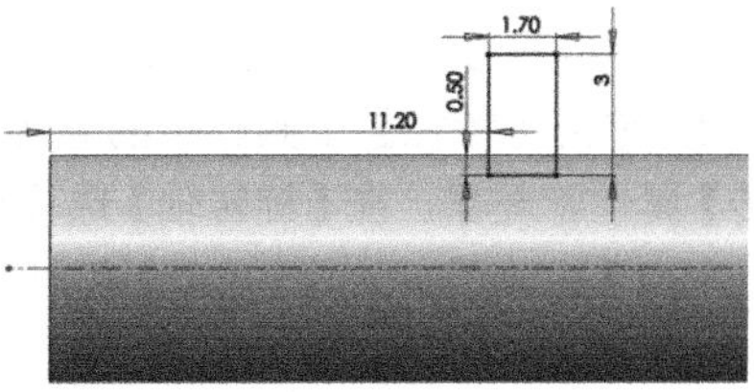

图 4-47　绘制草图并标注尺寸（2）

（4）单击【特征】工具栏中的【旋转切除】按钮，弹出【切除-旋转】属性管理器。按图 4-48 所示进行参数设置，单击【确定】按钮，生成切除旋转特征。

（5）单击【参考几何体】工具栏中的【基准轴】按钮，弹出【基准轴】属性管理器。单击【圆柱 / 圆锥面】按钮，在绘图区域中单击模型的外圆柱面，单击【确定】按钮，生成基准轴，如图 4-49 所示。

（6）单击【特征】工具栏中的【线性阵列】按钮，弹出属性管理器，按图 4-50 所示进行参数设置。单击【确定】按钮，生成线性阵列特征。至此，针阀模型制作完成。

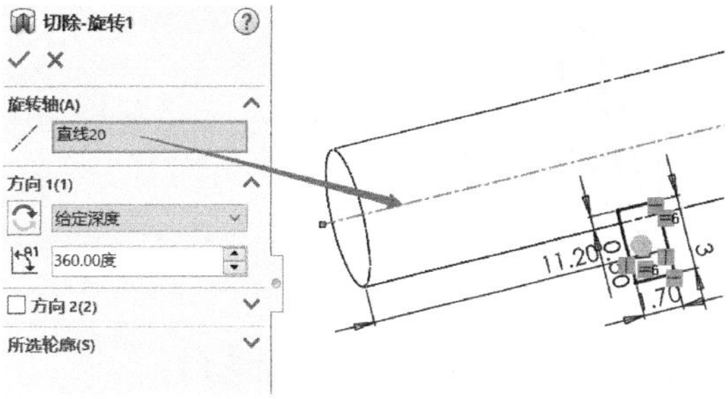

图 4-48　旋转切除特征

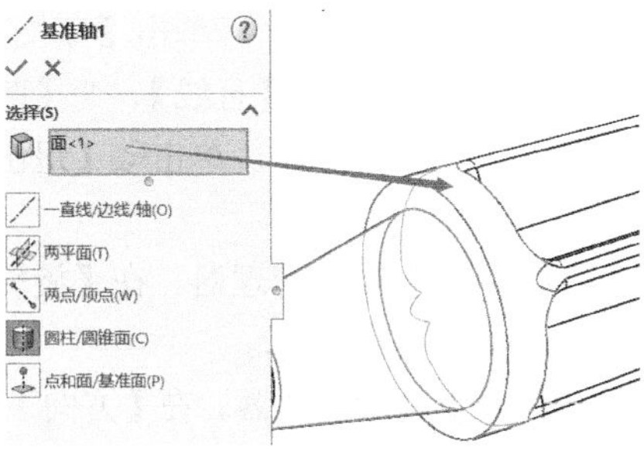

图 4-49　基准轴

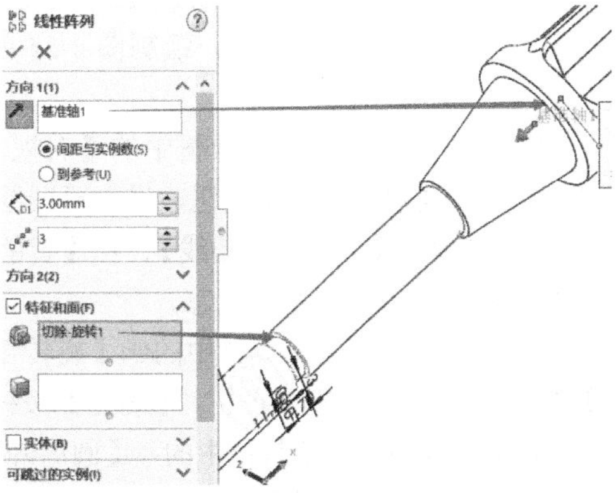

图 4-50　线性阵列特征

4.8 蜗轮建模实例

本节应用本章所讲解的知识完成一个蜗轮的建模，最终效果如图 4-51 所示。

图 4–51　蜗轮模型

4.8.1　生成轮齿部分

（1）单击特征管理器设计树中的【前视基准面】图标，使其成为草图绘制平面。单击【草图】工具栏中的【草图绘制】按钮，进入草图绘制状态。使用【草图】工具栏中的【直线】、【圆心 / 起 / 终点画弧】、【中心线】、【智能尺寸】工具，绘制图 4-52 所示的草图。单击【退出草图】按钮，退出草图绘制状态。

（2）单击【特征】工具栏中的【旋转凸台 / 基体】按钮，弹出【旋转】属性管理器。在【旋转轴】选项组中单击【旋转轴】选择框，在绘图区域中选择水平轴线，在【方向 1】选项组下的【角度】数值框中输入“360.00 度”，单击【确定】按钮，生成旋转特征，如图 4-53 所示。

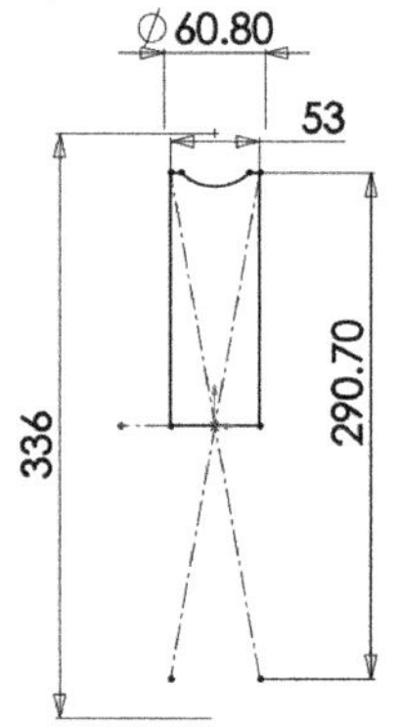

图 4–52　绘制草图并标注尺寸（1）

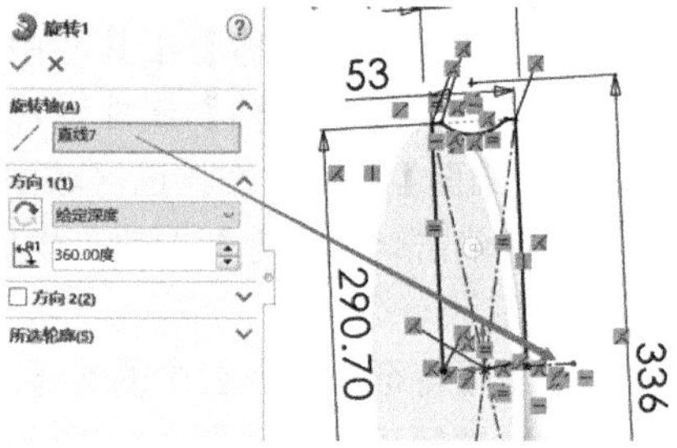

图 4–53　旋转特征

（3）单击特征管理器设计树中的【右视基准面】图标，使其成为草图绘制平面。单击【草图】工具栏中的【草图绘制】按钮，进入草图绘制状态。使用【草图】工具栏中的【圆】、【中心线】、【智能尺寸】工具，绘制图 4-54 所示的草图。单击【退出草图】按钮，退出草图绘制状态。

（4）单击特征管理器设计树中的【右视基准面】图标，使其成为草图绘制平面。单击【草图】工具栏中的【草图绘制】按钮，进入草图绘制状态。使用【草图】工具栏中的【直线】、【圆心 / 起 / 终点画弧】、【中心线】、【智能尺寸】工具，绘制图 4-55 所示的草图。单击【退出草图】按钮，退出草图绘制状态。

（5）单击【特征】工具栏中的【旋转切除】按钮，弹出【切除-旋转】属性管理器。在【旋转轴】选项组中进行设置，单击【确定】按钮，生成旋转切除特征，如图 4-56 所示。

（6）单击【特征】工具栏中的【圆周阵列】按钮，弹出【圆周阵列】属性管理器。在【方向 1】选项组中单击【阵列轴】选择框，在特征管理器设计树中单击【基准轴 1】图标，设置【实例数】

为“32”，选择【等间距】单选项；在【特征和面】选项组中单击【特征和面】选择框，选择【切除-旋转 1】，单击✓【确定】按钮，生成圆周阵列，如图 4-57 所示。

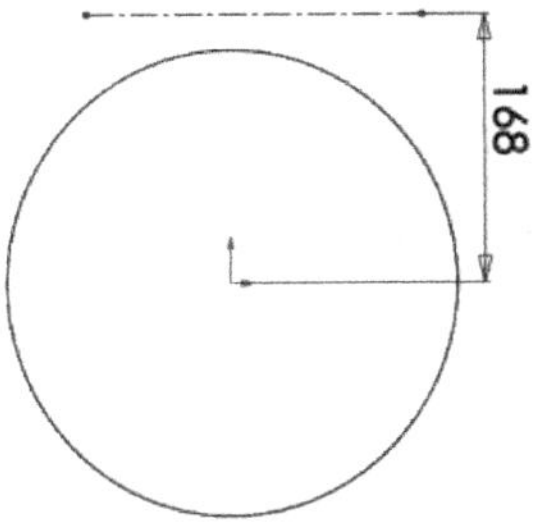

图 4-54　绘制草图并标注尺寸（2）

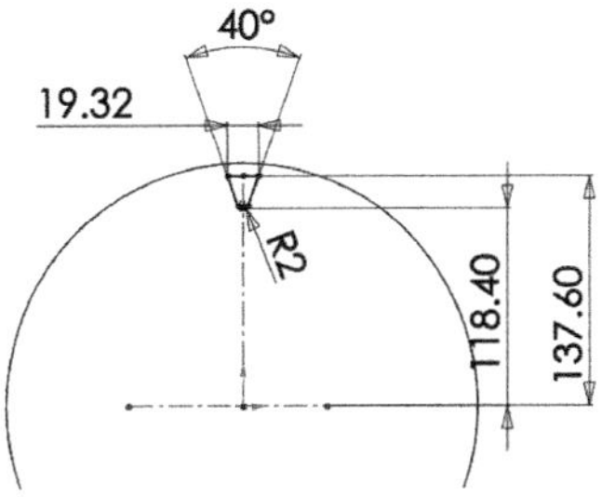

图 4-55　绘制草图并标注尺寸（3）

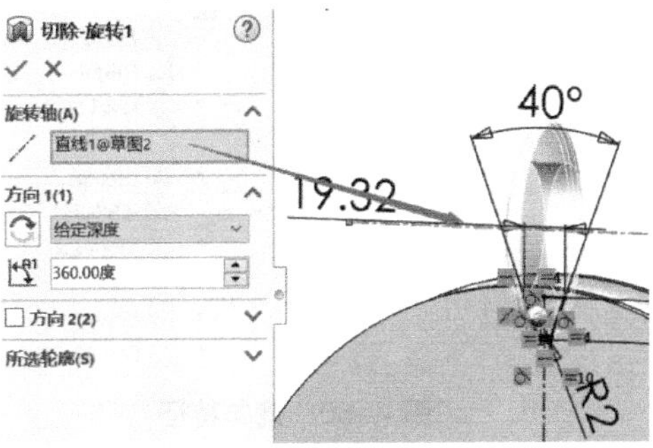

图 4-56　旋转切除特征

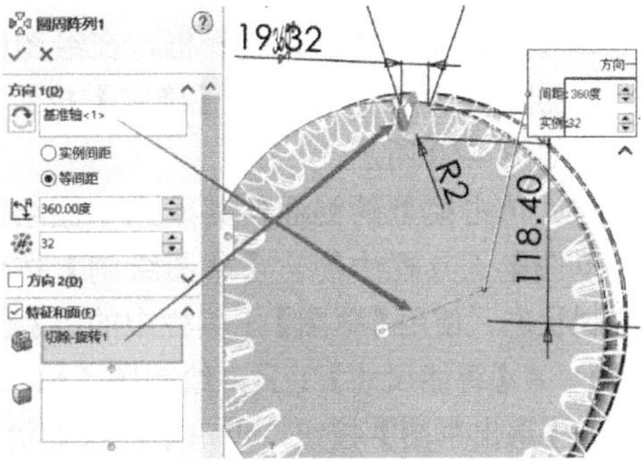

图 4-57　圆周阵列

4.8.2　生成轮毂部分

（1）单击模型的侧面使其成为草图绘制平面。单击【草图】工具栏中的【草图绘制】按钮，进入草图绘制状态。使用【草图】工具栏中的【圆】、【智能尺寸】工具，绘制图 4-58 所示的草图。单击【退出草图】按钮，退出草图绘制状态。

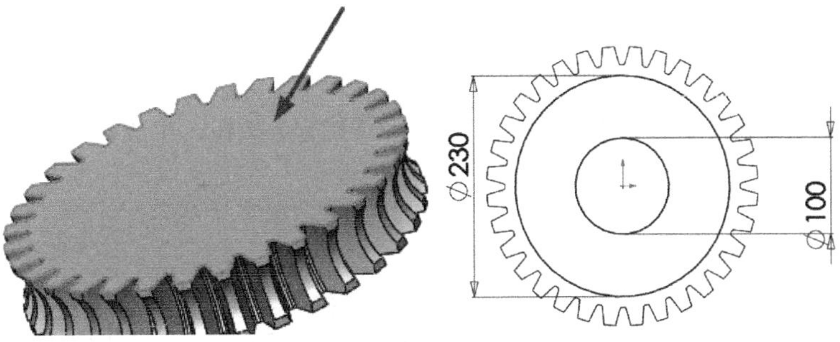

图 4-58　绘制草图并标注尺寸（1）

（2）单击【特征】工具栏中的【拉伸切除】按钮，弹出【切除-拉伸】属性管理器。在【方向 1】选项组中，设置【终止条件】为【给定深度】、【深度】为“16.00mm”，单击✓【确定】按钮，生成拉伸切除特征，如图 4-59 所示。

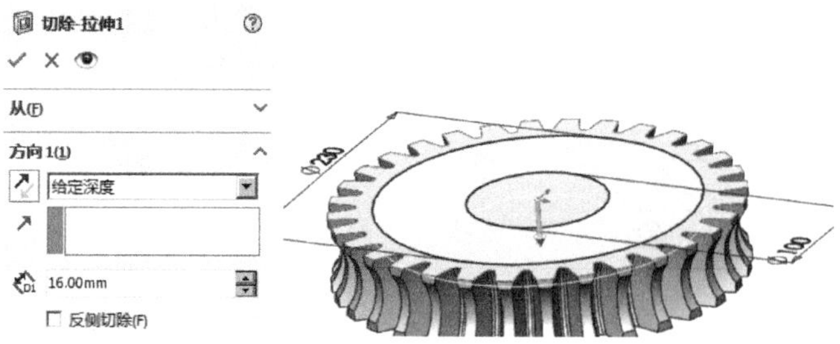

图 4-59　拉伸切除特征（1）

（3）单击【特征】工具栏中的【镜向】按钮，弹出【镜向】属性管理器。在【镜向面 / 基准面】选项组中，单击【镜向面 / 基准面】选择框，在绘图区域中选择右视基准面；在【要镜向的特征】选项组中，单击【要镜向的特征】选择框，在绘图区域中选择【切除-拉伸 1】特征，单击✓【确定】按钮，生成镜向特征，如图 4-60 所示。

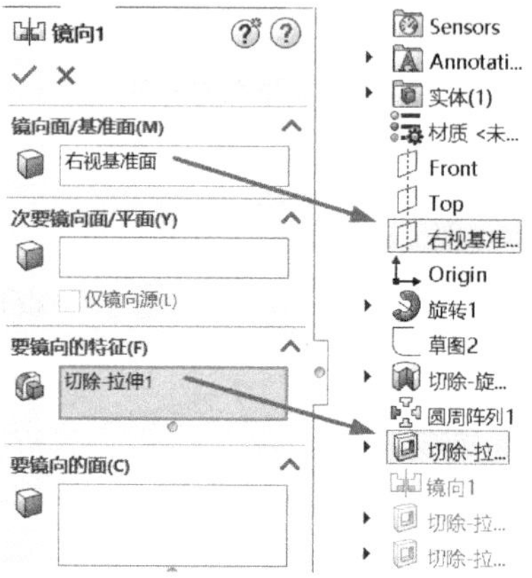

图 4-60　镜向特征

（4）单击模型的侧面使其成为草图绘制平面。单击【草图】工具栏中的【草图绘制】按钮，进入草图绘制状态。使用【草图】工具栏中的【圆】、【中心线】、【智能尺寸】工具，绘制图 4-61 所示的草图。单击【退出草图】按钮，退出草图绘制状态。

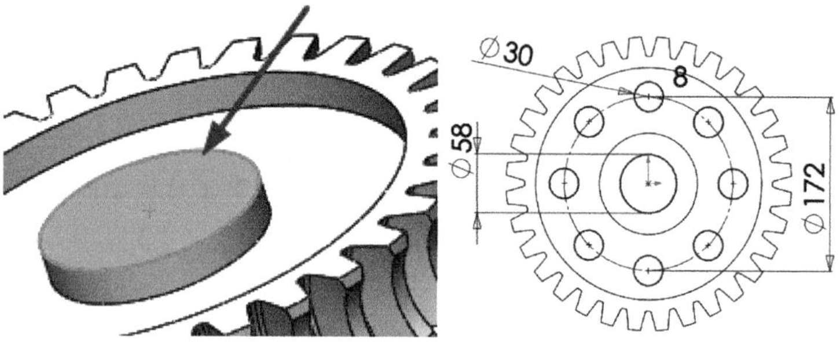

图 4-61　绘制草图并标注尺寸（2）

（5）单击【特征】工具栏中的【拉伸切除】按钮，弹出【切除-拉伸】属性管理器。在【方向 1】选项组中，设置【终止条件】为【完全贯穿】，单击✓【确定】按钮，生成拉伸切除特征，如图 4-62 所示。

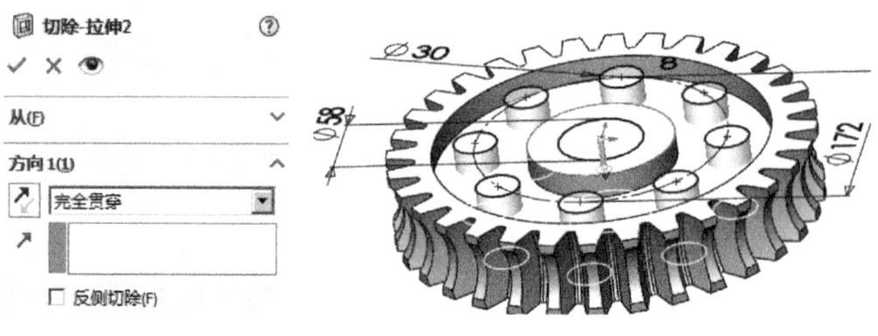

图 4-62　拉伸切除特征（2）

（6）单击模型的侧面使其成为草图绘制平面。单击【草图】工具栏中的【草图绘制】按钮，进入草图绘制状态。使用【草图】工具栏中的【直线】、【中心线】、【智能尺寸】工具，绘制图 4-63 所示的草图。单击【退出草图】按钮，退出草图绘制状态。

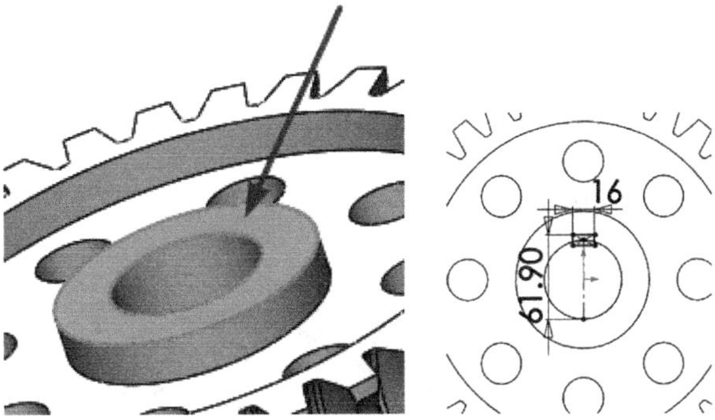

图 4-63　绘制草图并标注尺寸（3）

（7）单击【特征】工具栏中的【拉伸切除】按钮，弹出【切除-拉伸】属性管理器。在【方向 1】选项组中，设置【终止条件】为【完全贯穿】，单击【确定】按钮，生成拉伸切除特征，如图 4-64 所示。

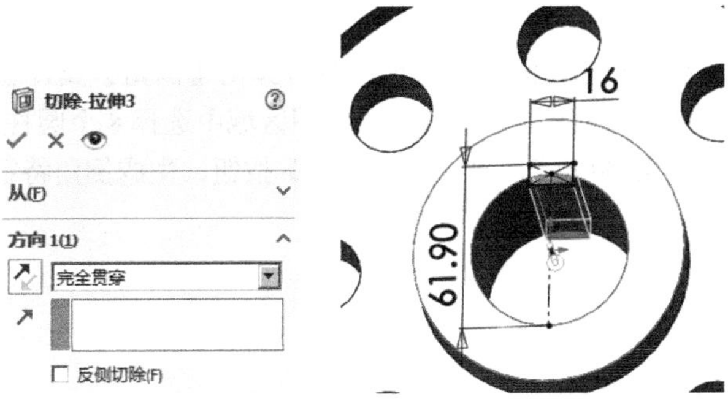

图 4-64　拉伸切除特征（3）

（8）选择【插入】|【特征】|【倒角】菜单命令，弹出【倒角】属性管理器。在【倒角参数】选项组中，单击【边线和面或顶点】选择框，在绘图区域中选择两条边线，设置【距离】为“2.00mm”、【角度】为“45.00 度”，单击【确定】按钮，生成倒角特征，如图 4-65 所示。

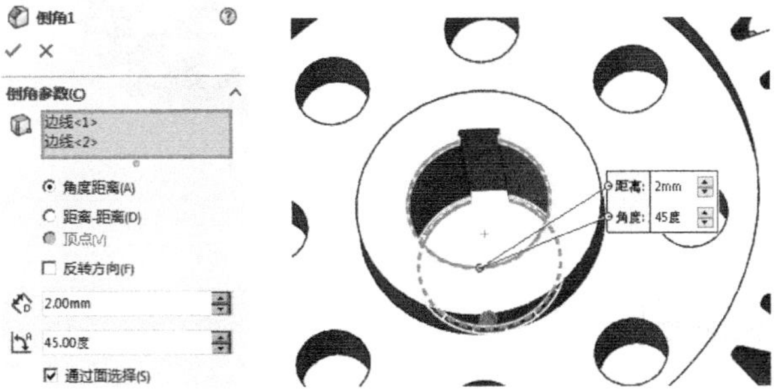

图 4-65　倒角特征（1）

（9）单击【特征】工具栏中的【圆角】按钮，弹出【圆角】属性管理器。在【要圆角化的项目】选项组中，单击【边线、面、特征和环】选择框，在绘图区域中选择模型的 8 条边线，设置【半径】为“3.00mm”，单击【确定】按钮，生成圆角特征，如图 4-66 所示。

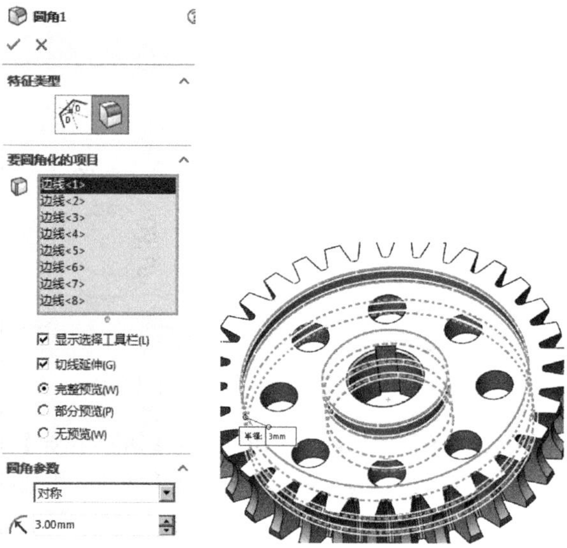

图 4-66　圆角特征

（10）选择【插入】|【特征】|【倒角】菜单命令，弹出【倒角】属性管理器。在【倒角参数】选项组中，单击【边线和面或顶点】选择框，在绘图区域中选择 8 个圆柱面，设置【距离】为“2.00mm”、【角度】为“45.00 度”，单击【确定】按钮，生成倒角特征，如图 4-67 所示。

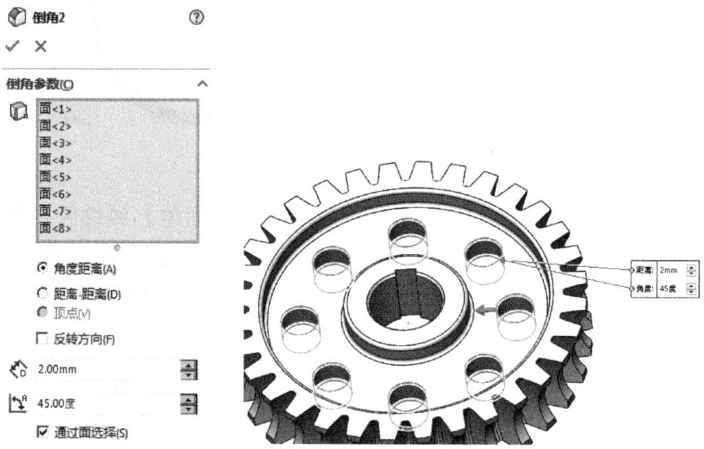

图 4-67　倒角特征（2）

4.9 轮毂三维建模实例

本节应用本章所讲解的知识完成轮毂三维模型的创建，最终效果如图 4-68 所示。

4.9.1　建立基础部分

（1）单击特征管理器设计树中的【前视基准面】图标，使其成为草图绘制平面。单击【草图】工具栏中的【草图绘制】按钮，进入草图绘制状态。使用【草图】工具栏中的【直线】、【智能尺寸】工具，绘制图 4-69 所示的草图。单击【退出草图】按钮，退出草图绘制状态。

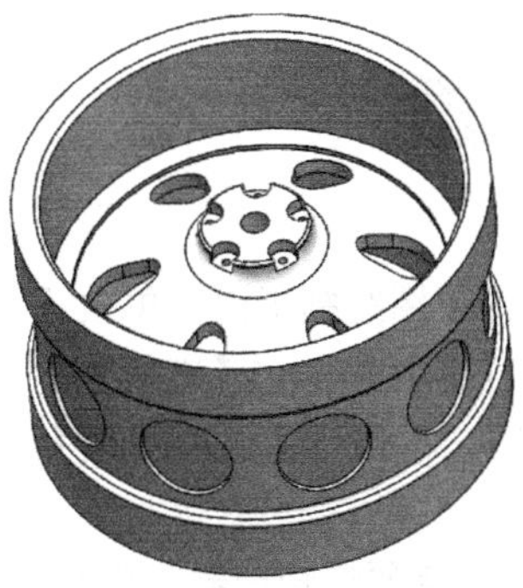

图 4-68　轮毂三维模型

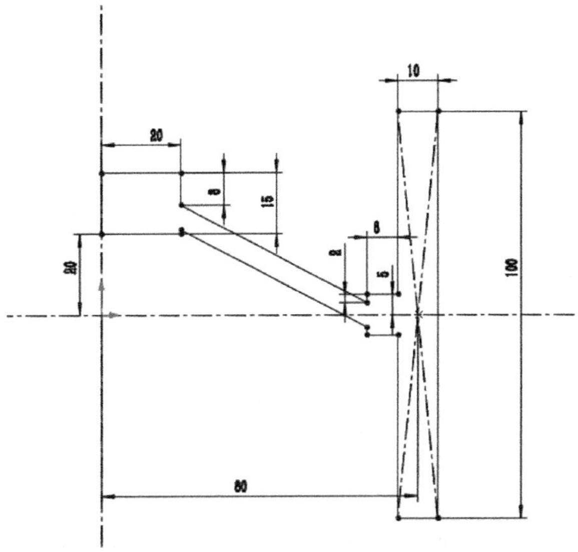

图 4-69　绘制草图并标注尺寸（1）

（2）单击【特征】工具栏中的【旋转凸台 / 基体】按钮，弹出【旋转】属性管理器。在【旋转轴】选项组中单击【旋转轴】选择框，在绘图区域中选择【直线 2】，单击【确定】按钮，生成旋转特征，如图 4-70 所示。

（3）单击【特征】工具栏中的【绘制圆角】按钮，弹出【绘制圆角】属性管理器。在【圆角项目】选项组中，设置【半径】为“10.00mm”，单击【边线、面、特征和环】选择框，在绘图区域中选择模型旋转特征中心小凸台底部的一条边线，单击【确定】按钮，生成圆角特征，如图 4-71 所示。

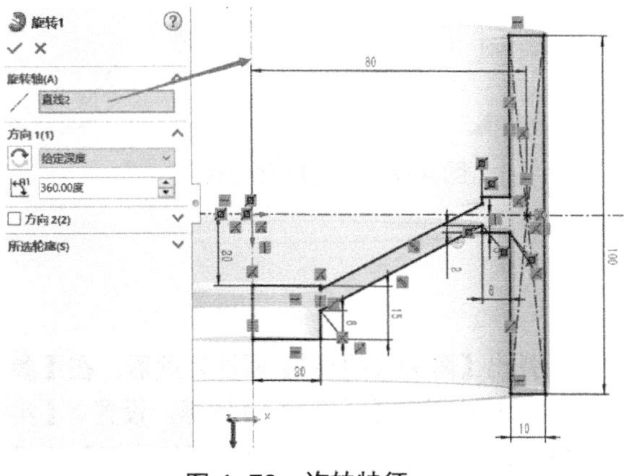

图 4-70　旋转特征

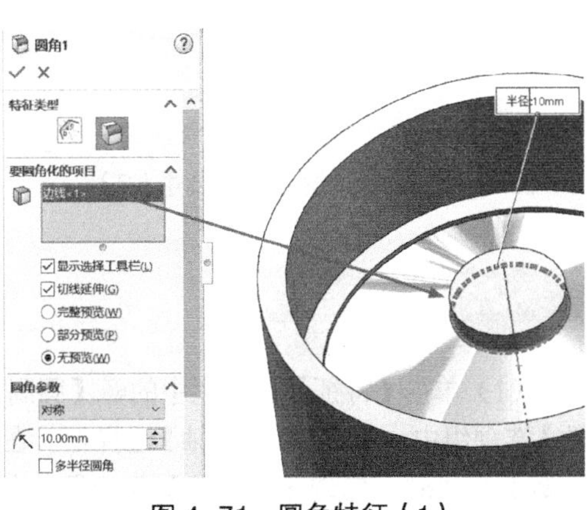

图 4-71　圆角特征（1）

（4）单击【特征】工具栏中的【绘制圆角】按钮，弹出【绘制圆角】属性管理器。在【圆角项目】

选项组中，设置【半径】为“1.00mm”，单击【边线、面、特征和环】选择框，在绘图区域中选择模型旋转特征中心小凸台顶部的边线，单击✓【确定】按钮，生成圆角特征，如图 4-72 所示。

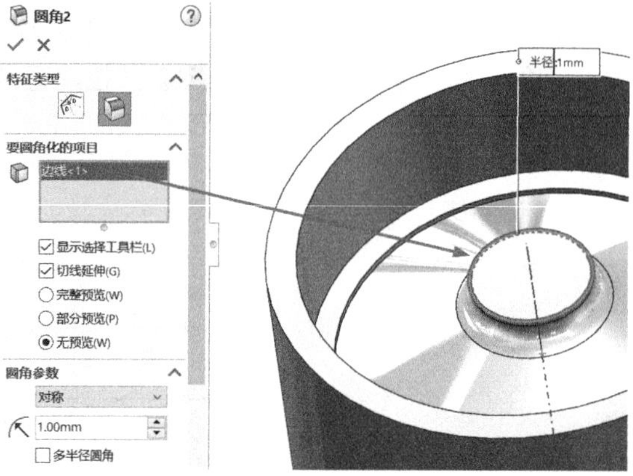

图 4-72　圆角特征（2）

（5）单击特征管理器设计树中的【上视基准面】图标，使其成为草图绘制平面。单击【草图】工具栏中的【草图绘制】按钮，进入草图绘制状态。使用【草图】工具栏中的【直线】、【圆心 / 起 / 终点画弧】、【智能尺寸】工具，绘制图 4-73 所示的草图。单击【退出草图】按钮，退出草图绘制状态。

（6）单击【特征】工具栏中的【拉伸切除】按钮，弹出【切除-拉伸】属性管理器。在【方向 1】选项组中，设置【终止条件】为【完全贯穿】，单击✓【确定】按钮，生成拉伸切除特征，如图 4-74 所示。

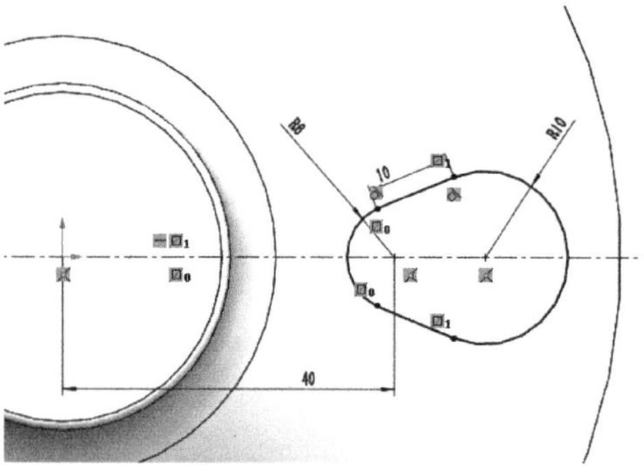

图 4-73　绘制草图并标注尺寸（2）

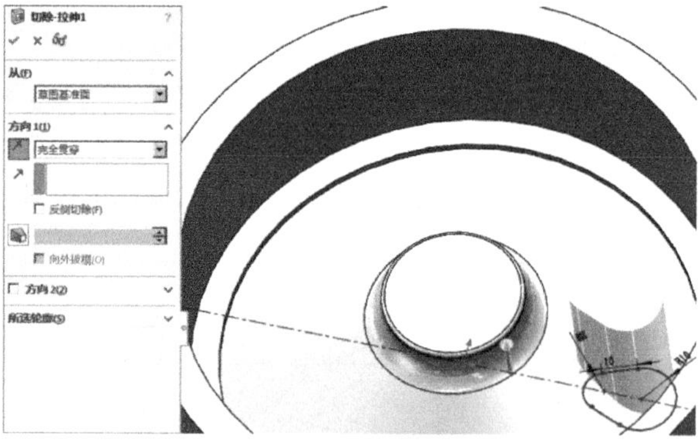

图 4-74　拉伸切除特征

4.9.2　建立其余部分

（1）单击【特征】工具栏中的【圆周阵列】按钮，弹出【阵列（圆周）】属性管理器。在【参数】选项组中，单击【阵列轴】选择框，在特征管理器设计树中单击【基准轴 1】图标，设置【实例数】为“6”，勾选【等间距】复选框；在【特征和面】选项组中，单击【要阵列的特征】选择框，在绘图区域中选择模型的【切除-拉伸 1】特征，单击✓【确定】按钮，生成圆周阵列，如图 4-75 所示。

（2）单击旋转特征中心小凸台的上表面，使其成为草图绘制平面。单击【草图】工具栏中的【草图绘制】按钮，进入草图绘制状态。使用【草图】工具栏中的【直线】、【圆心 / 起 / 终点画弧】、【智能尺寸】工具，绘制图 4-76 所示的草图。单击【退出草图】按钮，退出草图绘制状态。

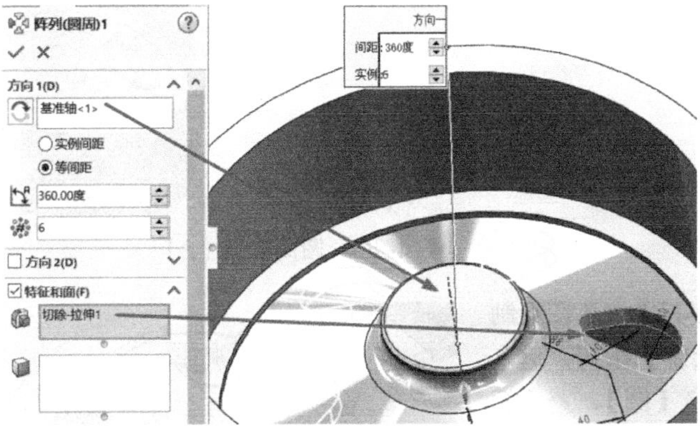

图 4–75　圆周阵列（1）

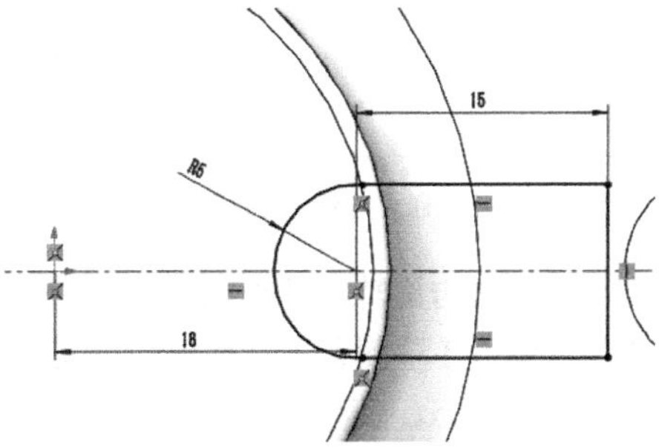

图 4–76　绘制草图并标注尺寸（1）

（3）单击【特征】工具栏中的【拉伸切除】按钮，弹出【切除-拉伸】属性管理器。在【方向 1】选项组中，设置【终止条件】为【给定深度】、【深度】为“5.00mm”，单击【确定】按钮，生成拉伸切除特征，如图 4-77 所示。

（4）单击【切除-拉伸 2】特征的底面，使其成为草图绘制平面。单击【草图】工具栏中的【草图绘制】按钮，进入草图绘制状态。使用【草图】工具栏中的【圆】、【智能尺寸】工具，绘制图 4-78 所示的草图。单击【退出草图】按钮，退出草图绘制状态。

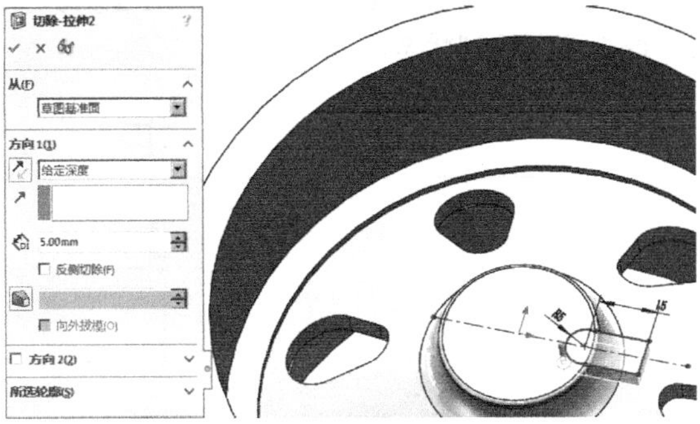

图 4–77　拉伸切除特征（1）

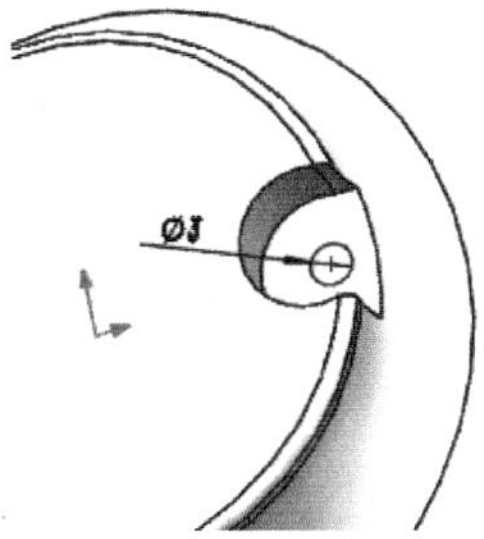

图 4–78　绘制草图并标注尺寸（2）

（5）单击【特征】工具栏中的【拉伸切除】按钮，弹出【切除-拉伸】属性管理器。在【方向 1】选项组中，设置【终止条件】为【完全贯穿】，单击【确定】按钮，生成拉伸切除特征，如图 4-79 所示。

（6）单击【特征】工具栏中的【圆周阵列】按钮，弹出【阵列（圆周）】属性管理器。在【方向 1】选项组中，单击【阵列轴】选择框，在绘图区域选择模型最外层的圆柱面，设置【实例数】为“6”，选择【等间距】单选项；在【特征和面】选项组中，单击【要阵列的特征】选择框，在绘图区域中选择模型的【切除-拉伸 2】和【切除-拉伸 3】特征，单击【确定】按钮，生成圆周阵列，如图 4-80 所示。

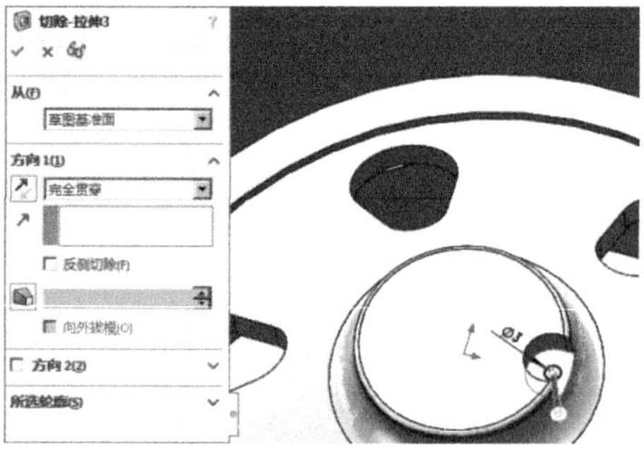

图 4-79　拉伸切除特征（2）

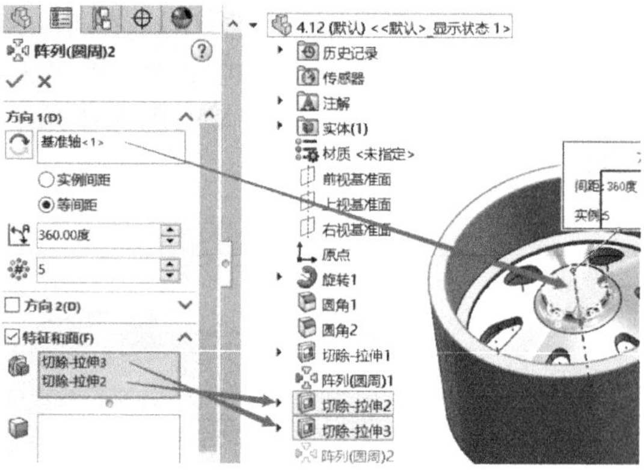

图 4-80　圆周阵列（2）

（7）单击旋转特征小凸台的上表面，使其成为草图绘制平面。单击【草图】工具栏中的【草图绘制】按钮，进入草图绘制状态。使用【草图】工具栏中的【圆】、【智能尺寸】工具，绘制图 4-81 所示的草图。单击【退出草图】按钮，退出草图绘制状态。

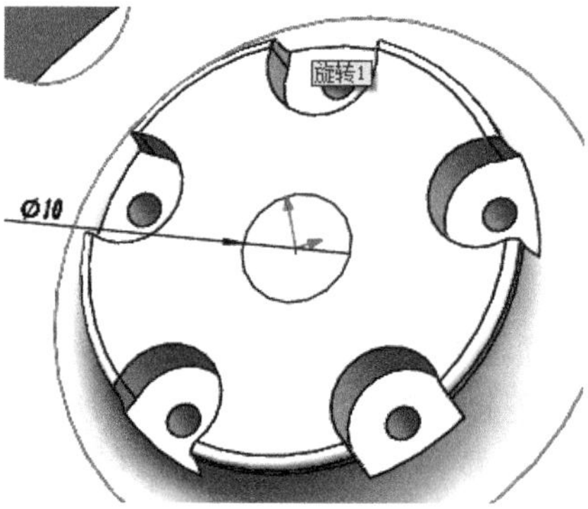

图 4-81　绘制草图并标注尺寸（3）

（8）单击【特征】工具栏中的【拉伸切除】按钮，弹出【切除-拉伸】属性管理器。在【方向 1】选项组中，设置【终止条件】为【完全贯穿】，单击【确定】按钮，生成拉伸切除特征，如图 4-82 所示。

（9）单击特征管理器设计树中的【前视基准面】图标，使其成为草图绘制平面。单击【草图】工具栏中的【草图绘制】按钮，进入草图绘制状态。使用【草图】工具栏中的【直线】、【智能尺寸】工具，绘制图 4-83 所示的草图。单击【退出草图】按钮，退出草图绘制状态。

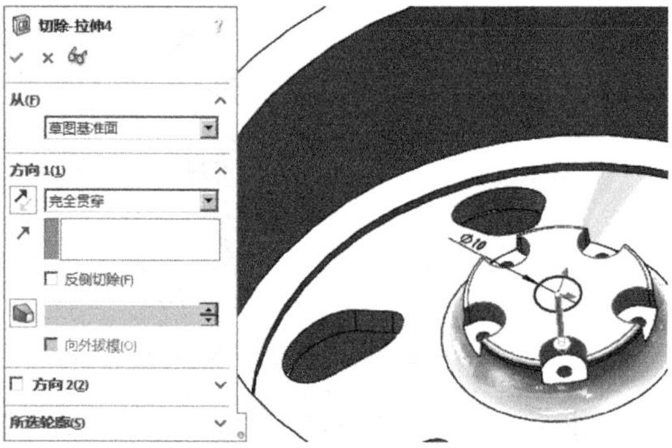

图 4-82　拉伸切除特征（3）

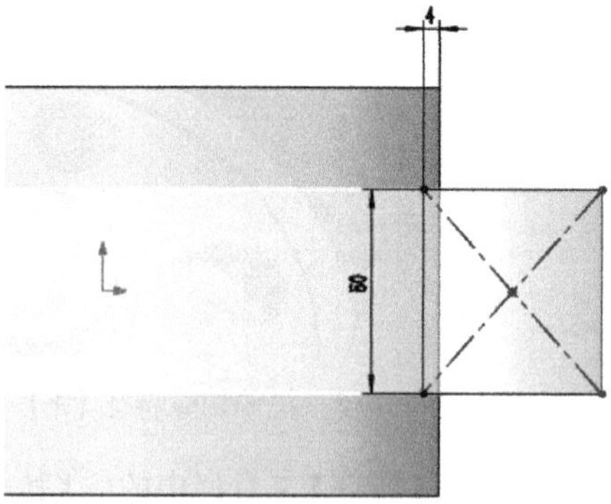

图 4-83　绘制草图并标注尺寸（4）

（10）单击【特征】工具栏中的【旋转切除】按钮，弹出【切除-旋转】属性管理器。在【旋转轴】选项组中，选择【基准轴 <1>】为旋转轴，单击【确定】按钮，生成旋转切除特征，如图 4-84 所示。

（11）单击【特征】工具栏中的【绘制圆角】按钮，弹出【绘制圆角】属性管理器。在【圆角参数】选项组中，设置【半径】为“2.00mm”，单击【边线、面、特征和环】选择框，在绘图区域中选择模型旋转切除特征的 4 条边线，单击【确定】按钮，生成圆角特征，如图 4-85 所示。

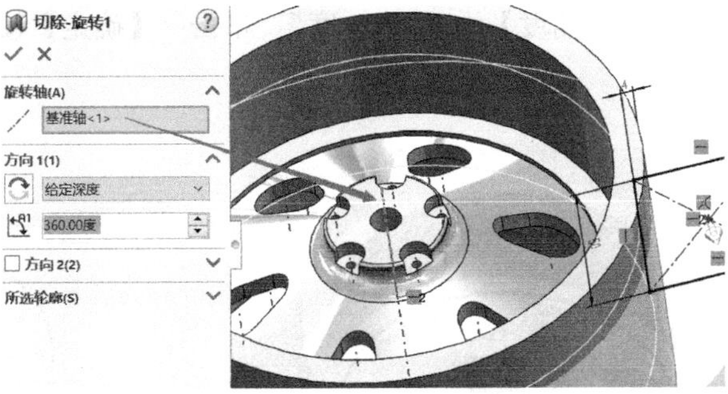

图 4-84　旋转切除特征

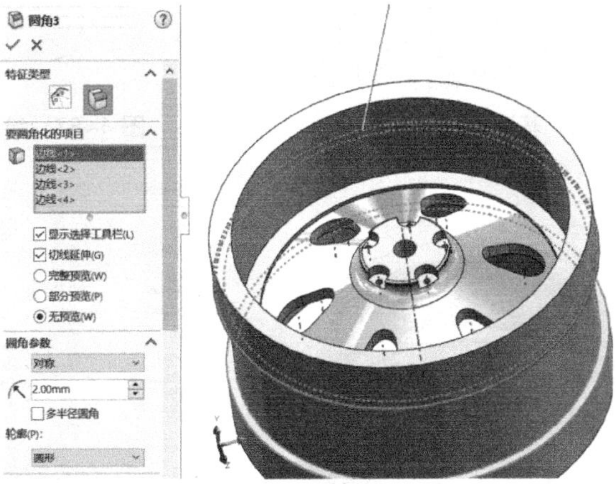

图 4-85　圆角特征

注意　可以拖动特征管理器设计树上的退回控制棒来退回其零件中的特征。

（12）选择【插入】|【参考几何体】|【基准面】菜单命令，弹出【基准面】属性管理器。在【第一参考】选项组中单击选择框，在绘图区域中选择前视基准面，单击【距离】按钮，在数值框中输入“100.00mm”，在绘图区域中预览新建的基准面，单击✓【确定】按钮，生成基准面，如图 4-86 所示。

（13）单击特征管理器设计树中的【基准面 1】图标，使其成为草图绘制平面。单击【草图】工具栏中的【草图绘制】按钮，进入草图绘制状态。使用【草图】工具栏中的【圆】、【智能尺寸】工具，绘制图 4-87 所示的草图。单击【退出草图】按钮，退出草图绘制状态。

（14）选择【插入】|【特征】|【包覆】菜单命令，弹出【包覆】属性管理器。在【包覆参数】选项组中，选择【蚀雕】选项，单击【要包覆的面】选择框，选择模型的旋转切除表面，将【深度】设置为“2.00mm”，在【源草图】选项组中单击选择框，选择【草图 7】，单击✓【确定】按钮，生成包覆特征，如图 4-88 所示。

（15）单击【特征】工具栏中的【圆周阵列】按钮，弹出【阵列（圆周）】属性管理器。在【参数】选项组中，单击【阵列轴】选择框，在特征管理器设计树中单击【基准轴 1】图标，设置【实例数】为“10”，勾选【等间距】复选框；在【特征和面】选项组中，单击【要阵列的特征】选择框，在绘图区域中选择【包覆 1】特征，单击✓【确定】按钮，生成圆周阵列，如图 4-89 所示。

（16）选择【插入】|【特征】|【倒角】菜单命令，弹出【倒角】属性管理器。在【倒角参数】选项组中，单击【边线和面或顶点】选择框，在绘图区域中选择模型中旋转特征的上内边线，设

置【距离】为“2.00mm”、【角度】为“45.00 度”，单击✓【确定】按钮，生成倒角特征，如图 4-90 所示。

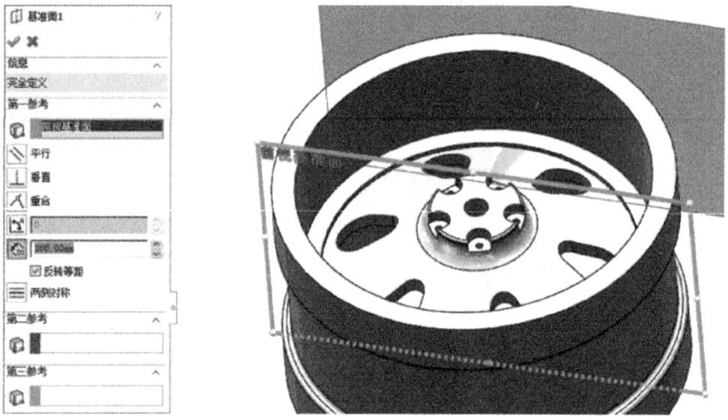
图 4-86　基准面

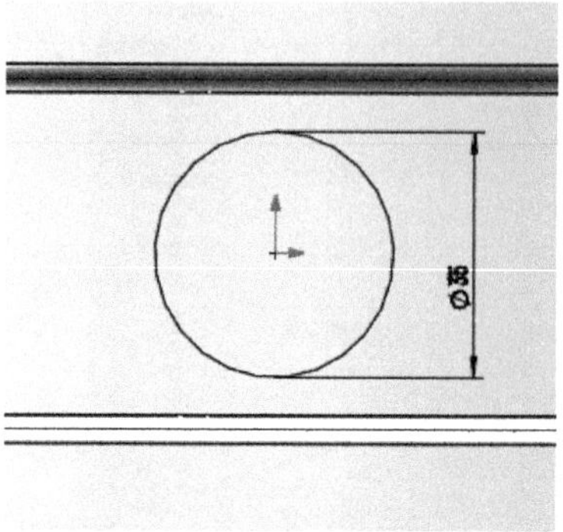
图 4-87　绘制草图并标注尺寸（5）

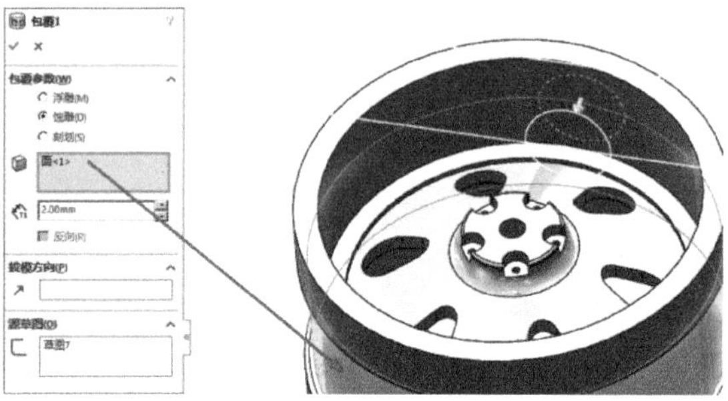
图 4-88　包覆特征

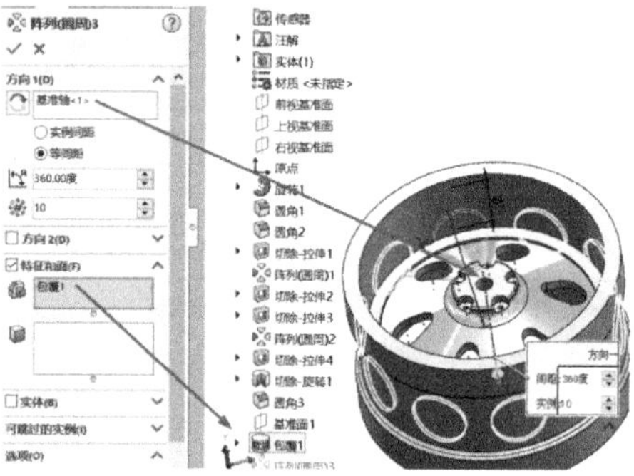
图 4-89　圆周阵列（3）

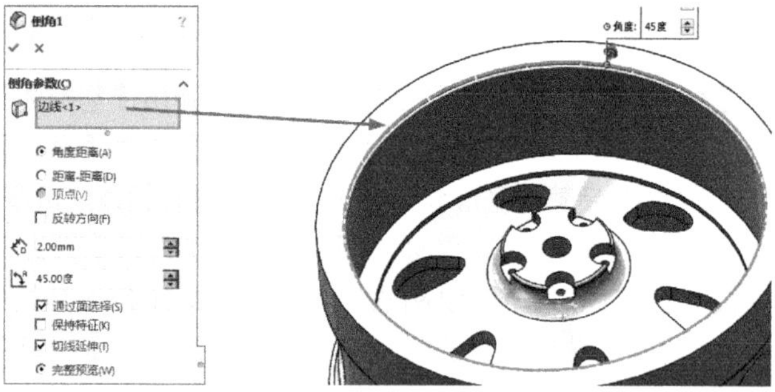

图 4-90　倒角特征

（17）选择【插入】|【特征】|【缩放比例】菜单命令，弹出【缩放比例】属性管理器。在【比例缩放点】下拉列表中选择【重心】选项，勾选【统一比例缩放】选项，在【比例】数值框中输入“0.5”，单击✓【确定】按钮，生成缩放比例特征，如图 4-91 所示。至此，轮毂模型建立完成。

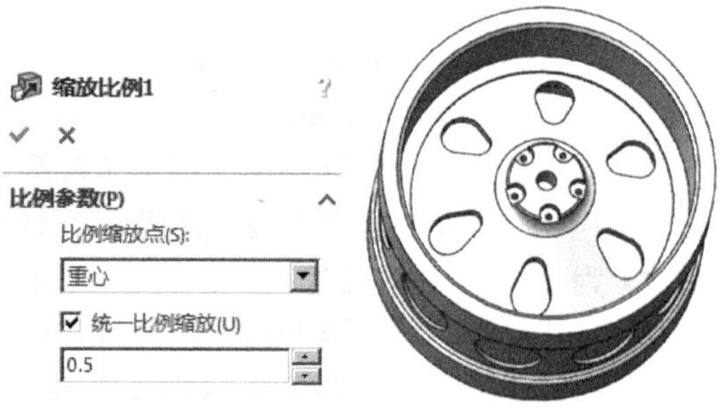

图 4-91　缩放比例特征

Chapter 5

第 5 章

曲线与曲面设计

曲线与曲面功能也是 SOLIDWORKS 的亮点之一。SOLIDWORKS 可以轻松地生成复杂的曲线与曲面模型。本章将介绍曲线与曲面的设计，内容包括生成曲线、生成曲面、编辑曲面和叶片三维建模实例。

重点与难点

- 生成曲线的方法
- 生成曲面的方法
- 编辑曲面的方法

5.1 生成曲线

曲线是组成不规则实体模型的最基本要素，SOLIDWORKS 提供了绘制曲线的工具栏和菜单命令。选择【插入】|【曲线】菜单命令即可绘制所需类型的曲线，如图 5-1 所示。本节主要介绍常用的几种曲线。

5.1.1 分割线

分割线是通过将实体投影到曲面或者平面上生成的。它将所选的面分割为多个分离的面，从而可以选择其中一个分离面进行操作。分割线也可以通过将草图投影到曲面实体生成，投影的实体可以是草图、模型实体、曲面、面、基准面或者样条曲线。

1. 分割线的属性设置

选择【插入】|【曲线】|【分割线】菜单命令，弹出图 5-2 所示的【分割线】属性管理器。常用选项介绍如下。

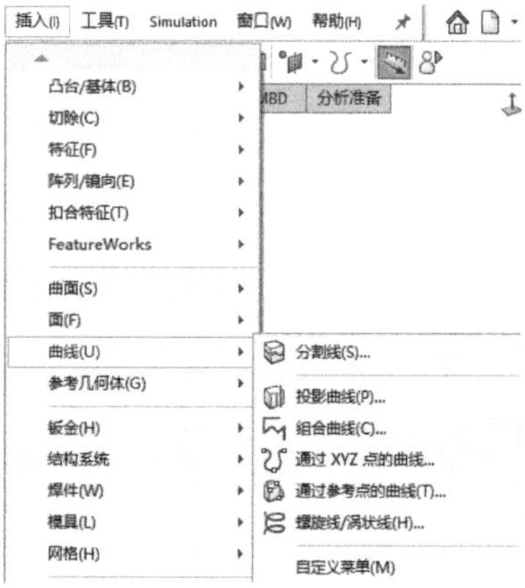

图 5-1 【曲线】命令

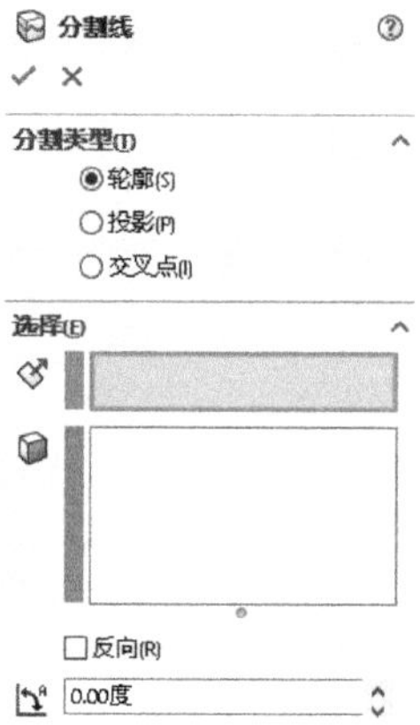

图 5-2 【分割线】属性管理器

- 【轮廓】：在圆柱形零件上生成分割线。
- 【投影】：将草图投影到平面上生成分割线。
- 【交叉点】：通过交叉的曲面来生成分割线。
- 【拔模方向】：确定拔模的基准面（中性面）。
- 【要分割的面】：选择要分割的面。
- 【角度】：设置分割的角度。

2. 练习：生成分割线

下面简单练习生成分割线的方法。

（1）打开“配套数字资源 \ 第 5 章 \ 基本功能 \5.1.1.SLDPRT”中的实例素材文件 .

（2）单击【曲线】工具栏中的【分割线】按钮，或者选择【插入】|【曲线】|【分割线】菜单命令，弹出属性管理器。

（3）按图 5-3 所示进行参数设置，单击【确定】按钮，生成分割线，结果如图 5-4 所示。

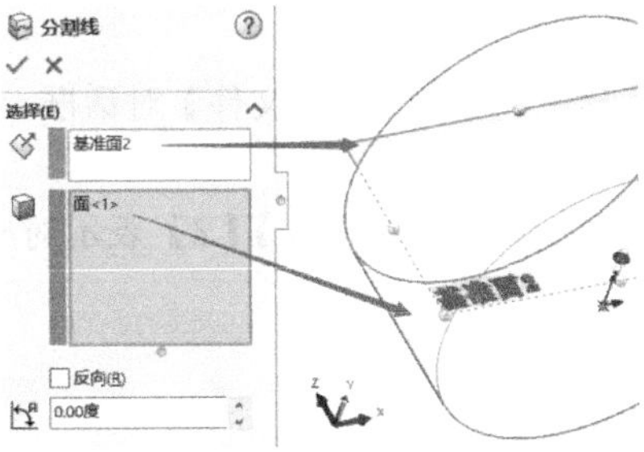

图 5-3 【分割线】属性管理器

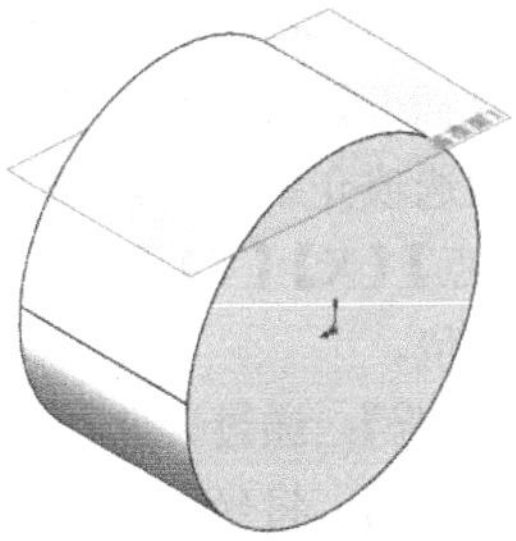

图 5-4　分割线

5.1.2　投影曲线

可以通过将绘制的曲线投影到模型面上的方式生成一条三维曲线，即草图到面的投影；也可以使用另一种方式生成投影曲线，即草图到草图的投影。

1. 投影曲线的属性设置

选择【插入】|【曲线】|【投影曲线】菜单命令，弹出图 5-5 所示的【投影曲线】属性管理器。常用选项介绍如下。

- 【要投影的一些草图】：在绘图区域中选择曲线草图。
- 【投影面】：选择想要投影草图的平面。
- 【反转投影】：取现有投影的反方向。

2. 练习：生成投影曲线

下面简单练习生成投影曲线的方法。

（1）打开“配套数字资源 \ 第 5 章 \ 基本功能 \5.1.2.SLDPRT”中的实例素材文件。

（2）选择【插入】|【曲线】|【投影曲线】菜单命令，弹出属性管理器。

（3）按图 5-6 所示进行参数设置，单击✓【确定】按钮，生成投影曲线，结果如图 5-7 所示。

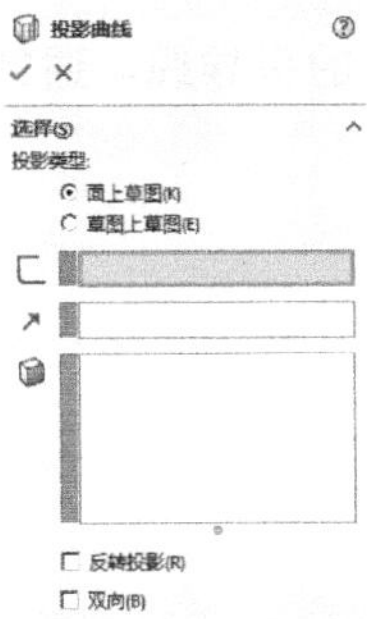

图 5-5 【投影曲线】属性管理器

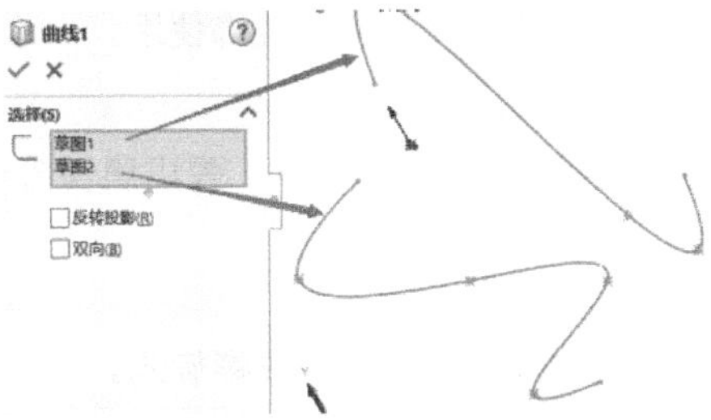

图 5-6　设置属性

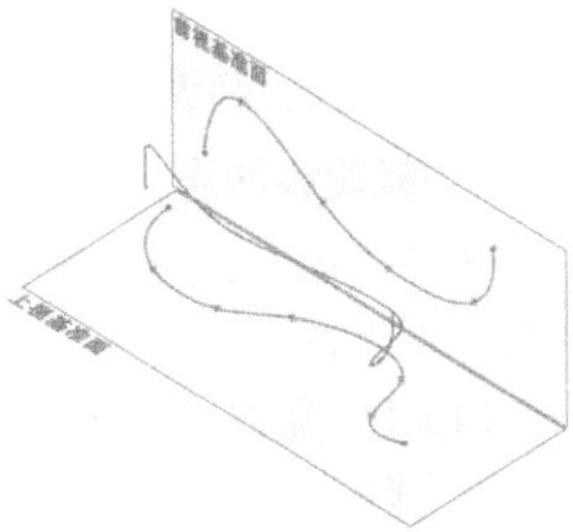

图 5-7　投影曲线

5.1.3　通过 *XYZ* 点的曲线

通过用户定义的点生成的样条曲线被称为通过 *XYZ* 点的曲线。在 SOLIDWORKS 中，用户既可以自定义样条曲线通过的点，也可以利用点坐标文件生成样条曲线。

1. 通过 *XYZ* 点的曲线的属性设置

选择【插入】|【曲线】|【通过 XYZ 点的曲线】菜单命令，弹出【曲线文件】对话框，如图 5-8 所示。常用选项介绍如下。

- 【点】【X】【Y】【Z】:【点】用于设置生成曲线点的顺序，【X】【Y】【Z】表示对应点的坐标值。
- 【浏览】: 通过读取已存在于硬盘中的曲线文件来生成曲线。
- 【保存】: 将坐标点保存为曲线文件。
- 【插入】: 插入一个新行。

2. 练习：生成通过 *XYZ* 点的曲线

下面简单练习生成通过 *XYZ* 点的曲线的方法。

（1）打开“配套数字资源 \ 第 5 章 \ 基本功能 \5.1.3.SLDPRT”中的实例素材文件。单击【曲线】工具栏中的【通过 XYZ 点的曲线】按钮，或者选择【插入】|【曲线】|【通过 XYZ 点的曲线】菜单命令，弹出【曲线文件】对话框。

（2）在【X】【Y】【Z】对应的单元格中输入生成曲线的坐标值，如图 5-9 所示，单击✓【确定】按钮，结果如图 5-10 所示。

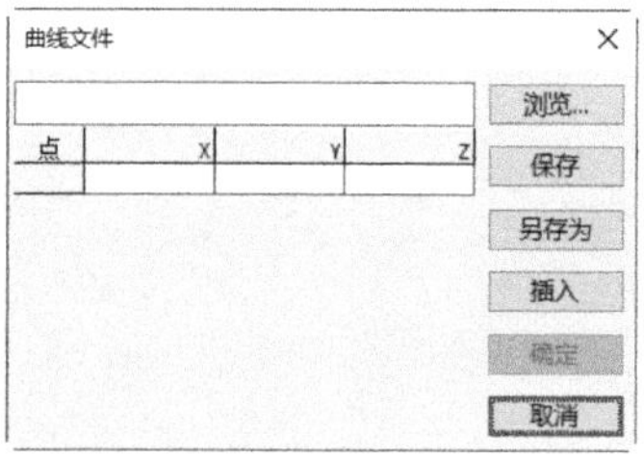

图 5-8 【曲线文件】对话框

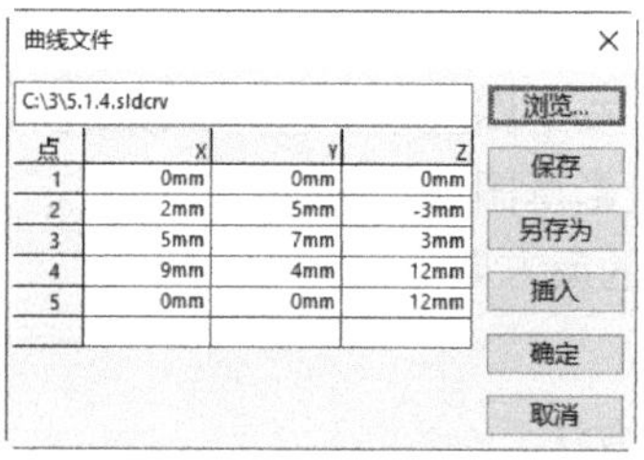

图 5-9 设置参数

图 5-10 通过 *XYZ* 点的曲线

5.1.4 螺旋线和涡状线

螺旋线和涡状线可以作为扫描特征的路径或者引导线，也可以作为放样特征的引导线，通常用来生成螺纹、弹簧和发条等零件，或在工业设计中作为装饰使用。

1. 螺旋线和涡状线的属性设置

选择【插入】|【曲线】|【螺旋线 / 涡状线】菜单命令，弹出属性管理器，如图 5-11 所示。常用选项介绍如下。

（1）【定义方式】选项组。

- 【螺距和圈数】: 通过设置螺距和圈数的数值来生成螺旋线。
- 【高度和圈数】: 通过设置高度和圈数的数值来生成螺旋线。
- 【高度和螺距】: 通过设置高度和螺距的数值来生成螺旋线。
- 【涡状线】: 通过设置螺距和圈数的数值来生成涡状线。

（2）【参数】选项组。

- 【恒定螺距】: 以恒定螺距方式生成螺旋线。
- 【可变螺距】: 以可变螺距方式生成螺旋线。
- 【螺距】: 设置螺距数值。
- 【圈数】: 设置螺旋线的旋转圈数。

- 【起始角度】：设置螺旋线开始旋转的角度。
- 【顺时针】：设置螺旋线的旋转方向为顺时针。
- 【逆时针】：设置螺旋线的旋转方向为逆时针。

2. 练习：生成螺旋线

下面简单练习生成螺旋线的方法。

（1）打开“配套数字资源 \ 第 5 章 \ 基本功能 \5.1.4-1.SLDPRT”中的实例素材文件。

（2）选择特征管理器设计树中的【草图 1】，使之处于被选择状态。

（3）选择【插入】|【曲线】|【螺旋线 / 涡状线】菜单命令，弹出属性管理器。按图 5-12 所示进行参数设置，单击✓【确定】按钮，生成螺旋线，结果如图 5-13 所示。

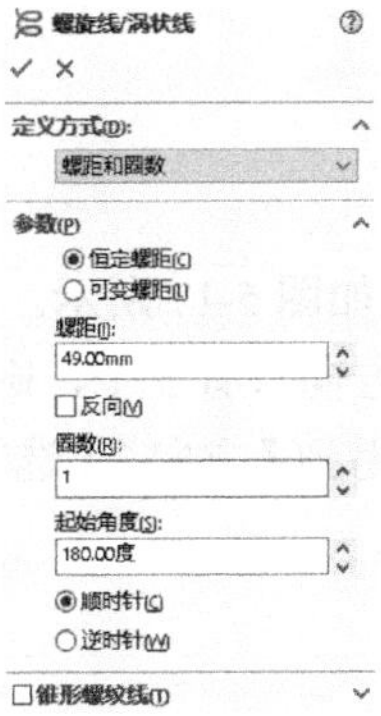

图 5-11 【螺旋线 / 涡状线】属性管理器（1）

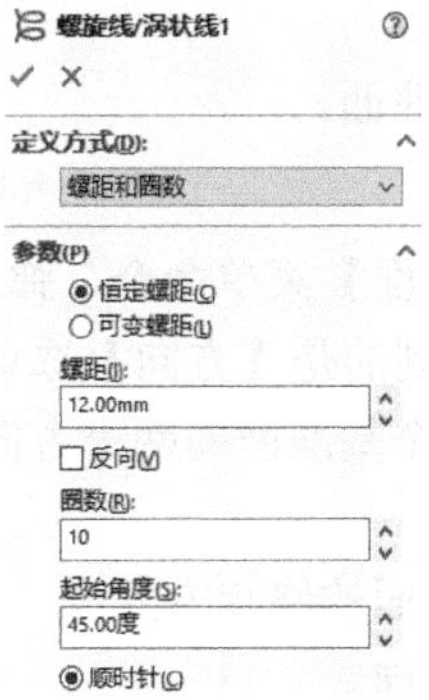

图 5-12　设置参数

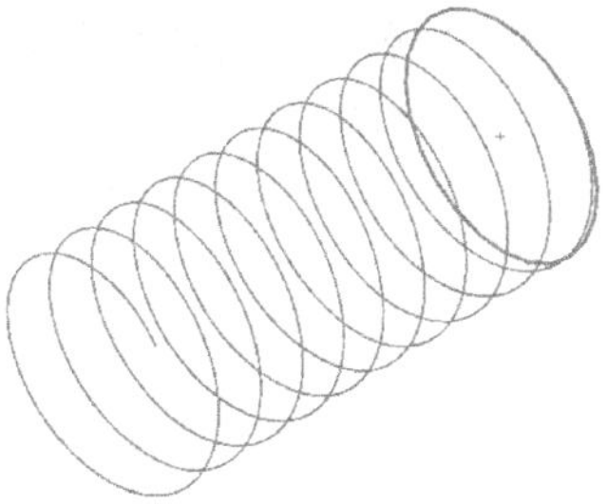

图 5-13　螺旋线

3. 练习：生成涡状线

下面简单练习生成涡状线的方法。

（1）打开“配套数字资源 \ 第 5 章 \ 基本功能 \5.1.4-2.SLDPRT”中的实例素材文件。

（2）选择特征管理器设计树中的【草图 2】，使之处于被选择状态。

（3）选择【插入】|【曲线】|【螺旋线 / 涡状线】菜单命令，弹出属性管理器。按图 5-14 所示进行参数设置，单击✓【确定】按钮，生成涡状线，结果如图 5-15 所示。

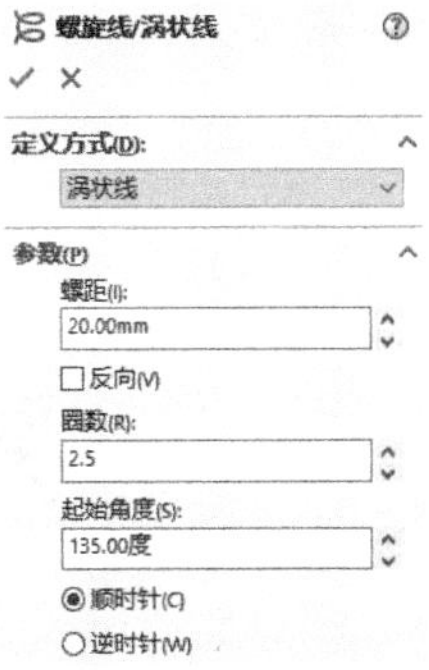

图 5-14 【螺旋线 / 涡状线】属性管理器（2）

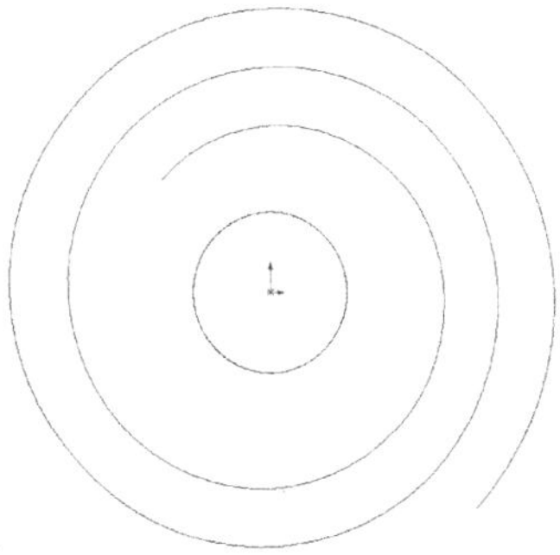

图 5-15　涡状线

5.2 生成曲面

曲面是一种可以用来生成实体特征的几何体（如圆角曲面等）。一个零件中可以有多个曲面实体。

SOLIDWORKS 提供了生成曲面的工具栏和菜单命令。选择【插入】|【曲面】菜单命令即可选择所需类型的曲面。选择【视图】|【工具栏】|【曲面】菜单命令，可调出图 5-16 所示的【曲面】工具栏。本节主要介绍常用的几种曲面。

图 5-16 【曲面】工具栏

5.2.1 拉伸曲面

拉伸曲面是指将一条曲线拉伸为曲面。

1. 拉伸曲面的属性设置

选择【插入】|【曲面】|【拉伸曲面】菜单命令，弹出属性管理器，如图 5-17 所示。

【曲面-拉伸】属性管理器中常用到的是【方向】选项组。如果拉伸方向只有一个，则只需用到【方向 1】选项组。如果需要同时从一个基准面向两个方向拉伸，则还会用到【方向 2】选项组。【方向】选项组中的常用选项介绍如下。

- 【终止条件】：决定拉伸曲面的终止方式。
- 【拉伸方向】：选择拉伸方向。
- 【深度】：设置曲面拉伸的距离。
- 【拔模开 / 关】：设置拔模角度。
- 【向外拔模】：设置向外拔模或向内拔模。

2. 练习：生成拉伸曲面

下面简单练习生成拉伸曲面的方法。

（1）打开“配套数字资源 \ 第 5 章 \ 基本功能 \5.2.1.SLDPRT”中的实例素材文件。

（2）选择【插入】|【曲面】|【拉伸曲面】菜单命令，弹出属性管理器。

（3）按图 5-18 所示进行参数设置，单击✓【确定】按钮，生成拉伸曲面，结果如图 5-19 所示。

图 5-17 【曲面-拉伸】属性管理器

图 5-18 设置参数

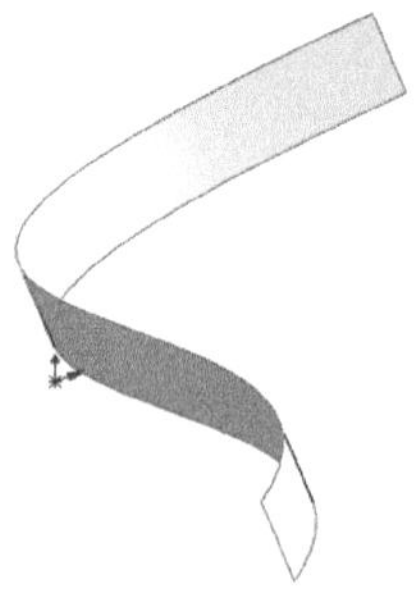

图 5-19 拉伸曲面

5.2.2 旋转曲面

从交叉或者非交叉的草图中选择不同的草图，并用所选轮廓生成的旋转的曲面即为旋转曲面。

1. 旋转曲面的属性设置

选择【插入】|【曲面】|【旋转曲面】菜单命令，弹出属性管理器，如图 5-20 所示。常用选项介绍如下。

- 【旋转轴】：设置曲面旋转所围绕的轴线。
- 【旋转类型】：设置生成旋转曲面的类型，包括如下选项。
  - 【给定深度】：从草图以单一方向生成旋转曲面。
  - 【成形到顶点】：从草图基准面生成旋转曲面到指定顶点。
  - 【成形到面】：从草图基准面生成旋转曲面到指定曲面。
  - 【到离指定面指定的距离】：从草图基准面生成旋转曲面指定曲面的指定距离。
  - 【两侧对称】：从草图基准面以顺时针和逆时针方向生成旋转曲面。
- 【角度】：设置旋转曲面的角度。

2. 练习：生成旋转曲面

下面简单练习生成旋转曲面的方法。

（1）打开“配套数字资源 \ 第 5 章 \ 基本功能 \5.2.2.SLDPRT”中的实例素材文件。

（2）选择绘图区域中的中心线，使之处于被选择状态。

（3）选择【插入】|【曲面】|【旋转曲面】菜单命令，弹出属性管理器。按图 5-21 所示进行参数设置，单击✓【确定】按钮，生成旋转曲面，如图 5-22 所示。

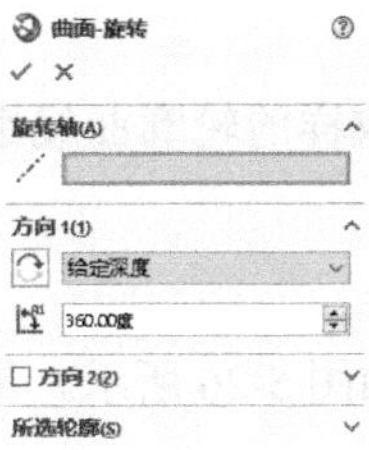

图 5-20 【曲面-旋转】属性管理器

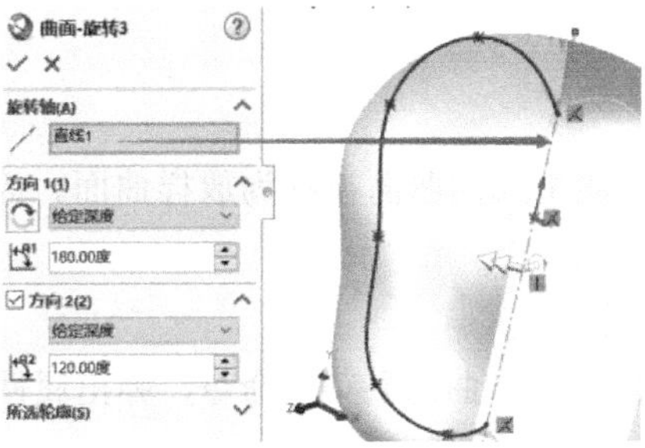

图 5-21　设置参数

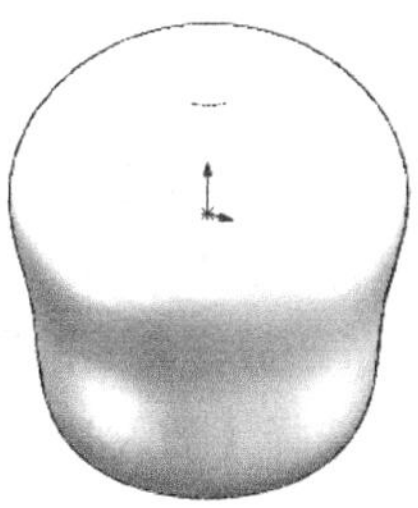

图 5-22　旋转曲面

5.2.3 扫描曲面

利用轮廓和路径生成的曲面被称为扫描曲面。扫描曲面和扫描特征类似，也可以通过引导线生成。

1. 扫描曲面的属性设置

选择【插入】|【曲面】|【扫描曲面】菜单命令，弹出属性管理器，如图 5-23 所示。常用选项介绍如下。

（1）【轮廓和路径】选项组。

- 【轮廓】：设置扫描曲面的草图轮廓，扫描曲面的轮廓可以是开口的，也可以是闭合的。
- 【路径】：设置扫描曲面的路径。

（2）【引导线】选项组。

- 【引导线】：在沿路径扫描轮廓时加以引导。
- 【上移】：调整引导线的顺序，使指定的引导线上移。
- 【下移】：调整引导线的顺序，使指定的引导线下移。

2. 练习：生成扫描曲面

下面简单练习生成扫描曲面的方法。

（1）打开“配套数字资源 \ 第 5 章 \ 基本功能 \5.2.3.SLDPRT”中的实例素材文件。

（2）选择【插入】|【曲面】|【扫描曲面】菜单命令，弹出属性管理器。

（3）按图 5-24 所示进行参数设置，单击✓【确定】按钮，生成扫描曲面，结果如图 5-25 所示。

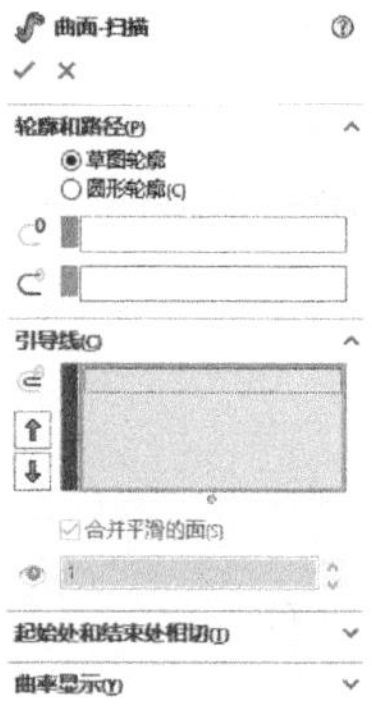

图 5-23 【曲面-扫描】属性管理器

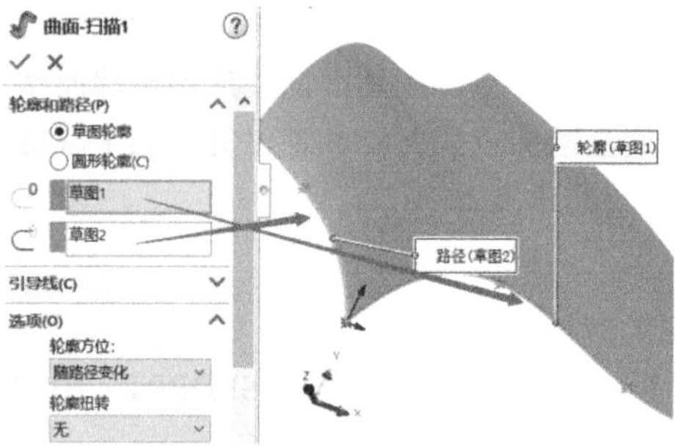

图 5-24 设置参数

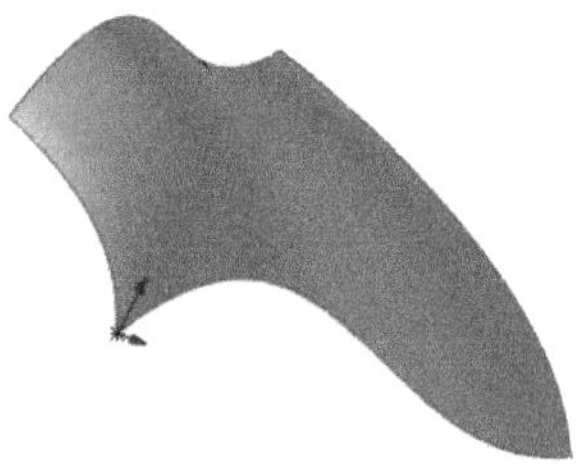

图 5-25 扫描曲面

5.2.4 放样曲面

通过曲线之间的平滑过渡生成的曲面被称为放样曲面。放样曲面由放样的轮廓曲线组成，也可以根据需要使用引导线。

1. 放样曲面的属性设置

选择【插入】|【曲面】|【放样曲面】菜单命令，弹出属性管理器，如图 5-26 所示。常用选项介绍如下。

（1）【轮廓】选项组。

- 【轮廓】：设置放样曲面的草图轮廓。
- 【上移】：调整草图轮廓的顺序，选择草图轮廓，单击可使其上移。
- 【下移】：调整草图轮廓的顺序，选择草图轮廓，单击可使其下移。

（2）【起始 / 结束约束】选项组。

【开始约束】和【结束约束】下拉列表中包括如下相同的选项。

- 【无】：不应用相切约束，即曲率为零。
- 【方向向量】：根据方向向量所选实体来应用相切约束。
- 【垂直于轮廓】：应用垂直于起始或者结束轮廓的相切约束。

2. 练习：生成放样曲面

下面简单练习生成放样曲面的方法。

（1）打开“配套数字资源 \ 第 5 章 \ 基本功能 \5.2.4.SLDPRT”中的实例素材文件。

（2）选择【插入】|【曲面】|【放样曲面】菜单命令，弹出属性管理器。

（3）按图 5-27 所示进行参数设置，单击✓【确定】按钮，生成放样曲面，如图 5-28 所示。

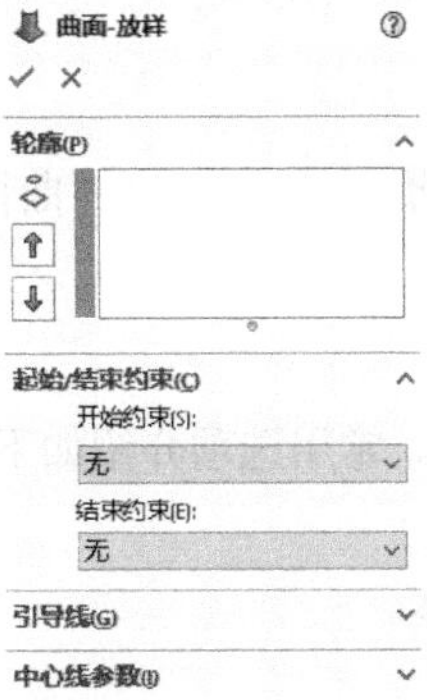

图 5-26 【曲面-放样】属性管理器

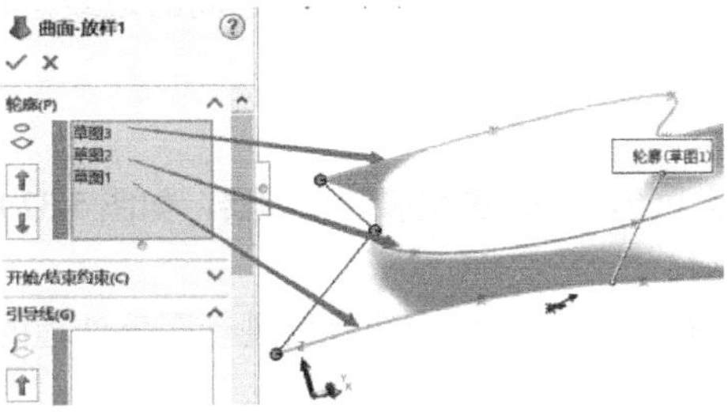

图 5-27　设置参数

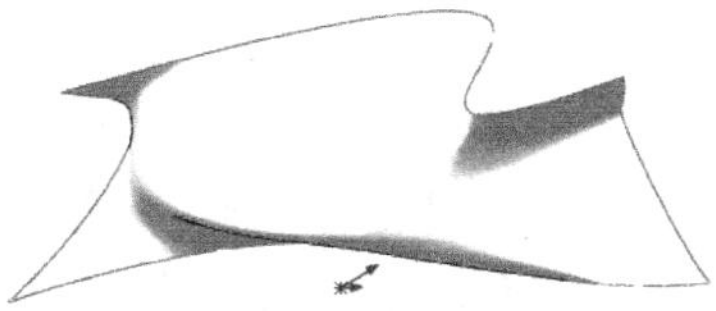

图 5-28　放样曲面

5.3 编辑曲面

编辑曲面是指在现有的曲面上进行二次编辑操作。

5.3.1　等距曲面

将已经存在的曲面以指定距离生成的另一个曲面被称为等距曲面。该曲面既可以是模型的轮廓面，也可以是绘制的曲面。

1. 等距曲面的属性设置

选择【插入】|【曲面】|【等距曲面】菜单命令，弹出属性管理器，如图 5-29 所示。常用选项介绍如下。

- 【要等距的曲面或面】：在绘图区域中选择要生成等距曲面的曲面或者平面。
- 【等距距离】：可以输入等距距离数值。

2. 练习：生成等距曲面

下面简单练习生成等距曲面的方法。

（1）打开“配套数字资源 \ 第 5 章 \ 基本功能 \5.3.1.SLDPRT”中的实例素材文件。

（2）选择特征管理器设计树中的【曲面-放样 1】，使之处于被选择状态。

（3）选择【插入】|【曲面】|【等距曲面】菜单命令，弹出属性管理器。按图 5-30 所示进行参数设置，单击✓【确定】按钮，生成等距曲面，如图 5-31 所示。

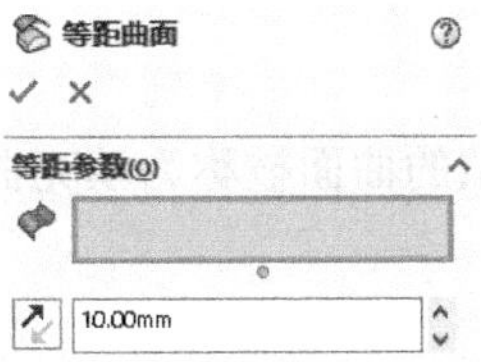

图 5-29 【等距曲面】属性管理器

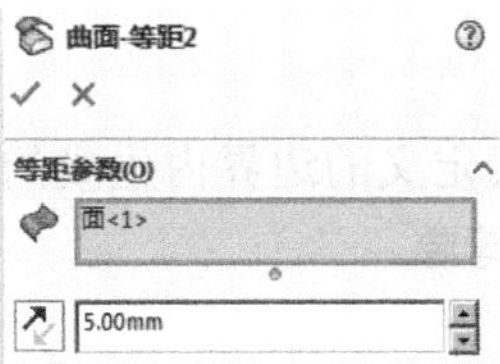

图 5-30　设置具体参数

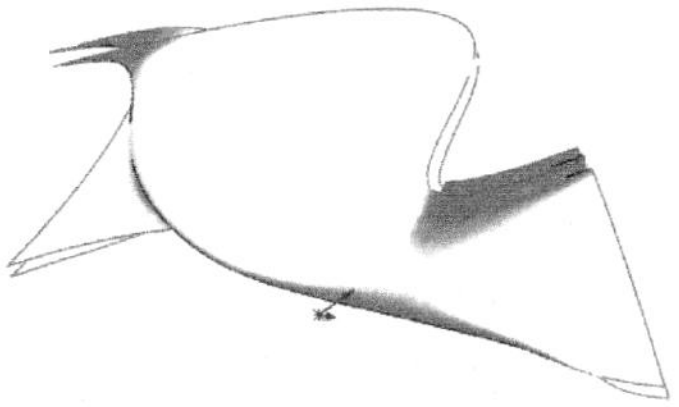

图 5-31　等距曲面

5.3.2 圆角曲面

使用圆角将曲面实体中以一定角度相交的两个相邻面之间的边线进行平滑过渡，生成的曲面被称为圆角曲面。

1. 圆角曲面的属性设置

选择【插入】|【曲面】|【圆角】菜单命令，弹出属性管理器，如图 5-32 所示。常用选项介绍如下。

(1)【要圆角化的项目】选项组。

- 【边线、面、特征和环】：在绘图区域中选择要进行圆角处理的实体。
- 【切线延伸】：将圆角延伸到所有与所选面相切的面。
- 【完整预览】：显示所有边线的圆角预览效果。

(2)【圆角参数】选项组。

- 【半径】：设置圆角的半径。
- 【多半径圆角】：以不同的半径生成圆角。

2. 练习：生成圆角曲面

下面简单练习生成圆角曲面的方法。

(1) 打开“配套数字资源\第 5 章\基本功能\5.3.2.SLDPRT”中的实例素材文件。

(2) 选择【插入】|【曲面】|【圆角】菜单命令，弹出属性管理器。按图 5-33 所示进行参数设置，单击✓【确定】按钮，生成圆角曲面。

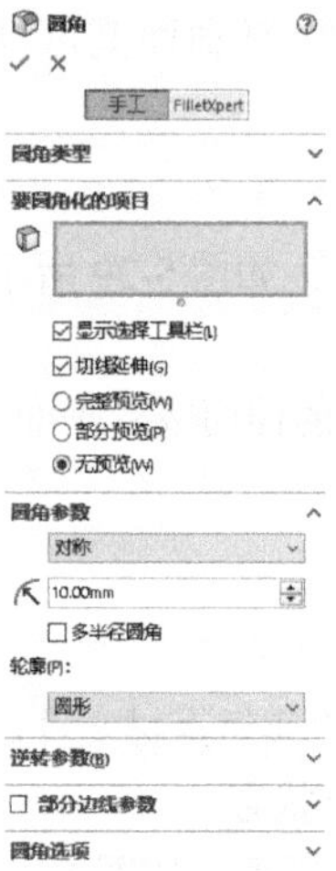

图 5-32 【绘制圆角】属性管理器

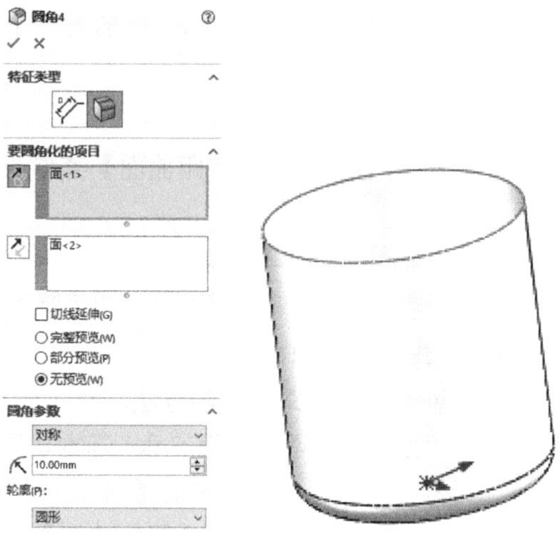

图 5-33 设置参数

5.3.3 填充曲面

在现有模型边线、草图或者曲线定义的边界内生成的用于修补缝隙的曲面被称为填充曲面。填充曲面可以用来填充模型中存在的缝隙。

1. 填充曲面的属性设置

选择【插入】|【曲面】|【填充】菜单命令，弹出属性管理器，如图 5-34 所示。常用选项介绍如下。

（1）【修补边界】选项组。

- 【修补边界】：定义需要的修补曲面的边线。
- 【交替面】：只在实体模型上进行修补时使用，用于控制修补曲率的反转边界面。
- 【应用到所有边线】：可以将相同的曲率应用到所有边线中。
- 【优化曲面】：用于对曲面进行优化。

（2）【约束曲线】选项组。

【约束曲线】：在填充曲面时添加斜面控制。

2. 练习：生成填充曲面

下面简单练习生成填充曲面的方法。

（1）打开“配套数字资源 \ 第 5 章 \ 基本功能 \5.3.3.SLDPRT”中的实例素材文件。

（2）选择绘图区域中模型的上边线，使之处于被选择状态。

（3）选择【插入】|【曲面】|【填充】菜单命令，弹出属性管理器。按图 5-35 所示进行参数设置，单击✓【确定】按钮，生成填充曲面，如图 5-36 所示。

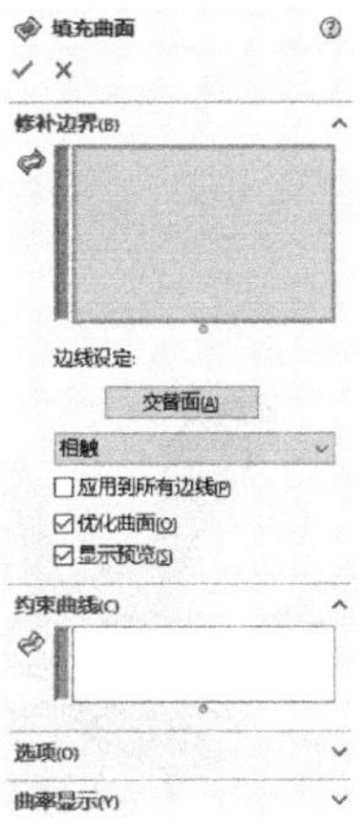

图 5-34 【填充曲面】属性管理器

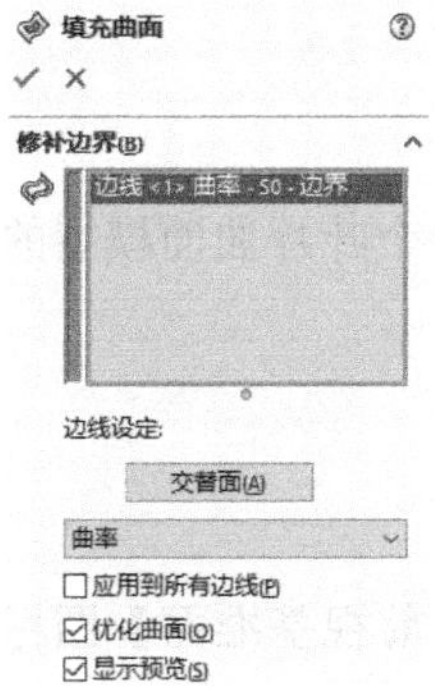

图 5-35　设置参数

图 5-36　填充曲面

5.3.4　延伸曲面

将现有曲面的边缘沿着切线方向进行延伸所形成的曲面被称为延伸曲面。

1. 延伸曲面的属性设置

选择【插入】|【曲面】|【延伸曲面】菜单命令，弹出属性管理器，如图 5-37 所示。常用选项介绍如下。

（1）【拉伸的边线 / 面】选项组。

【所选面 / 边线】：在绘图区域中选择要延伸的边线或者面。

（2）【终止条件】选项组。

- 【距离】：按照设置的【距离】数值确定延伸曲面的距离。
- 【成形到某一点】：在绘图区域中选择某一个顶点，将曲面延伸到指定的点。
- 【成形到某一面】：在绘图区域中选择某一个面，将曲面延伸到指定的面。

2. 练习：生成延伸曲面

下面简单练习生成延伸曲面的方法。

（1）打开“配套数字资源 \ 第 5 章 \ 基本功能 \5.3.4.SLDPRT”中的实例素材文件。

（2）选择绘图区域中模型的上边线，使之处于被选择状态。

（3）选择【插入】|【曲面】|【延伸曲面】菜单命令，弹出属性管理器。按图 5-38 所示进行参数设置，单击✓【确定】按钮，生成延伸曲面，如图 5-39 所示。

图 5-37 【延伸曲面】属性管理器

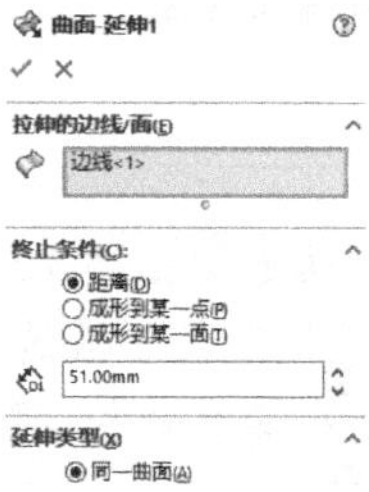

图 5-38 设置参数

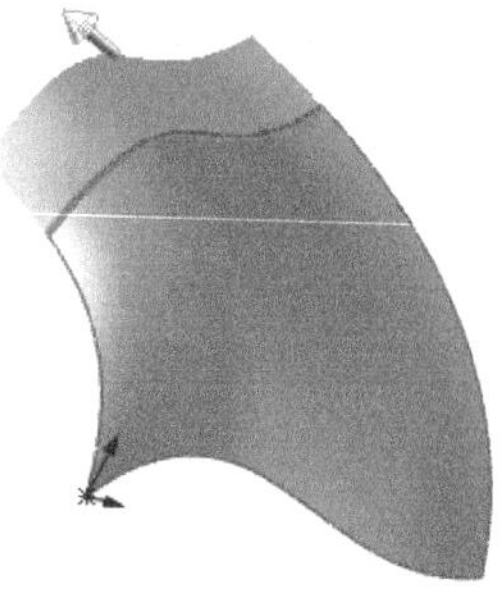

图 5-39 延伸曲面

5.4 叶片三维建模实例

本节应用本章所讲解的知识完成一个叶片曲面模型的制作，最终效果如图 5-40 所示。

图 5-40 叶片曲面模型

5.4.1 生成轮毂部分

（1）单击特征管理器设计树中的【前视基准面】图标，使其成为草图绘制平面。单击【草图】工具栏中的【草图绘制】按钮，进入草图绘制状态。使用【草图】工具栏中的【圆心 / 起 / 终点画弧】、【智能尺寸】工具，绘制图 5-41 所示的草图。单击【退出草图】按钮，退出草图绘制状态。

（2）单击【特征】工具栏中的【拉伸凸台 / 基体】按钮，弹出属性管理器。按图 5-42 所示进行参数设置，单击✓【确定】按钮，生成拉伸特征。

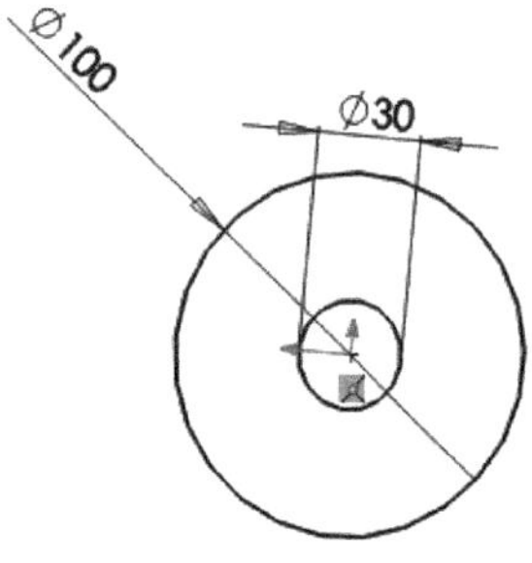

图 5-41 绘制草图并标注尺寸

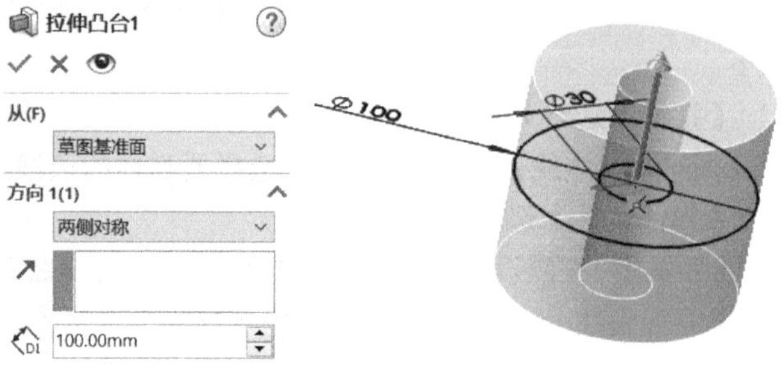

图 5-42 拉伸特征

5.4.2　生成叶片部分

（1）单击【参考几何体】工具栏中的【基准面】按钮，弹出属性管理器。按图 5-43 所示进行参数设置，在绘图区域中显示出新建基准面的预览效果，单击【确定】按钮，生成基准面。

（2）单击特征管理器设计树中的【基准面 1】图标，使其成为草图绘制平面。单击【草图】工具栏中的【草图绘制】按钮，进入草图绘制状态。使用【草图】工具栏中的【直线】、【智能尺寸】工具，绘制图 5-44 所示的草图。单击【退出草图】按钮，退出草图绘制状态。

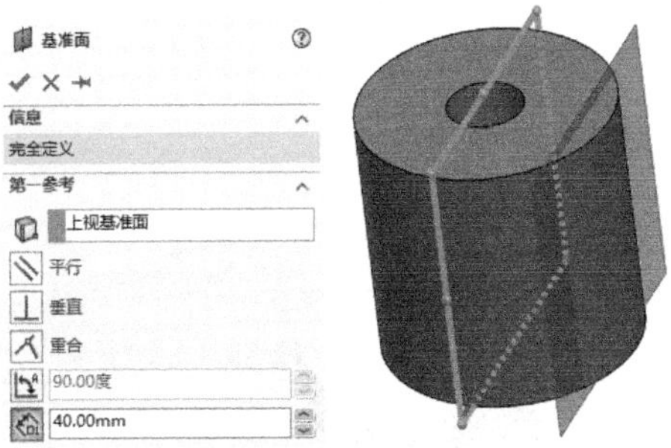

图 5-43　基准面（1）

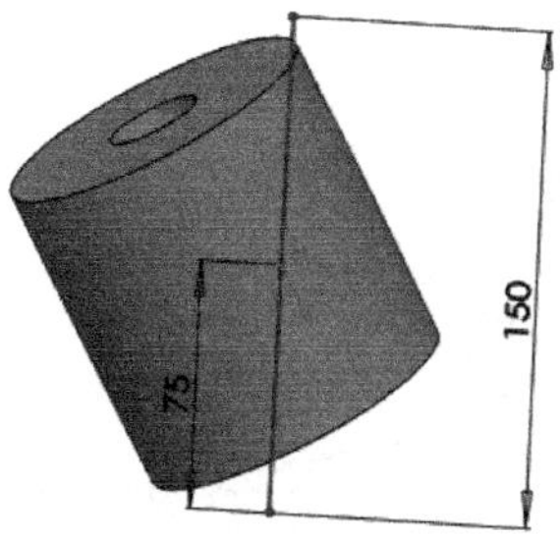

图 5-44　绘制草图并标注尺寸（1）

（3）单击【参考几何体】工具栏中的【基准面】按钮，弹出属性管理器。按图 5-45 所示进行参数设置，在绘图区域中显示出新建基准面的预览效果，单击【确定】按钮，生成基准面。

（4）单击特征管理器设计树中的【基准面 2】图标，使其成为草图绘制平面。单击【草图】工具栏中的【草图绘制】按钮，进入草图绘制状态。使用【草图】工具栏中的【直线】、【智能尺寸】工具，绘制图 5-46 所示的草图。单击【退出草图】按钮，退出草图绘制状态。

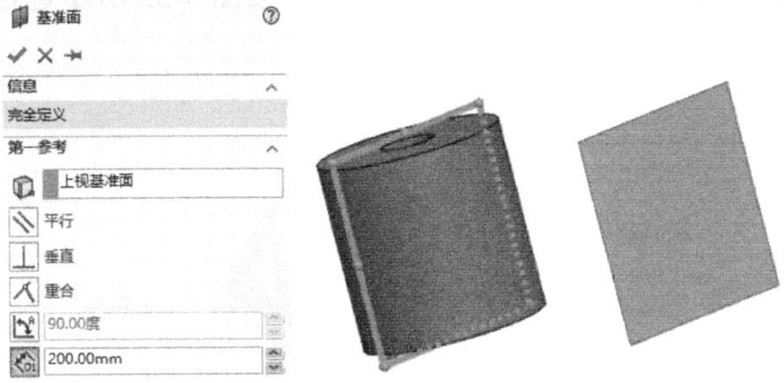

图 5-45　基准面（2）

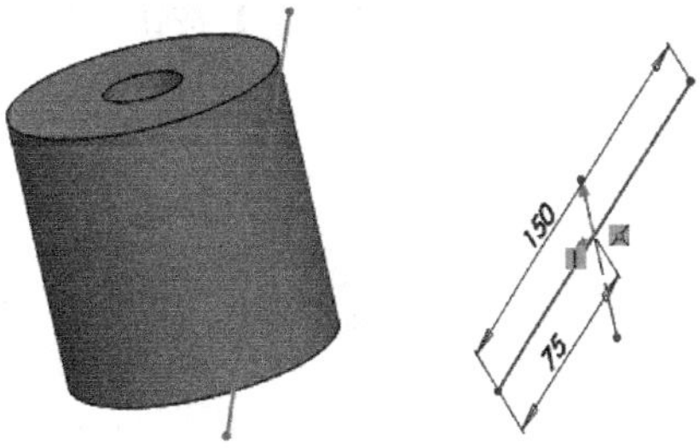

图 5-46　绘制草图并标注尺寸（2）

（5）单击【曲面】工具栏中的【放样曲面】按钮，弹出属性管理器，单击【轮廓】选项组中的选择框，选择【草图 2】和【草图 3】，单击【确定】按钮，如图 5-47 所示。

（6）单击【参考几何体】工具栏中的【基准面】按钮，弹出属性管理器。按图 5-48 所示进行参数设置，在绘图区域中显示出新建基准面的预览效果，单击【确定】按钮，生成基准面。

（7）单击特征管理器设计树中的【基准面 3】图标，使其成为草图绘制平面。单击【草图】工具栏中的【草图绘制】按钮，进入草图绘制状态。使用【草图】工具栏中的【样条曲线】、【智能尺寸】工具，绘制图 5-49 所示的草图。单击【退出草图】按钮，退出草图绘制状态。

（8）选择【插入】|【曲线】|【投影曲线】菜单命令，弹出属性管理器，单击【要投影的草图】选择框，选择【草图 4】，单击【要投影的面】选择框，选择【面 <1>】，如图 5-50 所示，单击【确定】按钮。

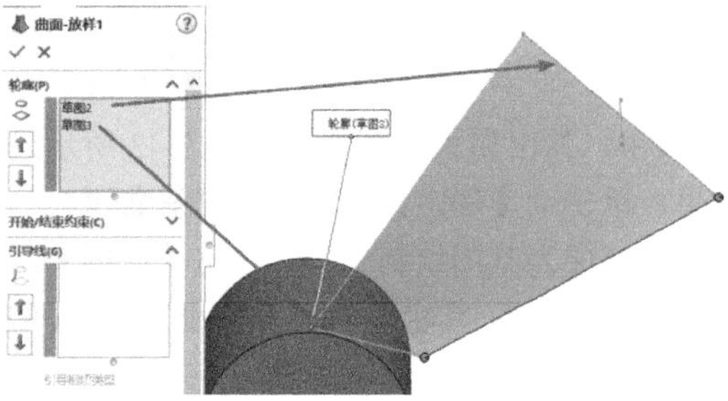

图 5-47　放样曲面

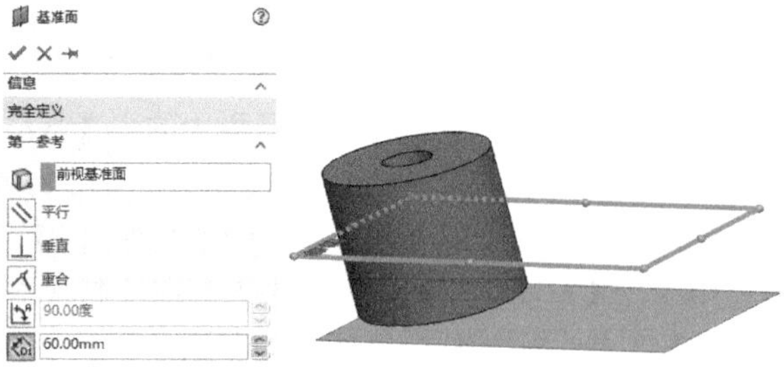

图 5-48　基准面（3）

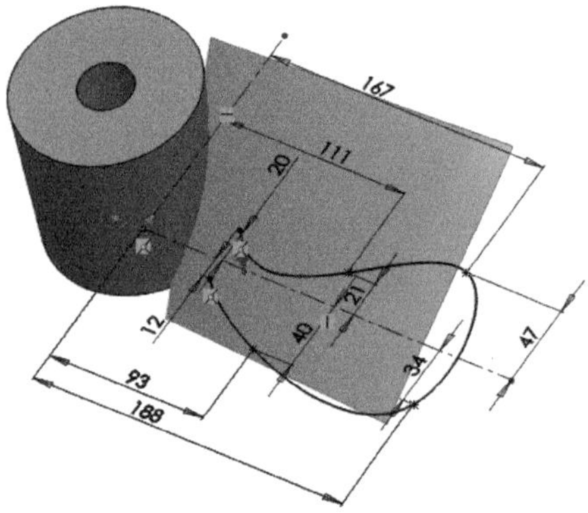

图 5-49　绘制草图并标注尺寸（3）

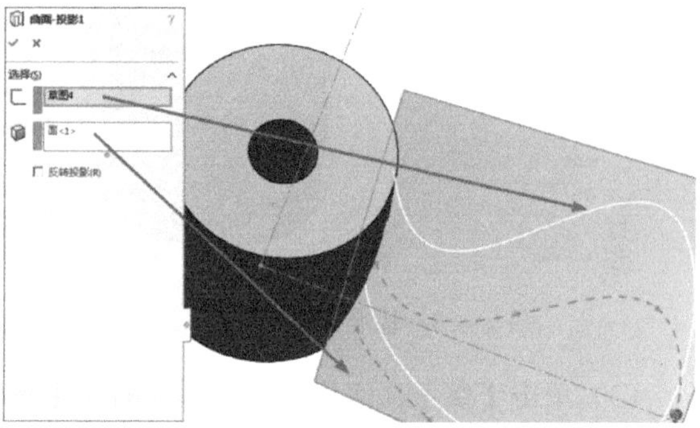

图 5-50　投影曲线

（9）单击【曲面】工具栏中的【剪裁曲面】按钮，弹出属性管理器。按图 5-51 所示进行参数设置，单击✓【确定】按钮，生成剪裁曲面。

（10）选择【插入】|【凸台 / 基体】|【加厚】菜单命令，弹出属性管理器。按图 5-52 所示进行参数设置，单击✓【确定】按钮，生成加厚曲面。

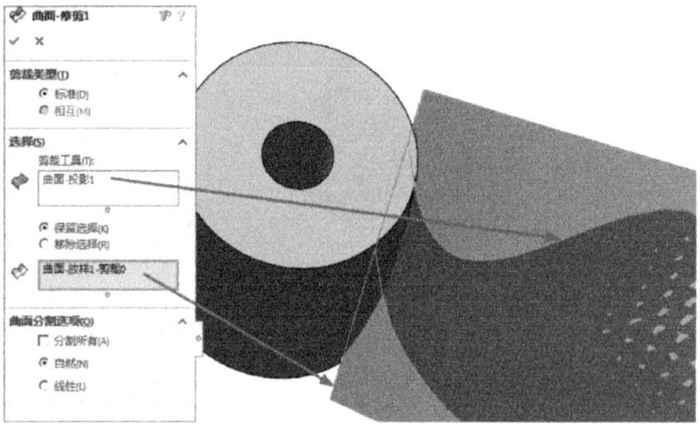

图 5-51　剪裁曲面

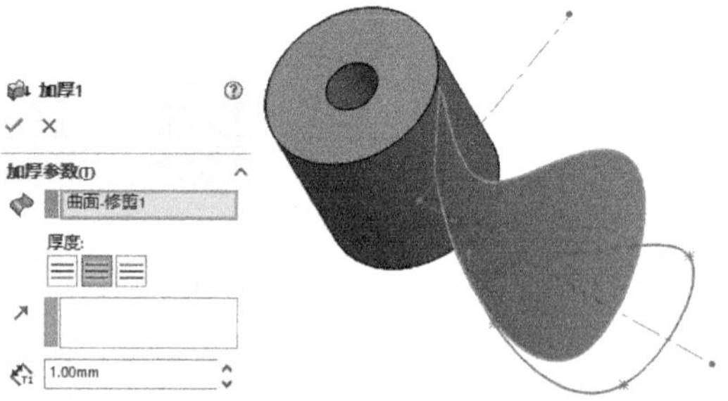

图 5-52　加厚曲面

注意

可将曲面直接输入 SOLIDWORKS 模型中，其支持的文件格式有 Parasolid、IGES、ACIS、VRML，以及 VDAFS。

（11）单击【参考几何体】工具栏中的【基准轴】按钮，弹出属性管理器。单击【圆柱 / 圆锥面】按钮，选择模型的外圆面，单击✓【确定】按钮，生成基准轴，如图 5-53 所示。

（12）单击【特征】工具栏中的【圆周阵列】按钮，弹出【圆周阵列】属性管理器。按图 5-54 所示进行参数设置，单击✓【确定】按钮，生成圆周阵列。

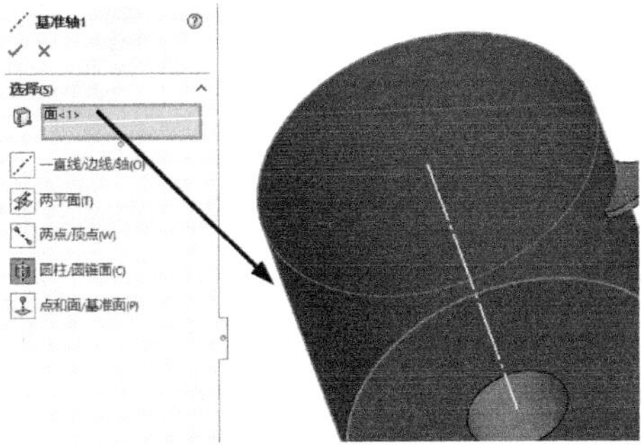

图 5-53　基准轴

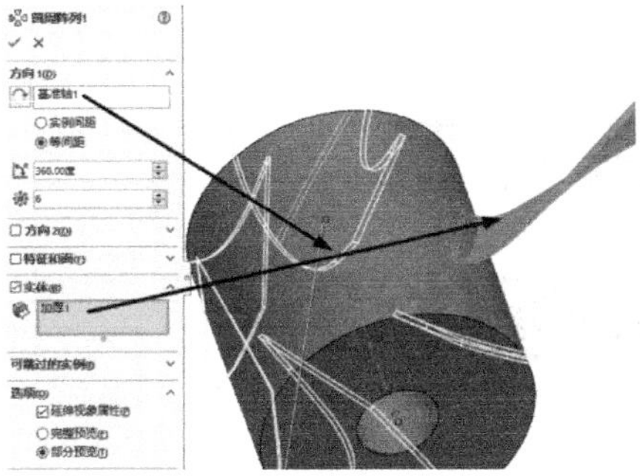

图 5-54　圆周阵列

（13）选择【插入】|【特征】|【组合】菜单命令，弹出属性管理器。在【操作类型】选项组中，选择【添加】单选项，单击【要组合的实体】选项组中的选择框，选择刚建立的实体，如图 5-55 所示，单击✓【确定】按钮，生成组合特征。

（14）选择【插入】|【特征】|【绘制圆角】菜单命令，弹出属性管理器。按图 5-56 所示进行参数设置，单击✓【确定】按钮，生成圆角特征。

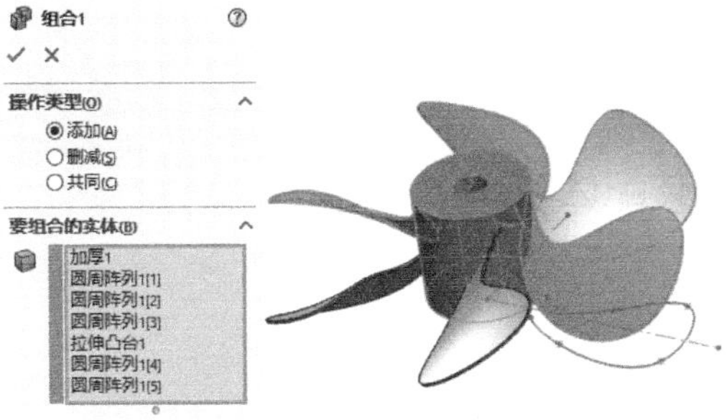

图 5-55　组合特征

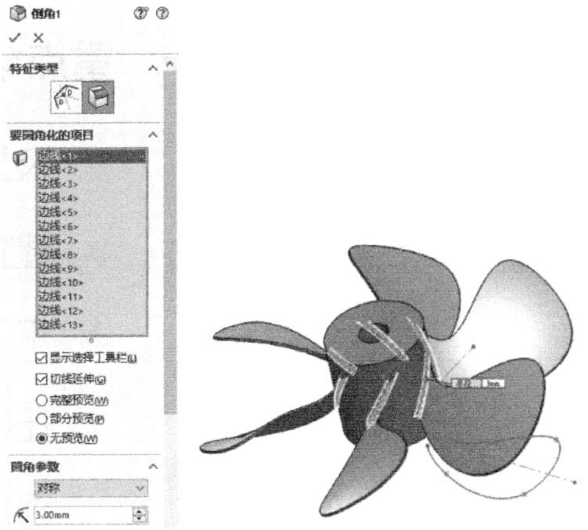

图 5-56　圆角特征

5.4.3　斑马条纹显示

选择【视图】|【显示】|【斑马条纹】菜单命令，弹出属性管理器，如图 5-57 所示，【斑马条纹】属性管理器中显示了斑马条纹的设置信息。可以通过拖动鼠标指针来设置【条纹数】、【条纹宽度】和【条纹精度】的数值。

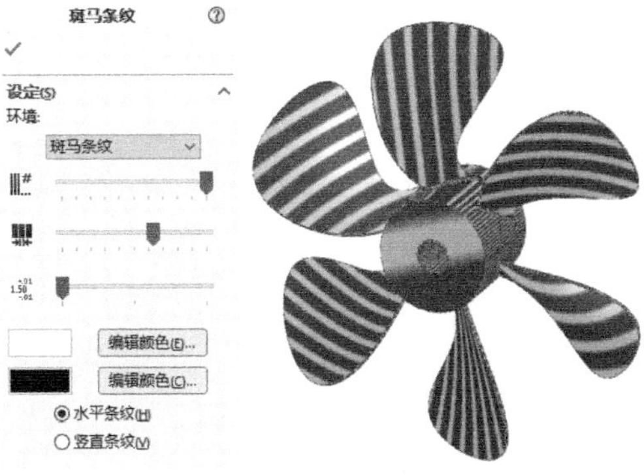

图 5-57　斑马条纹

Chapter 6

第 6 章 装配体设计

装配体设计是 SOLIDWORKS 的三大功能之一，是将零件在软件环境中进行虚拟装配，并进行相关的分析。SOLIDWORKS 可以为装配体文件建立产品零件之间的配合关系，并具有干涉检查、装配体统计和爆炸视图等功能。本章主要介绍装配体概述、建立配合、干涉检查、装配体统计、装配体中零部件的压缩状态、爆炸视图、轴测剖视图、万向联轴器装配实例、机械配合装配实例，以及装配体高级配合应用实例。

重点与难点

- 装配体概述
- 建立配合
- 干涉检查与装配体统计
- 压缩状态
- 爆炸视图与轴测剖视图

6.1 装配体概述

装配体可以生成由多个零部件组成的复杂装配体。这些零部件既可以是零件，也可以是其他装配体（被称为子装配体）。对大多数操作而言，零件和装配体的行为方式是相同的。在 SOLIDWORKS 中打开装配体时，将自动查找零部件文件以便在装配体中显示，同时零部件中的更改将自动反映在装配体中。

6.1.1 插入零部件

选择【文件】|【新建】菜单命令，在弹出的对话框中单击【装配体】按钮，进入装配体状态。选择【插入】|【零部件】|【现有零件 / 装配体】菜单命令，弹出图 6-1 所示的【插入零部件】属性管理器。常用选项介绍如下。

（1）单击【要插入的零件 / 装配体】选项组中的【浏览】按钮，可以打开现有零件文件。

（2）【选项】选项组。

- 【生成新装配体时开始命令】：当生成新装配体时，勾选后可以打开相关属性以便进行设置。
- 【图形预览】：勾选后，可以在绘图区域中看到所选文件的预览效果。
- 【使成为虚拟】：勾选后，可以使零部件成为虚拟零件。

在绘图区域中单击，将零件添加到装配体上。在默认情况下，装配体中的第一个零部件是固定的，但是可以随时使之浮动。

图 6-1 【插入零部件】属性管理器

6.1.2 建立装配体的方法

（1）“自下而上”设计法。比较传统的方法。先设计并建立三维模型，然后将其插入装配体中，使用配合定位零部件。如果需要更改零部件，必须单独编辑零部件，更改可以反映在装配体中。“自下而上”设计法对先前制造、现售的零部件，或者如金属器件、皮带轮、电动机等标准零部件而言属于理想的方法。这些零部件不根据设计的改变而更改形状和大小，除非选择不同的零部件。

（2）“自上而下”设计法。在“自上而下”设计法中，零部件的形状、大小及位置可以在装配体中进行设计。“自上而下”设计法的优点是在发生设计更改时变动更少，零部件根据所生成的方法进行自我更新。可以在零部件的某些特征、完整零部件或者整个装配体中使用“自上而下”设计法。设计师通常在实践中使用“自上而下”设计法对装配体进行整体布局，并捕捉装配体特定的自定义零部件的关键环节。

6.2 建立配合

配合是指在装配体零部件之间生成几何关系。当添加配合时，定义零部件线性运动或旋转运动所允许的方向，可在自由度范围内移动零部件，从而直观地显示装配体的行为。

6.2.1 【配合】属性管理器

单击【装配体】工具栏中的【配合】按钮，或者选择【插入】|【配合】菜单命令，弹出属性管理器，如图 6-2 所示。常用选项介绍如下。

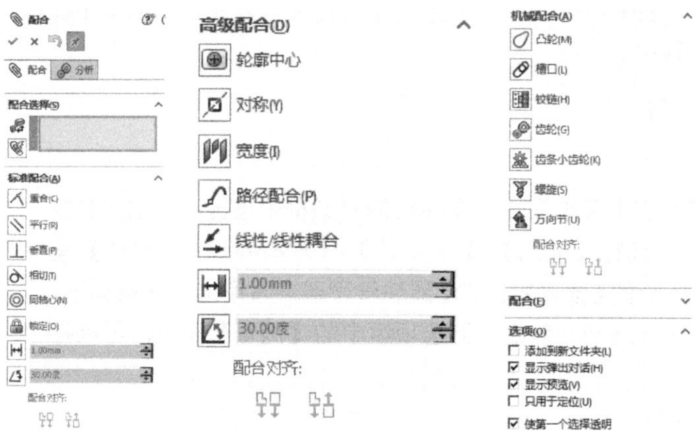

图 6-2 【配合】属性管理器

(1)【配合选择】选项组。

【要配合的实体】：选择要配合在一起的面、边线、基准面等。

【多配合模式】：以单一操作将多个零部件与一个普通参考进行配合。

(2)【标准配合】选项组。

【重合】：将所选面、边线及基准面定位，使它们共享同一个基准面。

【平行】：放置所选项，使它们彼此保持等间距。

【垂直】：将所选实体以垂直方式放置。

【相切】：将所选项以彼此相切方式放置。

【同轴心】：使所选项共享同一中心线。

【锁定】：保持两个零部件之间的相对位置和方向。

【距离】：将所选项以指定的距离放置。

【角度】：将所选项以指定的角度放置。

(3)【高级配合】选项组。

【轮廓中心】：将矩形和圆形轮廓中心对齐，并完全定义组件。

【对称】：迫使两个相同实体绕基准面或平面对称。

【宽度】：将两个零件所选择面的中心对称面对齐。

【路径配合】：将零部件上所选的点约束到路径。

【线性 / 线性耦合】：在一个零部件的平移和另一个零部件的平移之间建立几何关系。

【距离限制】：允许零部件在距离配合的一定数值范围内移动。

【角度限制】：允许零部件在角度配合的一定数值范围内移动。

(4)【机械配合】选项组。

【凸轮】：迫使圆柱、基准面或点与一系列相切的拉伸面重合或相切。

【槽口】：迫使滑块在槽口中滑动。

【齿轮】：使两个零件按照齿轮的转动方式运动。

【铰链】：将两个零部件之间的移动限制在一定的旋转范围内。

【齿条小齿轮】：使一个零件的线性平移引起另一个零件的周转。

【螺旋】：将两个零部件约束为同心，并在一个零部件的旋转和另一个零部件的平移之间添加纵倾几何关系。

【万向节】：一个零部件绕自身轴旋转是由另一个零部件绕其轴旋转驱动的。

6.2.2 最佳配合方法

使用配合时，要注意以下几点。

- 只要可以，将所有零部件配合到一个或两个固定的零部件或参考。
- 不生成环形配合，因为它们在以后添加配合时可能导致配合冲突。
- 避免冗余配合，因为这些配合解出的时间更长。
- 尽量少使用限制配合，因为它们解出的时间更长。
- 一旦出现配合问题，尽快解决，添加配合绝不会解决先前的配合问题。
- 如果零部件出现配合问题，比起诊断每个配合，删除所有配合并重新创建反而更容易。

6.3 干涉检查

在一个复杂的装配体中，仅用肉眼检查零部件之间是否存在干涉的情况是一件困难的事情。因此，可借助 SOLIDWORKS 中的干涉检查功能。

单击【评估】工具栏中的【干涉检查】按钮，或者选择【工具】|【评估】|【干涉检查】菜单命令，弹出图 6-3 所示的【干涉检查】属性管理器。

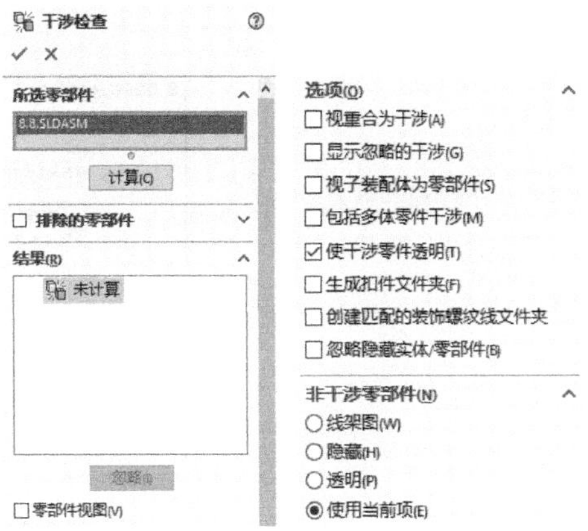

图 6–3 【干涉检查】属性管理器

6.3.1 属性管理器选项介绍

（1）【所选零部件】选项组。

- 【所选部件】选择框：显示要进行干涉检查的零部件。
- 【计算】：单击此按钮，开始检查干涉情况。

（2）【结果】选项组。

- 【忽略】【解除忽略】：在【忽略】和【解除忽略】模式之间进行转换。
- 【零部件视图】：按照零部件名称而非干涉标号显示干涉。

6.3.2 练习：使用干涉检查

下面简单练习使用干涉检查的方法。

（1）打开“配套数字资源\第 6 章\基本功能\6.3.2”中的实例素材文件。

（2）单击【评估】工具栏中的【干涉检查】按钮，或选择【工具】|【评估】|【干涉检查】菜单命令，弹出属性管理器。

（3）单击【计算】按钮，此时【结果】选项组中会显示检查结果，单击可查看，如图 6-4 所示。

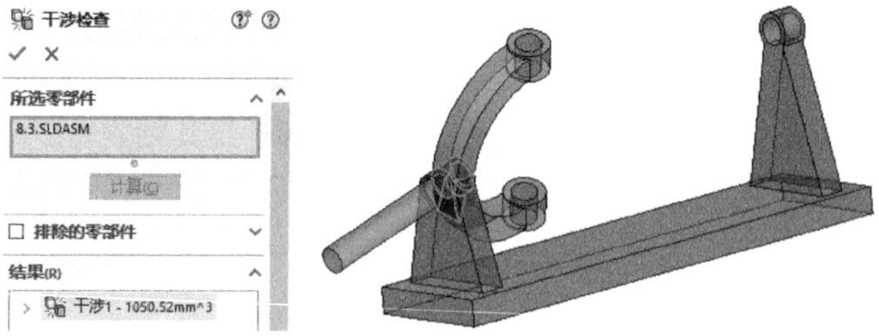

图 6–4　干涉检查结果

6.4 装配体统计

装配体统计可以在装配体中生成零部件和配合报告。

6.4.1　装配体统计的信息

选择【工具】|【评估】|【性能评估】菜单命令，弹出【性能评估】对话框，如图 6-5 所示，在其中可查看信息。

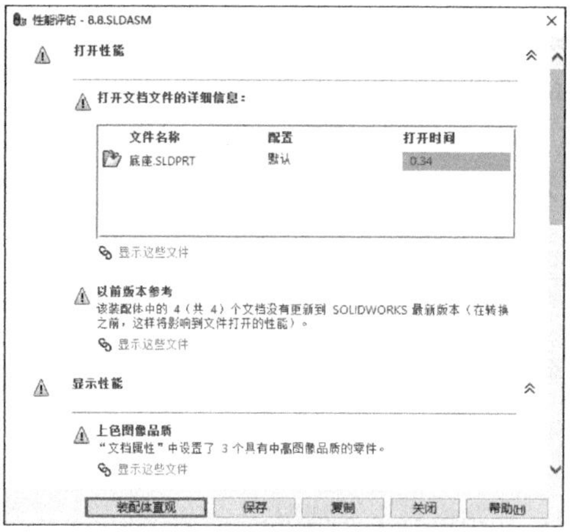

图 6–5 【性能评估】对话框

6.4.2　练习：生成装配体统计

下面简单练习生成装配体统计的方法。

（1）打开“配套数字资源 \ 第 6 章 \ 基本功能 \6.4.2”中的实例素材文件，如图 6-6 所示。

（2）单击【评估】工具栏中的【性能评估】按钮，或选择【工具】|【评估】|【性能评估】菜单命令，弹出对话框，如图 6-7 所示。在【性能评估】对话框中，图标下列出了装配体的所有相关统计信息。

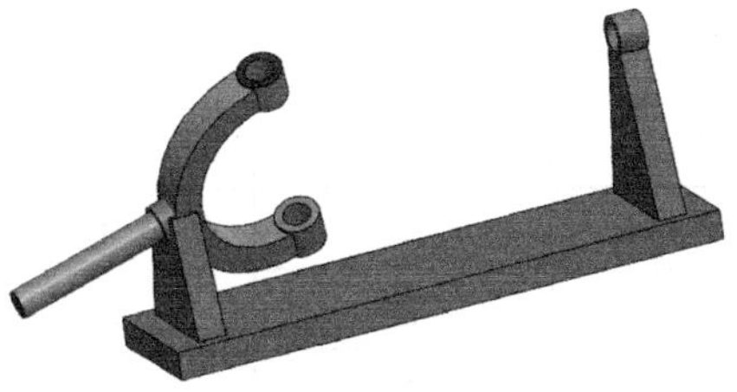

图 6-6　打开的装配体

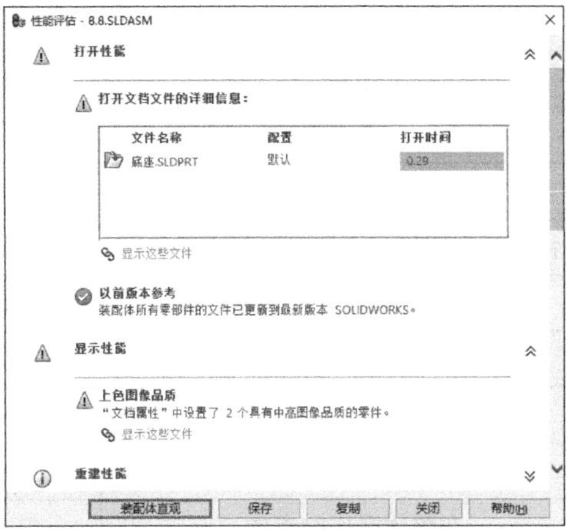

图 6-7 【性能评估】对话框

6.5 装配体中零部件的压缩状态

根据某段时间内的工作范围可以指定合适的零部件压缩状态，这样可以减少工作时装入和计算的数据量，使装配体的显示和重建速度更快，也更有利于其使用系统资源。

6.5.1 压缩状态的种类

装配体零部件共有 3 种压缩状态。

1. 还原

还原是装配体零部件的正常状态。完全还原的零部件会完全存入内存，可以使用所有功能及模型数据，并可以完全访问、选取、参考、编辑，还可以在配合中使用其实体。

2. 压缩

（1）可以使用压缩状态暂时将零部件从装配体中移除（而不是删除），零部件不存入内存，也不再是装配体中有功能的部分。用户既无法看到压缩的零部件，也无法选择这个零部件的实体。

（2）一个压缩的零部件将从内存中移除，所以模型装入速度、重建速度和显示性能均有提高。由于减少了复杂程度，其余的零部件的计算速度会更快。

（3）压缩零部件包含的配合关系也被压缩，因此装配体中零部件的位置可能显示为“欠定义”。

3. 轻化

用户可以在装配体中激活的零部件完全还原或者轻化时装入装配体，零件和子装配体都可以处于轻化状态。

（1）当零部件处于完全还原状态时，其所有模型数据均被装入内存。

（2）当零部件处于轻化状态时，只有部分模型数据被存入内存，其余的模型数据根据需要被装入。

零部件的完整模型数据只有在需要时才被装入，所以轻化零部件的效率很高。只有受当前编辑进程中所做更改影响的零部件才被完全还原，可以不还原轻化零部件而对其进行多项装配体操作，包括添加（或者移除）配合、干涉检查、边线选择、零部件选择、碰撞检查、插入装配体特征、插入注解、插入测量、插入尺寸、显示截面属性、显示装配体参考几何体、显示质量属性、插入剖面视图、插入爆炸视图、物理模拟、高级显示（或者隐藏）零部件等。零部件压缩状态比较表如表 6-1 所示。

表 6-1　零部分压缩状态比较表

项目	还原	压缩	轻化	隐藏
存入内存	是	否	部分	是
可见	是	否	是	否
在特征管理器设计树中可以使用的特征	是	否	否	否
可以添加配合关系的面和边线	是	否	是	否
解出的配合关系	是	否	是	是
解出的关联特征	是	否	是	是
解出的装配体特征	是	否	是	是
在整体操作时考虑	是	否	是	是
可以在关联中编辑	是	否	是	否
装入和重建模型的速度	正常	较快	较快	正常
显示速度	正常	较快	正常	较快

6.5.2　压缩零件的方法

压缩零件的方法如下所述。

（1）在装配体界面中，在特征管理器设计树中用鼠标右键单击零件名称，或者在绘图区域中单击零件。

（2）在弹出的菜单中选择【压缩】命令，选择的零件将被压缩，在绘图区域中该零件将被隐藏。

6.6 爆炸视图

在制造装配体时，经常需要分离装配体中的零部件以形象地分析它们之间的相互关系。装配体的爆炸视图可以分离其中的零部件，以便查看。一个爆炸视图由一个或者多个爆炸步骤组成，每一个爆炸视图都保存在所生成的装配体配置中，而每一个配置都可以有一个爆炸视图。在爆炸视图中可以进行如下操作。

（1）自动将零部件制成爆炸视图。

（2）附加新的零部件到另一个零部件的现有爆炸步骤中。

（3）如果子装配体中有爆炸视图，则可以在更高级别的装配体中重新使用此爆炸视图。

6.6.1　爆炸视图命令启动

单击【装配体】工具栏中的【爆炸视图】按钮，或者选择【插入】|【爆炸视图】菜单命令，弹出属性管理器，如图 6-8 所示。

图 6-8 【爆炸】属性管理器

6.6.2　属性管理器选项介绍

1.【爆炸步骤】选项组

【爆炸步骤】选择框：爆炸到单一位置的一个或者多个零部件。

2.【添加阶梯】选项组

- 【爆炸步骤的零部件】：显示当前爆炸步骤所选的零部件。
- 【爆炸方向】选择框：显示当前爆炸步骤所选的方向。
- 【反向】：改变爆炸的方向。
- 【爆炸距离】：设置当前爆炸步骤零部件移动的距离。
- 【角度】：设置当前爆炸步骤零部件移动的角度。

6.6.3　练习：生成爆炸视图

下面简单练习生成爆炸视图的方法。

（1）打开“配套数字资源 \ 第 6 章 \ 基本功能 \6.6.3”中的实例素材文件，如图 6-9 所示。

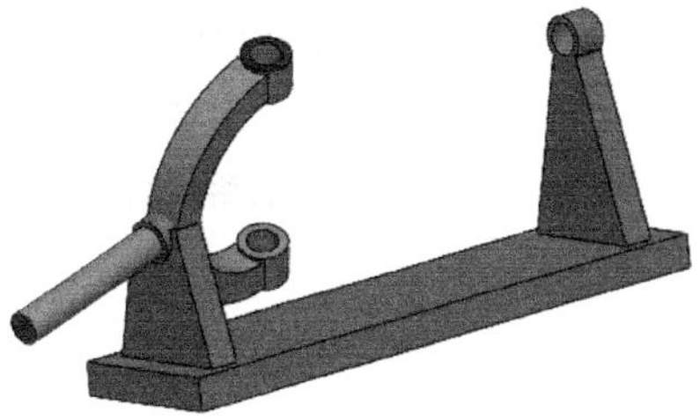

图 6-9　打开的装配体

（2）单击【装配体】工具栏中的【爆炸视图】按钮，或执行【插入】|【爆炸视图】命令，弹出属性管理器。

（3）按图 6-10 所示进行参数设置。单击【添加阶梯】按钮，出现预览视图，再单击✓【确定】按钮，显示零部件的爆炸效果，如图 6-11 所示。

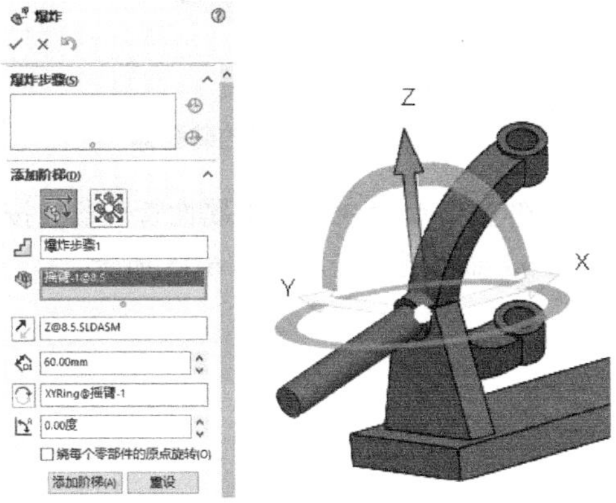

图 6-10　设置爆炸参数

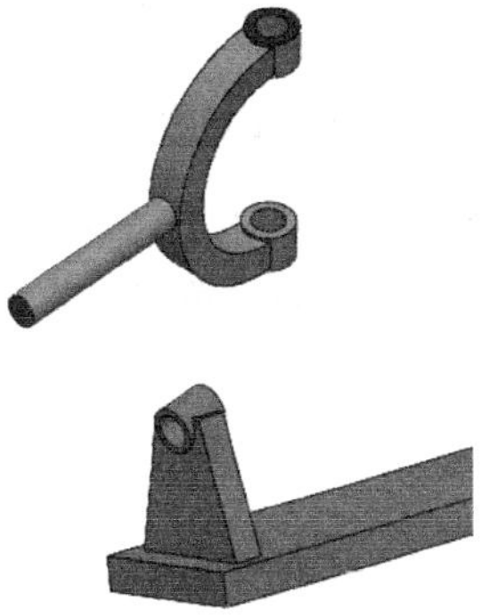

图 6-11　爆炸效果

6.7 轴测剖视图

隐藏零部件、更改零件透明度等是观察装配体模型的常用手段，但在许多产品中，零部件之间的空间关系非常复杂，需要进行剖切才能看到其内部结构。借助 SOLIDWORKS 中的装配体特征可以实现轴测剖视图的功能。

选择【插入】|【装配体特征】|【切除】|【拉伸】菜单命令，弹出图 6-12 所示的【切除-拉伸】属性管理器。

6.7.1 属性管理器选项介绍

【特征范围】选项组通过选择特征范围来选择应包含在特征中的实体，从而应用特征到一个或者多个实体零件中。具体选项如下所述。

- 【所有零部件】：每次特征重新生成时，都要应用到所有的实体。
- 【所选零部件】：应用特征到选择的实体。
- 【自动选择】：当以多实体零件生成模型时，特征将自动处理所有相关的交叉零件。
- 【将特征传播到零件】：将特征添加到零件文件中。

6.7.2 练习：生成轴测剖视图

下面简单练习生成轴测视图的方法。

（1）打开“配套数字资源 \ 第 6 章 \ 基本功能 \6.7.2”中的实例素材文件，如图 6-13 所示。

（2）选择特征管理器设计树中的【草图 1】，使之处于被选择状态。

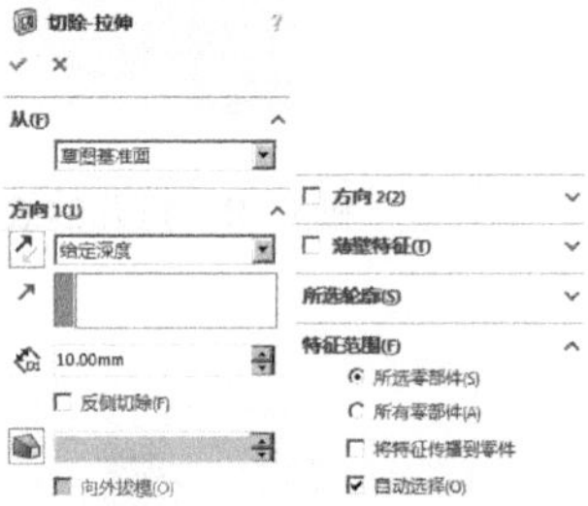

图 6-12 【切除-拉伸】属性管理器

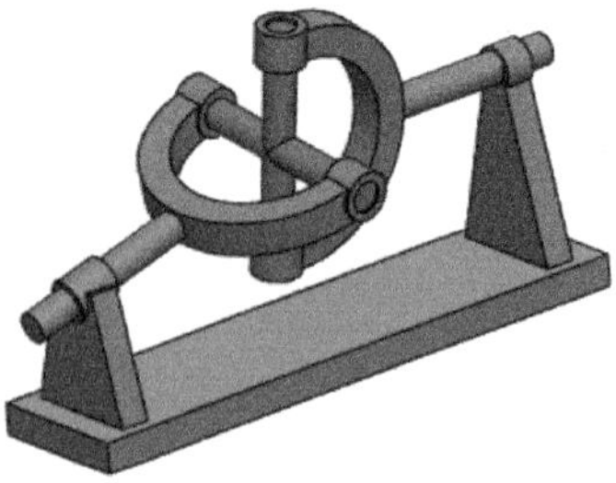

图 6-13 打开的装配体

（3）选择【插入】|【装配体特征】|【切除】|【拉伸】菜单命令，弹出属性管理器。按图 6-14 所示进行参数设置。单击✓【确定】按钮，装配体将生成轴测剖视图，如图 6-15 所示。

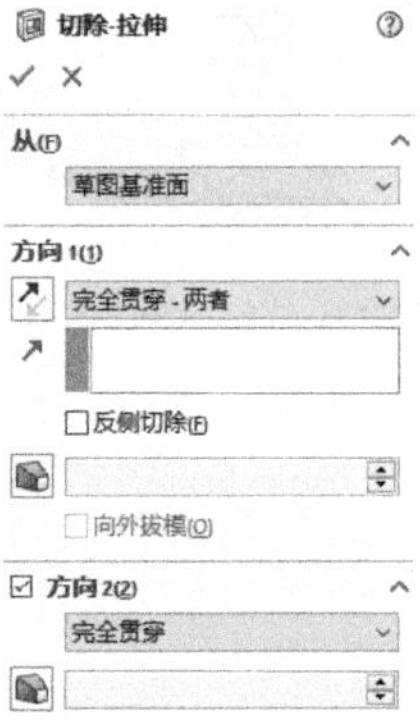

图 6-14 设置参数

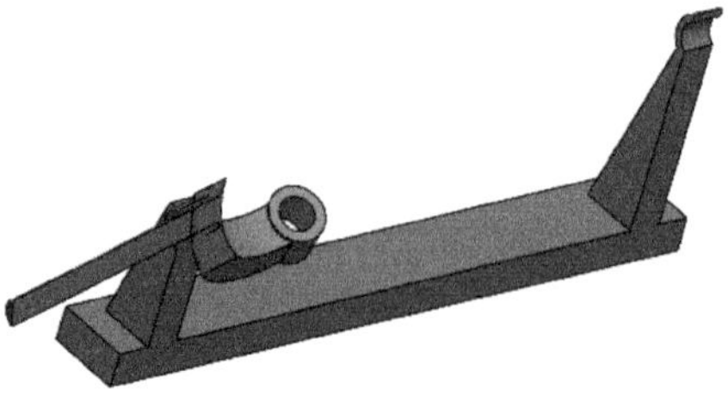

图 6-15 轴测剖视图

6.8 万向联轴器装配实例

本节讲解万向节模型的装配过程，模型如图 6-16 所示。

具体步骤如下所述。

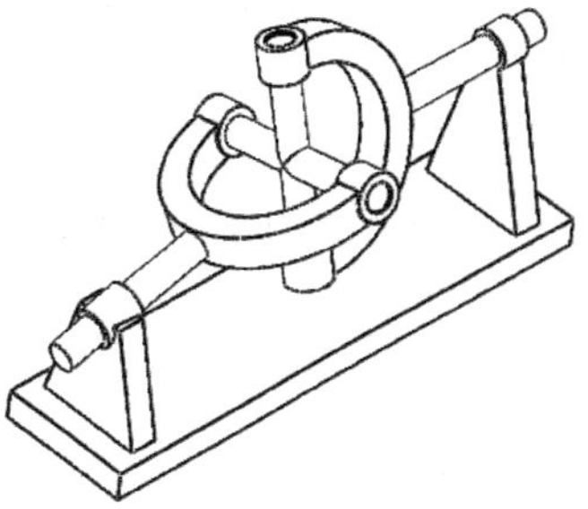
图 6-16　万向节模型

6.8.1 插入零件

（1）启动中文版 SOLIDWORKS，单击【标准】工具栏中的【新建】按钮，弹出【新建 SOLIDWORKS 文件】对话框，单击【装配体】按钮，如图 6-17 所示，单击【确定】按钮。

（2）弹出【开始装配体】属性管理器，单击【浏览】按钮，在配套数字资源中选择“配套数字资源 \ 第 6 章 \ 实例文件 \6.8\ 底座 .SLDPRT”文件，单击【打开】按钮，如图 6-18 所示，单击【确定】按钮。在绘图区域中单击以放置零件。

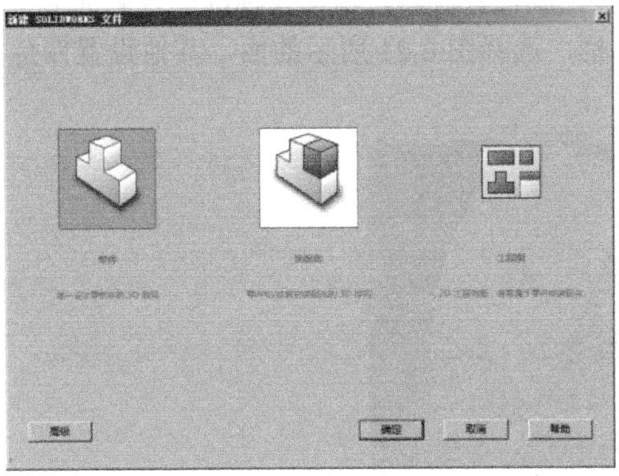
图 6-17　新建装配体

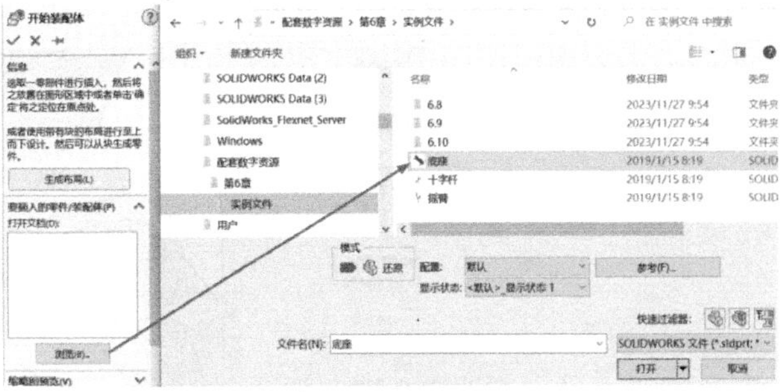
图 6-18　插入零件

（3）单击【装配体】工具栏中的【插入零部件】按钮，将装配体所需的所有零件放置在绘图区域中，如图 6-19 所示。

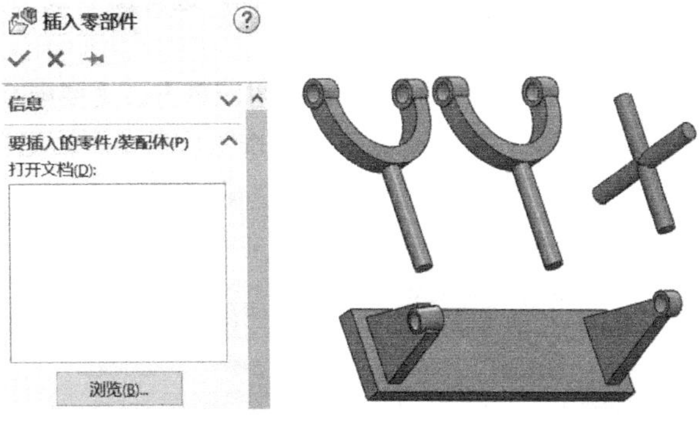

图 6-19　插入所有零件

注意　可以使用 Ctrl+Tab 组合键循环切换在 SOLIDWORKS 中打开的文件。

6.8.2 设置配合

（1）为了便于进行配合约束，将零部件进行旋转。单击【装配体】工具栏中的【移动零部件】按钮右侧的下拉按钮，在下拉列表中单击【旋转零部件】按钮，弹出【旋转零部件】属性管理器，将零件旋转至合适位置，单击【确定】按钮，如图 6-20 所示。

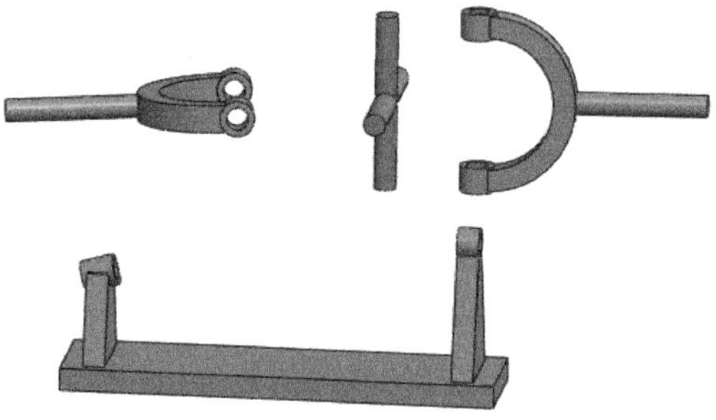

图 6-20 旋转零部件

> **注意**
>
> 使用方向键可以旋转模型。按住 Ctrl 键并按方向键可以移动模型。按住 Alt 键并按方向键可以将模型沿顺时针或逆时针方向旋转。

（2）单击【装配体】工具栏中的【配合】按钮，弹出属性管理器。单击【标准配合】选项组下的【同轴心】按钮，单击【要配合的实体】选择框，选择图 6-21 所示的面，其他设置保持默认，单击【确定】按钮，完成同轴配合。

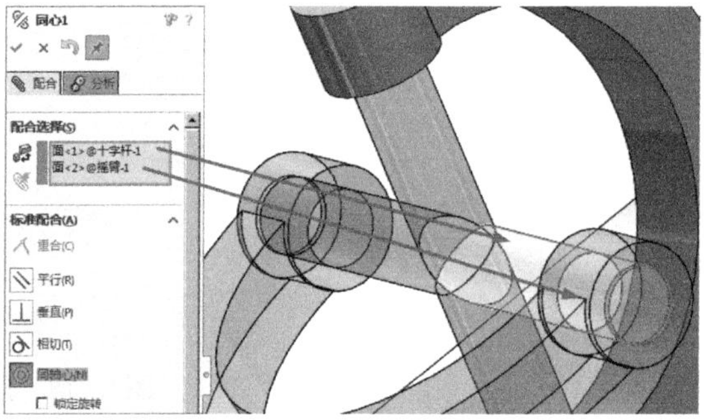

图 6-21 同轴配合（1）

（3）单击【装配体】工具栏中的【配合】按钮，弹出属性管理器。单击【标准配合】选项组下的【同轴心】按钮，单击【要配合的实体】选择框，选择图 6-22 所示的面，其他设置保持默认，单击【确定】按钮，完成同轴配合。

（4）单击【标准配合】选项组下的【同轴心】按钮，单击【要配合的实体】选择框，选择图 6-23 所示的面，其他设置保持默认，单击【确定】按钮，完成同轴配合。

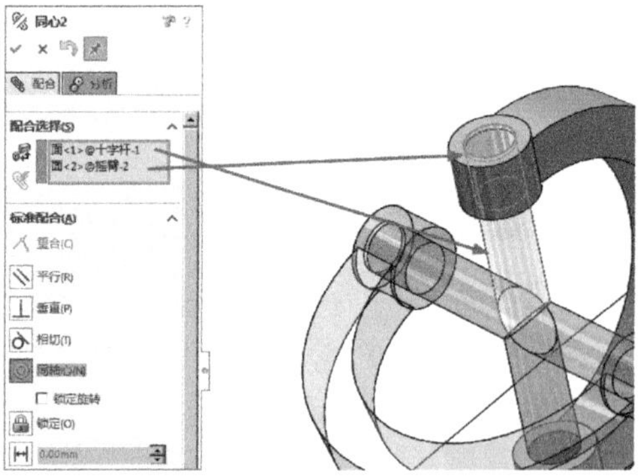

图 6-22 同轴配合（2）

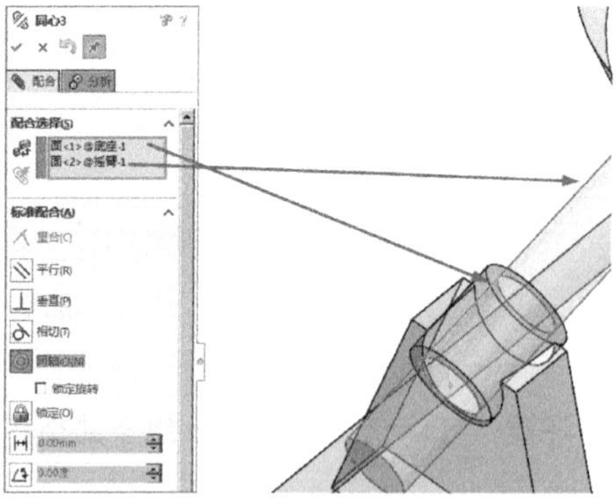

图 6-23 同轴配合（3）

（5）单击【标准配合】选项组下的◎【同轴心】按钮，单击【要配合的实体】选择框，选择图 6-24 所示的面，其他设置保持默认，单击✓【确定】按钮，完成同轴配合。

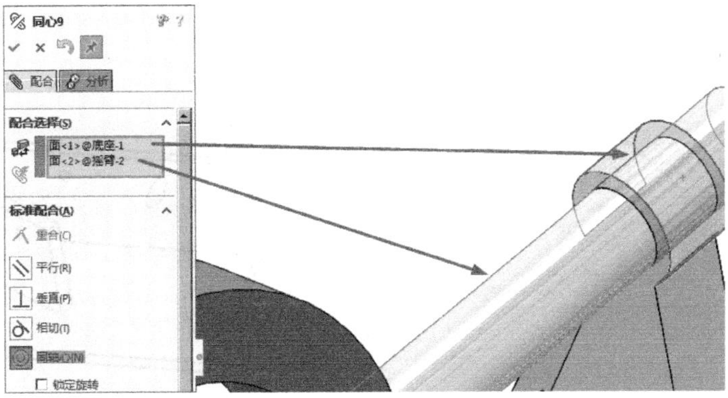

图 6-24　同轴配合（4）

（6）单击【标准配合】选项组下的【距离】按钮，单击【要配合的实体】选择框，选择图 6-25 所示的面，在【按钮】右侧的数值框中输入“15.00mm”，其他设置保持默认，单击✓【确定】按钮，完成距离配合。至此，完成了装配体配合，结果如图 6-26 所示。

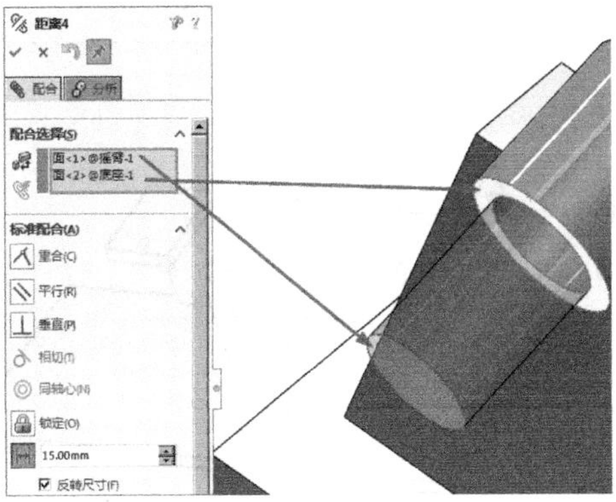

图 6-25　距离配合

图 6-26　完成装配体配合

6.9 机械配合装配实例

本节将对一个机架施加机械配合，模型如图 6-27 所示。

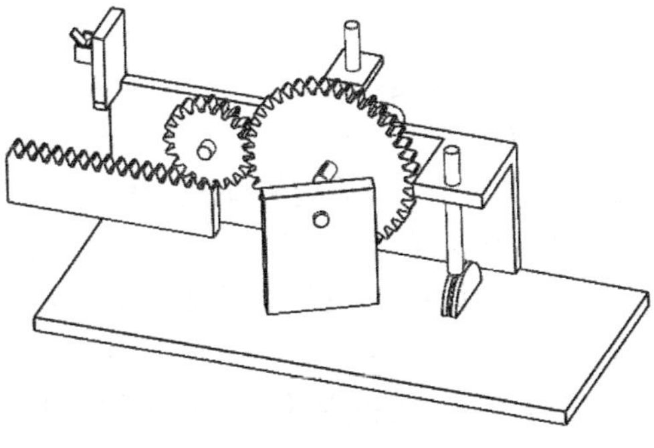

图 6-27　装配体模型

6.9.1　添加齿轮等配合

（1）启动中文版 SOLIDWORKS，选择【文件】|【新建】命令，弹出【新建 SOLIDWORKS 文件】对话框，单击【装配体】按钮，单击✓【确定】按钮。

（2）在【开始装配体】属性管理器中单击【浏览】

按钮，选择“配套数字资源\第6章\范例文件\6.9\机架.SLDPRT”文件，如图6-28所示，单击【打开】按钮，再单击【确定】按钮。

（3）单击将机架放在合适的位置，如图6-29所示。

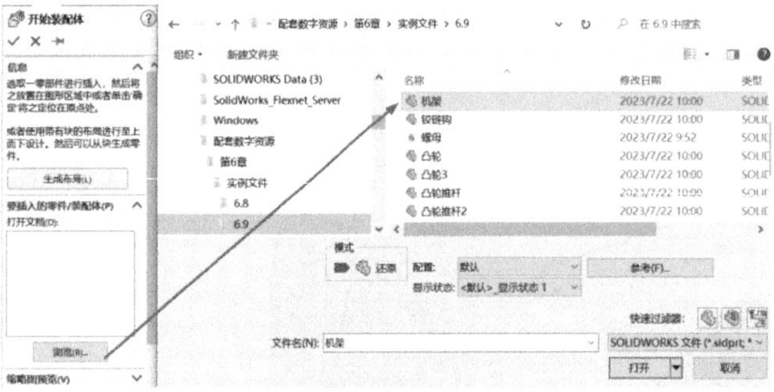

图6–28　添加机架

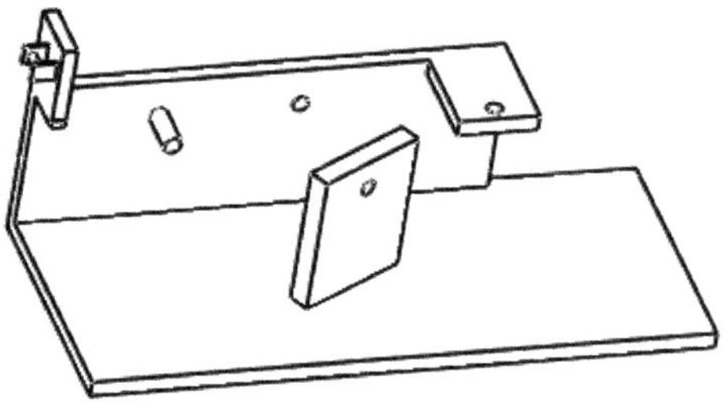

图6–29　放置机架

注意

装配体中放入的第一个零部件会默认固定。若要移动它，在该零部件上单击右键，并选择浮动选项。

（4）单击【装配体】工具栏中的【插入零部件】按钮，弹出【插入零部件】属性管理器，单击【浏览】按钮，选择“配套数字资源\第6章\实例文件\6.9\推杆1.SLDPRT”零件，单击【打开】按钮，单击【确定】按钮。

（5）插入推杆1后的结果如图6-30所示。

（6）单击【装配体】工具栏中的【配合】按钮，弹出属性管理器。单击【要配合的实体】选择框，选择机架孔的圆柱面和推杆的圆柱面，【标准配合】选项组中会自动选择【同轴心】按钮，如图6-31所示。

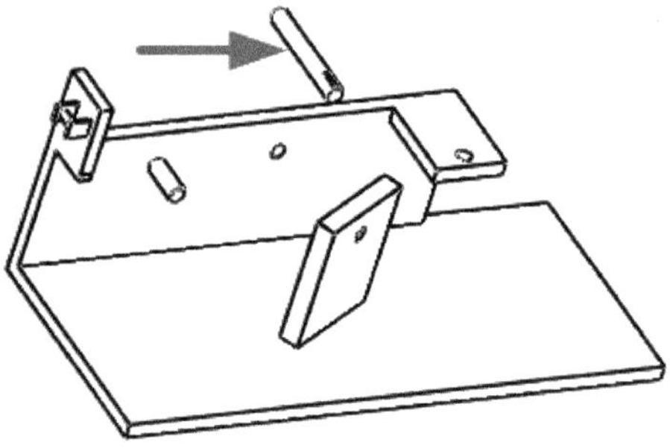

图6–30　添加推杆后的结果

（7）在【配合】属性管理器左上方单击【确定】按钮，完成同轴心配合。

（8）单击【高级配合】选项组下的【对称】按钮，单击【要配合的实体】选择框，选择推杆的两个端面，单击【对称基准面】选择框，选择机架的内表面，单击【确定】按钮，完成对称配合，如图6-32所示。

（9）单击【装配体】工具栏中的【插入零部件】按钮，弹出【插入零部件】属性管理器，单击【浏览】按钮，选择“配套数字资源\第6章\实例文件\6.9\小齿轮.SLDPRT”零件，单击【打开】按钮，单击【确定】按钮后添加了一个小齿轮，如图6-33所示。

（10）单击【装配体】工具栏中的【插入零部件】按钮，弹出【插入零部件】属性管理器，单击【浏览】按钮，选择“配套数字资源\第6章\实例文件\6.9\大齿轮.SLDPRT”零件，单击【打开】按钮，单击【确定】按钮后添加了一个大齿轮，如图6-34所示。

（11）单击【装配体】工具栏中的【配合】按钮，弹出属性管理器。单击【要配合的实体】选择框，选择两个齿轮的面，此时自动选中【重合】按钮，如图6-35所示，单击【确定】按钮，完成面与面的重合配合。

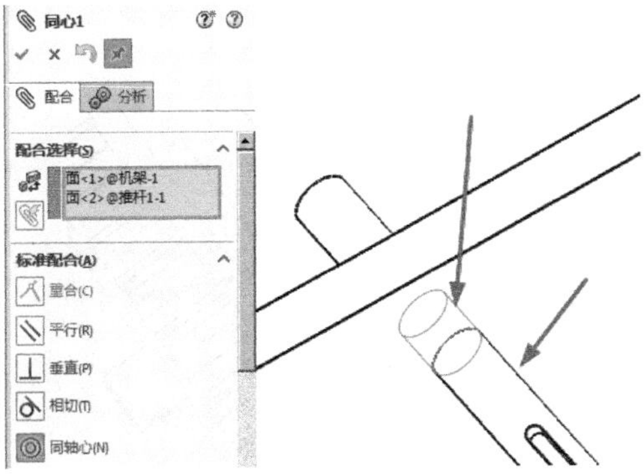

图 6-31 选择同轴心配合实体

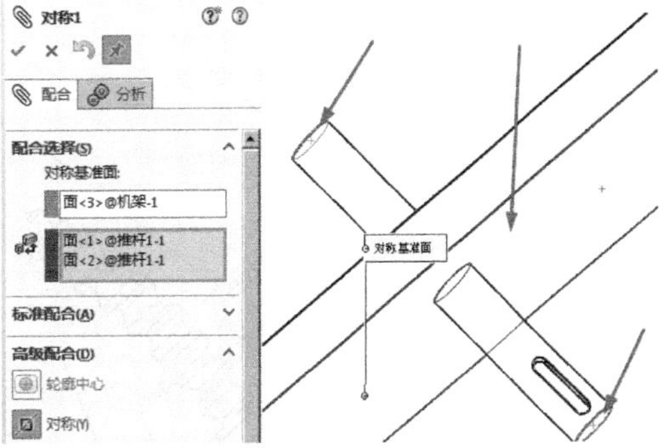

图 6-32 选择对称配合实体

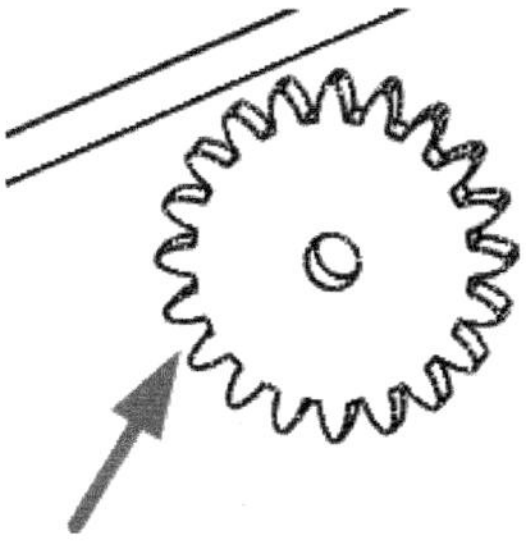

图 6-33 添加的小齿轮

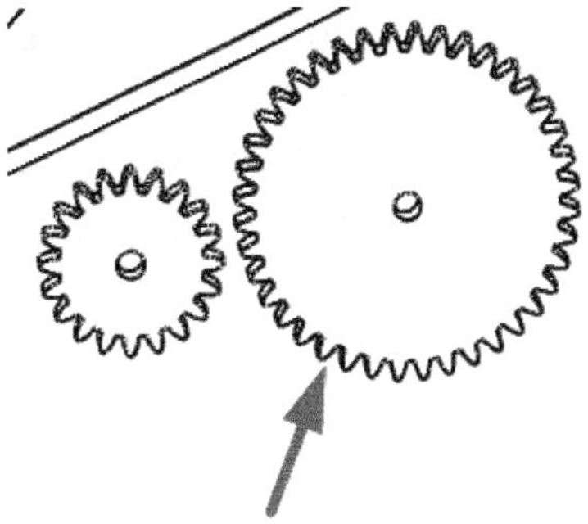

图 6-34 添加的大齿轮

（12）单击【要配合的实体】选择框，选择小齿轮的内孔面和机架的一个圆柱面，此时自动选中【同轴心】按钮，单击✓【确定】按钮，完成同轴心配合，如图 6-36 所示。

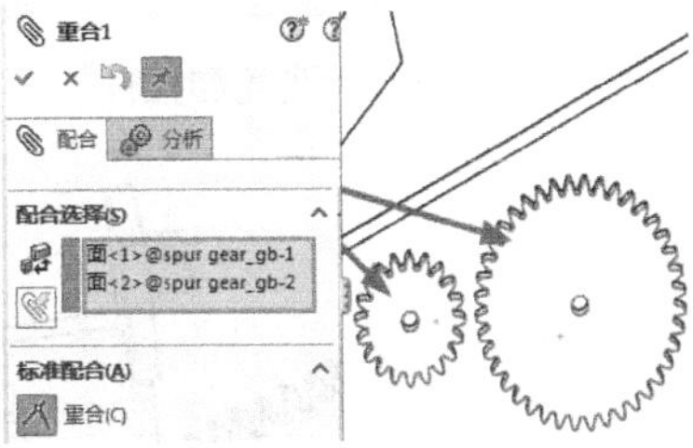

图 6-35 选择两个面（1）

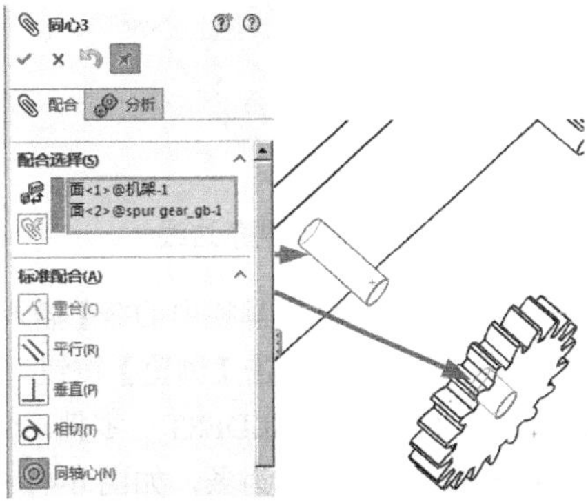

图 6-36 选择两个面（2）

（13）单击【要配合的实体】选择框，选择大齿轮的内孔面和推杆的一个圆柱面，此时自动选中【同轴心】按钮，单击✓【确定】按钮，完成同轴心配合，如图 6-37 所示。

（14）在【高级配合】选项组中单击【宽度】按钮，选择各个面，如图 6-38 所示，单击✓【确定】按钮，完成宽度配合。

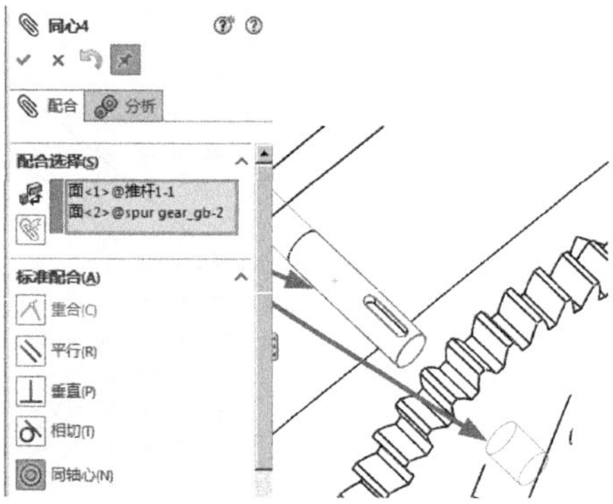

图 6-37　选择两个面（3）

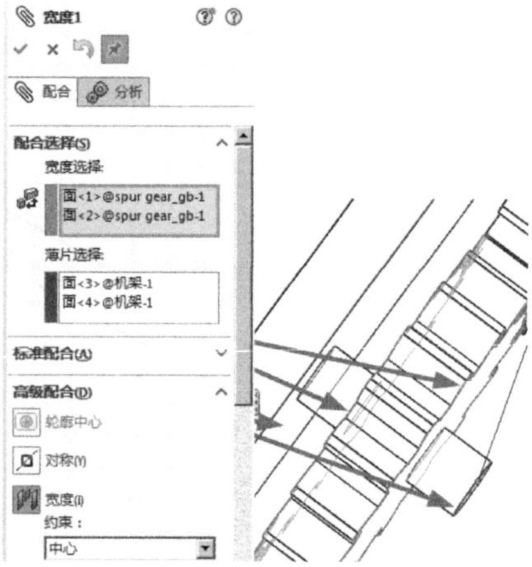

图 6-38　选择 4 个面

（15）在【机械配合】选项组中单击【齿轮】按钮，选择齿轮内圆的两条边线，单击✓【确定】按钮，完成齿轮配合，如图 6-39 所示。

（16）在【标准配合】选项组中单击【锁定】按钮，选择大齿轮和推杆，如图 6-40 所示，单击✓【确定】按钮，完成锁定配合，锁定之后齿轮和推杆将一起转动。

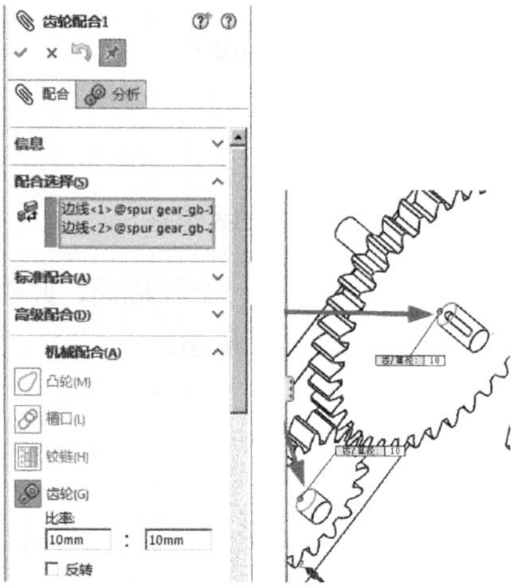

图 6-39　选择两条边线

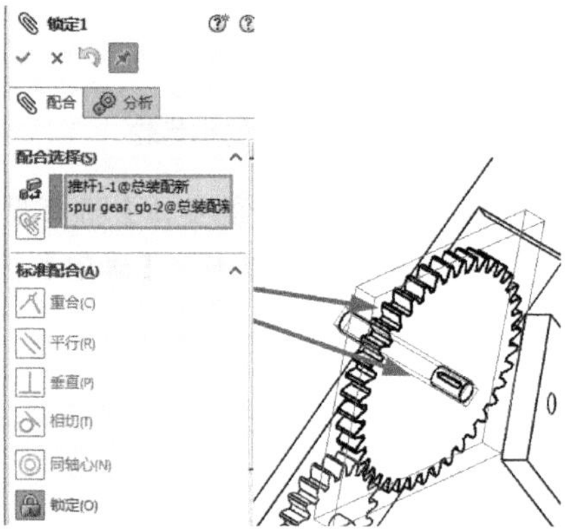

图 6-40　选择大齿轮和推杆

（17）单击【装配体】工具栏中的【插入零部件】按钮，弹出【插入零部件】属性管理器，单击【浏览】按钮，选择“配套数字资源 \ 第 6 章 \ 实例文件 \6.9\ 齿条 .SLDPRT”零件，单击【打开】按钮，单击✓【确定】按钮，添加一个齿条，如图 6-41 所示。

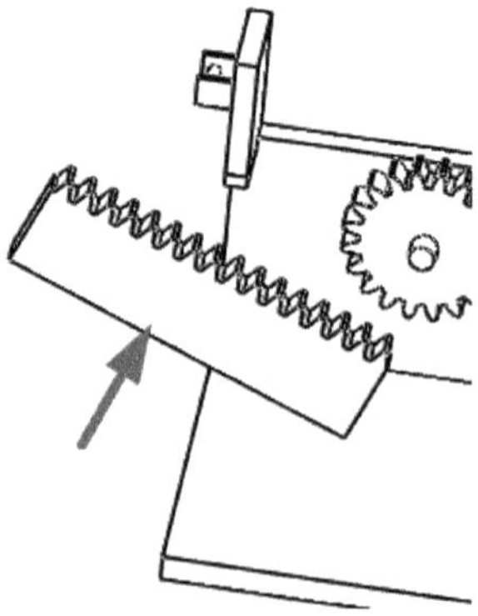

图 6-41　添加的齿条

注意

如果将一个零件拖动放置到装配体的特征管理器设计树中，它将以重合零件和装配体的原点方式放置，并且零件的各默认基准面与装配体默认的各基准面对齐。

（18）单击【装配体】工具栏中的【配合】按钮，弹出属性管理器。单击【要配合的实体】选择框，选择齿条的底面和机架底板的上表面，此时自动选中【重合】按钮，单击【确定】按钮，完成面与面的重合配合，如图 6-42 所示。

（19）单击【装配体】工具栏中的【配合】按钮，弹出属性管理器。单击【要配合的实体】选择框，选择齿条的外侧面和小齿轮的外侧面，此时自动选中【重合】按钮，单击【确定】按钮，完成面与面的重合配合，如图 6-43 所示。

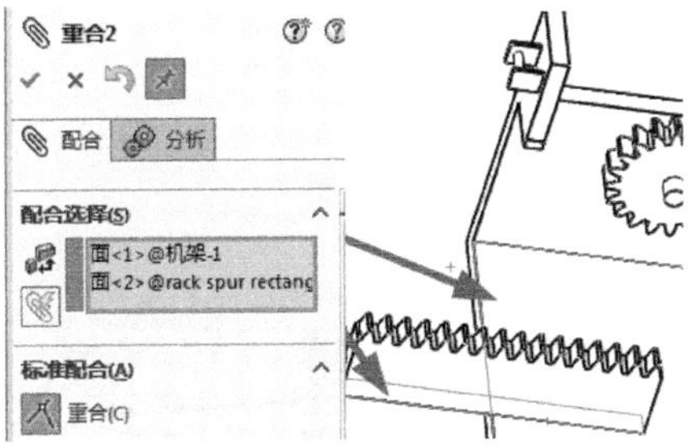

图 6-42　选择两个面（4）

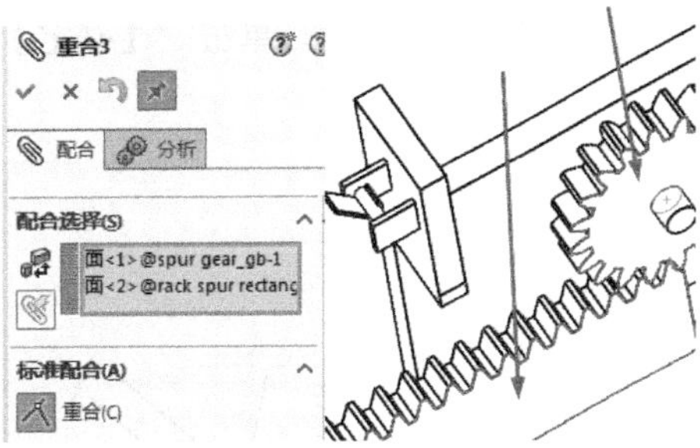

图 6-43　选择两个面（5）

（20）在【机械配合】选项组中单击【齿条小齿轮】按钮，单击【配合】选项卡的【齿条】选择框，选择齿条的边线，单击【小齿轮 / 齿轮】选择框，选择齿轮的边线，单击【确定】按钮，完成齿条与小齿轮的配合，如图 6-44 所示。

（21）单击【装配体】工具栏中的【配合】按钮，弹出属性管理器。在【高级配合】选项组中的【距离】数值框中输入数值“68.84503671mm”，单击【最大距离】按钮，输入数值“100mm”；单击【最小距离】按钮，输入数值 30mm，单击【要配合的实体】选择框，选择齿条的右侧面和机架的一个面，如图 6-45 所示，单击【确定】按钮，完成距离配合，活动钳身可在该距离范围内活动。

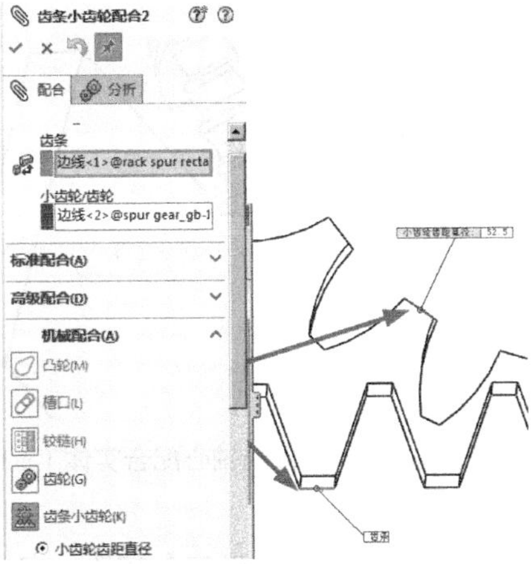

图 6-44　选择边线

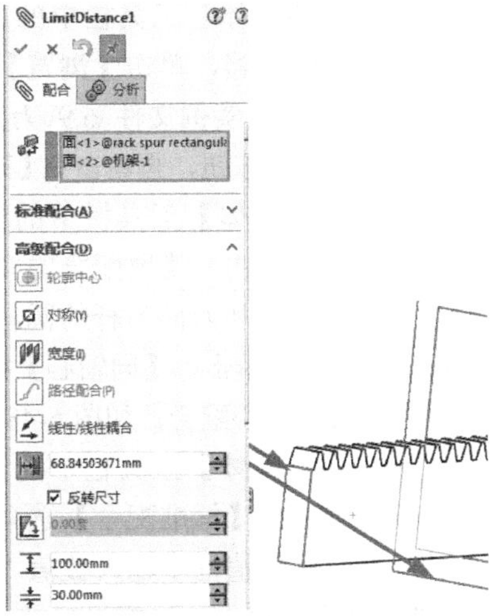

图 6-45　选择距离配合实体

（22）单击【装配体】工具栏中的【插入零部件】按钮，弹出【插入零部件】属性管理器，单击【浏览】按钮，选择“配套数字资源 \ 第 6 章 \ 实例文件 \6.9\ 铰链钩 .SLDPRT”零件，单击【打开】按钮，单击【确定】按钮。

（23）单击【装配体】工具栏中的【配合】按钮，弹出属性管理器。在【机械配合】选项组中单击【铰链】按钮，单击【同轴心选择】选择框，选择机架上的圆柱面和铰链钩的内凹面；单击【重合选择】选择框，选择机架上的一个面和铰链钩的一个面，如图 6-46 所示。单击✓【确定】按钮，完成铰链配合。

（24）单击【装配体】工具栏中的【配合】按钮，弹出属性管理器。在【高级配合】选项组中的【角度】数值框中输入数值 135 度。在【最大角度】数值框中输入“135.00 度”，在【最小角度】数值框中输入“45.00 度”，单击【要配合的实体】选择框，选择铰链钩的内表面和机架的一个面，如图 6-47 所示，单击✓【确定】按钮，完成角度配合。

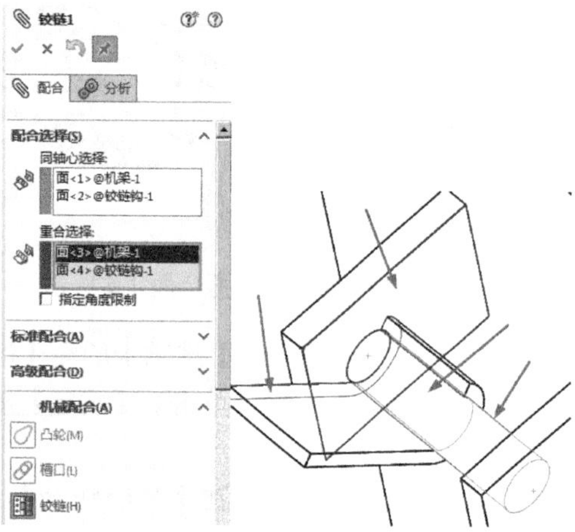

图 6-46　选择铰链配合实体

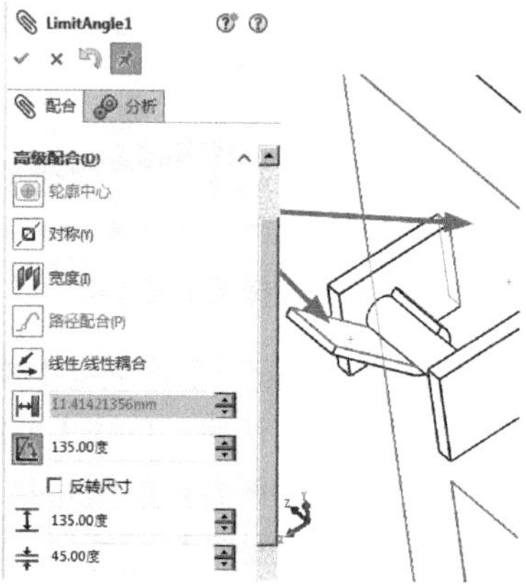

图 6-47　选择角度配合实体

6.9.2　添加万向节等配合

（1）单击【装配体】工具栏中的【插入零部件】按钮，弹出属性管理器，单击【浏览】按钮，选择“配套数字资源\第 6 章\实例文件\6.9\万向节杆.SLDPRT”文件，单击【打开】按钮，再单击✓【确定】按钮。

（2）单击【装配体】工具栏中的【配合】按钮，弹出属性管理器。单击【要配合的实体】选择框，选择机架中孔的圆柱面和万向节杆的圆柱面，在【标准配合】选项组中会自动单击◎【同轴心】按钮，单击✓【确定】按钮，完成同轴心配合，如图 6-48 所示。

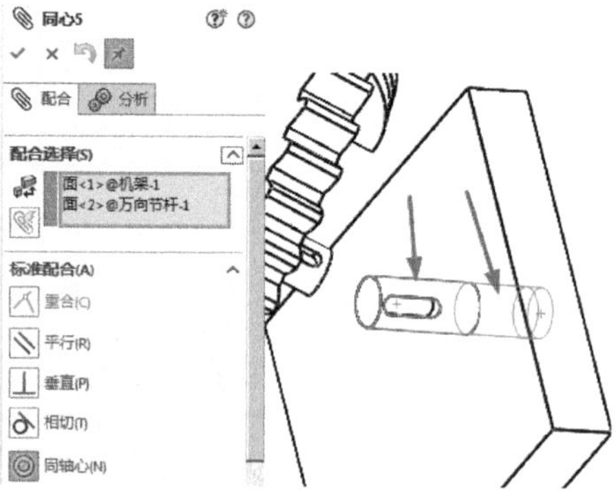

图 6-48　选择同轴心配合实体（1）

（3）单击【装配体】工具栏中的【配合】按钮，弹出属性管理器。在【标准配合】选项组中单击【距离】按钮，在右侧数值框中输入数值“23mm”，单击【要配合的实体】选择框，选择机架的一个面和万向节杆的一个面，单击✓【确定】按钮，完成距离配合，如图 6-49 所示。

（4）单击【装配体】工具栏中的【配合】按钮，弹出属性管理器。在【机械配合】选项组中单击【万向节】按钮，单击【要配合的实体】选择框，选择推杆的圆柱面和万向节杆的圆柱面，单击✓【确定】按钮，完成万向节配合，如图 6-50 所示。

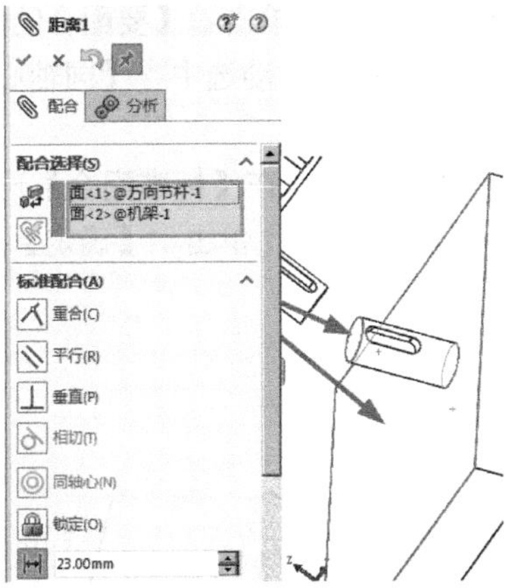

图 6–49　选择距离配合实体

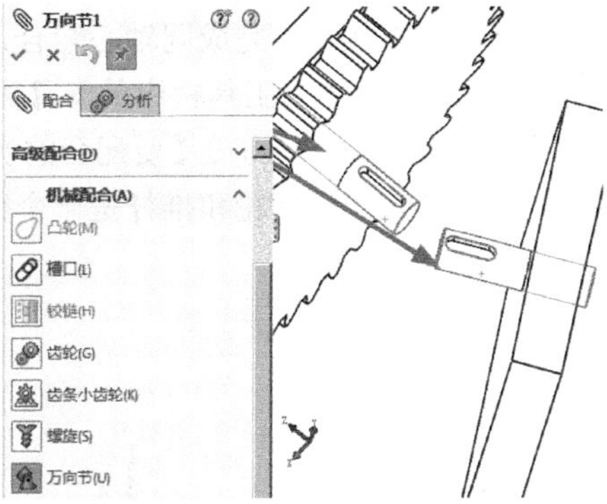

图 6–50　选择万向节配合实体

注意　按 Z 键可以缩小模型，按 Shift + Z 组合键可以放大模型。

（5）单击【装配体】工具栏中的【插入零部件】按钮，弹出属性管理器，单击【浏览】按钮，选择“配套数字资源 \ 第 6 章 \ 实例文件 \6.9\ 支撑板 .SLDPRT”文件，单击【打开】按钮，再单击✓【确定】按钮，在机架的合适位置固定该支撑板。

（6）单击【装配体】工具栏中的【插入零部件】按钮，弹出属性管理器，单击【浏览】按钮，选择“配套数字资源 \ 第 6 章 \ 实例文件 \6.9\ 凸轮推杆 2.SLDPRT”文件，单击【打开】按钮，再单击✓【确定】按钮。

（7）插入凸轮推杆 2 后的结果如图 6-51 所示。

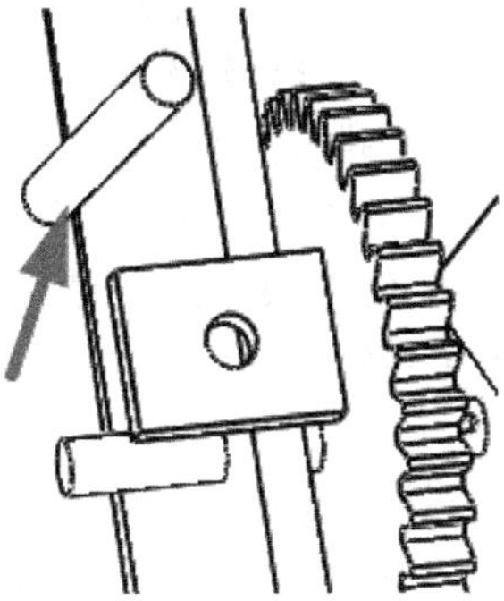

图 6–51　凸轮推杆 2

（8）单击【装配体】工具栏中的【配合】按钮，弹出属性管理器。单击【要配合的实体】选择框，选择支撑板的圆柱孔面和凸轮推杆 2 的圆柱面，在【标准配合】选项组中会自动选中【同轴心】按钮，单击✓【确定】按钮，完成同轴心配合，如图 6-52 所示。

（9）单击【装配体】工具栏中的【插入零部件】按钮，弹出【插入零部件】属性管理器，单击【浏览】按钮，选择“配套数字资源 \ 第 6 章 \ 实例文件 \6.9\ 凸轮 .SLDPRT”零件，单击【打开】按钮。

（10）插入凸轮后的结果如图 6-53 所示。

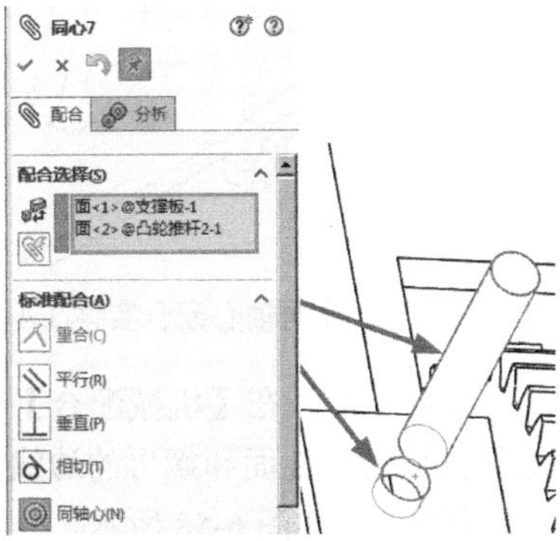

图 6–52　选择同轴心配合实体（2）

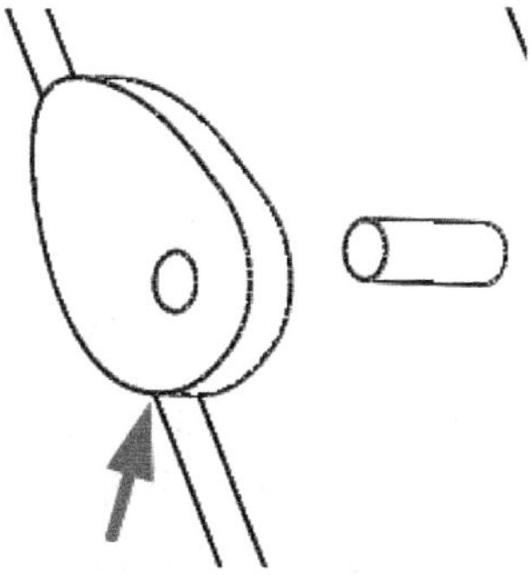

图 6–53　插入凸轮

（11）单击【装配体】工具栏中的【配合】按钮，弹出属性管理器。单击【要配合的实体】选择框，选择推杆的圆柱面和凸轮的圆柱孔，在【标准配合】选项组中会自动选中【同轴心】按钮，单击【确定】按钮，完成同轴心配合，如图 6-54 所示。

（12）单击【装配体】工具栏中的【配合】按钮，弹出属性管理器。在【标准配合】选项组中单击【锁定】按钮，单击【要配合的实体】选择框，选择凸轮和推杆，单击【确定】按钮，完成锁定配合，锁定之后凸轮和推杆是一个整体，如图 6-55 所示。

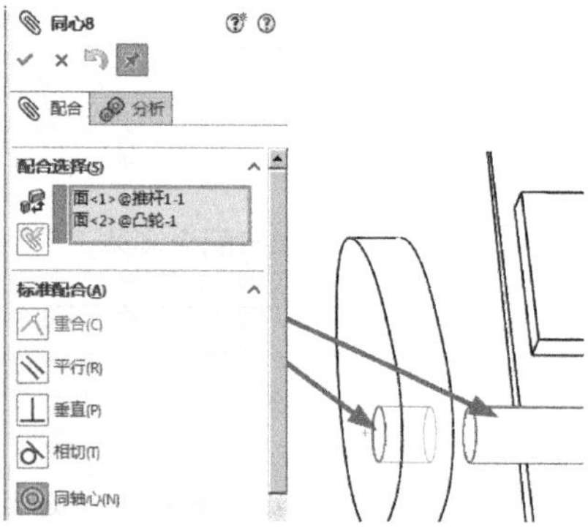

图 6-54　选择同轴心配合实体（3）

图 6-55　选择凸轮和推杆

（13）单击【装配体】工具栏中的【配合】按钮，弹出属性管理器。在【机械配合】选项组中单击【凸轮】按钮，单击【凸轮槽】选择框，选择凸轮的柱面，单击【凸轮推杆】选择框，选择凸轮推杆的下表面，如图 6-56 所示，单击【确定】按钮，完成凸轮配合。

（14）单击【装配体】工具栏中的【插入零部件】按钮，弹出【插入零部件】属性管理器，单击【浏览】按钮，选择“配套数字资源\第 6 章\实例文件\6.9\螺母.SLDPRT”零件，单击【打开】按钮。

（15）单击【装配体】工具栏中的【配合】按钮，弹出属性管理器。单击【要配合的实体】选择框，选择推杆的圆柱面和螺母的圆柱面，在【标准配合】选项组中会自动选中【同轴心】按钮，单击【确定】按钮，完成同轴心配合，如图 6-57 所示。

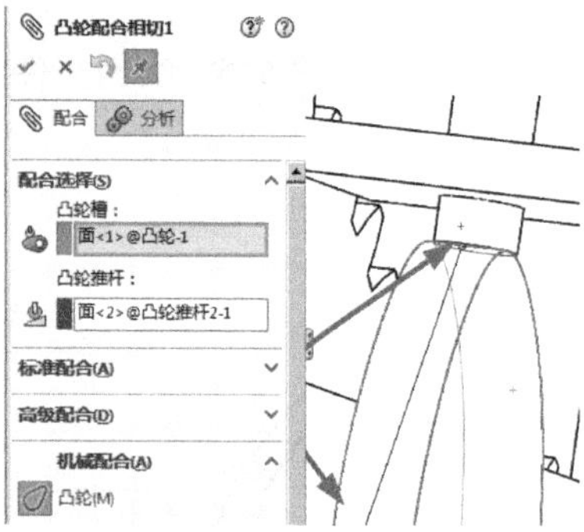

图 6-56　选择凸轮配合实体

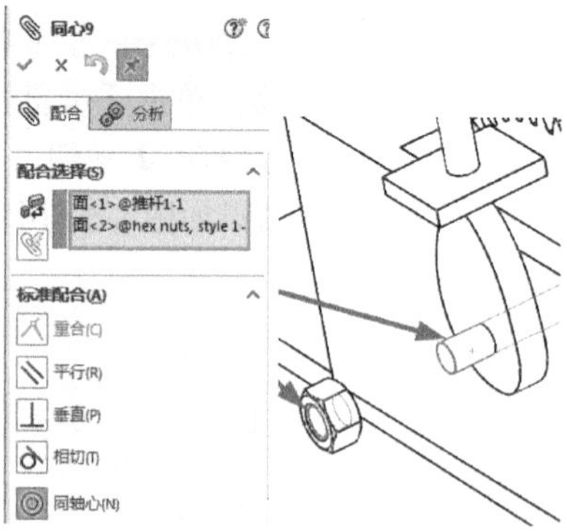

图 6-57　选择同轴心配合实体（4）

（16）单击【装配体】工具栏中的【配合】按钮，弹出属性管理器。在【机械配合】选项组中单击【螺旋】按钮，单击【要配合的实体】选择框，选择推杆的圆柱面和螺母的边线，并设置【距离/圈数】为“1.00mm”，单击【确定】按钮，完成螺旋配合，如图 6-58 所示。

（17）螺旋配合将两个零部件约束为同心，还在一个零部件的旋转和另一个零部件的平移之间添加纵倾几何关系。即一个零部件沿轴方向的平移会根据纵倾几何关系引起另一个零部件的旋转，同样，一个零部件的旋转可引起另一个零部件的平移。完成螺旋配合后，推杆的旋转会引起螺母的平移，如图 6-59 所示；螺母的平移也会引起推杆的旋转，如图 6-60 所示。

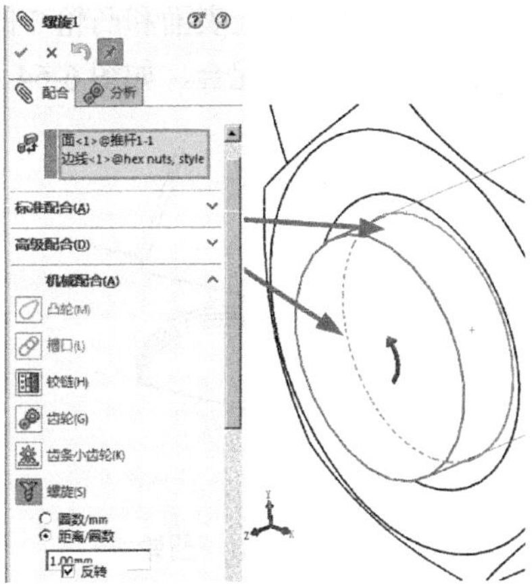

图 6–58　选择螺旋配合实体

（18）单击【装配体】工具栏中的【插入零部件】按钮，弹出属性管理器，单击【浏览】按钮，选择“配套数字资源 \ 第 6 章 \ 实例文件 \6.9\ 凸轮推杆 .SLDPRT”文件，单击【打开】按钮，再单击✓【确定】按钮。

（19）在【装配体】工具栏中单击【旋转零部件】按钮，将凸轮推杆旋转至合适的位置，如图 6-61 所示。

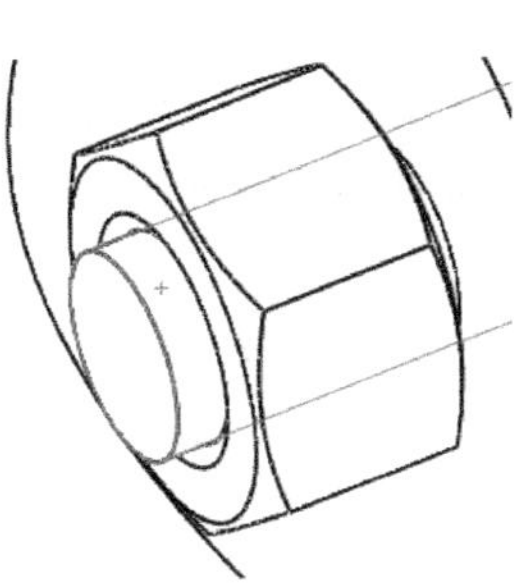
图 6–59　推杆旋转

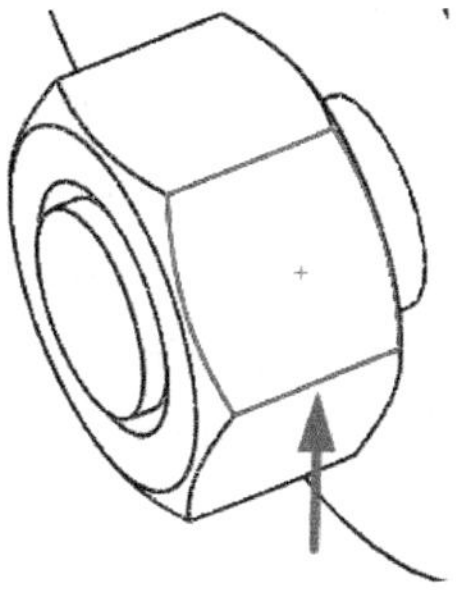
图 6–60　螺母平移

（20）单击【装配体】工具栏中的【配合】按钮，弹出属性管理器。单击【要配合的实体】选择框，选择机架的一个圆柱面和凸轮推杆的圆柱面，在【标准配合】选项组中会自动选中【同轴心】按钮，单击✓【确定】按钮，完成同轴心配合，如图 6-62 所示。

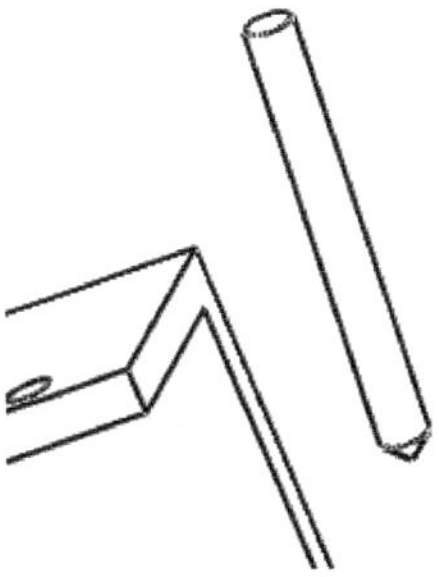
图 6–61　旋转推杆

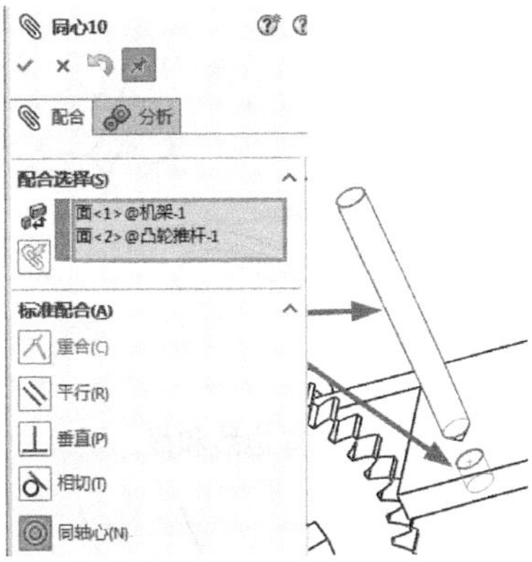

图 6–62　选择同轴心配合实体（5）

（21）单击【装配体】工具栏中的【插入零部件】按钮，弹出属性管理器，单击【浏览】按钮，选择“配套数字资源 \ 第 6 章 \ 实例文件 \6.9\ 凸轮 3.SLDPRT”文件，单击【打开】按钮，再单击✓【确定】按钮。

（22）插入凸轮 3 后的结果如图 6-63 所示。

（23）单击【装配体】工具栏中的【配合】按钮，弹出属性管理器。单击【要配合的实体】

选择框，选择机架上表面和凸轮 3 的下表面，此时自动选中【重合】按钮，单击✓【确定】按钮，完成面与面的重合配合，如图 6-64 所示。

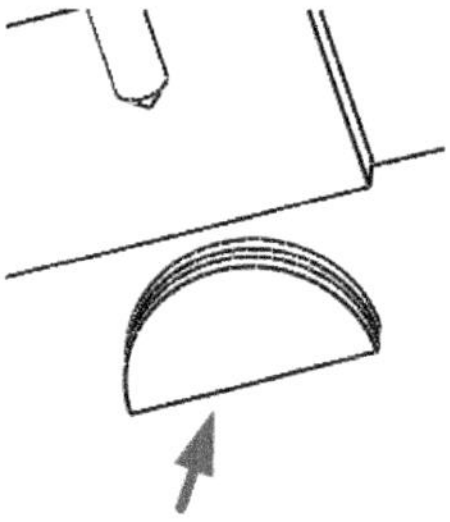

图 6-63　凸轮 3

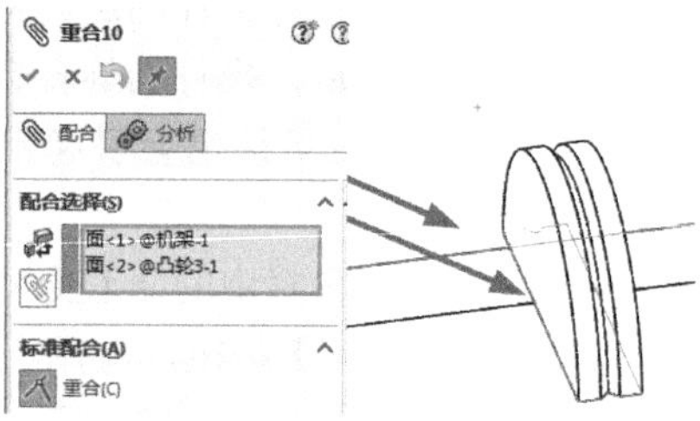

图 6-64　选择两个面

（24）单击【装配体】工具栏中的【配合】按钮，弹出属性管理器。单击【要配合的实体】选择框，选择机架上表面和凸轮 3 的边线，此时自动选中【垂直】按钮，如图 6-65 所示，单击【确定】按钮，完成线与面的垂直配合。

（25）单击【装配体】工具栏中的【配合】按钮，弹出属性管理器。在【高级配合】选项组中单击【路径配合】按钮。单击【零部件顶点】选择框，选择凸轮推杆的一个顶点；单击【路径选择】选择框，选择凸轮 3 的内凹线，如图 6-66 所示。

（26）单击✓【确定】按钮，完成路径配合，此时，点将沿着这条直线运动，初始位置如图 6-67 所示，运动后的位置如图 6-68 所示。

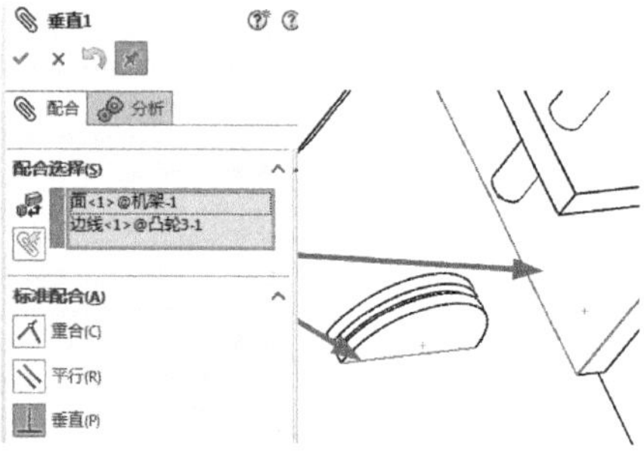

图 6-65　选择边线和面

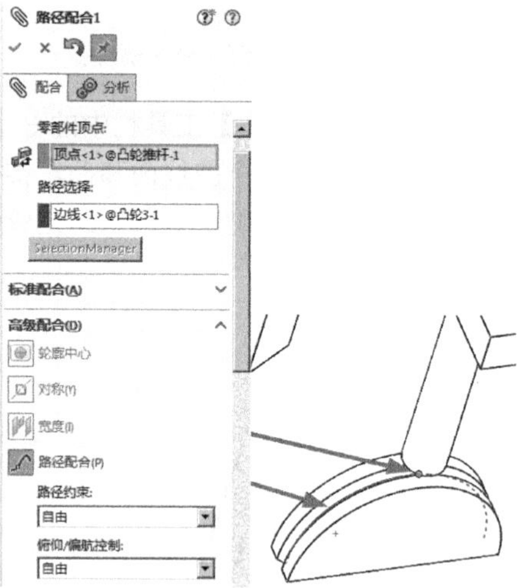

图 6-66　选择路径配合实体

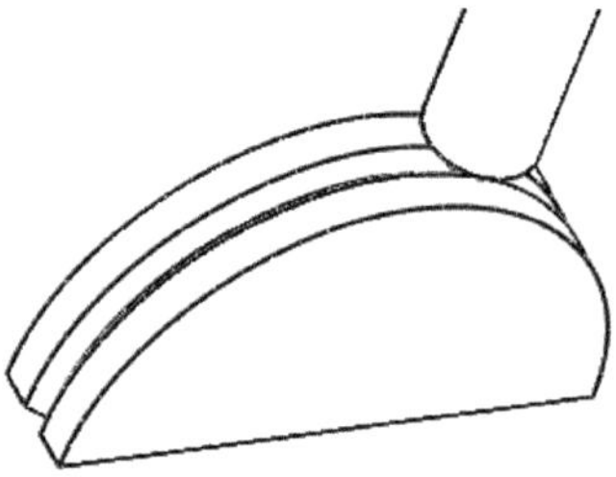

图 6-67　初始位置

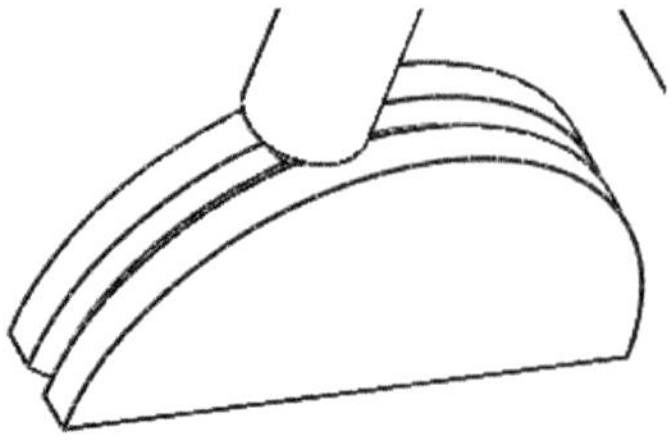

图 6-68　运动后的位置

（27）选择【工具】|【评估】|【干涉检查】菜单命令，弹出图 6-69 所示的【干涉检查】属性管理器。在没有任何零件被选择的情况下，系统将对整个装配体进行干涉检查。

（28）检查结果列在【结果】选项组的列表中，装配体中存在 6 处干涉现象，如图 6-70 所示。

（29）在【结果】选项组的列表中选择一项干涉，可以在绘图区域查看存在干涉的零件和部位，如图 6-71 所示。

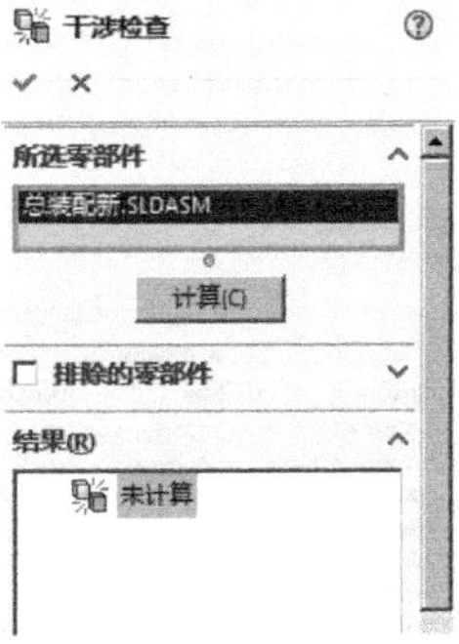

图 6-69 【干涉检查】属性管理器

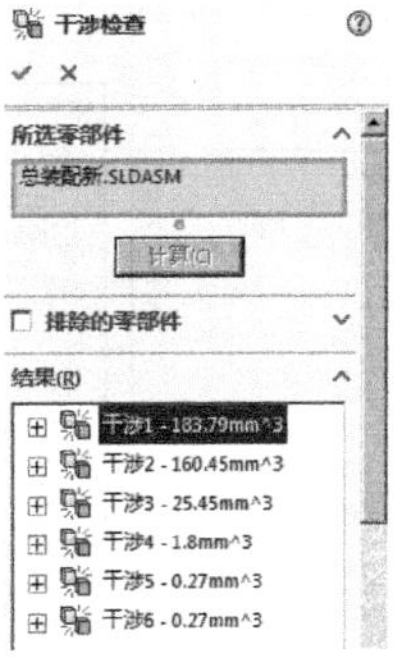

图 6-70　检查结果

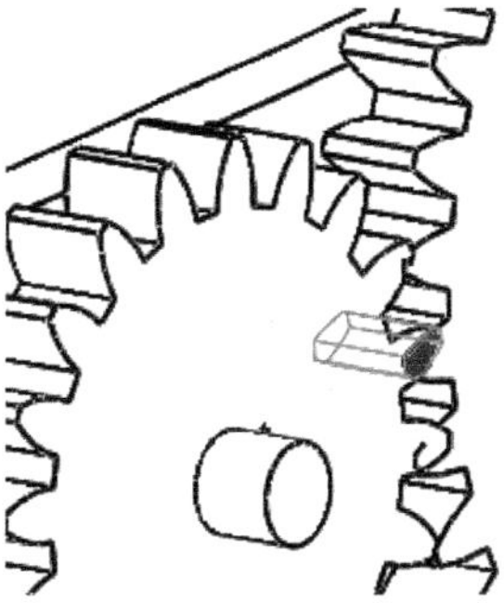

图 6-71　存在干涉的零件和部位

（30）选择【工具】|【评估】|【质量属性】菜单命令，弹出【质量属性】窗口，系统将根据零件材料属性设置和装配单位设置计算装配体的各种质量特性，如图 6-72 所示。

（31）绘图区域显示了装配体的重心位置，重心位置的坐标以装配体的原点为零点，如图 6-73 所示。单击【关闭】按钮完成计算。

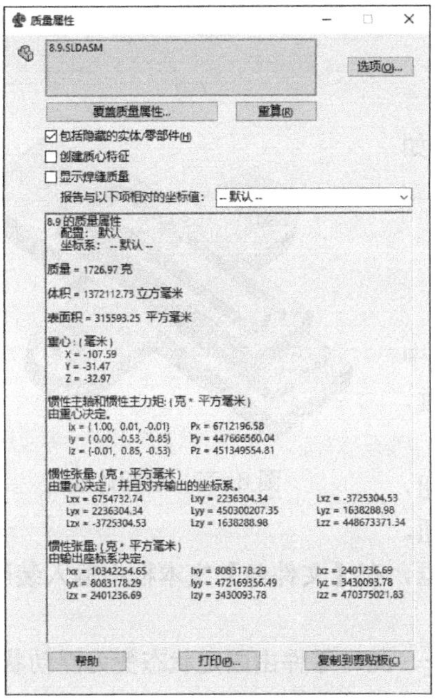

图 6-72　计算质量特性

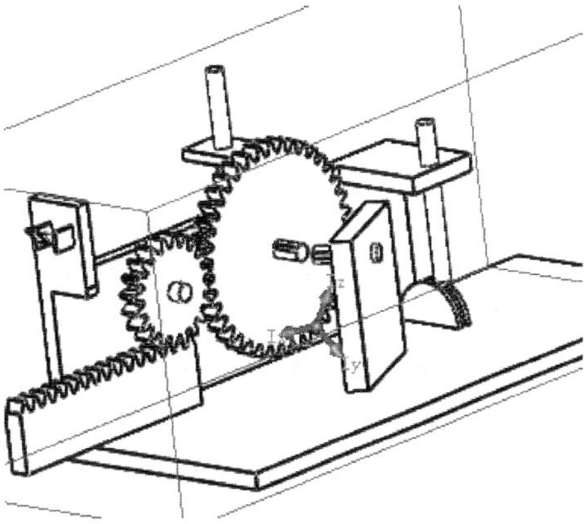

图 6-73　重心位置

（32）选择【工具】|【评估】|【性能评估】菜单命令，弹出【性能评估】对话框。【性能评估】对话框中显示了零件或子装配体的统计信息，如图 6-74 所示。

（33）选择【文件】|【打包】菜单命令，弹出【Pack and Go】对话框，如图 6-75 所示，在【保存到文件夹】文本框中指定要保存文件的目录，也可以单击【浏览】按钮查找目录位置。如果用户希望将打包的文件直接保存为压缩文件，选择【保存到 Zip 文件】单选项，并指定压缩文件的名称和目录即可。

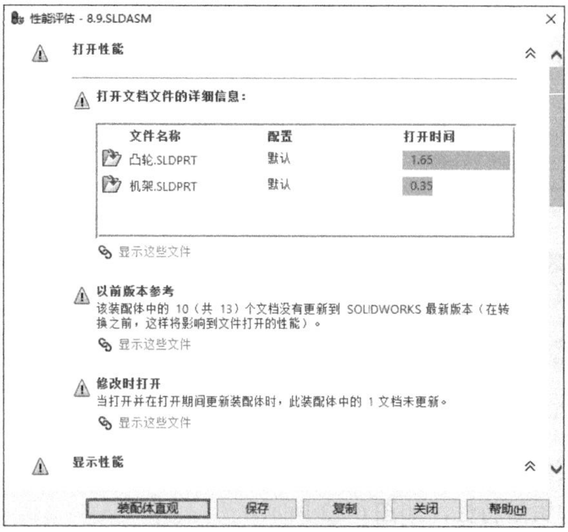

图 6–74　装配体统计信息

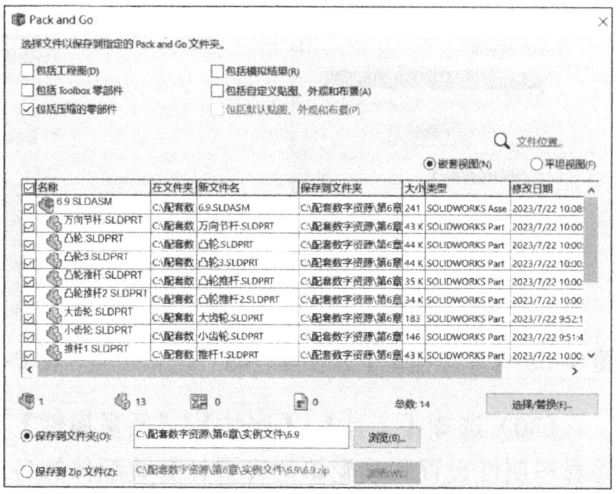

图 6–75　打包装配体文件

6.10 装配体高级配合应用实例

本节主要介绍配合中的高级配合的应用，装配体模型如图 6-76 所示。

图 6–76　装配体模型

6.10.1 重合配合

（1）启动中文版 SOLIDWORKS，单击【标准】工具栏中的【新建】按钮，弹出【新建 SOLIDWORKS 文件】对话框，单击【装配体】按钮，单击【确定】按钮。

（2）弹出【插入零部件】属性管理器，单击【浏览】按钮，选择零件【1】，再单击【打开】按钮，单击✓【确定】按钮。选择【文件】|【另存为】菜单命令，弹出【另存为】对话框，在【文件名】文本框中输入装配体名称“高级配合应用”，单击【保存】按钮。

（3）右击零件【1】，在弹出的菜单中选择【浮动】命令，此时零件由固定状态变为浮动状态，零件【1】前出现（-）图标，如图 6-77 所示。

（4）单击【装配体】工具栏中的【配合】按钮，弹出属性管理器，单击【标准配合】选项组中的【重合】按钮。单击▸图标，展开特征管理器设计树。单击【要配合的实体】选择框，选择图 6-78 所示的前视基准轴和零件表面，其他设置保持默认，单击✓【确定】按钮，完成重合配合。

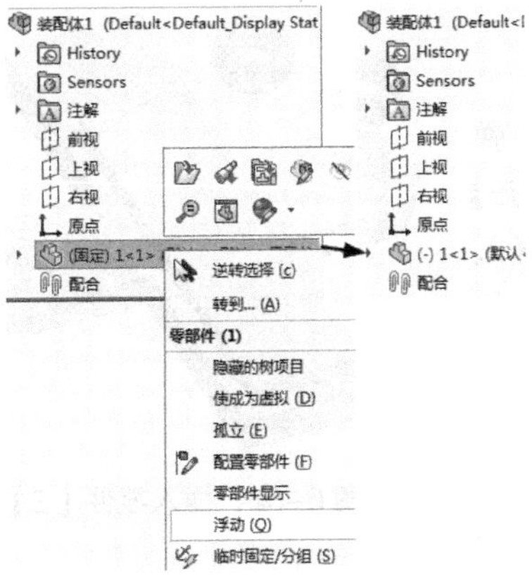

图 6–77　浮动基体零件

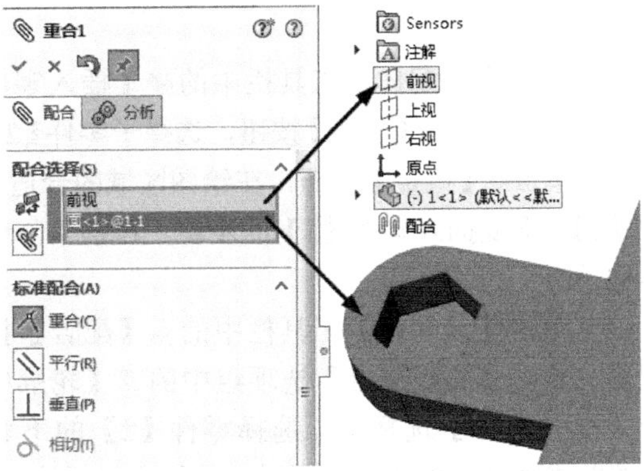

图 6–78　重合配合

6.10.2　宽度配合

（1）单击【装配体】工具栏中的【插入零部件】按钮，弹出【插入零部件】属性管理器。单击【浏览】按钮，选择子零件【7】，单击【打开】按钮，在绘图区域合适位置单击，插入零件【7】，如图 6-79 所示。

（2）单击【装配体】工具栏中的【配合】按钮，弹出属性管理器，单击【标准配合】选项组中的【重合】按钮。单击 ▸ 图标，展开特征管理器设计树。单击【要配合的实体】选择框，选择图 6-80 所示的零件表面，其他设置保持默认，单击✓【确定】按钮，完成重合配合。

（3）在属性管理器中，单击【高级配合】选项组中的【宽度】按钮，设置【约束】为【中心】。单击【宽度选择】选择框，选择零件【1】的两个侧面；单击【薄片选择】选择框，选择图 6-81 所示的零件【7】的两个侧面。其他设置保持默认，单击✓【确定】按钮，完成宽度配合。

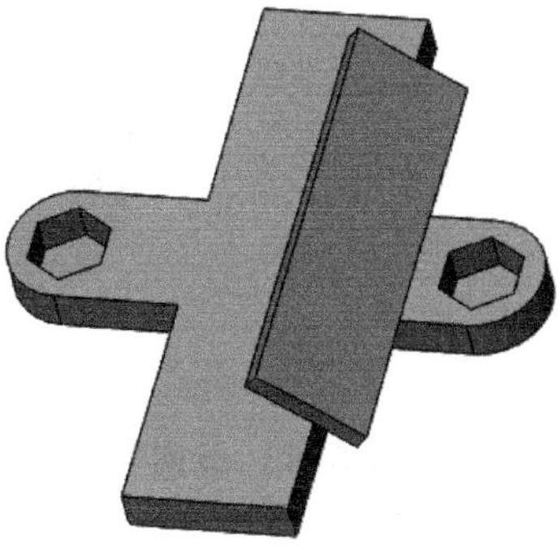

图 6–79　插入零件【7】

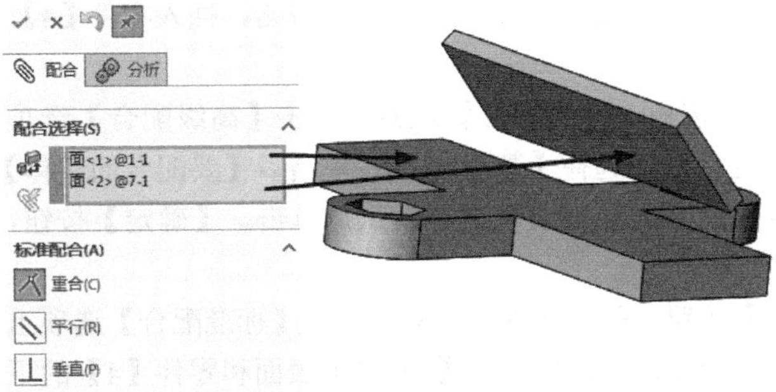

图 6–80　重合配合

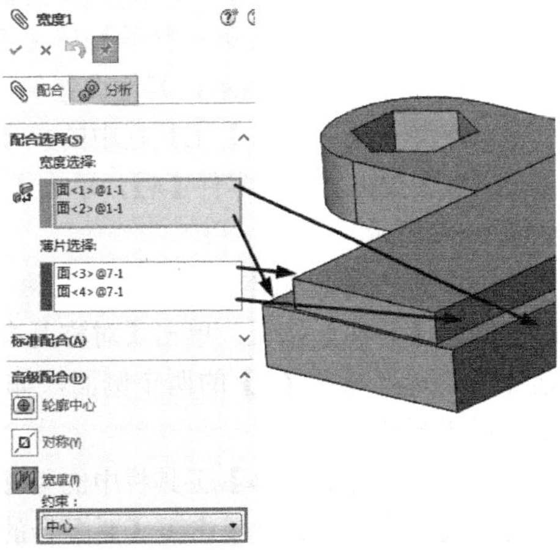

图 6–81　宽度配合

6.10.3 轮廓中心配合

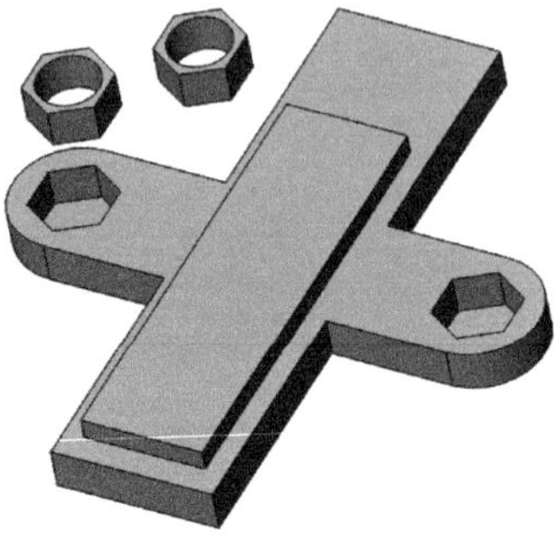

图 6-82 插入零件【2】

（1）单击【装配体】工具栏中的【插入零部件】按钮，弹出属性管理器，单击【浏览】按钮，选择子零件【2】，单击【打开】按钮，再单击✓【确定】按钮，在绘图区域的合适位置单击以插入零件【2】。重复插入零件【2】的步骤，再插入一个零件【2】，如图 6-82 所示。

（2）单击【装配体】工具栏中的【配合】按钮，弹出属性管理器，单击【高级配合】选项组中的【轮廓中心】按钮。单击【配合选择】选择框，选择零件【2】的下表面和零件【1】左侧的凹槽底面，如图 6-83 所示，其他设置保持默认，单击✓【确定】按钮，完成轮廓中心的配合。

（3）采用与（2）同样的操作，完成另一个零件【2】与右侧凹槽的轮廓中心配合，如图 6-84 所示。

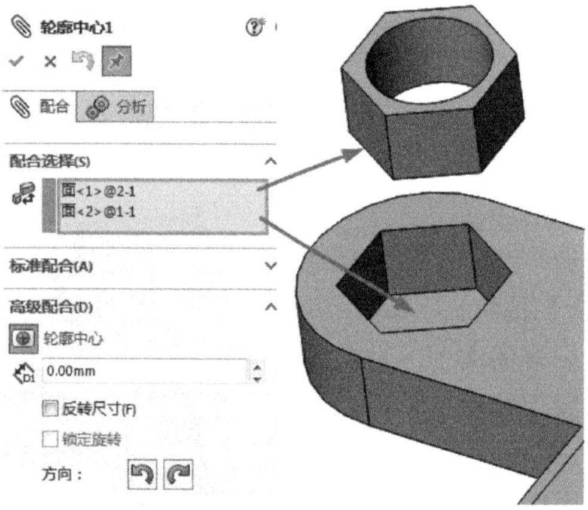

图 6-83 轮廓中心配合（1）

图 6-84 轮廓中心配合（2）

6.10.4 对称配合

（1）单击【装配体】工具栏中的【参考几何体】按钮，在下拉列表中单击【基准面】按钮，打开属性管理器。在【第一参考】与【第二参考】选项组的选项框中单击，分别选择零件【1】的两个侧面，如图 6-85 所示，其他设置保持默认，单击✓【确定】按钮，建立基准面。

（2）单击【装配体】工具栏中的【插入零部件】按钮，弹出【插入零部件】属性管理器。单击【浏览】按钮，选择零件【4】，单击【打开】按钮，在绘图区域的合适位置单击，插入零件【4】，如图 6-86 所示。

（3）单击【装配体】工具栏中的【配合】按钮，弹出属性管理器。单击【高级配合】选项组中的【对称】按钮。单击【对称基准面】选择框，选择【基准面 1】；单击【要配合的实体】选择框，选择零件【4】的两个侧面，如图 6-87 所示。其他设置保持默认，单击✓【确定】按钮，完成对称配合。

（4）单击【装配体】工具栏中的【配合】按钮，弹出属性管理器，单击【标准配合】选项组中的【重合】按钮。单击【要配合的实体】选择框，选择零件【7】的上表面和零件【4】的下表面，如图 6-88 所示，其他设置保持默认，单击✓【确定】按钮，完成重合配合。

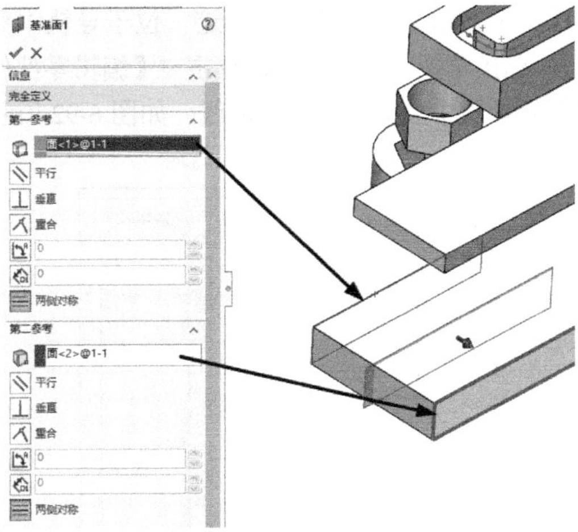

图 6-85　基准面

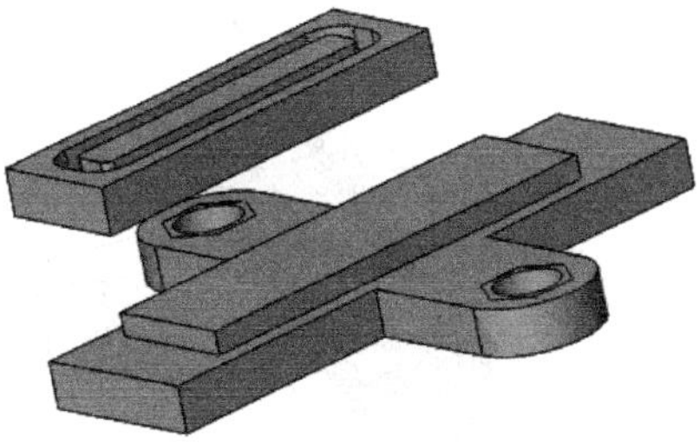

图 6-86　插入零件【4】

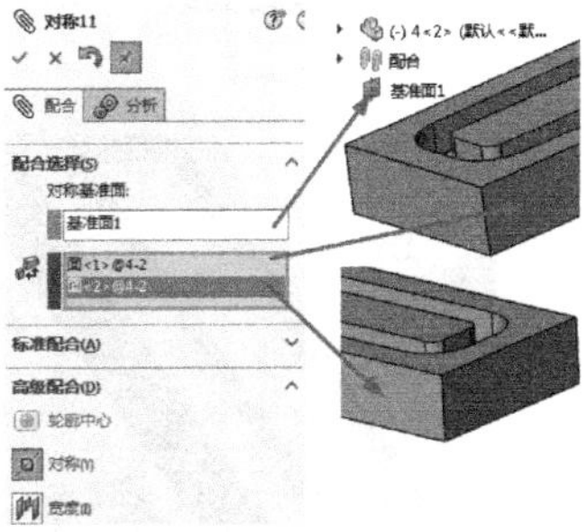

图 6-87　对称配合

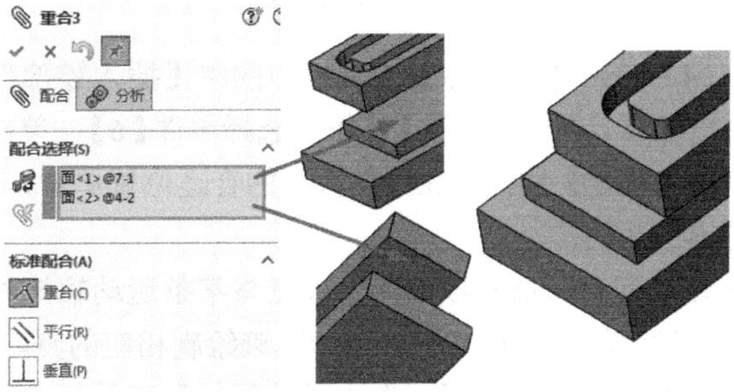

图 6-88　重合配合

6.10.5　线性耦合配合

单击【装配体】工具栏中的【配合】按钮，弹出属性管理器。单击【高级配合】选项组中的【线性 / 线性耦合】按钮。单击【配合选择】选择框，选择图 6-89 所示的面，将【比率】改为“1.00mm：2.00mm”，这样零件【7】和零件【4】运动时的比率即 1：2，其他设置保持默认，单击【确定】按钮，完成线性耦合配合。

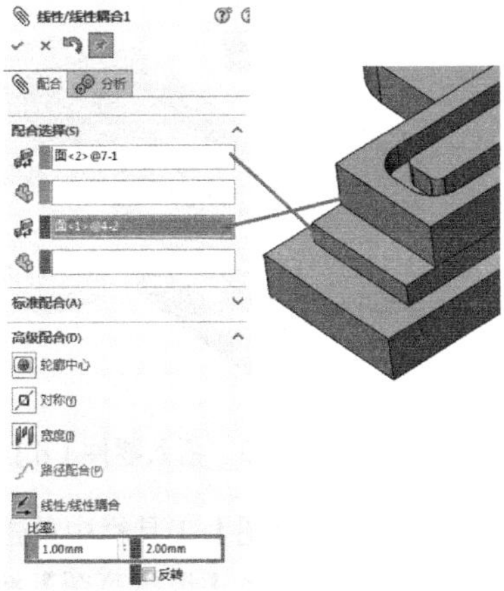

图 6-89　线性耦合配合

6.10.6　路径配合

接下来要进行路径配合，路径配合需要选择一条运动路径，此处先在零件上绘制一条运动轨迹，为路径配合做好准备。

（1）选中零件【4】，单击【装配体】工具栏中的【编辑零部件】按钮，进入零件【4】编辑界面，如图 6-90 所示。

（2）用鼠标右键单击零件【4】的表面，在弹出的菜单中单击【草图绘制】按钮，进入草图绘制状态。按住 Ctrl 键，连续选中零件【4】中间凸台的全部边线，单击【草图】工具栏中的【等距实体】按钮，弹出属性管理器，在【等距距离】数值框中输入“5.00mm”，其他设置保持默认，单击✓【确定】按钮，完成等距曲线的绘制，如图6-91所示，这条曲线即运动轨迹，位于导轨中央。

（3）单击【草图】工具栏中的【退出草图】按钮，退出草图的绘制。再次单击【编辑零部件】按钮，退出零件【4】的编辑。此时可以看到零件【4】的导轨中央有一条闭合曲线，如图6-92所示。

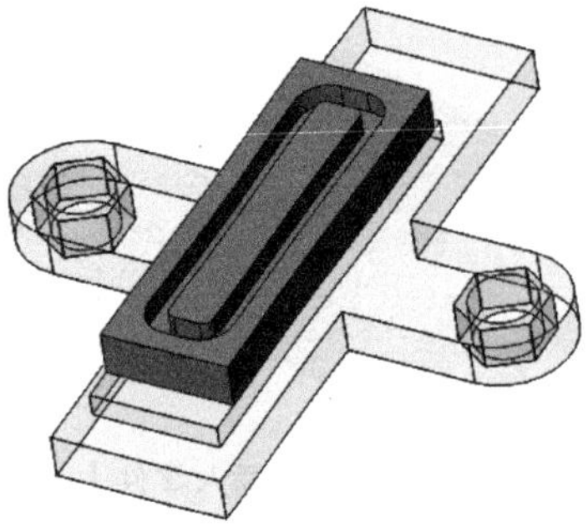

图6-90　编辑零件【4】

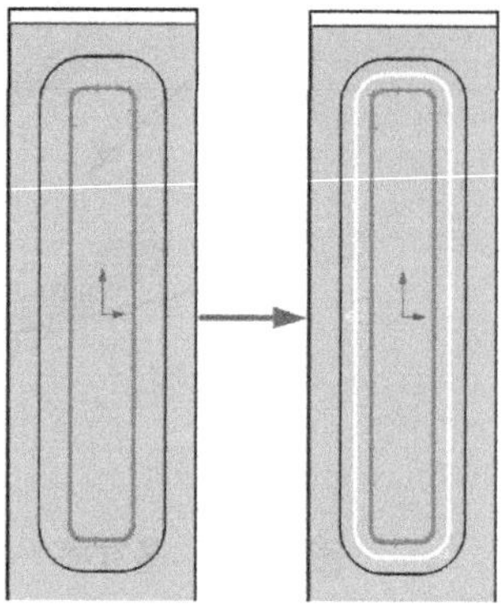

图6-91　绘制等距曲线

（4）单击【装配体】工具栏中的【插入零部件】按钮，弹出属性管理器，单击【浏览】按钮，选择零件【6】，单击【打开】按钮，再单击【确定】按钮，在绘图区域的合适位置单击，插入零件【6】，如图6-93所示。

路径配合即选择零部件一顶点与某条运动轨迹相配合，此前已绘制好运动轨迹，现在根据运动轨迹绘制相应的点。

（5）选中零件【6】，单击【装配体】工具栏中的【编辑零部件】按钮，进入零件【6】编辑界面，如图6-94所示。

（6）用鼠标右键单击零件【6】的下表面，在弹出的菜单中单击【草图绘制】按钮，如图6-95所示，进入草图绘制状态。

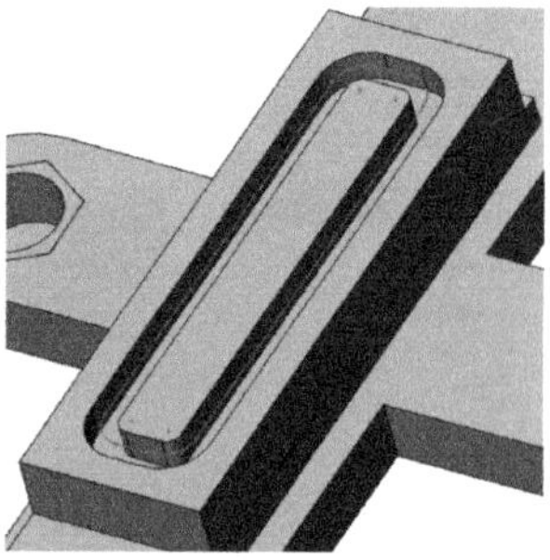

图6-92　完成运动轨迹的绘制

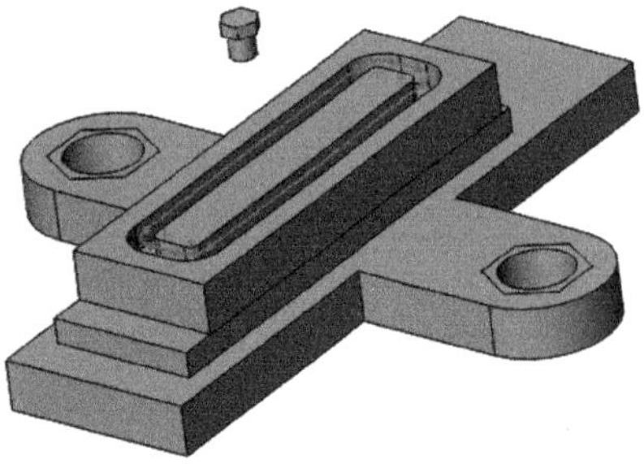

图6-93　插入零件【6】

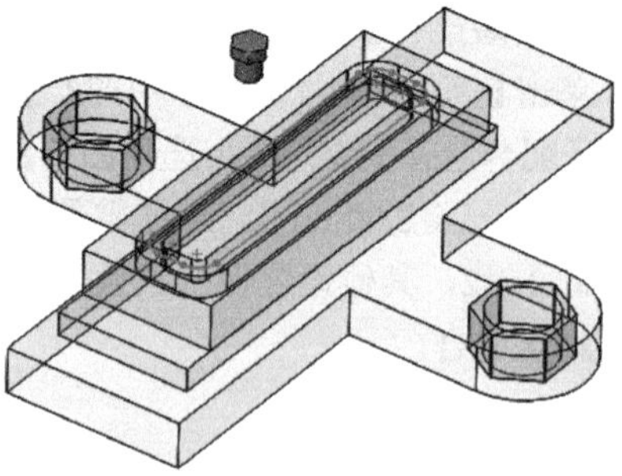

图6-94　编辑零件【6】

（7）在【草图】工具栏中单击【点】按钮，选取图6-96所示圆的中心并绘制圆点。单击【草图】工具栏中的【退出草图】按钮，退出草图的绘制。再次单击【编辑零部件】按钮，退出零件【6】的编辑。

（8）单击【装配体】工具栏中的【配合】按钮，弹出属性管理器。单击【高级配合】选项组下的【路径配合】按钮。单击【零部件顶点】选择框，选择步骤（7）所创建的点。单击【路径选择】选择框下的【SelectionManager】按钮，在弹出的下拉列表中单击【选择闭环】按钮，选择绘制的闭合曲线，单击✓【确定】按钮，以确定选择闭合曲线；在【俯仰 / 偏航控制】下拉列表中选择【随路径变化】选项，并选择【Y】单选项；在【滚转控制】下拉列表中选择【上向量】选项，单击【上向量】选择框，选择零件【6】的表面；选择【Z】单选项，并勾选【反转】复选框，如图 6-97 所示，其他设置保持默认，单击✓【确定】按钮，完成路径配合。

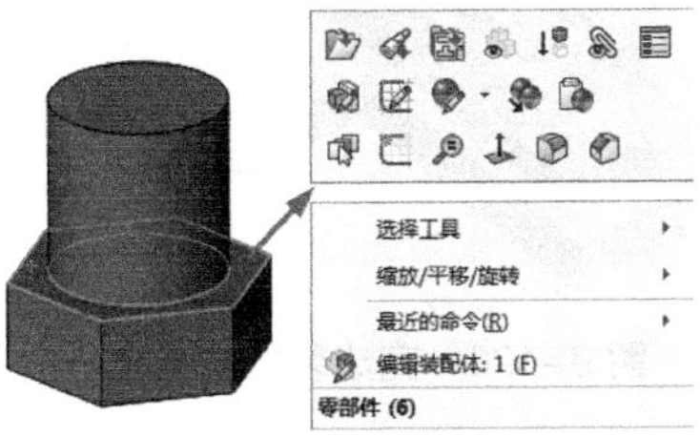

图 6–95　草图绘制

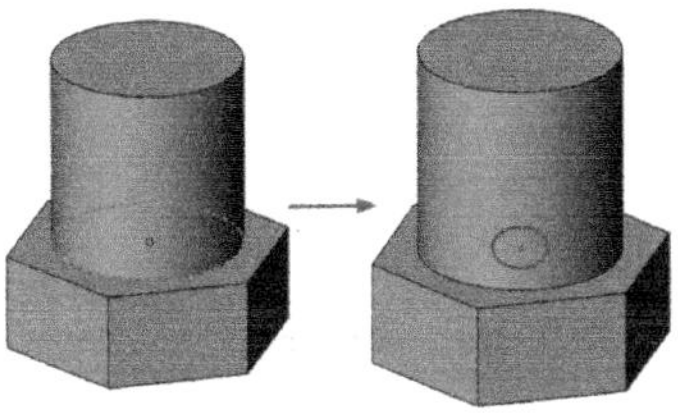

图 6–96　绘制圆点

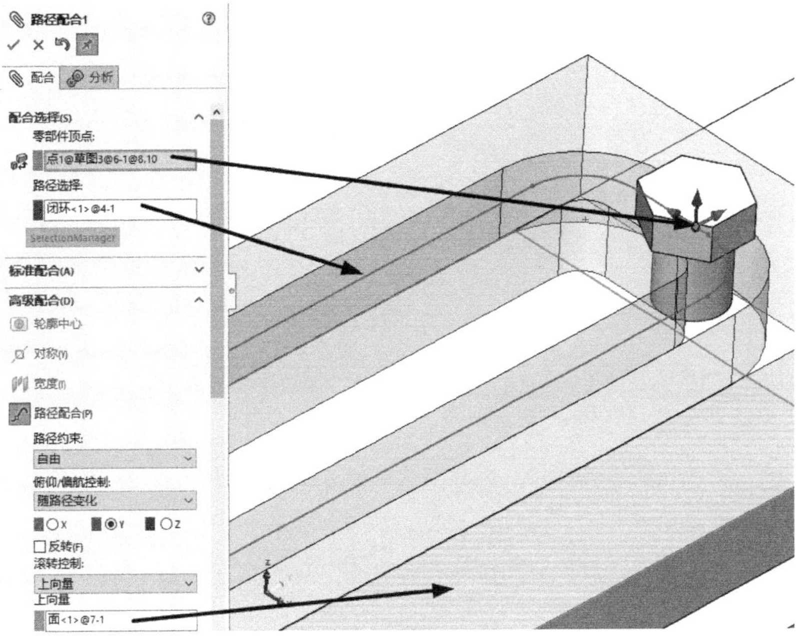

图 6–97　路径配合

6.10.7　查看约束情况

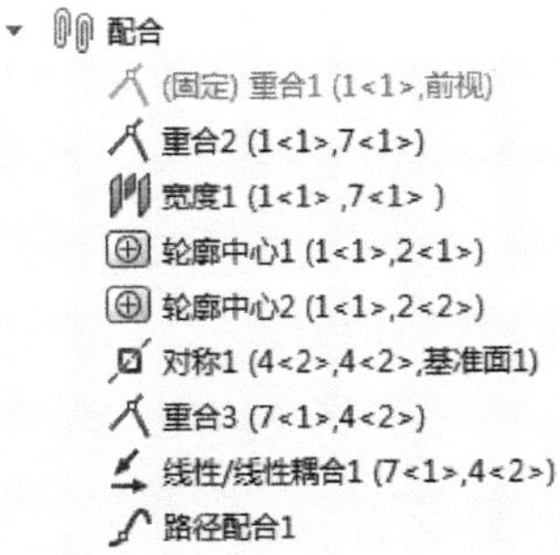

图 6–98　查看装配体配合

（1）在装配体的特征管理器设计树中单击【配合】左侧的按钮▸，可以查看图 6-98 所示的配合。

（2）在特征管理器设计树中双击零件【4】左侧的图标，展开零件【4】，用鼠标右键单击运动轨迹所在的草图【4】，在弹出的菜单中单击【隐藏】按钮，如图 6-99 所示，将运动轨迹隐藏。用同样的操作将在零件【6】中创建的点隐藏。

（3）装配体配合完成，结果如图 6-100 所示。

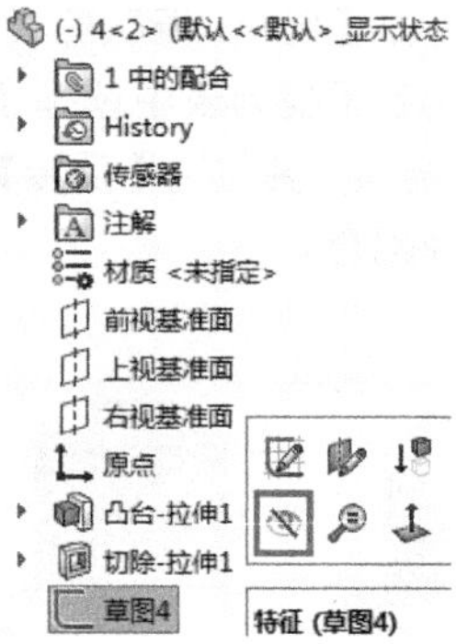

图 6-99　隐藏草图

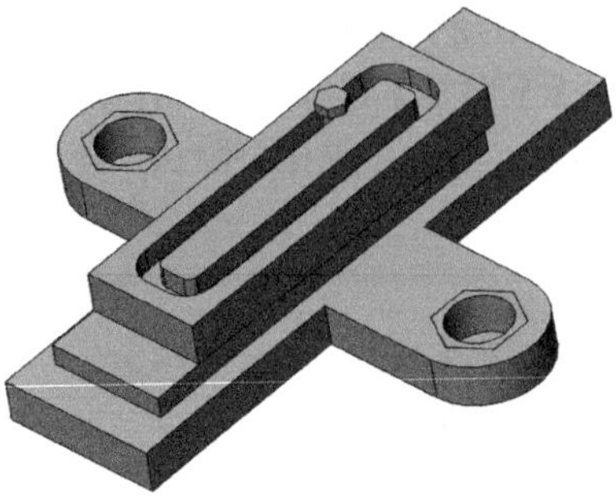

图 6-100　完成装配体配合

Chapter 7

第 7 章 工程图设计

工程图设计是 SOLIDWORKS 的三大功能之一。工程图文件是 SOLIDWORKS 的一种设计文件，一个 SOLIDWORKS 工程图文件可以包含多张图纸，这使得用户可以利用同一个文件生成一个零件的多张图纸或者多个零件的工程图。本章主要介绍工程图基本设置、建立视图、标注尺寸、添加注释、主动轴零件图实例，以及虎钳装配图实例。

重点与难点

- 基本设置
- 建立视图
- 标注尺寸
- 添加注释

7.1 基本设置

在进行工程图设计之前，有些图纸的参数，如图纸格式、线型、图层等需要提前设置。另外，设置好图纸参数后，可以根据需要激活和删除图纸。

7.1.1 图纸格式的设置

1. 标准图纸格式

SOLIDWORKS 提供了各种标准图纸格式，如图 7-1 所示。单击【浏览】按钮，可以加载用户自定义的图纸格式。

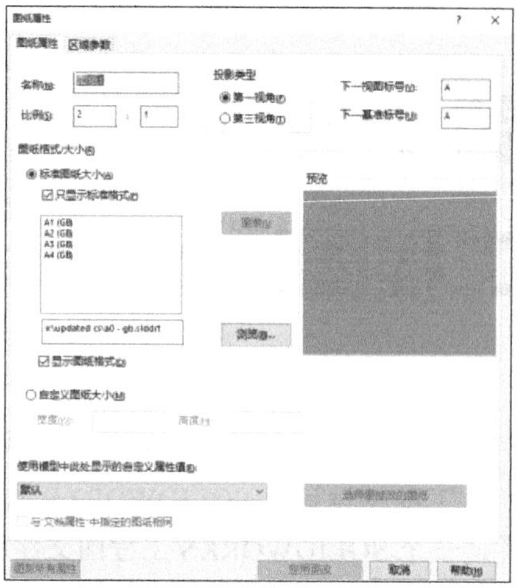

图 7–1 【图纸属性】对话框

2. 无图纸格式

选择【自定义图纸大小】单选项可以定义无图纸格式，即选择无边框、无标题栏的空白图纸。此选项要求指定纸张大小，用户也可以定义自己的格式，如图 7-2 所示。

图 7–2 选择【自定义图纸大小】单选项

3. 使用图纸格式的操作方法

（1）单击【标准】工具栏中的【新建】按钮，弹出【新建 SOLIDWORKS 文件】对话框，在对话框中单击【工程图】按钮，并单击【确定】按钮。在特征管理器设计树中单击【取消】按钮。在特征管理器设计树中用鼠标右键单击【图纸 1】图标，在弹出菜单中选择【属性】命令，弹出图 7-3 所示的【图纸属性】对话框，选择【标准图纸大小】单选项，在下方列表框中选择【A1（GB）】选项。

（2）在特征管理器设计树中单击【取消】按钮，即可在绘图区域中显示 A1 格式的图纸，如图 7-4 所示。

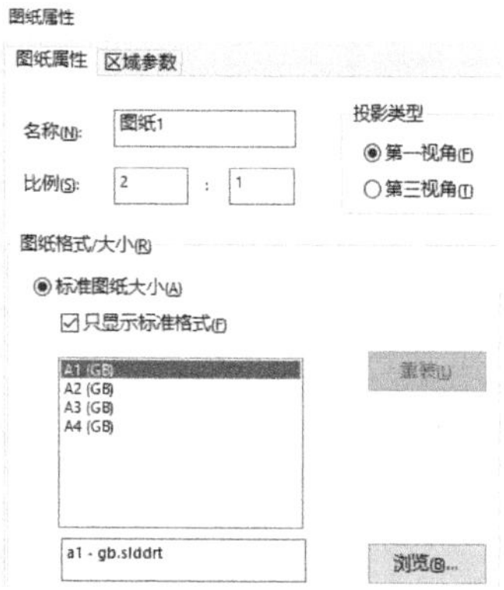

图 7–3 标准图纸格式设置

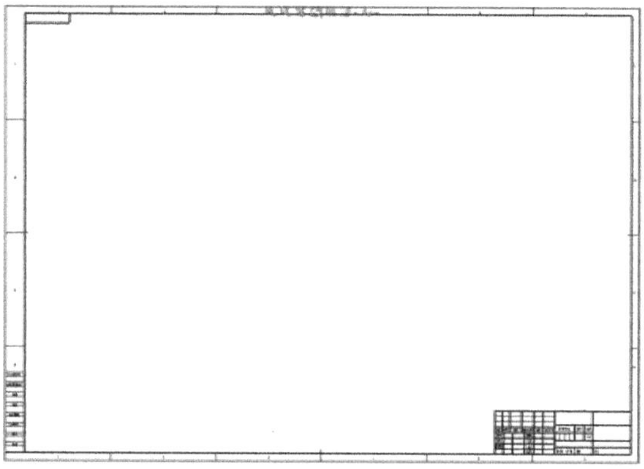

图 7–4 A1 格式的图纸

7.1.2 线型设置

视图中线条的颜色、粗细、线型、显示模式等可以利用【线型】工具栏进行设置。【线型】工具栏如图 7-5 所示，其中的按钮介绍如下。

- 【图层属性】：设置图层属性（如颜色、厚度、样式等），将实体移动到图层中，然后为新的实体选择图层。
- 【线色】：可以对线条颜色进行设置。
- 【线粗】：单击该按钮，会弹出图 7-6 所示的【线粗】下拉列表，可以对线条粗细进行设置。

图 7–5 【线型】工具栏

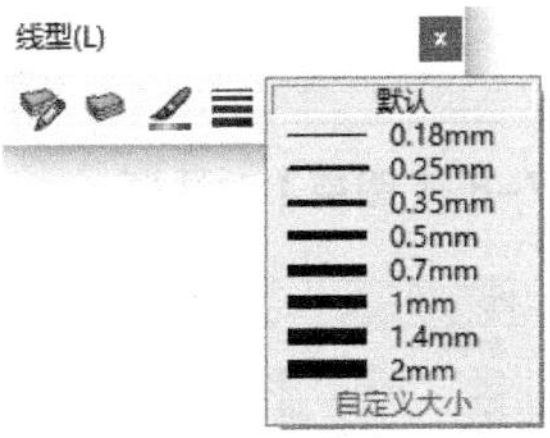

图 7–6 【线粗】下拉列表

- 【线条样式】：单击该按钮，会弹出图 7-7 所示的【线条样式】下拉列表，可以对线条样式进行设置。
- 【隐藏和显示边线】：单击此按钮，将隐藏或显示边线。
- 【颜色显示模式】：单击该按钮，可以设置线条的颜色。

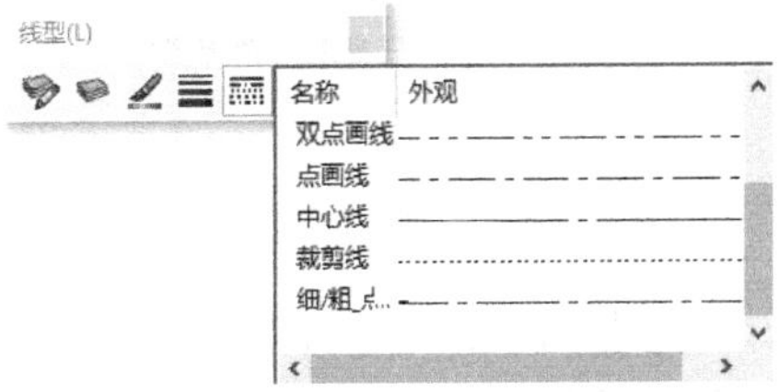

图 7–7 【线条样式】下拉列表

在工程图中，如果需要对线型进行设置，一般在绘制草图实体之前，先利用【线型】工具栏中的【线色】、【线粗】和【线条样式】按钮对将要绘制的线条格式进行设置，这样可以使被添加到工程图中的草图实体均使用指定的线型格式，直到重新设置另一种格式。

7.1.3 图层设置

在工程图文件中，可以根据用户需求建立图层，并为每个图层上生成的新实体指定线条颜色、线条粗细和线条样式。新的实体会自动添加到激活的图层中，图层可以被隐藏或者显示，另外，还可以将实体从一个图层移动到另一个图层。创建好工程图的图层后，可以分别为每个尺寸、注解、表格和视图标号等选择不同的图层设置。如果将 DXF 文件或者 DWG 文件导入 SOLIDWORKS 工程图中，会自动生成对应的图层。在最初生成 DXF 文件或者 DWG 文件的系统中指定的图层信息（如名称、属性和实体位置等）将被保留。

图层的建立方法如下所述。

（1）新建一张空白的工程图。

（2）在工程图中，单击【线型】工具栏中的（图层属性）按钮，弹出图 7-8 所示的【图层】对话框。

（3）单击【新建】按钮，输入新图层名称“中心线”，如图 7-9 所示。

（4）更改图层中默认的线条颜色、样式和粗细等。

①【颜色】：单击【颜色】下的方框，弹出【颜色】对话框，可以在此设置颜色，如图 7-10 所示。

②【样式】：单击【样式】下的线条，在弹出的菜单中选择线条样式，这里选择【中心线】样式，

如图 7-11 所示。

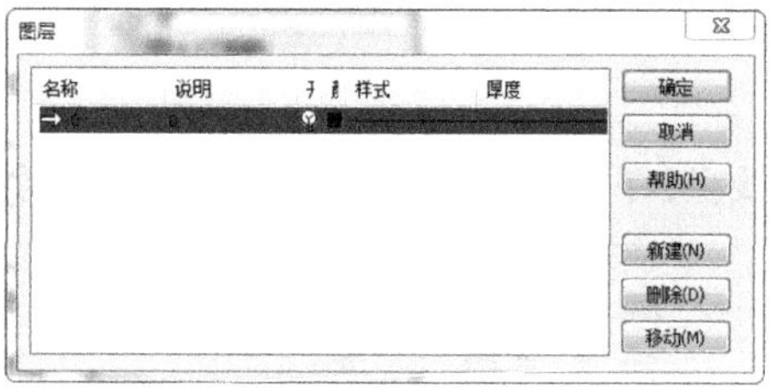

图 7-8 【图层】对话框

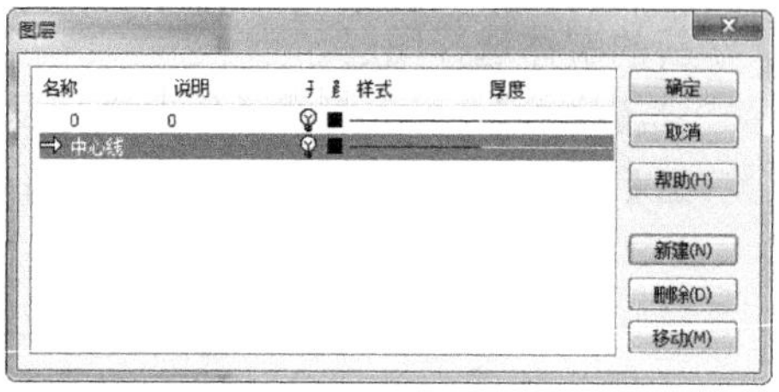

图 7-9 新建图层

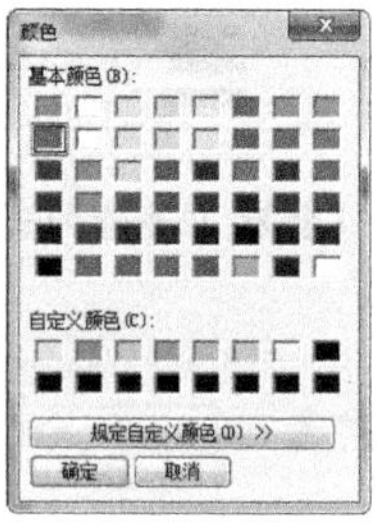

图 7-10 【颜色】对话框

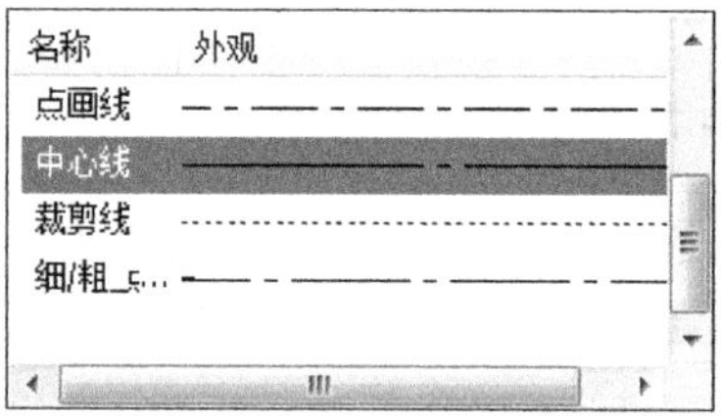

图 7-11 选择样式

③【厚度】：单击【厚度】下的直线，在弹出的菜单中选择线条的粗细，这里选择【0.18mm】，如图 7-12 所示。

（5）单击【确定】按钮，完成建立新图层的操作，如图 7-13 所示。

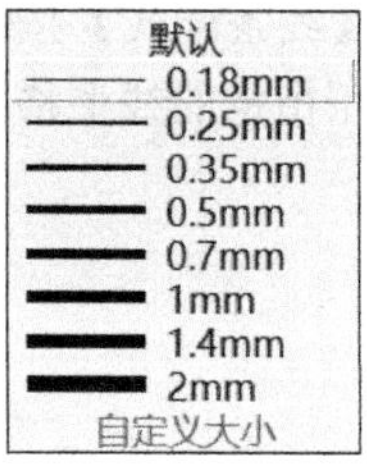

图 7-12 选择粗细

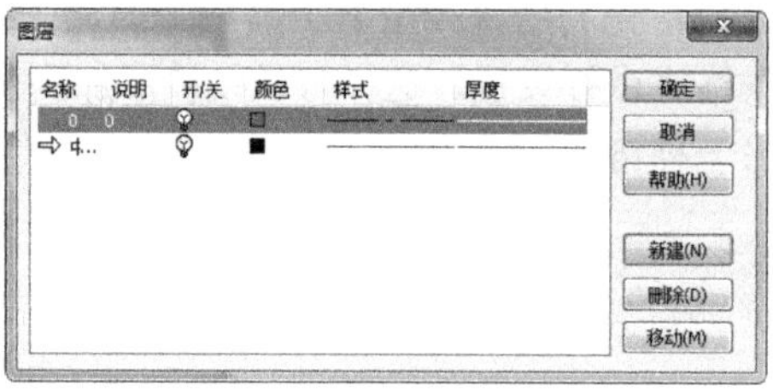

图 7-13 图层新建完成

生成新的工程图时，必须选择图纸格式。可以采用标准图纸格式，也可以自定义和修改图纸格式。对图纸格式进行设置，有助于生成具有统一格式的工程图。

7.1.4 激活图纸

如果需要激活图纸，可以采用以下任意一种方法。

- 在图纸区域下方单击要激活的图纸的图标。
- 用鼠标右键单击图纸区域下方要激活的图纸的图标，在弹出的图 7-14 所示的菜单中选择【激活】命令。
- 用鼠标右键单击特征管理器设计树中的图纸的图标，在弹出的图 7-15 所示的菜单中选择【激活】命令。

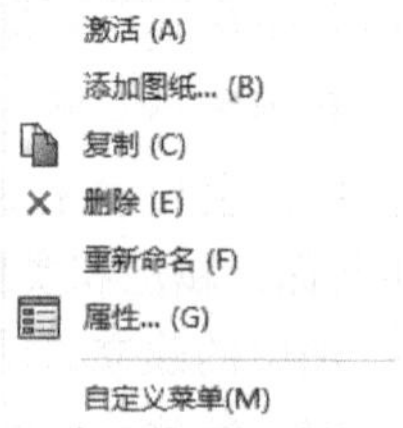

图 7-14 右键菜单（1）

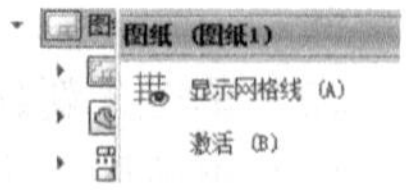

图 7-15 右键菜单（2）

7.1.5　删除图纸

删除图纸的方法如下。

（1）用鼠标右键单击特征管理器设计树中要删除的图纸的图标，在弹出的菜单中选择【删除】命令。

（2）弹出【确认删除】对话框，单击【是】按钮即可删除图纸，如图 7-16 所示。

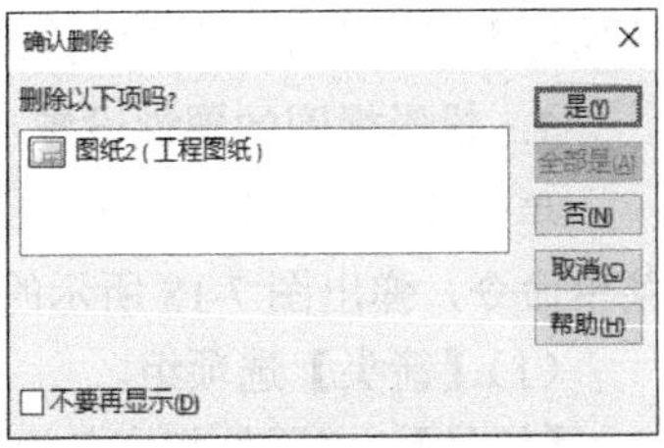

图 7–16 【确认删除】对话框

7.2 建立视图

工程图文件中主要包含一系列视图，如标准三视图、投影视图、剖面视图、局部视图、断裂视图等。

7.2.1　标准三视图

标准三视图可以生成 3 个默认的正交视图，其中，主视图为零件或者装配体的前视方向，其他两个视图依照投影方法的不同而不同。

在标准三视图中，主视图、俯视图及左视图有固定的对齐和相等关系。主视图与俯视图长度方向对齐，主视图与左视图高度方向对齐，俯视图与左视图宽度相等。俯视图可以竖直移动，左视图可以水平移动。生成标准三视图的操作方法如下。

（1）打开“配套数字资源 \ 第 7 章 \ 基本功能 \7.2.1”中的实例素材文件。

（2）单击【工程图】工具栏中的【标准三视图】按钮，或选择【插入】|【工程图视图】|【标准三视图】菜单命令，弹出属性管理器，单击✓【确定】按钮，工程图中自动生成标准三视图，如图 7-17 所示。

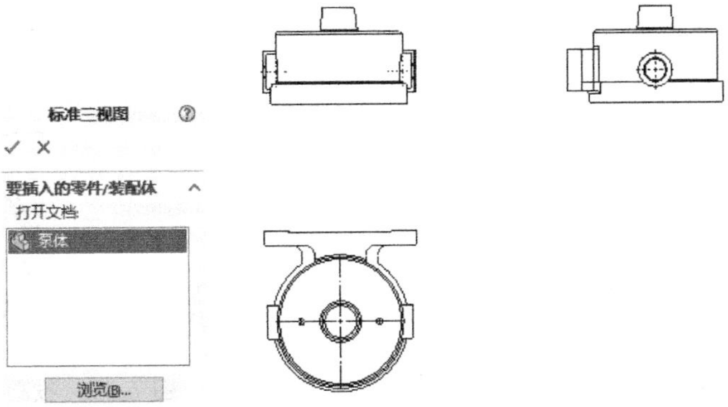

图 7–17　标准三视图

7.2.2　投影视图

投影视图是在已有视图的基础上，利用正交投影生成的视图。投影视图的投影方法根据在【图纸属性】对话框中所设置的第一视角或者第三视角投影类型而定。

1. 投影视图的属性设置

单击【工程图】工具栏中的【投影视图】按钮，或者选择【插入】|【工程视图】|【投影视图】菜单命令，弹出图 7-18 所示的【投影视图】属性管理器。常用选项介绍如下。

(1)【箭头】选项组。

【标号】：表示按相应父视图的投影方向得到的投影视图的名称。

(2)【显示样式】选项组。

【使用父关系样式】：取消勾选此复选框，可以选择与父视图不同的显示样式，显示样式包括【线架图】、【隐藏线可见】、【消除隐藏线】、【带边线上色】和【上色】。

(3)【比例】选项组。

- 【使用父关系比例】单选项：可以应用父视图使用的比例。
- 【使用图纸比例】单选项：可以应用工程图图纸使用的比例。
- 【使用自定义比例】单选项：可以根据需要应用自定义的比例。

2. 练习：生成投影视图

下面简单练习生成投影视图的方法。

(1) 打开“配套数字资源 \ 第 7 章 \ 基本功能 \7.2.2”中的实例素材文件。

(2) 单击【工程图】工具栏中的【投影视图】按钮，或选择【插入】|【工程视图】|【投影视图】菜单命令，弹出属性管理器，单击已有的视图，向下移动鼠标，再次单击，生成投影视图，如图 7-19 所示。

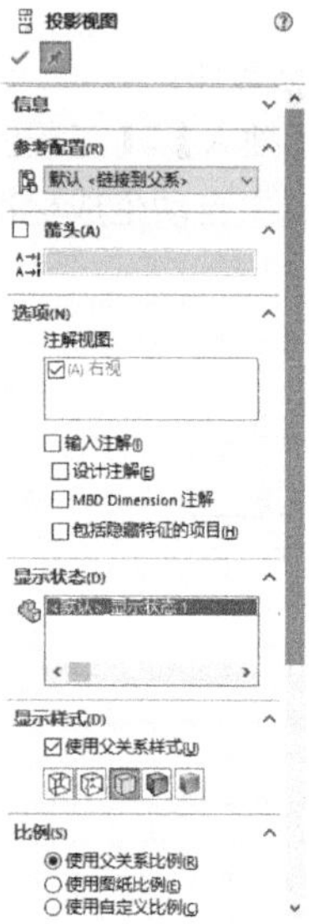

图 7-18 【投影视图】属性管理器

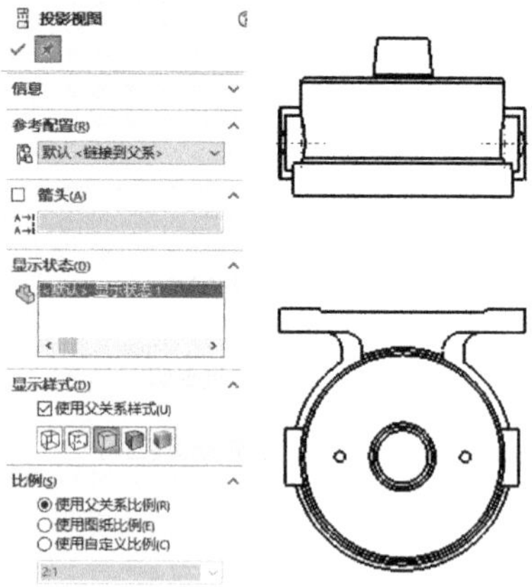

图 7-19 投影视图

7.2.3 剖面视图

剖面视图是通过一条剖切线切割父视图生成的，属于派生视图，其可以显示模型内部的形状和尺寸。剖面视图可以是剖切面或者是用阶梯剖切线定义的等距剖面视图，并可以生成半剖视图。

1. 剖面视图的属性设置

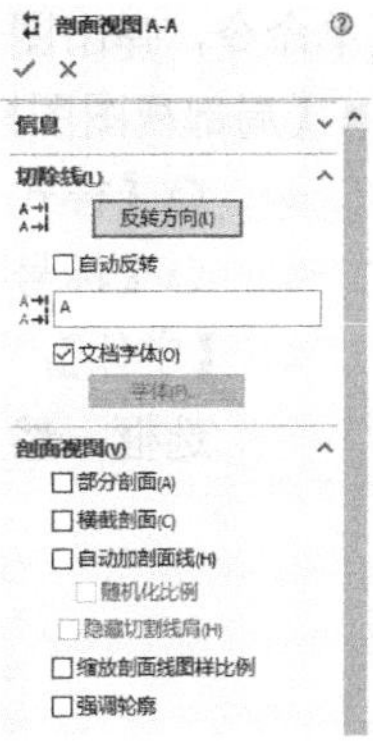

图 7-20 【剖面视图】属性管理器

单击【草图】工具栏中的【中心线】按钮，在激活的视图中绘制一条或者一组相互平行的中心线（也可以单击【草图】工具栏中的【直线】按钮，在激活的视图中绘制一条或者一组相互平行的直线段）。选择绘制的中心线（或者直线段），单击【工程图】工具栏中的【剖面视图】按钮（或者选择【插入】|【工程视图】|【剖面视图】菜单命令），弹出属性管理器，如图 7-20 所示。常用选项介绍如下。

（1）【切除线】选项组。

- 【反转方向】：反转剖切的方向。
- 【标号】：编辑与剖切线或者剖面视图相关的字母。
- 【字体】：可以为剖切线或者剖面视图相关字母选择其他字体。

（2）【剖面视图】选项组。

- 【部分剖面】：当剖切线没有完全切透视图中模型的边框线时，会弹出剖切线小于视图几何体的提示信息，并询问是否生成局部剖视图。
- 【横截剖面】：只有被剖切线切除的部分显示在剖面视图中。
- 【自动加剖面线】：勾选此复选框，系统可以自动添加必要的剖面（切）线。

2. 练习：生成剖面视图

下面简单练习生成剖面视图的方法。

（1）打开“配套数字资源 \ 第 7 章 \ 基本功能 \7.2.3”中的实例素材文件。

（2）单击【工程图】工具栏中的【剖面视图】按钮，或选择【插入】|【工程图视图】|【剖面视图】菜单命令，弹出属性管理器。按图 7-21 所示进行参数设置。

（3）向下移动鼠标，再次单击，生成剖面视图，如图 7-22 所示。

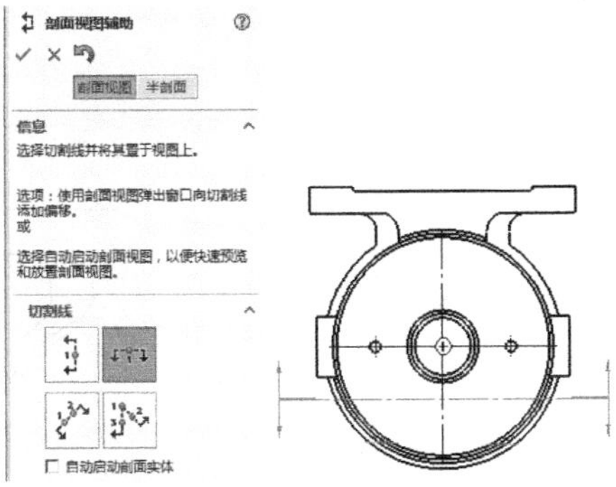

图 7-21　剖面视图参数设置

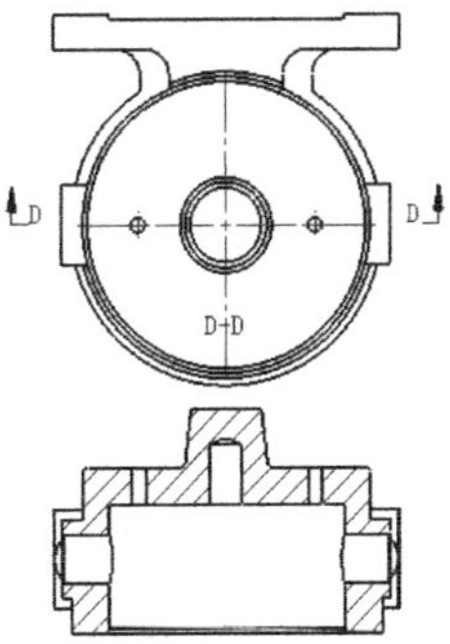

图 7-22　剖面视图

7.2.4 局部视图

局部视图是一种派生视图，可以用来显示父视图的某一局部形状，通常采用放大比例显示。局部视图的父视图可以是正交视图、空间（等轴测）视图、剖面视图、裁剪视图、爆炸装配体视图或者另一局部视图，但不能在透视视图中生成模型的局部视图。

1. 局部视图的属性设置

单击【工程图】工具栏中的【局部视图】按钮，或者选择【插入】|【工程视图】|【局部视图】

菜单命令，弹出图 7-23 所示的【局部视图 1】属性管理器。常用选项介绍如下。

【局部视图图标】选项组。

- 【样式】：可以选择一种样式，如图 7-24 所示。
- 【标号】：编辑与局部视图相关的字母。
- 【字体】：如果要为局部视图标号选择除文件字体以外的字体，可取消勾选【文件字体】复选框，然后单击【字体】按钮进行设置。

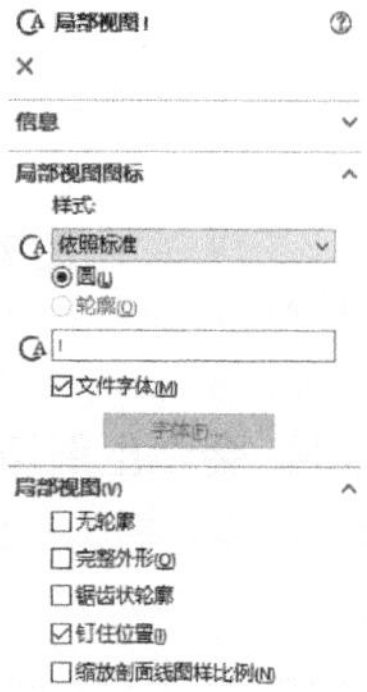

图 7-23 【局部视图】属性管理器

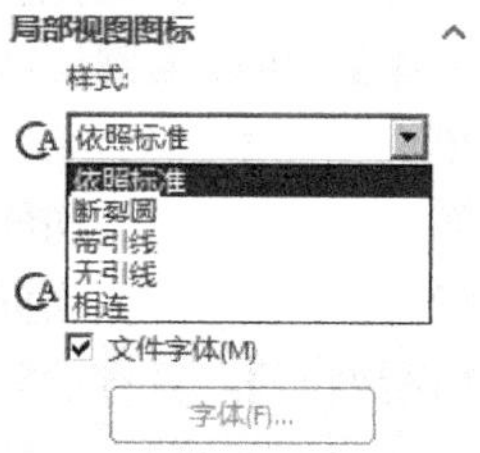

图 7-24 【样式】下拉列表

2. 练习：生成局部视图

下面简单练习生成局部视图的方法。

（1）打开"配套数字资源 \ 第 7 章 \ 基本功能 \7.2.4"中的实例素材文件。

（2）单击【工程图】工具栏中的【局部视图】按钮，或选择【插入】|【工程图视图】|【局部视图】菜单命令。在需要局部视图的位置绘制一个圆，弹出【局部视图】属性管理器，如图 7-25 所示。

（3）向右移动鼠标，单击即可得到局部视图，如图 7-26 所示。

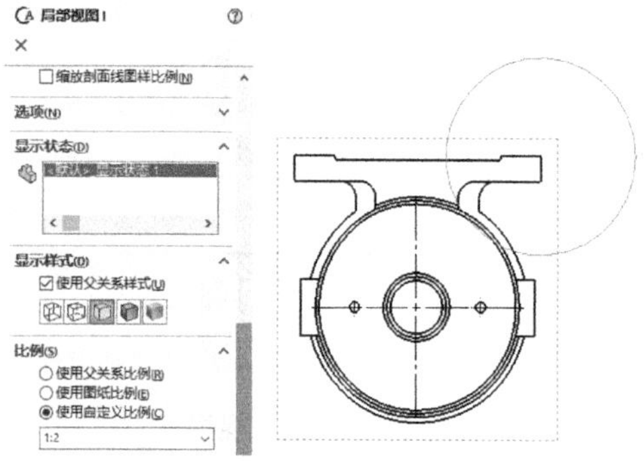

图 7-25 局部视图参数设置

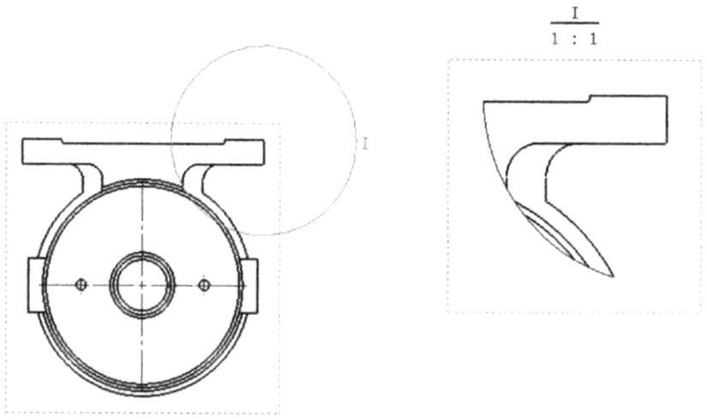

图 7-26 局部视图

7.2.5 断裂视图

对于一些较长的零件（如轴、杆、型材等），在沿着长度方向的形状统一（或者按一定规律）变化时，可以用折断显示的断裂视图来表达，这样就可以将零件以较大比例显示在较小的工程图纸中。断裂视图可以应用于多个视图，并可根据要求撤销。

1. 断裂视图的属性设置

单击【工程图】工具栏中的【断裂视图】按钮，或者选择【插入】|【工程图视图】|【断裂视图】菜单命令，弹出【断裂视图】属性管理器，如图 7-27 所示。

- 【添加竖直折断线】：生成断裂视图时，将视图沿水平方向断开。
- 【添加水平折断线】：生成断裂视图时，将视图沿竖直方向断开。
- 【缝隙大小】：改变折断线缝隙之间的距离。
- 【折断线样式】：定义折断线的样式，如图 7-28 所示，其效果如图 7-29 所示。

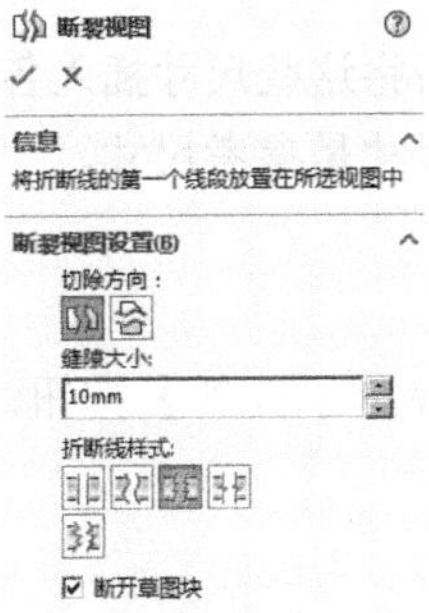

图 7-27 【断裂视图】属性管理器

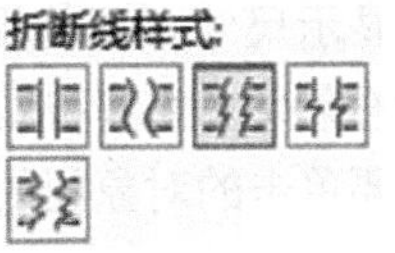

图 7-28　折断线样式

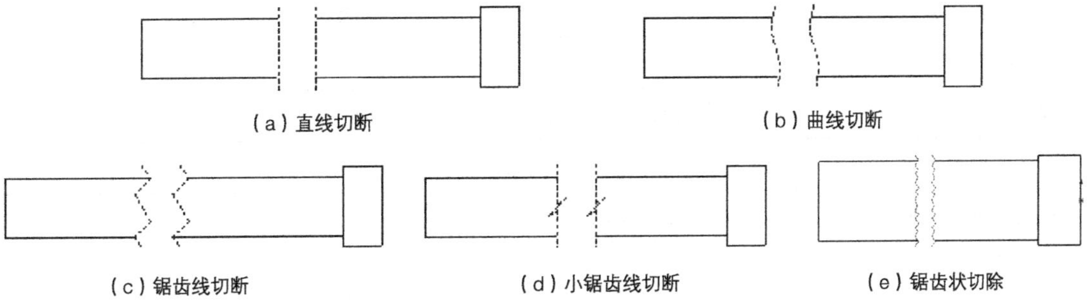

（a）直线切断　（b）曲线切断　（c）锯齿线切断　（d）小锯齿线切断　（e）锯齿状切除

图 7-29　不同折断线样式的效果

2. 练习：生成断裂视图

下面简单练习生成断裂视图的方法。

（1）打开“配套数字资源 \ 第 7 章 \ 基本功能 \7.2.5”中的实例素材文件。

（2）单击【工程图】工具栏中的【断裂视图】按钮，或选择【插入】|【工程视图】|【断裂视图】菜单命令，弹出属性管理器，按图 7-30 所示进行参数设置。

（3）移动鼠标，选择两个位置来放置折断线，单击即可生成断裂视图，如图 7-31 所示。

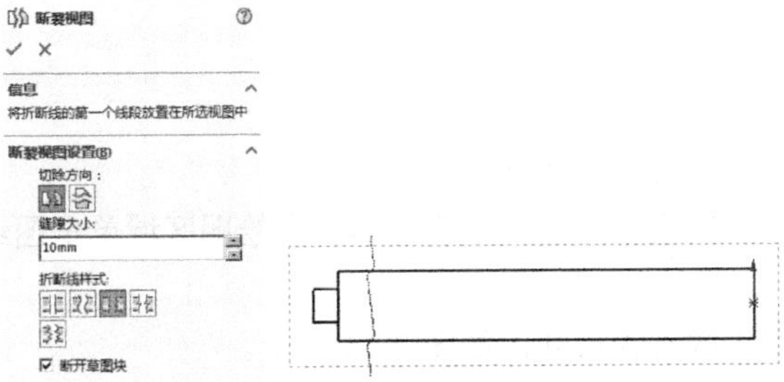

图 7-30　断裂视图参数设置

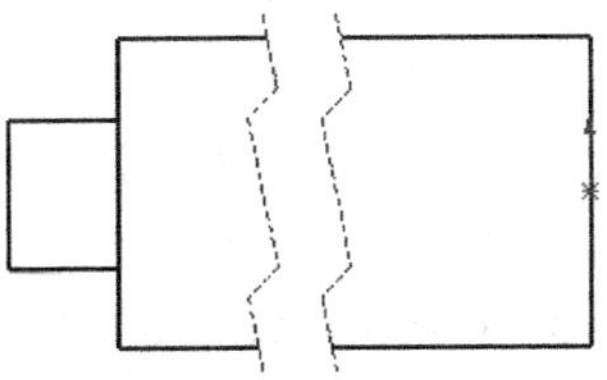

图 7-31　断裂视图

7.3 标注尺寸

工程图文件中要将必要的参数标注在视图中，因此需要包含尺寸。

7.3.1 绘制草图尺寸

工程图中的尺寸标注是与模型相关联的，而且模型中的变更将直接反映到工程图中。尺寸标注的相关内容如下。

- 模型尺寸。通常在生成每个零件特征时生成尺寸，然后将这些尺寸插入各个工程视图中。
- 参考尺寸。可以在工程图文件中添加尺寸，但是这些尺寸是参考尺寸。
- 颜色。在默认情况下，模型尺寸显示为黑色。
- 箭头。尺寸被选中时鼠标变成圆形控标。
- 隐藏和显示尺寸。可使用【注解】工具栏上的【隐藏 / 显示注解】按钮，或选择【视图】菜单中的命令来隐藏和显示尺寸。

标注项目与要单击的对象间的关系如表 7-1 所示。

表 7-1　标注尺寸关系说明

标注项目	单击的对象
直线或边线的长度	直线
两直线之间的角度	两条直线或一条直线和模型上的一条边线
两直线之间的距离	两条平行直线，或一条直线与一条平行的模型边线
点到直线的垂直距离	点以及直线或模型边线
两点之间的距离	两个点
圆弧半径	圆弧
圆弧真实长度	圆弧及两个端点
圆的直径	圆周
一个或两个实体为圆弧或圆时的距离	圆心或圆弧 / 圆的圆周及其他实体（直线、边线、点等）
线性边线的中点	用鼠标右键单击要标注中点尺寸的边线，然后选择中点，接着选择第二个要标注尺寸的实体

7.3.2 添加尺寸的操作方法

（1）打开“配套数字资源 \ 第 7 章 \ 基本功能 \7.3.2”中的实例素材文件。

（2）单击【注解】工具栏中的【智能尺寸】按钮，弹出属性管理器。在绘图区域单击图纸的边线，将自动生成直线尺寸，如图 7-32 所示。

（3）在绘图区域继续单击圆形边线，将自动生成直径尺寸，如图 7-33 所示。

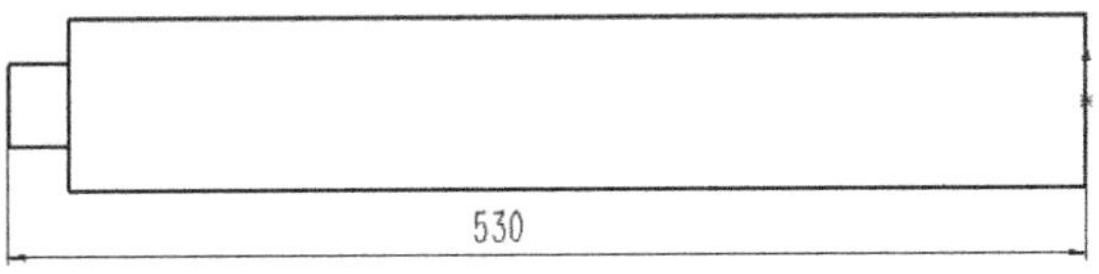

图 7-32　直线尺寸

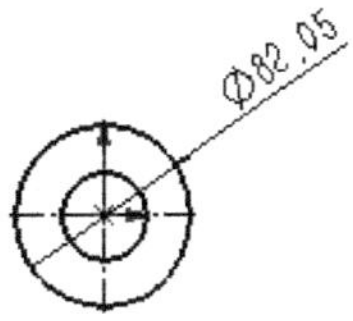

图 7-33　直径尺寸

7.4 添加注释

利用【注释】工具可以在工程图中添加文字信息和一些特殊形式的标注。注释文字可以独立浮动，也可以指向某个对象（如面、边线或者顶点等）。注释中可以包含文字、符号、参数或者超文本链接。如果注释中包含引线，则引线可以是直线、折弯线或者多转折引线。

7.4.1 注释的属性设置

单击【注解】工具栏中的【注释】按钮，或者选择【插入】|【注解】|【注释】菜单命令，弹出属性管理器框，如图 7-34 所示。常用选项介绍如下。

1.【文字格式】选项组

- 文字对齐方式：包括【左对齐】、【居中】、【右对齐】和【两端对齐】。
- 【角度】：设置注释文字的旋转角度（正值表示沿逆时针方向旋转）。
- 【插入超文本链接】：单击该按钮，可以在注释中包含超文本链接。
- 【链接到属性】：单击该按钮，可以将注释链接到文件属性。
- 【添加符号】：单击该按钮，弹出【符号】下拉列表，选择一种符号，符号显示在注释中，如图 7-35 所示。
- 【锁定 / 解除锁定注释】：将注释锁定或解锁。
- 【插入形位公差】：可以在注释中插入形位公差符号。
- 【插入表面粗糙度符号】：可以在注释中插入表面粗糙度符号。
- 【插入基准特征】：可以在注释中插入基准特征符号。
- 【使用文档字体】：勾选该复选框，使用文件中设置的字体。

2.【引线】选项组

- 单击【引线】按钮、【多转折引线】按钮、【无引线】按钮或者【自动引线】按钮，确定是否选择引线。
- 单击【引线靠左】按钮、【引线向右】按钮、【引线最近】按钮，确定引线的位置。
- 单击【直引线】按钮、【折弯引线】按钮、【下划线引线】按钮，确定引线样式。

- 【箭头样式】下拉列表：用于选择一种箭头样式。
- 【应用到所有】：勾选后，将更改应用到所选注释的所有箭头中。

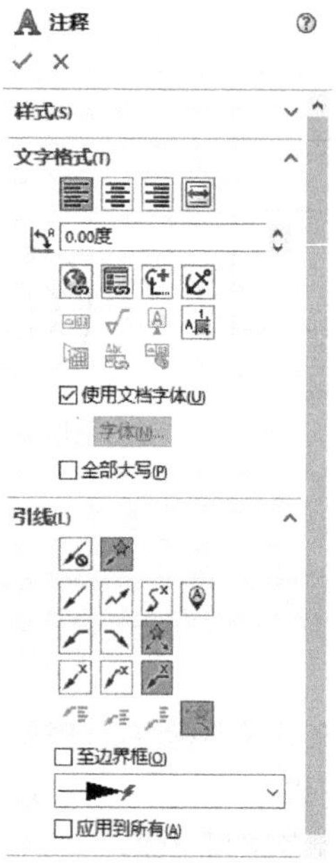

图 7–34 【注释】属性管理器

图 7–35　选择符号

7.4.2　添加注释的操作方法

（1）打开“配套数字资源 \ 第 7 章 \ 基本功能 \7.4.2”中的实例素材文件，如图 7-36 所示。

（2）单击【注解】工具栏中的 **A**【注释】按钮，弹出属性管理器，按图 7-37 所示进行参数设置。

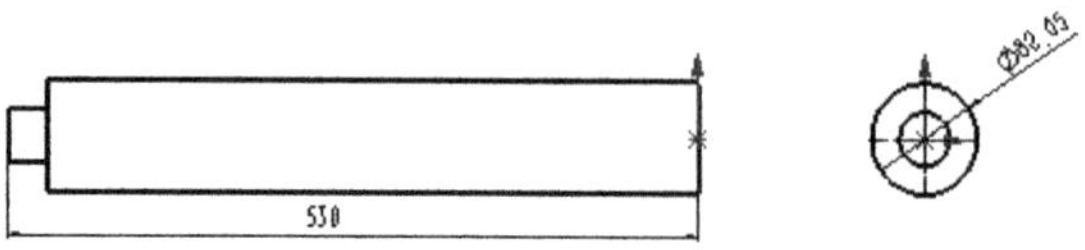

图 7–36　打开的素材文件

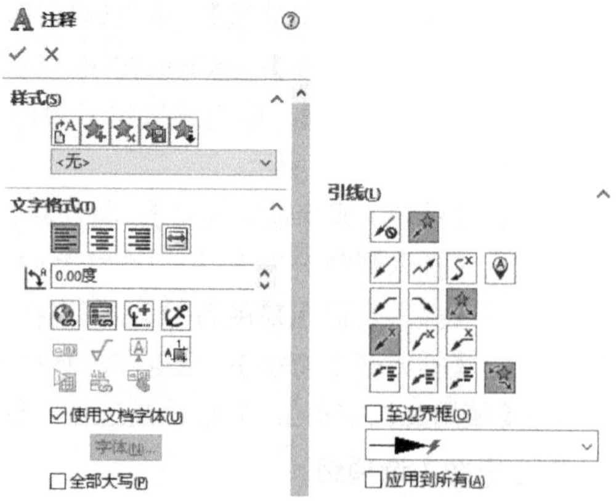

图 7–37　注释参数设置

（3）移动鼠标，在绘图区域单击空白处，弹出文字输入框，在其中输入文字，单击即可生成注释，如图 7-38 所示。

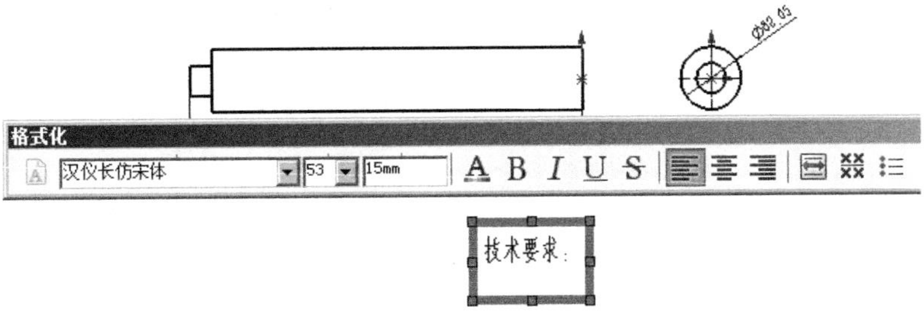

图 7–38 填写注释

7.5 主动轴零件图实例

本节将讲解生成主动轴零件图的方法，主动轴零件模型如图 7-39 所示，生成的主动轴零件图如图 7-40 所示。

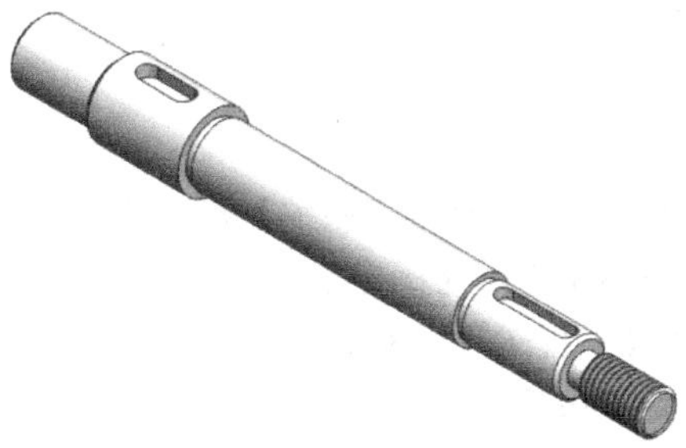

图 7–39 主动轴零件模型

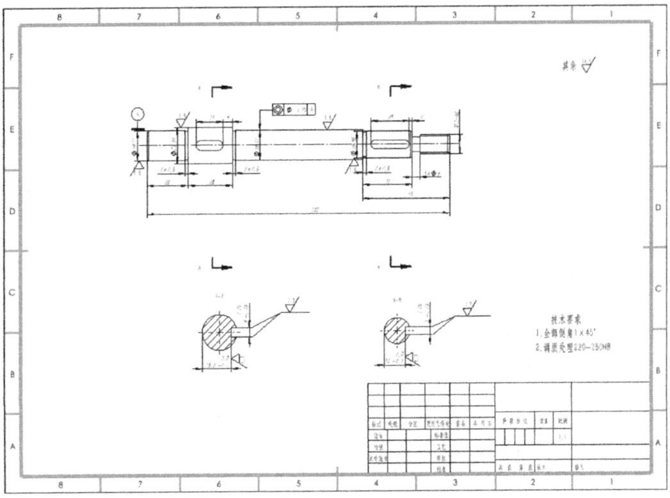

图 7–40 主动轴零件图

7.5.1 建立零件图前的准备

（1）双击打开“配套数字资源 \ 第 7 章 \ 实例文件 \7.5\ 主动轴.SLDPRT”文件，选择【文件】|【新建】菜单命令，弹出【新建 SOLIDWORKS 文件】对话框，单击【工程图】按钮，单击【确定】按钮，如图 7-41 所示。在特征管理器设计树中单击【取消】按钮。

（2）设置绘图标准。单击顶部工具栏中的【选项】按钮，弹出【文档属性】对话框，单击切换至【文档属性】选项卡，设置【总绘图标准】为“GB”，如图 7-42 所示。然后单击左侧的【尺寸】选项，在【文本】选项组中单击【字体】按钮，弹出【选择字体】对话框，保持【字体】为【汉仪长仿宋体】，将【字体样式】设置为【倾斜】，如图 7-43 所示，单击【确定】按钮完成设置。

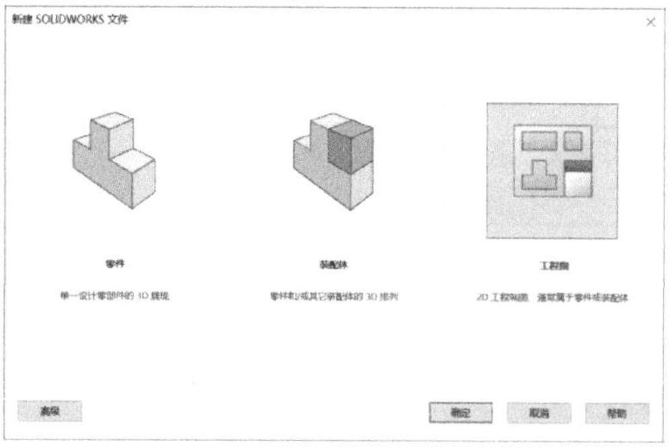

图 7-41 【新建 SOLIDWORKS 文件】对话框

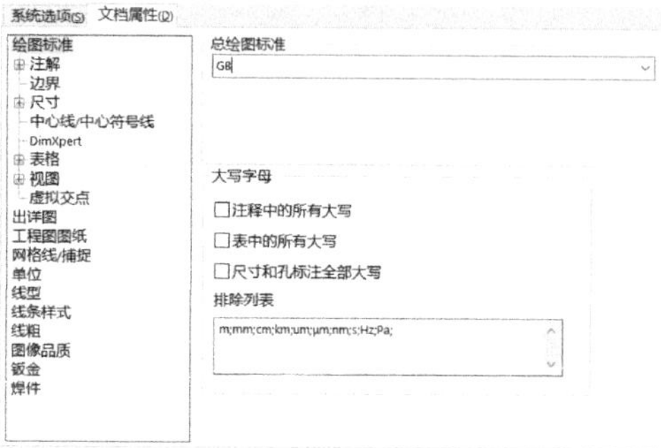

图 7-42 【文档属性】对话框

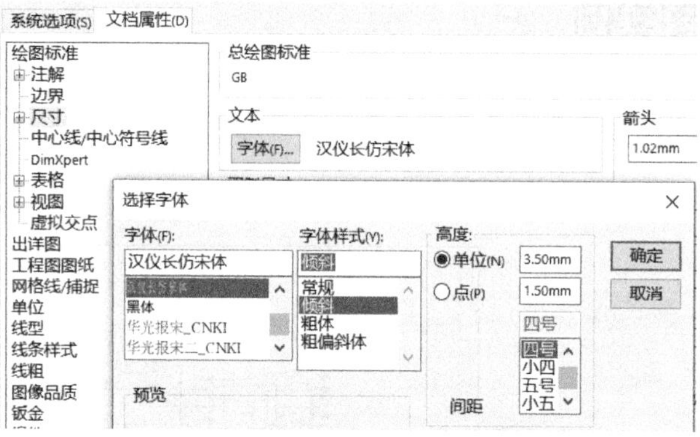

图 7-43 【选择字体】对话框

7.5.2 插入视图

（1）选择【插入】|【工程图视图】|【标准三视图】菜单命令，弹出【标准三视图】属性管理器，并在【打开文档】列表框中选择【主动轴】，如图 7-44 所示，然后单击✓【确定】按钮。

（2）单击图 7-45 所示的主动轴主视图，弹出图 7-46 所示的【工程图视图】属性管理器，在【比例】选项组中选择【使用图纸比例】单选项，然后单击✓【确定】按钮。

图 7-44 【标准三视图】属性管理器

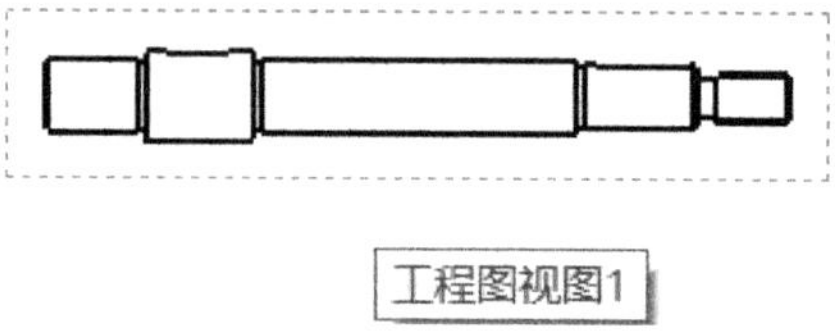

图 7-45 主动轴主视图

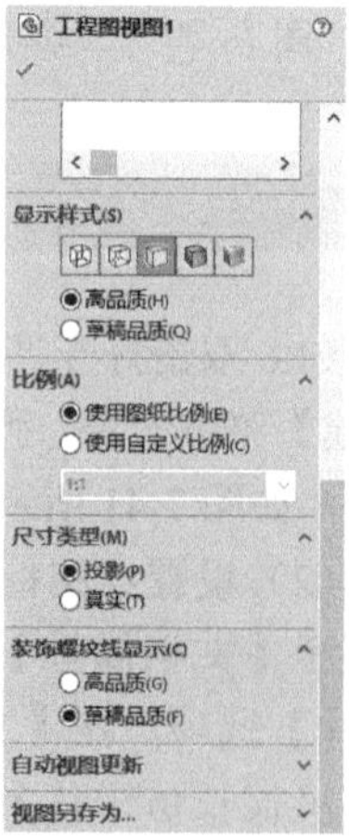

图 7-46 【工程图视图】属性管理器

（3）由于本实例是轴体类零件，只需保留上视图，因此可将图 7-47 所示的主动轴的主视图和右视图删除。依次选中两个视图，然后按 Delete 键，会弹出【确认删除】对话框，单击【是】按钮，结果如图 7-48 所示。

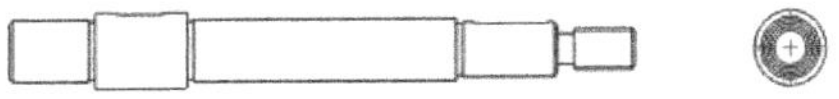

图 7–47 主动轴的主视图和右视图

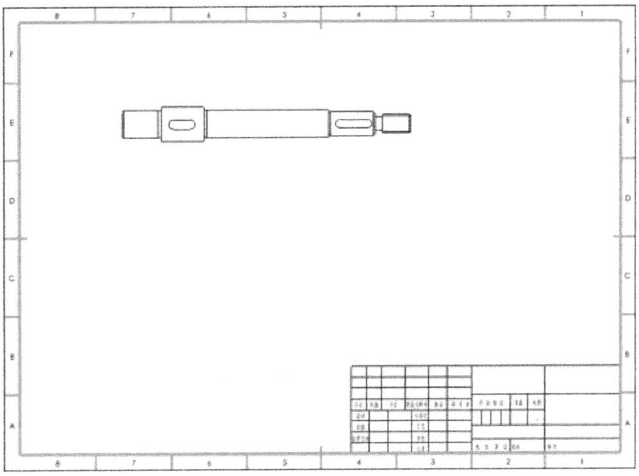

图 7–48 完成视图删除

7.5.3 绘制剖面视图

（1）单击【草图】工具栏中的／【直线】按钮，在上视图的两个键槽处绘制直线，如图 7-49 所示，然后单击✓【确定】按钮。

（2）单击【工程图】工具栏，首先选中左侧的直线，然后单击【剖面视图】按钮，软件将按照直线所在位置生成剖面视图，并自动与上视图对齐，在弹出的图 7-50 所示的【剖面视图】属性管理器中，单击【反转方向】按钮可以改变切除线的投影方向，勾选【横截剖面】复选框可以消除外轮廓线，然后单击✓【确定】按钮。

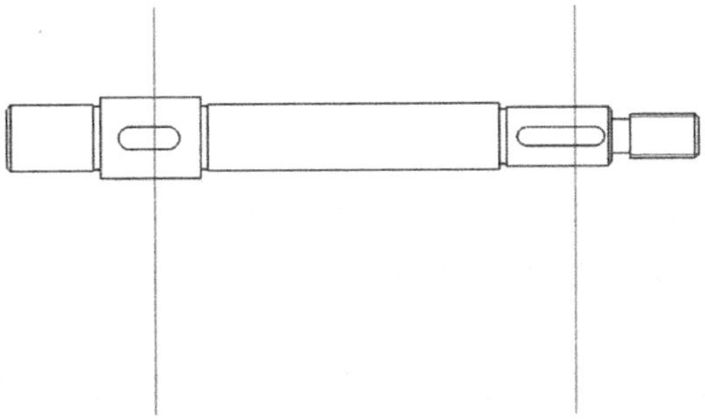

图 7–49 绘制直线

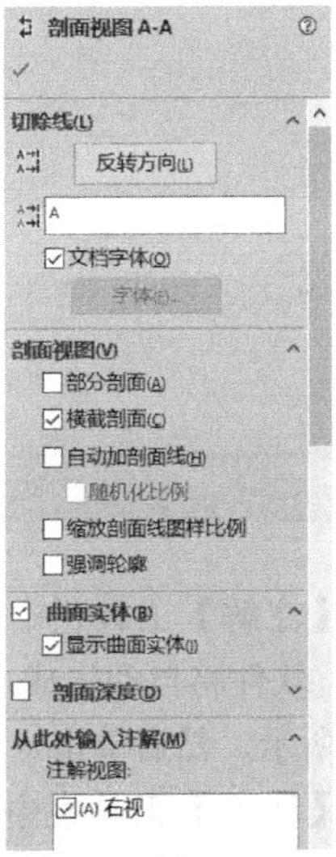

图 7–50 【剖面视图】属性管理器

（3）在生成的剖面视图 A-A 处单击鼠标右键，打开图 7-51 所示的菜单，选择【视图对齐】|【解除对齐关系】命令，然后按住鼠标左键将其移动到上视图中切除线下方的对应位置，如图 7-52 所示，单击 ✓【确定】按钮。

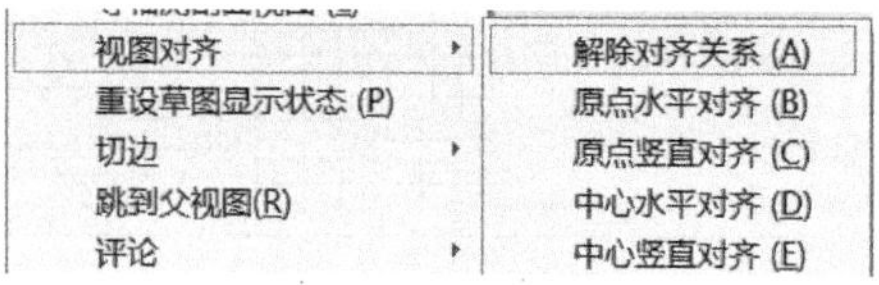

图 7-51　右键菜单

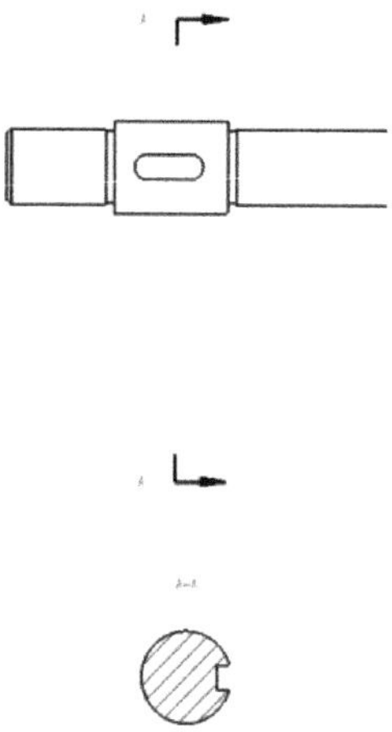

图 7-52　完成剖面视图 A-A 的绘制

（4）依据步骤（2）、步骤（3），完成右侧直线对应的剖面视图 B-B 的绘制，完成后的结果如图 7-53 如所示。

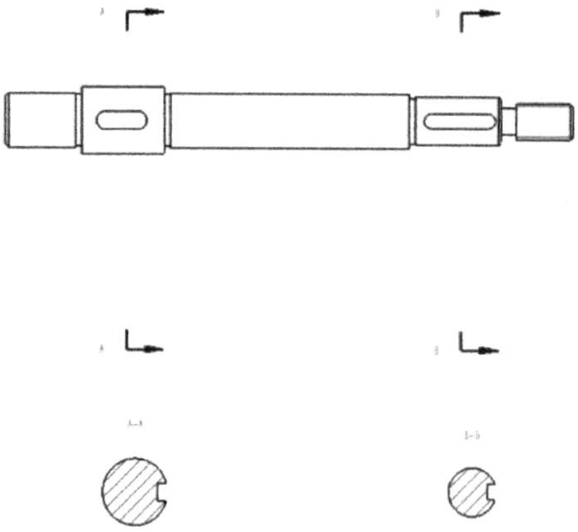

图 7-53　完成剖面视图 B-B 的绘制

7.5.4　绘制中心线和中心符号线

（1）单击【注解】工具栏中的【中心线】按钮，弹出属性管理器，依次单击上视图中主动轴两侧的边线，软件将自动生成点画线。单击点画线的端点可以使其延长，直至完全贯穿整个上视图，如图 7-54 所示，然后单击✓【确定】按钮。

（2）单击【注解】工具栏中的⊕【中心符号线】按钮，单击剖面视图 A-A 和剖面视图 B-B，软件自动生成中心符号线，如图 7-55 所示，然后单击✓【确定】按钮。

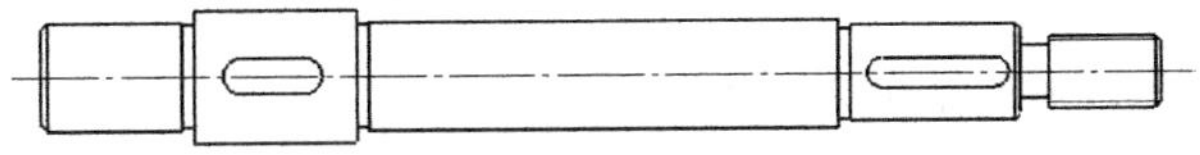

图 7–54　完成中心线的绘制

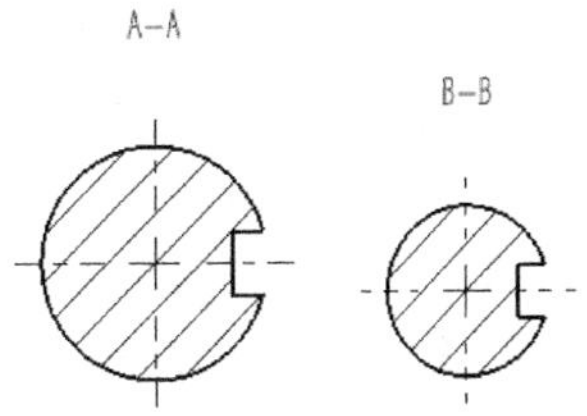

图 7–55　完成中心符号线的绘制

7.5.5　标注零件图尺寸

（1）对主动轴的轴向尺寸进行标注。单击【注解】工具栏中的【智能尺寸】按钮，分别单击主动轴左端和第一阶梯的左端，拖曳尺寸至合适位置后单击放置尺寸，如图 7-56 所示。在图 7-57 所示的【尺寸】属性管理器中，将【公差 / 精度】选项组中的【单位精度】| 设置为【无】，对基本尺寸的小数点位数进行修改，然后单击【确定】按钮。同理将其余阶梯部分按此步骤进行标注，完成后的结果如图 7-58 所示。

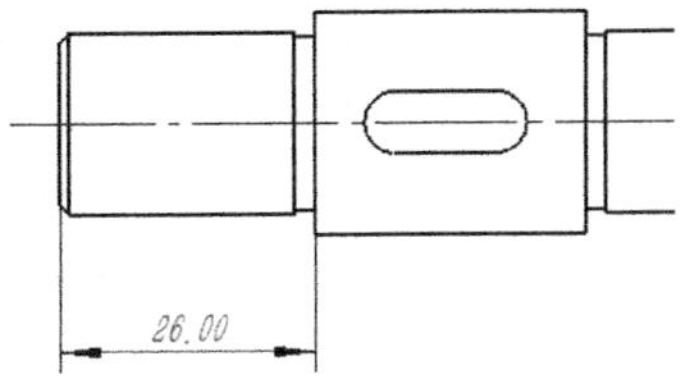

图 7–56　手动标注轴向尺寸

图 7–57　更改【单位精度】为【无】

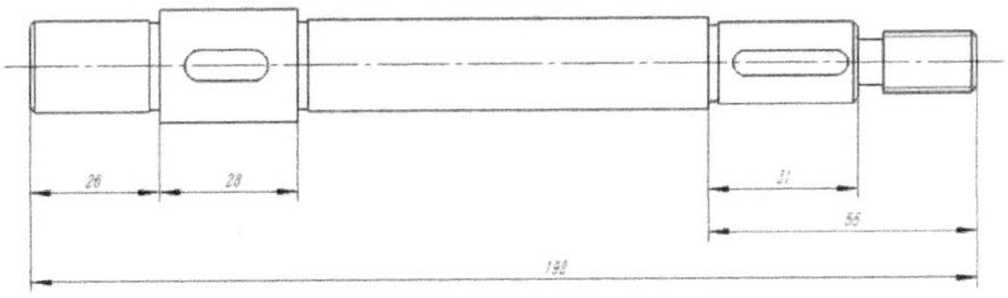

图 7–58　完成轴向尺寸的标注

（2）对主动轴的 4 个退刀槽进行标注，退刀槽的标注方式有两种，第一种是“槽宽 × 槽深”，第二种是“槽宽 × 直径”，这里先使用第一种方式。在【注解】工具栏中单击【智能尺寸】按钮，依次单击退刀槽两侧的边线，拖曳尺寸至合适位置后单击放置尺寸，如图 7-59 所示。在【尺寸】属性管理器中，将【公差 / 精度】选项组中的【单位精度】设置为【无】；在【标注尺寸文字】选项组第一栏中的“<DIM>”后手动输入“×0.5”，如图 7-60 所示，然后单击【确定】按钮。同理对主动轴的其余两个窄边退刀槽进行标注，如图 7-61 所示。

（3）进行第二种退刀槽的标注。单击【注解】工具栏中的【智能尺寸】按钮，单击螺纹处退刀槽两侧的边线，拖曳尺寸至合适位置后单击放置尺寸，如图 7-62 所示。同理，按照步骤（2）更改其【单位精度】为【无】，在【标注尺寸文字】选项组第一栏中的“<DIM>”后手动输入“×”，然后单击【直径】按钮插入直径符号，再手动输入“9”，如图 7-63 所示，完成后单击【确定】按钮，结果如图 7-64 所示。

（4）对键槽尺寸进行标注。单击【注解】工具栏中的【模型项目】按钮，依次选择两个键槽的边线，软件会从零件中调取相应尺寸在此工程图上进行标注，如图 7-65 所示，然后单击【确定】按钮。根据实际情况和工程图标注的要求，将键槽的长度尺寸和边界位置尺寸水平对齐，按住鼠标左键拖曳对应尺寸即可改变其位置。如果要删除键槽的宽度尺寸，单击对应尺寸，然后按 Delete 键即可。单击尺寸，更改其【单位精度】为【无】；为使尺寸的标注更清晰，进入图 7-66 所示的【尺寸】属性管理器，展开【引线】选项卡中的【尺寸界线 / 引线显示】选项组，更改引线类型为【里面】，然后单击✓【确定】按钮，完成后的结果如图 7-67 所示。

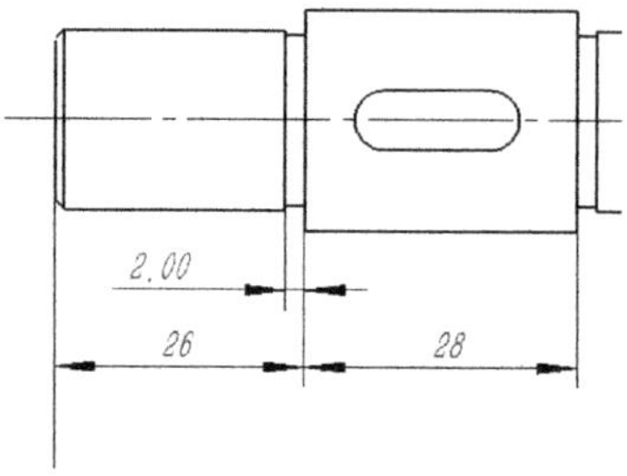

图 7-59　手动标注第一种退刀槽尺寸

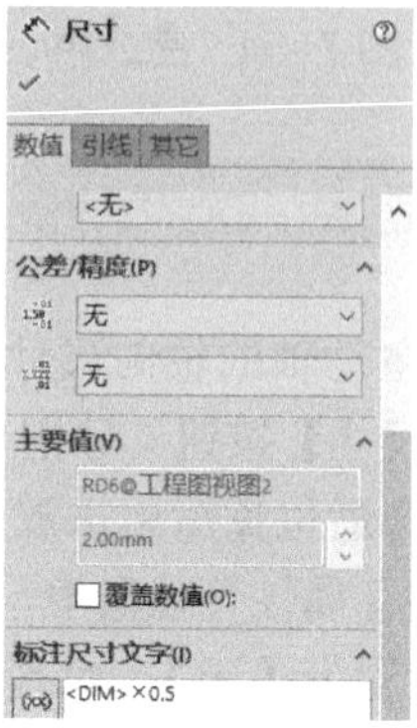

图 7-60　添加第一种标注尺寸文字

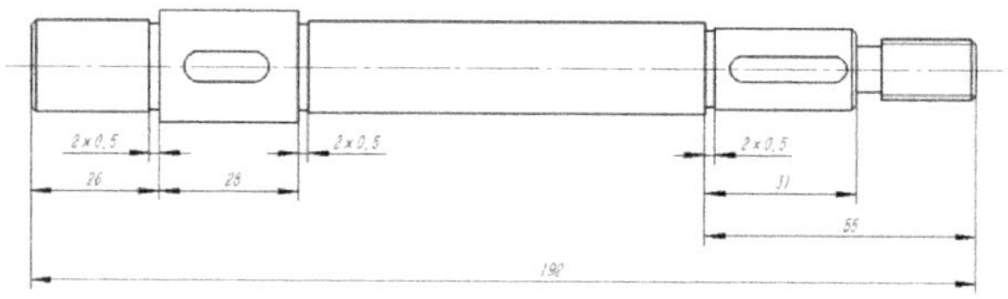

图 7-61　完成第一种退刀槽标注

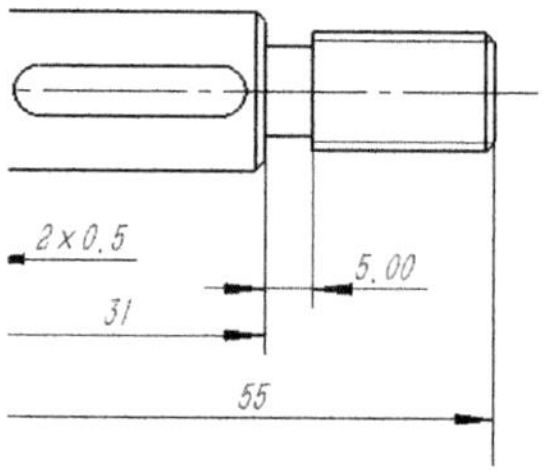

图 7-62　手动标注第二种退刀槽尺寸

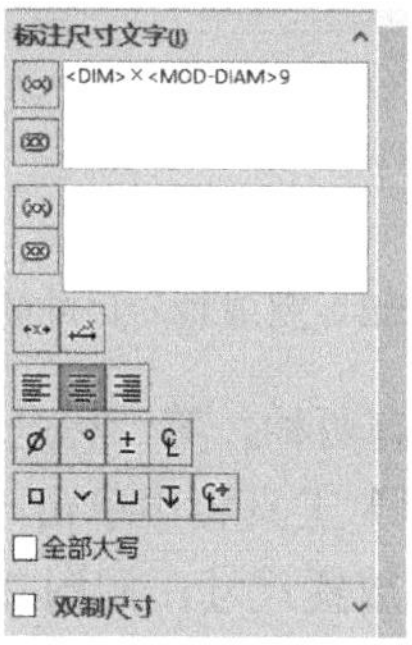

图 7-63　添加第二种标注尺寸文字

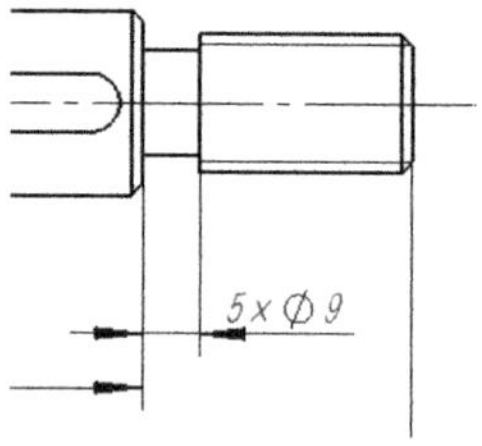

图 7-64　完成第二种退刀槽标注

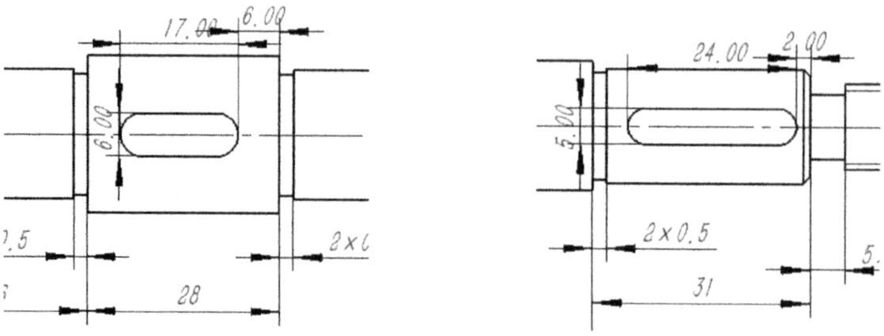

（a）键槽 1　　（b）键槽 2

图 7-65　完成模型项目关联尺寸的标注

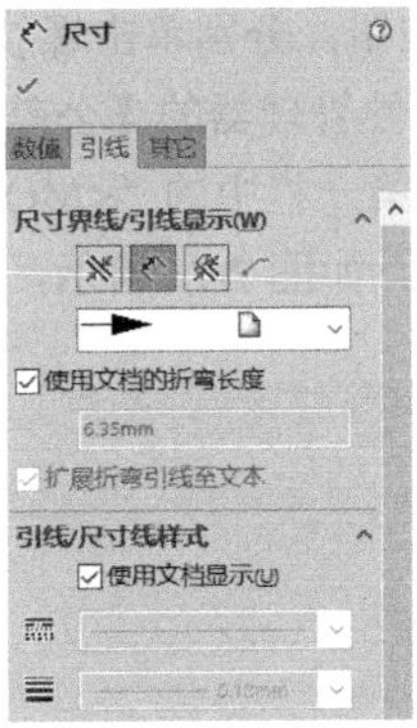

图 7-66　更改【尺寸界线 / 引线显示】类型

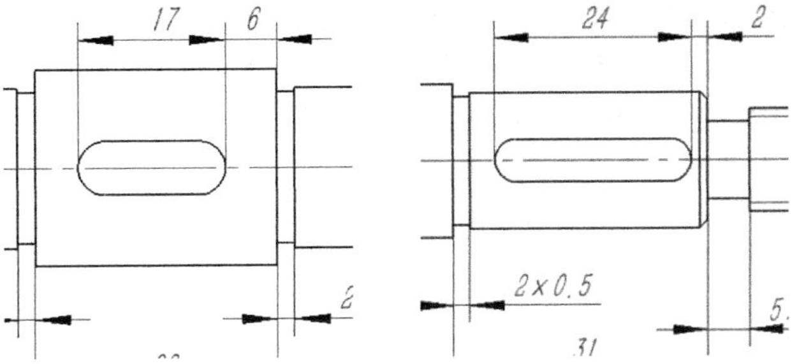

（a）键槽 1　　（b）键槽 2

图 7-67　完成键槽尺寸标注

（5）对带有公差的径向尺寸进行标注。单击【注解】工具栏中的【智能尺寸】按钮，分别单击圆柱的上、下边线，软件会自动识别尺寸类型为直径，拖曳尺寸至合适位置后单击放置尺寸，如图 7-68 所示。在【尺寸】属性管理器中，将【公差 / 精度】选项组中的【公差类型】设置为【套合】，在【轴套合】下拉列表中选择【f7】选项，将【单位精度】设置为【无】，如图 7-69 所示，然后单击【确定】按钮，完成后的结果如图 7-70 所示。

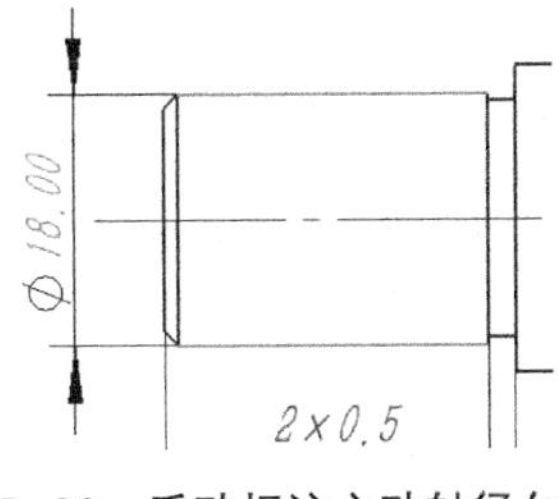

图 7-68　手动标注主动轴径向尺寸

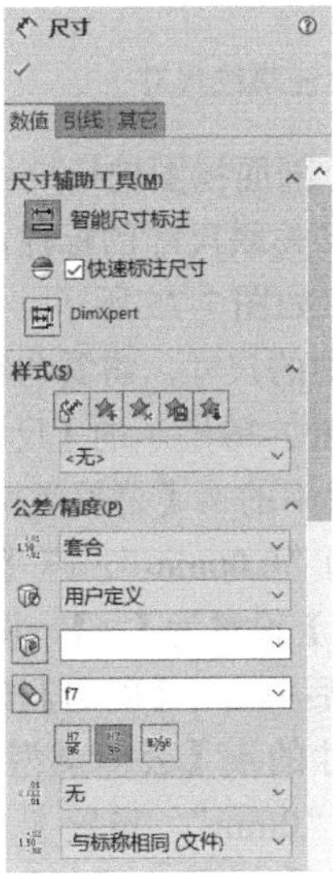

图 7-69　参数设置

（6）根据步骤（5）可以对主动轴不同阶梯的尺寸进行标注，除去最后一段螺纹，可将主动轴分为 4 段，第一段为步骤（5）所标注的【ϕ18f7】，第二段为【ϕ22k6】，第三段为【ϕ18f7】，第四段为【ϕ16h6】。同理，根据步骤（4）可以将引线类型更改为【里面】，结果如图 7-71 所示。

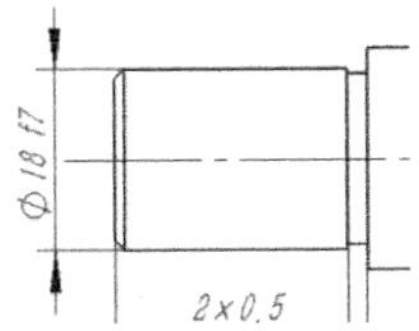

图 7-70　更改参数后的尺寸标注

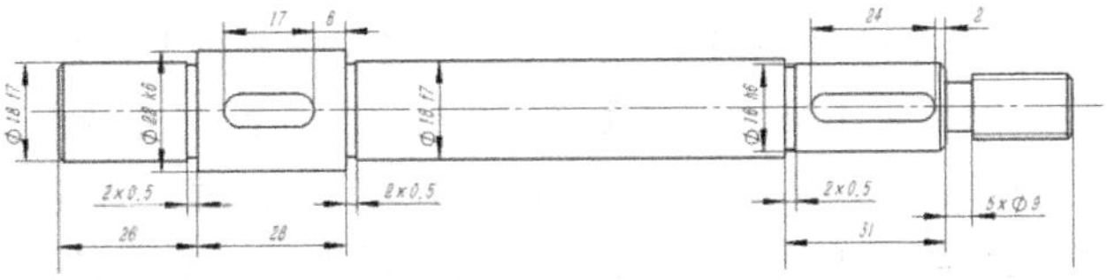

图 7-71　完成带有公差的径向尺寸标注

（7）对螺纹进行标注。单击【注解】工具栏中的【智能尺寸】按钮，分别单击螺纹的外边界，拖曳尺寸至合适位置后单击放置尺寸，如图 7-72 所示。在【尺寸】属性管理器的【公差 / 精度】选项组中，将【单位精度】设置为【无】，将【标注尺寸文字】选项组第一栏中的“<MOD-DIAM>”删除，在“<DIM>”前手动输入“M”，在“<DIM>”后手动输入“-6g”，如图 7-73 所示，单击【确定】按钮，结果如图 7-74 所示。

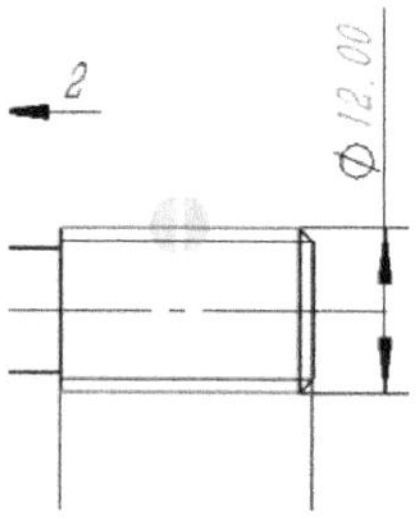

图 7–72　手动标注螺纹尺寸

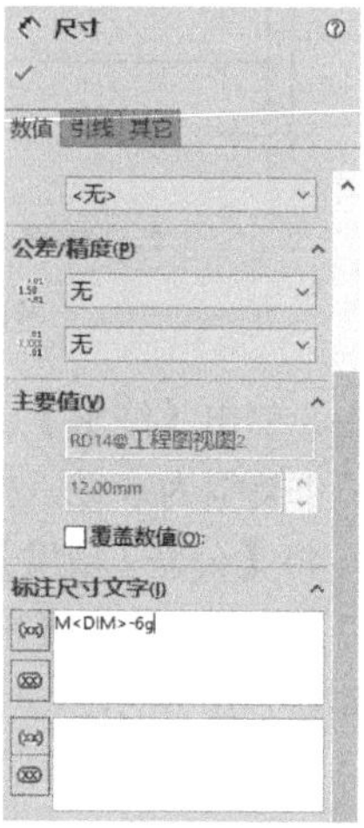

图 7–73　添加标注尺寸文字

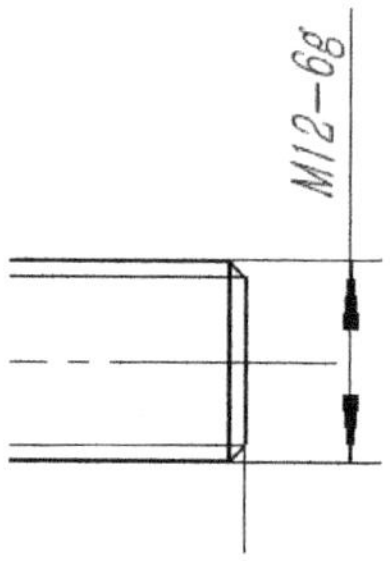

图 7–74　完成螺纹尺寸标注

（8）对两个剖面视图进行尺寸标注。由于在步骤（4）中进行了模型项目关联尺寸的标注，所以软件已经对其键槽深度进行了标注，如图 7-75 所示。为使尺寸标注更清晰，选中剖面视图 A-A 中的尺寸，将其与剖面视图 B-B 水平对齐。根据步骤（5）在图 7-76 所示的【尺寸】属性管理器中将【公差 / 精度】选项卡组中的【公差类型】设置为【双边】，设置【最大变量】为“0.00mm”，【最小变量】为“-0.1mm”；将【单位精度】设置为【.1】，将【公差精度】设置为【与标称相同】，然后单击【确定】按钮。同理，将剖面视图 B-B 的键槽深度尺寸的【公差类型】设置为【双边】，设置【最大变量】为“0mm”，设置【最小变量】为“-0.1mm”，将【单位精度】设置为【无】；将【公差精度】设置为【.1】，然后单击【确定】按钮。完成后的结果如图 7-77 所示。

（9）单击【注解】工具栏中的【智能尺寸】按钮，分别单击剖面视图 A-A 中缺口的两侧，拖曳尺寸至合适位置后单击放置尺寸。根据步骤（8），在【尺寸】属性管理器中，将【公差 / 精度】选项组中的【公差类型】设置为【双边】，设置【最大变量】为“0mm”，设置【最小变量】为“-0.1mm”，然后单击【确定】按钮。同理，对剖面视图 B-B 的键槽宽度尺寸进行标注，完成后单击【确定】按钮，结果如图 7-78 所示。

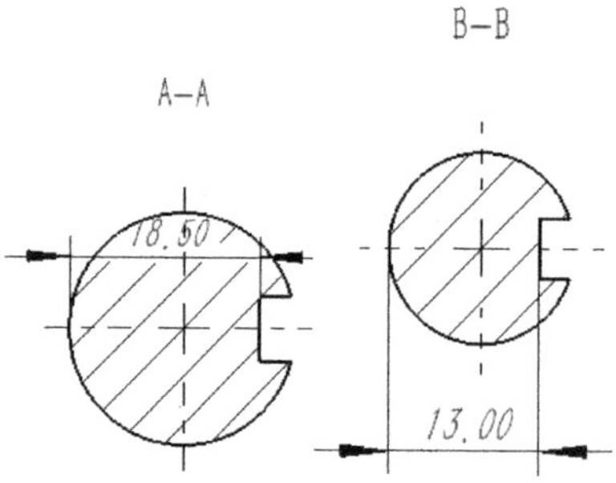

（a）剖面视图 A–A　（b）剖面视图 B–B

图 7–75　模型项目的关联尺寸

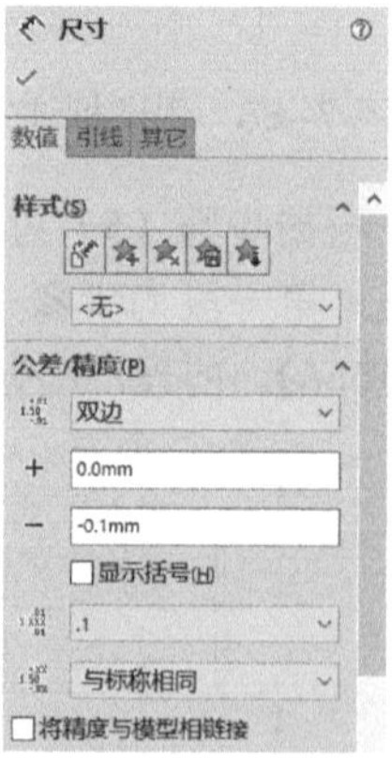

图 7–76　设置

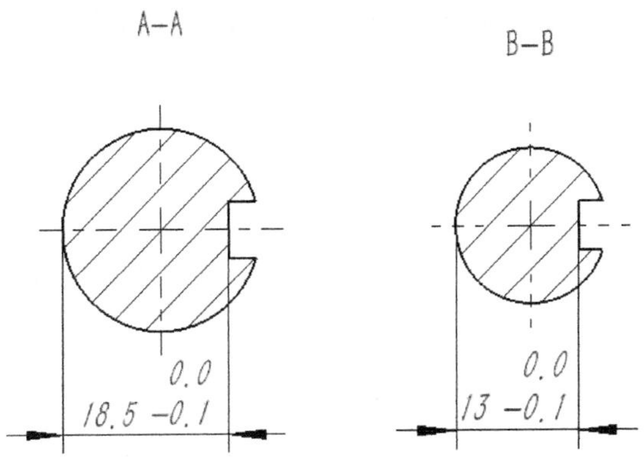

（a）剖面视图 A–A　　（b）剖面视图 B–B

图 7–77　完成键槽深度尺寸标注

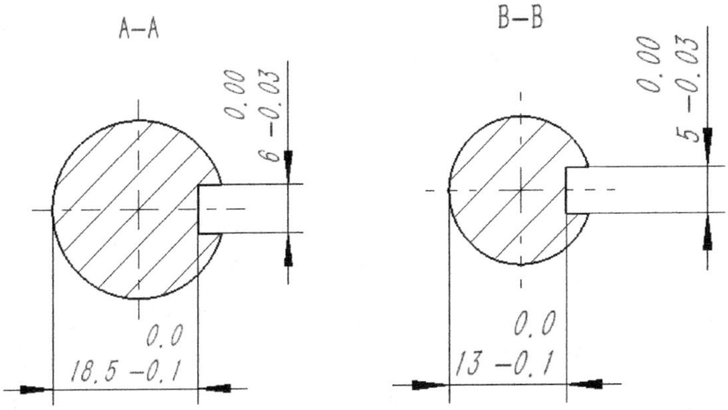

（a）剖面视图 A–A　　（b）剖面视图 B–B

图 7–78　完成键槽宽度尺寸标注

7.5.6　标注形位公差

（1）单击【注解】工具栏中的【基准特征】按钮，单击主动轴第一阶梯的尺寸线，然后移动鼠标使基准标识与尺寸线在同一直线上，再次单击放置基准标识，单击✓【确定】按钮。为使基准标识显示得更清楚，单击尺寸线并按照 7.5.5 小节的步骤（4）将引线类型设置为【里面】，更改后的结果如图 7-79 所示。

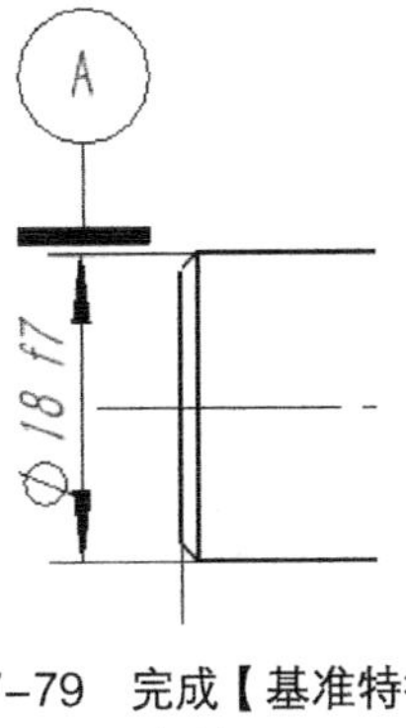

图 7–79　完成【基准特征】标注

（2）单击【注解】工具栏中的【形位公差】按钮，弹出形位公差的【属性】对话框。根据实际要求在【符号】下拉列表中选择◎【同轴度】选项，然后单击【直径】按钮，在【公差 1】数值框中手动输入“0.05”，勾选【公差 2】复选框并手动输入“A”，如图 7-80 所示，然后单击【确定】按钮。

（3）此时软件会自动将形位公差框插入工程图中，按住鼠标左键即可将其移动到主动轴中间段的合适位置。选中形位公差框，软件会在左侧自动弹出图 7-81 所示的【形位公差】属性管理器，在【引线】选项组中单击【引线】按钮，并在第二行单击【垂直引线】按钮，完成后单击✓【确定】按钮。

（4）按住鼠标左键拖曳引线，将其与主动轴中间段的尺寸线对齐，结果如图 7-82 所示。

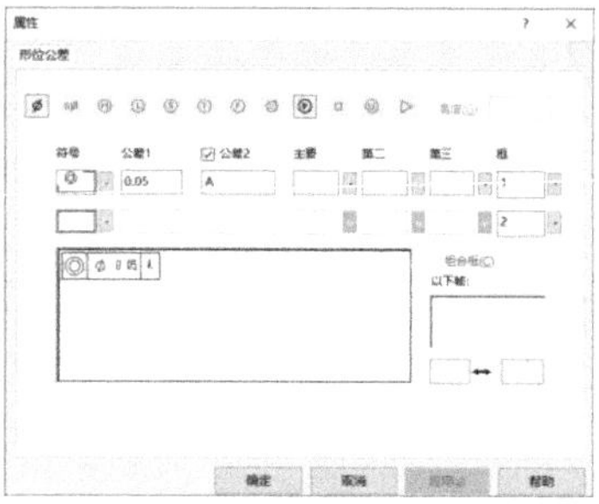

图 7-80　形位公差的【属性】对话框

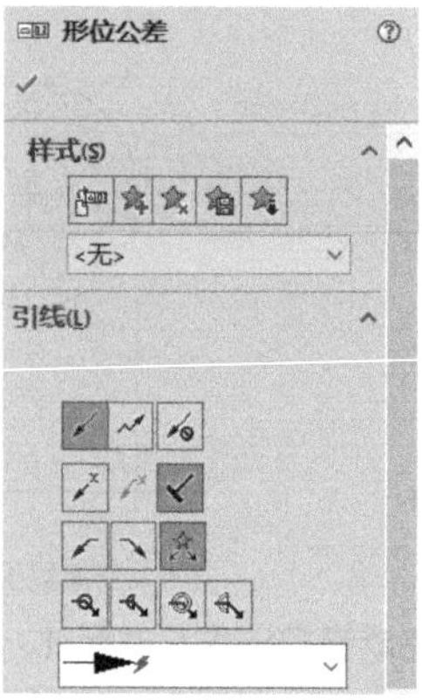

图 7-81 【形位公差】属性管理器

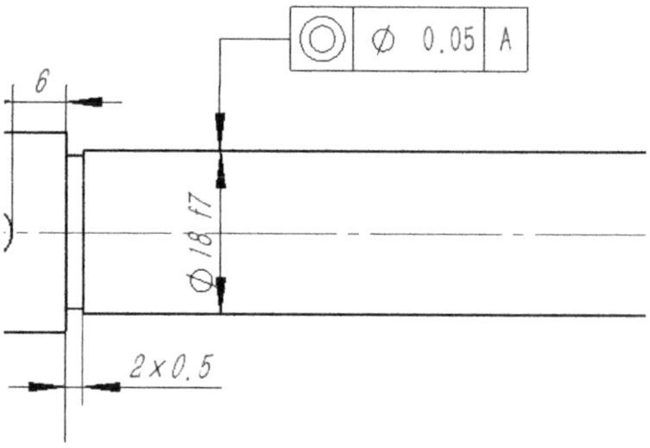

图 7-82　完成【形位公差】标注

7.5.7　标注表面粗糙度

（1）单击【注解】工具栏中的【表面粗糙度符号】按钮，弹出【表面粗糙度】属性管理器，在【符号】选项组中单击【要求表面切削加工】按钮，如图 7-83 所示，在【最小粗糙度】数值框中输入要求的数值，先进行主动轴表面粗糙度的标注，输入“1.6”，此时鼠标指针移动到工程图区域中会自动带有“”（表面粗糙度）符号。将鼠标指针移至边线处，单击即可直接放置表面粗糙度符号。如需在尺寸线上进行标注，先单击尺寸线，再单击放置表面粗糙度符号，此时若鼠标指针在尺寸线上方则为正向放置，如“”；若鼠标指针在尺寸线下方则为反向放置，如“”。从左向右依次进行标注，完成后单击【确定】按钮，结果如图 7-84 所示。

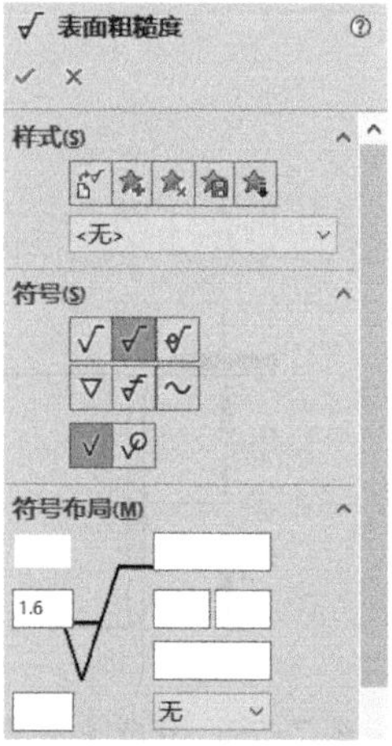

图 7-83 【表面粗糙度】属性管理器

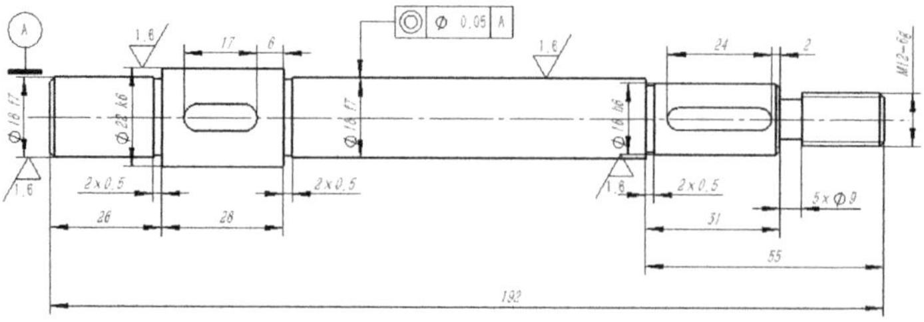

图 7-84　完成主动轴的表面粗糙度标注

（2）对剖面视图 A-A 和剖面视图 B-B 进行表面粗糙度标注。根据步骤（1），在【表面粗糙度】属性管理器的【符号】选项组中单击【要求表面切削加工】按钮，在【最小粗糙度】数值框中输入“6.3”，然后分别在两个剖面视图的槽深尺寸线处进行标注，完成后的结果如图 7-85 所示。

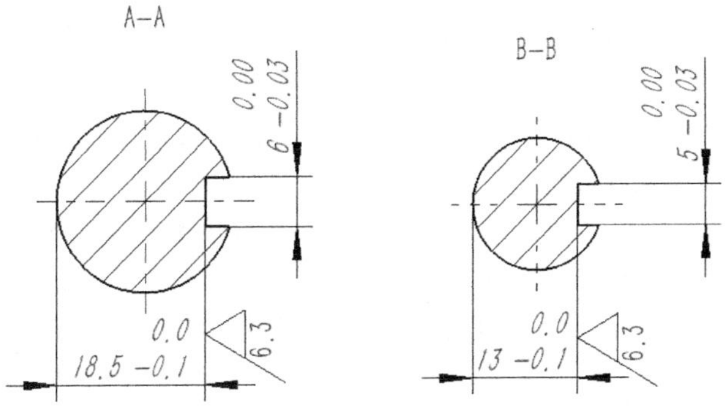

（a）剖面视图 A–A　　（b）剖面视图 B–B

图 7–85　完成槽深尺寸的表面粗糙度标注

（3）单击【草图】工具栏中的【直线】按钮，绘制图 7-86 所示的折线，然后单击【注解】工具栏中的【表面粗糙度符号】按钮，在【表面粗糙度】属性管理器的【符号】选项组中单击【要求表面切削加工】按钮，在【最小粗糙度】数值框中输入“3.2”，然后分别在两个折线的水平线处进行标注，单击【确定】按钮，完成后的结果如图 7-87 所示。

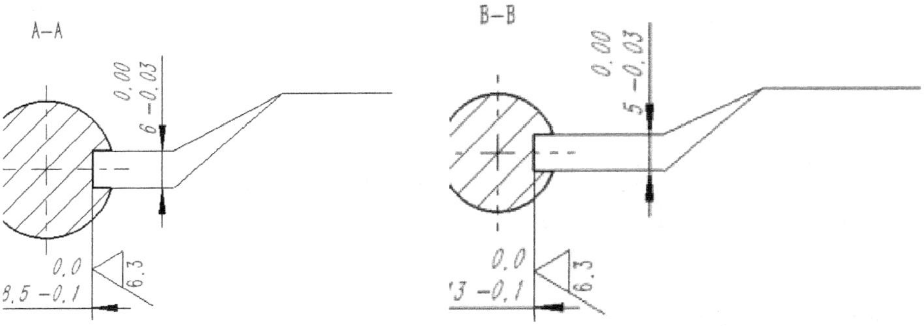

（a）剖面视图 A–A　　（b）剖面视图 B–B

图 7–86　绘制折线

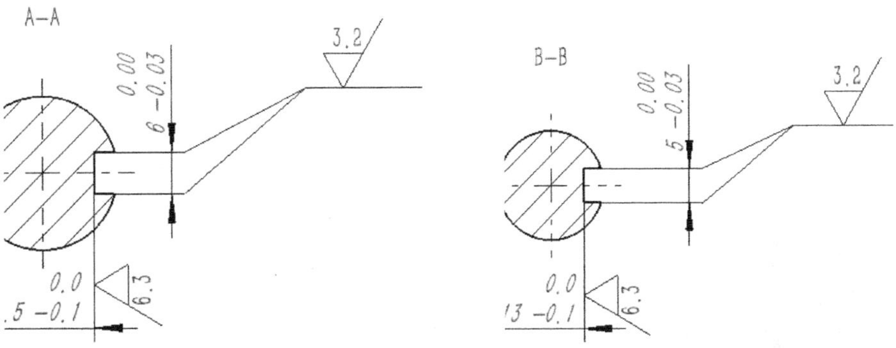

（a）剖面视图 A–A　　（b）剖面视图 B–B

图 7–87　完成槽宽尺寸的表面粗糙度标注

7.5.8 加注注释文字

（1）单击【注解】工具栏中的 A【注释】按钮，在工程图右下角的适当位置单击放置文本框，手动输入文字：技术要求 1. 全部倒角 1×45° 2. 调质处理 220-250HB。

（2）在弹出的【格式化】对话框中，将【字号】改为【20】，如图 7-88 所示，然后单击✓【确定】按钮，完成后可以微调注释位置。

（3）根据 7.5.7 小节的步骤（1），创建一个【最小粗糙度】为【12.5】的表面粗糙度标识，并将其放于整张图纸的右上方。单击【注解】工具栏中的 A【注释】按钮，在表面粗糙度标识的左侧放置文本框，手动输入文字：其余。对未进行表面粗糙度标注的表面进行声明，完成后的结果如图 7-89 所示。

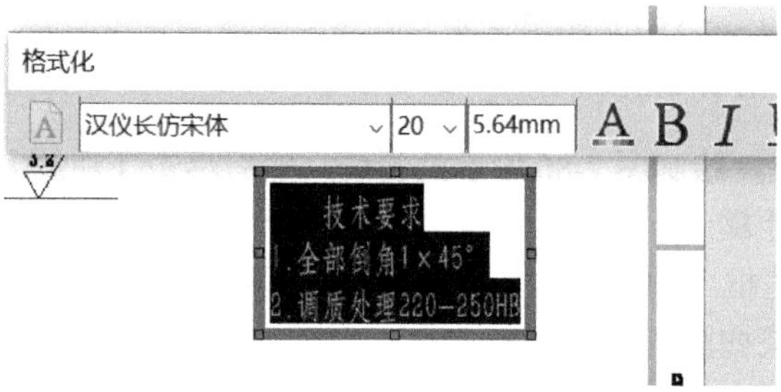

图 7-88 添加技术要求

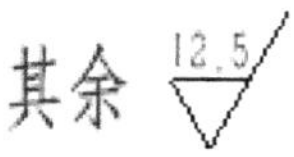

图 7-89 添加未进行表面粗糙度标注的声明

7.5.9 文件保存

若要进行与零件相关的保存操作，即更改零件尺寸或形状时，工程图会联动更新，则直接单击快速访问工具栏中的💾【保存】按钮即可。

7.6 虎钳装配图实例

本节将讲解生成图 7-90 所示的虎钳模型的装配图的步骤与方法，生成的装配图如图 7-91 所示。

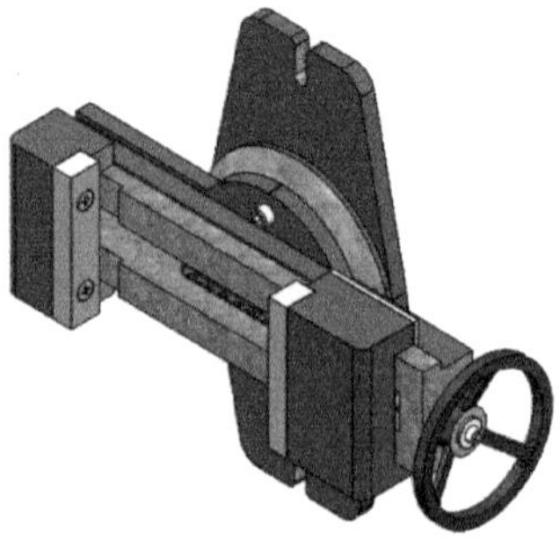

图 7-90 虎钳模型

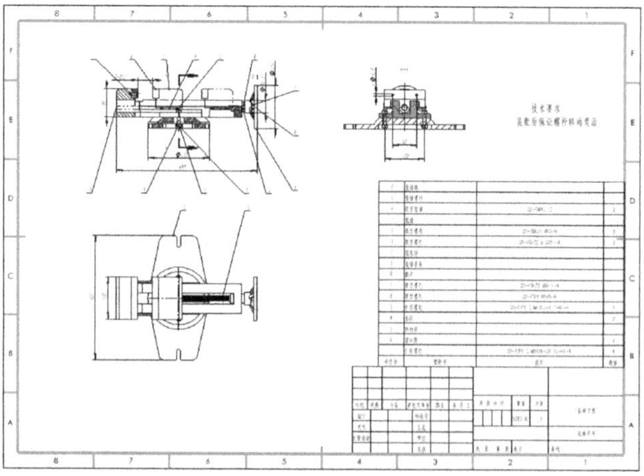

图 7-91 虎钳装配图

7.6.1　插入视图

（1）打开“配套数字资源 \ 第 7 章 \ 实例文件 \7.6\ 虎钳装配体.SLDASM”文件，选择【文件】|【从零件制作工程图】菜单命令。

（2）单击图 7-92 所示的右侧工具栏中的【视图调色板】按钮，调出图 7-93 所示的任务窗格，选中【前视】，将其拖曳到图纸上，然后将鼠标指针向下移动，软件会自动在其正下方放置俯视图，然后单击✓【确定】按钮，结果如图 7-94 所示。

图 7–92　右侧工具栏

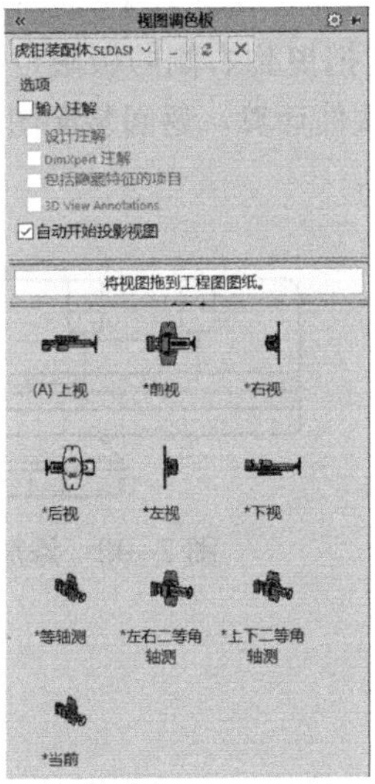

图 7–93　任务窗格

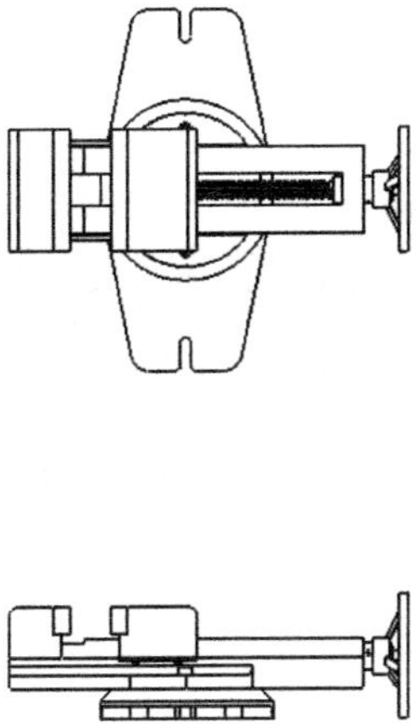

图 7–94　前视图和俯视图

（3）按住鼠标左键拖曳俯视图，将俯视图移至上方，并将两个视图向图纸左侧移动，为后期的零件材料表留出足够位置，如图 7-95 所示。

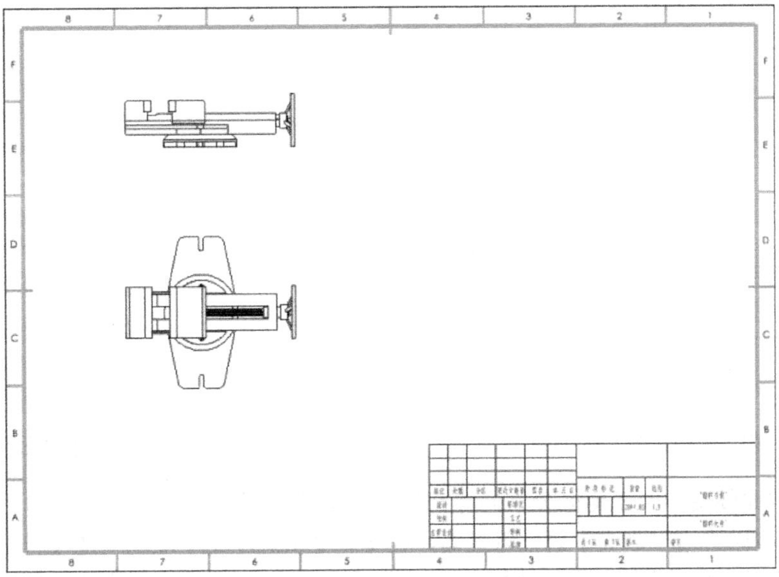

图 7–95　完成视图移动

7.6.2 添加交替位置视图

（1）交替位置视图是用于显示装配体中活动部件的移动范围的，本实例中的活动部件就是与虎钳螺杆配合的活动座，利用螺杆的转动实现活动座的直线移动。

（2）单击【工程图】工具栏中的【交替位置视图】按钮，首先选择俯视图确定交替位置视图添加的视图，然后在图 7-96 所示的属性管理器的【配置】选项组中保持选择【新配置】单选项，单击✓【确定】按钮，软件会打开装配体模型。选中活动座并将其拖曳到右侧的极限位置处，如图 7-97 所示，单击✓【确定】按钮并等待软件计算，返回装配图界面，即可实现图 7-98 所示的交替位置视图的添加。

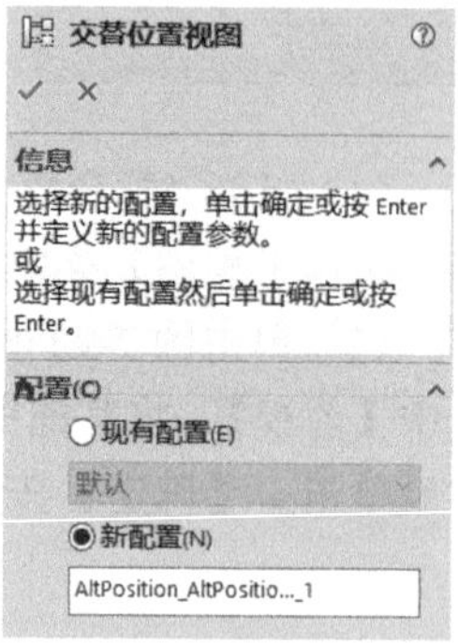

图 7-96 【交替位置视图】属性管理器

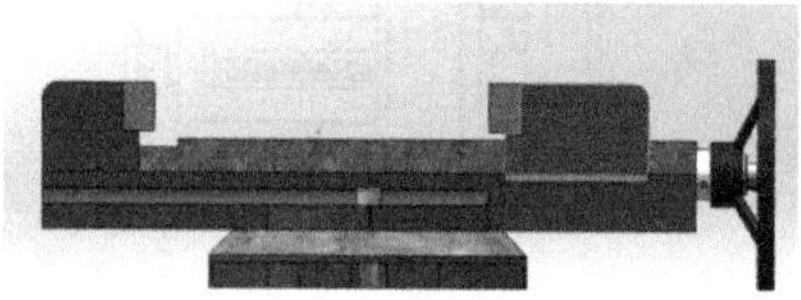

图 7-97 活动座右侧极限位置

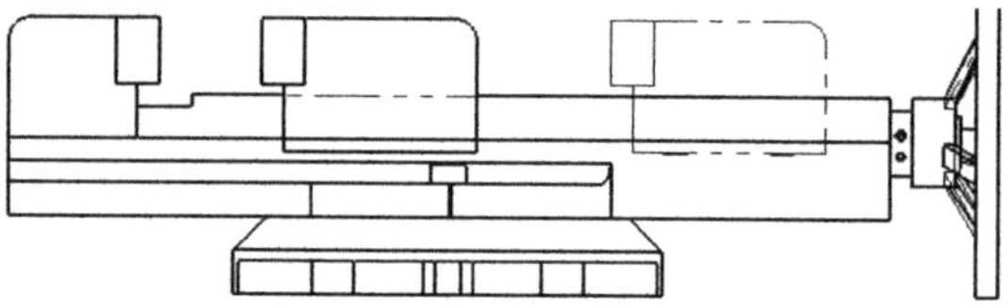

图 7-98 添加的活动座交替位置视图

7.6.3 绘制剖面视图

（1）单击【草图】工具栏中的╱【直线】按钮，在俯视图的中点处绘制直线，如图 7-99 所示，然后单击✓【确定】按钮。

（2）在【工程图】工具栏中单击【剖面视图】按钮，弹出【剖面视图】对话框，按图 7-100 所示进行参数设置，然后单击【确定】按钮。将剖面视图 A-A 放置在合适位置，如图 7-101 所示，最后单击进行放置。

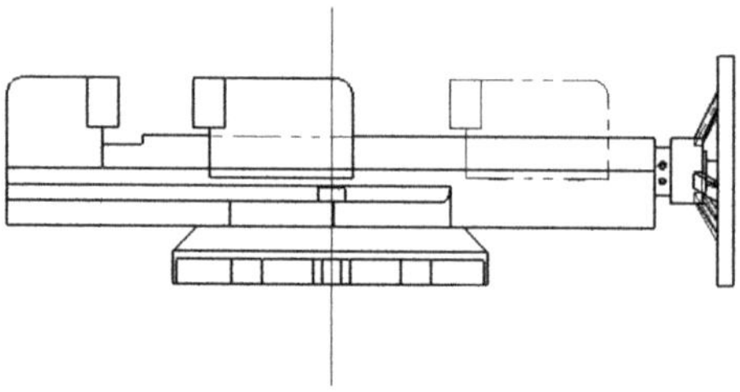

图 7-99 绘制直线

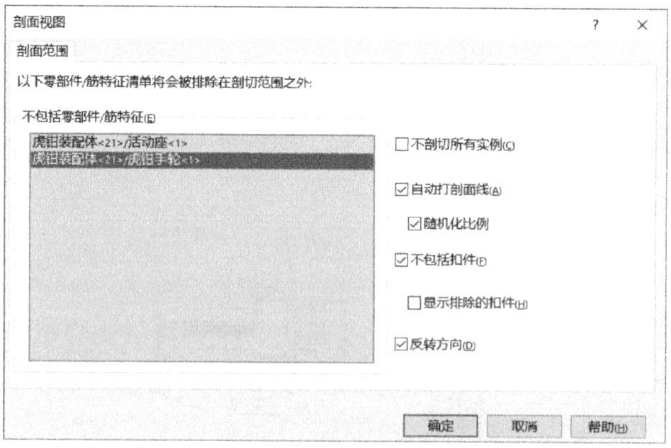

图 7-100 【剖面视图】对话框

（3）为使剖面线更加清楚地区分不同零部件，在剖面视图 A-A 上单击虎钳体，即上部分的剖面线，弹出【区域剖面线 / 填充】属性管理器，在【属性】选项组中取消勾选【材质剖面线】复选框，然后在【剖面线图样比例】数值框中输入“3”，如图 7-102 所示，完成后单击✓【确定】按钮，完成剖面视图 A-A 剖面线图样比例的修改，如图 7-103 所示。

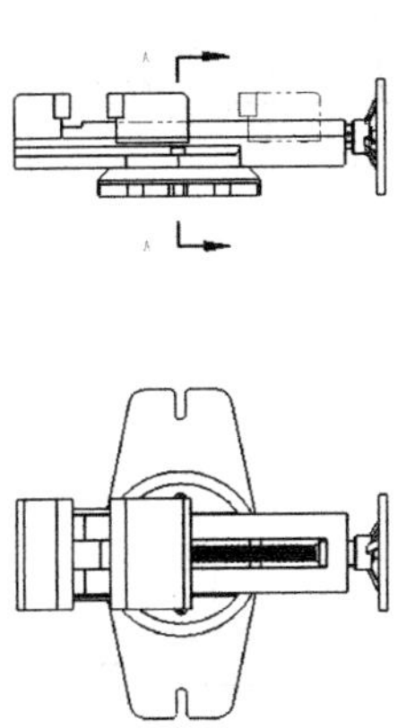

图 7-101　完成剖面视图 A-A 绘制

图 7-102 【区域剖面线 / 填充】属性管理器

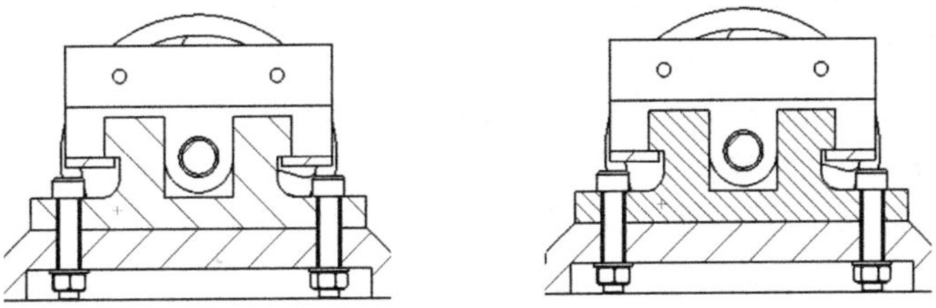

（a）修改前　　（b）修改后

图 7-103　修改剖面线图样比例

7.6.4　绘制断开的剖视图

（1）单击【工程图】工具栏中的【断开的剖视图】按钮，进入样条曲线绘制模式，绘制图 7-104 所示的样条曲线，弹出【剖面视图】对话框，在【不包括零部件 / 筋特征】列表框内选中【虎钳体】，保持勾选【自动打剖面线】和【不包括扣件】复选框，然后单击【确定】按钮。打开【断开的剖视图】属性管理器，在【深度】选项组的【深度】数值框中输入“130.00mm”，如图 7-105 所示，完成后单击✓【确定】按钮，得到图 7-106 所示的局部剖面视图。

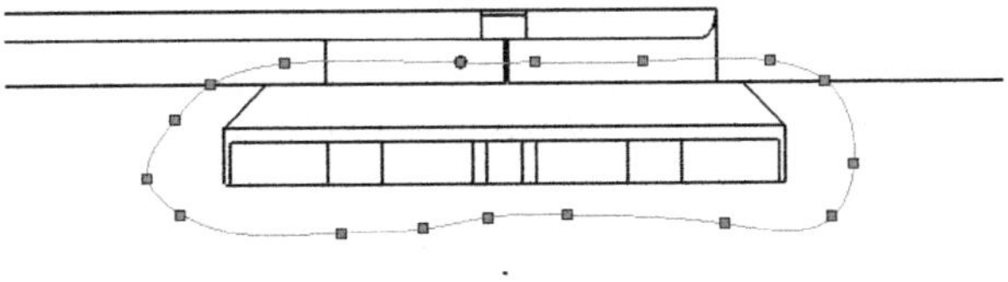

图 7-104　绘制样条曲线（1）

图 7-105 【断开的剖视图】属性管理器

（2）根据 7.6.3 小节的步骤（3），更改【剖面线图样比例】为“4”，完成后单击✓【确定】按钮，结果如图 7-107 所示。

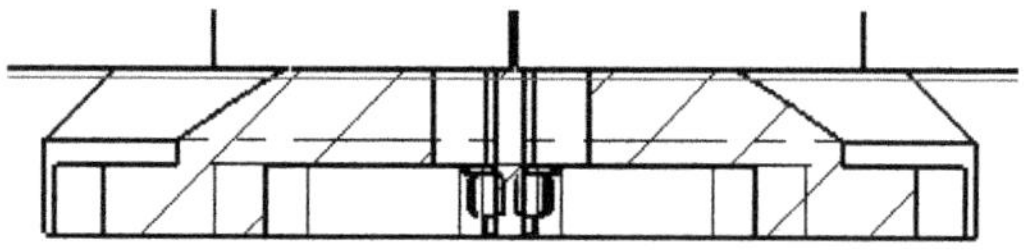

图 7-106　断开的剖视图

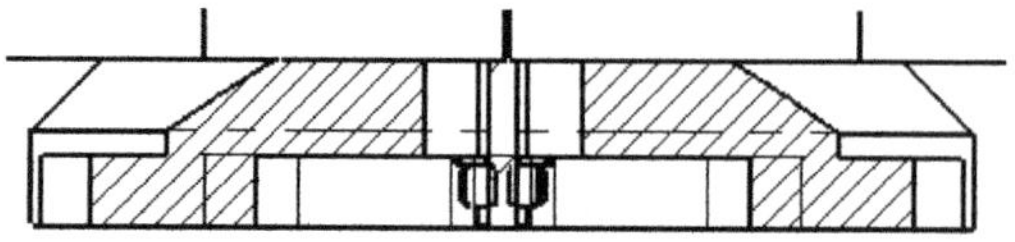

图 7-107　修改剖面线图样比例（1）

（3）根据步骤（1），在左侧固定的钳口铁处添加断开的剖视图。先绘制图 7-108 所示的样条曲线，无须选择【不包括零部件 / 筋特征】列表框中的选项，保持勾选【自动打剖面线】和【不包括扣件】复选框，然后单击【确定】按钮。打开【断开的剖视图】属性管理器，在【深度】选项组的【深度】数值框中输入“210mm”，完成后单击✓【确定】按钮，结果如图 7-109 所示。

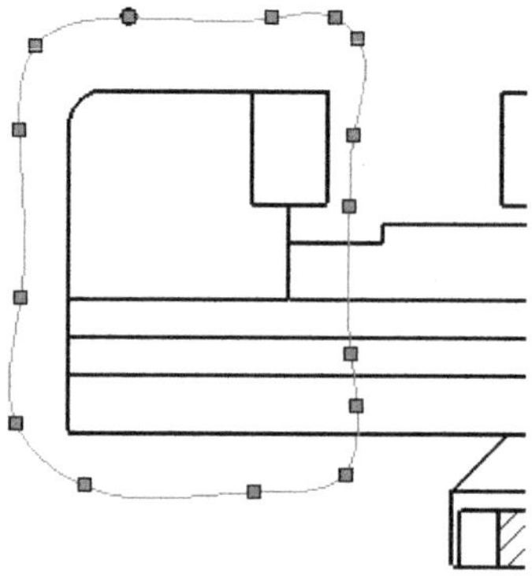

图 7-108　绘制样条曲线（2）

（4）为使虎钳体的内部构造更加清晰，再添加一个断开的剖视图。在活动座右侧极限位置的下方绘制图 7-110 所示的样条曲线，在弹出的【剖面视图】对话框的【不包括零部件 / 筋特征】列表框内选中【虎钳手轮】，然后单击【确定】按钮。打开【断开的剖视图】属性管理器，在【深度】选项组的【深度】数值框中输入“200mm”，形成图 7-111 所示的局部剖视图。完成后单击✓【确定】按钮，结果如图 7-112 所示。

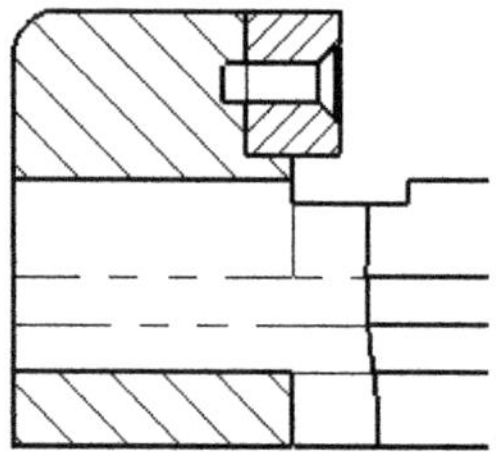

图 7-109　绘制断开的剖视图

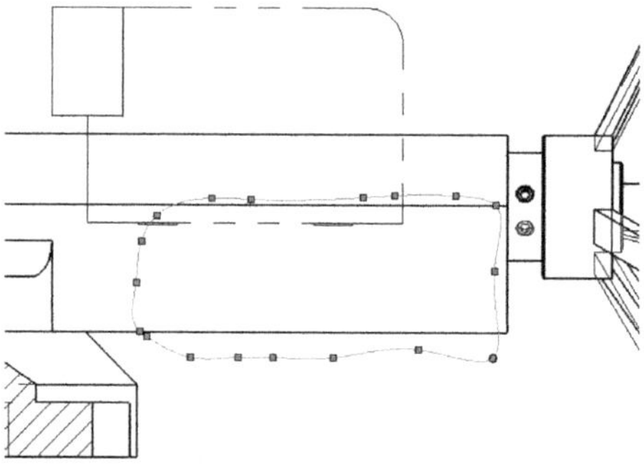

图 7-110　绘制样条曲线（3）

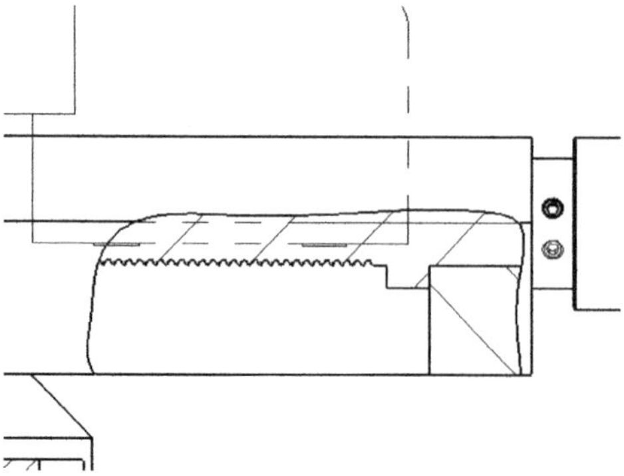

图 7-111　局部的剖视图

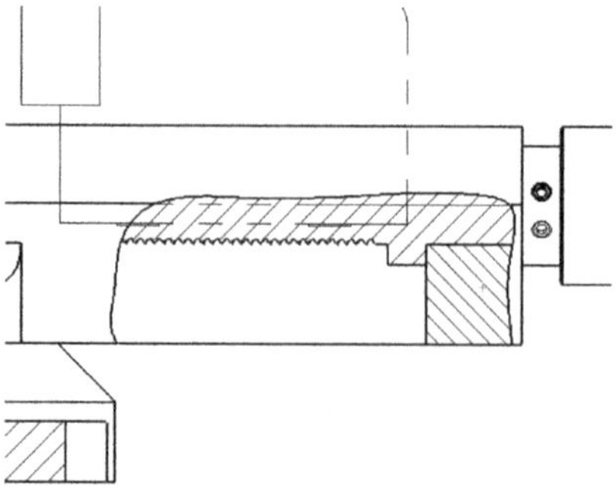

图 7-112　修改剖面线图样比例（2）

7.6.5　绘制中心线和中心符号线

（1）单击【注解】工具栏中的【中心线】按钮，在俯视图左侧钳口铁的断开的剖视图和正下方的紧固螺母处添加中心线，如图 7-113 所示，完成后单击✓【确定】按钮。

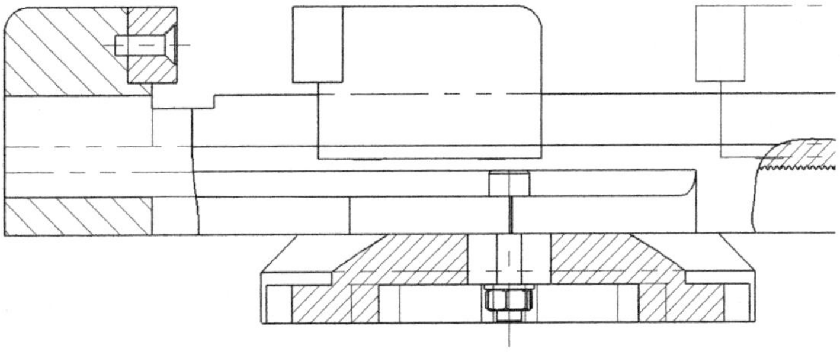

图 7–113　绘制中心线（1）

（2）同理，在剖面视图 A-A 的正中心处和两个紧固螺钉处添加中心线，如图 7-114 所示，完成后单击✓【确定】按钮。

（3）单击【注解】工具栏中的【中心符号线】按钮，在前视图底座的大圆处添加中心符号线，如图 7-115 所示，完成后单击✓【确定】按钮。

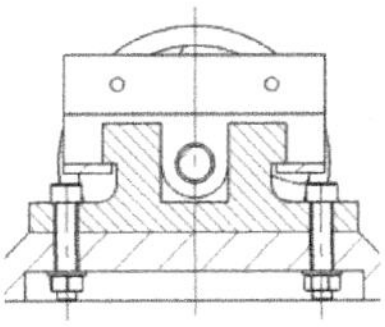

图 7–114　绘制中心线（2）

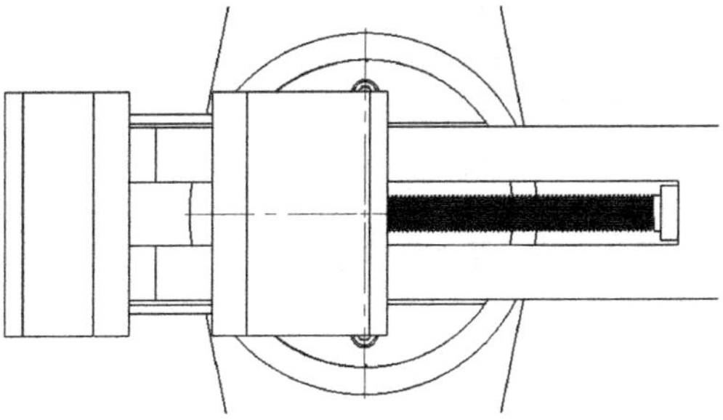

图 7–115　绘制中心符号线

7.6.6　标注装配图尺寸

（1）进行所有水平尺寸的标注。在【注解】工具栏中，单击【智能尺寸】下拉列表中的【水平尺寸】按钮，依次单击需要标注的两条线段，然后拖曳尺寸至合适位置后单击放置尺寸，并在【尺寸】属性管理器的【公差 / 精度】选项组中更改其【单位精度】为【无】，完成后单击✓【确定】按钮，结果如图 7-116 所示。

（2）进行所有竖直尺寸的标注。在【注解】工具栏中，单击【智能尺寸】下拉列表中的【竖直尺寸】按钮，分别对 3 个视图进行标注。在俯视图中标注虎钳手轮的套筒时需要进行公差配合的标注，将【尺寸】属性管理器的【公差 / 精度】选项组中的【公差类型】设置为【套合】，将【孔套合】设置为【H8】，将【轴套合】设置为【f7】，并单击【以直线显示层叠】按钮，更改【单位精度】为【无】，如图 7-117 所示，完成俯视图竖直尺寸的标注，如图 7-118 所示。

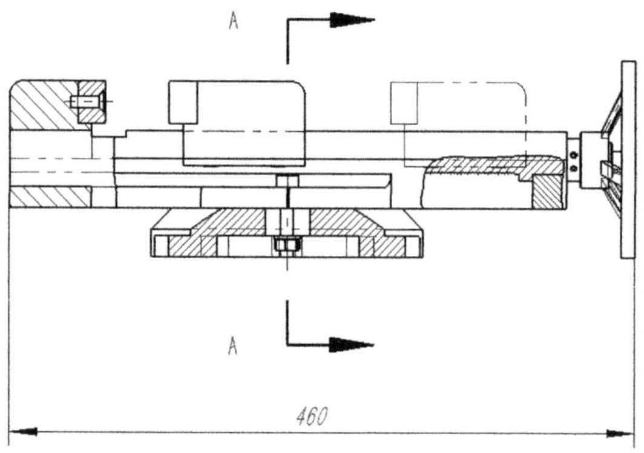

图 7-116 水平尺寸标注

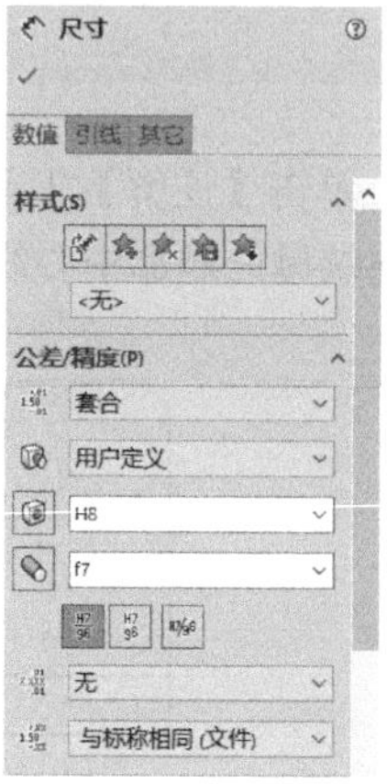

图 7-117 【尺寸】属性管理器

（3）单击【注解】工具栏中的【智能尺寸】按钮，对剖面视图 A-A 的螺纹孔进行标注，结果如图 7-119 所示。

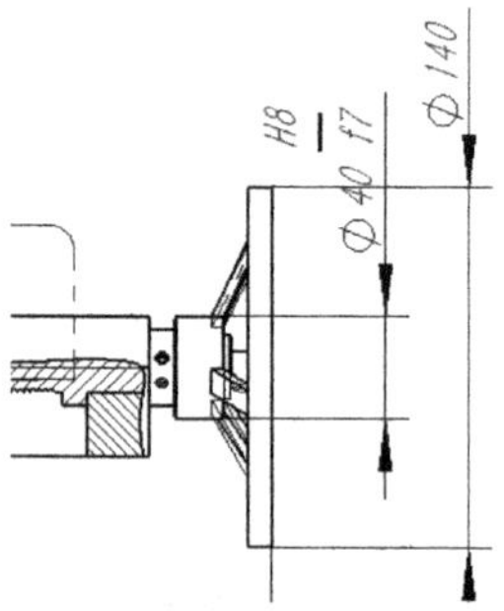

图 7-118 竖直尺寸标注

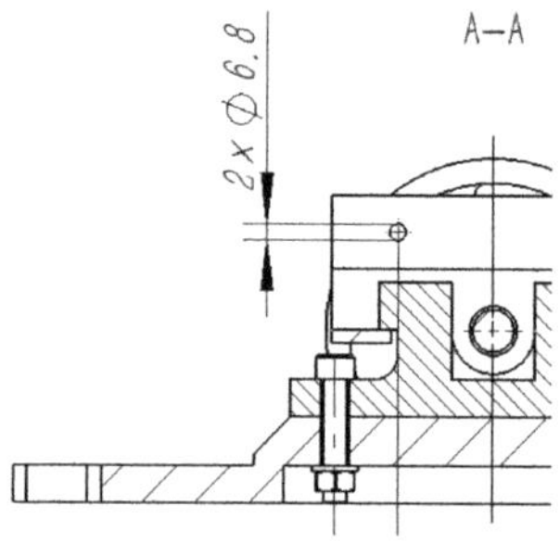

图 7-119 螺纹孔尺寸标注

7.6.7 添加材料明细表

（1）在【注解】工具栏中单击俯视图，单击【表格】下拉列表中的【材料明细表】按钮，弹出图 7-120 所示的【材料明细表】属性管理器，单击✓【确定】按钮，此时鼠标指针会带有生成的材料明细表，将材料明细表右边线与图纸的右侧对齐、下边线与图纸格式表的上边线对齐，再根据需要更改列宽，结果如图 7-121 所示。

（2）将鼠标指针移至材料明细表的左上角，出现图标后，单击，出现图 7-122 所示的工具栏。单击【使用文档字体】按钮，再单击【表格标题在下】按钮，完成后的材料明细表如图 7-123 所示。

（3）将表中的英文标注改为中文标注，如【项目号】为【3】的【FASTENER_SCREWS】可译为【紧固螺钉】，在右侧【说明】列中输入其型号“GB-HSHCS M10X50-N”。修改后的材料明细表如图 7-124 所示。

图 7-120 【材料明细表】属性管理器

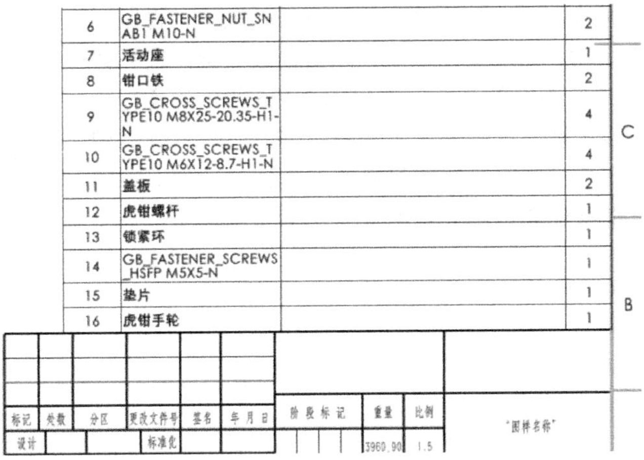

图 7-121　插入材料明细表

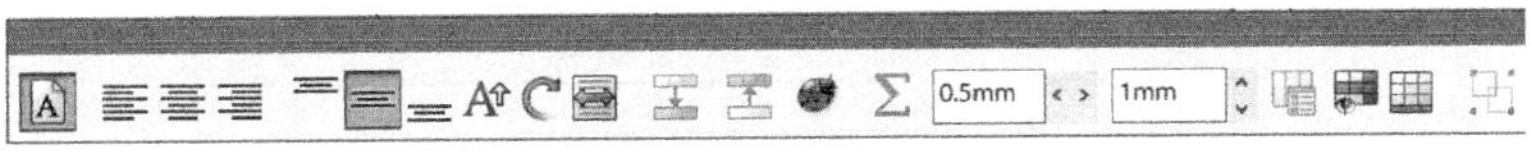

图 7-122　工具栏

16	虎钳手轮		1
15	垫片		1
14	GB_FASTENER_SCREWS_HSFP M5X5-N		1
13	锁紧环		1
12	虎钳螺杆		1
11	盖板		2
10	GB_CROSS_SCREWS_TYPE10 M6X12-8.7-H1-N		4
9	GB_CROSS_SCREWS_TYPE10 M8X25-20.35-H1-N		4
8	钳口铁		2
7	活动座		1
6	GB_FASTENER_NUT_SNAB1 M10-N		2
5	GB_FASTENER_WASHER_SMWC 10		2
4	GB_FASTENER_SCREWS_HSHCS M8X16-N		1
3	GB_FASTENER_SCREWS_HSHCS M10X50-N		2
2	虎钳体		1
1	底座		1
项目号	零件号	说明	数量

图 7-123　完成材料明细表的格式配置

16	虎钳手轮		1
15	垫片		1
14	紧固螺钉	GB-HSFP M5X5-N	1
13	锁紧环		1
12	虎钳螺杆		1
11	盖板		2
10	十字螺钉	GB-TYPE10 M6X12-8.7-H1-N	4
9	十字螺钉	GB-TYPE10 M8X25-20.35-H1-N	4
8	钳口铁		2
7	活动座		1
6	紧固螺母	GB-SNAB1 M10-N	2
5	紧固垫圈	GB-SMWC 10	2
4	紧固螺钉	GB-HSHCS M8X16-N	1
3	紧固螺钉	GB-HSHCS M10X50-N	2
2	虎钳体		1
1	底座		1
项目号	零件号	说明	数量

图 7-124　修改后的材料明细表

（4）为使表格更加清晰明了，接下来将行高度进行统一，将鼠标指针移至材料明细表左上角，出现⊕图标后，单击鼠标右键，选择弹出菜单中的【格式化】|【行高度】命令，弹出图 7-125 所示的【行高度】对话框，在【行高度】数值框中输入“7mm”，然后单击【确定】按钮，结果如图 7-126 所示。如果添加的材料明细表挡住了剖面视图 A-A，可以对视图位置或者行高度进行调整。

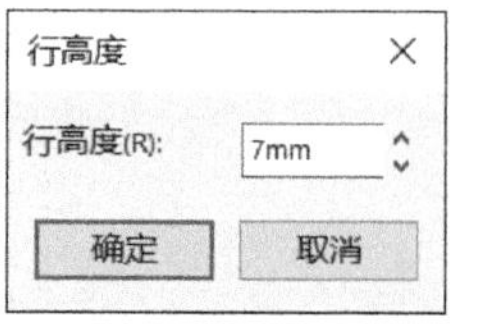

图 7-125 【行高度】对话框

项目号	零件号	说明	数量
16	虎钳手轮		1
15	垫片		1
14	紧固螺钉	GB-HSFP M5X5-N	1
13	锁紧环		1
12	虎钳螺杆		1
11	盖板		2
10	十字螺钉	GB-TYPE10 M6X12-6.7-H1-N	4
9	十字螺钉	GB-TYPE10 M8X25-20.35-H1-N	4
8	钳口板		2
7	活动座		1
6	紧固螺母	GB-SNAB1 M10-N	2
5	紧固垫圈	GB-SMWC 10	2
4	紧固螺钉	GB-HSHCS M8X16-N	1
3	紧固螺钉	GB-HSHCS M10X50-N	2
2	虎钳体		1
1	底座		1

图 7-126 完成材料明细表的行高度调整

7.6.8 添加零件序号

（1）在图纸中选中俯视图，然后单击【注解】工具栏中的【自动零件序号】按钮，软件会自动为其添加零件序号，在弹出的【自动零件序号】属性管理器的【项目号】选项组中单击 1,2【按序排列】按钮，如图 7-127 所示，然后单击✓【确定】按钮。

（2）现在的零件序号标注过于密集，需要进行修正，将距离视图过近的零件序号拖曳至合适位置。选中任意零件序号，弹出【零件序号】属性管理器，单击【更多属性】按钮进入【注释】属性管理器，并在【引线】选项组的【箭头样式】下拉列表中选择—•，如图 7-128 所示，完成后单击✓【确定】按钮。

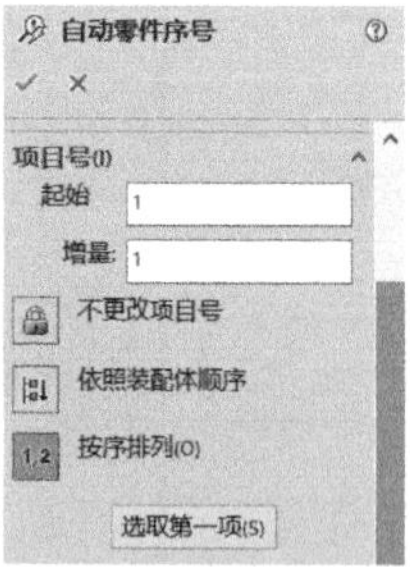

图 7-127 【自动零件序号】属性管理器

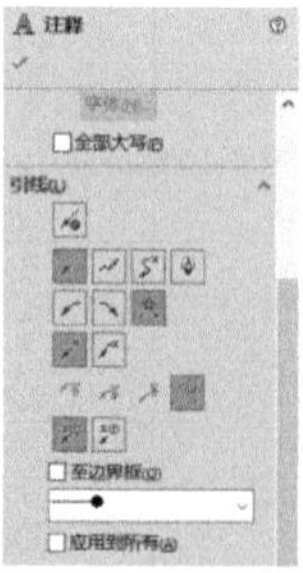

图 7-128 【注释】属性管理器

（3）在自动编号后，如果零件在其他视图中更清楚，可以将当前视图中的序号删除。如俯视图的 13 号为底座，在顶部工具栏中单击 【零件编号】按钮，再选择前视图中的底座，拖曳更改引线的长度和位置，然后再次单击放置零件序号，并按照步骤（2）更改其箭头样式，最后删除俯视图中的 13 号标注。同理，虎钳螺杆的序号也可按照此方法进行修正，修正后的效果如图 7-129 所示。

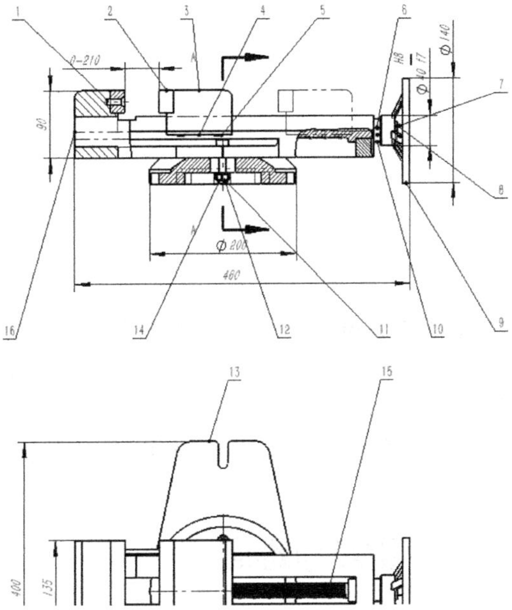

图 7-129　完成零件序号的修正

7.6.9 添加注释文字

单击【注解】工具栏中的 【注释】按钮，在右侧适当的位置单击放置文本框，手动输入文字：技术要求装配后保证螺杆转动灵活。在弹出的【格式化】对话框中，将【字号】改为【20】，完成后单击✓【确定】按钮，结果如图 7-130 所示。至此即完成了装配图的绘制。

技术要求
装配后保证螺杆转动灵活

图 7-130　完成注释文字的添加

Chapter 8

第 8 章 钣金设计

钣金是针对金属薄板（通常在 6mm 以下）的一种综合冷加工工艺，包括剪、冲、切、复合、折、焊接、铆接、拼接、成型（如汽车车身）等，其显著的特征就是同一零件厚度一致。SOLIDWORKS 可以独立设计钣金零件，也可以在包含此内部零部件的关联装配体中设计钣金零件。本章主要介绍钣金基础知识、生成钣金特征、钣金编辑特征、钣金建模实例和钣金工程图实例。

重点与难点

- 基础知识
- 生成钣金特征
- 钣金编辑特征

8.1 基础知识

钣金零件设计中经常涉及一些术语，包括折弯系数、K 因子和折弯扣除等。

8.1.1 折弯系数

折弯系数是沿材料中性轴所测量的圆弧长度。在生成折弯时，可以在任何一个钣金折弯处输入数值以指定明确的折弯系数。以下方程式用来决定使用折弯系数值时的总平展长度。

$$L_t = A + B + BA$$

式中：L_t 表示总平展长度，A 和 B 的含义如图 8-1 所示，BA 表示折弯系数值。

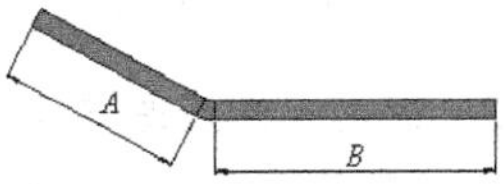

图 8-1　折弯系数中 A 和 B 的含义

8.1.2 K 因子

K 因子代表中立板相对于钣金零件厚度的位置的比值。包含 K 因子的折弯系数使用以下公式计算。

$$BA = \prod (R + KT)\ A/180$$

式中：BA 表示折弯系数值，R 表示内侧折弯半径，K 表示 K 因子，T 表示材料厚度，A 表示折弯角度（经过折弯材料的角度）。

8.1.3 折弯扣除

折弯扣除通常是指回退量，也是一种简单算法，用来描述钣金折弯的过程。在生成折弯时，可以通过输入数值来给任何钣金折弯指定明确的折弯扣除值。以下方程式用来决定使用折弯扣除值时的总平展长度。

$$L_t = A + B - BD$$

式中：L_t 表示总平展长度，A 和 B 的含义如图 8-2 所示，BD 表示折弯扣除值。

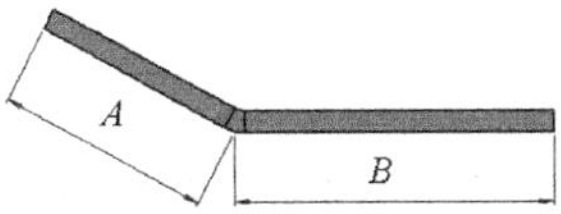

图 8-2　折弯扣除中 A 和 B 的含义

8.2 生成钣金特征

生成钣金特征的方法有两种，一种是利用钣金命令直接生成，另一种是将现有零件进行转换。本节介绍利用钣金命令直接生成钣金特征的方法。

8.2.1 基体法兰

基体法兰是钣金零件的第一个特征。当基体法兰被添加到 SOLIDWORKS 零件后，系统会将该零件标记为钣金零件，并且在特征管理器设计树中显示特定的钣金特征。

1. 基体法兰的属性设置

选择【插入】|【钣金】|【基体法兰】菜单命令，弹出图 8-3 所示的【基体法兰】属性管理器。常用选项介绍如下。

（1）【钣金规格】选项组。

根据指定的材料，勾选【使用规格表】复选框定义钣金的电子表格及数值。

（2）【钣金参数】选项组。

- 【厚度】：设置钣金厚度。
- 【反向】：勾选后以相反的方向加厚草图。
- 【半径】：钣金折弯处的半径。

2. 练习：生成基体法兰

下面简单练习生成基体法兰的方法。

（1）打开“配套数字资源\第 8 章\基本功能\8.2.1.SLDPRT”中的实例素材文件。单击特征管理器设计树中的【草图 1】图标，使之处于被选择状态。

（2）选择【插入】|【钣金】|【基体法兰】菜单命令，弹出属性管理器。

（3）按图 8-4 所示进行参数设置，单击✓【确定】按钮，完成基体法兰的创建，如图 8-5 所示。

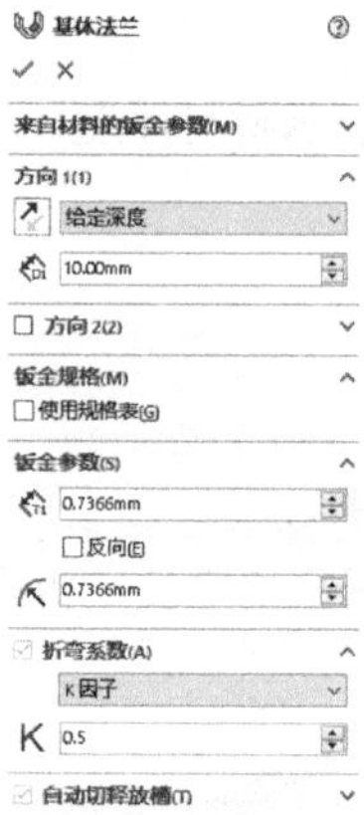

图 8–3 【基体法兰】属性管理器

图 8–4 基体法兰参数设置

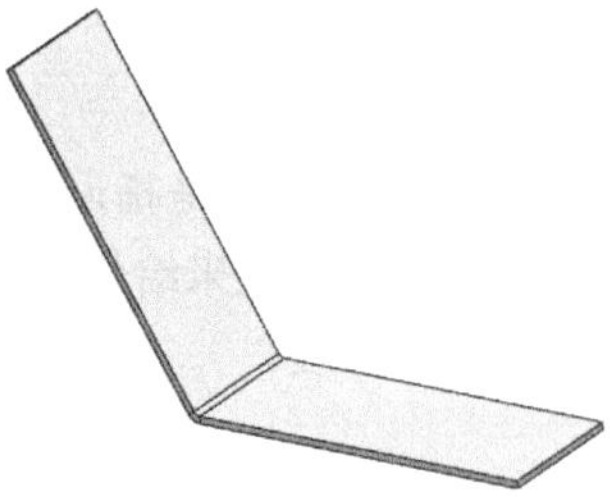

图 8–5 基体法兰

8.2.2 边线法兰

可以在一条或者多条边线上添加边线法兰。

1. 边线法兰的属性设置

选择【插入】|【钣金】|【边线法兰】菜单命令，弹出图 8-6 所示的【边线 - 法兰】属性管理器。常用选项介绍如下。

（1）【法兰参数】选项组。

- 【选择边线】：在绘图区域中选择边线。
- 【编辑法兰轮廓】：编辑草图轮廓。
- 【折弯半径】：在取消勾选【使用默认半径】复选框时可用。

- 【缝隙距离】：设置缝隙数值。

（2）【角度】选项组。

- 【法兰角度】：设置角度数值。
- 【选择面】：为法兰角度选择参考面。

（3）【法兰长度】选项组。

【长度终止条件】：选择终止条件。

【长度】：设置长度数值。

（4）【法兰位置】选项组。

- 【法兰位置】：可以单击以下按钮之一，包括【材料在内】按钮、【材料在外】按钮、【折弯在外】按钮、【虚拟交点的折弯】按钮和【与折弯相切】按钮。
- 【剪裁侧边折弯】：勾选后，移除邻近折弯的多余部分。
- 【等距】：勾选后，可以生成等距法兰。

2. 练习：生成边线法兰

下面简单练习生成边线法兰的方法。

（1）打开“配套数字资源 \ 第 8 章 \ 基本功能 \8.2.2.SLDPRT”中的实例素材文件。

（2）选择【插入】|【钣金】|【边线法兰】菜单命令，弹出属性管理器。

（3）选取模型右下方的边线，按图 8-7 所示进行参数设置，单击【确定】按钮，完成边线法兰的创建，如图 8-8 所示。

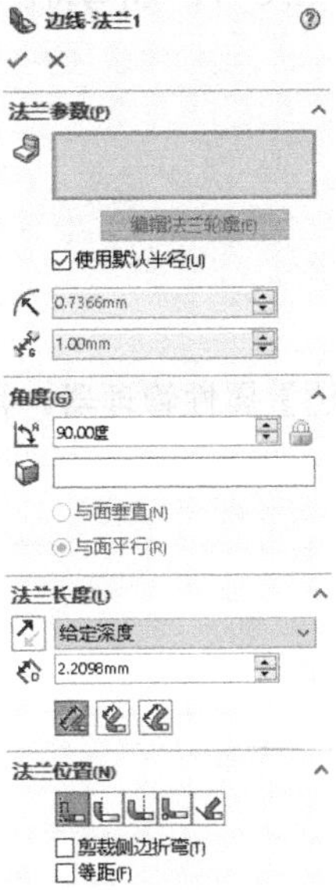

图 8-6 【边线-法兰】属性管理器

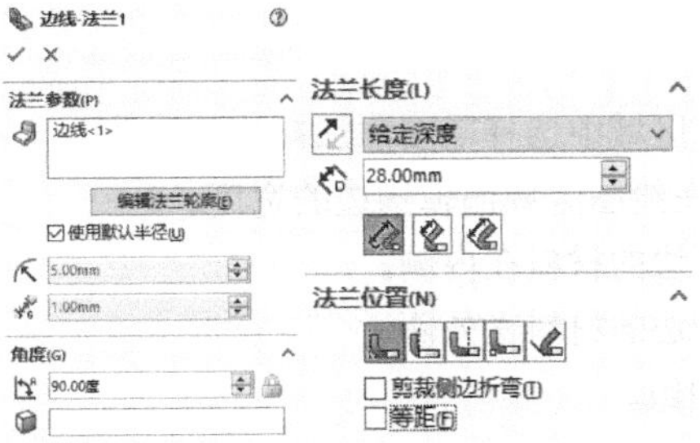

图 8-7　边线法兰参数设置

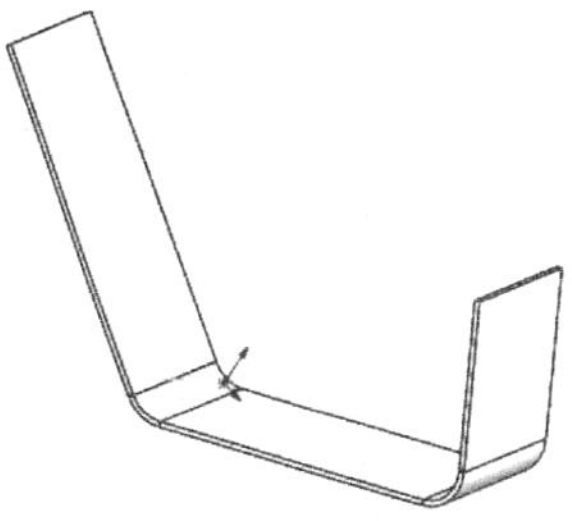

图 8-8　边线法兰

8.2.3　绘制的折弯

【绘制的折弯】命令用于在钣金零件处于折叠状态时将折弯线添加到零件，使折弯线的尺寸标注到折叠的几何体上。

1. 绘制的折弯的属性设置

选择【插入】|【钣金】|【绘制的折弯】菜单命令，弹出图 8-9 所示的【绘制的折弯】属性管理

器。常用选项介绍如下。

- 【固定面】：在绘图区域中选择一个不随特征变化而移动的面。
- 【折弯位置】：包括【折弯中心线】、【材料在内】、【材料在外】和【折弯在外】。

2. 练习：生成折弯特征

下面简单练习生成折弯特征的方法。

（1）打开“配套数字资源\第 8 章\基本功能\8.2.3.SLDPRT”中的实例素材文件。

（2）单击特征管理器设计树中的【草图 3】，使之处于被选择状态。

（3）选择【插入】|【钣金】|【绘制的折弯】菜单命令，弹出属性管理器，按图 8-10 所示进行参数设置，单击✓【确定】按钮，完成折弯特征的创建，如图 8-11 所示。

图 8-9 【绘制的折弯】属性管理器

图 8-10 绘制的折弯参数设置

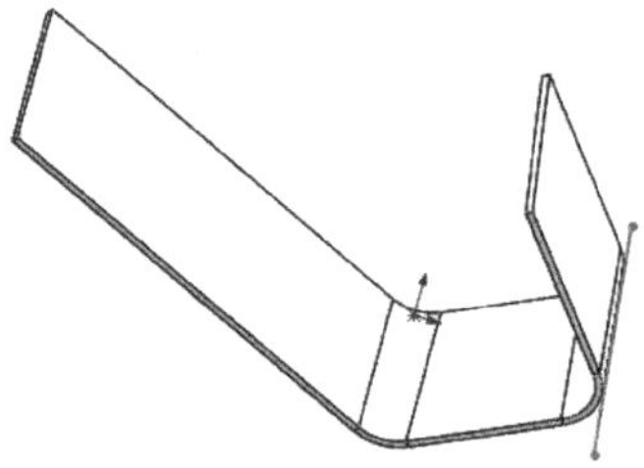

图 8-11 折弯特征

8.2.4 褶边

褶边可在钣金零件的边线上添加一个弯边。

1. 褶边的属性设置

选择【插入】|【钣金】|【褶边】菜单命令，弹出图 8-12 所示的【褶边】属性管理器。常用选项介绍如下。

（1）【边线】选项组。

- 【边线】：在绘图区域中选择需要添加褶边的边线。
- 【编辑褶边宽度】：在绘图区域编辑褶边的宽度。
- 【材料在里】：褶边的材料在内侧。
- 【材料在外】：褶边的材料在外侧。

（2）【类型和大小】选项组。

选择褶边类型，包括【闭环】、【开环】、【撕裂形】和【滚轧】，选择不同类型的效果如图 8-13 所示。

2. 练习：生成褶边特征

下面简单练习生成褶边特征的方法。

（1）打开“配套数字资源\第 8 章\基本功能\8.2.4.SLDPRT”中的实例素材文件。

（2）选择【插入】|【钣金】|【褶边】菜单命令，弹出属性管理器。

（3）选取模型右下方的边线，按图 8-14 所示进行参数设置，单击✓【确定】按钮，完成褶边的创建，如图 8-15 所示。

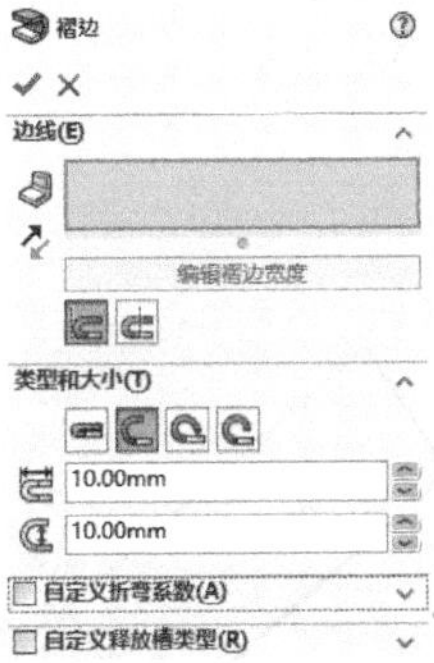

图 8-12 【褶边】属性管理器

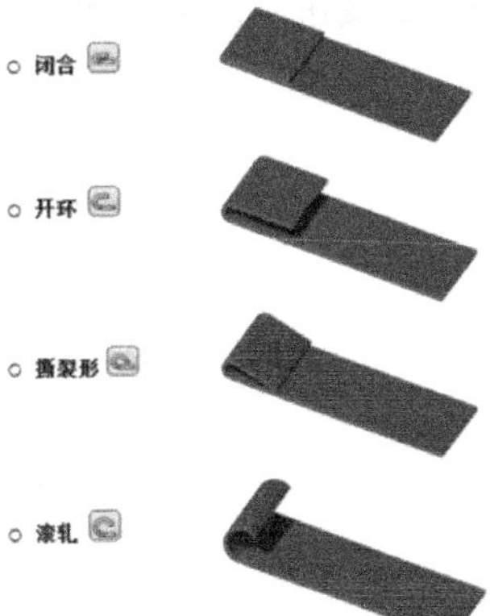

图 8-13　不同褶边类型的效果

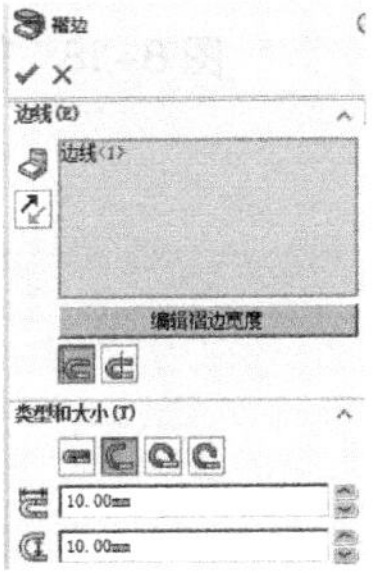

图 8-14　褶边参数设置

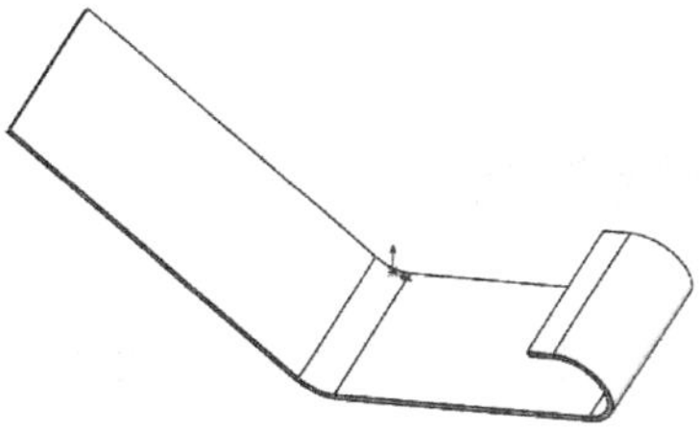

图 8-15　褶边特征

8.2.5　转折

转折是按照草图所绘的直线生成两个平行的折弯。

1. 转折的属性设置

选择【插入】|【钣金】|【转折】菜单命令，弹出图 8-16 所示的属性管理器。常用选项介绍如下。

(1)【转折等距】选项组。

- 【外部等距】：等距的距离按照外部尺寸来计算。
- 【内部等距】：等距的距离按照内部尺寸来计算。
- 【总尺寸】：等距的距离按照总尺寸来计算。

(2)【转折位置】选项组。

- 【折弯中心线】：草图作为折弯的中心线。
- 【材料在内】：折弯后材料在草图内。
- 【材料在外】：折弯后材料在草图外。
- 【折弯向外】：草图与折弯底部对齐。

2. 练习：生成转折特征

下面简单练习生成转折特征的方法。

(1) 打开“配套数字资源 \ 第 8 章 \ 基本功能 \8.2.5.SLDPRT”中的实例素材文件。

(2) 单击特征管理器设计树中的【草图 4】，使之处于被选择状态。

(3) 选择【插入】|【钣金】|【转折】菜单命令，弹出属性管理器。按图 8-17 所示进行参数设

置，单击✓【确定】按钮，完成转折的创建，如图 8-18 所示。

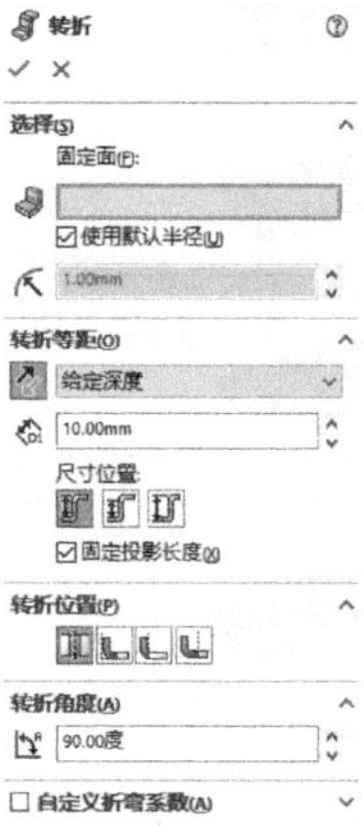

图 8-16 【转折】属性管理器

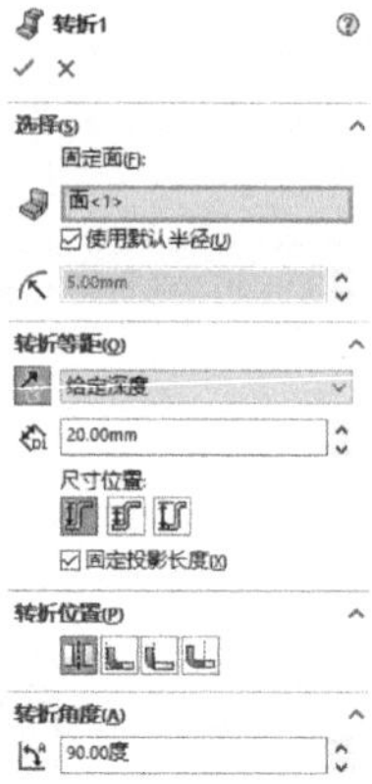

图 8-17 转折参数设置

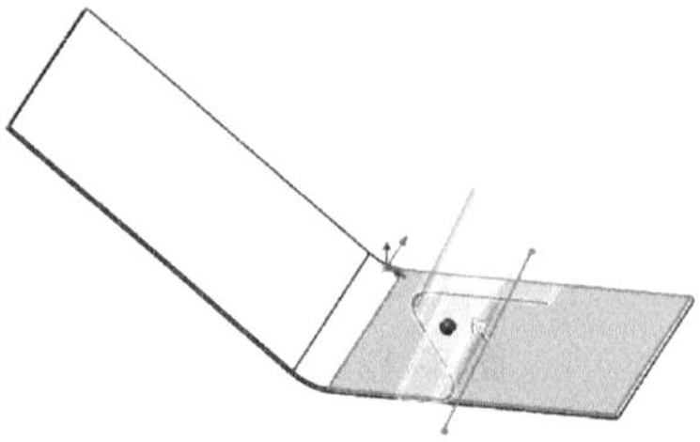

图 8-18 转折特征

8.3 钣金编辑特征

钣金编辑特征是指对已有的钣金特征进行二次编辑操作的特征。

8.3.1 折叠

折叠特征可以将平展的钣金下料状态转换成钣金的最终成型状态。

选择【插入】|【钣金】|【折叠】菜单命令，弹出图 8-19 所示的【折叠】属性管理器。常用选项介绍如下。

1. 折叠的属性设置

- 【固定面】：在绘图区域中选择一个不随特征变化而移动的面。
- 【要折叠的折弯】：选择一个或者多个折弯。

2. 练习：生成折叠特征

下面简单练习生成折叠特征的方法。

（1）打开“配套数字资源 \ 第 8 章 \ 基本功能 \8.3.1.SLDPRT”中的实例素材文件。

（2）选择【插入】|【钣金】|【折叠】菜单命令，弹出属性管理器。

（3）按图 8-20 所示进行参数设置，单击✓【确定】按钮，完成折叠特征的创建，如图 8-21 所示。

图 8-19 【折叠】属性管理器

图 8-20 折叠参数设置

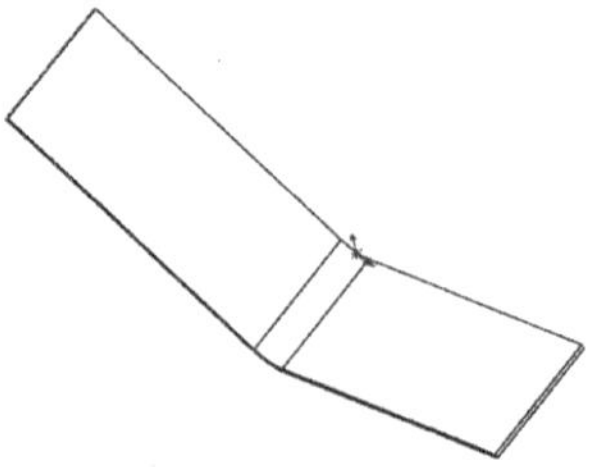

图 8-21 折叠特征

8.3.2 展开

展开特征可以将钣金的最终成型状态转换成钣金的下料状态。

选择【插入】|【钣金】|【展开】菜单命令，弹出图 8-22 所示的【展开】属性管理器。常用选项介绍如下。

1. 展开的属性设置

- 【固定面】：在绘图区域中选择一个不随特征变化而移动的面。
- 【要展开的折弯】：选择一个或者多个折弯。

2. 练习：生成展开特征

下面简单练习生成展开特征的方法。

（1）打开“配套数字资源\第 8 章\基本功能\8.3.2.SLDPRT”中的实例素材文件。

（2）选择【插入】|【钣金】|【展开】菜单命令，弹出属性管理器。

（3）按图 8-23 所示进行参数设置，单击✓【确定】按钮，完成展开特征的创建，如图 8-24 所示。

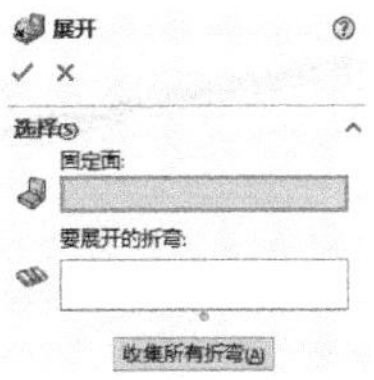

图 8-22 【展开】属性管理器

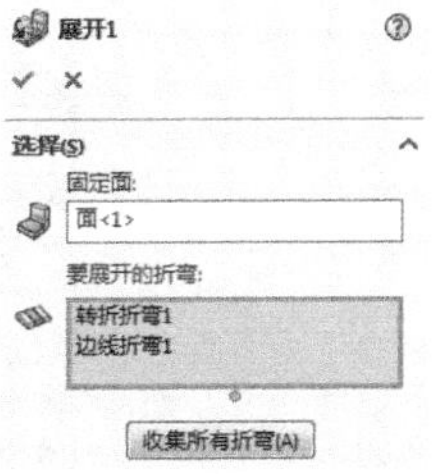

图 8-23　展开参数设置

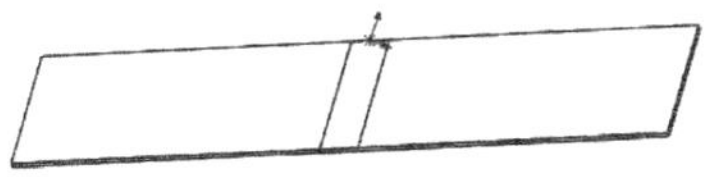

图 8-24　展开特征

8.4 钣金建模实例

本节通过一个钣金零件的建模过程来介绍钣金建模方法，钣金零件如图 8-25 所示。

8.4.1 生成基础部分

（1）单击特征管理器设计树中的【前视基准面】图标，使其成为草图绘制平面。单击【草图】工具栏中的【草图绘制】按钮，进入草图绘制状态。使用【草图】工具栏中的【直线】、【智能尺寸】工具，绘制图 8-26 所示的草图。单击【退出草图】按钮，退出草图绘制状态。

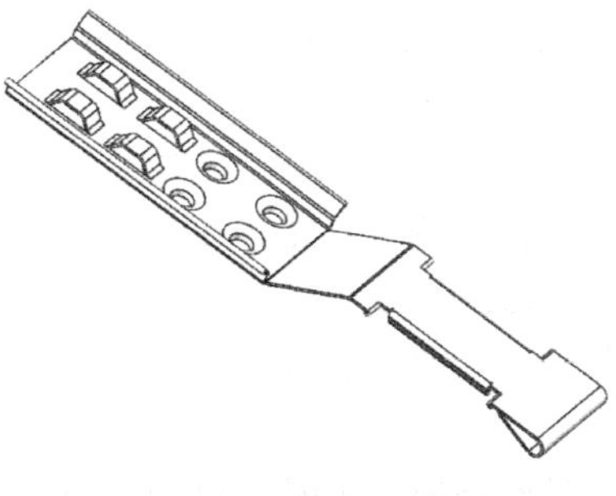

图 8-25　钣金零件

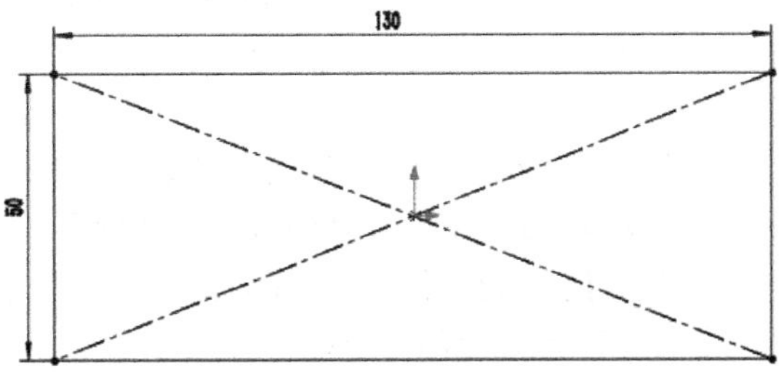

图 8-26　绘制草图并标注尺寸

（2）选择绘制好的草图，单击【钣金】工具栏中的【基体法兰】按钮，弹出属性管理器。按图 8-27 所示进行参数设置，单击✓【确定】按钮，生成钣金的基体法兰特征。

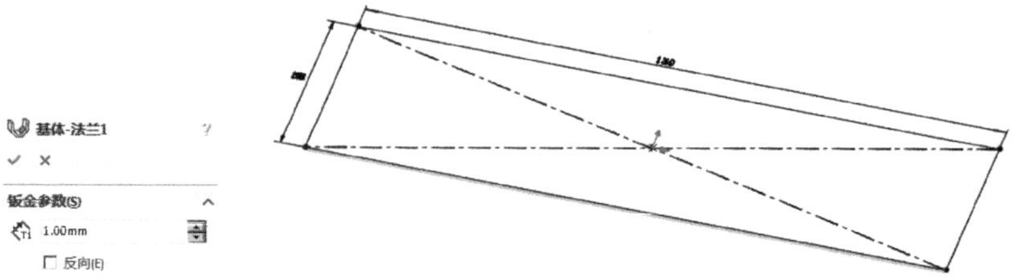

图 8–27　生成基体法兰特征

（3）选择【插入】|【钣金】|【边线法兰】菜单命令，弹出属性管理器。按图 8-28 所示进行参数设置，单击✓【确定】按钮，生成边线法兰特征。

（4）选择【插入】|【钣金】|【边线法兰】菜单命令，弹出属性管理器。按图 8-29 所示进行参数设置，单击✓【确定】按钮，生成边线法兰特征。

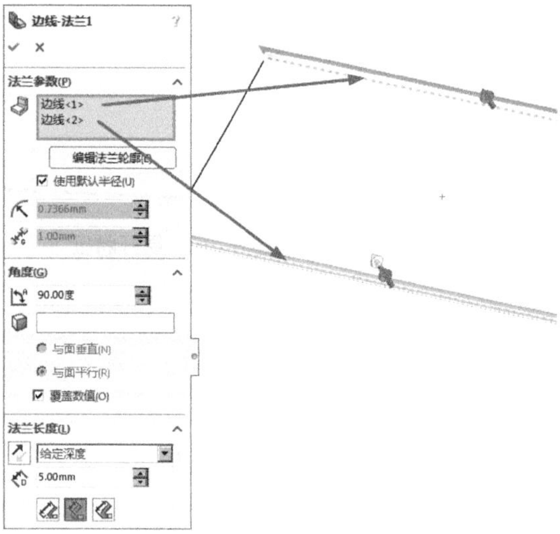

图 8–28　生成边线法兰特征（1）

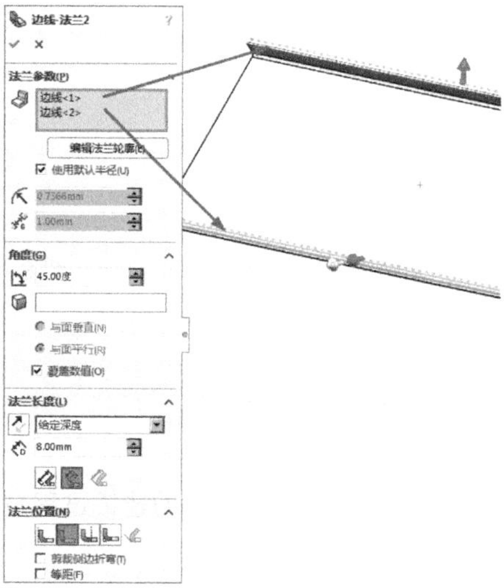

图 8–29　生成边线法兰特征（2）

注意

可以使钣金零件生成一个自定义的折弯系数表。使用一个文字编辑器，例如记事本，编辑该实例的折弯系数表。找到 lang English sample.btl 之后，以一个新的名称保存其表格，并且以 .btl 作为扩展名，保存在相同的目录下。

（5）选择【插入】|【钣金】|【展开】菜单命令，弹出属性管理器。按图 8-30 所示进行参数设置，单击✓【确定】按钮，生成钣金的展开特征，钣金将以展开的形式存在。

（6）选择【插入】|【钣金】|【折叠】菜单命令，弹出属性管理器。按图 8-31 所示进行参数设置，单击✓【确定】按钮，生成折叠特征。

（7）选择【插入】|【钣金】|【边线法兰】菜单命令，弹出属性管理器。按图 8-32 所示进行参

数设置，单击✓【确定】按钮，生成边线法兰特征。

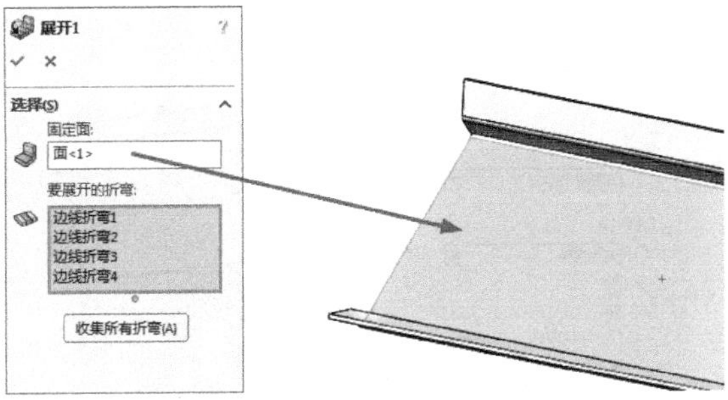

图 8-30　生成展开特征

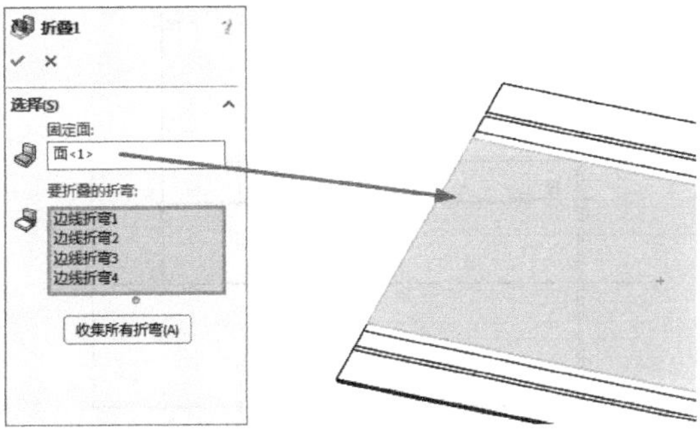

图 8-31　生成折叠特征

（8）选择【插入】|【钣金】|【边线法兰】菜单命令，弹出属性管理器。按图 8-33 所示进行参数设置，单击✓【确定】按钮，生成边线法兰特征。

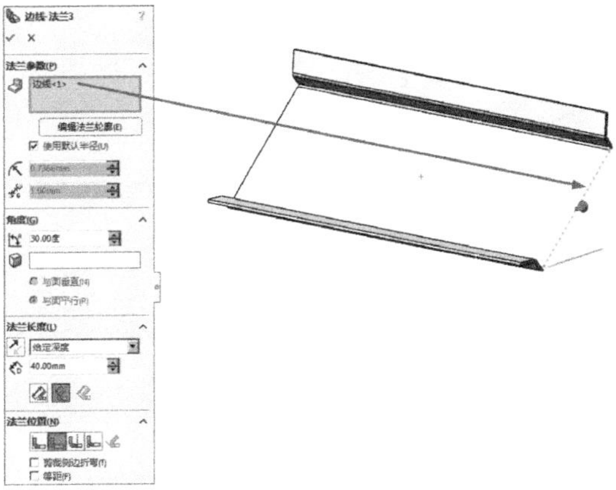

图 8-32　生成边线法兰特征（3）

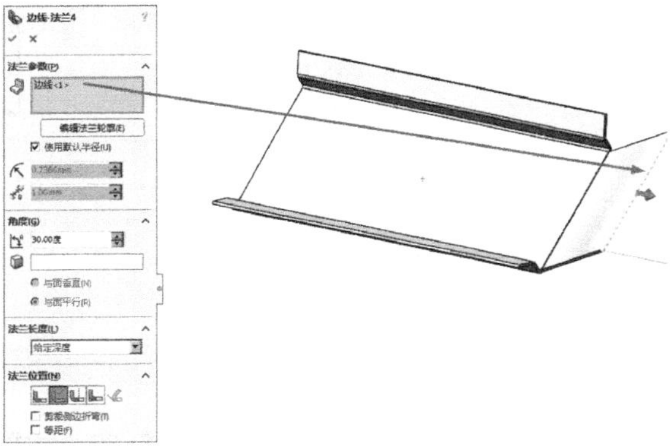

图 8-33　生成边线法兰特征（4）

8.4.2　生成辅助部分

（1）单击特征管理器设计树中的【前视基准面】图标，使其成为草图绘制平面。单击【草图】工具栏中的【草图绘制】按钮，进入草图绘制状态。使用【草图】工具栏中的【直线】、【智能尺寸】工具，绘制图 8-34 所示的草图。单击【退出草图】按钮，退出草图绘制状态。

（2）单击【特征】工具栏中的【拉伸切除】按钮，弹出属性管理器。按图 8-35 所示进行参数设置，单击✓【确定】按钮，生成拉伸切除特征。

（3）选择【插入】|【钣金】|【边线法兰】菜单命令，弹出属性管理器。按图 8-36 所示进行参数设置，单击✓【确定】按钮，生成边线法兰特征。

（4）选择【插入】|【钣金】|【褶边】菜单命令，弹出属性管理器。按图 8-37 所示进行参数设置，单击✓【确定】按钮，生成褶边特征。

（5）选择【插入】|【钣金】|【褶边】菜单命令，弹出属性管理器。按图 8-38 所示进行参数设置，单击✓【确定】按钮，生成褶边特征。

（6）选择【插入】|【钣金】|【成形工具】菜单命令，弹出属性管理器。按图 8-39 所示进行参数

设置，单击✓【确定】按钮，生成成形工具特征。

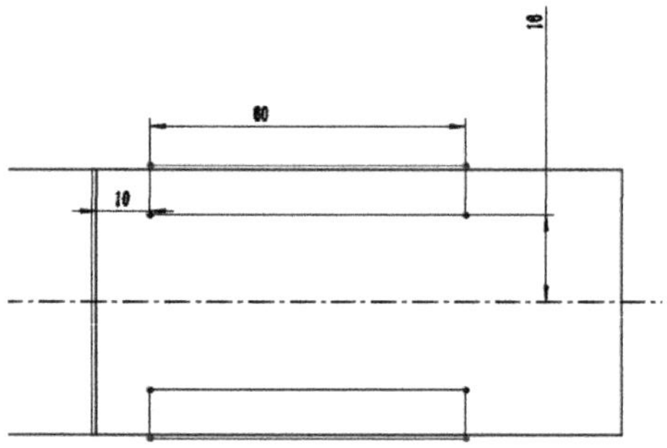

图 8–34　绘制草图并标注尺寸

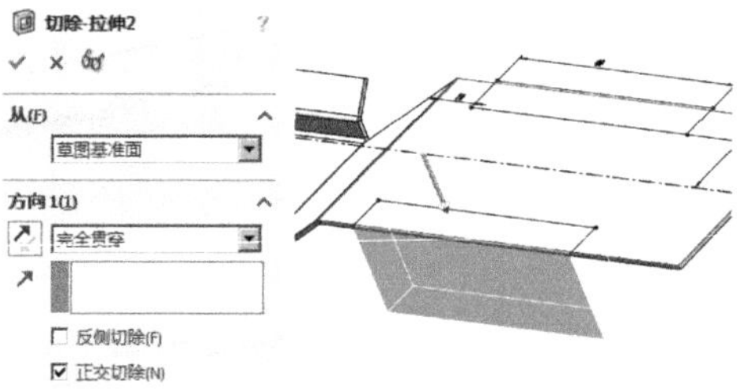

图 8–35　生成拉伸切除特征

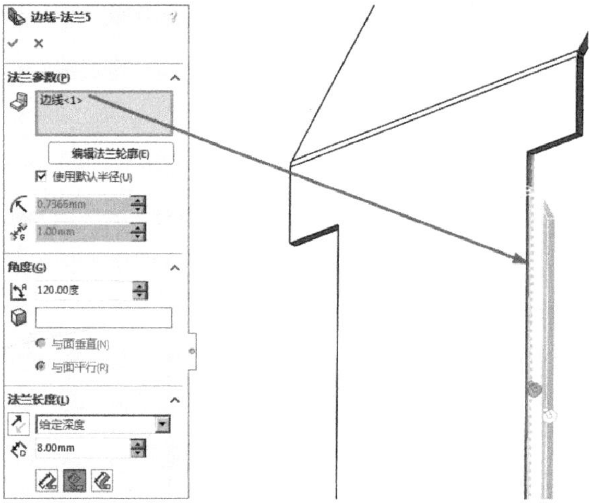

图 8–36　生成边线法兰特征

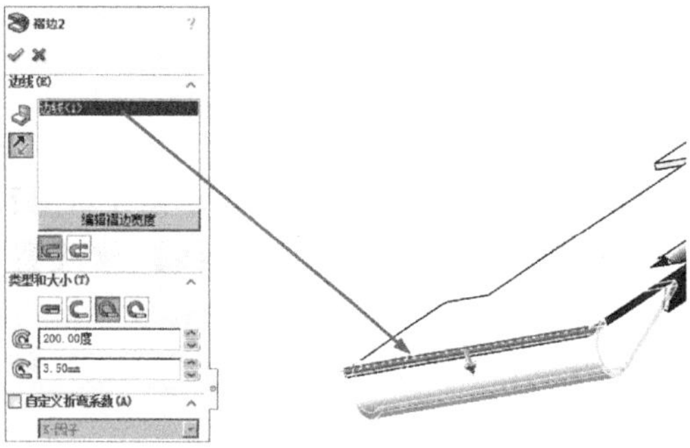

图 8–37　生成褶边特征（1）

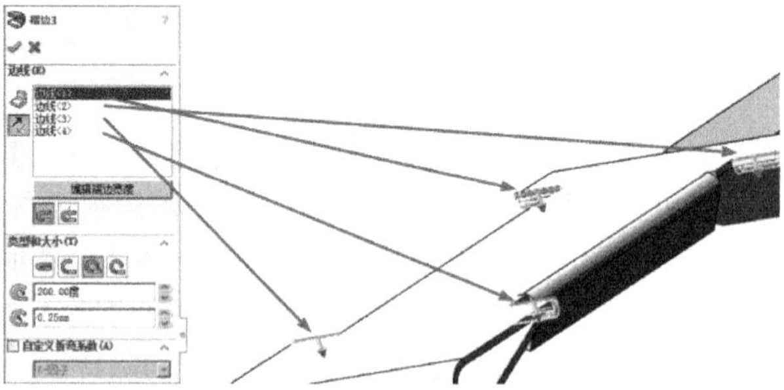

图 8–38　生成褶边特征（2）

（7）选择【插入】|【钣金】|【成形工具】菜单命令，弹出属性管理器。按图 8-40 所示进行参数设置，单击✓【确定】按钮，生成成形工具特征。

> **注意**　当为钣金生成自己的成形工具特征时，最小的曲率半径应大于钣金厚度。

图 8-39　生成成形工具特征（1）

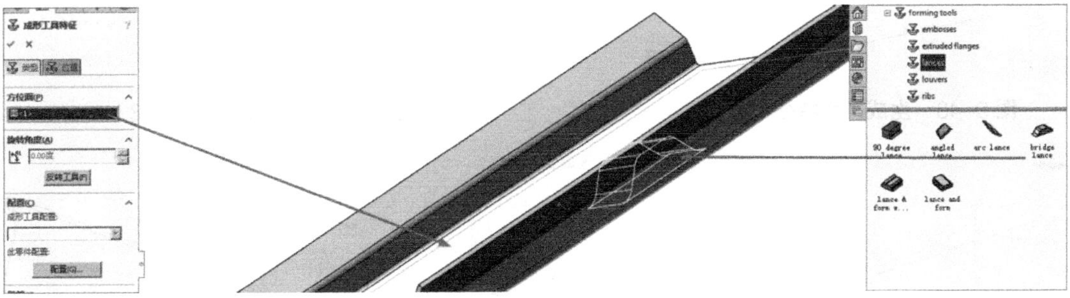

图 8-40　生成成形工具特征（2）

（8）选择【插入】|【钣金】|【褶边】菜单命令，弹出属性管理器。按图 8-41 所示进行参数设置，单击✓【确定】按钮，生成褶边特征。

（9）单击【特征】工具栏中的【圆角】按钮，弹出属性管理器。按图 8-42 所示进行参数设置，单击✓【确定】按钮，生成圆角特征。

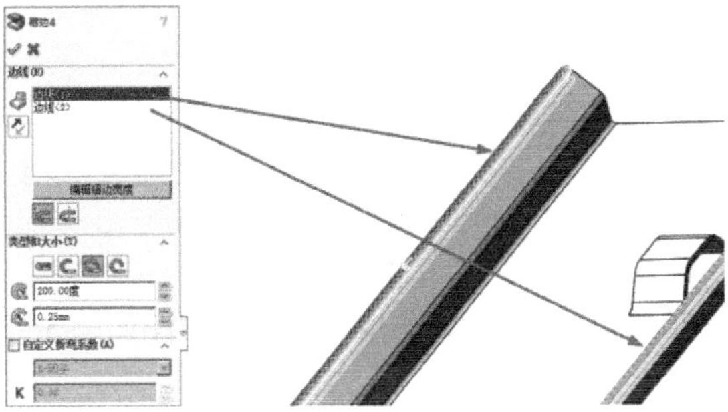

图 8-41　生成褶边特征（3）

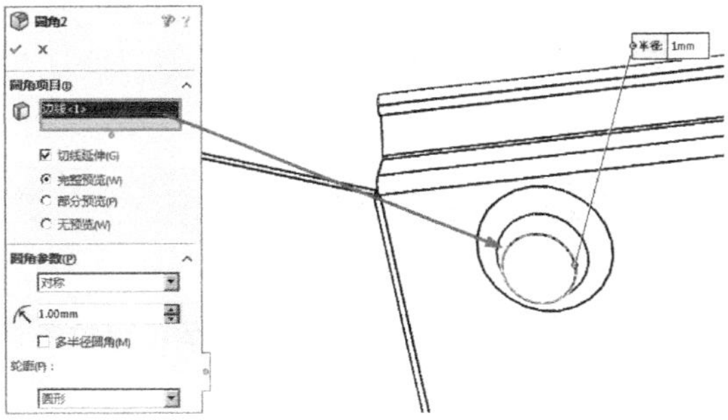

图 8-42　生成圆角特征（1）

（10）单击【特征】工具栏中的【圆角】按钮，弹出属性管理器。按图 8-43 所示进行参数设置，单击✓【确定】按钮，生成圆角特征。

（11）单击【特征】工具栏中的【圆角】按钮，弹出属性管理器。按图 8-44 所示进行参数设置，单击✓【确定】按钮，生成圆角特征。

（12）单击【特征】工具栏中的【线性阵列】按钮，弹出属性管理器。按图 8-45 所示进行参数设置，单击✓【确定】按钮，生成线性阵列特征。

（13）单击【特征】工具栏中的【线性阵列】按钮，弹出属性管理器。按图 8-46 所示进行参数设置，单击✓【确定】按钮，生成线性阵列特征。

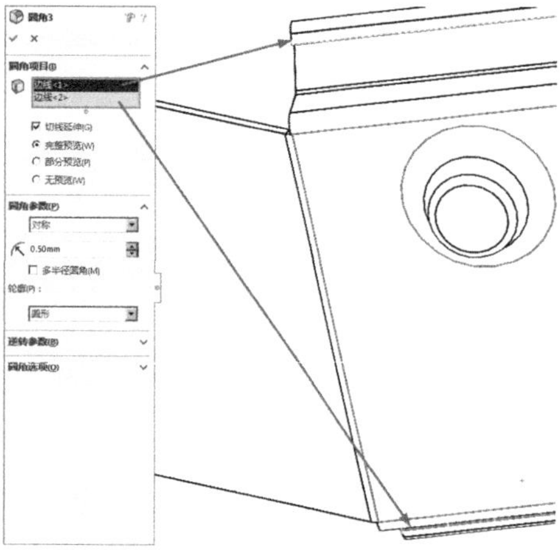

图 8-43 生成圆角特征（2）

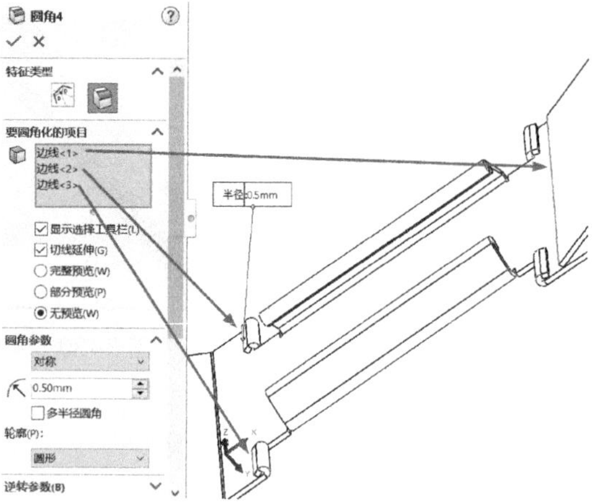

图 8-44 生成圆角特征（3）

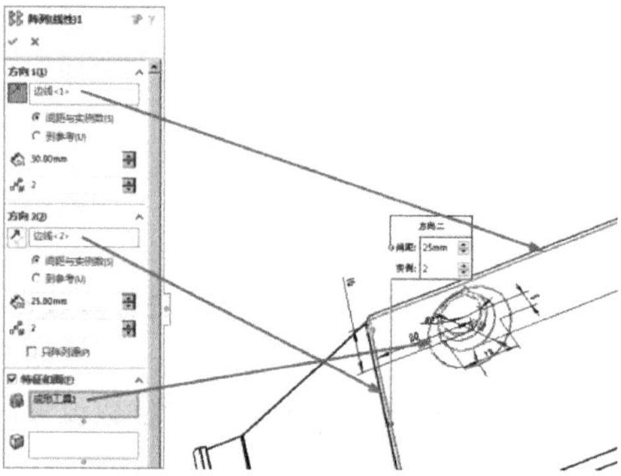

图 8-45 线性阵列特征（1）

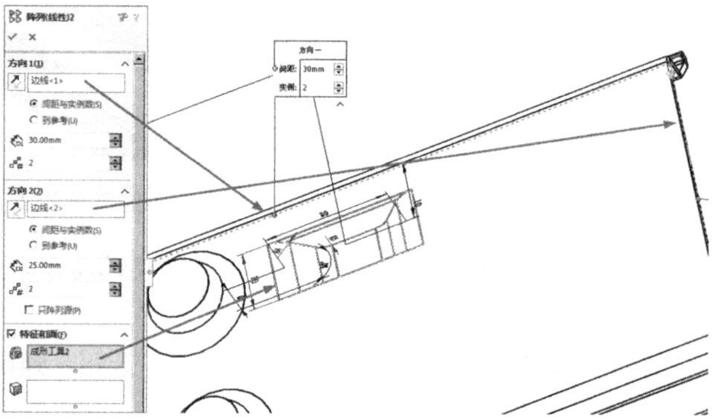

图 8-46 线性阵列特征（2）

至此，钣金零件建立完成。

8.5 钣金工程图实例

本节介绍钣金工程图的制作方法，钣金零件模型如图 8-47 所示，生成的钣金工程图如图 8-48 所示。

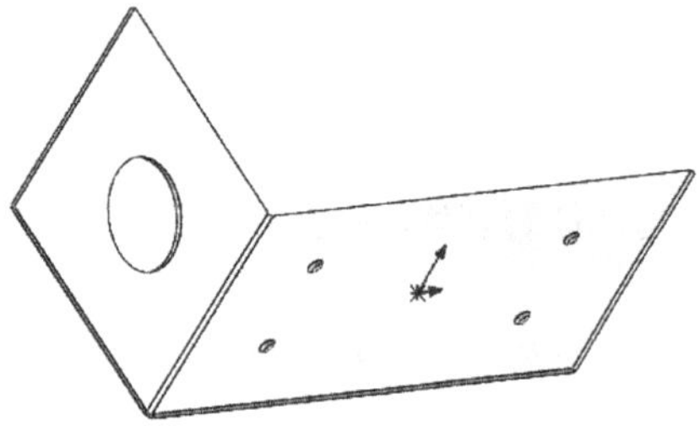

图 8-47 钣金零件模型

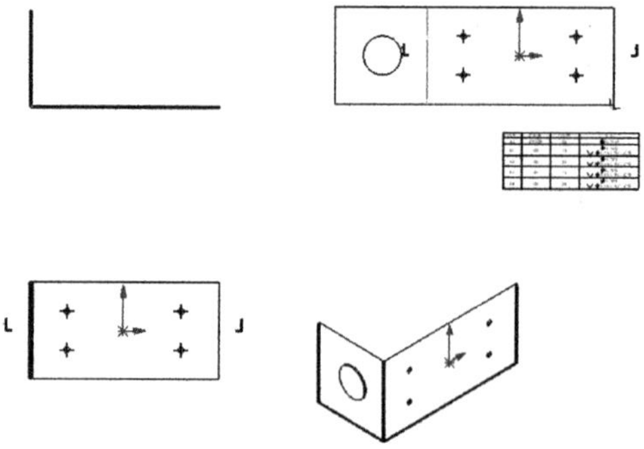

图 8-48 钣金工程图

8.5.1 建立视图

（1）打开“配套数字资源 \ 第 8 章 \ 实例文件 \8.5\ 8.5.SLDPRT”文件，选择【文件】|【从零件制作工程图】菜单命令，弹出工程图界面，如图 8-49 所示。

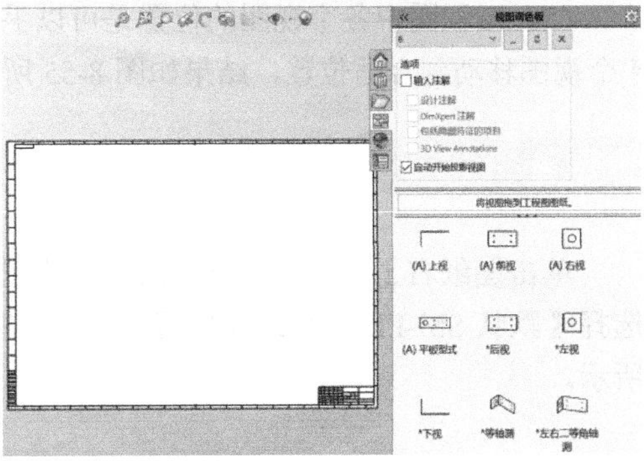

图 8-49　工程图界面

（2）在右侧选中【(A) 前视】按钮，将其拖入工程图区域中，模型的前视图将自动在工程图中生成。向右下方向移动鼠标，将生成轴测图的预览效果，单击，将生成的轴测图固定。右击，确定生成视图，如图 8-50 所示。

（3）选择【插入】|【工程图视图】|【剖面视图】菜单命令，在左侧的属性管理器中单击【水平】按钮，将鼠标指针移动到右侧绘图区域，鼠标指针处将出现一条水平剖切线，如图 8-51 所示。

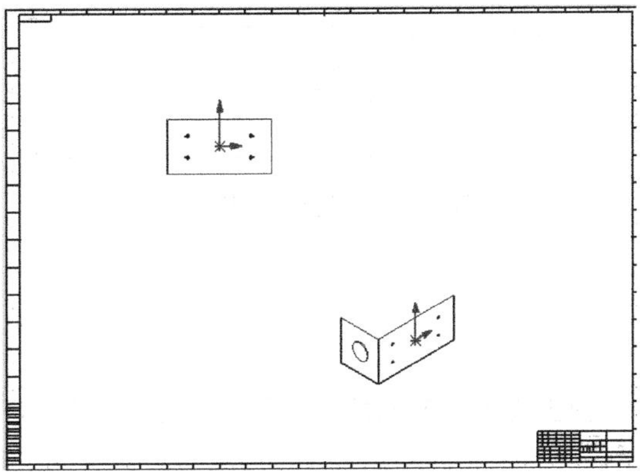

图 8-50　放置视图

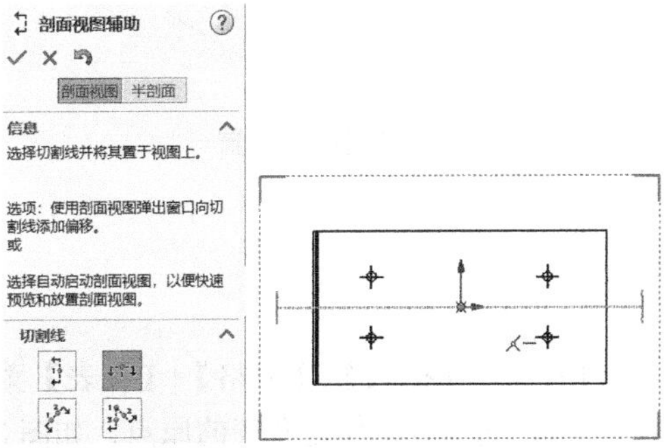

图 8-51　水平剖切线位置

（4）在模型主视图的中点处单击，会弹出确定条界面，如图 8-52 所示，单击✓【确定】按钮。

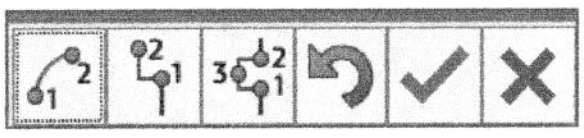

图 8-52　确定条界面

（5）向上移动鼠标指针，新生成的剖面视图将随鼠标指针移动，单击，剖面视图位置被固定，如图 8-53 所示。

（6）单击模型的主视图，按 Ctrl+C 和 Ctrl+V 组合键，复制一个新的主视图，如图 8-54 所示。

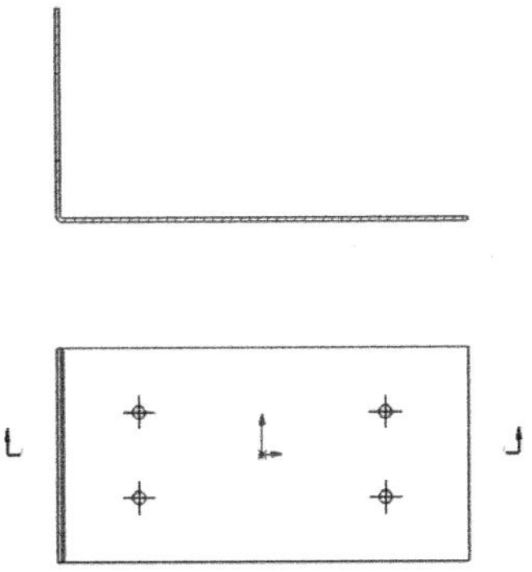

图 8-53　剖面视图

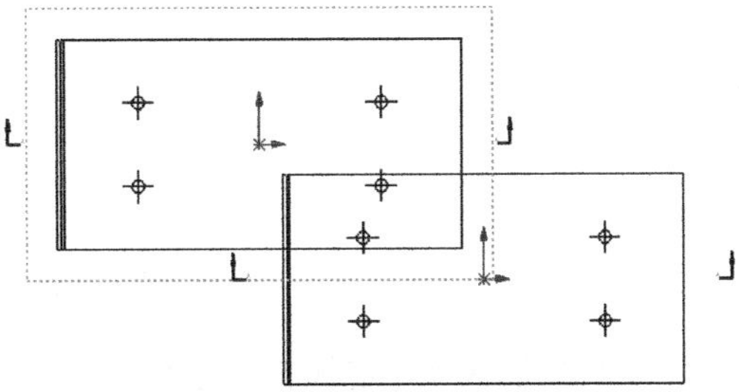

图 8-54　复制主视图

（7）工程图中各个视图的位置是可以手动调整的。选中视图，按住鼠标左键即可移动视图，将 4 个视图移动到合适位置，结果如图 8-55 所示。

8.5.2 建立展开视图

单击图纸右上方的视图 4，在左侧的属性管理器中进行属性设置，在【参考配置】选项组中，选择【默认 SM-FLAT-PATTERN】选项，单击✓【确定】按钮，钣金模型将自动展平，如图 8-56 所示。

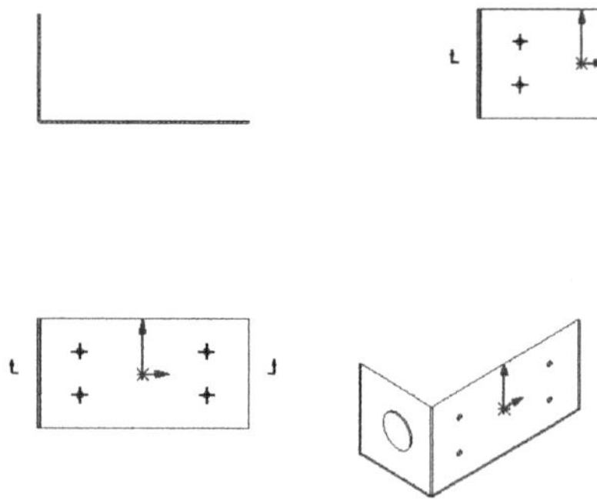

图 8–55 调整视图位置

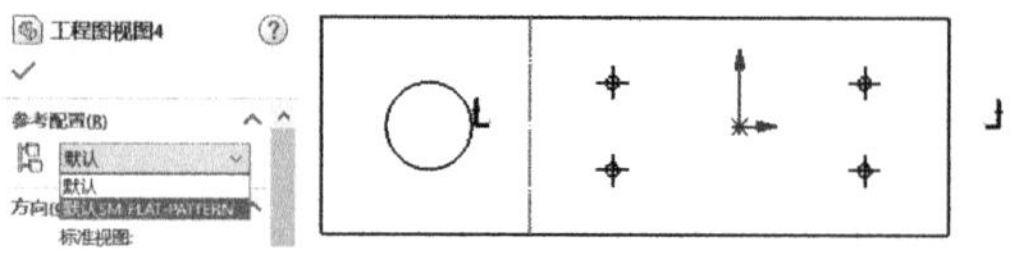

图 8–56 展开钣金模型

8.5.3 建立孔表

（1）选择【插入】|【表格】|【孔表】菜单命令，弹出【孔表】属性管理器。单击视图 4 右下角的顶点，此顶点将作为孔表的原点，如图 8-57 所示。

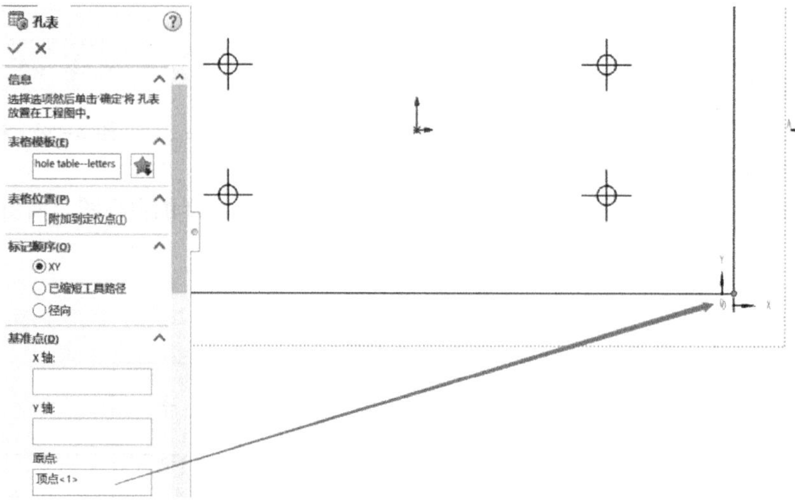

图 8–57 选择原点

（2）在右侧绘图区域中选择 5 个孔的边线，如图 8-58 所示。

（3）单击✓【确定】按钮，孔表生成，并随鼠标指针移动，单击，将孔表的位置固定，如图 8-59 所示。

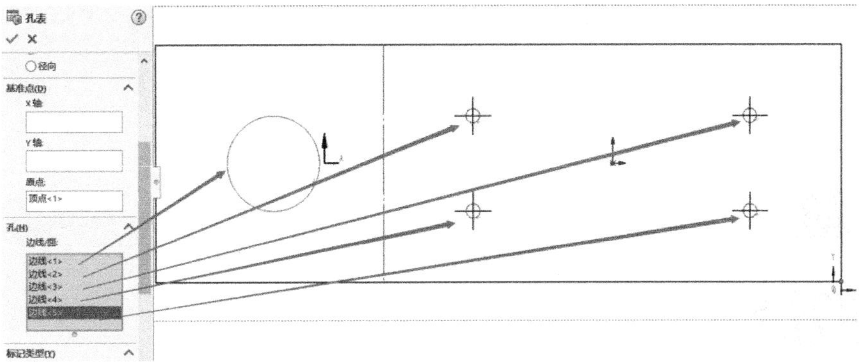

图 8-58　选择孔的边线

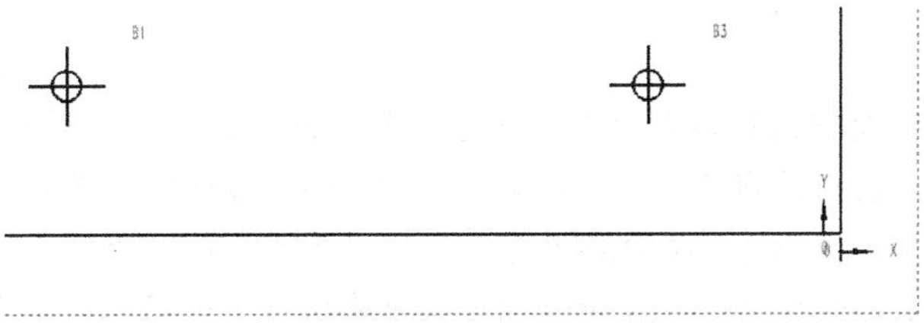

标签	X 位置	Y 位置	大小
A1	-123.09	25	Ø20 贯穿
B1	-80	15	Ø 3 贯穿 ⌵ Ø 3.05 X 90°, 近端
B2	-80	35	Ø 3 贯穿 ⌵ Ø 3.05 X 90°, 近端
B3	-20	15	Ø 3 贯穿 ⌵ Ø 3.05 X 90°, 近端
B4	-20	35	Ø 3 贯穿 ⌵ Ø 3.05 X 90°, 近端

图 8-59　放置孔表

Chapter 9

第 9 章 焊件设计

焊件（通常称为型材）是铁或钢以及具有一定强度和韧性的材料（如塑料、铝、玻璃纤维等）通过轧制、挤出、铸造等工艺制成的具有一定几何形状的物体。普通型钢按其断面形状又可分为工字钢、槽钢、角钢、圆钢等。在 SOLIDWORKS 中，运用【焊件】命令可以生成多种焊接类型的结构构件组合。用户可以选用 SOLIDWORKS 自带的标准结构构件，也可以根据需要自己制作结构构件。本章主要介绍【结构构件】【剪裁 / 延伸】【圆角焊缝】【角撑板】【顶端盖】【焊缝】等命令以及焊件建模实例、焊件工程图实例。

重点与难点

- 结构构件生成方法
- 结构件编辑的方法

9.1 结构构件

在零件中生成第一个结构构件时，【焊件】按钮将被添加到特征管理器设计树中。结构构件包含以下属性。

- 结构构件具有统一的轮廓，例如角钢、铝合金型材等。
- 轮廓由【标准】、【类型】及【大小】等属性识别。
- 结构构件可以包含多个片段，但所有片段只能使用一个轮廓。
- 分别具有不同轮廓的多个结构构件可以属于同一个焊接零件。
- 在一个结构构件中的任何特定点处，只有两个实体才可以交叉。
- 结构构件生成的实体会出现在【切割清单】文件夹下。
- 用户可以生成自己的轮廓，并将其添加到现有焊件轮廓库中。
- 可以在特征管理器设计树的【切割清单】文件夹下选择结构构件，并生成用于工程图的切割清单。

9.1.1 结构构件的属性设置

单击【焊件】工具栏中的【结构构件】按钮（或者选择【插入】|【焊件】|【结构构件】菜单命令），弹出属性管理器，如图 9-1 所示。常用选项介绍如下。

- 【标准】：选择先前定义的 iso、ansi inch 标准或者自定义标准。
- 【类型】：选择轮廓类型。
- 【大小】：选择轮廓大小。
- 【组】：可以在绘图区域中选择一组草图实体作为路径线段。

9.1.2 练习：生成结构构件

下面简单练习生成结构构件的方法。

（1）打开“配套数字资源\第 9 章\基本功能\9.1.2.SLDPRT”中的实例素材文件，如图 9-2 所示。

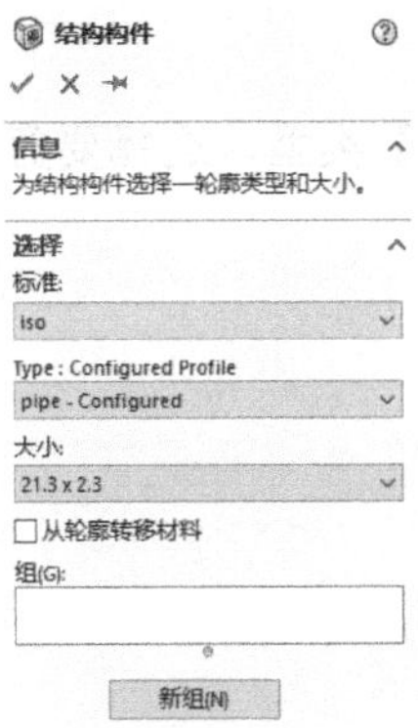

图 9–1 【结构构件】属性管理器

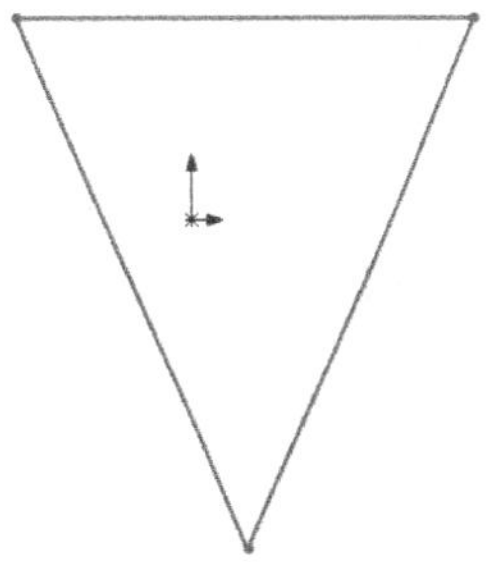

图 9–2 打开草图

（2）选择【插入】|【焊件】|【结构构件】菜单命令，弹出属性管理器。按图 9-3 所示的参数对绘图区域中的草图的 3 条直线进行设置，单击✓【确定】按钮，生成结构构件，如图 9-4 所示。

图 9–3　结构构件设置

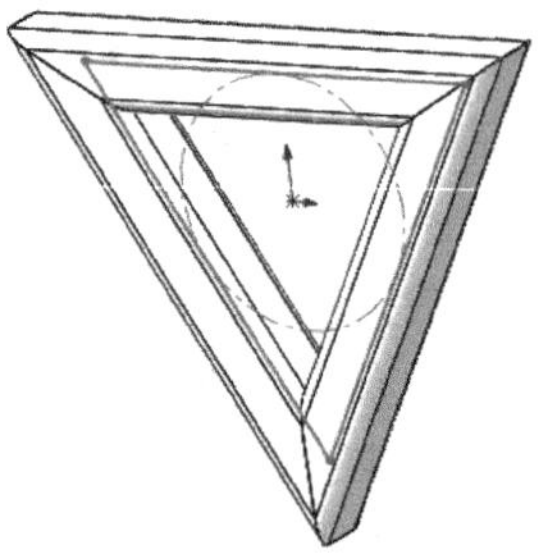

图 9–4　生成结构构件

9.2 剪裁 / 延伸

可以使用结构构件和其他实体剪裁结构构件，使其在焊件零件中正确对接。可以使用【剪裁 / 延伸】命令剪裁或者延伸两个在角落处汇合的结构构件、一个或者多个相对于另一实体的结构构件等。

9.2.1 剪裁 / 延伸的属性设置

选择【插入】|【焊件】|【剪裁 / 延伸】菜单命令，弹出属性管理器，如图 9-5 所示。常用选项介绍如下。

（1）【边角类型】选项组。

可以设置剪裁的边角类型，包括【终端剪裁】、【终端斜接】、【终端对接 1】、【终端对接 2】。

（2）【要剪裁的实体】选项组。

对于【终端斜接】、【终端对接 1】和【终端对接 2】类型，选择要剪裁的一个实体；对于【终端剪裁】类型，选择要剪裁的一个或者多个实体。

（3）【剪裁边界】选项组。

- 【面 / 平面】：使用平面作为剪裁边界。
- 【实体】：使用实体作为剪裁边界。

9.2.2 练习：运用剪裁工具

下面简单练习运用剪裁工具的方法。

（1）打开“配套数字资源 \ 第 9 章 \ 基本功能 \9.2.2.SLDPRT”中的实例素材文件，如图 9-6 所示。

（2）选择【插入】|【焊件】|【剪裁 / 延伸】菜单命令，弹出属性管理器。按图 9-7 所示进行参数设置，单击【确定】按钮，完成剪裁操作，如图 9-8 所示。

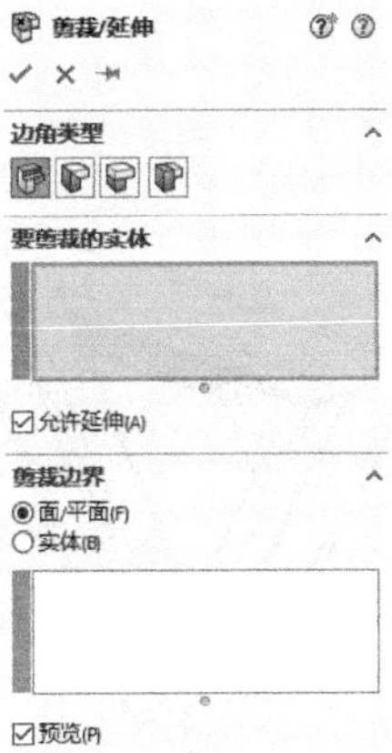

图 9-5 【剪裁 / 延伸】属性管理器

图 9-6　打开的模型

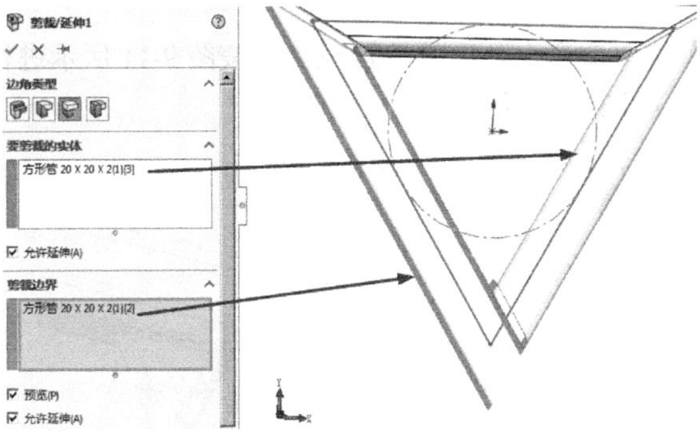

图 9-7　剪裁设置

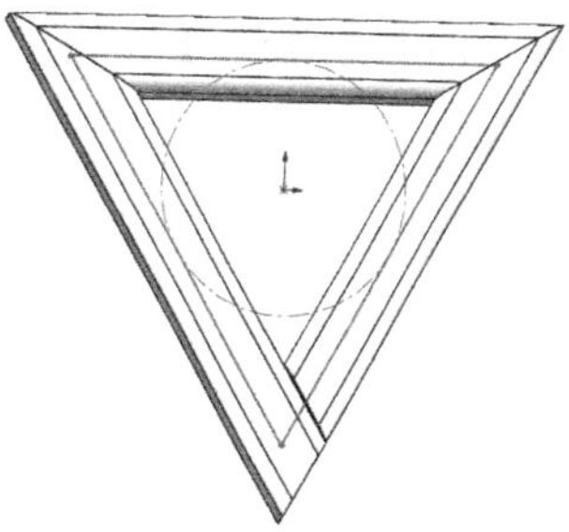

图 9-8　完成剪裁

9.3 圆角焊缝

可以在任何交叉的焊件实体（如结构构件、平板焊件或者角撑板等）之间添加全长、间歇或者交错的圆角焊缝。

9.3.1　圆角焊缝的属性设置

单击【焊件】工具栏中的【圆角焊缝】按钮（或者选择【插入】|【焊件】|【圆角焊缝】菜单命令），弹出属性管理器，如图 9-9 所示。常用选项介绍如下。

- 【焊缝类型】下拉列表：可以选择【全长】【间歇】【交错】焊缝类型。
- 【圆角大小】：设置焊缝圆角的数值。
- 【面组】：选取一个或多个平面。

9.3.2　练习：生成圆角焊缝

下面简单练习生成圆角焊缝的方法。

（1）打开“配套数字资源 \ 第 9 章 \ 基本功能 \9.3.2.SLDPRT”中的实例素材文件，如图 9-10 所示。

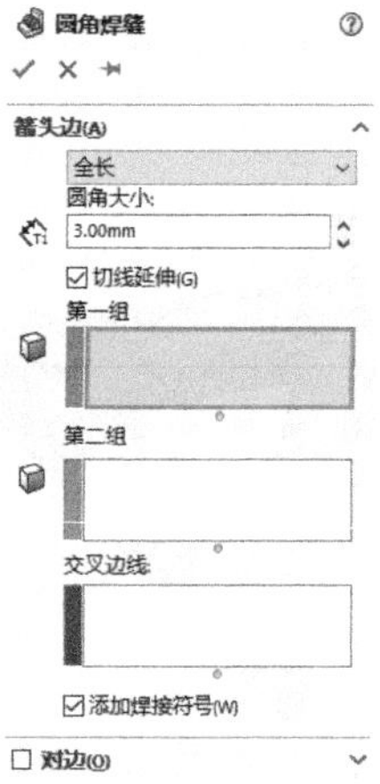

图 9-9 【圆角焊缝】属性管理器

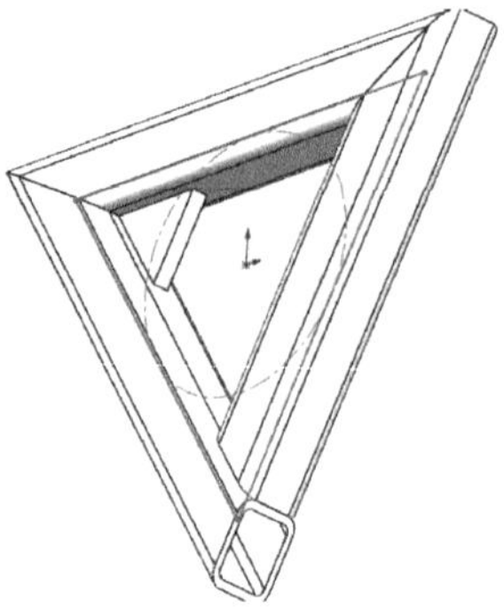

图 9-10 焊件模型

（2）选择【插入】|【焊件】|【圆角焊缝】菜单命令，弹出属性管理器。按图 9-11 所示进行参数设置，单击✓【确定】按钮，生成圆角焊缝，如图 9-12 所示。

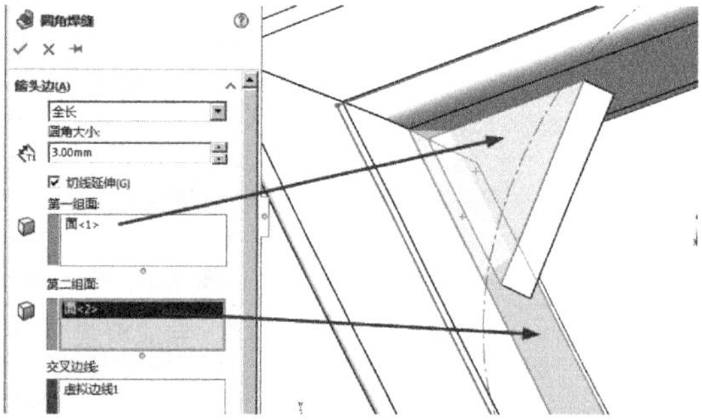

图 9-11 选择圆角焊缝面组

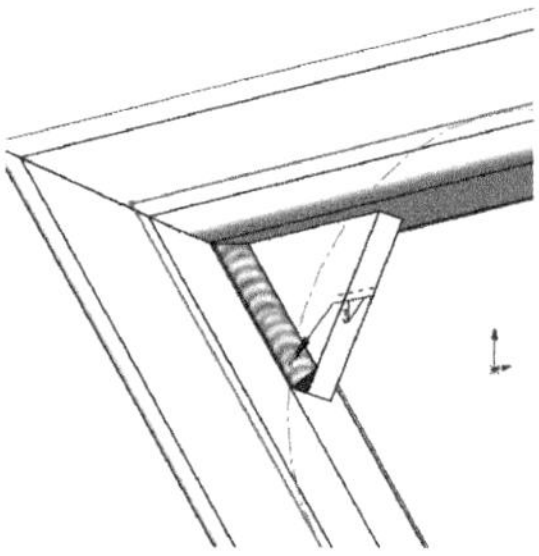

图 9-12 生成圆角焊缝

9.4 角撑板

角撑板可加固两个交叉的带平面的结构构件之间的区域。

9.4.1 角撑板的属性设置

选择【插入】|【焊件】|【角撑板】菜单命令，弹出图 9-13 所示的【角撑板】属性管理器。常用选项介绍如下。

- 【选择面】：从两个交叉结构构件中选择相邻平面。
- 【反转轮廓 D1 和 D2 参数】：反转两个轮廓之间的数值。
- 【多边形轮廓】：设置 4 个参数来形成多边形。
- 【三角形轮廓】：设置 2 个参数来形成三角形。

9.4.2 练习：生成角撑板

下面简单练习生成角撑板的方法。

（1）打开“配套数字资源 \ 第 9 章 \ 基本功能 \9.4.2.SLDPRT”中的实例素材文件，如图 9-14 所示。

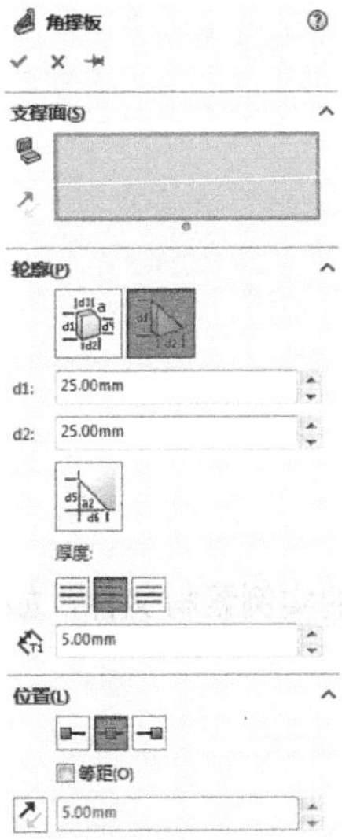

图 9–13 【角撑板】属性管理器

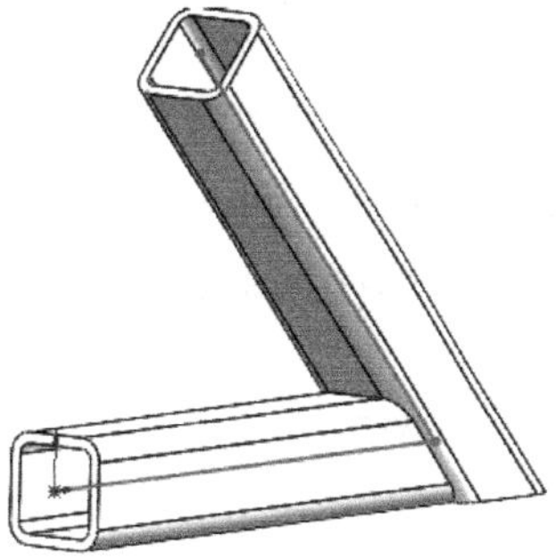

图 9–14　焊件实体

（2）选择【插入】|【焊件】|【角撑板】菜单命令，弹出属性管理器。按图 9-15 所示进行参数设置，单击✓【确定】按钮，生成角撑板实体，如图 9-16 所示。

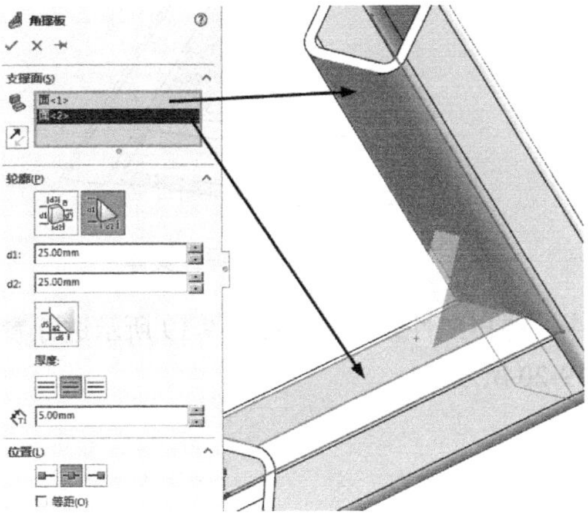

图 9–15　属性管理器

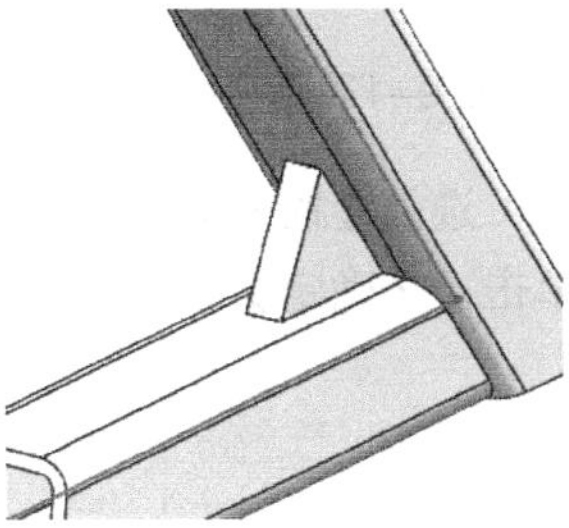

图 9–16　角撑板实体

9.5 顶端盖

使用【顶端盖】命令可以在焊件的端部自动建立封口实体。

9.5.1 顶端盖的属性设置

选择【插入】|【焊件】|【顶端盖】菜单命令，弹出图 9-17 所示的【顶端盖】属性管理器。常

用选项介绍如下。

（1）【面】：选取一个或多个轮廓面。

（2）【厚度方向】：设定顶端盖的方向。

- 【向外】：从结构向外延伸，这会增加结构的总长度。
- 【向内】：向结构内延伸，这会保留结构原始的总长度。
- 【内部】：将顶端盖以指定的距离放在结构构件内部。

（3）【厚度】：设定顶端盖的厚度。

9.5.2 练习：生成顶端盖

下面简单练习生成顶端盖实体的方法。

（1）打开“配套数字资源\第 9 章\基本功能\9.5.2.SLDPRT”中的实例素材文件，如图 9-18 所示。

图 9-17 【顶端盖】属性管理器

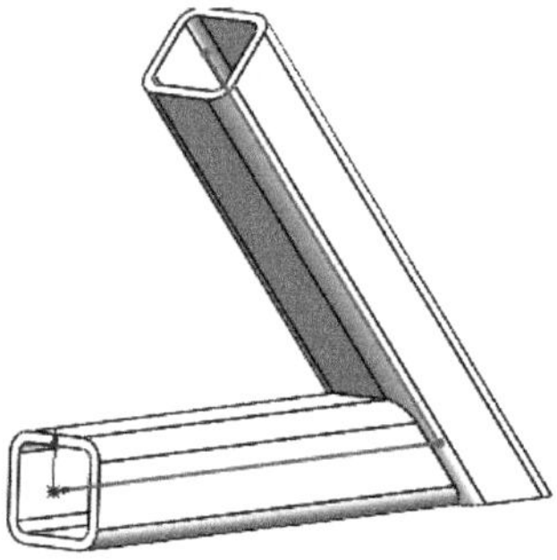
图 9-18 焊件实体

（2）选择【插入】|【焊件】|【顶端盖】菜单命令，弹出属性管理器。按图 9-19 所示进行参数设置，单击✓【确定】按钮，生成顶端盖实体，如图 9-20 所示。

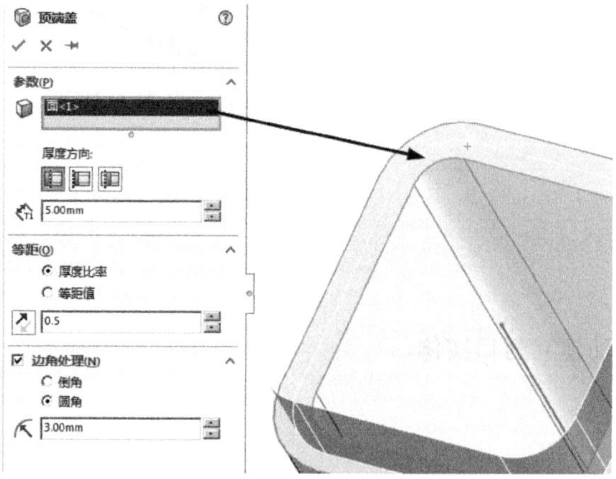

图 9-19 属性管理器

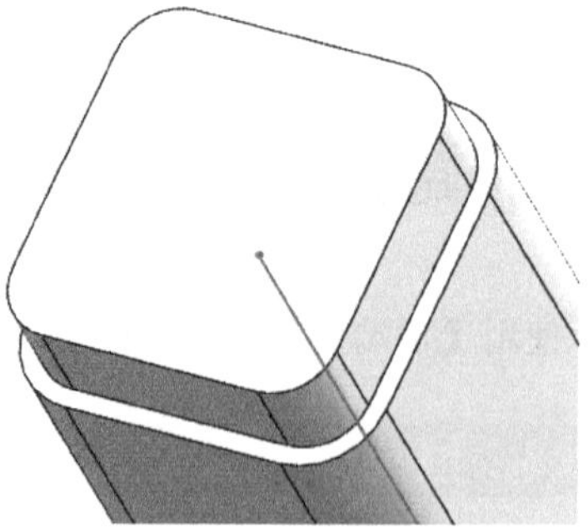
图 9-20 顶端盖实体

9.6 焊缝

使用【焊缝】命令可以在两个实体的交线处生成焊缝实体。

9.6.1 焊缝的属性设置

选择【插入】|【焊件】|【焊缝】菜单命令，弹出图 9-21 所示的【焊缝】属性管理器。常用选项介绍如下。

（1）【焊接路径】选项组。

- 【智能焊接选择工具】：要应用焊缝的位置将显示在此处。
- 【新焊接路径】：定义新的焊接路径。

（2）【设定】选项组。

- 【焊接几何体】：提供两个选择框，用于选择焊缝起始点和焊缝终止点。
- 【焊接路径】：提供一个选择框，用于选择要焊接的面和边线。
- 【焊缝起始点】：要焊接实体中的焊接起点。
- 【选择面或边线】：选择焊缝起始点和终止点之间的面或边线。
- 【焊缝终止点】：与焊缝起始点所选的实体连接。
- 【焊缝大小】：设定焊缝的厚度。
- 【定义焊接符号】：将焊接符号附加到激活的焊缝中。

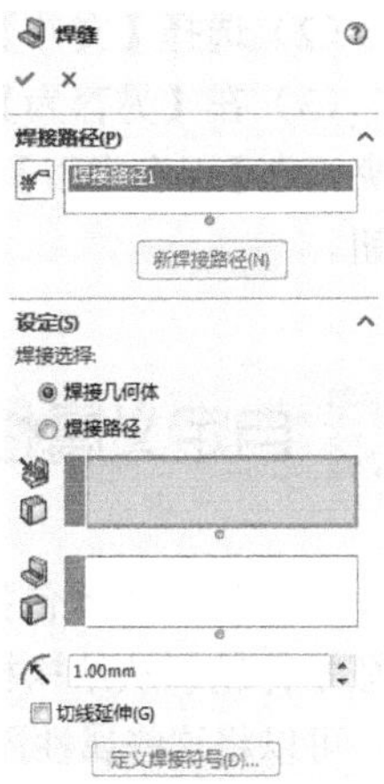

图 9-21 【焊缝】属性管理器

9.6.2 练习：生成焊缝

下面简单练习生成焊缝的方法。

（1）打开“配套数字资源 \ 第 9 章 \ 基本功能 \9.6.2.SLDPRT”中的实例素材文件，如图 9-22 所示。

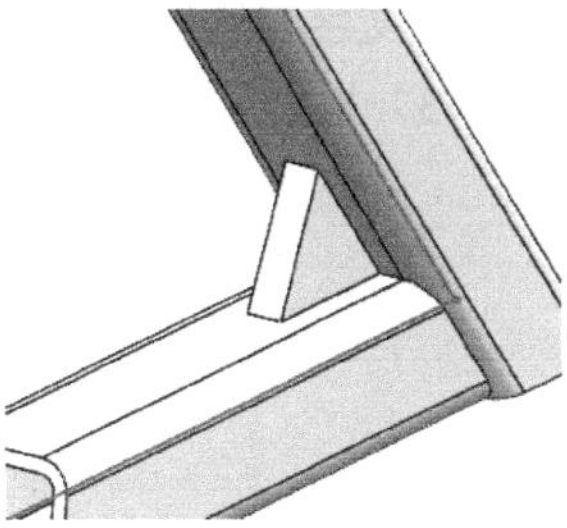

图 9-22　角撑板

（2）选择【插入】|【焊件】|【焊缝】菜单命令，弹出属性管理器。按图 9-23 所示进行参数设置，单击✓【确定】按钮，生成焊缝实体，如图 9-24 所示。

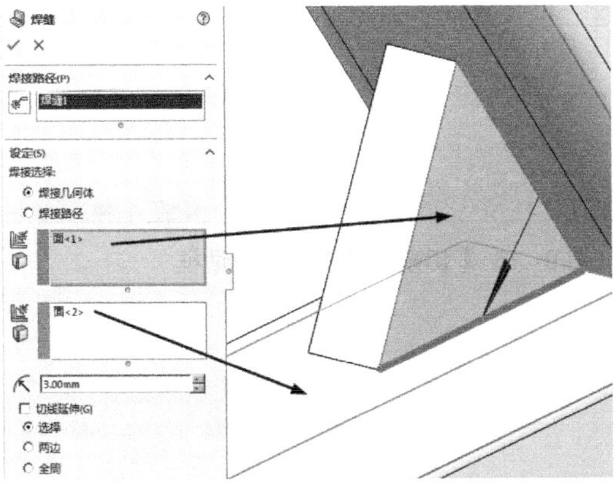

图 9-23　属性管理器

图 9-24　焊缝实体

9.7 自定义焊件轮廓

用户可以生成自己的焊件轮廓以便在生成焊件结构构件时使用。制作自定义焊件轮廓的步骤如下。

（1）绘制轮廓草图。当使用轮廓生成一个焊件结构构件时，草图的原点为默认穿透点，且可以选择草图中的任何顶点或者草图点作为交替穿透点。

（2）选择【文件】|【另存为】菜单命令，打开【另存为】对话框。

（3）在【另存为】框中选择【<安装目录>\data\weldment profiles】，或者创建一个合适的子文件夹，在【保存类型】下拉列表中选择【库特征零件（*.SLDLFP）】选项，输入文件名，单击【保存】按钮。

9.8 自定义属性

焊件切割清单包括项目号、数量及切割清单自定义属性。在焊件零件中，属性包含在使用库特征零件轮廓从结构构件生成的切割清单项目中，包括【说明】、【长度】、【角度 1】和【角度 2】等，可以将这些属性添加到切割清单项目中。修改自定义属性的步骤如下。

（1）在零件文件中，用鼠标右键单击【切割清单项目】图标，在弹出的菜单中选择【属性】命令，如图 9-25 所示。

（2）在【切割清单属性】对话框的【切割清单摘要】选项卡中设置【属性名称】、【类型】和【数值 / 文字表达】等，如图 9-26 所示。

（3）根据需要重复前面的步骤，单击【确定】按钮完成操作。

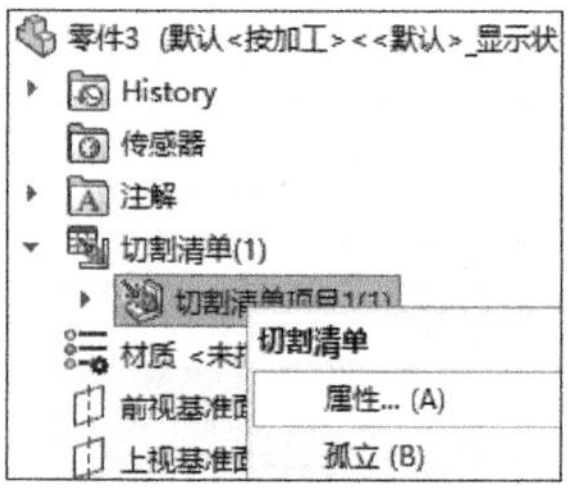

图 9-25　右键菜单

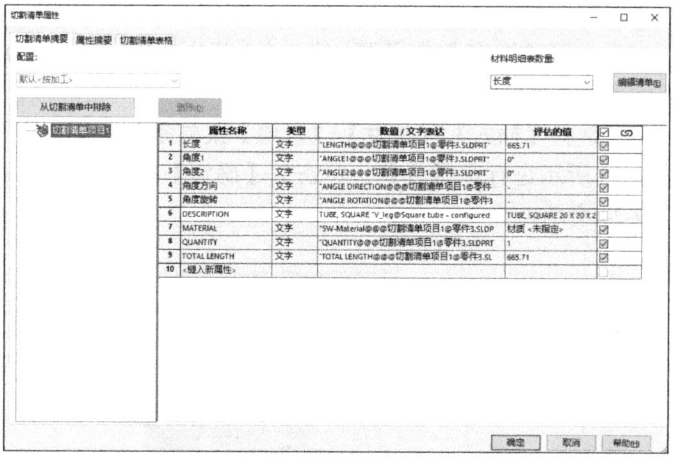

图 9-26 【切割清单属性】对话框

9.9 焊件建模实例

本节利用一个具体实例来讲解焊件的建模步骤，最终效果如图 9-27 所示。

9.9.1　绘制龙骨草图

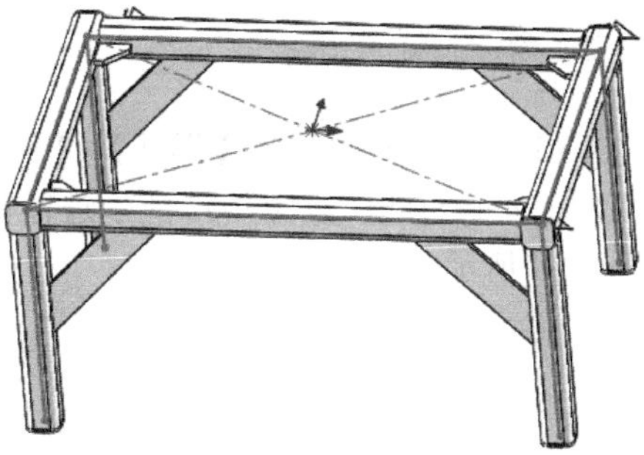

图 9-27　焊件模型

（1）启动中文版 SOLIDWORKS，单击【标准】工具栏中的【新建】按钮，弹出【新建 SOLIDWORKS 文件】对话框，再单击【零件】按钮，单击【确定】按钮，生成新文件。

（2）选择【插入】|【焊件】|【焊件】菜单命令。在特征管理器设计树中单击【前视基准面】图标，使前视基准面成为草图绘制平面。单击【草图绘制】按钮，进入草图绘制状态。

（3）单击【草图】工具栏中的【中心矩形】按钮，在绘图区域中单击坐标原点，再向右下方拖曳鼠标，在任意一点处再次单击，形成一个矩形。单击鼠标右键，在弹出菜单中选择【选择】命令，结果如图 9-28 所示。

（4）单击【草图】工具栏中的【智能尺寸】按钮，单击矩形的长边，向下拖动鼠标，至合适位置后单击以放置尺寸，输入“800”；单击矩形的宽边，向右拖动鼠标，至合适位置后单击以放置尺寸，输入“500”。单击【确定】按钮，完成尺寸标注，如图 9-29 所示。

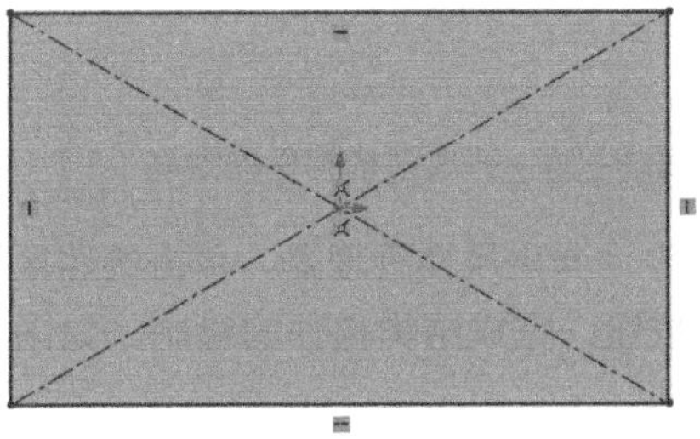

图 9-28　绘制矩形

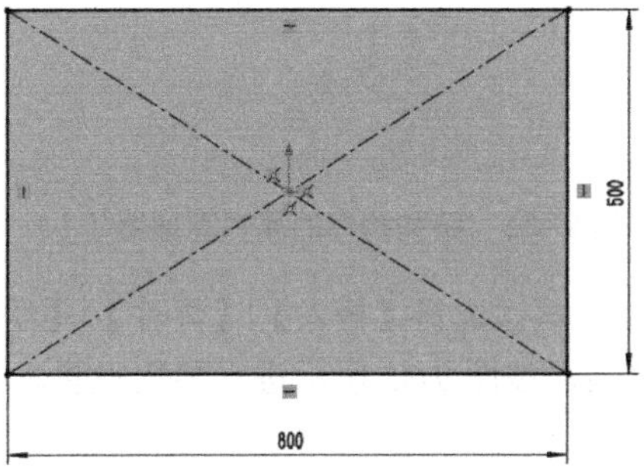

图 9-29　完成矩形标注

（5）按住鼠标中键将矩形旋转。选择【插入】|【3D 直线草图】菜单命令，单击【直线】按钮，分别选中矩形的 4 个角，绘制 4 条与矩形垂直的直线，如图 9-30 所示。选中其中一条直线，再按住 Ctrl 键，依次选中其他 3 条直线，单击鼠标右键，在弹出菜单中单击【相等】按钮，如图 9-31 所示。执行相等命令后的图形如图 9-32 所示。

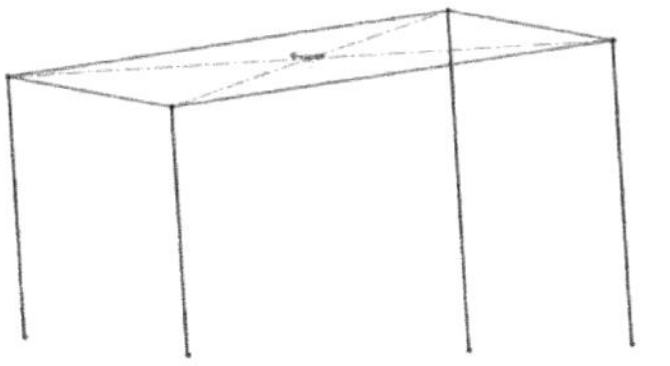

图 9-30　绘制 4 条竖直直线

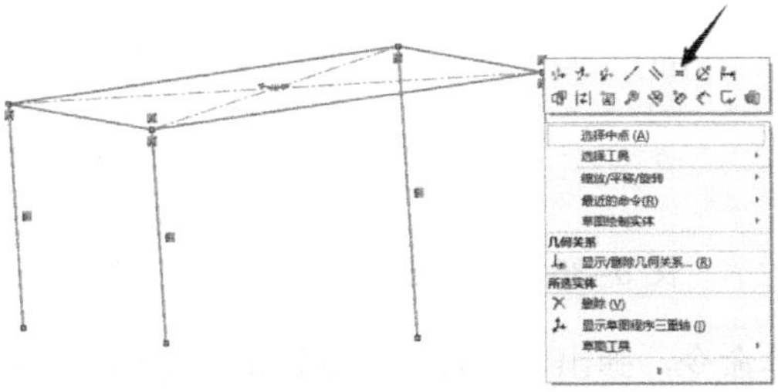

图 9-31　单击【相等】按钮

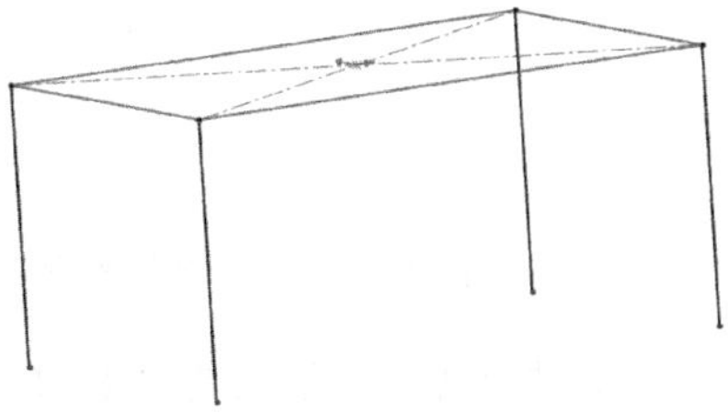

图 9-32　执行相等命令后的图形

9.9.2 建立焊件

（1）选择【插入】|【焊件】|【结构构件】菜单命令，弹出属性管理器，在绘图区域中选择矩形的 4 条直线，按图 9-33 所示进行参数设置。单击✓【确定】按钮，完成结构构件的绘制，如图 9-34 所示。

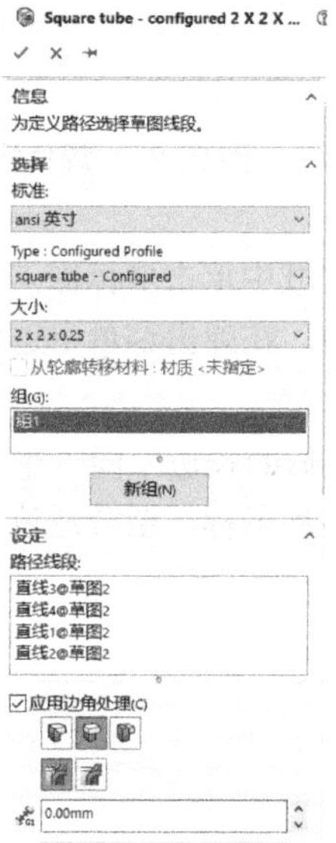

图 9–33　结构构件的属性管理器（1）

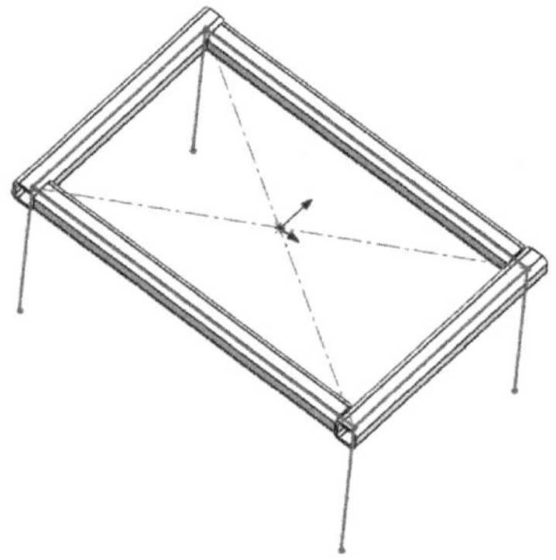

图 9–34　完成结构构件的绘制（1）

（2）再次选择【插入】|【焊件】|【结构构件】菜单命令，弹出属性管理器，单击绘图区域中 4 条直线，按图 9-35 所示进行参数设置。单击✓【确定】按钮，完成结构构件的绘制，如图 9-36 所示。

图 9–35　结构构件的属性管理器（2）

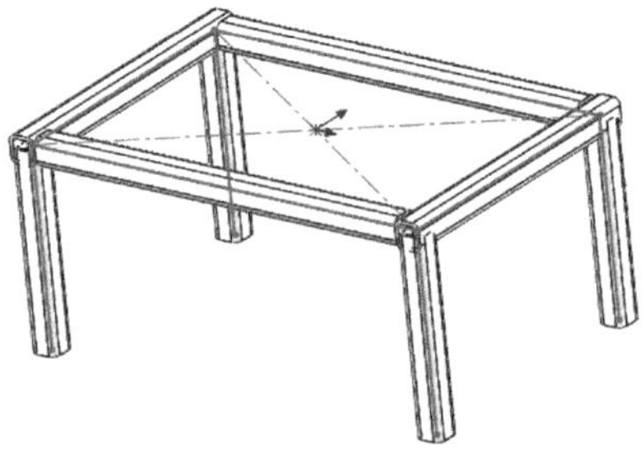

图 9–36　完成结构构件的绘制（2）

（3）选择【插入】|【焊件】|【剪裁 / 延伸】菜单命令，弹出【剪裁 / 延伸】属性管理器，按图 9-37 所示进行参数设置。单击✓【确定】按钮，完成剪裁操作。

（4）重复以上步骤，依次对另外 3 个边角进行剪裁，最终结果如图 9-38 所示。

（5）选择【插入】|【焊件】|【角撑板】菜单命令，弹出属性管理器，按图 9-39 所示进行参数设置。单击✓【确定】按钮，完成角撑板的创建。

（6）重复以上步骤，依次为另外 3 个边创建角撑板，最终结果如图 9-40 所示。

（7）选择【插入】|【焊件】|【角撑板】菜单命令，弹出属性管理器，按图 9-41 所示进行参数设置。单击✓【确定】按钮，完成角撑板的创建。

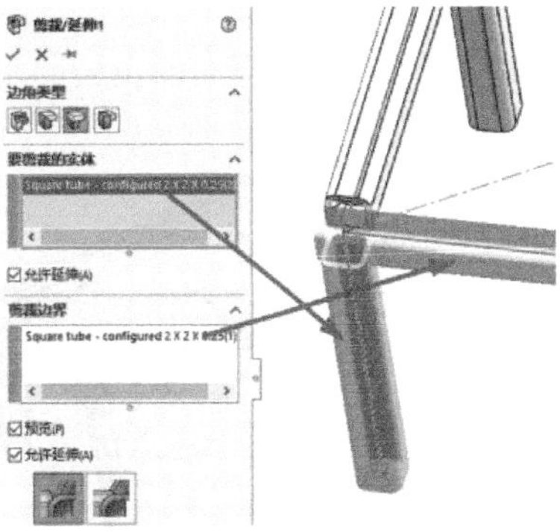

图 9-37 【剪裁 / 延伸】属性管理器

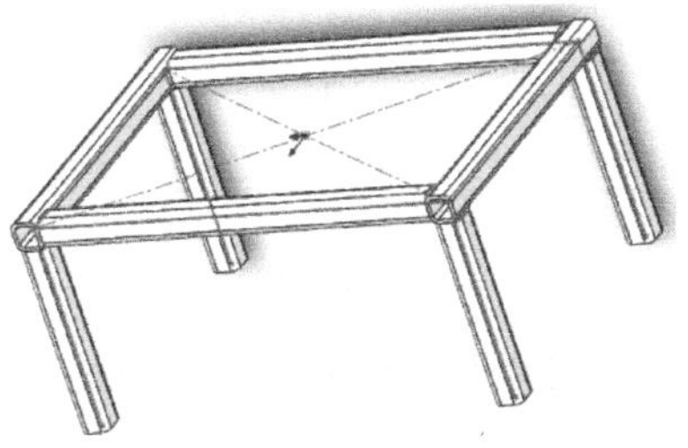
图 9-38 完成另外 3 个边角的剪裁

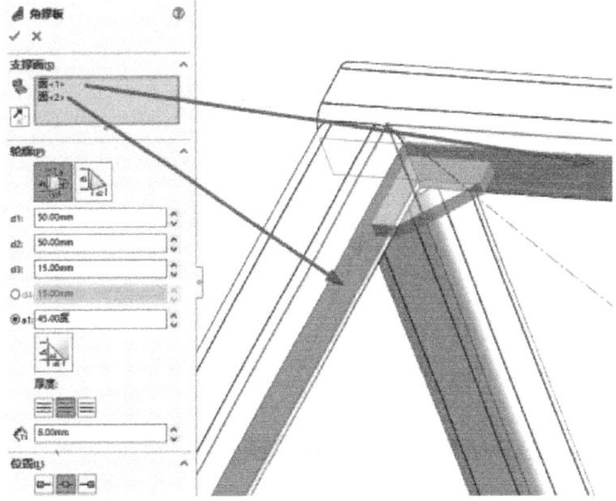

图 9-39 【角撑板】属性管理器（1）

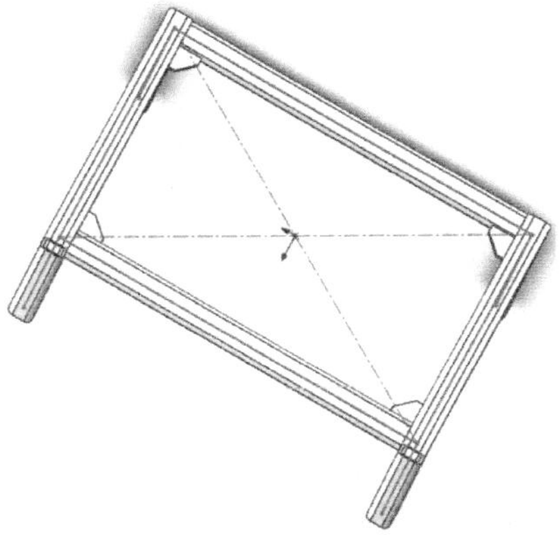
图 9-40 完成另外 3 个边的角撑板的创建（1）

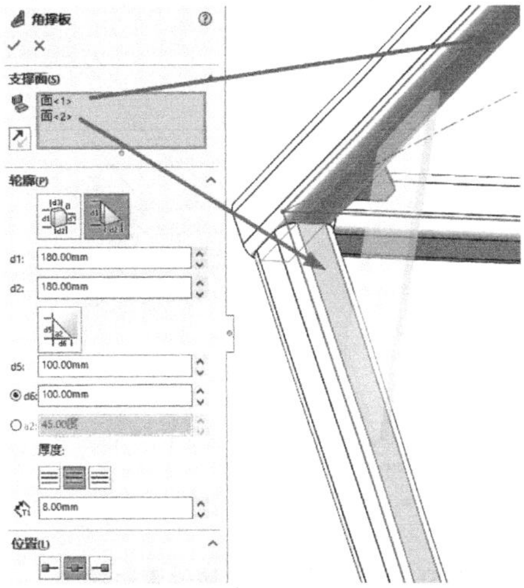

图 9-41 【角撑板】属性管理器（2）

（8）重复以上步骤，依次为另外 3 个边角也创建角撑板，最终结果如图 9-42 所示。

（9）选择【插入】|【焊件】|【焊缝】菜单命令，弹出属性管理器，按图 9-43 所示进行参数设置。单击✓【确定】按钮，完成焊缝的创建，如图 9-44 所示。

（10）重复以上步骤，依次为另外 3 个边角也创建焊缝，最终效果如图 9-45 所示。

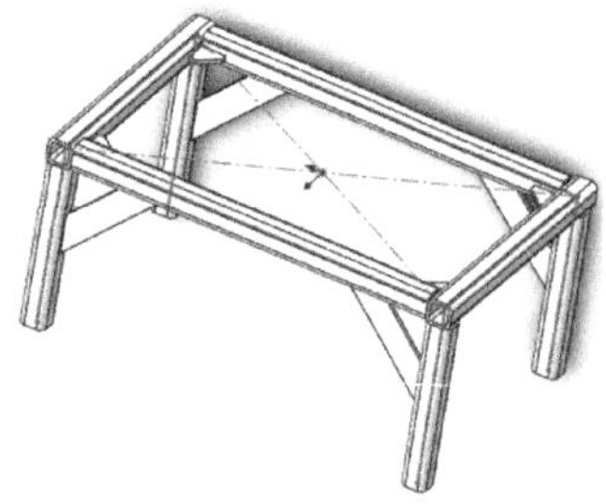

图 9-42　完成另外 3 个边的角撑板的创建（2）

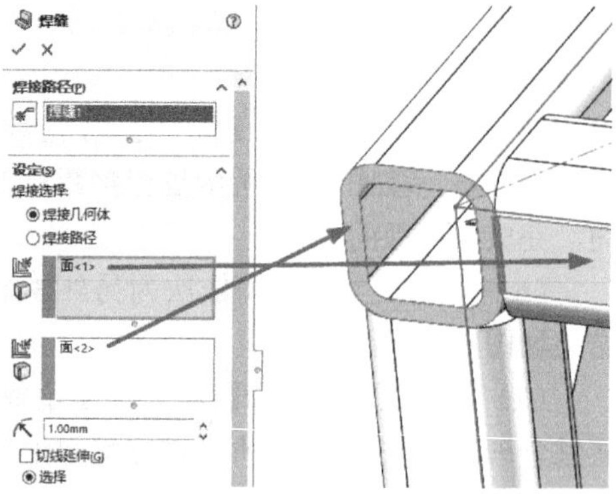

图 9-43 【焊缝】属性管理器

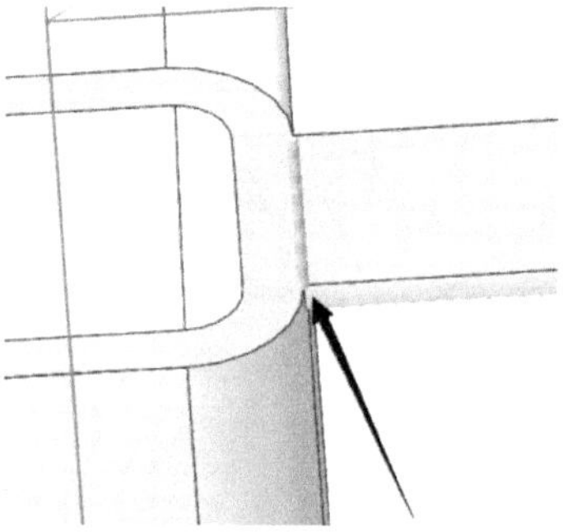

图 9-44　完成焊缝的创建

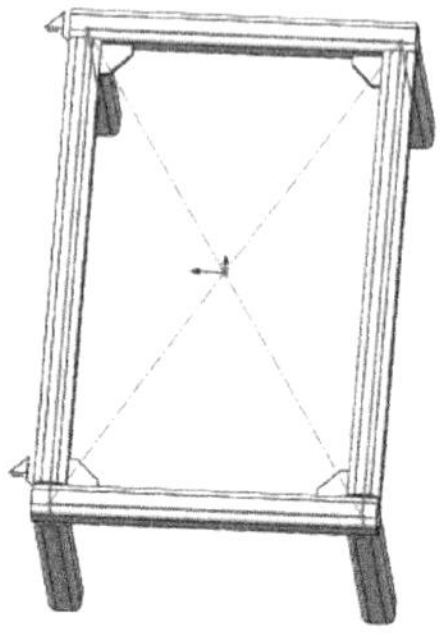

图 9-45　完成另外 3 个边的焊缝的创建

（11）选择【插入】|【焊件】|【顶端盖】菜单命令，弹出属性管理器，选择方钢的端面，按图 9-46 所示进行参数设置。单击✓【确定】按钮，完成顶端盖的创建，如图 9-47 所示。

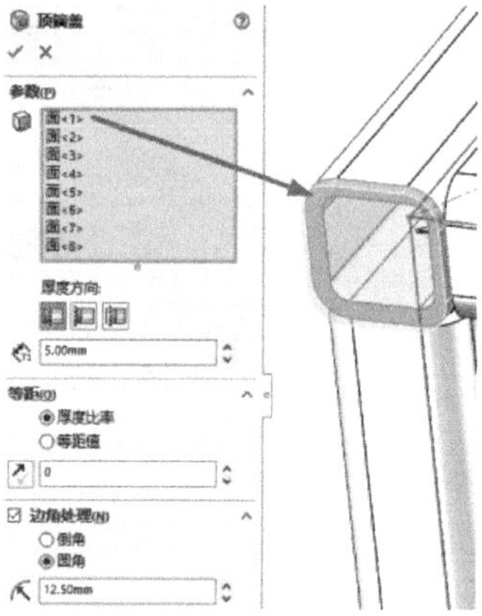

图 9-46 【顶端盖】属性管理器

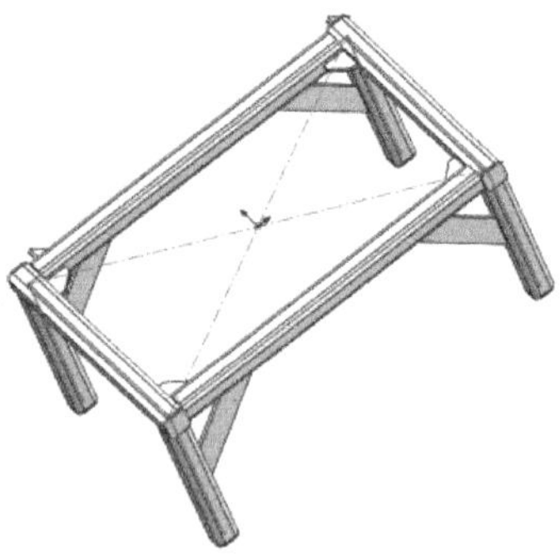

图 9-47　完成 8 个顶端盖的创建

9.9.3　干涉检查

（1）单击【评估】工具栏中的【干涉检查】按钮，或选择【工具】|【评估】|【干涉检查】菜单命令，弹出属性管理器。

（2）设置装配体干涉检查属性，如图 9-48 所示。

① 在【选定的实体】选项组中，系统默认选择整个装配体为检查对象。

② 在【选项】选项组中，勾选【使干涉实体透明】复选框。

③ 在【非干涉实体】选项组中，选择【使用当前项】单选项。

（3）完成上述操作后，单击【选定的实体】选项组中的【计算】按钮，此时在【结果】选项组中可以看到检查结果，如图 9-49 所示。

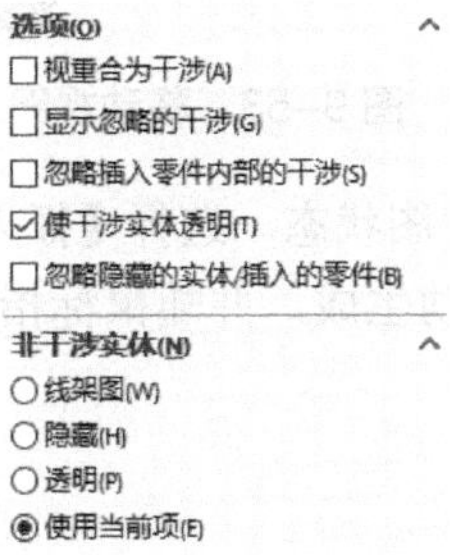

图 9–48　干涉检查属性设置

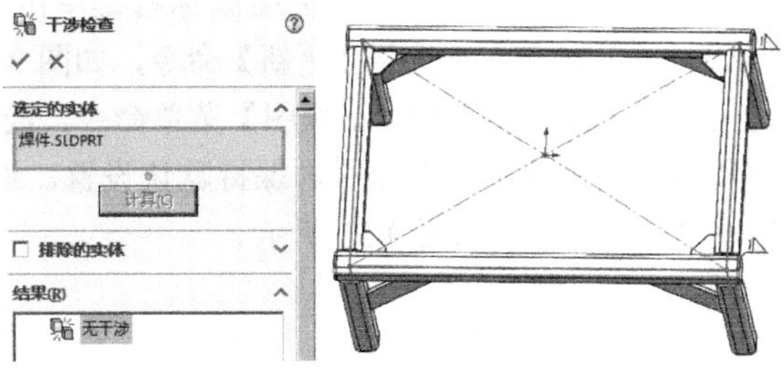

图 9–49　干涉检查结果

9.10 焊件工程图实例

本节利用一个具体实例来讲解焊件工程图的制作过程，焊件模型如图 9-50 所示。

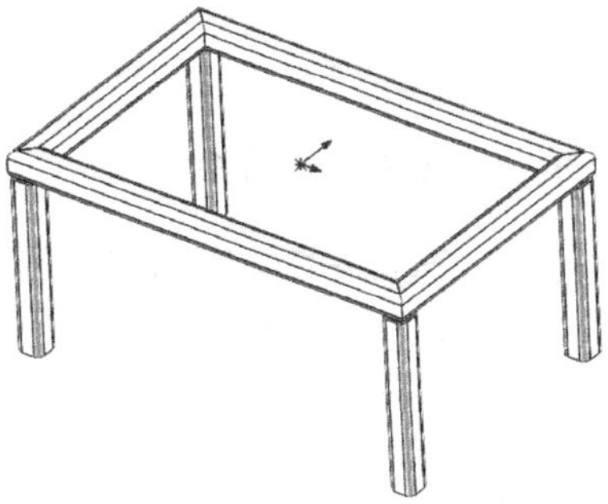

图 9–50　焊件模型

9.10.1 建立视图

（1）打开“配套数字资源\第 9 章\实例文件\9.10.SLDPRT”文件，选择【文件】|【从零件制作工程图】菜单命令，弹出工程图界面，如图 9-51 所示。

（2）在右侧按住【(A) 前视】按钮，将其拖入工程图区域中，模型的前视图将自动在工程图中生成。向上移动鼠标，将生成前视图；向右下方向移动鼠标，将生成轴测图的预览效果，单击，将生成的轴测图固定。右击，完成视图的生成，如图 9-52 所示。

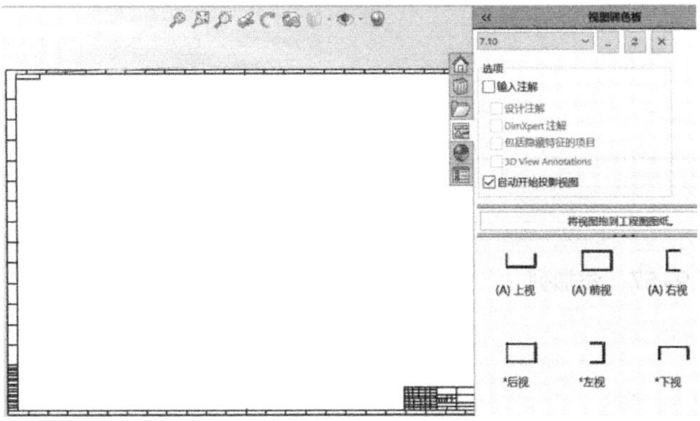

图 9–51　工程图界面

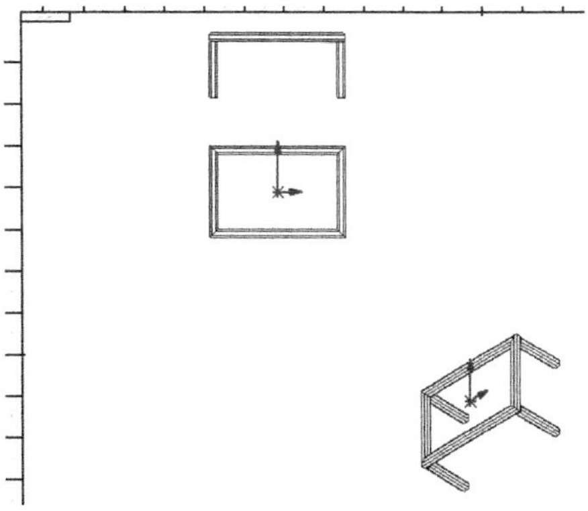

图 9–52　生成视图

（3）工程图中各个视图的位置是可以手动调整的。选中视图，按住鼠标左键拖动即可移动视图，将 3 个视图移动到合适位置，如图 9-53 所示。

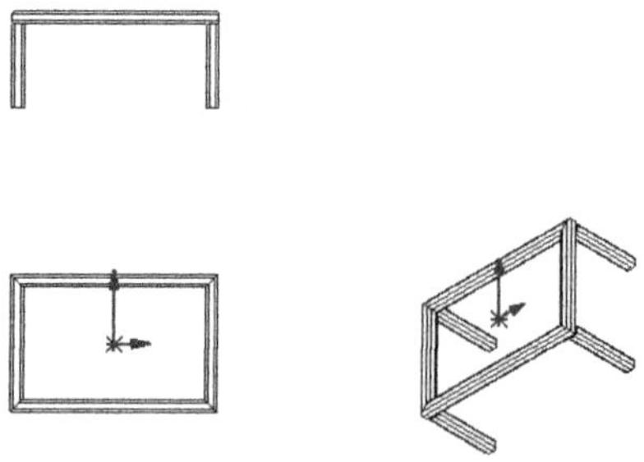

图 9–53　移动视图

9.10.2　建立切割清单

（1）选择【窗口】|【9.10】菜单命令，绘图区域将回到零件状态。在特征管理器设计树中用鼠标右键单击【切割清单（8）】，在弹出的菜单中选择【更新】命令，如图 9-54 所示。

（2）选择【窗口】|【9.10 工程图】菜单命令，绘图区域将回到工程图状态。选择【插入】|【表格】|【焊件切割清单】菜单命令，保持默认设置。切割清单表格将自动生成，并随鼠标指针移动，单击将表格位置固定，如图 9-55 所示。

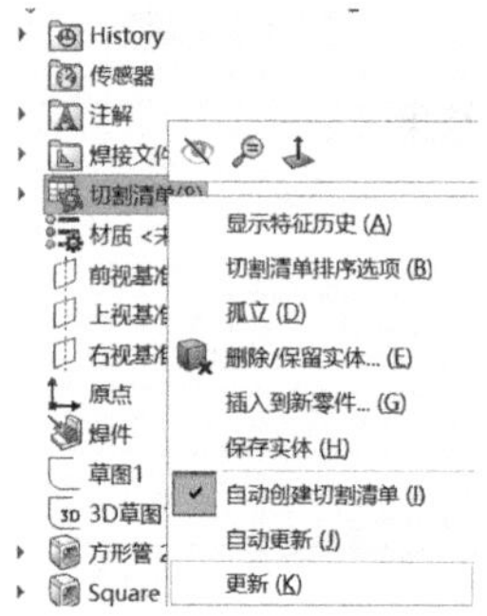

图 9–54　选择【更新】命令

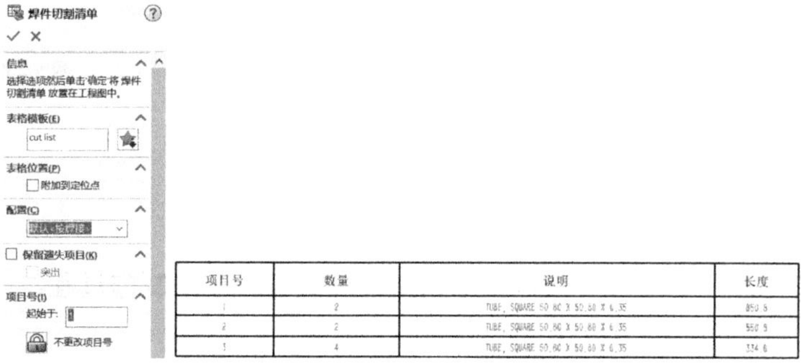

图 9–55　焊件切割清单

（3）在表格的最右列，单击鼠标右键，在弹出菜单中选择【插入】|【右列】命令，如图 9-56 所示。

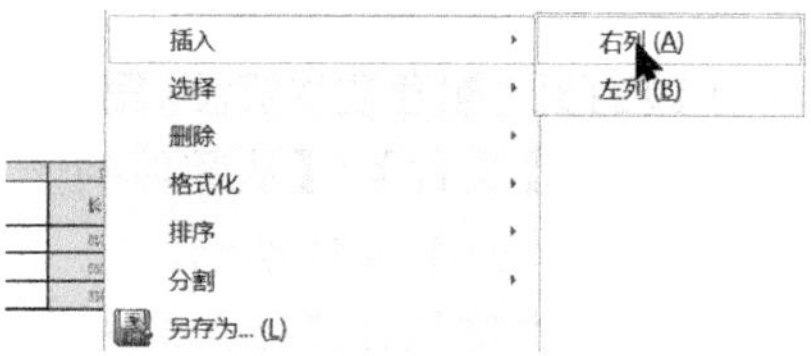

图 9–56　插入右列

（4）在左侧的【插入 右列】属性管理器中，选择【切割清单项目属性】单选项，并在【自定义属性】下拉列表中选择【角度 1】选项。单击✓【确定】按钮，新增加的列将在表格中显示出来，如图 9-57 所示。

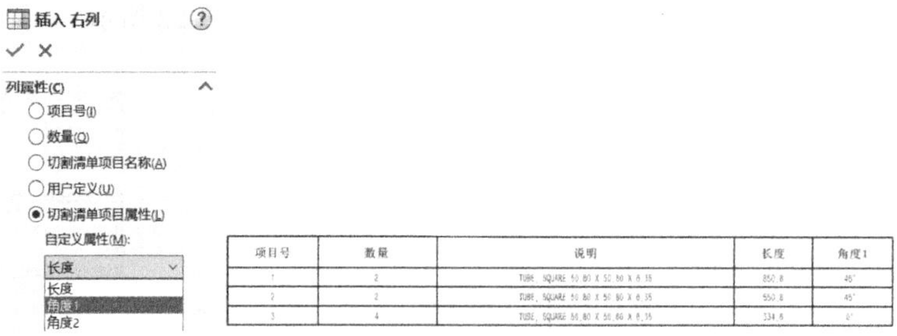

图 9–57　添加列

Chapter 10

第 10 章 动画设计

动画由一系列连续的图片组成，可以给人更直观和更清晰的视觉效果。SOLIDWORKS 自带的插件 Motion 可以制作产品的演示动画，并可做运动分析。本章主要内容包括运动算例简介、装配体爆炸动画、旋转动画、视像属性动画、距离配合动画、物理模拟动画，以及动画制作实例。

重点与难点

- 运动算例简介
- 装配体爆炸动画
- 旋转动画与视像属性动画
- 距离配合动画
- 物理模拟动画

10.1 运动算例简介

运动算例是装配体模型运动的图形模拟，用户可将诸如光源和相机透视图之类的视觉属性融合到运动算例中。SOLIDWORKS 使用运动管理器来定义运动算例，包括以下工具。

（1）动画（可在核心 SOLIDWORKS 内使用）：可使用动画来演示装配体的运动。例如，添加马达来驱动装配体的一个或多个零件的运动，使用设定键码点在不同时间规定装配体零部件的位置。

（2）基本运动（可在核心 SOLIDWORKS 内使用）：可使用基本运动工具在装配体上模仿马达、弹簧、碰撞以及引力效果。使用基本运动工具在计算运动时会考虑质量。

（3）运动分析（可在 SOLIDWORKS Premium 的 SOLIDWORKS Motion 插件中使用）：使用本工具可精确模拟装配体上的运动效果（包括力、弹簧、阻尼以及摩擦）。运动分析工具使用计算功能强大的动力求解器，在计算中会考虑到材料属性、质量及惯性。

10.1.1 时间线窗口

时间线窗口显示在动画特征管理器设计树的右侧。当更改时间栏时、在绘图区域中移动零部件时或者更改视像属性时，时间栏会使用键码点和更改栏显示这些更改。

时间线被竖直网格线均分，这些网络线对应于表示时间的数字标记。数字标记从 00:00:00 开始，其间距取决于窗口的大小。例如，沿时间线可能每隔 1 秒、2 秒或者 5 秒就会有 1 个标记，如图 10-1 所示。

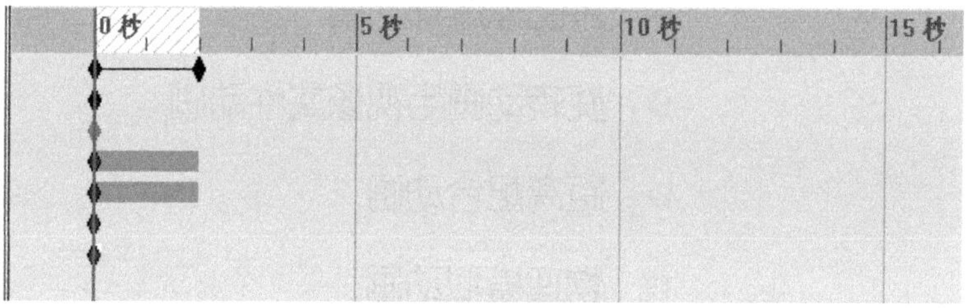

图 10–1　时间线

如果需要显示零部件，可以沿时间线单击任意位置，以更新该点的零部件位置。定位时间栏和绘图区域中的零部件后，可以通过控制键码点来编辑动画。在时间线区域单击鼠标右键，然后在弹出的菜单中进行选择，如图 10-2 所示。

（1）【Move Time Bar】：添加新的键码点，并在鼠标指针位置添加一组相关联的键码点。

（2）【动画向导】：可以调出【动画向导】对话框。

沿时间线用鼠标右键单击任一键码点，在弹出的菜单中可以选择需要执行的操作，如图 10-3 所示。右键菜单中的常用命令介绍如下。

（1）【剪切】、【删除】：对于 00:00:00 标记处的键码点不可用。

（2）【替换键码】：更新所选键码点以反映模型的当前状态。

（3）【压缩键码】：将所选键码点及相关键码点从其指定的函数中排除。

（4）【插值模式】：在播放过程中控制零部件的加速、减速或者视像属性。

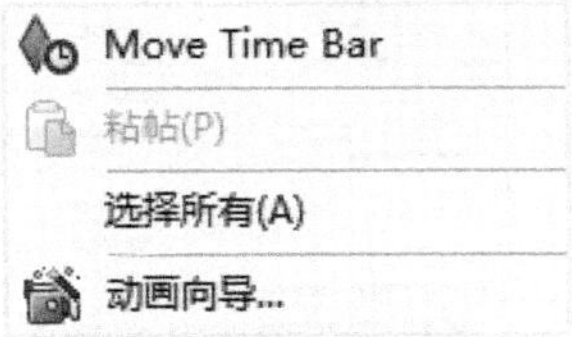

图 10-2　右键菜单（1）

图 10-3　右键菜单（2）

10.1.2　键码点和键码属性

制作动画时需要确定一系列装配体的位置，在 SOLIDWORKS 中，这些位置的状态用键码点（对应于所定义的装配体零部件位置、视像属性或模拟单元状态的实体）来定义。当将鼠标指针移动至任一键码点上时，零件序号处将会显示此键码点的键码属性。键码属性及其描述如表 10-1 所示。

表 10-1　键码属性及其描述

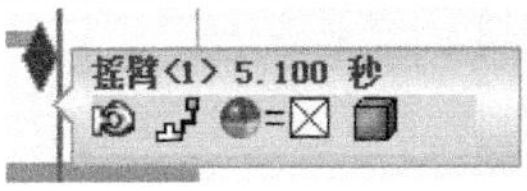

键码属性	描述
摇臂<1> 5.100 秒	特征管理器设计树中的零部件【摇臂 <1>】
	移动零部件
	显示爆炸动画的步骤
	应用到零部件的颜色
	按上色模式显示零部件

10.2 装配体爆炸动画

装配体爆炸动画是装配体爆炸过程的动画，可方便用户观看零件的装配和拆卸过程。单击【动画向导】按钮，可以生成爆炸动画，即将装配体的爆炸视图中的步骤按照时间先后顺序转换为动画形式。

生成爆炸动画的具体操作方法如下所述。

（1）打开“配套数字资源 \ 第 10 章 \ 基本功能 \10.2”中的实例素材，如图 10-4 所示。

（2）选择【插入】|【新建运动算例】菜单命令，绘图区域下方出现【运动管理器】工具栏和时间线窗口。单击【运动管理器】工具栏中的【动画向导】按钮，弹出【选择动画类型】对话框，如图 10-5 所示。

（3）选择【爆炸】单选项，单击【下一步】按钮，弹出【动画控制选项】对话框，如图 10-6 所示。

（4）在【动画控制选项】对话框中，设置【时间长度（秒）】为“1”，单击【完成】按钮，完成爆炸动画的设置。单击【运动管理器】工具栏中的 ▶【播放】按钮，观看爆炸动画效果，画面如图 10-7 所示。

图 10-4　打开的装配体

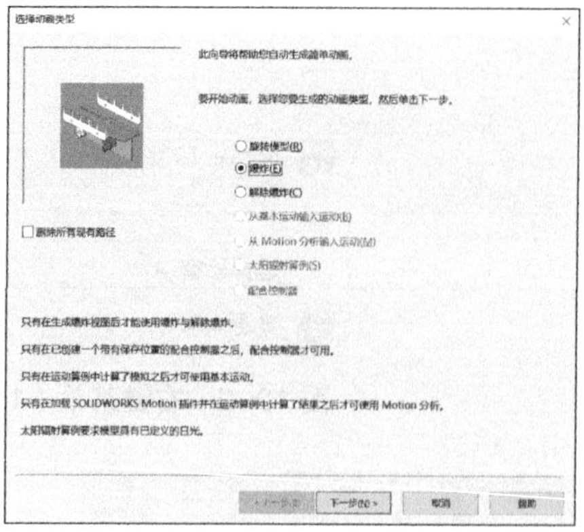

图 10-5 【选择动画类型】对话框

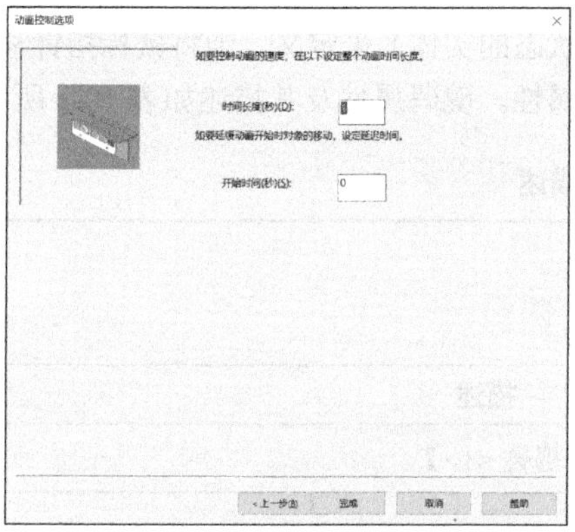

图 10-6 【动画控制选项】对话框

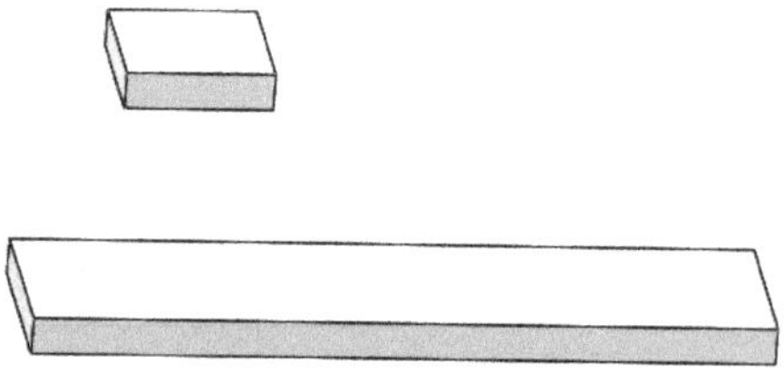

图 10-7　爆炸动画效果

10.3 旋转动画

旋转动画是零件或装配体沿某一个轴线旋转的动画，可以方便用户全方位地观看零件或装配体的外观。单击【动画向导】按钮，可以生成旋转动画，即模型绕着指定的轴线进行旋转的动画。

图 10-8　打开的装配体

生成旋转动画的具体操作方法如下。

（1）打开“配套数字资源 \ 第 10 章 \ 基本功能 \10.3”中的实例素材文件，如图 10-8 所示。

（2）选择【插入】|【新建运动算例】菜单命令，绘图区域下方出现【运动管理器】工具栏和时间线窗口。单击【运动管理器】工具栏中的【动画向导】按钮，弹出图 10-9 所示的【选择动画类型】对话框。

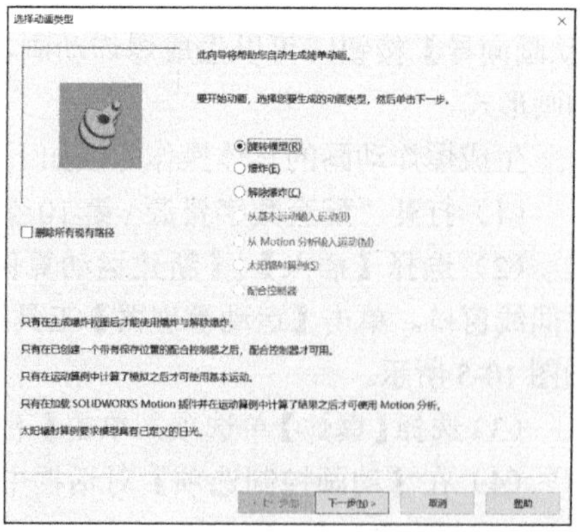

图 10-9 【选择动画类型】对话框

（3）选择【旋转模型】单选项，单击【下一步】按钮，弹出图 10-10 所示的【选择—旋转轴】对话框。

（4）选择【Y- 轴】单选项，设置【旋转次数】为“1”，选择【顺时针】单选项，再单击【下一步】按钮，弹出

图 10-11 所示的【动画控制选项】对话框。

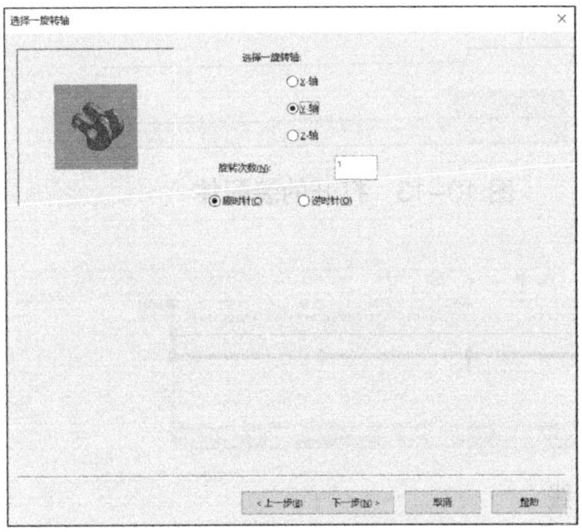

图 10-10 【选择一旋转轴】对话框

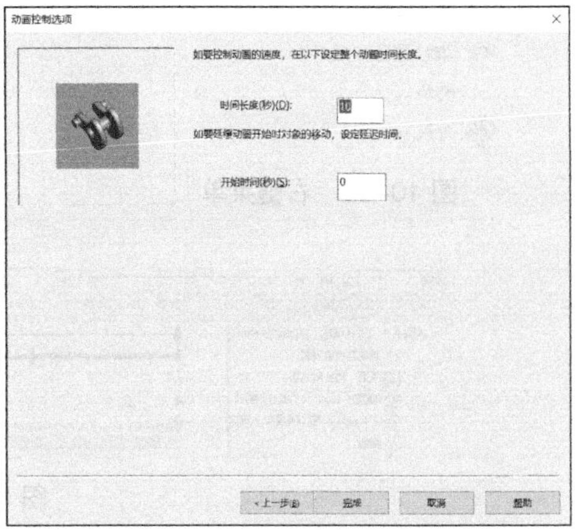

图 10-11 【动画控制选项】对话框

（5）设置【时间长度（秒）】为“10”，设置【开始时间（秒）】为“0”，单击【完成】按钮，完成旋转动画的设置。单击【运动管理器】工具栏中的 ▶【播放】按钮，观看旋转动画的效果。

10.4 视像属性动画

可以动态改变单个或者多个零部件的显示效果，并可以在相同或者不同的装配体零部件中组合不同的显示选项。如果需要更改任意一个零部件的视像属性，在时间线上选择某个零部件所对应的键码点，然后改变零部件的视像属性即可。单击【运动管理器】工具栏中的 ▶【播放】按钮，该零部件的视像属性将会随着动画的播放进程而变化。

10.4.1 视像属性动画的属性设置

在动画特征管理器设计树中，右键单击零部件名称，在弹出的图 10-12 所示的快捷菜单。该菜单中常用命令介绍如下。

- 【隐藏】：隐藏或者显示零部件。
- 【孤立】：只显示选定的零件。
- 【零部件显示】：更改零部件的显示方式。
- 【临时固定 / 分组】：临时将零件固定。
- 【外观】：改变零部件的外观属性。

10.4.2 练习：生成视像属性动画

下面简单练习生成视像属性动画的方法。

（1）打开“配套数字资源 \ 第 10 章 \ 基本功能 \10.4.2”中的实例素材文件，如图 10-13 所示。单击【运动管理器】工具栏中的【动画向导】按钮，制作装配体的旋转动画。

（2）单击时间线上的最后时刻，如图 10-14 所示。

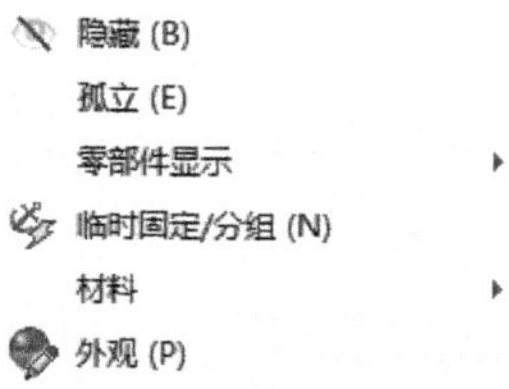

图 10–12　右键菜单

图 10–13　打开的装配体

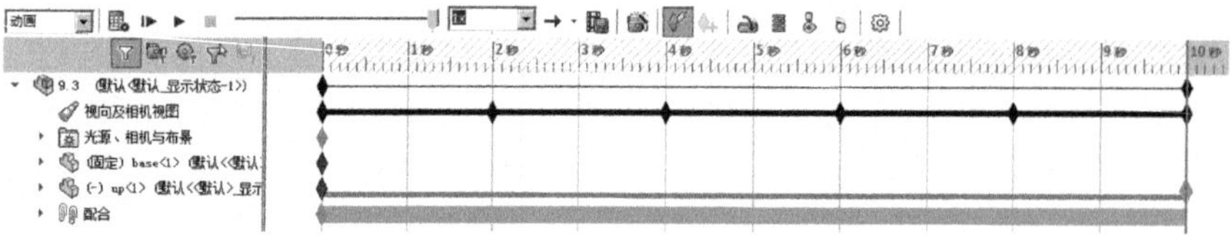

图 10–14　时间线

（3）用鼠标右键单击一个零件，在弹出的菜单中选择【更改透明度】命令，如图 10-15 所示。

（4）按照上面的步骤可以为其他零部件更改透明度属性。更改完成后，单击【运动管理器】工具栏中的 ▶【播放】按钮，即可观看动画效果。可以看到，被更改了透明度的零部件在装配后呈现出半透明效果，如图 10-16 所示。

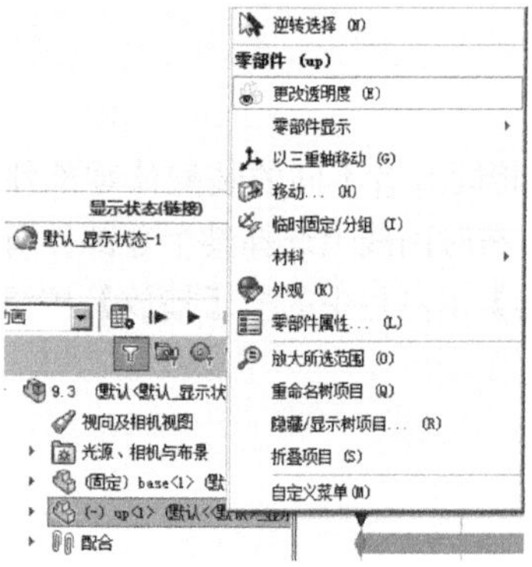

图 10–15　选择【更改透明度】命令

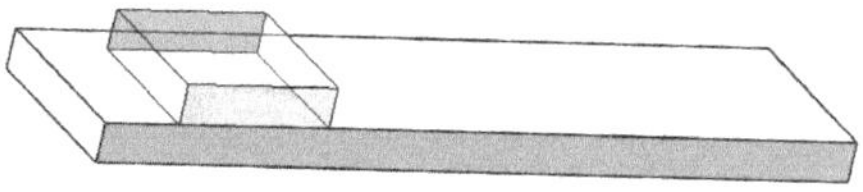

图 10–16　更改透明度后的效果

10.5 距离配合动画

可以使用配合来实现零部件之间的运动。可为距离配合和角度配合设定值，并在动画中的不同时间更改这些值。在 SOLIDWORKS 中可以添加限制运动的配合，这些配合也会影响 SOLIDWORKSMotion 中零部件的运动。

生成距离配合动画的具体操作方法如下。

（1）打开“配套数字资源\第 10 章\基本功能\10.5”中的实例素材文件。

（2）选择【插入】|【新建运动算例】菜单命令，绘图区域下方出现【运动管理器】工具栏和时间线窗口。在第 5 秒处单击鼠标右键，在弹出的菜单中选择【放置键码】命令，如图 10-17 所示。

（3）在动画特征管理器设计树中，双击【距离 1】图标，在弹出的【修改】对话框中，更改数值为“60.00mm”，如图 10-18 所示。

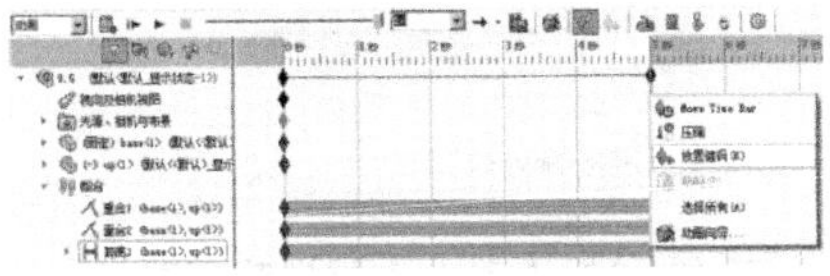

图 10-17　设定时间线长度

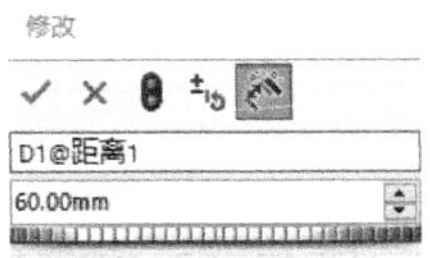

图 10-18 【修改】对话框

（4）单击【运动管理器】工具栏中的 ▶【播放】按钮，当动画开始时，滑块左侧面和参考直线上端点之间的距离是 10mm，如图 10-19 所示；当动画结束时，滑块左侧面和参考直线上端点之间的距离是 60mm，如图 10-20 所示。

图 10-19　动画开始时

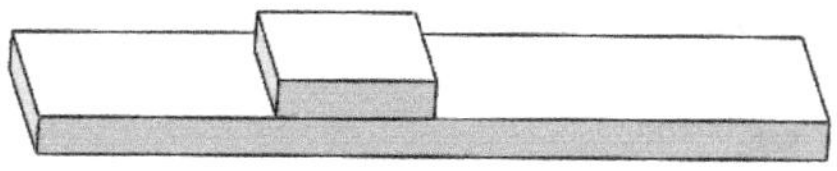

图 10-20　动画结束时

10.6 物理模拟动画

物理模拟能按照真实的运动规律来显示零部件的状态，物理模拟能模拟引力、线性或者旋转马达、线性弹簧等效果。

10.6.1 引力

引力用于模拟沿某一方向的万有引力，以便在零部件的自由度之内逼真地移动零部件。

1. 启动属性管理器

单击【运动管理器】工具栏中的【引力】按钮，弹出【引力】属性管理器，如图 10-21 所示。

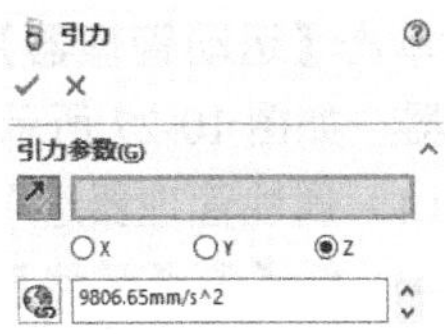

图 10-21 【引力】属性管理器

2. 属性管理器选项介绍

- 【方向参考】：选择线性边线、平面、基准面或者基准轴作为引力的方向参考。
- 【反向】：改变引力的方向。
- 【数字引力值】数值框：可以设置数字引力值。

3. 练习：生成引力

下面简单练习生成引力的方法。

（1）打开“配套数字资源 \ 第 10 章 \ 基本功能 \10.6.1”中的实例素材文件，如图 10-22 所示。

（2）选择【插入】|【新建运动算例】菜单命令，绘图区域下方出现【运动管理器】工具栏和时间线窗口。在【运动管理器】工具栏中单击【引力】按钮，弹出【引力】属性管理器，按图 10-23 所示进行参数设置。

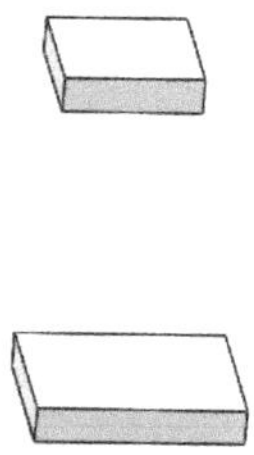

图 10-22　打开的装配体

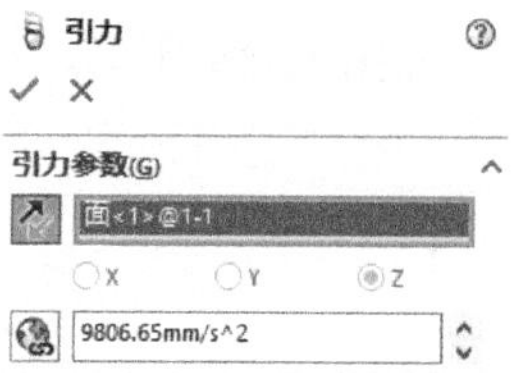

图 10-23 【引力】属性管理器

（3）在【运动管理器】工具栏中单击【接触】按钮，弹出【接触】属性管理器，如图 10-24 所示，分别选择绘图区域中两个长方体零件。

（4）单击【运动管理器】工具栏中的▶【播放】按钮，可以看到，当动画开始时，两个长方体之间有一段距离，如图 10-25 所示；当动画结束时，两个长方体贴在一起，如图 10-26 所示。

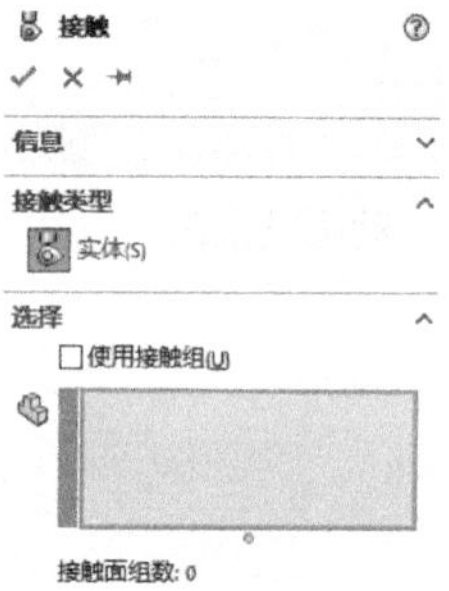

图 10-24 【接触】属性管理器

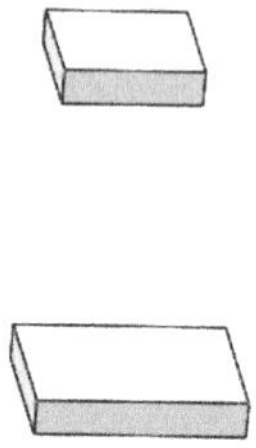

图 10-25　动画开始时

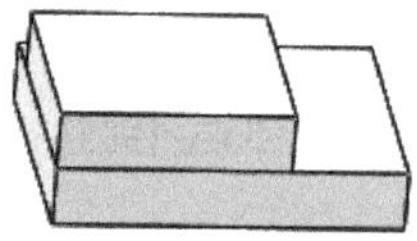

图 10-26　动画结束时

10.6.2　线性马达和旋转马达

线性马达和旋转马达能模拟直线电机和旋转电机的运动效果。

1. 线性马达

单击【运动管理器】工具栏中的【马达】按钮，弹出【马达】属性管理器，如图 10-27 所示。

图 10-27 【马达】属性管理器

（1）属性管理器选项介绍。

- 【参考零件】选择框：选择零部件的一个点。
- 【反向】：改变线性马达的方向。
- 【参考零部件】：以某个零部件为运动基准。
- 【类型】下拉列表：为线性马达选择类型。
- 【速度】数值框：可以设置速度数值。

（2）练习：生成线性马达。

下面简单练习生成线性马达的方法。

① 打开“配套数字资源\第 10 章\基本功能\10.6.2”中的实例素材文件，如图 10-28 所示。

② 选择【插入】|【新建运动算例】菜单命令，绘图区域下方出现【运动管理器】工具栏和时间线窗口。在【运动管理器】工具栏中单击【马达】按钮，弹出【马达】属性管理器，按图 10-29 所示进行参数设置。

图 10-28 打开的装配体

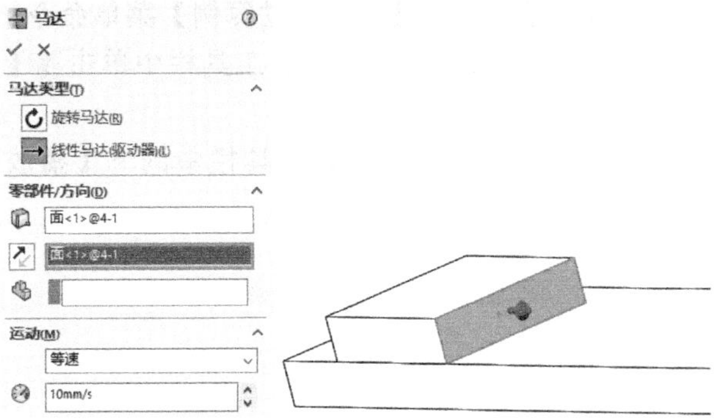

图 10-29 【马达】属性管理器

③ 单击【运动管理器】工具栏中的▶【播放】按钮，当动画开始时，滑块距离下板左端较近，如图 10-30 所示；当动画结束时，滑块距离下板左端较远，如图 10-31 所示。

图 10-30 动画开始时

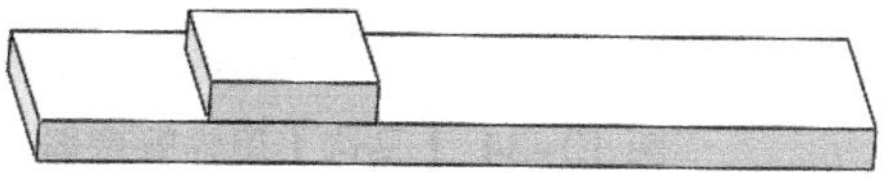

图 10-31 动画结束时

2. 旋转马达

单击【运动管理器】工具栏中的【马达】按钮，弹出图 10-32 所示的【马达】属性管理器。

（1）属性管理器选项介绍。

旋转马达的属性管理器与线性马达的类似，这里不再赘述。

（2）练习：生成旋转马达。

下面简单练习生成旋转马达的方法。

① 打开一个装配体，如图 10-33 所示。

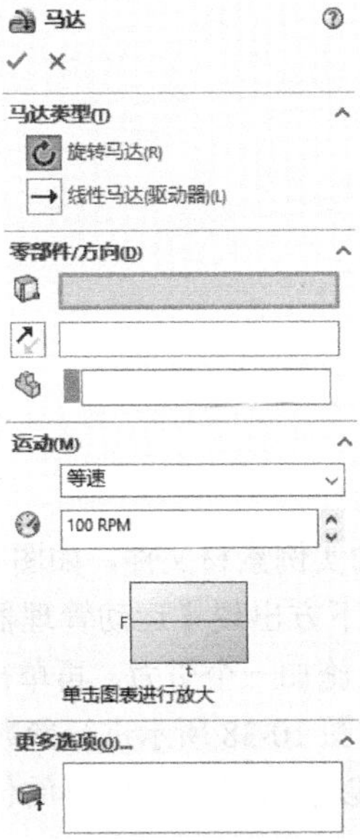

图 10-32 【马达】属性管理器

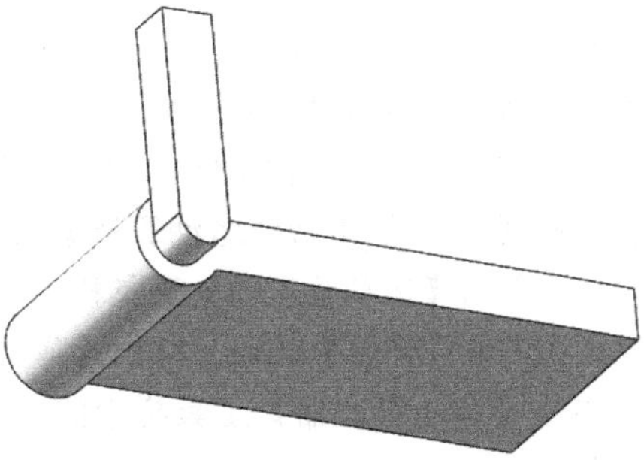

图 10-33 打开的装配体

② 选择【插入】|【新建运动算例】菜单命令，绘图区域下方出现【运动管理器】工具栏和时间线窗口。在【运动管理器】工具栏中单击【马达】按钮，弹出【马达】属性管理器，按图 10-34 所示进行参数设置。

③ 单击【运动管理器】工具栏中的▶【播放】按钮，可以看到曲柄在转动，如图 10-35 所示。

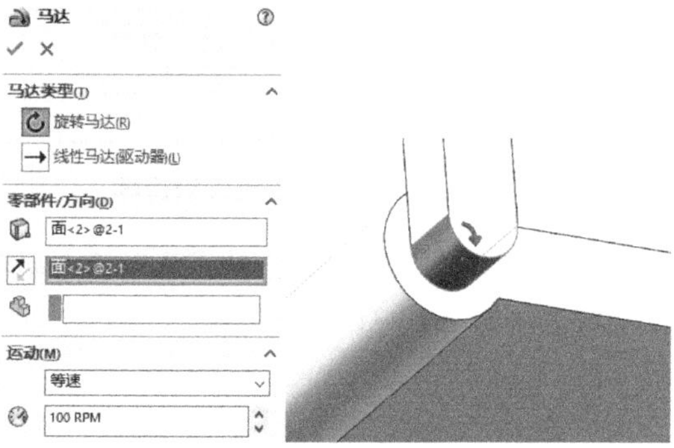

图 10-34 【马达】属性管理器

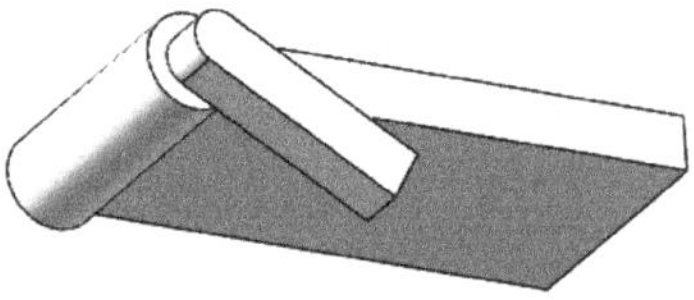

图 10-35 动画播放时

10.6.3 线性弹簧

线性弹簧模拟弹簧的作用效果。

1. 菜单命令启动

单击【运动管理器】工具栏中的【弹簧】按钮，弹出【弹簧】属性管理器，如图 10-36 所示。

2. 属性管理器选项介绍

(1)【弹簧参数】选项组。

- ：为弹簧端点选取两个特征。
- kx^e：根据弹簧的函数表达式选取弹簧力表达式的指数。
- k：根据弹簧的函数表达式设定弹簧常数。
- ：设定自由长度。

(2)【阻尼】选项组。

- cv^e：选取阻尼力表达式的指数。
- c：设定阻尼常数。

3. 练习：生成线性弹簧

下面简单练习生成线性弹簧的方法。

(1) 打开“配套数字资源\第 10 章\基本功能\10.6.3”中的实例素材文件，如图 10-37 所示。

(2) 选择【插入】|【新建运动算例】菜单命令，绘图区域下方出现【运动管理器】工具栏和时间线窗口。单击【运动管理器】工具栏中的【引力】按钮，施加一个引力，再单击【运动管理器】工具栏中的【弹簧】按钮，弹出【弹簧】属性管理器，按图 10-38 所示进行参数设置。

(3) 单击【运动管理器】工具栏中的▶【播放】按钮，可以看到板产生向下的位移，画面如图 10-39 所示。

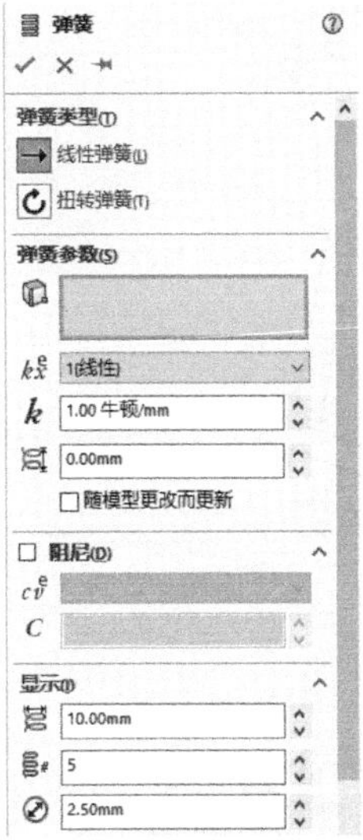

图 10-36 【弹簧】属性管理器

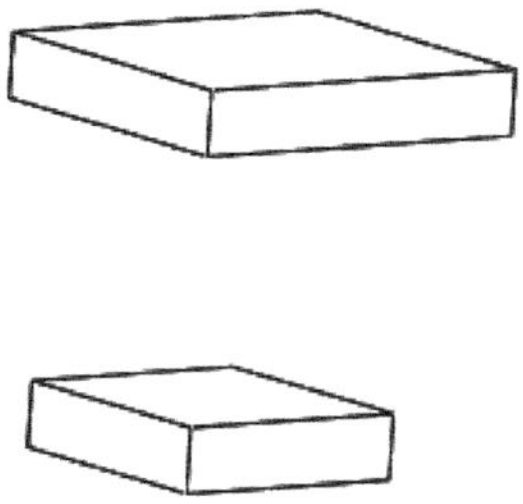

图 10-37　打开的装配体

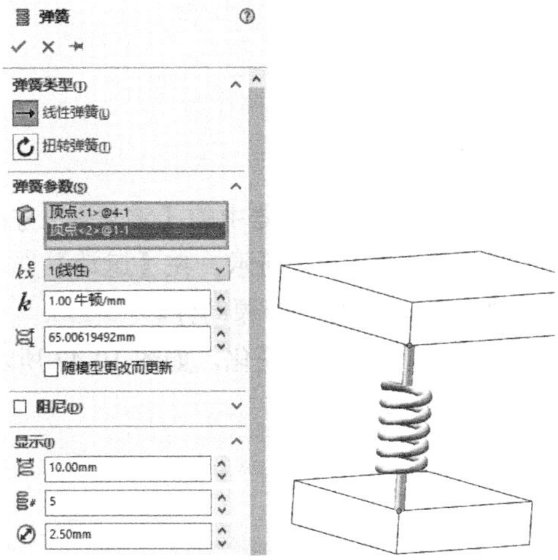

图 10-38　弹簧参数设置

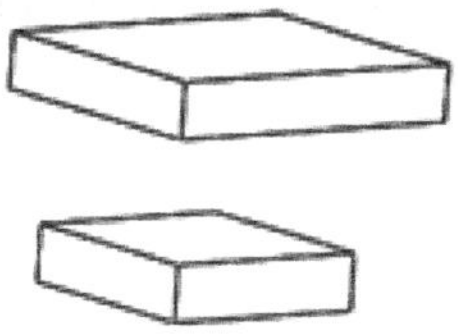

图 10-39　动画播放时

10.7 动画制作实例

本节将生成一个展示装配体的动画，其中包括物体模拟动画、旋转动画、爆炸动画的制作，以及动画的播放。装配体模型如图 10-40 所示。

10.7.1 制作物理模拟动画

（1）启动 SOLIDWORKS 中文版，选择【文件】|【打开】菜单命令，在弹出的对话框中选择“配套数字资源 \ 第 10 章 \ 实例文件 \10.7.SLDASM”文件。

（2）选择【插入】|【新建运动算例】菜单命令。

（3）窗口的下方将弹出运动算例区域，如图 10-41 所示。

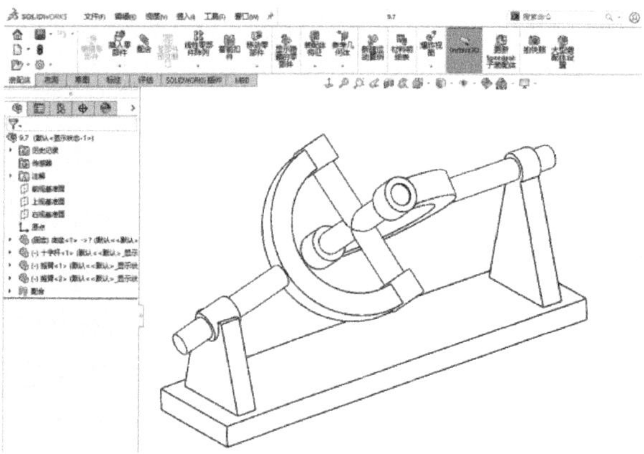

图 10-40　装配体模型

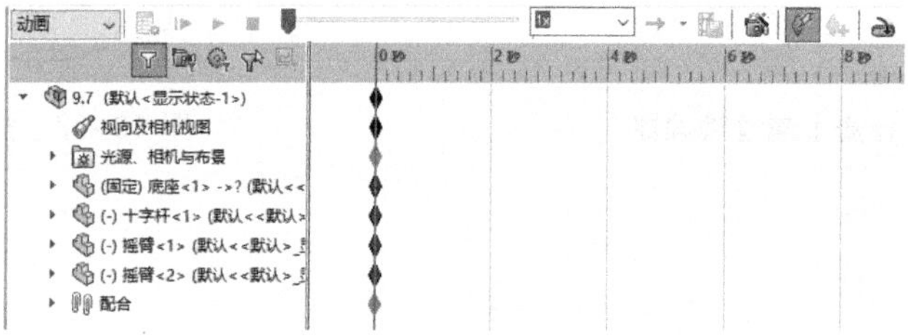

图 10-41　运动算例区域

（4）单击【马达】按钮，弹出属性管理器。在【马达】属性管理器中的【零部件 / 方向】选项组中，单击【马达位置】按钮后，选择摇臂的圆端面，如图 10-42 所示。在【运动】选项组中的【速度】数值框中输入“12 RPM”。单击✓【确定】按钮，添加一个原动件。

（5）单击【计算】按钮进行计算，计算后运动算例区域中会发生变化，如图 10-43 所示。

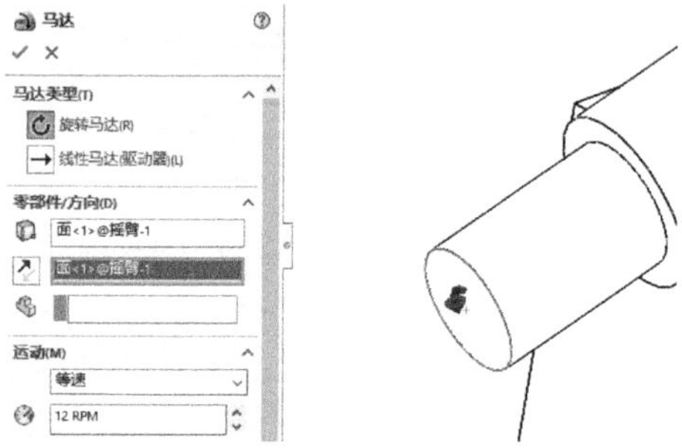

图 10-42 【马达】属性管理器

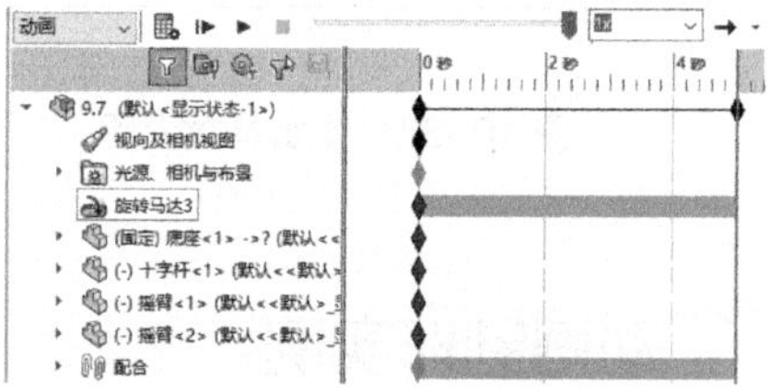

图 10-43　计算后的变化

10.7.2　制作旋转动画

（1）单击【运动管理器】工具栏中的【动画向导】按钮，弹出【选择动画类型】对话框，选择【旋转模型】单选项，如图 10-44 所示。单击【确定】按钮，弹出【选择旋转轴】对话框。

（2）选择【Y- 轴】单选项，设置【旋转次数】为“1”，选择【顺时针】单选项，如图 10-45 所示。单击【下一步】按钮，

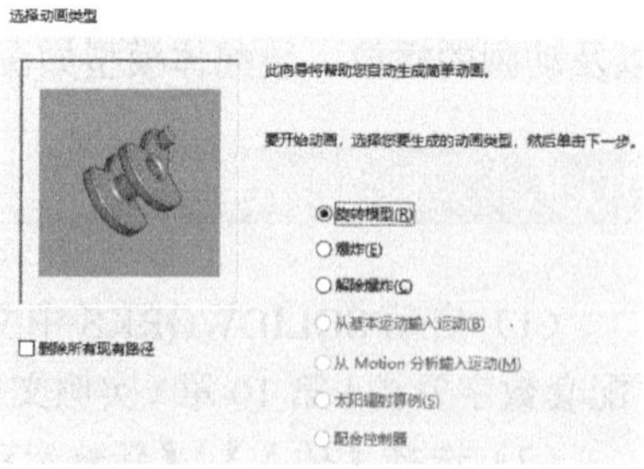

图 10-44 【选择动画类型】对话框

弹出【动画控制选项】对话框。

(3) 设置【时间长度 (秒)】为“10”，设置【开始时间 (秒)】为“5”，如图 10-46 所示，单击【完成】按钮，完成旋转动画的设置。单击【运动管理器】工具栏中的 ▶【播放】按钮，观看旋转动画效果。

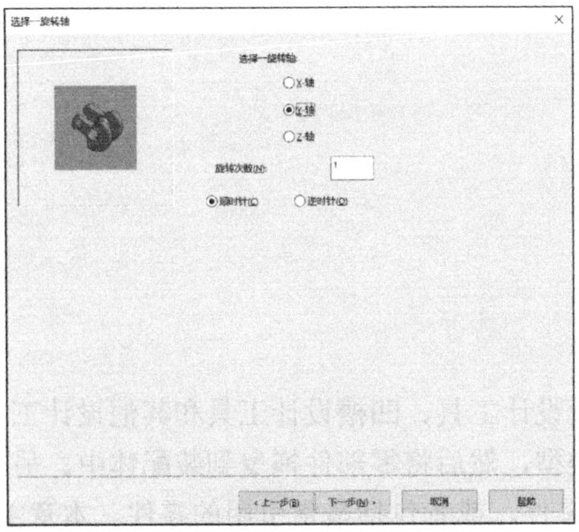

图 10-45 【选择—旋转轴】对话框

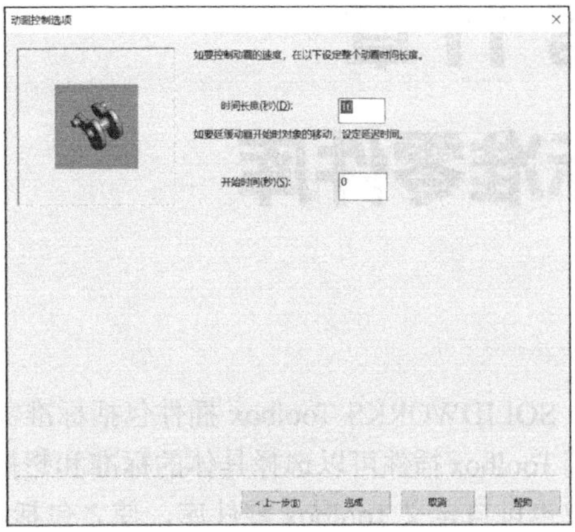

图 10-46 【动画控制选项】对话框

10.7.3　制作爆炸动画

(1) 单击【运动管理器】工具栏中的【动画向导】按钮，弹出【选择动画类型】对话框，选择【爆炸】单选项，如图 10-47 所示，单击【下一步】按钮，弹出【动画控制选项】对话框。

(2) 在【动画控制选项】对话框中，设置【时间长度 (秒)】为“3”，如图 10-48 所示，单击【完成】按钮，完成爆炸动画的设置。单击【运动管理器】工具栏中的 ▶【播放】按钮，观看爆炸动画效果。

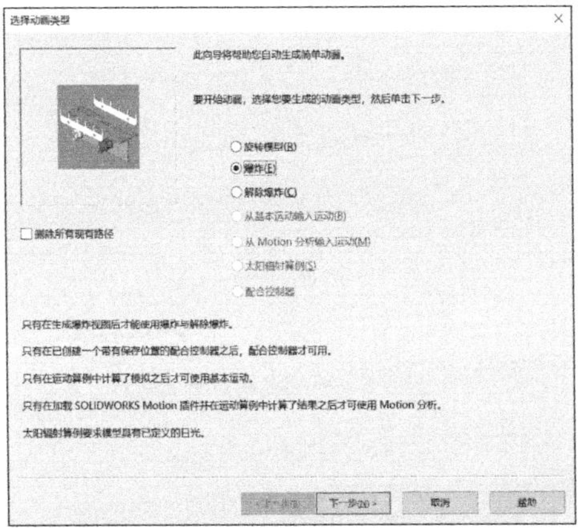

图 10-47 【选择动画类型】对话框

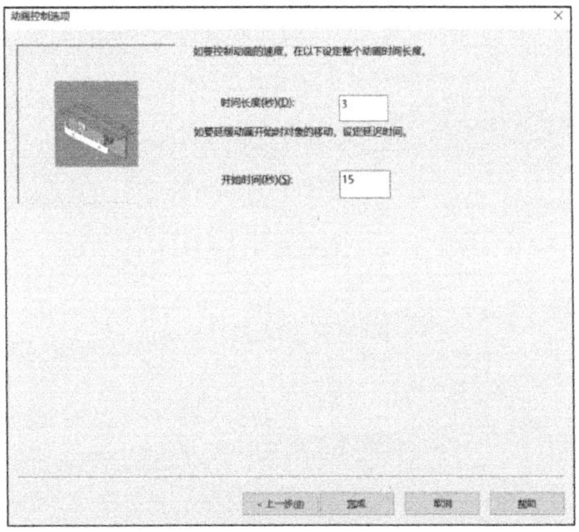

图 10-48 【动画控制选项】对话框

10.7.4　播放动画

单击 ▶【播放】按钮，即可播放生成的动画。

Chapter 11

第 11 章

标准零件库

SOLIDWORKS Toolbox 插件包括标准零件库、凸轮设计工具、凹槽设计工具和其他设计工具。利用 Toolbox 插件可以选择具体的标准和想插入的零件类型，然后将零部件拖曳到装配体中。另外，用户也可自定义 Toolbox 零件库，使之包括指定的标准零件，或者包括最常引用的零件。本章主要介绍 SOLIDWORKS Toolbox 和标准件建模实例。

重点与难点

- Toolbox 概述
- 标准零件的生成

11.1 SOLIDWORKS Toolbox 概述

SOLIDWORKS Toolbox（后文简称 Toolbox）包含所支持标准的主零件文件的文件夹。在 SOLIDWORKS 中使用新的零部件时，Toolbox 会根据用户设置的参数更新主零件文件以记录配置信息。

Toolbox 支持的国际标准包括 ANSI、AS、BSI、CISC、DIN、GB、ISO、IS、JIS 和 KS。Toolbox 包括轴承、螺栓、凸轮、齿轮、钻模套管、螺母、销钉、扣环、螺钉、链轮、型材（包括铝和钢）、正时带轮和垫圈等标准零件。

Toolbox 中提供的扣件为近似形状，不包括精确的螺纹细节，因此不适用于应力分析。Toolbox 中的齿轮仅适用于机械设计时展示，它们并不是真实的渐开线齿轮。此外，Toolbox 提供了以下几种工程设计工具。

- 决定横梁的应力和偏转的横梁计算器。
- 决定轴承的能力和寿命的轴承计算器。

11.1.1 SOLIDWORKS Toolbox 管理

Toolbox 包括标准零件库，与 SOLIDWORKS 合为一体。Toolbox 管理员可将 Toolbox 零部件放置在具体的网络位置中，并精简 Toolbox，使其只包括与具体的产品相关的零部件。此外，也可控制对 Toolbox 库的访问，以防止他人更改 Toolbox 中的零部件；还可以指定如何处理零部件文件，并给 Toolbox 零部件指派零件号和其他自定义属性。Toolbox 管理员管理的内容如下。

1. 管理 Toolbox

Toolbox 管理员在 SOLIDWORKS 设计库中管理可重新使用的 CAD 文件。管理员应熟悉机构所需的标准及用户常用的零部件，如螺母和螺栓。此外，应知道每种 Toolbox 零部件类型对应的零件号、说明及材料。

2. 放置 Toolbox 文件夹

Toolbox 文件夹是 Toolbox 零部件的存放位置，Toolbox 文件夹必须可以被所有用户访问。Toolbox 管理员应决定将 Toolbox 文件夹放在网络上的什么位置，以便于用户在安装 Toolbox 时设定 Toolbox 文件夹的位置。

3. 精简 Toolbox

默认情况下，Toolbox 包括 12 类的 2000 多种不同大小的零部件，以及其他业界的特定内容。Toolbox 管理员可以过滤默认的 Toolbox 服务内容，这样 Toolbox 用户可以只访问机构所需的那些零部件。精简 Toolbox 可使用户在搜索零部件或决定使用哪些零部件时花费更少的时间。

4. 指定零部件文件类型

Toolbox 管理员可决定 Toolbox 零部件文件的类型，文件的作用如下。

- 作为单一零件文件的配置即一个模型文件包含多种尺寸的零件。
- 作为每个大小的单独零件文件即每个模型文件只包含一种尺寸的零件。

5. 指派零件号

Toolbox 管理员可在用户参考引用前给 Toolbox 零部件指派零件号和其他自定义属性（如材料），从而使装配体设计和生成的材料明细表更有效。事先指派零件号和属性后，用户不必在每次参考引用 Toolbox 零部件时都进行此操作。

11.1.2 安装 Toolbox

1. 安装 Toolbox

安装 Toolbox 时，可同时安装 SOLIDWORKS Premium 或 SOLIDWORKS Professional，推荐将 Toolbox 安装到共享的网络位置或安装到 SOLIDWORKS Enterprise PDM 库中。通过共享的位置，所有 SOLIDWORKS 用户可以共享一致的零部件信息。

2. 启动 Toolbox 插件

一旦完成安装，必须激活 Toolbox 插件。Toolbox 包括以下两个插件。

- SOLIDWORKS Toolbox Library：装载钢梁计算器、轴承计算器，以及生成凸轮、凹槽和结构钢所用的工具。
- SOLIDWORKS Toolbox Utilities：装入 Toolbox 配置工具和 Toolbox【设计库】任务窗格，可在【设计库】任务窗格中访问 Toolbox 零部件。

激活 Toolbox 插件的步骤如下所述。

（1）在 SOLIDWORKS 中选择【工具】|【插件】菜单命令。

（2）在【插件】对话框中的【活动插件】和【启动】选择框中选择【SOLIDWORKS Toolbox】或者【SOLIDWORKS Toolbox Browser】选项，也可以两个都选择。

（3）单击【确定】按钮。

11.1.3 配置 Toolbox

Toolbox 管理员使用 Toolbox 配置工具来选择并自定义五金件，并设置用户优先参数和权限。最佳做法是在使用 Toolbox 前对其进行配置。配置 Toolbox 的步骤如下。

（1）从 Windows 中选择【开始】|【所有程序】|【SOLIDWORKS 版本】|【SOLIDWORKS 工具】|【Toolbox 设定】命令，或在 SOLIDWORKS 中选择【工具】|【选项】|【系统选项】|【异型孔向导 /Toolbox】菜单命令，在打开的窗口中单击【配置】按钮。

（2）如果 Toolbox 受 Enterprise PDM 管理，则在弹出的提示对话框中单击【是】按钮，以检出 Toolbox 数据库。

（3）要选择标准五金件，单击五金件即可。要简化 Toolbox 配置，只选取需使用的标准和器件。

（4）要选择尺寸参数，定义自定义属性，添加零件号，然后单击【自定义五金件】按钮即可。要减少配置数，选择每个标准和自定义属性，然后取消选择未使用的大小和数值。

（5）要设定 Toolbox 用户首选项，单击【用户设定】按钮。

（6）要以密码保护 Toolbox，并为 Toolbox 功能设定权限，单击【权限】按钮。

（7）要指定默认智能扣件、异型孔向导孔，以及优先设定其他扣件，单击【智能扣件】按钮。

（8）单击【保存】按钮。

（9）单击【关闭】按钮。

11.1.4 生成零件

从 Toolbox 零部件中生成零件的操作步骤如下。

（1）在【设计库】任务窗格中，在【Toolbox】下展开【标准】|【类别】|【零部件】，可用的

零部件的图像和说明将出现在任务窗格中。

（2）用鼠标右键单击零部件，然后在弹出的菜单中选择【生成零件】命令。

（3）在属性管理器中设置属性值。

（4）单击✓【确定】按钮。

11.1.5　智能零部件

某些 Toolbox 零部件会自适应它们被拖曳到的几何体的大小，这些零部件被称为智能零部件。以下 Toolbox 零部件支持自动调整大小。

- 螺栓和螺钉。
- 螺母。
- 扣环。
- 销钉。
- 垫圈。
- 轴承。
- 型密封圈。
- 齿轮。

使用 Toolbox 自带的智能零部件的基本操作如下。

（1）选择要在其中放置智能零部件的孔，将该智能零部件拖曳至孔的附近，这时会显示精确的预览效果，如图 11-1 所示。

（2）在属性管理器中设定以下选项。

- 设置属性中的数值。
- 选择需要配合的几何体。

（3）拖曳智能零部件到孔中，单击进行放置，如图 11-2 所示。

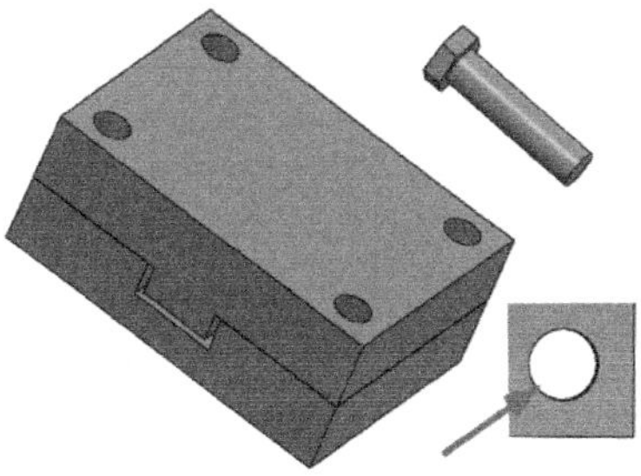

图 11-1　螺钉与孔的预览

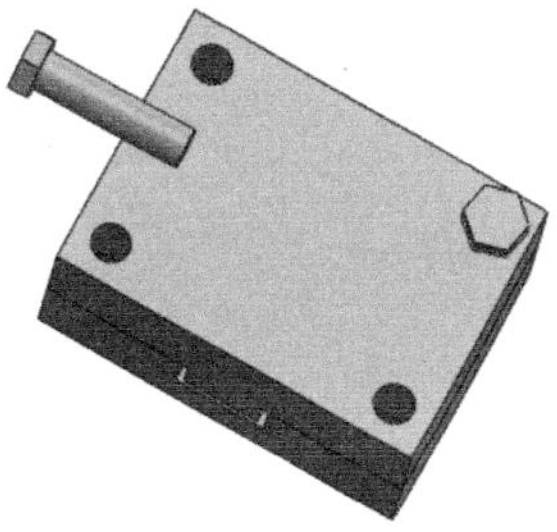

图 11-2　螺钉与孔的配合

（4）单击✓【确定】按钮。

11.2　凹槽

Toolbox 中的凹槽插件可将符合工业标准的 O- 环和固定环凹槽添加到圆柱模型中。O- 环凹槽如图 11-3 所示。固定环凹槽如图 11-4 所示。

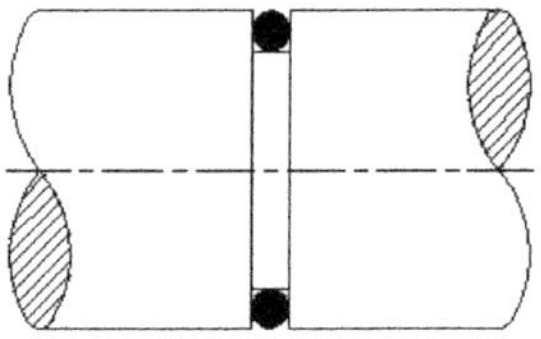

图 11-3　O-环凹槽

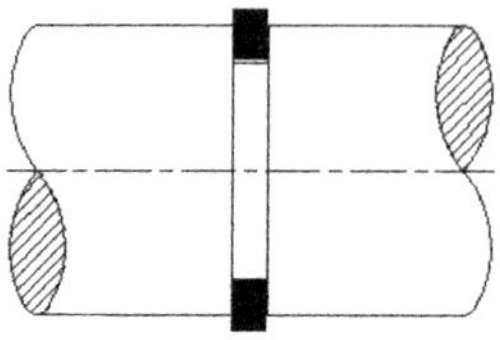

图 11-4　固定环凹槽

11.2.1　生成凹槽

生成凹槽的基本步骤如下。

（1）在零件上选择一个想要放置凹槽的圆柱面。预选圆柱面后，Toolbox 会决定凹槽直径，并建议合适的凹槽大小。

（2）在【Toolbox】工具栏中单击【凹槽】按钮，或选择【Toolbox】|【凹槽】菜单命令。

（3）在【凹槽】对话框中进行如下设置。

- 要生成 O-环凹槽，打开【O-环凹槽】选项卡。
- 要生成固定环凹槽，打开【固定环凹槽】选项卡。

（4）从左上方的清单中选择所需标准、凹槽类型及可用的凹槽大小，对应的属性和数值会更新。

（5）单击【生成】按钮。

（6）要添加更多的凹槽，在模型上选择新的位置，然后重复步骤（4）和步骤（5）的操作即可。

（7）单击【完成】按钮。

11.2.2　O-环凹槽的属性设置

【O-环凹槽】选项卡可选择并生成标准 O-环凹槽。在【Toolbox】工具栏中单击【凹槽】按钮，在【凹槽】对话框中打开【O-环凹槽】选项卡，如图 11-5 所示。

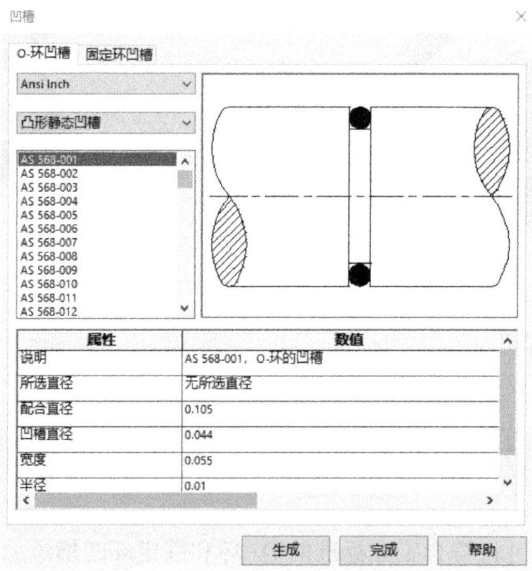

图 11-5 【O-环凹槽】选项卡

（1）凹槽选择：从左上角中的下拉列表中选择一个凹槽。

- 【标准】：指定凹槽的标准。
- 【类型】：指定凹槽的类型。
- 【大小】：指定凹槽的大小。
- 【草图】：显示选定凹槽类型的草图。

（2）【属性】：选定凹槽的只读属性。

- 【说明】：描述凹槽。
- 【所选直径】：显示选定圆柱面的直径，或无所选的直径。
- 【配合直径】：显示要完成密封的零件直径的数值。

凹槽直径（A）、宽度（B）、半径（C）如图 11-6 所示。

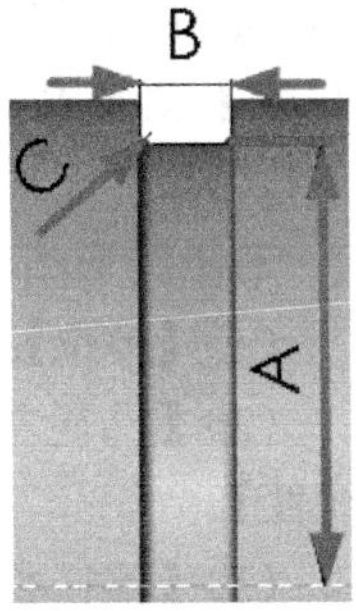

图 11-6　凹槽尺寸

11.3 凸轮

Toolbox 中的凸轮模块可以生成带完全定义运动路径和推杆类型的凸轮。可以根据运动类型选择圆形或线性凸轮，圆形凸轮如图 11-7 所示，线性凸轮如图 11-8 所示。

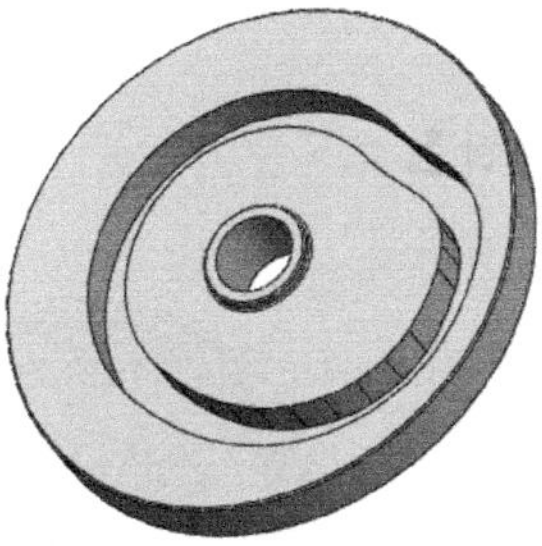
图 11-7　带给定深度轨迹的圆形凸轮

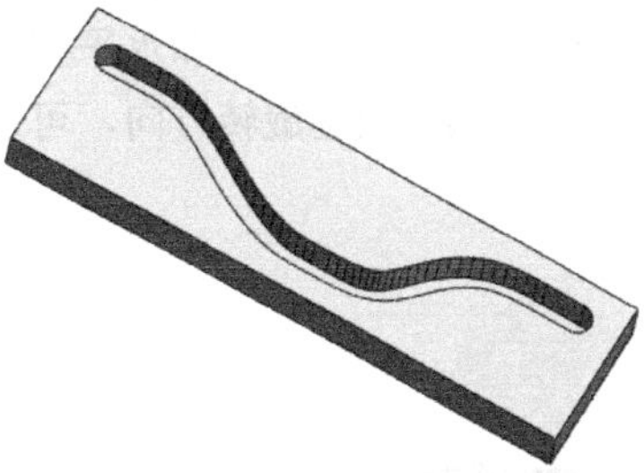
图 11-8　带贯穿轨迹的线性凸轮

11.3.1 生成凸轮

生成凸轮的步骤如下。

（1）在【Toolbox】工具栏中单击【凸轮】按钮，或选择【Toolbox】|【凸轮】菜单命令。

（2）在【凸轮】对话框的【设置】选项卡中设置【凸轮类型】为【圆形】或【线性】，然后为选定的凸轮类型设定属性值。

（3）在【运动】选项卡中至少生成一个凸轮运动定义。

（4）在【生成】选项卡中设定生成属性。

（5）单击【生成】按钮。Toolbox 生成新凸轮。

（6）将凸轮保存为常用项。

（7）单击【完成】按钮。

11.3.2 凸轮属性的设置

【凸轮-圆形】对话框中的【设置】选项卡用于指定单位、凸轮类型、推杆类型等基本信息。在

【Toolbox】工具栏中单击【凸轮】按钮，或选择【Toolbox】|【凸轮】菜单命令，弹出【凸轮-圆形】对话框，如图 11-9 所示。

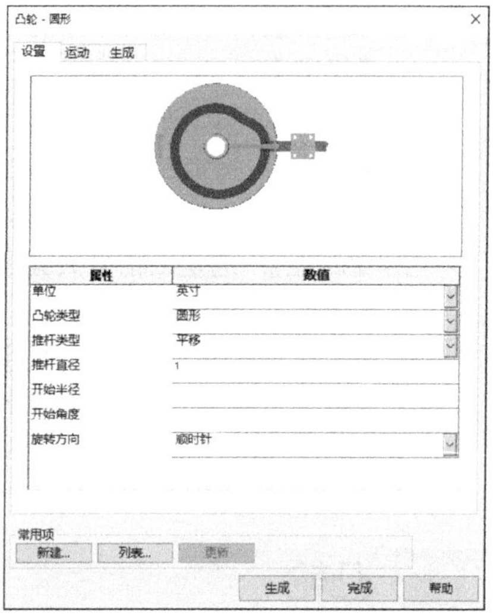

图 11–9 【凸轮-圆形】对话框

对于圆形凸轮，其包括如下属性选项。

（1）【单位】：指定属性单位，可选择【英寸】或【公制】。

（2）【凸轮类型】：指定凸轮类型，可选择【圆形】或【线性】。

（3）【推杆类型】：指定推杆类型，包括如下选项。

- 【平移】：沿通过凸轮旋转中心的直线移动，如图 11-10 所示。
- 【左等距】或【右等距】：穿过不通过凸轮旋转中心的直线移动，如图 11-11 所示。
- 【左摆动】或【右摆动】：沿枢轴点摆动，如图 11-12 所示。

（4）【推杆直径】：指定推杆直径，此与凸轮上切除的凹槽直径相等。

（5）【开始半径】：指定凸轮旋转中心到推杆中心的距离。

（6）【开始角度】：指定推杆和水平直线通过凸轮中心的角度。

（7）【旋转方向】：指定旋转方向，可选择【顺时针】或【逆时针】。

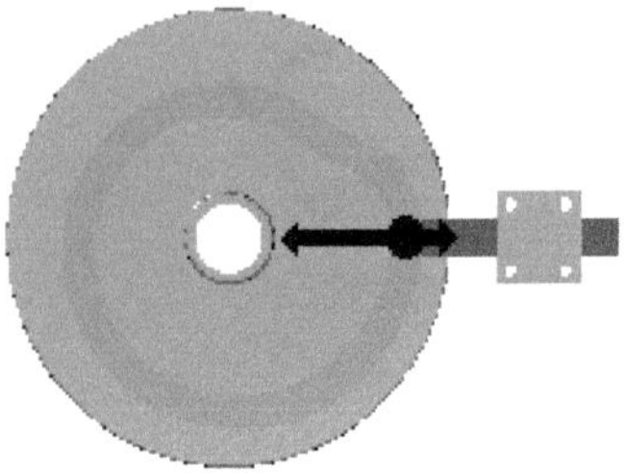

图 11–10 平移

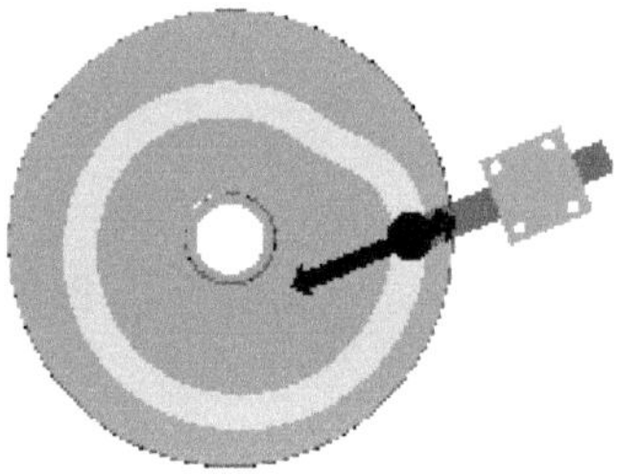

图 11–11 左等距或右等距

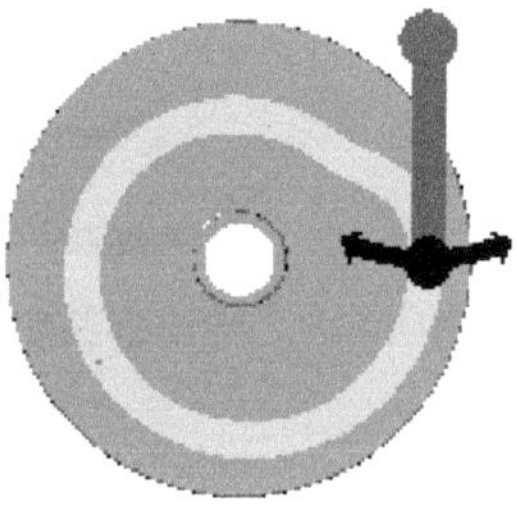

图 11–12 左摆动或右摆动

（8）【等距距离（A）】、【等距角度（B）】：仅限等距推杆，如图 11-13 所示。

（9）【臂长度（C）】：仅限摆动推杆，如图 11-14 所示。

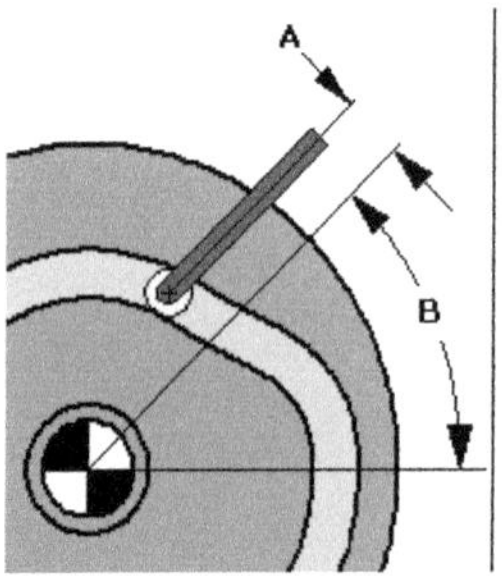

图 11–13 等距距离和等距角度

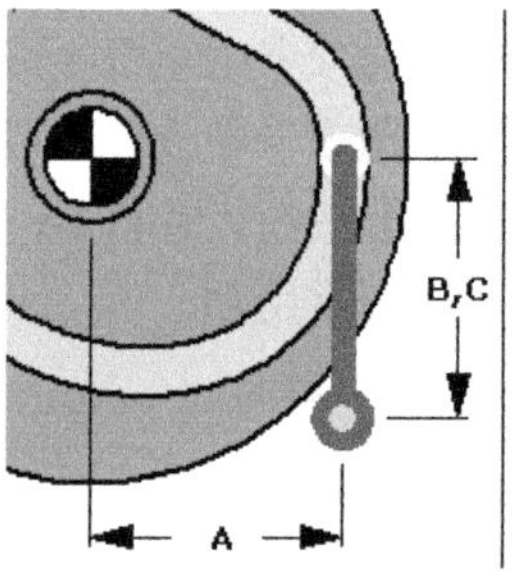

图 11–14 臂枢轴长度

11.4 其他工具

11.4.1 钢梁计算器

钢梁计算器模块可对结构钢截面进行挠度和应力计算。计算的步骤如下所述。

（1）在【Toolbox】工具栏中单击【钢梁计算器】按钮，或选择【Toolbox】|【钢梁计算器】菜单命令。

（2）在【钢梁计算器】对话框中选择一个载荷类型。

（3）在【计算类型】下选择【挠度】或【应力】单选项。【输入】选项组中将显示相应的属性。

（4）选择一个横梁。

（5）选择一个基准轴来决定惯性动量或剖面模量的数值。

（6）除要计算的属性之外，为剩余的属性输入数值，然后单击【解出】按钮。例如，如果要计算挠度，则确定其他所有属性都已设置数值。

（7）单击【完成】按钮。

要显示【钢梁计算器】对话框，在【Toolbox】工具栏中单击【钢梁计算器】按钮，或选择【Toolbox】|【钢梁计算器】菜单命令即可，如图 11-15 所示。

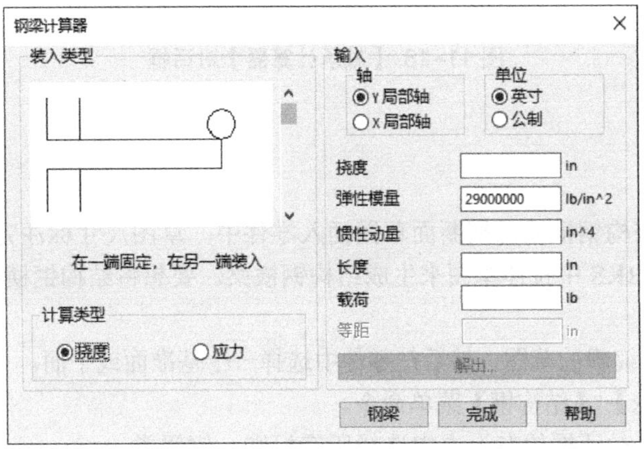

图 11–15 【钢梁计算器】对话框

11.4.2 轴承计算器

轴承计算器模块可计算轴承能力级别和基本寿命值。计算的步骤如下。

（1）在【Toolbox】工具栏中单击【轴承计算器】按钮，或选择【Toolbox】|【轴承计算器】菜单命令。

（2）在【轴承计算器】对话框的左下方选择所需标准、轴承类型及可用的轴承。

（3）选择测量单位。

（4）在【可靠性】选项组中选择一个轴承不发生失效的概率。

（5）在【能力】选项组中选择【计算】单选项。

（6）对于对等载荷，输入轴承的径向和冲击载荷的数值。

（7）输入【速度】值。

（8）单击【求解寿命】按钮，轴承计算器计算旋转寿命（百万次旋转）和小时寿命。

（9）单击【完成】按钮。

【轴承计算器】对话框中的选项用于计算轴承能力级别和基本寿命值。在【Toolbox】工具栏中单击【轴承计算器】按钮，或选择【Toolbox】|【轴承计算器】菜单命令，弹出【轴承计算器】对话框，如图 11-16 所示。

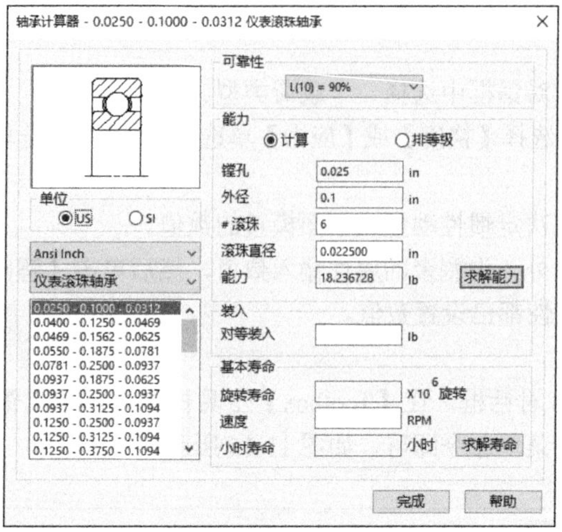

图 11-16 【轴承计算器】对话框

11.4.3 结构钢

结构钢模块可将结构钢横梁的横断面草图插入零件中。草图尺寸标注完整，以与工业标准相匹配。可在 SOLIDWORKS 中拉伸草图来生成结构钢横梁。要想将结构钢横梁草图添加到零件中，需要进行如下操作。

（1）确定目前没有编辑的草图，然后在零件中选择一个基准面或平面。

（2）选择【Toolbox】|【结构钢】菜单命令。

（3）在【结构钢】对话框的左上方中选择所需标准、钢梁类型及可用的横断面。

（4）单击【生成】按钮，将结构钢的横断面草图添加到零件中。如果没有在步骤（1）中选择一个基准面或平面，草图将出现在前视基准面中。

（5）单击【完成】按钮。

（6）若想准确找出横断面，用鼠标右键单击新草图，在弹出的菜单中选择【编辑草图】命令，然后添加尺寸或几何关系来放置草图，如图 11-17 所示。

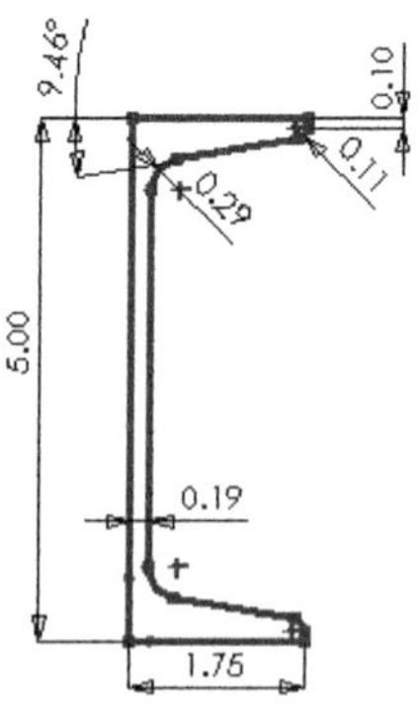

图 11-17 添加尺寸或几何关系

【结构钢】对话框可将选取的横断面草图插入零件的结构钢横梁中。在【Toolbox】工具栏中单击【结构钢】按钮，或选择【Toolbox】|【结构钢】菜单命令，弹出的【结构钢】对话框如图 11-18 所示。

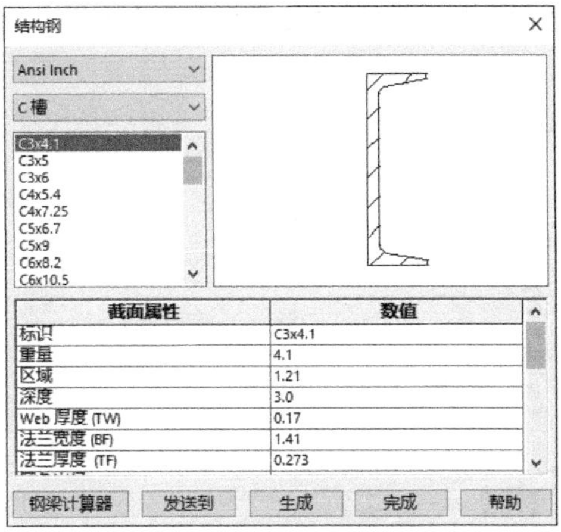

图 11–18 【结构钢】对话框

11.5 标准零件建模实例

Toolbox 插件可以直接生成三维模型，不需要烦琐的建模过程。本节将使用 Toolbox 中的多种标准零件来建立一个轴系装配体，轴系装配模型如图 11-19 所示。

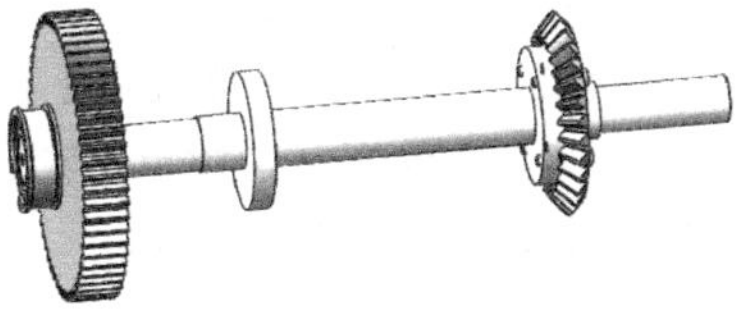

图 11–19　轴系装配模型

11.5.1 新建 SOLIDWORKS 装配体并保存文件

（1）启动 SOLIDWORKS 中文版，单击【标准】工具栏中的【新建】按钮，弹出【新建 SOLIDWORKS 文件】对话框，单击【装配体】按钮，单击【确定】按钮，如图 11-20 所示。

（2）在弹出的【打开】对话框中，选择第一个要插入的零件几何体【阶梯轴】，单击【打开】按钮，如图 11-21 所示。

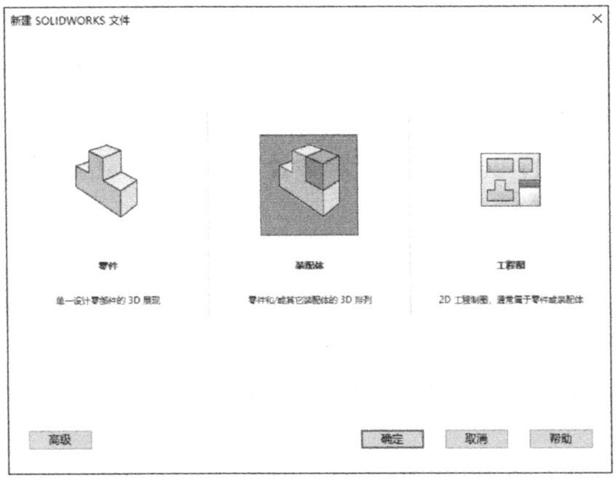

图 11–20　新建装配体

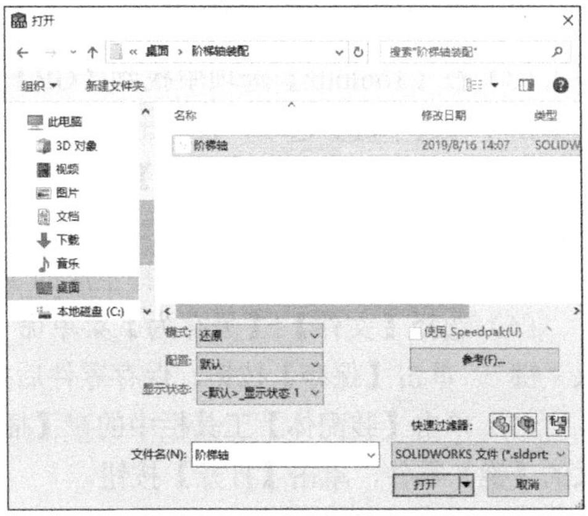

图 11–21 【打开】对话框

（3）在 SOLIDWORKS 装配体界面的合适位置单击以放置第一个零件几何体，选择【文件】|

【另存为】菜单命令，弹出【另存为】对话框，在【文件名】文本框中输入“阶梯轴装配”，单击【保存】按钮，如图 11-22 所示。

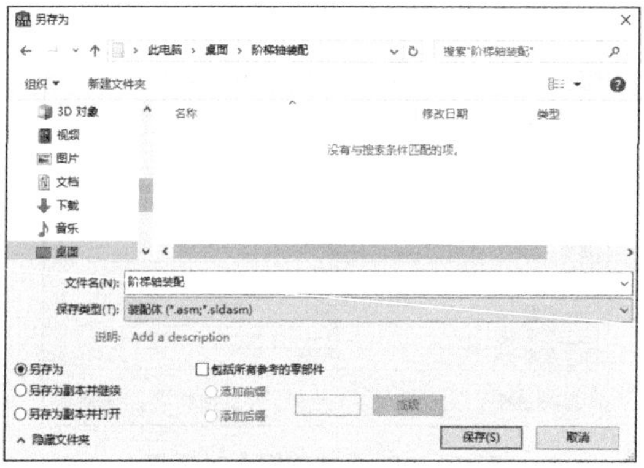

图 11-22 【另存为】对话框

11.5.2 从 Toolbox 中生成键

（1）选择【工具】|【插件】菜单命令，弹出【插件】对话框，勾选 Toolbox 对应的两个复选框，如图 11-23 所示，单击【确定】按钮，启动 Toolbox 插件。

（2）在右侧工具栏中单击【设计库】按钮，并在【设计库】任务窗格中选择【Toolbox】选项，如图 11-24 所示，将其展开。

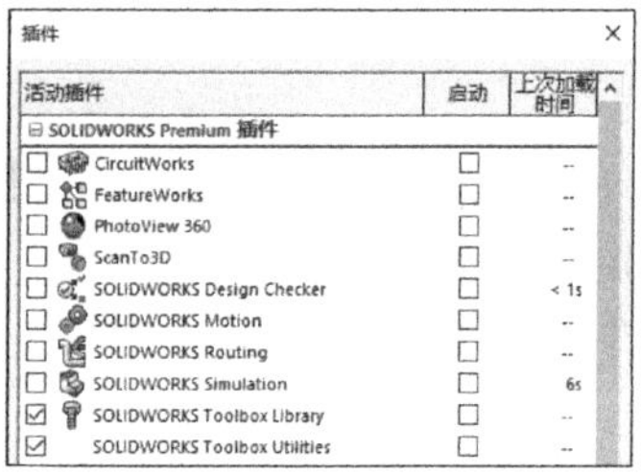

图 11-23 启动 Toolbox

图 11-24 选择【Toolbox】选项

（3）在【Toolbox】选项中找到【GB】|【键和销】|【平行键】|【普通平键】选项，用鼠标右键单击【普通平键】选项，在弹出的菜单中选择【生成零件】命令，如图 11-25 所示。

（4）在弹出的【配置零部件】属性管理器中，按图 11-26 所示进行参数设置，然后单击✓【确定】按钮。

（5）在【窗口】菜单中，选择生成的 Toolbox 零件可以进入其界面，如图 11-27 所示。

（6）选择【文件】|【另存为】菜单命令，弹出【另存为】对话框，在【文件名】文本框中输入“键”，单击【保存】按钮，保存零件后关闭该零件。

（7）单击【装配体】工具栏中的【插入零部件】按钮，在弹出的【打开】对话框中选择要插入的【键】零件，单击【打开】按钮。

（8）在 SOLIDWORKS 装配体窗口的合适位置单击以放置零件几何体，如图 11-28 所示。

（9）单击【装配体】工具栏中的【配合】按钮，在【配合选择】选项组中单击选择框，选择键零件几何体的下表面和阶梯轴零件几何体的键槽面，在【标准配合】选项组中单击【重合】按钮，单击✓【确定】按钮，如图 11-29 所示。

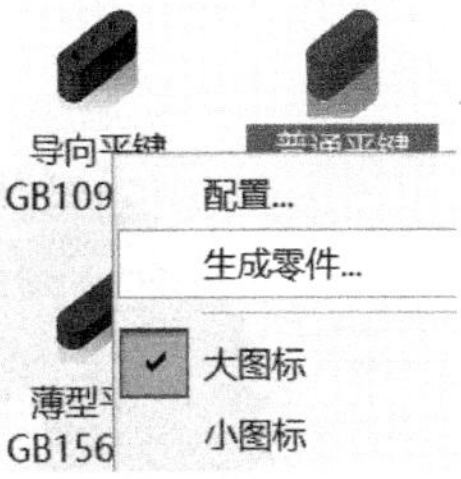

图 11-25　生成零件

图 11-26　生成【普通平键】零件

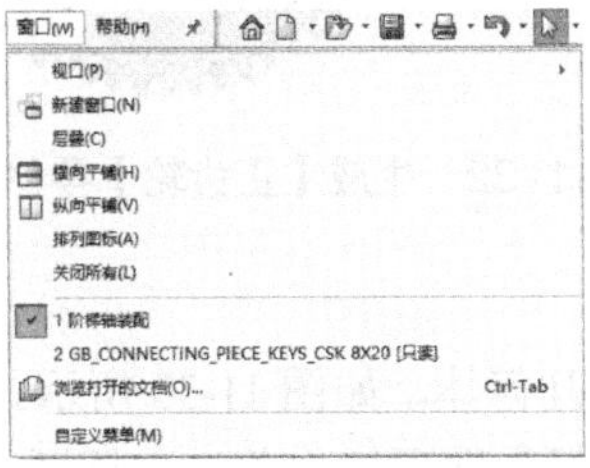

图 11-27　选择零件

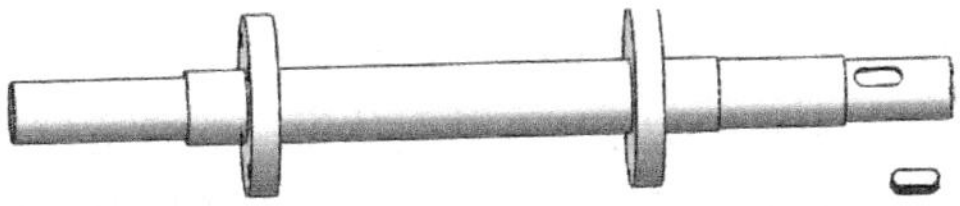

图 11-28　插入零件几何体

（10）在【配合选择】选项组中单击选择框，选择键零件几何体的圆弧面和阶梯轴零件几何体的键槽圆弧面，在【标准配合】选项组中单击◎【同轴心】按钮，单击✓【确定】按钮，如图 11-30 所示。

（11）在【配合选择】选项组中单击选择框，选择键零件几何体的侧面和阶梯轴零件几何体的键槽侧面，在【标准配合】选项组中单击⋏【重合】按钮，单击✓【确定】按钮，如图 11-31 所示。

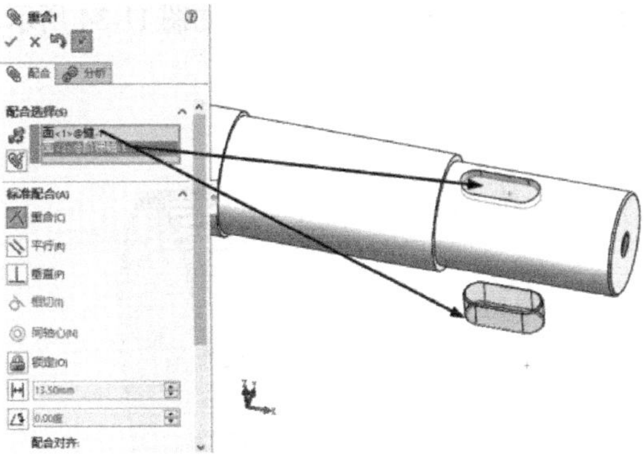

图 11-29　重合配合（1）

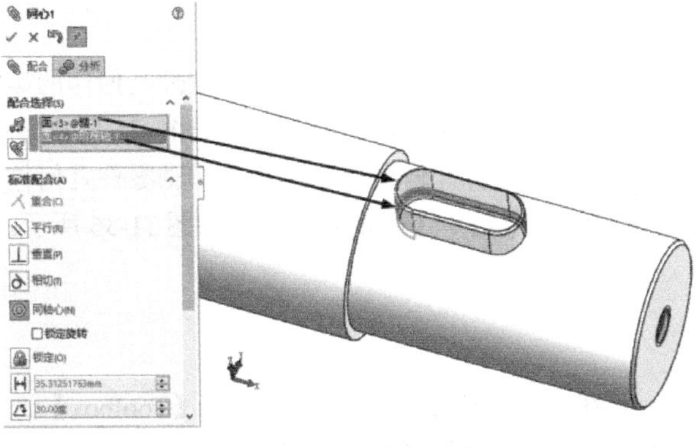

图 11-30　同轴心配合

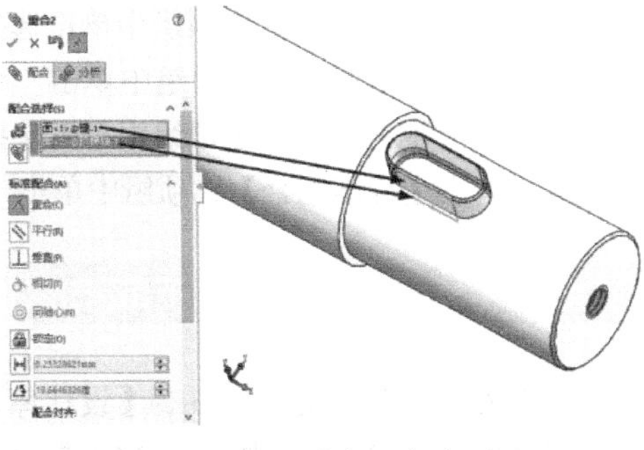

图 11-31　重合配合（2）

11.5.3 从 Toolbox 中生成直齿轮

（1）在右侧工具栏中单击【设计库】按钮，并在【设计库】任务窗格中选择【Toolbox】选项，在【Toolbox】选项中选择【GB】|【动力传动】|【齿轮】|【正齿轮】选项，用鼠标右键单击【正齿轮】选项，在弹出的菜单中选择【生成零件】命令。在弹出的【配置零部件】属性管理器中，按图 11-32 所示进行参数设置，单击✓【确定】按钮。

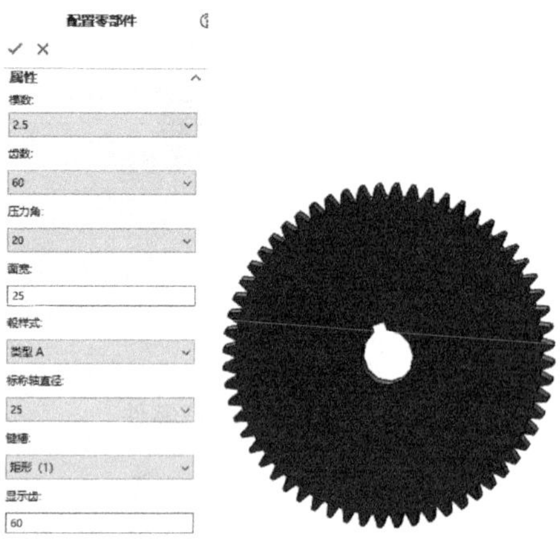

图 11-32　生成【正齿轮】零件

（2）在【窗口】菜单中，选择生成的 Toolbox 零件可以进入其界面。选择【文件】|【另存为】菜单命令，弹出【另存为】对话框，在【文件名】文本框中输入“正齿轮”，单击【保存】按钮，保存零件后关闭该零件。

（3）单击【装配体】工具栏中的【插入零部件】按钮，在弹出的【打开】对话框中选择要插入的【正齿轮】零件，单击【打开】按钮。

（4）在 SOLIDWORKS 装配体窗口的合适位置单击以放置零件几何体，如图 11-33 所示。

（5）单击【装配体】工具栏中的【配合】按钮，在【配合选择】选项组中单击选择框，选择正齿轮零件几何体的内圆柱面和阶梯轴零件的圆柱面，在【标准配合】选项组中单击◎【同轴心】按钮，单击✓【确定】按钮，如图 11-34 所示。

图 11-33　插入零件几何体

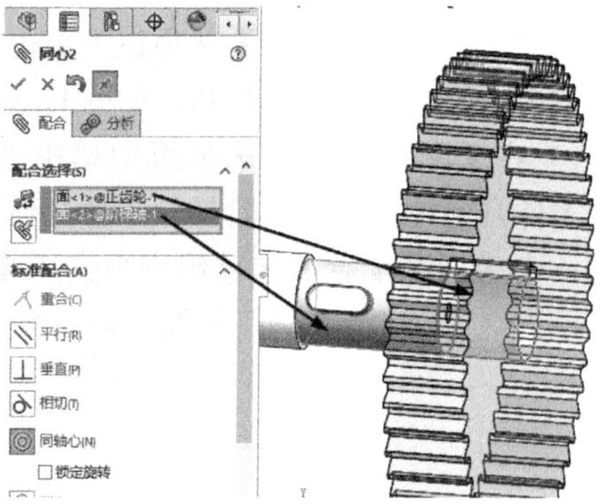

图 11-34　同轴心配合

（6）在【配合选择】选项组中单击选择框，选择键零件几何体的侧面和正齿轮零件几何体的键槽侧面，在【标准配合】选项组中单击【重合】按钮，单击✓【确定】按钮，如图 11-35 所示。

（7）在【配合选择】选项组中单击选择框，选择正齿轮零件几何体的平面和阶梯轴零件几何体的阶梯面，在【标准配合】选项组中单击【重合】按钮，单击✓【确定】按钮，如图 11-36 所示。

11.5.4 从 Toolbox 中生成轴承

（1）在右侧工具栏中单击【设计库】按钮，并在【设计库】任务窗格中选择【Toolbox】选项，在【Toolbox】选项中选择【GB】|【bearing】|【滚动轴承】|【调心球轴承】选项，用鼠标

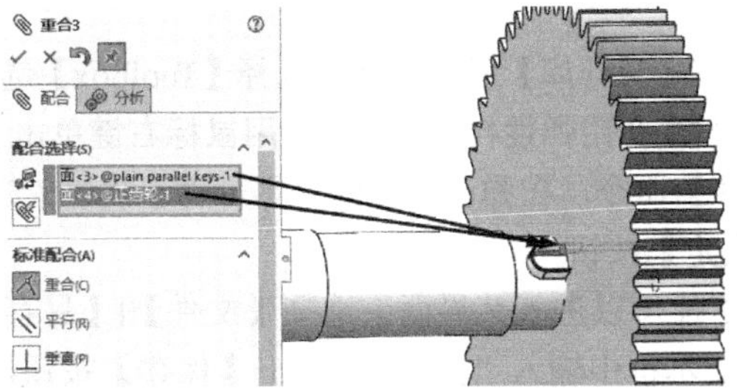

图 11-35　重合配合（1）

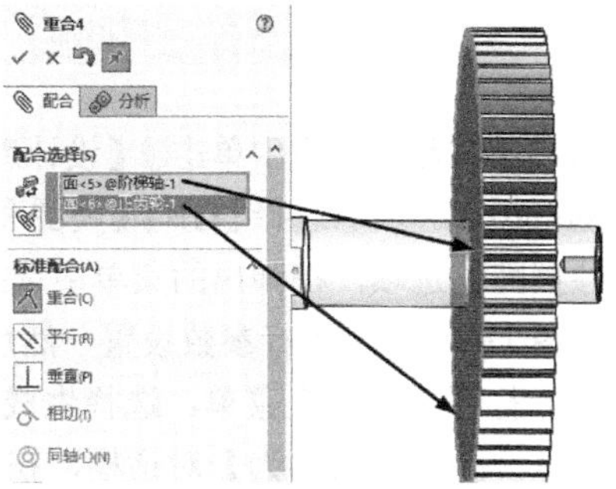

图 11-36　重合配合（2）

右键单击【调心球轴承】选项，在弹出的菜单中选择【生成零件】命令。在弹出的【配置零部件】属性管理器中，按图 11-37 所示进行参数设置，然后单击✓【确定】按钮。

（2）打开【窗口】菜单，选择生成的 Toolbox 零件可以进入其界面。选择【文件】|【另存为】菜单命令，弹出【另存为】对话框，在【文件名】文本框中输入“轴承”，单击【保存】按钮，保存零件后关闭该零件。

（3）单击【装配体】工具栏中的【插入零部件】按钮，在弹出的【打开】对话框中选择要插入的【轴承】零件，单击【打开】按钮。

（4）在 SOLIDWORKS 装配体窗口的合适位置单击以放置零件几何体，如图 11-38 所示。

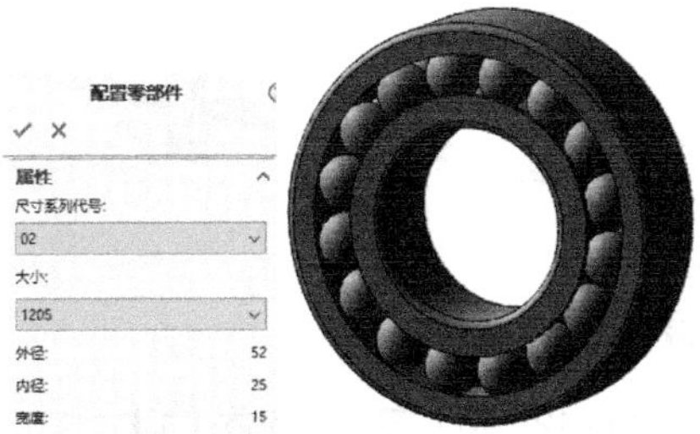

图 11-37　生成【轴承】零件

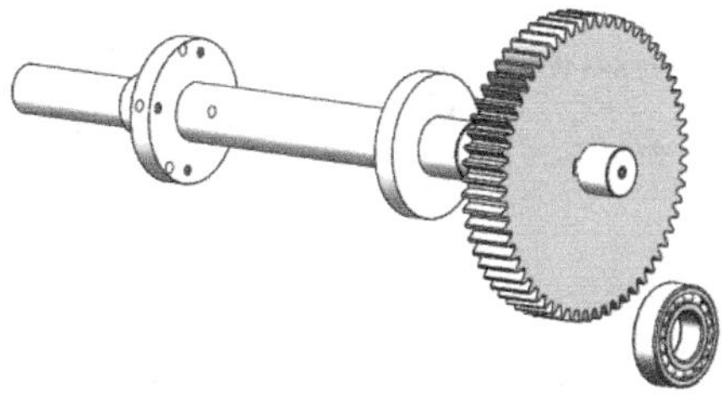

图 11-38　插入零件几何体

（5）单击【装配体】工具栏中的【配合】按钮，在【配合选择】选项组中单击选择框，选择轴承零件的内圆柱面和阶梯轴零件的圆柱面，在【标准配合】选项组中单击【同轴心】按钮，单击✓【确定】按钮，如图 11-39 所示。

（6）在【配合选择】选项组中单击选择框，选择轴承零件几何体的端面和阶梯轴零件几何体的端面，在【标准配合】选项组中单击【重合】按钮，单击✓【确定】按钮，如图 11-40 所示。

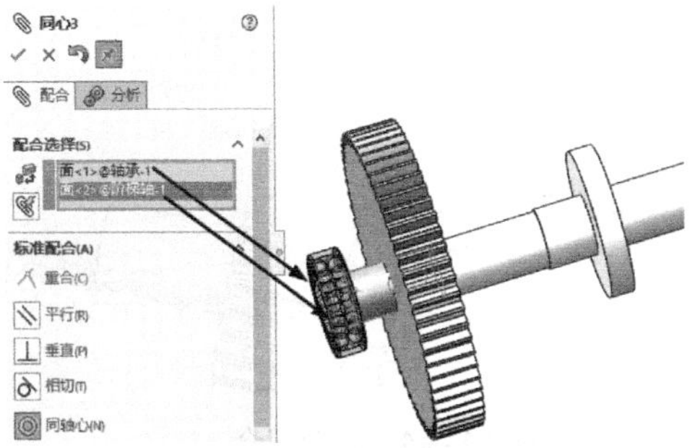

图 11-39　同轴心配合

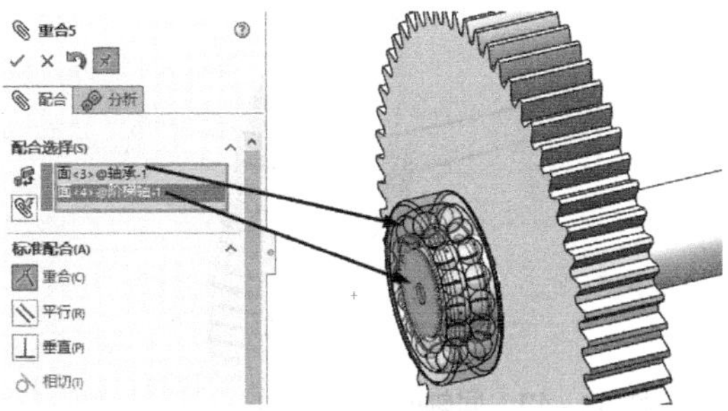

图 11-40　重合配合（3）

11.5.5 从 Toolbox 中生成挡圈

（1）在右侧工具栏中单击【设计库】按钮，并在【设计库】任务窗格中选择【Toolbox】选项，在【Toolbox】选项中选择【GB】|【垫圈和挡圈】|【挡圈】|【孔用弹性挡圈】选项，用鼠标右键单击【孔用弹性挡圈】选项，在弹出的菜单中选择【生成零件】命令。在弹出的【配置零部件】属性管理器中，按图 11-41 所示进行参数设置，然后单击✓【确定】按钮。

（2）打开【窗口】菜单，选择生成的 Toolbox 零件可以进入其界面。选择【文件】|【另存为】菜单命令，弹出【另存为】对话框，在【文件名】文本框中输入“挡圈”，单击【保存】按钮，保存零件后关闭该零件。

（3）单击【装配体】工具栏中的【插入零部件】按钮，在弹出的【打开】对话框中选择要插入的【挡圈】零件，单击【打开】按钮。

（4）在 SOLIDWORKS 装配体窗口的合适位置单击以放置零件几何体，如图 11-42 所示。

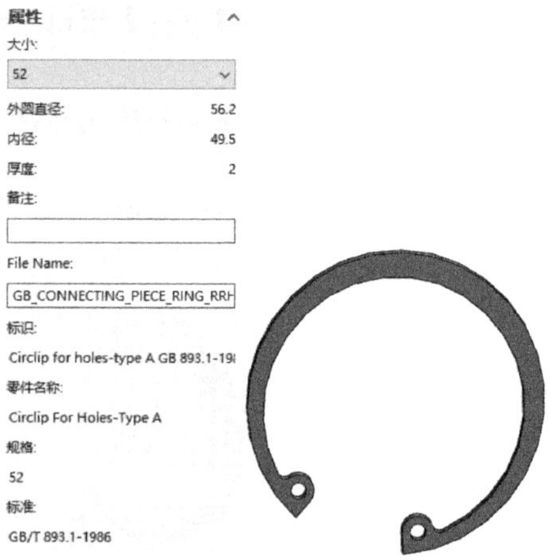

图 11-41 生成【挡圈】零件

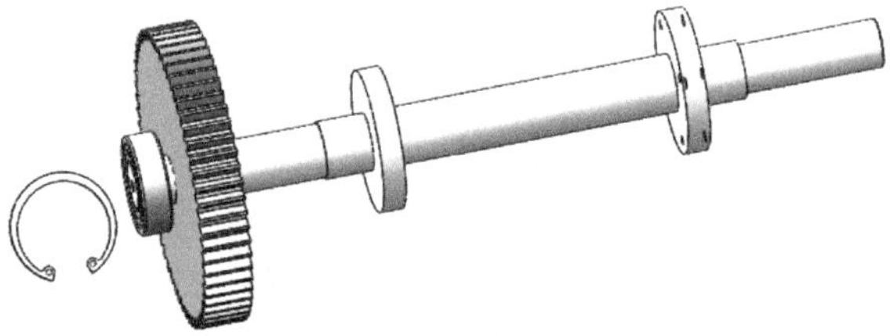

图 11-42 插入零件几何体（1）

（5）单击【装配体】工具栏中的【配合】按钮，在【配合选择】选项组中单击选择框，选择挡圈零件几何体的外圆柱面和轴承零件的外圆柱面，在【标准配合】选项组中单击◎【同轴心】按钮，单击✓【确定】按钮，如图 11-43 所示。

（6）在【配合选择】选项组中单击选择框，选择轴承零件几何体的端面和挡圈零件几何体的端面，在【标准配合】选项组中单击【重合】按钮，单击✓【确定】按钮，如图 11-44 所示。

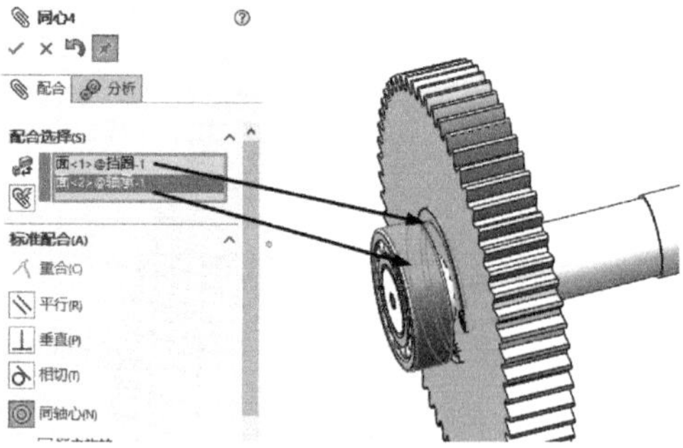

图 11-43 同轴心配合（1）

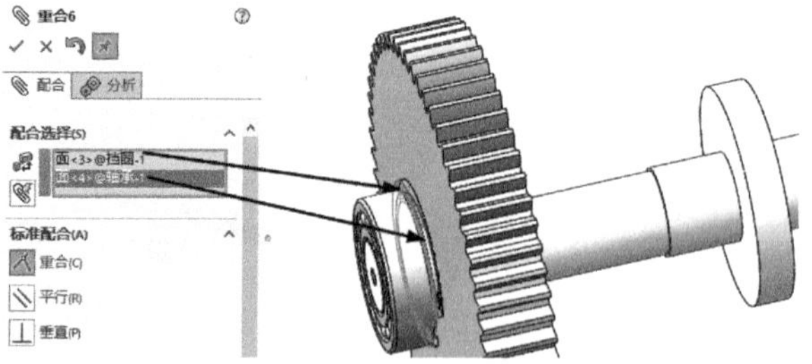

图 11-44 重合配合

（7）单击【装配体】工具栏中的【插入零部件】按钮，在弹出的【打开】对话框中选择要插入的【轴承】零件，单击【打开】按钮，在 SOLIDWORKS 装配体窗口的合适位置单击以放置零件几何体，如图 11-45 所示。

（8）单击【装配体】工具栏中的【配合】按钮，在【配合选择】选项组中单击选择框，选择挡圈零件几何体的外圆柱面和轴承零件的外圆柱面，在【标准配合】选项组中单击【同轴心】按钮，单击【确定】按钮，如图 11-46 所示。

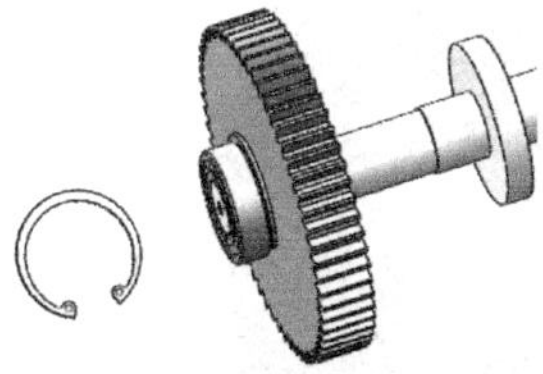

图 11-45　插入零件几何体（2）

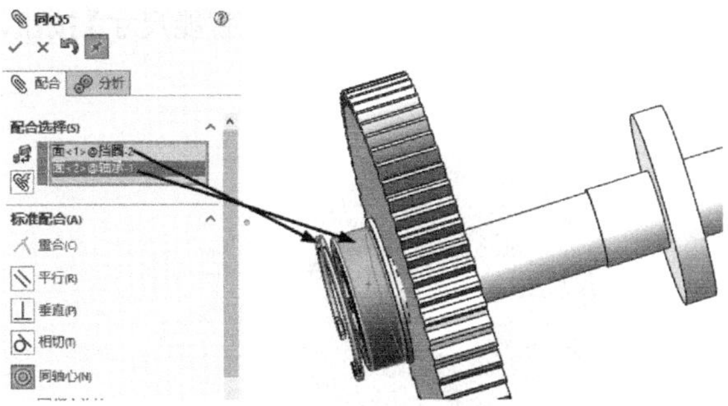

图 11-46　同轴心配合（2）

（9）在【配合选择】选项组中单击选择框，选择轴承零件几何体的端面和挡圈零件几何体的端面，在【标准配合】选项组中单击【重合】按钮，单击【确定】按钮，如图 11-47 所示。

11.5.6　从 Toolbox 中生成锥齿轮

（1）在右侧工具栏中单击【设计库】按钮，并在【设计库】任务窗格中选择【Toolbox】选项，在【Toolbox】选项中选择【GB】|【动力传动】|【齿轮】|【直齿伞（齿轮）】选项，用鼠标右键单击【直齿伞（齿轮）】选项，在弹出的菜单中选择【生成零件】命令。在弹出的【配置零部件】属性管理器中，按图 11-48 所示进行参数设置，然后单击【确定】按钮。

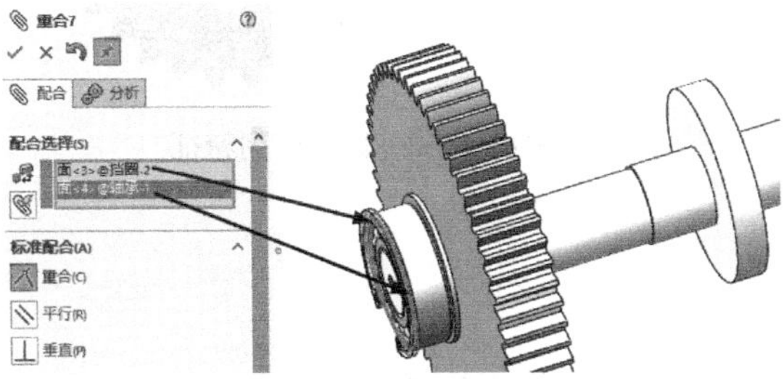

图 11-47　重合配合

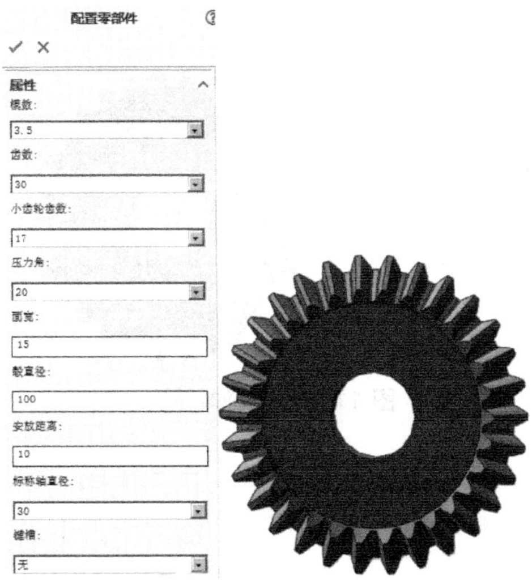

图 11-48　生成【锥齿轮】零件

（2）打开【窗口】菜单，选择生成的 Toolbox 零件可以进入其界面。选择【文件】|【另存为】

菜单命令，弹出【另存为】对话框，在【文件名】文本框中输入“锥齿轮”，单击【保存】按钮。

11.5.7 在锥齿轮上打孔

（1）单击锥齿轮的正面，使其成为草图绘制平面。单击【视图定向】下拉列表中的【正视于】按钮，并单击【草图】工具栏中的【草图绘制】按钮，进入草图绘制状态。单击【草图】工具栏中的【圆】按钮，绘制草图，如图 11-49 所示。

（2）单击【草图】工具栏中的【智能尺寸】按钮，标注所绘制草图的尺寸，如图 11-50 所示。

图 11–49 绘制草图

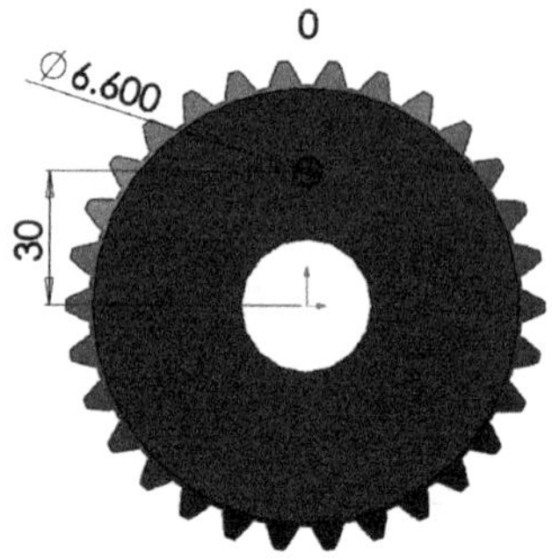

图 11–50 标注草图尺寸

（3）单击【特征】工具栏中的【拉伸切除】按钮，在【切除-拉伸】属性管理器的【从】选项组的下拉列表中选择【草图基准面】选项，在【方向 1】选项组中的【终止条件】下拉列表中选择【完全贯穿】选项，在【所选轮廓】选项组中单击选择框，选择圆形草图，如图 11-51 所示，单击✓【确定】按钮。

（4）单击【特征】工具栏中【线性阵列】下拉列表中的【圆周阵列】按钮，单击【方向（1）】选项组中的【阵列轴】选择框，选择圆形边线，按图 11-52 所示进行参数设置，单击✓【确定】按钮。选择【文件】|【保存】菜单命令，保存零件后退出。

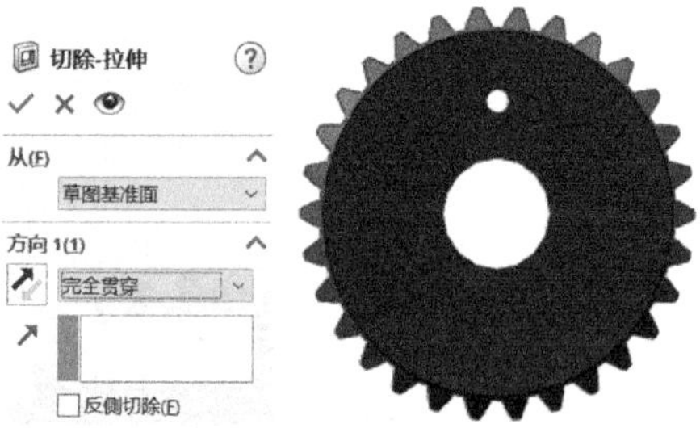

图 11–51 拉伸切除

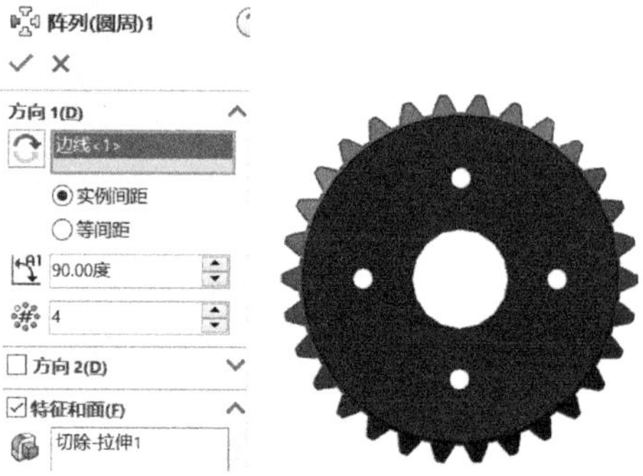

图 11–52 圆周阵列特征

11.5.8 装配锥齿轮

（1）单击【装配体】工具栏中的【插入零部件】按钮，在弹出的【打开】对话框中选择要插入的【锥齿轮】零件，单击【打开】按钮。

（2）在 SOLIDWORKS 装配体窗口的合适位置单击以放置零件几何体，如图 11-53 所示。

（3）单击【装配体】工具栏中的【配合】按钮，在【配合选择】选项组中单击选择框，选择锥齿轮零件几何体的内圆柱面和阶梯轴零件的圆柱面，在【标准配合】选项组中单击【同轴心】按钮，单击✓【确定】按钮，如图 11-54 所示。

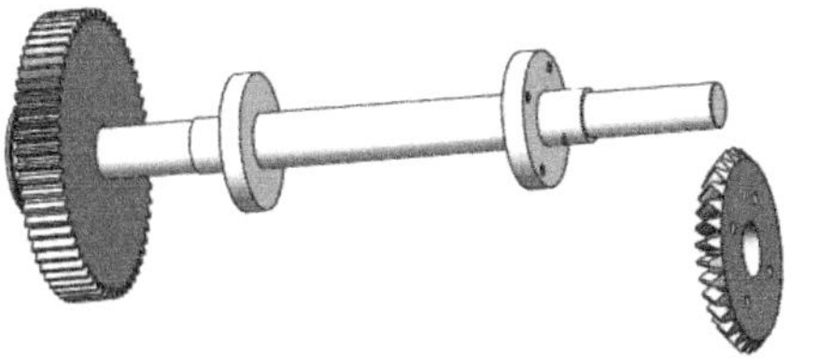

图 11–53　插入零件几何体

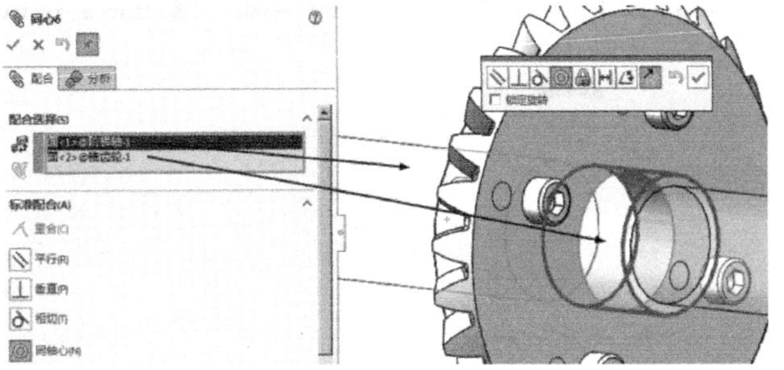

图 11–54　同轴心配合（1）

（4）单击【装配体】工具栏中的【配合】按钮，在【配合选择】选项组中单击选择框，选择锥齿轮零件几何体的通孔圆柱面和阶梯轴上凸圆的螺纹孔内圆柱面，在【标准配合】选项组中单击【同轴心】按钮，单击✓【确定】按钮，如图 11-55 所示。

（5）在【配合选择】选项组中单击选择框，选择锥齿轮零件几何体的前表面和阶梯轴零件几何体的凸圆表面，在【标准配合】选项组中单击【重合】按钮，单击✓【确定】按钮，如图 11-56 所示。

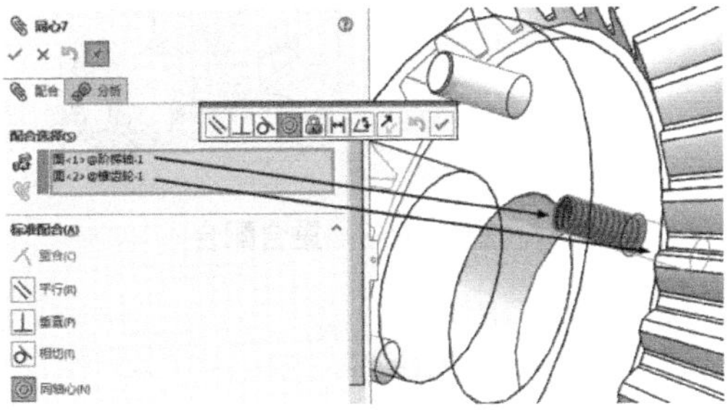

图 11–55　同轴心配合（2）

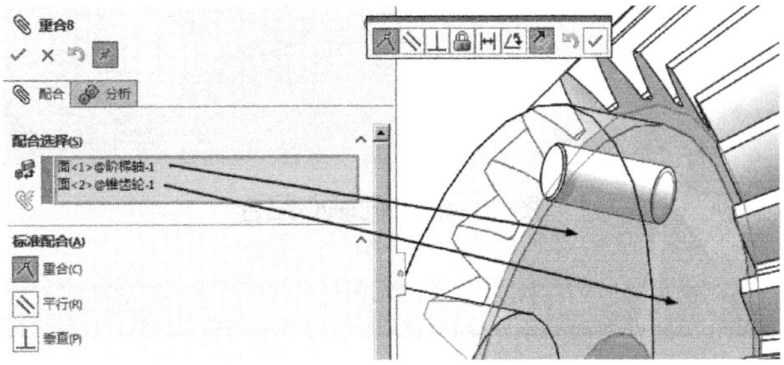

图 11–56　重合配合

11.5.9　从 Toolbox 中生成螺钉

（1）在右侧工具栏中单击【设计库】按钮，并在【设计库】任务窗格中选择【Toolbox】选项，在【Toolbox】选项中选择【GB】|【screws】|【凹头螺钉】|【内六角圆柱头螺钉】选项，用鼠标右键单击【内六角圆柱头螺钉】选项，在弹出的菜单中选择【生成零件】命令。在弹出的【配置零部件】属性管理器中，按图 11-57 所示进行参数设置，然后单击✓【确定】按钮。

（2）打开【窗口】菜单，选择生成的 Toolbox 零件可以进入其界面。选择【文件】|【另存为】菜单命令，弹出【另存为】对话框，在【文件名】文本框中输入“螺钉”，单击【保存】按钮，保存零件后关闭该零件。

（3）单击【装配体】工具栏中的【插入零部件】按钮，在弹出的【打开】对话框中选择要插入的【螺钉】零件，单击【打开】按钮。

（4）在 SOLIDWORKS 装配体窗口的合适位置单击以放置零件几何体，如图 11-58 所示。

（5）单击【装配体】工具栏中的【配合】按钮，在【配合选择】选项组中单击选择框，选择螺钉零件几何体的圆柱面和锥齿轮零件通孔的圆柱面，在【标准配合】选项组中单击◎【同轴心】按钮，单击✓【确定】按钮，如图 11-59 所示。

（6）在【配合选择】选项组中单击选择框，选择螺钉零件几何体的贴合面和锥齿轮零件几何体的端面，在【标准配合】选项组中单击⨹【重合】按钮，单击✓【确定】按钮，如图 11-60 所示。

图 11-57　生成【螺钉】零件

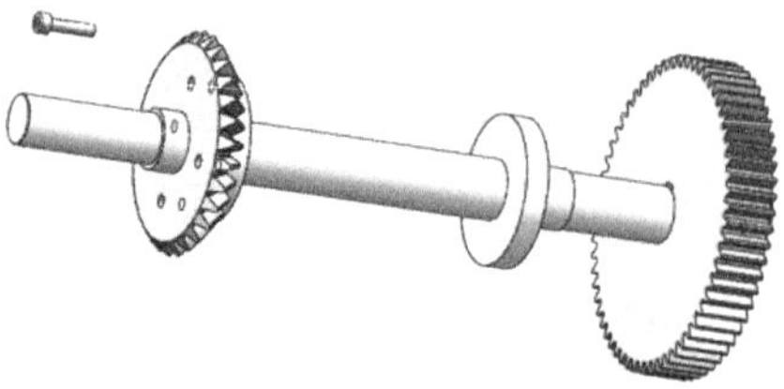

图 11-58　插入零件几何体

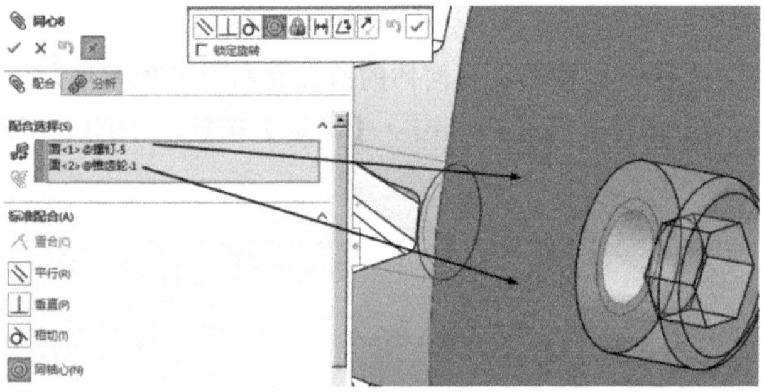

图 11-59　同轴心配合

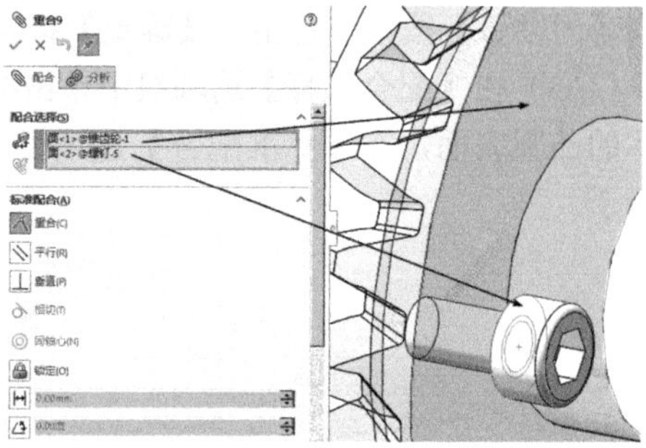

图 11-60　重合配合

11.5.10　使用圆周零部件阵列功能阵列螺钉

单击【装配体】工具栏中䟼【线性零部件阵列】下拉列表中的⊕【圆周零部件阵列】按钮，打开属性管理器，按图 11-61 所示进行参数设置，单击✓【确定】按钮。

至此，轴系装配模型制作完成，如图 11-62 所示。

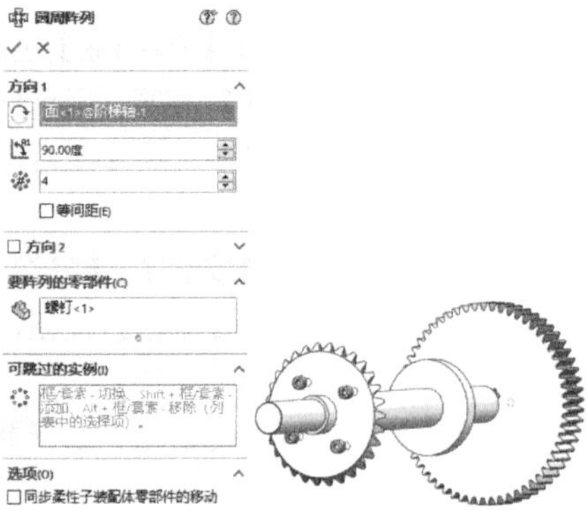

图 11-61　圆周阵列零部件

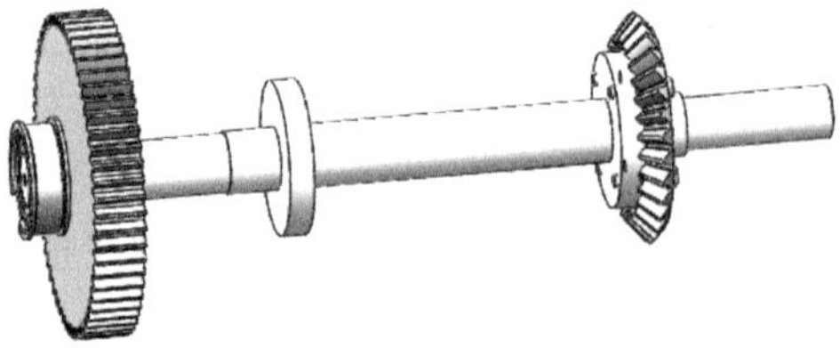

图 11-62　轴系装配模型

Chapter 12

第 12 章 线路设计

本章的主要内容包括线路模块概述、线路点和连接点、管筒线路设计实例、管道线路设计实例，以及电力线路设计实例。

重点与难点

- 线路模块概述
- 线路点的概念
- 连接点的概念

12.1 线路模块概述

线路设计模块（SOLIDWORKS Routing）用来生成一种特殊类型的子装配体，以在零部件之间创建管道、管筒或其他材料的路径，帮助设计人员轻松、快速地完成线路系统设计任务。

12.1.1 激活 Routing 插件

激活 SOLIDWORKS Routing 插件的步骤如下。

（1）选择【工具】|【插件】菜单命令。

（2）在打开的对话框中勾选【SOLIDWORKS Routing】复选框。

（3）单击【确定】按钮，如图 12-1 所示。

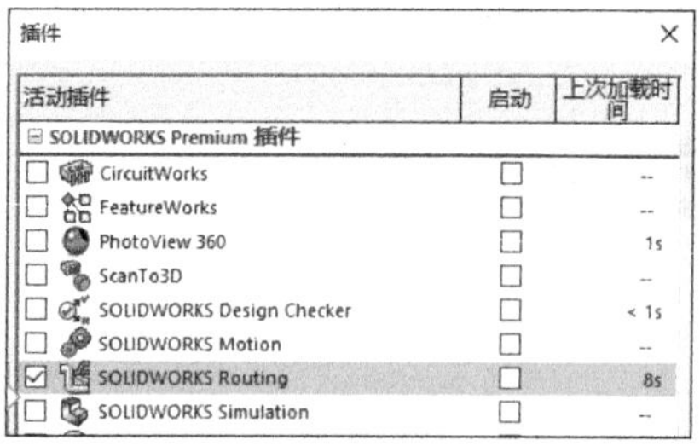

图 12–1　激活 SOLIDWORKS Routing 插件

12.1.2 步路模板

在用户插入线路设计后，第一次创建装配体文档时，将生成步路模板。步路模板使用与标准装配体模板相同的设置，但也包含与步路相关的特殊模型数据。

自动生成的模板名为 route Assembly.asmdot，位于默认模板文件夹中（通常是 C:\DocumentsandSettings\AllUsers\ApplicationData\SOLIDWORKS\templates）。

生成自定义步路模板的步骤如下所述。

（1）打开自动生成的步路模板。

（2）进行相关的更改。

（3）选择【文件】|【另存为】菜单命令，然后以新名称保存文档，必须使用 .asmdot 作为文件扩展名。

12.1.3 配合参考

使用配合参考来放置零件比使用智能装配（SmartMates）功能更可靠，并更具有预见性。

对于配合参考有如下几条建议。

（1）为一个设备上具有相同属性的配件所应用的配合参考应该使用同样的名称。

（2）要确保线路设计零件正确配合，并以相同的方式定义配合参考属性。

（3）添加配合参考时使用以下规则。

- 给线路配件添加配合参考。
- 给设备零件上的端口添加配合参考，每个端口添加一个配合参考。
- 如果一台仪器有多个端口，要么给所有端口都添加配合参考，要么全部都不添加。
- 给用于线路起点和终点的零部件添加配合参考。
- 给电气接头和其匹配插孔零部件添加匹配的配合参考。

12.1.4 使用连接点

所有步路零部件（除了线夹 / 挂架之外）都要求有一个或多个连接点（CPoints），连接点的功能如下。

- 标记零部件为步路零部件。
- 识别连接类型。
- 识别子类型。
- 定义其他属性。
- 标记管道的起点和终点。

电气接头只使用一个连接点，并将其定位在电线或电缆退出接头的地方。用户可为每个管脚添加一个连接点，但必须使用连接点图解指示 ID 来定义管脚号。管道设计中的零部件的每个端口都要添加一个连接点。

12.1.5　维护库文件

针对维护库文件有如下几条建议。

（1）将文件保存在线路设计库文件夹中，不要将其保存在其他文件夹内。

（2）要避免相同名称的多个文件所引起的错误，为相同名称的文件重新命名。

（3）除了零部件模型之外，电气设计还需要以下两个库数据文件。

- 零部件库文件。
- 电缆库文件。

（4）将所有电气接头存储在包含零部件库文件的同一文件夹中。默认位置为 C:\Documentsand Settings\AllUsers\ApplicationData\SOLIDWORKS\SOLIDWORKS< 版本 >\design library\ routing\ electrical\ component.xml，在 Windows 7 中，位置为 C:\ProgramData\SOLIDWORKS< 版本 >\design library\ routing\ electrical。库零件的名称由库文件夹和步路文件夹的位置决定。

12.2　线路点和连接点

在线路的接头零件中要包含关键的定位点，即线路点和连接点。

12.2.1　线路点

线路点（RoutePoint）为配件（法兰、弯管、电气接头等）中用于将配件定位在线路草图中的交叉点。在具有多个端口的接头（如 T 型或十字型）中，用户在添加线路点之前必须在接头的轴线交叉点处生成一个草图点。生成线路点的步骤如下。

（1）打开“配套数字资源 \ 第 12 章 \ 基本功能 \12.2.1.SLDPRT”中的实例素材文件，单击【Routing 工具】工具栏中的【生成线路点】按钮，或者选择【工具】|【步路】|【Routing 工具】|【生成线路点】菜单命令。

（2）在【步路点】属性管理器中的【选择】选项组下，通过选取草图或顶点来定义线路点的位置。

- 对于硬管道和管筒配件，在绘图区域中选择一个草图点。
- 对于软管配件或电力电缆接头，在绘图区域中选择一个草图点和一个平面。
- 在具有多个端口的配件中，选取轴线交叉点处的草图点。
- 在法兰中，选取与零件的圆柱面同轴心的点。

（3）单击✓【确定】按钮，如图 12-2 所示。

12.2.2 连接点

连接点是接头（法兰、弯管、电气接头等）中的一个点，步路段（管道、管筒或电缆）由此开始或终止。管路段只有在至少有一端附加在连接点时才能生成。每个接头零件的每个端口都必须包含一个连接点，位于相邻管道、管筒或电缆开始或终止的位置。

生成连接点的步骤如下所述。

（1）打开“配套数字资源 \ 第 12 章 \ 基本功能 \12.2.2.SLDPRT”中的实例素材文件，生成一个草图点用于定位连接点。连接点的位置定义相邻管路段的端点。

（2）单击【Routing 工具】工具栏中的【生成连接点】按钮，或选择【步路】|【Routing 工具】|【生成连接点】菜单命令。

（3）在属性管理器中设置属性。

（4）单击✓【确定】按钮，如图 12-3 所示。

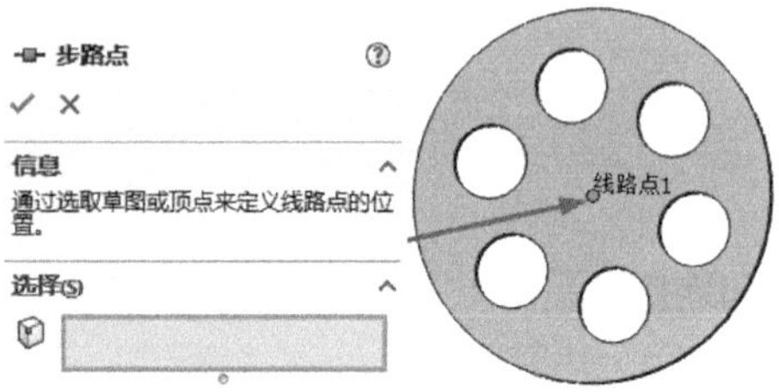

图 12-2　生成线路点

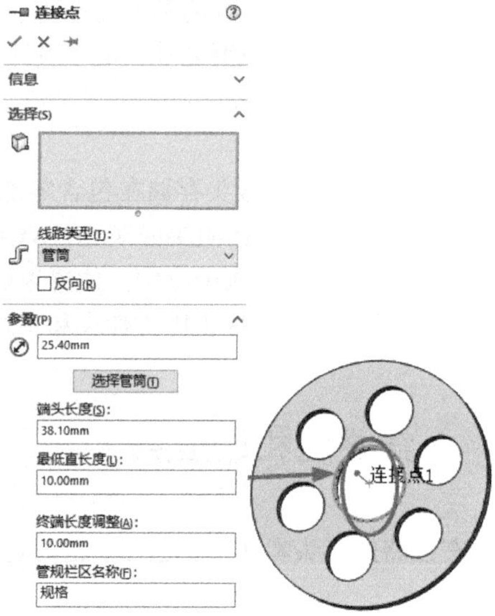

图 12-3　生成连接点

12.3 管筒线路设计实例

本节介绍电力管筒线路的设计过程，模型如图 12-4 所示，具体步骤如下。

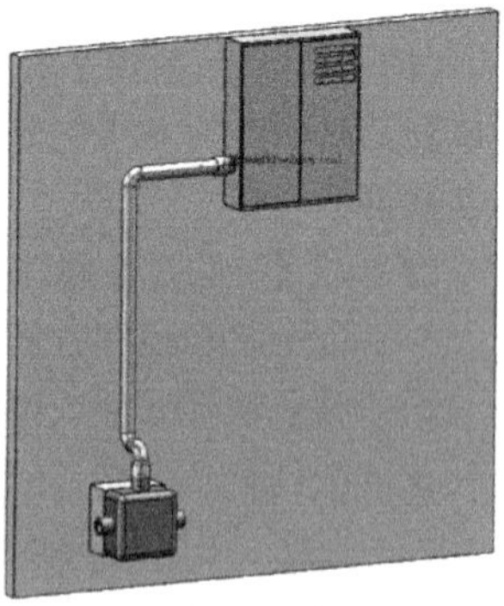

图 12-4　电力管筒线路

12.3.1 创建电力管筒线路

（1）启动中文版 SOLIDWORKS，单击快速访问工具栏中的【打开】按钮，在弹出的【打开】对话框中选择“配套数字资源 \ 第 12 章 \ 示例文件 \12.3\12.3.SLDASM”文件，单击【打开】按钮，如图 12-5 所示。

（2）选择线路零部件。在右侧工具栏中单击【设计库】按钮，依次打开【设计库】任务窗格中的【Design Library】|【routing】|【conduit】文件夹，下方显示了【conduit】文件夹中的各种标准管道零部件，选择【pvc conduit-male terminal adapter】接头，如图 12-6 所示。

图 12-5 打开的装配体文件

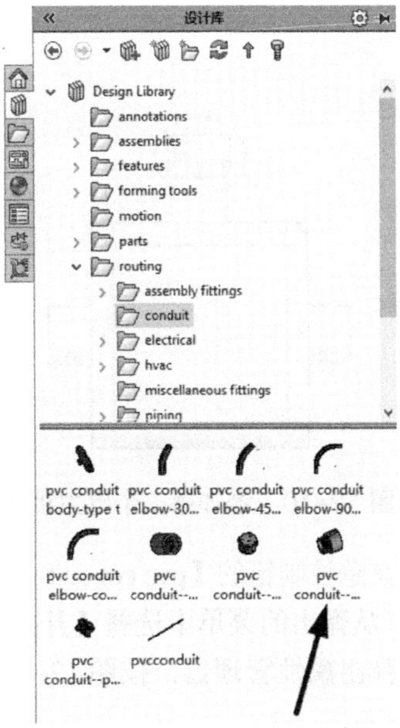

图 12-6 【设计库】任务窗格

（3）按住鼠标左键拖曳【pvc conduit-male terminal adapter】接头到装配体中总控制箱的接头处（由于设计库中的标准件自带配合参考，因此电力管筒接头会自动捕捉配合），然后松开鼠标左键，结果如图 12-7 所示。在弹出的【选择配置】对话框中，选择【0.5inAdapter】选项，如图 12-8 所示，单击【确定】按钮。

（4）在弹出的图 12-9 所示的【线路属性】属性管理器中，单击【取消】按钮，关闭该属性管理器。

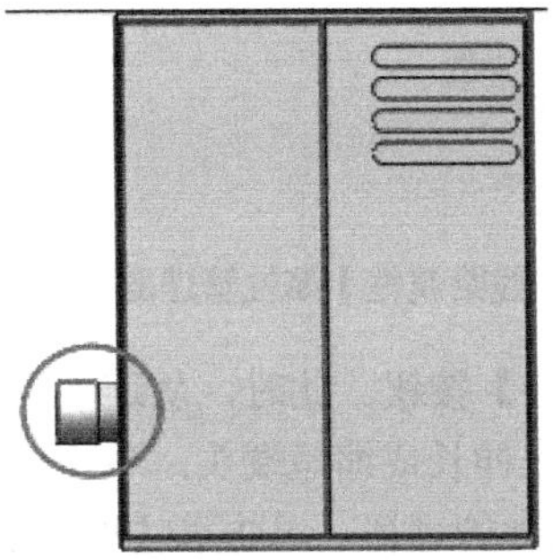

图 12-7 添加第一个电力接头

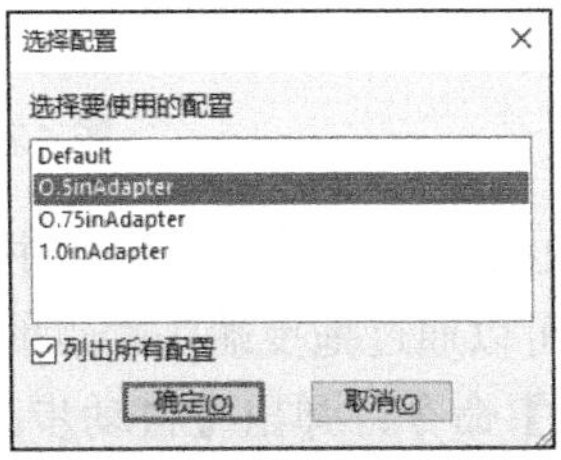

图 12-8 【选择配置】对话框

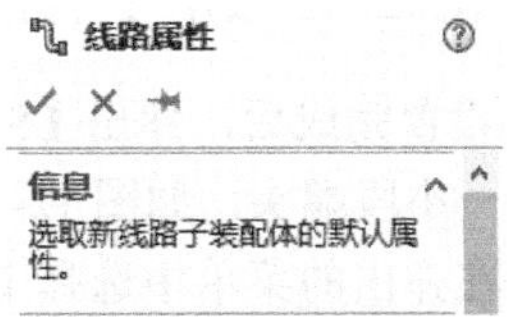

图 12-9 关闭【线路属性】属性管理器

（5）再次选择【pvc conduit-male terminal adapter】接头，将其拖曳到装配体中与总控制箱共面的电源盒上端的接头处，待接头自动捕捉到配合后松开鼠标左键，结果如图 12-10 所示。在弹出的【选择配置】对话框中，选择【0.5inAdapter】选项，单击【确定】按钮。弹出【线路属性】属性管理器，单击【取消】按钮，关闭该属性管理器。

（6）选择【视图】|【步路点】菜单命令，显示出装配体中刚刚插入的两个电力接头上所有的连接点，如图 12-11 所示。

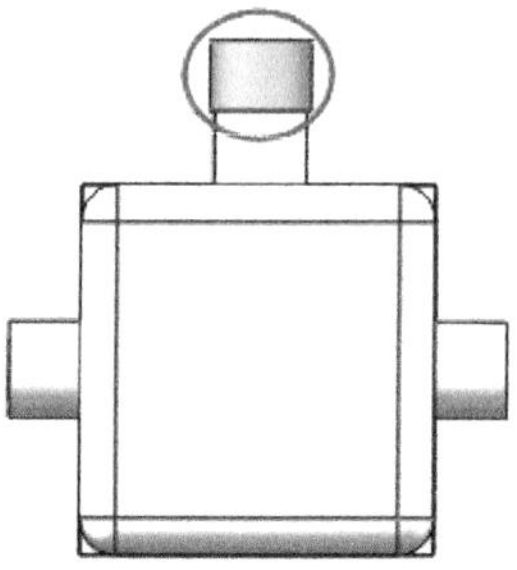

图 12–10　添加第二个电力接头

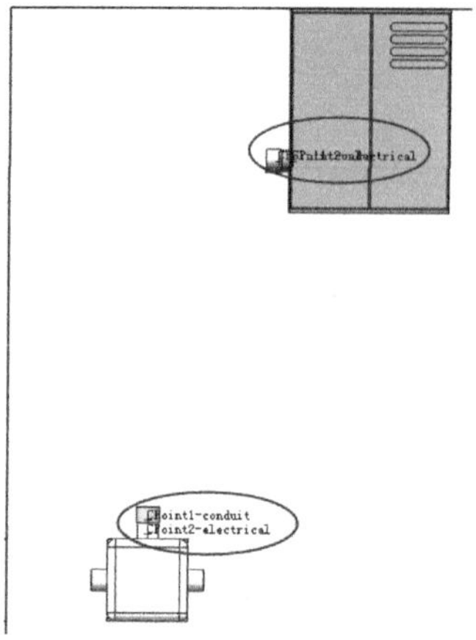

图 12–11　显示的连接点

（7）在总控制箱的【pvc conduit-male terminal adapter】接头上，用鼠标右键单击连接点【CPoint1-conduit】，从弹出的菜单中选择【开始步路】命令，如图 12-12 所示。

（8）弹出属性管理器，按图 12-13 所示进行参数设置。

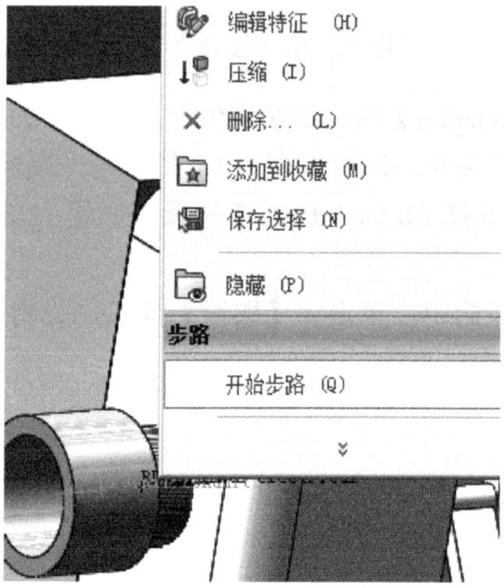

图 12–12　选择【开始步路】命令

图 12–13　【线路属性】属性管理器

（9）设置完成后，弹出【SOLIDWORKS】提示对话框，单击【确定】按钮。此时，从连接点处延伸出一小段端头，如图 12-14 所示，可以通过拖曳端头端点的方式来伸长或缩短端头。单击鼠标右键，在弹出的菜单中选择【自动步路】命令，弹出【自动步路】属性管理器，单击✖【取消】按钮，关闭该属性管理器。

（10）用鼠标右键单击电源盒上端接头的连接点【CPoint1-conduit】，从弹出的菜单中选择【添加到线路】命令，如图 12-15 所示。此时，从连接点处延伸出一小段端头，如图 12-16 所示，拖曳端头的端点，就可以改变端头的长度。

（11）按住 Ctrl 键选中上面生成的两个端头的端点，如图 12-17 所示，单击鼠标右键，在弹出的菜单中选择【自动步路】命令，如图 12-18 所示。

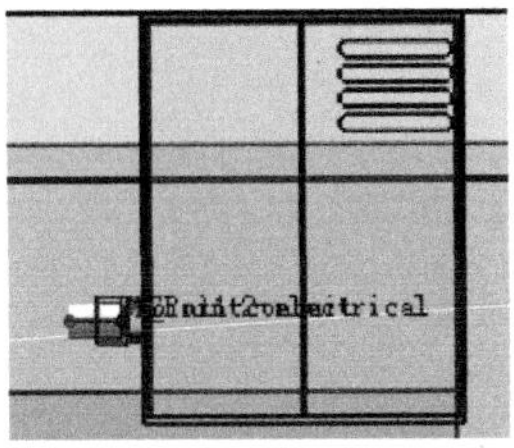

图 12-14 连接点延伸出的端头（1）

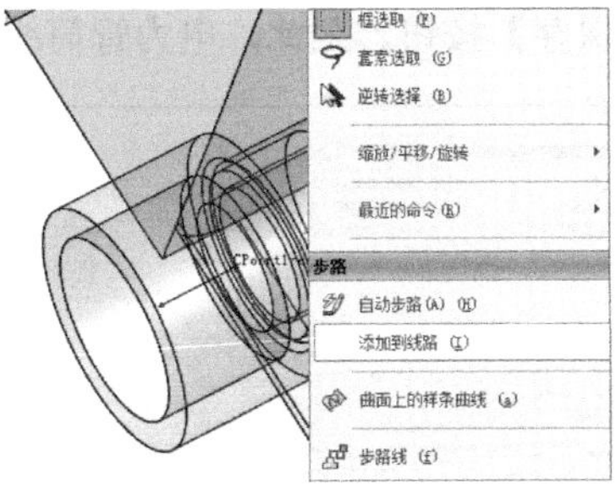

图 12-15 选择【添加到线路】命令

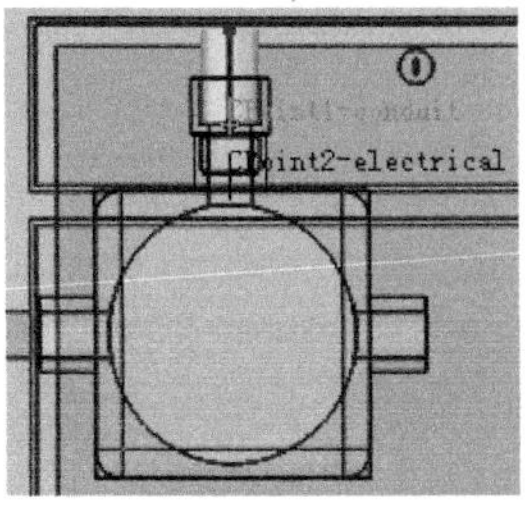

图 12-16 连接点延伸出的端头（2）

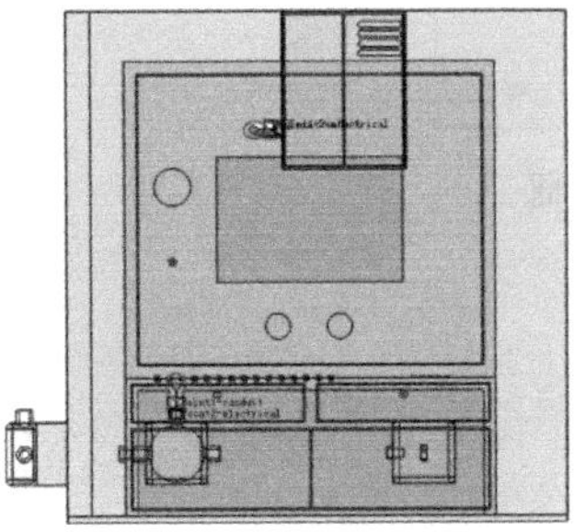

图 12-17 选择端头端点

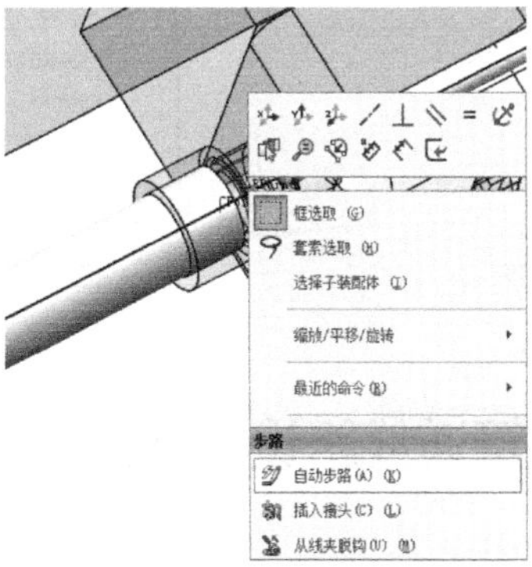

图 12-18 选择【自动步路】命令

（12）此时弹出【自动步路】属性管理器，在【步路模式】选项组中选择【自动步路】单选项，在【自动步路】选项组中勾选【正交线路】复选框，其余设置如图 12-19 所示。

（13）单击【自动步路】属性管理器中的✓【确定】按钮，再单击【退出草图】按钮和【编辑零部件】按钮，生成电力管筒线路，结果如图 12-20 所示。

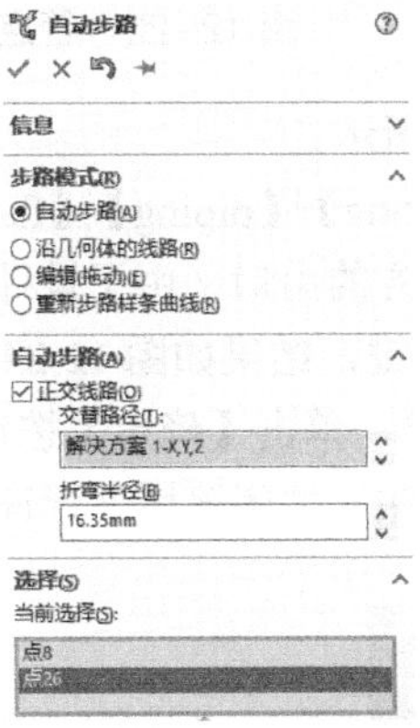

图 12-19 【自动步路】属性管理器

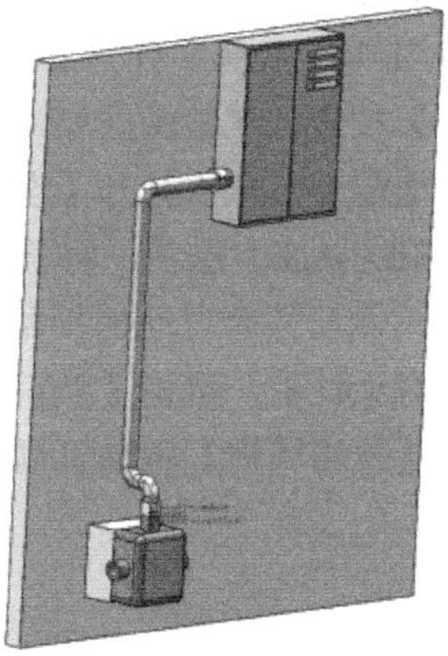

图 12-20 生成电力管筒线路

12.3.2 保存装配体及线路装配体

选择【文件】|【Pack and Go】菜单命令，弹出图 12-21 所示的【Pack and Go】对话框，勾选所有相关的零件、子装配体和装配体文件的复选框，选择【保存到文件夹】单选项，将以上文件保

存到一个指定的文件夹中，单击【保存】按钮。至此，电力管筒线路设计完成。

图 12-21 【Pack and GO】对话框

12.4 管道线路设计实例

本节介绍管道线路设计过程，模型如图 12-22 所示，具体步骤如下。

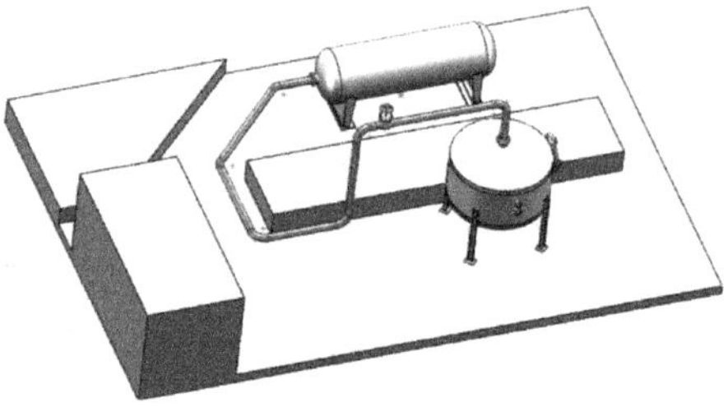

图 12-22 管道线路

12.4.1 创建管道线路

（1）启动中文版 SOLIDWORKS，单击【标准】工具栏中的【打开】按钮，弹出【打开】对话框，选择“配套数字资源 \ 第 12 章 \ 实例文件 \12.4\12.4.SLDASM”文件，单击【打开】按钮，在绘图区域中显示出模型，如图 12-23 所示。

（2）选择管道配件。依次打开【设计库】任务窗格中的【routing】|【piping】|【flanges】文件夹，选择【slip on weld flange】法兰，将其拖曳到装配体横放水箱前方的出口（由于设计库中的标准件自带配合参考，因此配件会自动捕捉配合）处，然后松开鼠标左键，结果如图 12-24 所示。在弹出的【选择配置】对话框中，选择【Slip On Flange 150-NPS5】选项，单击【确定】按钮，如图 12-25 所示。在弹出的【线路属性】属性管理器中，单击【取消】按钮，关闭该属性管理器。

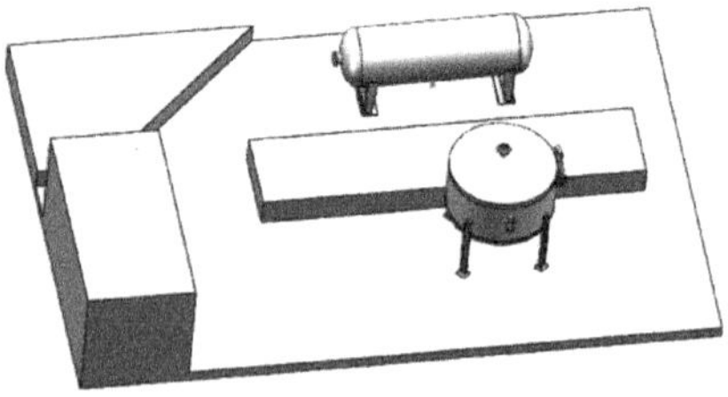

图 12-23 打开的装配体

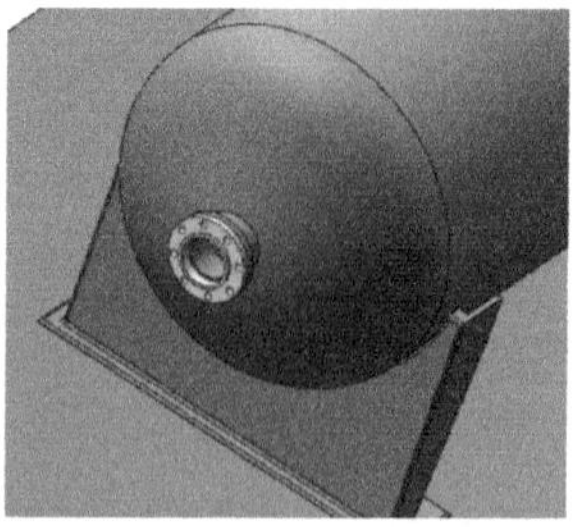

图 12-24 添加 1 号水箱法兰

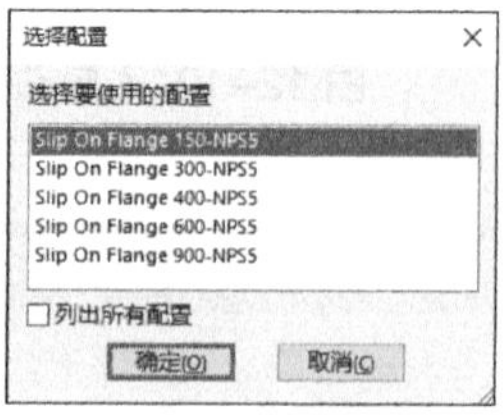

图 12-25 选择法兰配置（1）

（3）依次打开【设计库】任务窗格中的【routing】|【piping】|【flanges】文件夹，选择【welding neck flange】法兰，将其拖曳到装配体立放水箱上方的出口处，然后松开鼠标左键，结果如图 12-26 所示。在弹出的【选择配置】对话框中，选择【WNeck Flange 150-NPS5】选项，单击【确定】按钮，如图 12-27 所示。在弹出的【线路属性】属性管理器中，单击✖【取消】按钮，关闭该属性管理器。

（4）选择【视图】|【步路点】菜单命令，显示出装配体中配件上所有的连接点。然后用鼠标右键单击横放水箱上的法兰，在弹出的菜单中选择【开始步路】命令，如图 12-28 所示。

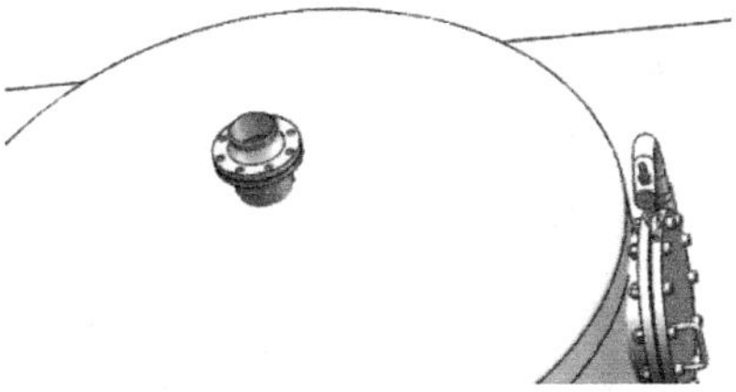

图 12-26 添加 2 号水箱法兰

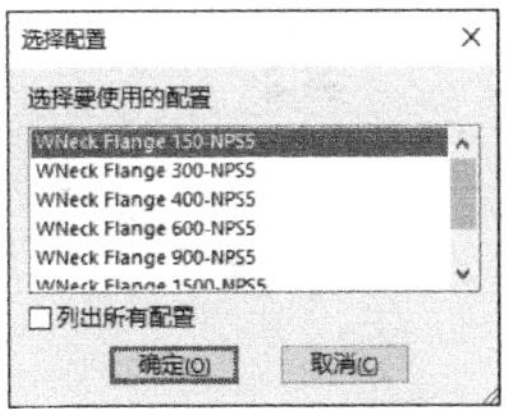

图 12-27 选择法兰配置（2）

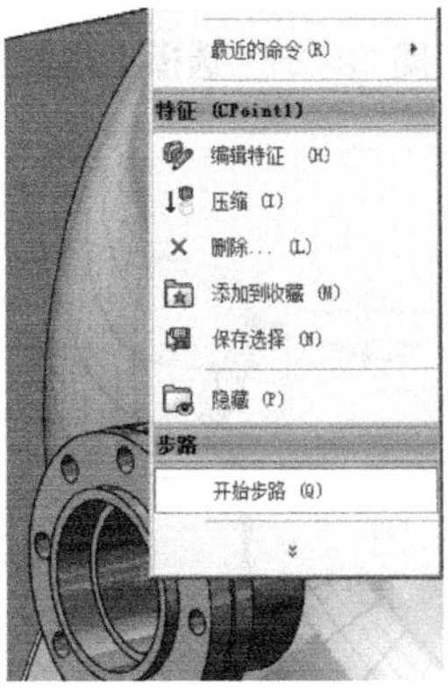

图 12-28 选择【开始步路】命令

（5）弹出【线路属性】属性管理器，按图 12-29 所示进行参数设置，单击✓【确定】按钮，完成法兰的添加。在法兰的端点处按住鼠标左键向外拖曳，可以将端头延长到合适的位置，如图 12-30 所示。

图 12-29 【线路属性】属性管理器

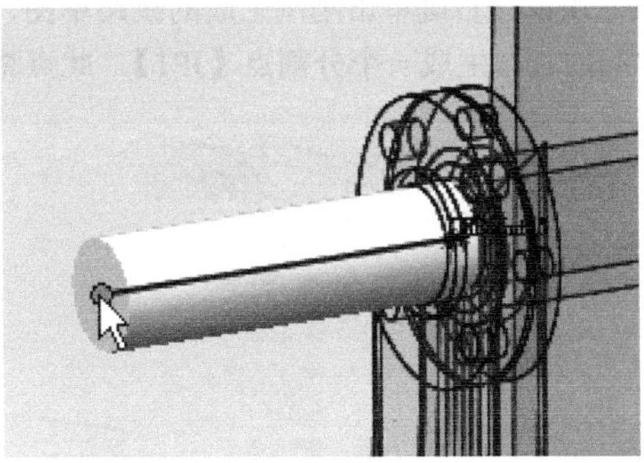

图 12-30 拖动端点

（6）用鼠标右键单击立放水箱上端接头的连接点，从弹出菜单中选择【添加到线路】命令，如图 12-31 所示。此时，从连接点处自动延伸出一小段端头，如图 12-32 所示，拖曳端头的端点就可以改变端头的长度。

（7）此时已经进入步路 3D 草图绘制界面，单击【草图】工具栏中的╱【直线】按钮，使用 Tab 键切换草图绘制平面，绘制 3D 直线。绘制完成的直线处会自动添加上管道，并在直角处自动生成弯管，如图 12-33 所示。

（8）选择箭头所指的最后一条直线，在左侧的属性管理器中单击【沿 X】按钮，使直线处于水平状态，如图 12-34 所示。

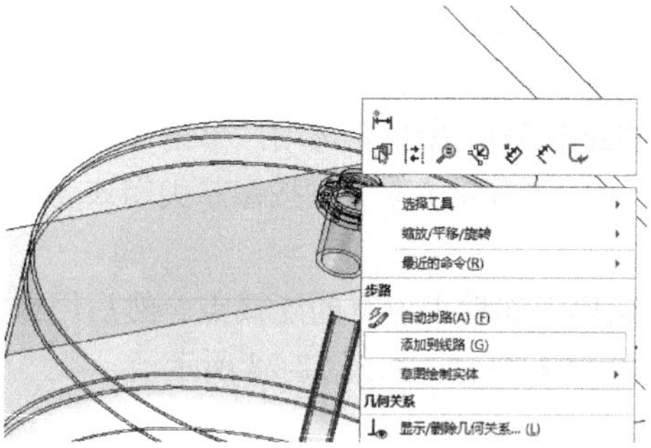

图 12-31　选择【添加到线路】命令

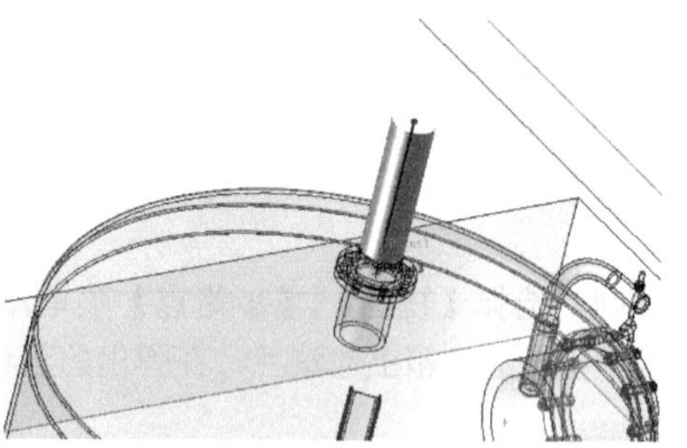

图 12-32　自动伸长端头

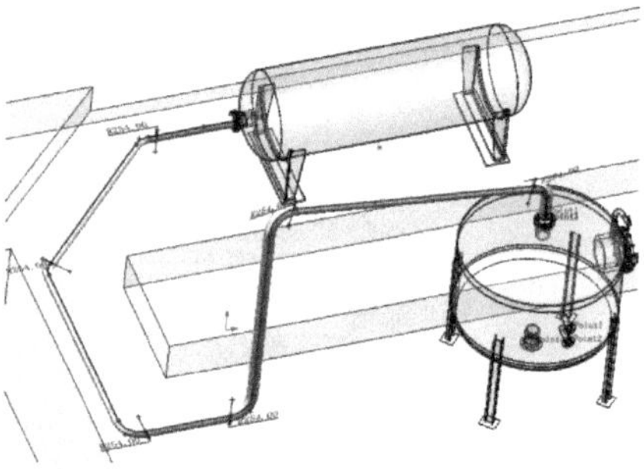

图 12-33　草图绘制

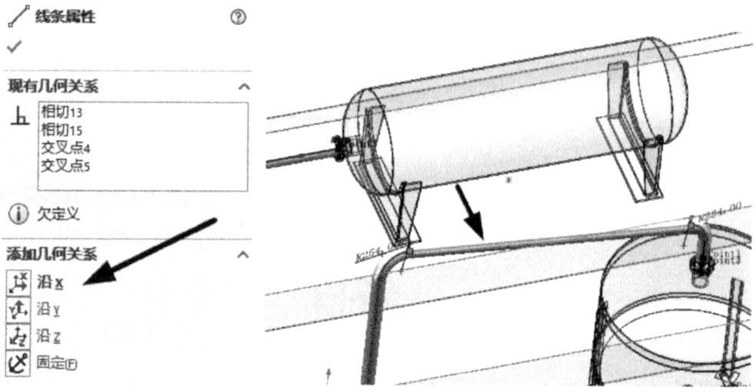

图 12-34　添加约束

12.4.2　添加阀门

（1）用鼠标右键单击刚刚生成的线路草图，在弹出的菜单中选择【分割线路】命令。单击水平直线中间的点，生成一个分割点【JP1】，此点将线路分割为两段，如图 12-35 所示。

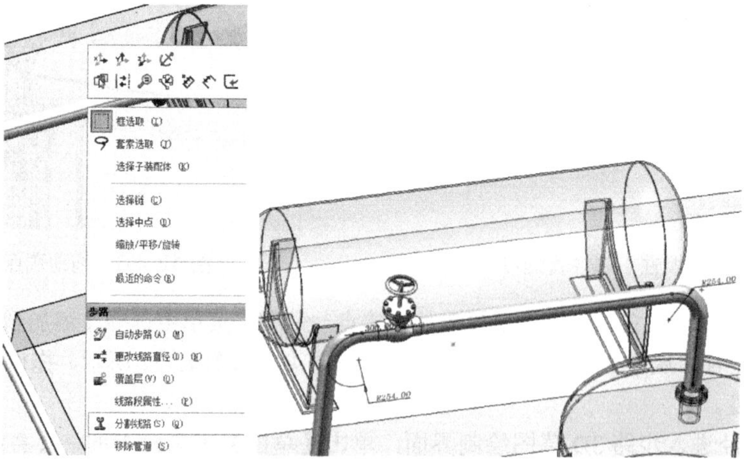

图 12-35　分割线路

（2）依次打开【设计库】任务窗格中的【routing】|【piping】|【valves】文件夹，选择【gatevalve（asmeb16.34）bw-150-2500】阀门，将其拖曳到装配体的分割点【JP1】处，通过 Tab 键调整其放置

方向，然后松开鼠标左键。在弹出的【选择配置】对话框中，采用系统默认的配置，单击【确定】按钮，如图 12-36 所示。至此，即完成了阀门的添加，如图 12-37 所示。

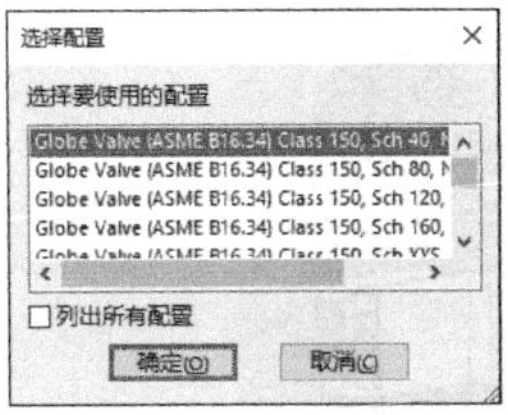

图 12-36　选择阀门配置

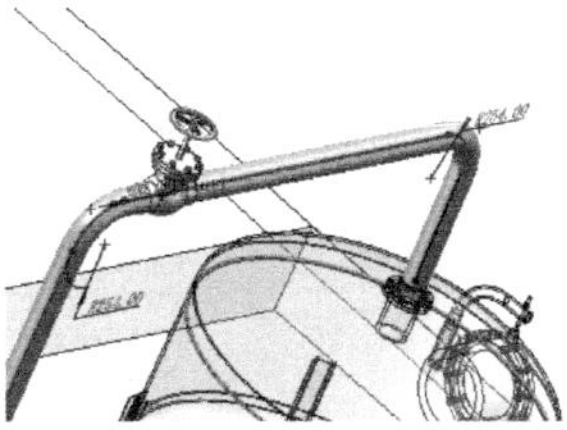

图 12-37　添加的阀门

（3）单击【退出线路子装配体环境】按钮，完成管道的设计。

12.5 电力线路设计实例

本节介绍机箱中的电力线路的设计过程，即建立一段电路板和风扇相连的线路，完成后的模型如图 12-38 所示，具体步骤如下。

12.5.1 插入接头

（1）启动中文版 SOLIDWORKS，单击【标准】工具栏中的【打开】按钮，弹出【打开】对话框，选择“配套数字资源 \ 第 12 章 \ 实例文件 \12.5\12.5.SLDASM”文件，单击【打开】按钮，如图 12-39 所示。

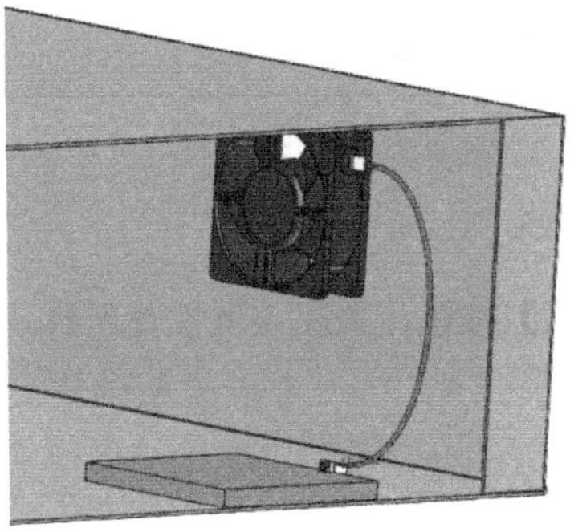

图 12-38　电力线路模型

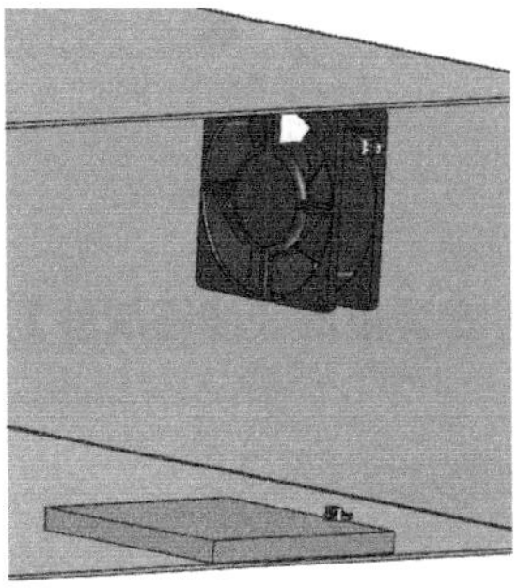

图 12-39　打开的装配体

（2）依次打开【设计库】任务窗格中的【Design Library】|【routing】|【electrical】文件夹，选择【connector（3pin）female】接头，将其拖曳到装配体的风扇电源接头处，然后松开鼠标左键，结果如图 12-40 所示。

（3）在弹出的【线路属性】属性管理器中，单击 × 【取消】按钮，关闭该属性管理器。

（4）使用同样的操作方法，将同样的接头拖曳到电路板上的接头处，接头会自动捕捉相互之间的配合，然后松开鼠标左键，结果如图 12-41 所示。

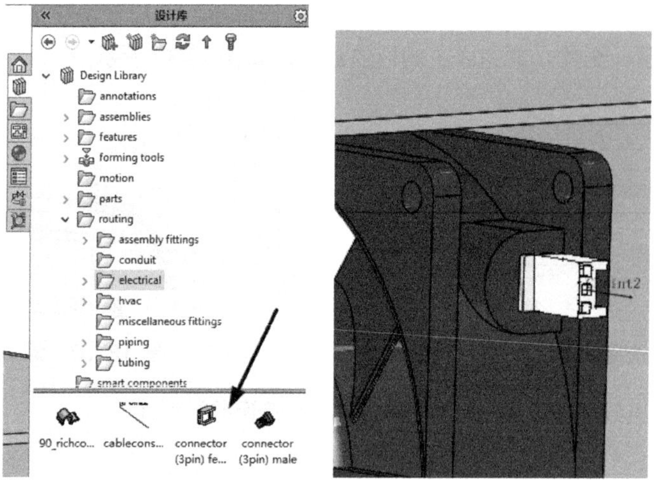

图 12-40　添加第一个电力接头

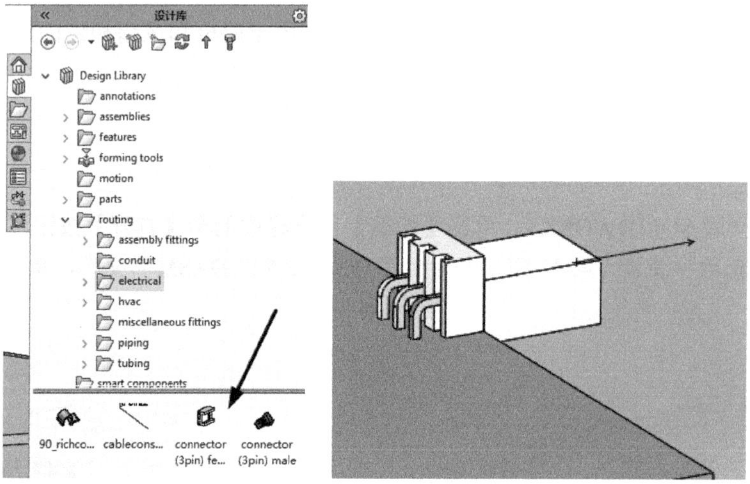

图 12-41　添加第二个电力接头

（5）在弹出的【线路属性】属性管理器中，单击×【取消】按钮，关闭该属性管理器。

12.5.2　创建线路

（1）放大风扇的接头以显示出线路点，用鼠标右键单击风扇的线路点，在弹出的菜单中选择【开始步路】命令，弹出【线路属性】属性管理器，保持默认设置，单击✓【确定】按钮，如图 12-42 所示。

（2）用鼠标右键单击接线板的线路点，在弹出的菜单中选择【添加到线路】命令，如图 12-43 所示，线路点处会自动延伸出一小段线路。

（3）按住 Ctrl 键，分别选中风扇接头的端点和接线板接头的端点，单击鼠标右键，在弹出的菜单中选择【自动步路】命令，如图 12-44 所示。

（4）选择的两个端点将自动出现在属性管理器中，如图 12-45 所示，单击✓【确定】按钮，电力线路创建完成。

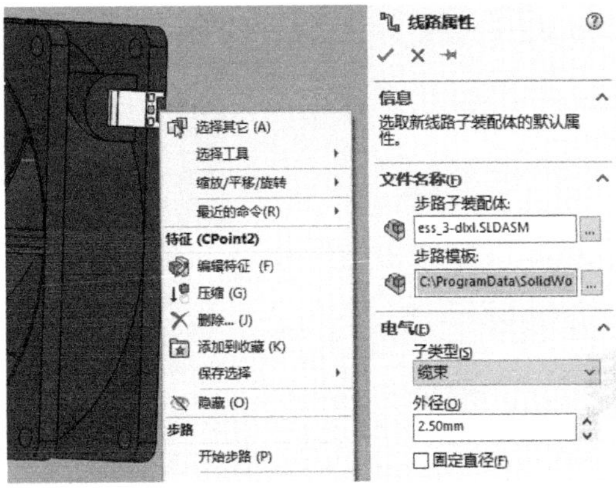

图 12-42 【线路属性】属性管理器

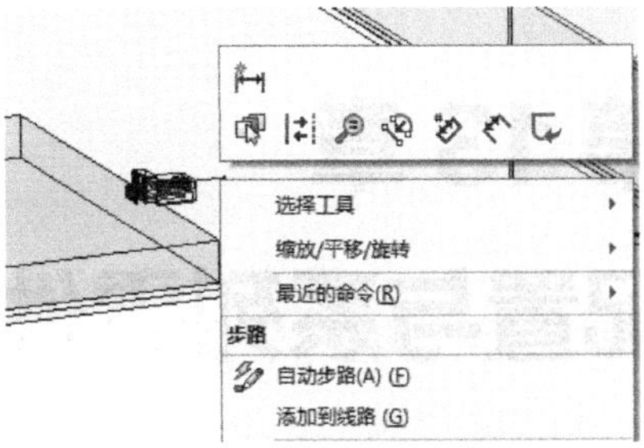

图 12-43　选择【添加到线路】命令

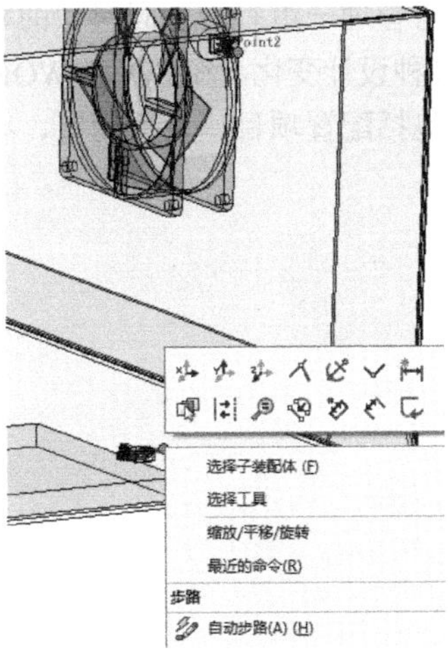

图 12-44　选择【自动步路】命令

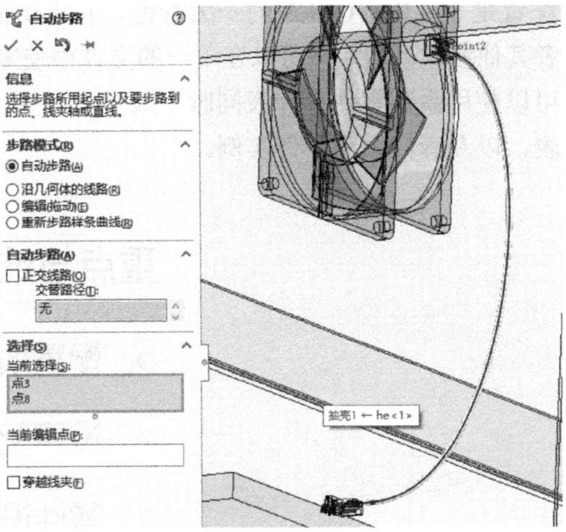

图 12-45　步路完成

Chapter 13

第 13 章 配置与系列零件设计表

配置是 SOLIDWORKS 的一大特色，它提供简便的方法来开发与管理一组有着不同尺寸的零部件或者其他参数模型，并可以在单一的文件中使零件或装配体产成多种设计变化。在 SOLIDWORKS 中，可以使用系列零件设计表同时生成多个配置。本章的主要内容包括配置项目、设置配置、零件设计表，以及套筒系列零件实例。

重点与难点

- 配置项目
- 设置配置
- 零件设计表

13.1 配置项目

本节介绍零件和装配体的配置项目。

13.1.1 零件的配置项目

零件的配置项目主要包括以下各项。

- 修改特征尺寸和公差。
- 压缩特征、方程式和终止条件。
- 指定质量和引力中心。
- 使用不同的草图基准面、草图几何关系和外部草图几何关系。
- 设置单独的面颜色。
- 控制基体零件的配置。
- 控制分割零件的配置。
- 控制草图尺寸的驱动状态。
- 生成派生配置。
- 定义配置属性。

对于零件，可以在设计表中设置特征的尺寸、压缩状态和主要配置属性，包括材料明细表中的零件编号、派生的配置、方程式、草图几何关系、备注，以及其他自定义属性。

13.1.2 装配体的配置项目

装配体的配置项目主要包括以下各项。

- 改变零部件的压缩状态（如压缩、还原等）。
- 改变零部件的参考配置。
- 更改显示状态。
- 改变距离配合或者角度配合的尺寸，或者压缩不需要的配合。
- 修改属于装配体特征的尺寸、公差或者其他参数。
- 定义配置特定的属性。
- 生成派生配置。

使用设计表可以生成配置，通过在嵌入的 Excel 工作表中指定参数，可以使用材料明细表构建多个不同配置的零件或者装配体。设计表保存在模型文件中，并且不会链接到原来的 Excel 文件，在模型中所进行的更改不会影响原来的 Excel 文件。如果需要，也可以将模型文件链接到 Excel 文件。

对于装配体，可以在装配体设计表中控制以下参数。

（1）零部件中的压缩状态、参考配置。

（2）装配体特征中的尺寸、压缩状态。

（3）配合中距离和角度的尺寸、压缩状态。

（4）配置属性，如零件编号及其在材料明细表中的显示。

13.2 设置配置

本节介绍手动生成配置的方法，并对激活、编辑、删除配置进行介绍。

13.2.1 手动生成配置

如果要手动生成配置，需要先指定其属性，然后修改模型以在新配置中生成不同的设计变化。

（1）在零件或者装配体文件中，打开【配置管理器】选项卡，切换到【配置】属性管理器。

（2）在【配置】属性管理器中，用鼠标右键单击零件或者装配体的图标，在弹出的菜单中选择【添加配置】命令，如图 13-1 所示，弹出属性管理器，如图 13-2 所示，输入【配置名称】，并指定新配置的相关属性，单击✓【确定】按钮。

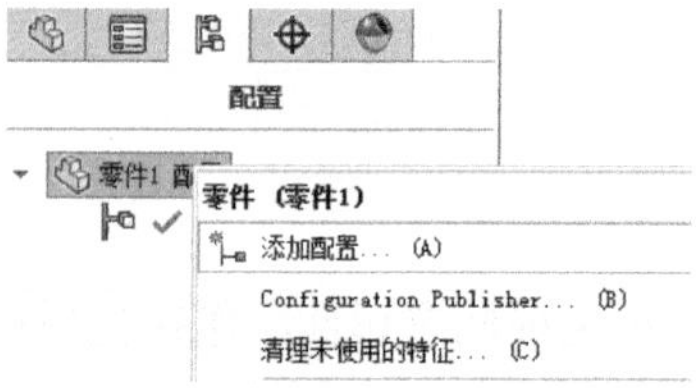

图 13–1　选择【添加配置】命令

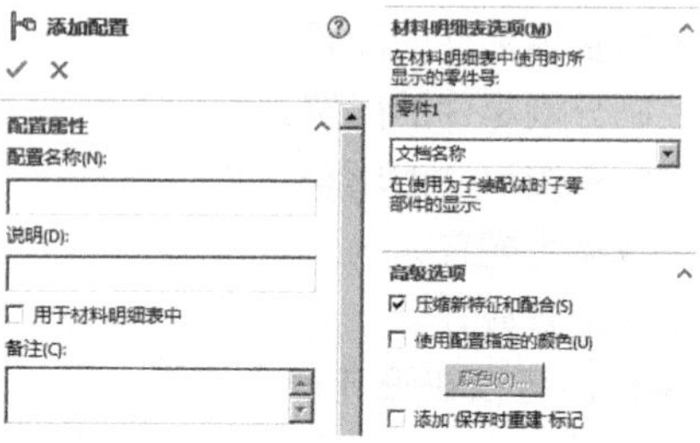

图 13–2 【添加配置】属性管理器

按照需要，修改模型已生成设计变体，保存该模型。

13.2.2 激活配置

（1）打开【配置管理器】选项卡，切换到配置属性管理器。

（2）在所要显示的配置按钮上单击鼠标右键，在弹出的菜单中选择【显示配置】命令，如图 13-3 所示，或者双击该配置的按钮。此时，此配置成为激活的配置，模型视图中会立即更新以反映新选择的配置。

13.2.3 编辑配置

编辑配置主要包括编辑配置本身和编辑配置属性。

1. 编辑配置

激活所需的配置，切换到特征管理器设计树。

（1）在零件文件中，根据需要改变特征的压缩状态或者修改尺寸等。

（2）在装配体文件中，根据需要改变零部件的压缩状态或者显示状态等。

2. 编辑配置属性

切换到【配置】属性管理器中，用鼠标右键单击配置名称，在弹出的菜单中选择【属性】命令，如图 13-4 所示，弹出属性管理器，如图 13-5 所示。根据需要，设置【配置名称】【说明】【备注】等属性，单击【自定义属性】按钮，添加或者修改配置的自定义属性，设置完成后，单击✓【确定】按钮。

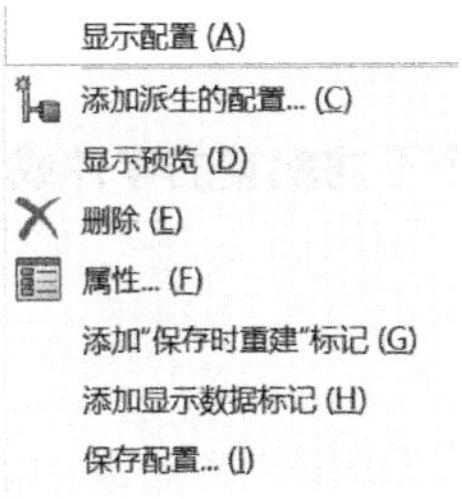

图 13–3　选择【显示配置】命令

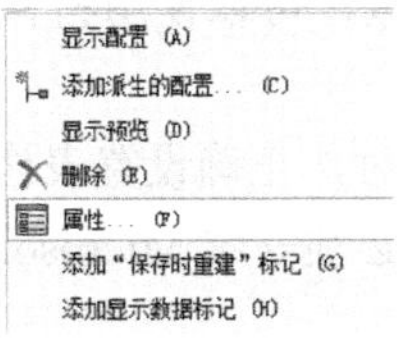

图 13–4　选择【属性】命令

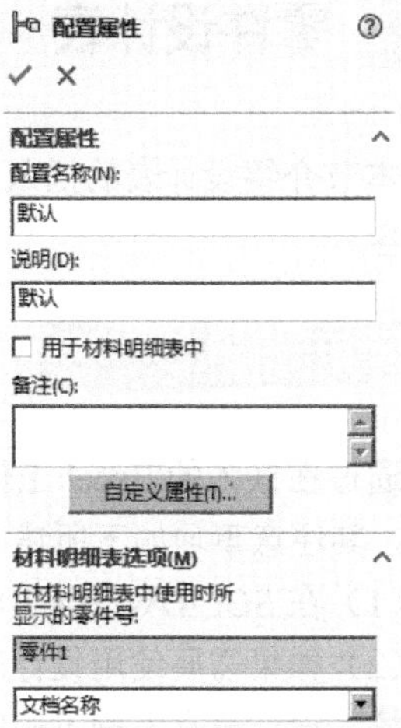

图 13–5　【配置属性】属性管理器

13.2.4　删除配置

可以手动删除配置，也可以在设计表中删除配置。

1. 手动删除配置

（1）在【配置】属性管理器中激活一个想保留的配置（想要删除的配置必须处于非激活状态）。

（2）在想要删除的配置图标上单击鼠标右键，在弹出的菜单中选择【删除】命令，弹出【确认删除】对话框，确定删除配置的操作，如图 13-6 所示，单击【是】按钮，所选配置被删除。

2. 在设计表中删除配置

（1）在【配置】属性管理器中激活一个想保留的配置（想要删除的配置必须处于非激活状态）。

（2）在特征管理器设计树中，用鼠标右键单击【设计表】图标，在弹出的菜单中选择【编辑表格】命令，如图 13-7 所示，设计表会出现在绘图区域中（如果选择【在单独窗口中编辑表格】命令，设计表会出现在单独的 Excel 窗口中）。

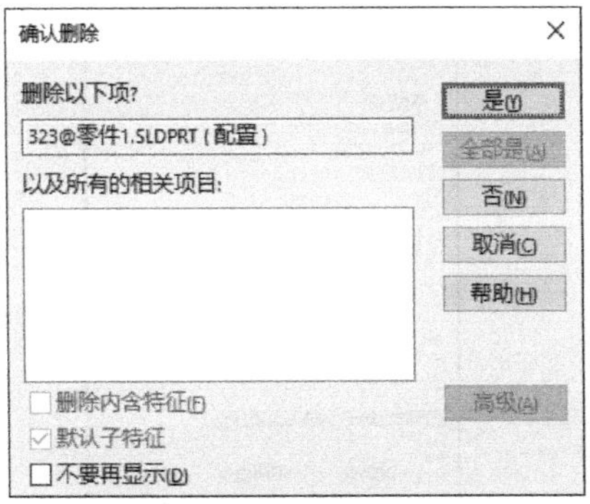

图 13–6　【确认删除】对话框

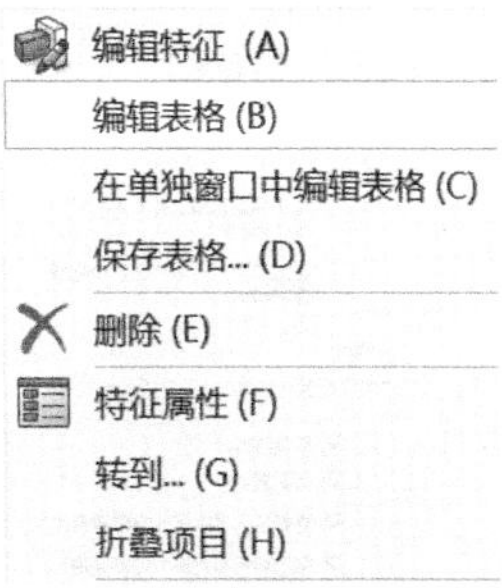

图 13–7　右键菜单

（3）在要删除的配置名称旁的编号单元格上单击（这样可以选择整行），选择【编辑】|【删除】菜单命令，也可以用鼠标右键单击编号单元格，在弹出的菜单中选择【删除】命令。

13.3 零件设计表

本节介绍设计表的插入、将外部 Excel 文件插入为设计表、设计表的编辑，以及设计表的保存等内容。

13.3.1 插入设计表

通过在嵌入的 Excel 工作表中指定参数，可以使用材料明细表构建多个不同配置的零件或者装配体。其注意事项如下所述。

（1）在 SOLIDWORKS 中使用设计表时，正确设置表格格式很重要。

（2）如果需要使用设计表，计算机中必须安装 Microsoft Excel。

插入设计表有多种不同的方法。

1. 自动插入设计表

（1）在零件或者装配体文件中，单击【工具】工具栏中的【设计表】按钮（或者选择【插入】|【表格】|【设计表】菜单命令），弹出图 13-8 所示的属性管理器。

（2）在【源】选项组中，选择【自动生成】单选项。根据需要，设置【编辑控制】和【选项】选项组中的参数，单击✓【确定】按钮，一个嵌入的工作表出现在绘图区域中，并且 Excel 工具栏会替换 SOLIDWORKS 工具栏，单元格 A1 中显示的工作表的名称为【设计表是为: < 模型名称 >】。

（3）在绘图区域中除表格以外的任何地方单击可以关闭设计表。

2. 插入空白设计表

（1）在零件或者装配体文件中，单击【工具】工具栏中的【设计表】按钮（或者选择【插入】|【设计表】菜单命令），弹出属性管理器。

（2）在【源】选项组中，选择【空白】单选项。根据需要，设置【编辑控制】和【选项】选项组中的参数，单击✓【确定】按钮。弹出【添加行和列】属性管理器，如图 13-9 所示。

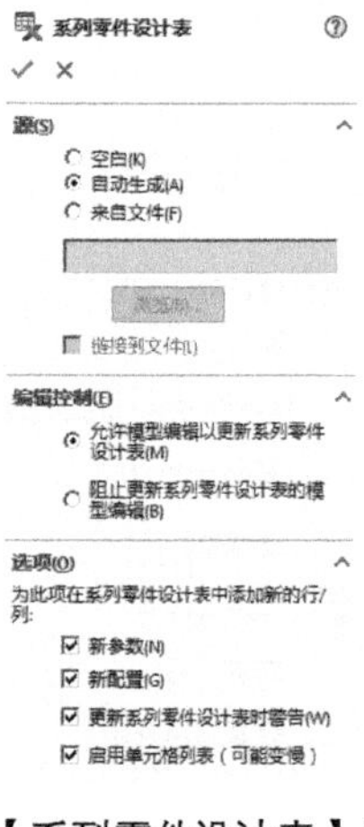

图 13-8 【系列零件设计表】属性管理器

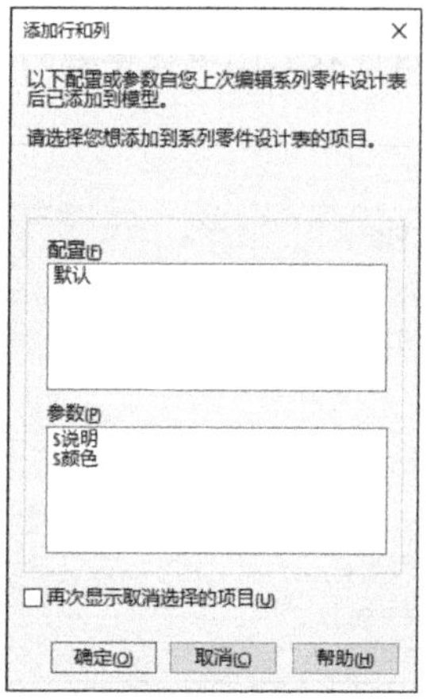

图 13-9 【添加行和列】属性管理器

（3）单击【确定】按钮，一个嵌入的工作表出现在绘图区域中。特征管理器设计树中显示出【设计表】按钮，并且 Excel 工具栏会替换 SOLIDWORKS 工具栏。A1 单元格中显示的工作表的名称为【设计表是为: < 模型名称 >】，A3 单元格中显示第一个新配置的默认名称。

（4）在第二行可以输入想控制的参数，保留单元格 A2 为空白。在 A 列（如单元格 A3、A4 等）中输入想生成的配置名称，名称可以包含数字，但不能包含“/”或者“@”。在工作表单元格中输入参数值。

（5）完成信息添加后，在除表格以外的任何地方单击可以关闭设计表。

13.3.2　插入外部 Excel 文件为设计表

（1）在零件或者装配体文件中，单击【工具】工具栏中的【设计表】按钮（或者选择【插入】|【设计表】菜单命令），弹出属性管理器。

（2）在【源】选项组中，选择【来自文件】单选项，再单击【浏览】按钮，在打开的对话框中选择 Excel 文件。如果需要将设计表链接到模型，勾选【链接到文件】复选框，链接的设计表可以从外部 Excel 文件中读取其所有信息。

（3）根据需要，设置【编辑控制】和【选项】选项组中的参数，单击✓【确定】按钮。一个嵌入的工作表出现在绘图区域中，并且 Excel 工具栏会替换 SOLIDWORKS 工具栏。

（4）在绘图区域中除表格以外的任何地方单击可以关闭设计表。

13.3.3　编辑设计表

（1）在特征管理器设计树中，用鼠标右键单击【设计表】图标，在弹出的菜单中选择【编辑表格】（或者【在单独窗口中编辑表格】）命令，则表格会出现在绘图区域中。

（2）根据需要编辑表格。可以改变单元格中的参数值、添加行以容纳增加的配置，或者添加列以控制所增加的参数等，也可以编辑单元格的格式，修改字体、边框等。

（3）在绘图区域中除表格以外的任何地方单击可以关闭设计表。如果弹出设计表生成新配置的确定信息，单击【确定】按钮，此时配置将被更新以反映更改。

13.3.4　保存设计表

可以直接在 SOLIDWORKS 中保存设计表。

（1）在包含设计表的文件中，单击特征管理器设计树中的【设计表】按钮，再选择【文件】|【另存为】菜单命令，打开【保存设计表】对话框。

（2）在对话框中输入文件名称，单击【保存】按钮，将设计表保存为 Excel 文件（*.XLS）。

13.4　套筒系列零件实例

本实例以套筒为例来说明如何利用系列零件设计表生成配置，采用的方法是插入外部 Excel 文件为系列零件设计表。

13.4.1　创建表格

（1）启动中文版 SOLIDWORKS，单击【标准】工具栏中的【打开】按钮，弹出【打开】对话框，选择“配套数字资源 \ 第 13 章 \ 实例文件 \ 套筒 .SLDPRT”文件，单击【打开】按钮，在绘图区域中显示出模型，如图 13-10 所示。

（2）选择【插入】|【表格】|【Excel 设计表】菜单命令。

（3）在弹出的属性管理器中选择【空白】单选项，其他设置保持默认。

13.4.2 修改参数

（1）打开【配置管理器】选项卡，切换到【配置】属性管理器。

（2）展开【表格】选项，用鼠标右键单击【Excel 设计表】图标，在弹出的菜单中选择【编辑表格】命令。此时，绘图区域的右侧将弹出 Excel 表格。

（3）在 SOLIDWORKS 中，双击零件模型后便会显示模型的具体尺寸，将鼠标指针移动到尺寸上时就会显示该尺寸的名称。例如，将鼠标指针靠近尺寸【30】时，将显示它的名称【D1@ 草图 1】。用同样的方法获取其他两个尺寸的名称，最终得到控制该零件模型的尺寸名称为【D1@ 草图 1】、【D2@ 草图 1】和【D1@ 凸台 - 拉伸 1】。

（4）在 Excel 表格中输入参数，如图 13-11 所示。

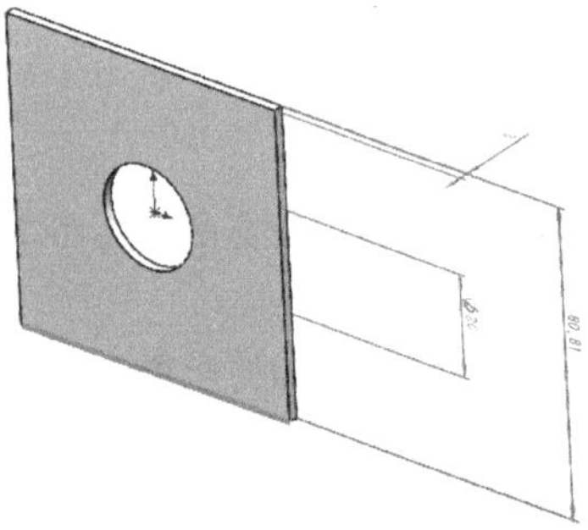

图 13-10　套筒

A	B	C	D
系列零件设计表是为：　套筒	D1@草图1	D2@草图1	D1@凸台-拉伸1
A20	20	50	30
A30	30	80	60
A40	40	100	120

图 13-11　输入参数

（5）单击除工作表以外的地方即可关闭该表格。然后弹出信息提示框，显示由系列零件设计表所生成的新的配置名称。

（6）单击✓【确定】按钮后，【配置】属性管理器中出现了新添加的 3 个配置，如图 13-12 所示。

（7）在【配置】属性管理器中双击任意一个配置，绘图区域中的模型就会显示相应的配置。例如，双击配置【A20［套筒］】，绘图区域便显示配置“A20”的尺寸值，如图 13-13 所示。

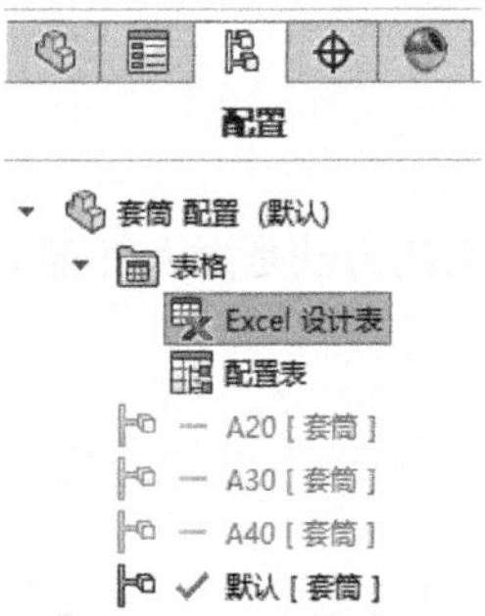

图 13-12　新的配置

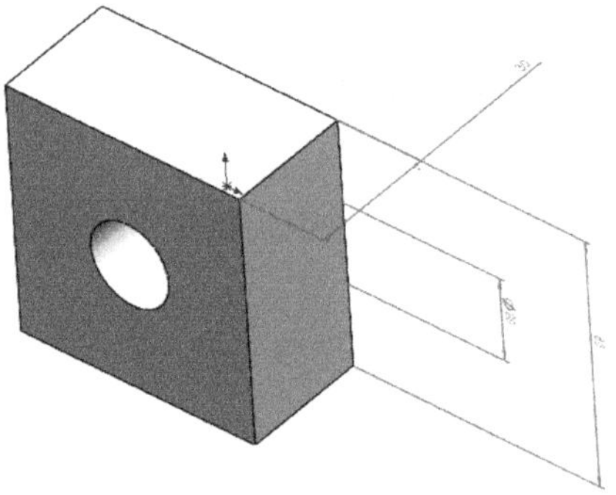

图 13-13　A20 套筒

（8）“A30”和“A40”配置的显示如图 13-14 和图 13-15 所示。

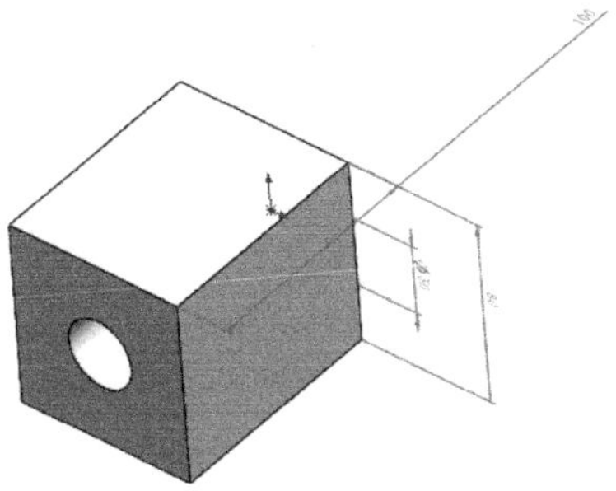

图 13-14　A30 套筒

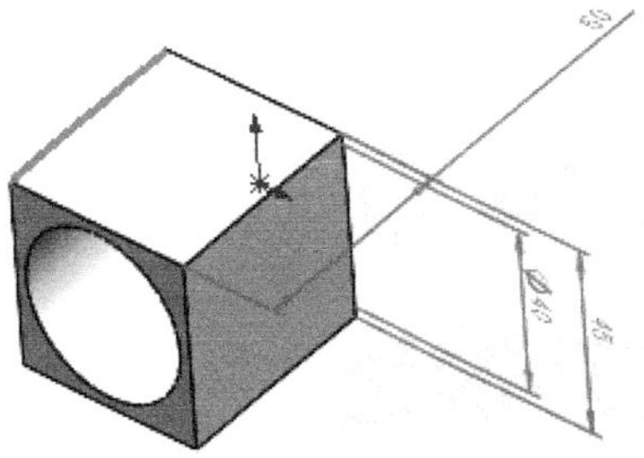

图 13-15　A40 套筒

Chapter 14

第 14 章 渲染输出

SOLIDWORKS 中的 PhotoView 360 插件可以对三维模型进行光线投影处理，并可形成十分逼真的渲染效果图。本章的主要内容包括布景、光源、外观、贴图、输出图像，以及渲染实例。

重点与难点

- 布景
- 光源
- 外观
- 输出图像

14.1 布景

布景由环绕 SOLIDWORKS 模型的虚拟框或者球形组成。用户可以调整布景壁的大小和位置，还可以为每个布景壁切换显示状态和反射度，并将背景添加到布景中。

选择【PhotoView 360】|【编辑布景】菜单命令，弹出图 14-1 所示的【编辑布景】属性管理器。

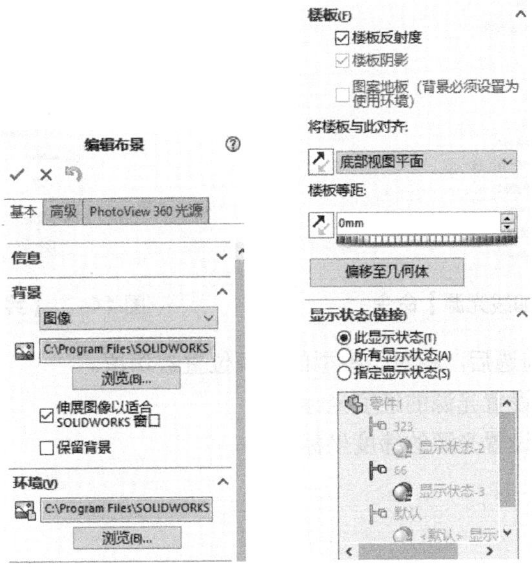

图 14-1 【编辑布景】属性管理器

（1）【背景】选项组。

使用背景图像，这样可以在模型背后看见背景图像。

- 无：将背景设定为白色。
- 颜色：将背景设定为单一颜色。
- 梯度：将背景设定为由顶部渐变颜色和底部渐变颜色所定义的范围颜色。
- 图像：将背景设定为选择的图像。
- 使用环境：移除背景，从而使环境可见。
- 【保留背景】：在背景类型是彩色、渐变或图像时可以使用。

（2）【楼板】选项组。

- 【楼板反射度】：在楼板上显示模型反射的效果。
- 【楼板阴影】：在楼板上显示模型所投射的阴影。

14.2 光源

SOLIDWORKS 提供 3 种光源，分别是线光源、点光源和聚光源。

14.2.1 线光源

在管理区域中单击【外观管理器】按钮，再单击【查看布景、光源和相机】按钮，用鼠标右键单击【SOLIDWORKS 光源】图标，在弹出菜单中选择【添加线光源】命令，如图 14-2 所示，弹出图 14-3 所示的属性管理器。常用选项介绍如下。

图 14-2 选择【添加线光源】命令

图 14-3 【线光源】属性管理器

- 【锁定到模型】：勾选后，相对于模型的光源位置被保留。
- 【经度】：用于设置光源的经度坐标。
- 【纬度】：用于设置光源的纬度坐标。

14.2.2 点光源

在管理区域中单击【外观管理器】按钮，再单击【查看布景、光源和相机】按钮，用鼠标右键单击【SOLIDWORKS 光源】图标，在弹出菜单中选择【点光源 1】命令，弹出图 14-4 所示的属性管理器。常用选项介绍如下。

- 【球坐标】：使用球形坐标系指定光源的位置。
- 【笛卡尔式】：使用笛卡儿坐标系指定光源的位置。
- 【锁定到模型】：勾选后，与模型相对的光源位置将被保留。
- 【目标 X 坐标】：点光源的 X 轴坐标。
- 【目标 Y 坐标】：点光源的 Y 轴坐标。
- 【目标 Z 坐标】：点光源的 Z 轴坐标。

14.2.3 聚光源

在管理区域中单击【外观管理器】按钮，再单击【查看布景、光源和相机】按钮，用鼠标右键单击【光源】图标，在弹出菜单中选择【聚光源 1】命令，弹出图 14-5 所示的属性管理器。常用选项介绍如下。

- 【球坐标】：使用球形坐标系指定光源的位置。
- 【笛卡尔式】：使用笛卡儿坐标系指定光源的位置。
- 【光源 X 坐标】：聚光源在空间中的 X 轴坐标。
- 【光源 Y 坐标】：聚光源在空间中的 Y 轴坐标。
- 【光源 Z 坐标】：聚光源在空间中的 Z 轴坐标。
- 【目标 X 坐标】：聚光源在模型上所投射到的点的 X 轴坐标。

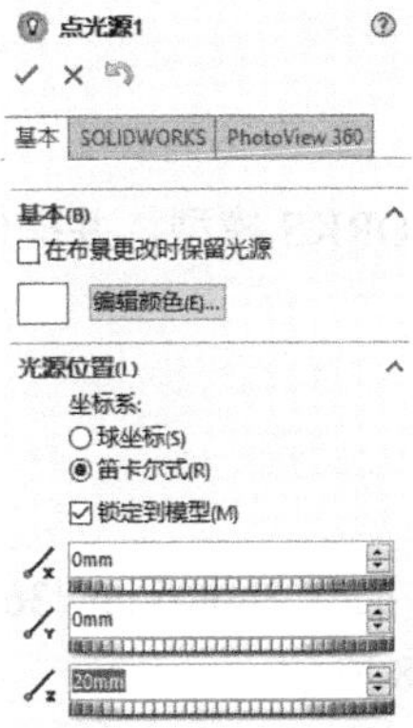

图 14-4 【点光源】属性管理器

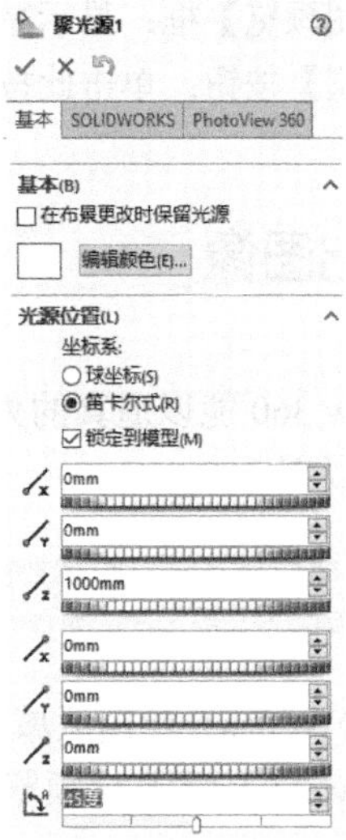

图 14-5 【聚光源】属性管理器

- 【目标 Y 坐标】：聚光源在模型上所投射到的点的 Y 轴坐标。
- 【目标 Z 坐标】：聚光源在模型上所投射到的点的 Z 轴坐标。
- 【圆锥角】：指定光束传播的角度，较小的角度会生成较窄的光束。

14.3 外观

外观是模型表面的材料属性，添加外观是为了使模型表面具有某种材料的表面属性。

单击特征管理树上的【外观】按钮（或者选择【PhotoView 360】|【编辑外观】菜单命令），弹出图 14-6 所示的属性管理器。常用选项介绍如下。

- 【应用到零件文档层】：将颜色应用到零件文件中。
- 、、、【过滤器】：可以帮助选择模型中的几何实体。
- 【移除外观】：单击该按钮，可以从选择的对象上移除设置好的外观。

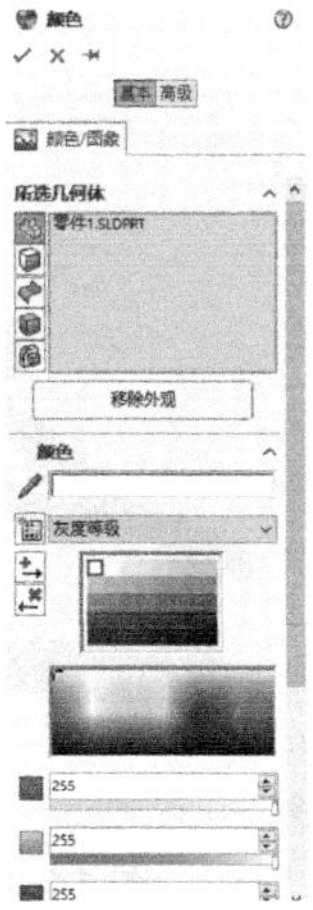

图 14-6 【颜色】属性管理器

14.4 贴图

贴图是在模型的表面附加某种平面图形，一般多用于商标和标志的制作。

选择【PhotoView 360】|【编辑贴图】菜单命令，弹出图 14-7 所示的属性管理器。常用选项介绍如下。

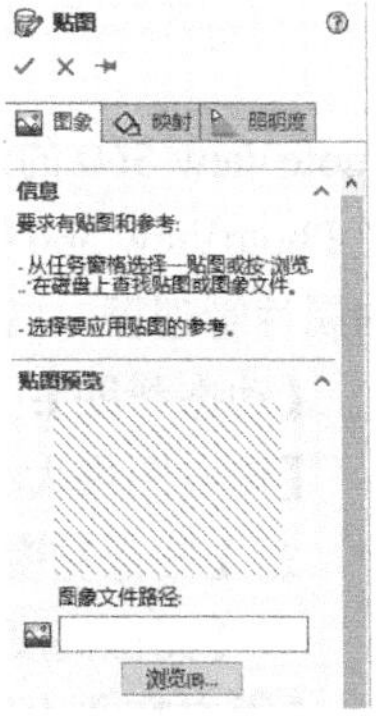

图 14-7 【贴图】属性管理器

- 【贴图预览】框：显示贴图的预览效果。
- 【浏览】按钮：单击此按钮，可以在打开的对话框中选择图形文件。

14.5 输出图像

PhotoView 360 能以逼真的外观、布景、光源等渲染 SOLIDWORKS 模型，并提供直观显示渲染图像的多种方法。

14.5.1 PhotoView 360 的整合预览

在 SOLIDWORKS 绘图区域中可以预览当前模型的渲染效果。插入 PhotoView 360 插件后，选择【PhotoView 360】|【整合预览】菜单命令，显示的界面如图 14-8 所示。

14.5.2 PhotoView 360 的预览窗口

PhotoView 360 的预览窗口是独立于 SOLIDWORKS 主界面的单独窗口。启动 PhotoView 360 插件后，选择【PhotoView 360】|【预览窗口】菜单命令，显示的预览窗口如图 14-9 所示。

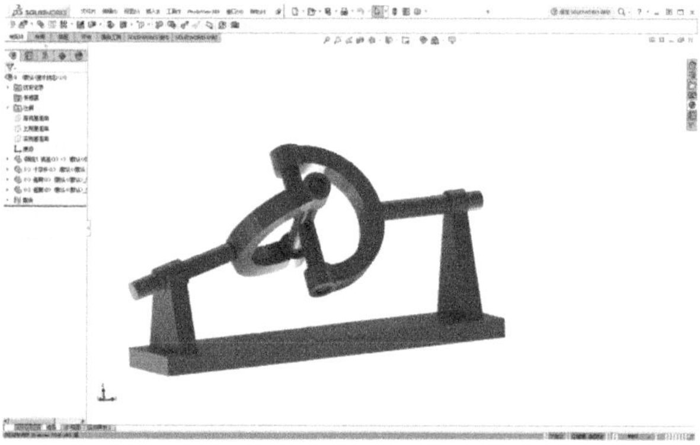

图 14-8 整合预览界面

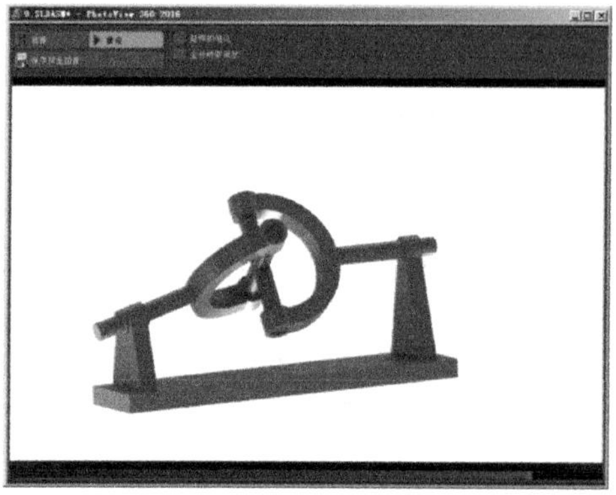

图 14-9 预览窗口

14.5.3 PhotoView 360 的选项管理器

PhotoView 360 的选项管理器可以控制图像的渲染质量，包括输出图像的品质和渲染品质。在插入了 PhotoView 360 插件后，单击【Command Manager】工具栏中的【选项】按钮，打开图 14-10 所示的属性管理器。常用选项介绍如下。

- 【动态帮助】：显示每个选项的帮助提示。
- 【输出图像大小】：将输出图像的大小设定为标准宽度和高度。
- 【图像宽度】：设定输出图像的宽度。
- 【图像高度】：设定输出图像的高度。
- 【固定高宽比例】：保留输出图像中宽度与高度的当前比例。
- 【使用背景和高宽比例】：将最终渲染的宽高比设定为背景图像的宽高比。

- 【图像格式】：为渲染的图像更改文件类型。
- 【默认图像路径】：为使用排定的渲染设定默认路径。

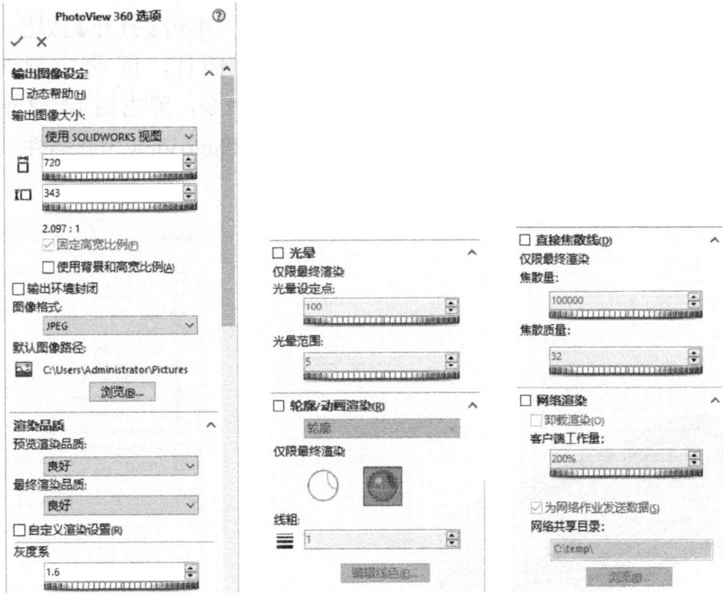

图 14-10 【PhotoView 360 选项】属性管理器

14.6 渲染实例

本节通过一个实例介绍图像渲染的全过程，模型如图 14-11 所示。

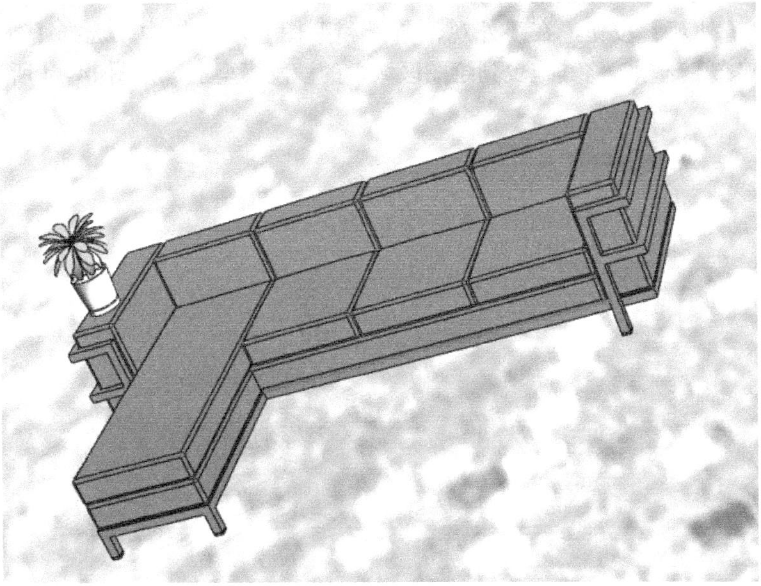

图 14-11　装配体模型

14.6.1 打开文件

（1）启动 SOLIDWORKS，单击【打开】按钮，弹出【打开 SOLIDWORKS 文件】对话框，选择“配套数字资源\第 14 章\实例文件\14.6.SLDASM”文件，单击【打开】按钮，如图 14-12 所示。

（2）由于在 SOLIDWORKS 中，PhotoView 360 是一个插件，因此模型在打开后须插入 PhotoView 360 才能进行渲染。选择【工具】|【插件】菜单命令，弹出图 14-13 所示的对话框，勾选【PhotoView 360】前的复选框，单击【确定】按钮，启动 PhotoView 360 插件。

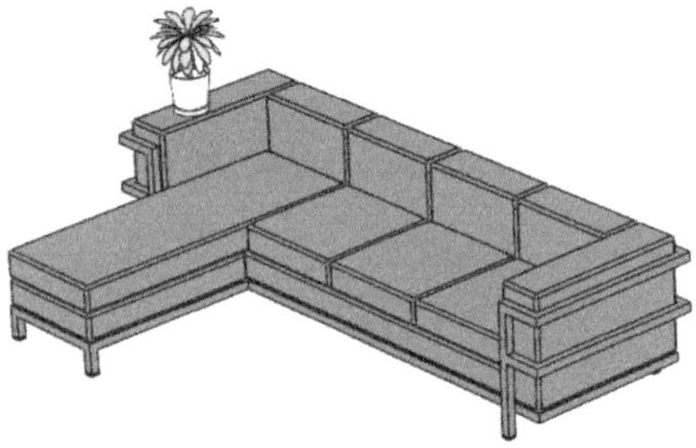

图 14-12 打开的模型

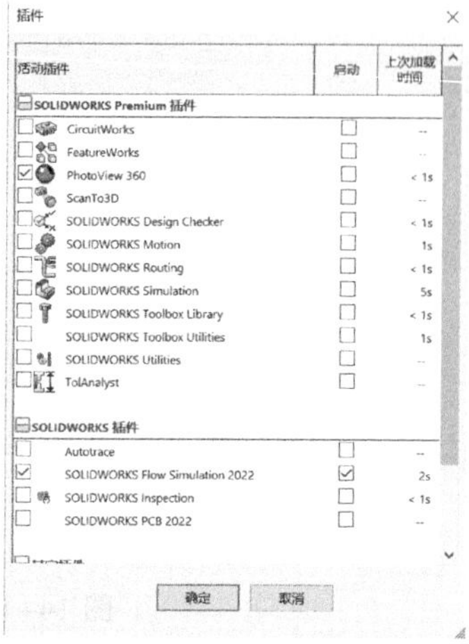

图 14-13 启动 PhotoView 360 插件

14.6.2 设置模型外观

（1）选择【PhotoView 360】|【编辑外观】菜单命令，弹出外观编辑栏及材料库，【外观、布景和贴图】项目栏中列举了各种类型的材料，以及它们所附带的外观属性。

（2）单击【外观】按钮，在【外观、布景和贴图】项目栏中，选择【外观】|【织物】|【棉布】|【米色棉布】选项，将其拖曳到绘图区域中的沙发模型上，如图 14-14 所示，完成对沙发外观的设置。

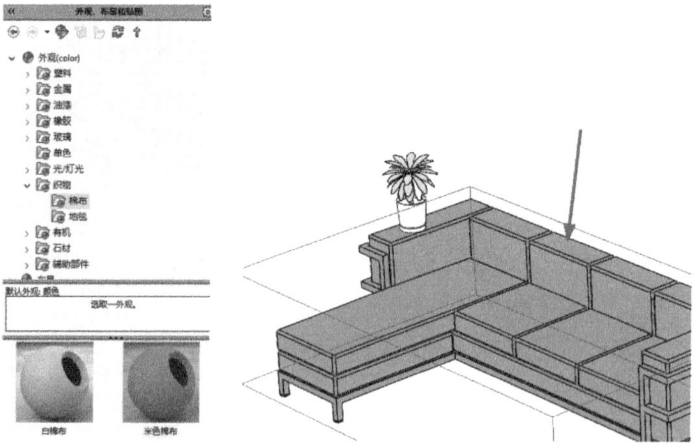

图 14-14 沙发外观设置

(3) 单击【外观】按钮，打开【蓝抛光 ABS 塑料】属性管理器，在【所选几何体】选项组中选择【应用到零件文档层】单选项，单击【选择表面】按钮，在绘图区域中选择花盆中的叶片表面；在【外观、布景和贴图】项目栏中，选择【塑料】|【高光泽】|【蓝色高光泽塑料】选项，如图 14-15 所示，在属性管理器中，单击✓【确定】按钮，完成对叶片外观的设置。

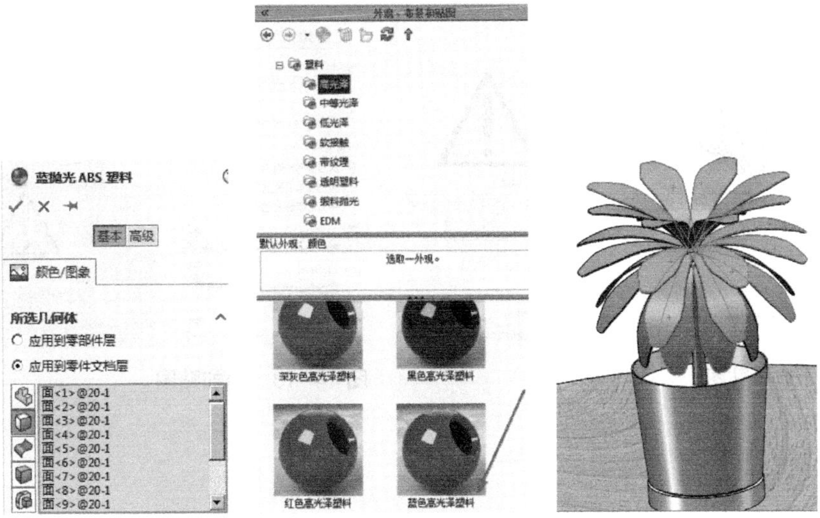

图 14-15 叶片外观设置

(4) 在【所选几何体】选项组中选择【应用到零件文档层】单选项，单击【选择实体】按钮，在绘图区域中单击花盆零件，在【颜色】属性管理器中设置颜色数值，如图 14-16 所示，单击✓【确定】按钮，完成对花盆外观的设置。

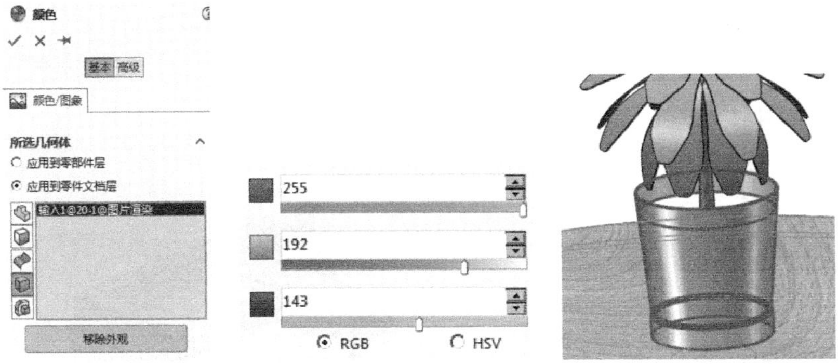

图 14-16 花盆外观设置

14.6.3 设置模型贴图

(1) 选择【PhotoView 360】|【编辑贴图】菜单命令，【外观、布景和贴图】项目栏中提供了一些预置的贴图。

(2) 选择【贴图】|【标志】|【警告】选项，如图 14-17 所示，将此贴图拖曳到花盆表面，按图 14-18 所示进行参数设置。

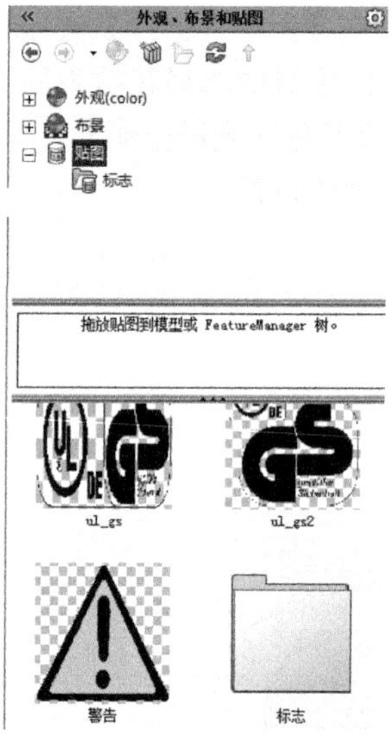

图 14-17　选择贴图

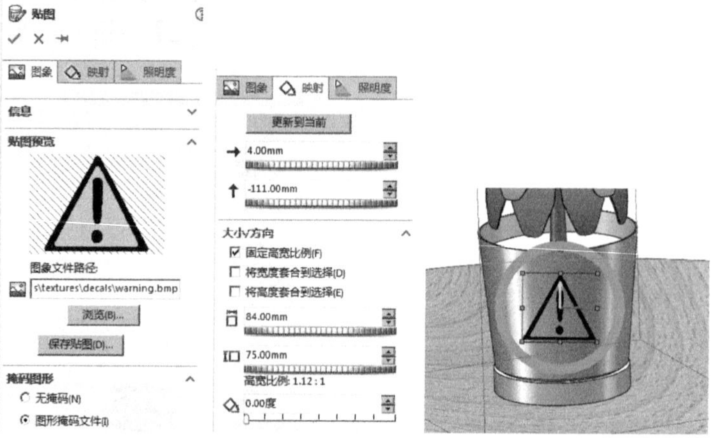

图 14-18　添加贴图

14.6.4　设置外部环境

应用环境会更改模型背后的布景，环境可影响光源和阴影的效果。选择【PhotoView 360】|【编辑布景】菜单命令，弹出布景编辑栏及布景材料库。在【外观、布景和贴图】项目栏中，选择【布景】|【演示布景】|【院落背景】作为环境，按住鼠标左键将其拖曳到绘图区域中，如图 14-19 所示，单击✓【确定】按钮，完成布景的设置。

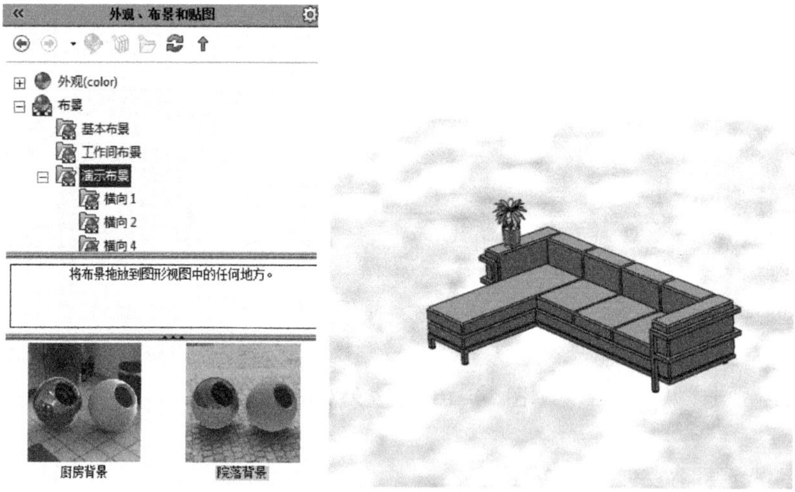

图 14-19　设置布景

14.6.5　设置光源与照相机

（1）选择【视图】|【光源与相机】|【添加线光源】菜单命令，为视图添加线光源。在【线光源】

属性管理器中，按图 14-20 所示参数进行设置。

（2）选择【视图】|【光源与相机】|【添加点光源】菜单命令，为视图添加点光源。在【点光源】属性管理器中，按图 14-21 所示进行参数设置。

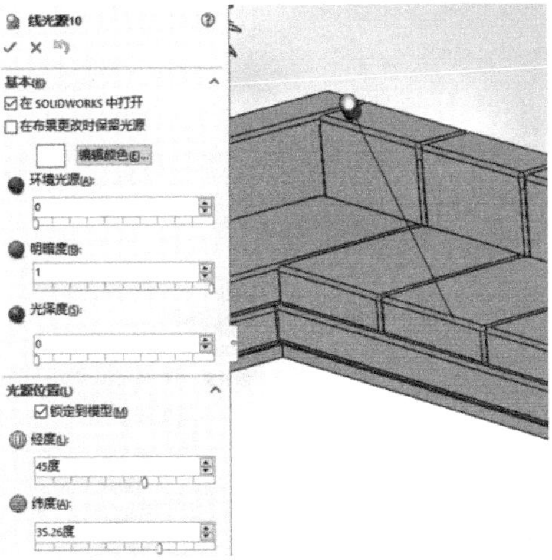

图 14-20　添加线光源

图 14-21　添加点光源

注意　SOLIDWORKS 模型中最多可添加的光源数为 8。

（3）选择【视图】|【光源与相机】|【添加聚光源】菜单命令，为视图添加聚光源。在【聚光源】属性管理器中，按图 14-22 所示进行参数设置。

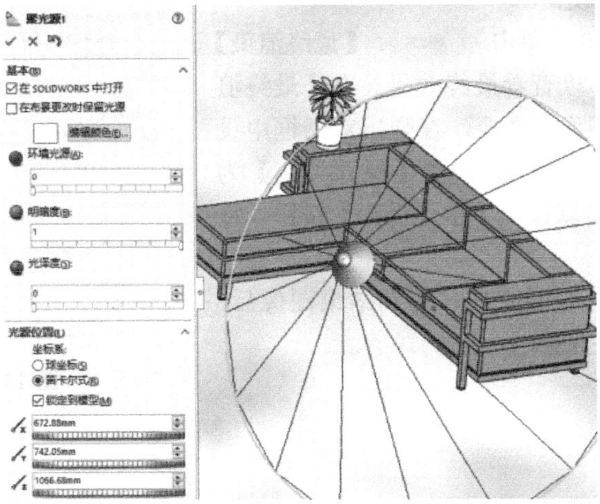

图 14-22　添加聚光源

（4）选择【视图】|【光源与相机】|【添加相机】菜单命令，为视图添加相机。在【相机】属性管理器中，按图 14-23 所示进行参数设置。

（5）单击【PhotoView 360】工具栏中的【查看布景、光源与相机】按钮，用鼠标右键单击设置的【相机 1】，在弹出菜单中选择【相机视图】命令，如图 14-24 所示。

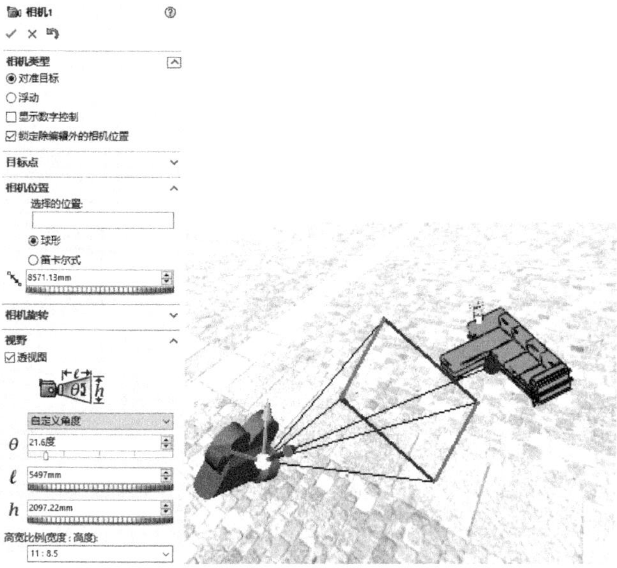

图 14-23　添加相机

图 14-24　相机预览

14.6.6　输出图像

（1）准备输出结果图像，需要先进行必要的输出设置。在【Command Manager】工具栏中单击【选项】按钮，弹出属性管理器，按图 14-25 所示进行参数设置，单击✓【确定】按钮完成设置。

（2）在 PhotoView 360 中单击【最终渲染】按钮，对图像进行预览，以查看最终效果。在【最终渲染】界面中选择【保存图像】命令，在弹出对话框中设置【文件名】为“装配体渲染”，设置【保存类型】为【JPEG】，其他的设置保持默认，单击【保存】按钮，将渲染结果保存成图像文件。

至此，模型渲染过程全部完成，得到结果图像后，可以通过图像浏览器直接查看。

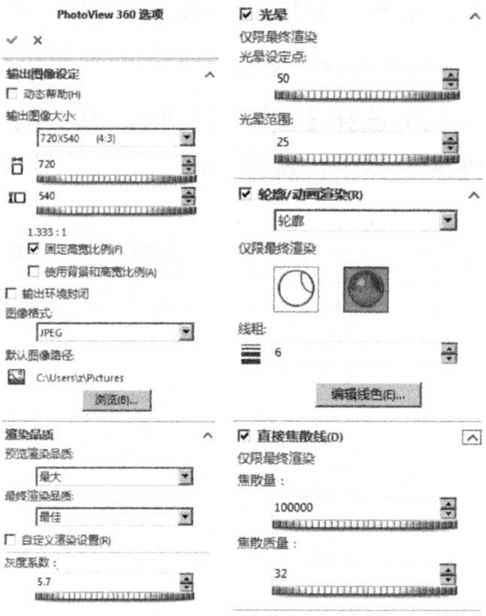

图 14-25　输出设置

Chapter 15

第 15 章 仿真分析

SOLIDWORKS 为用户提供了多种仿真分析工具，包括公差分析（TolAnalyst）、有限元分析（SimulationXpress）、流体分析（FloXpress）、数控加工分析（DFMXpress）和运动模拟，使用户可以在计算机中测试设计的合理性，无须进行昂贵而费时的现场测试，这有助于减少成本、缩短时间。本章将对这些仿真分析工具进行介绍。

重点与难点

- 公差分析
- 有限元分析
- 流体分析
- 数控加工分析
- 运动模拟

15.1 公差分析

公差分析工具用于研究公差和装配体方法对一个装配体的两个特征间的尺寸产生的影响。每次研究的结果为最小公差、最大公差及基值特征和公差的列表。

15.1.1 分析步骤

使用公差分析工具完成分析需要进行以下 5 个步骤。

（1）准备模型。

（2）测量。

（3）确定装配体顺序。

（4）确定装配体约束。

（5）分析结果。

15.1.2 公差分析实例

1. 准备模型

（1）启动中文版 SOLIDWORKS，单击【标准】工具栏中的【打开】按钮，弹出【打开】对话框，选择“配套数字资源 \ 第 15 章 \ 实例文件 \15.1\tol.SLDASM”文件，单击【打开】按钮，在绘图区域中显示出模型，如图 15-1 所示。

（2）选择【工具】|【插件】菜单命令，弹出【插件】对话框，勾选【TolAnalyst】前的复选框，如图 15-2 所示。

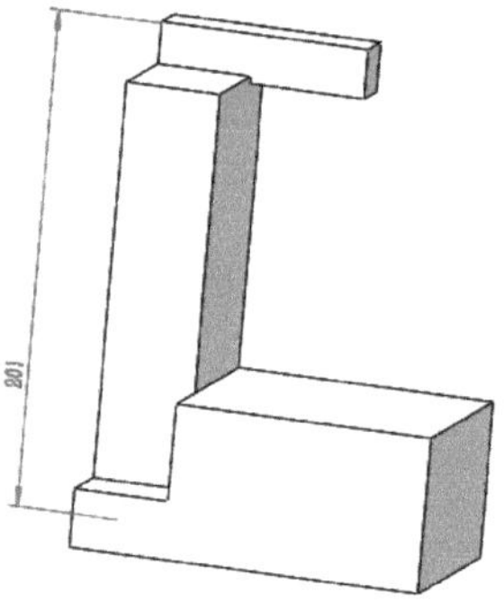

图 15-1　打开的模型

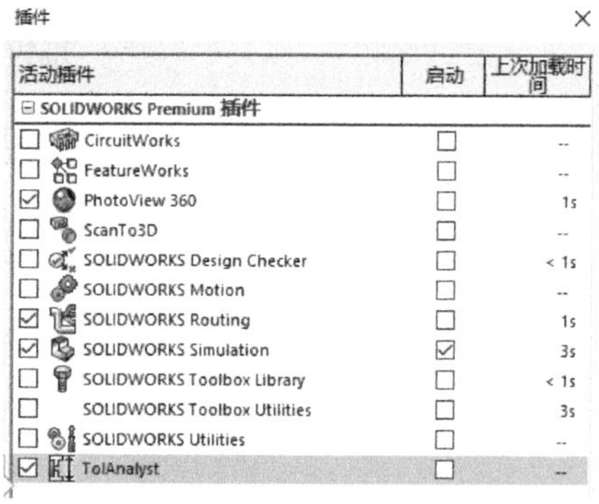

图 15-2　启动 SOLIDWORKS TolAnalyst 插件

（3）单击【标注专家管理器】按钮，管理器将切换到公差分析模块中，如图 15-3 所示。

2. 测量

单击【标注专家管理器】标签栏中的【TolAnalyst】按钮，弹出属性管理器，在【从此处测量】选项组中选择绘图区域中模型的底面，在【测量到】选项组中选择模型的顶面，按住鼠标左键拖曳到合适的点，释放鼠标左键，屏幕上将出现相应的测量数值，同时【信息】选项组中将显示【测量已定义。从可用选项中作选择或单击下一步】的文字提示，代表已经获得测量的数值，如图 15-4 所示。

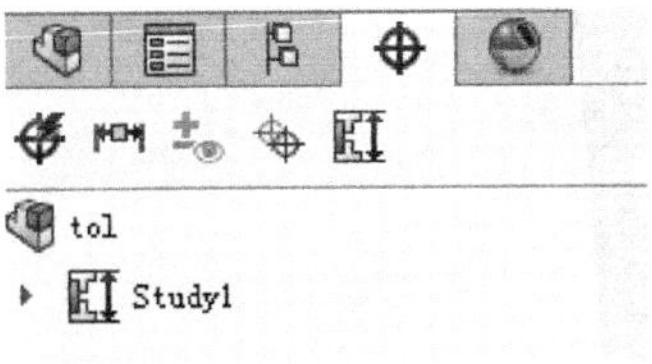

图 15-3　公差分析模块

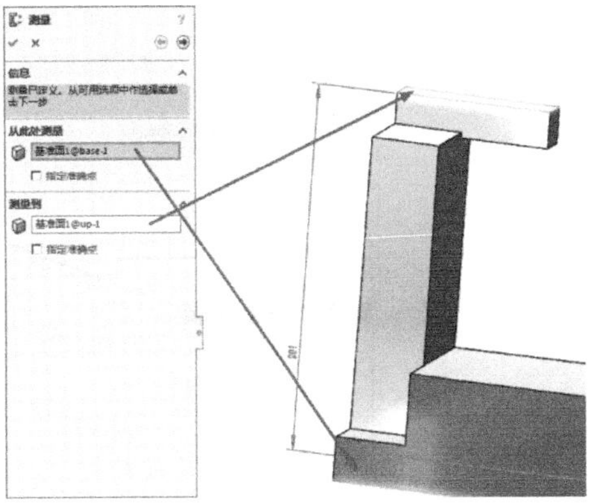

图 15-4　测量两个表面

3. 确定装配体顺序

（1）单击【测量】属性管理器中的【下一步】按钮，进入【装配体顺序】属性管理器。在绘图区域中单击【base-1】，表示第一步装配底座，底座的名称会显示在【零部件和顺序】列表框中，如图 15-5 所示。

（2）在绘图区域中单击【li-1】，表示第二步装配立柱，立柱的名称会显示在【零部件和顺序】列表框中，如图 15-6 所示。

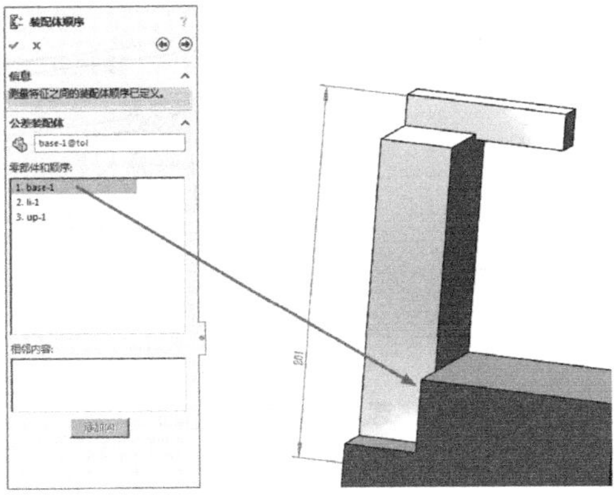

图 15-5　装配底座

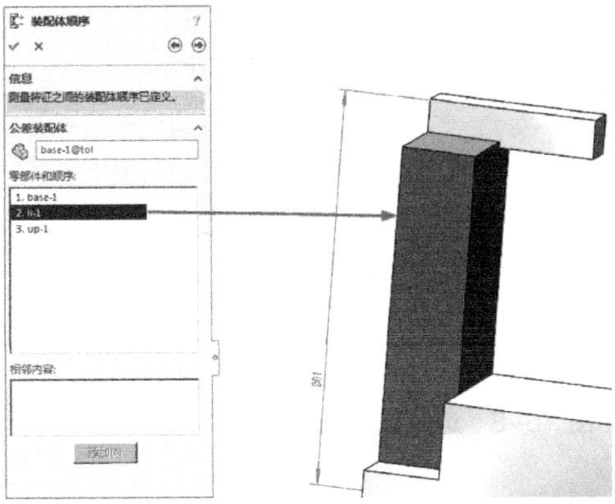

图 15-6　装配立柱

（3）在绘图区域中单击【up-1】，表示第三步装配顶板，顶板的名称会显示在【零部件和顺序】列表框中，如图 15-7 所示。

4. 确定装配体约束

（1）单击属性管理器中的【下一步】按钮，进入【装配体约束】属性管理器。在绘图区域中选择立柱的重合配合为1，表示立柱的重合配合为第一约束，如图 15-8 所示。

（2）在绘图区域中选择顶板的重合配合为1，表示顶板的重合配合为第一约束，如图 15-9 所示。

5. 分析结果

（1）单击【装配体约束】属性管理器中的【下一步】按钮，进入【Result】属性管理器。在【分析摘要】选项组的列表框中可以看到名义误差为【201】、最大误差为【202.5】、最小误差为【199.5】，如图 15-10 所示。

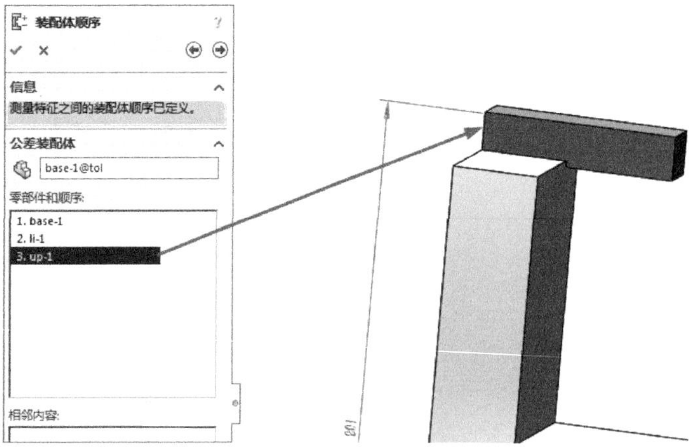

图 15-7　装配顶板

（2）【分析数据和显示】选项组中将显示出误差的主要来源，如图 15-11 所示。

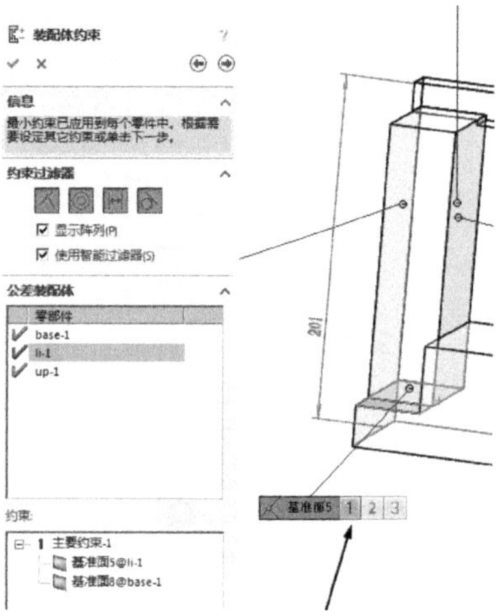

图 15-8　选定重合约束（1）

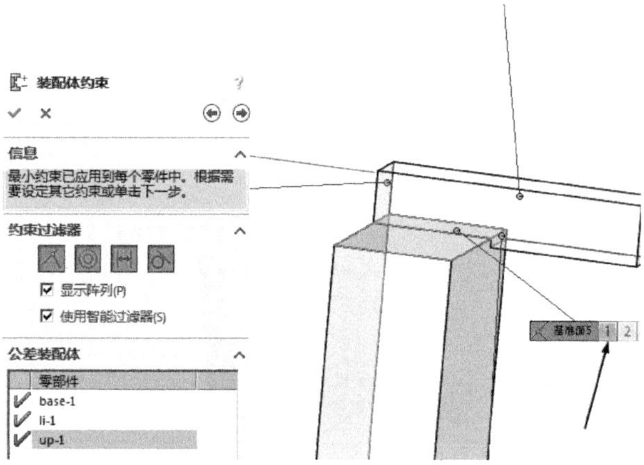

图 15-9　选定重合约束（2）

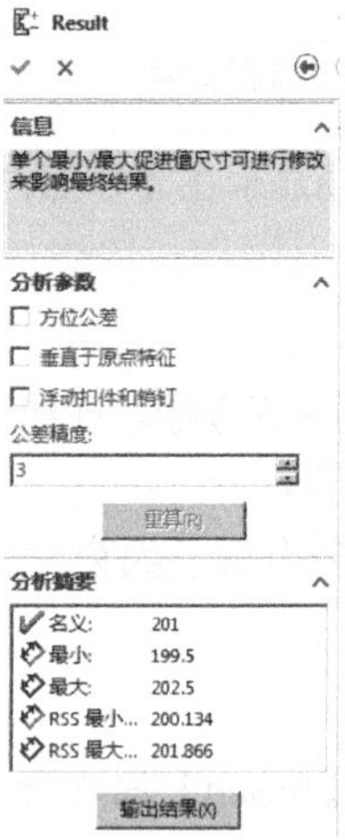

图 15-10　分析结果

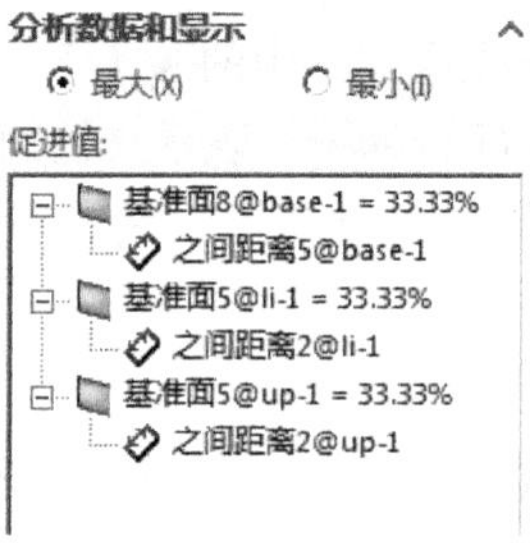

图 15-11 【分析数据和显示】选项组

15.2 有限元分析

有限元分析工具使用有限元法中的线性静态分析法计算应力。有限元分析工具的属性管理器向导包括定义材质、约束、载荷、分析模型及查看结果。每完成一个步骤，有限元分析工具都会立即将其保存。如果关闭并重新启动有限元分析工具的属性管理器，但不关闭该模型文件，则可以获取已经设置的信息。此外，必须保存模型文件才能保存分析数据。

选择【工具】|【Xpress 产品】|【SimulationXpress】菜单命令，弹出图 15-12 所示的属性管理器。

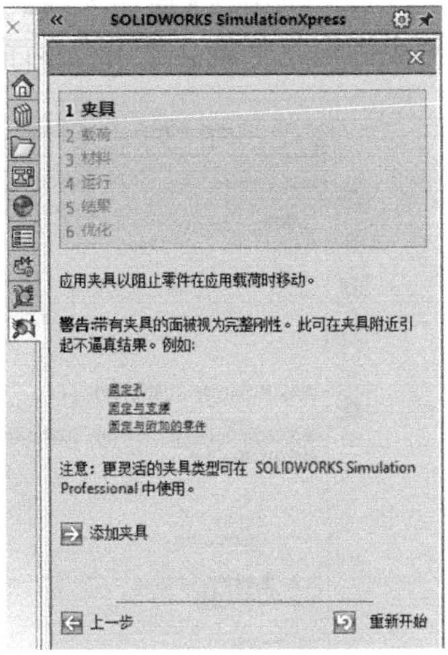

图 15-12 【SOLIDWORKS SimulationXpress】属性管理器

15.2.1 分析步骤

使用有限元分析工具完成静力学分析需要进行以下 6 个步骤。

（1）设置单位。

（2）应用夹具。

（3）应用载荷。

（4）定义材料。

（5）运行分析。

（6）观察结果。

15.2.2 有限元分析实例

1. 设置单位

（1）启动中文版 SOLIDWORKS，单击【标准】工具栏中的【打开】按钮，弹出【打开】对话框，选择“配套数字资源\第 15 章\实例文件\15.2\15.2.SLDPRT”文件，单击【打开】按钮，在绘图区域中显示出模型，如图 15-13 所示。

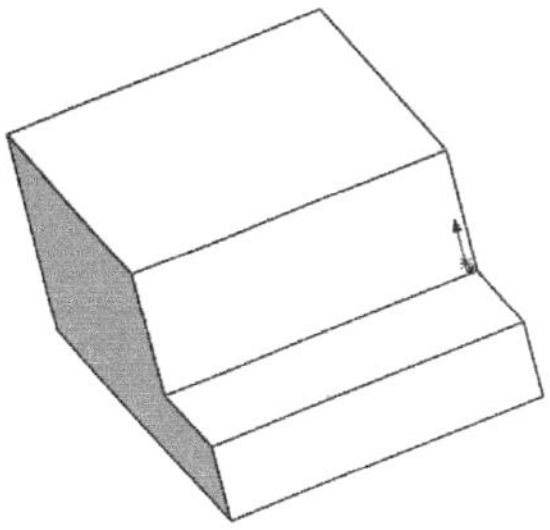

图 15-13　打开的模型

（2）选择【工具】|【Xpress 产品】|【SimulationXpress】菜单命令，弹出图 15-14 所示的属性管理器。

（3）单击【选项】按钮，弹出【SimulationXpress 选项】对话框，设置【单位系统】为【公制】，并指定文件的保存位置，如图 15-15 所示，最后单击【确定】按钮。

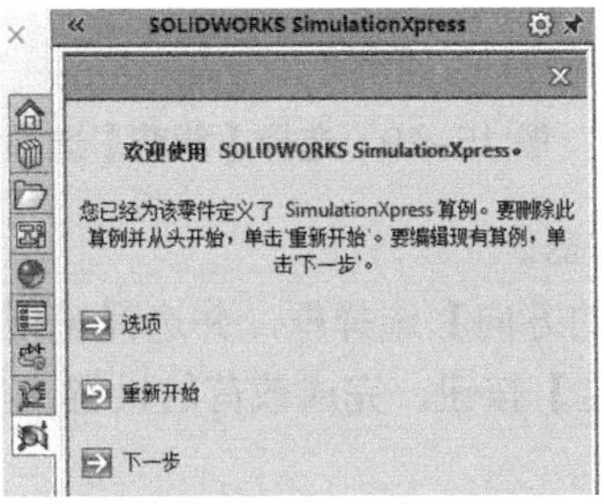

图 15-14 【SOLIDWORKS SimulationXpress】属性管理器

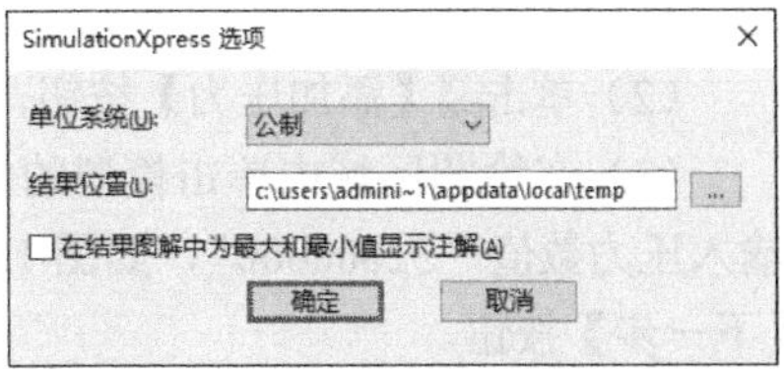

图 15-15　设置文件单位和保存位置

2. 应用夹具

（1）选择【夹具】选项，出现应用约束界面，如图 15-16 所示。

（2）单击【添加夹具】按钮，弹出【夹具】属性管理器，在绘图区域中单击模型的一个侧面，约束固定符号就会显示在该面上，如图 15-17 所示。

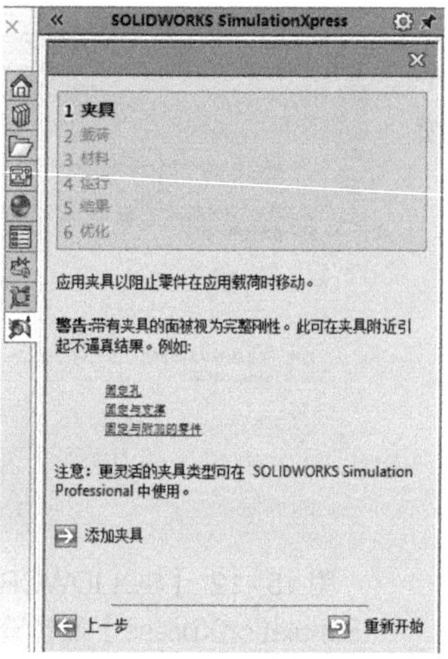

图 15-16　选择【夹具】选项

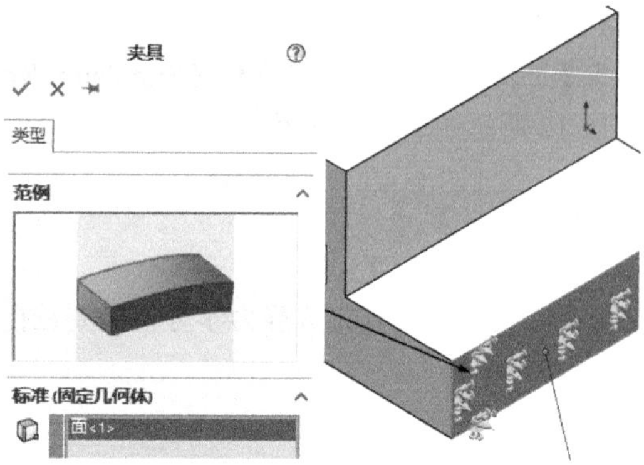

图 15-17　固定约束

（3）单击【确定】按钮，回到设置夹具的界面如图 15-18 所示，单击【下一步】按钮。

3. 应用载荷

（1）选择【载荷】选项，出现应用载荷界面，如图 15-19 所示。

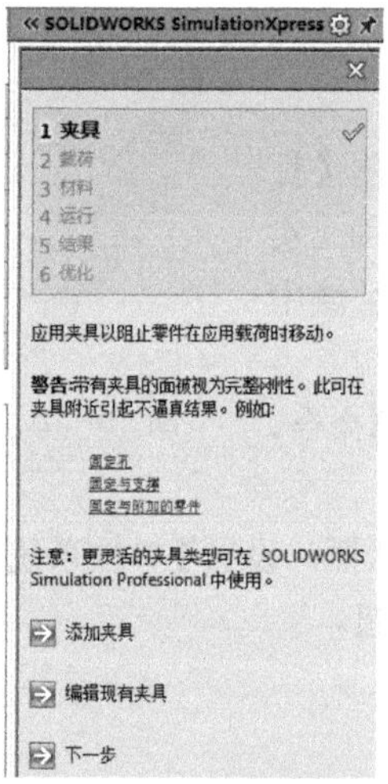

图 15-18　定义约束组

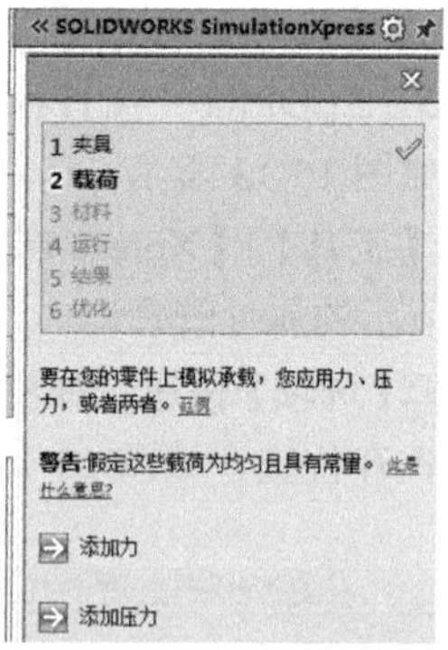

图 15-19　选择【载荷】选项

（2）单击【添加压力】按钮，弹出【压力】属性管理器。

（3）在绘图区域中单击模型的侧面，然后单击【选定的方向】选择框，并选择模型的上表面，输入压力数值“32000000”，如图 15-20 所示，单击【确定】按钮，完成载荷的设置，最后单击【下一步】按钮。

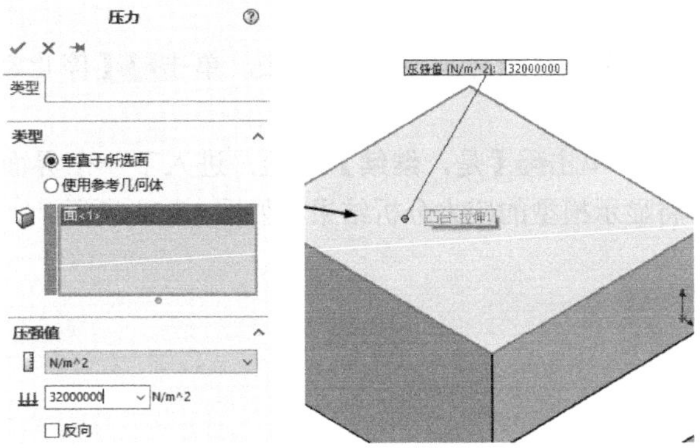

图 15-20　设置压力

4. 定义材料

在弹出的材料设置界面中，单击【更改材料】按钮，在【材料】对话框中，可以选择 SOLIDWORKS 预置的材质。这里选择【合金钢】选项，如图 15-21 所示，单击【应用】按钮，合金钢材料就会被应用到模型上。单击【关闭】按钮，完成材料的定义，结果如图 15-22 所示，最后单击【下一步】按钮。

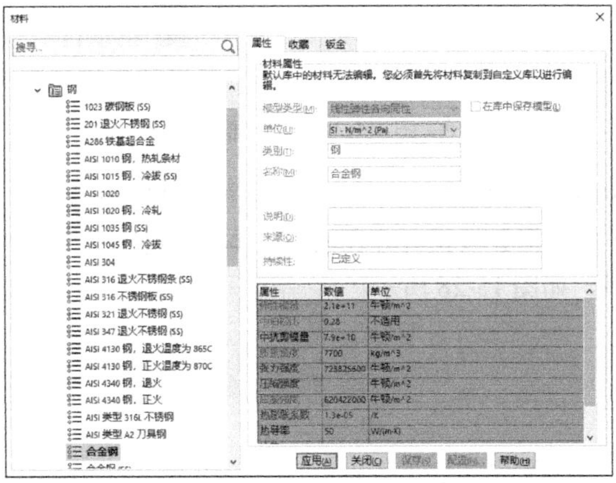

图 15-21　定义材料

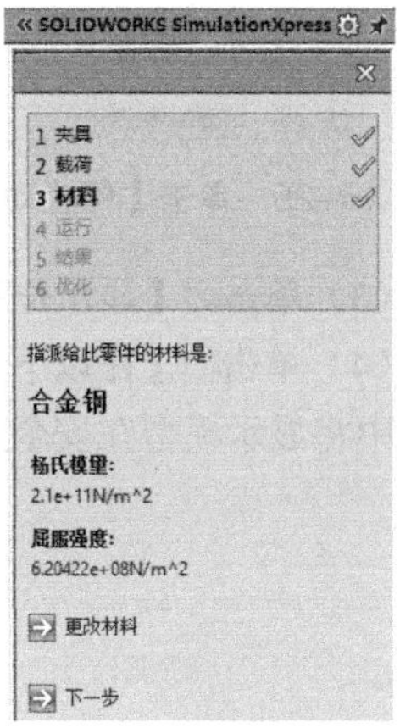

图 15-22　定义材质完成

5. 运行分析

选择【运行】选项，再单击【运行模拟】按钮，如图 15-23 所示，屏幕上将显示出运行状态及分析信息，如图 15-24 所示。

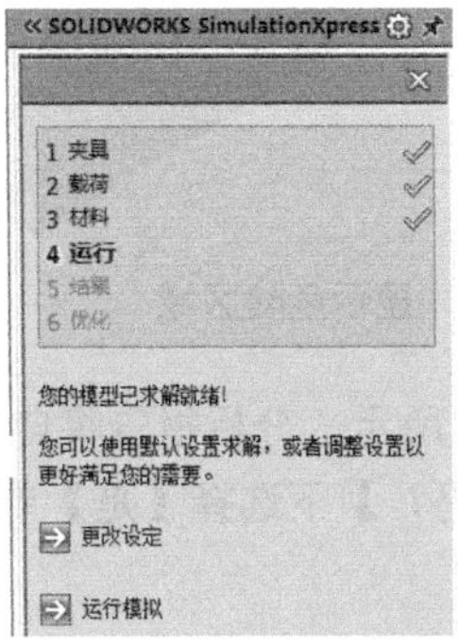

图 15-23　选择【运行】选项

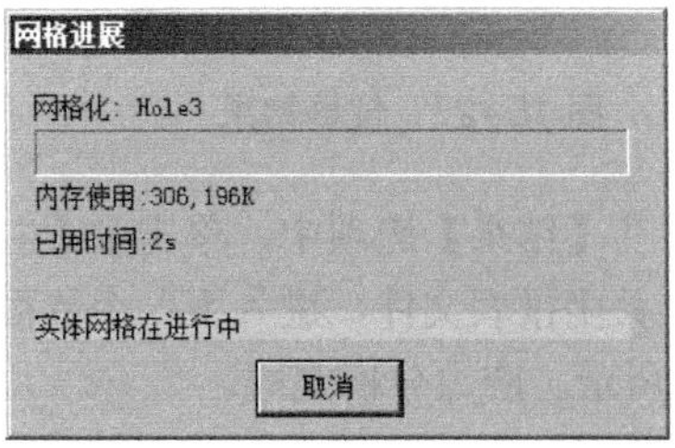

图 15-24　运行状态及分析信息

6. **观察结果**

（1）运行分析完成后，变形动画将自动显示出来，单击【停止动画】按钮，如图 15-25 所示。

（2）选择【结果】选项，单击【是，继续】按钮，进入下一个界面，单击【显示 vonMises 应力】按钮，绘图区域中将显示模型的应力分析结果，如图 15-26 所示。

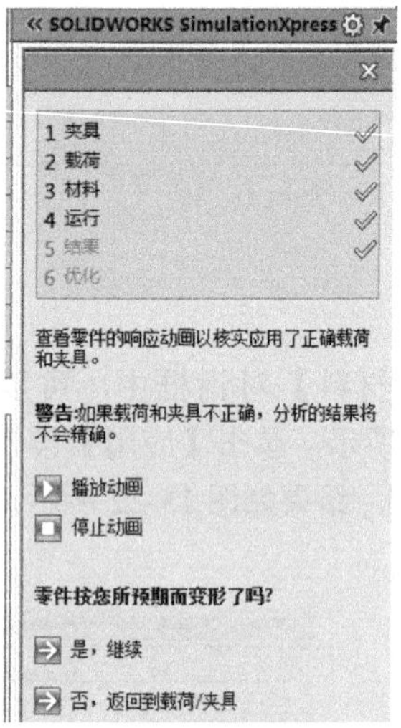

图 15-25　单击【停止动画】按钮

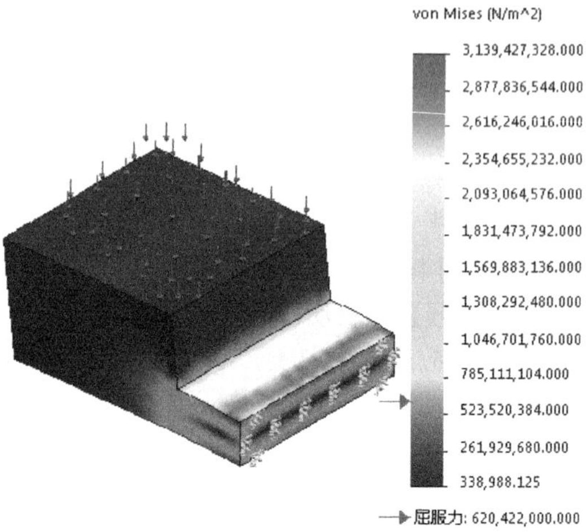

图 15-26　应力分析结果

（3）单击【显示位移】按钮，绘图区域中将显示模型的位移结果，如图 15-27 所示。

（4）单击【在以下显示安全系数（FOS）的位置】按钮，并在右侧文本框中输入“2”，绘图区域中将显示模型在安全系数为 2 时的危险区域，如图 15-28 所示。

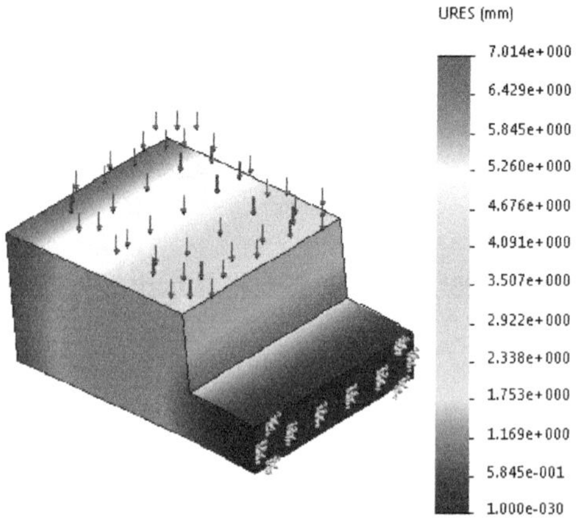

图 15-27　位移结果

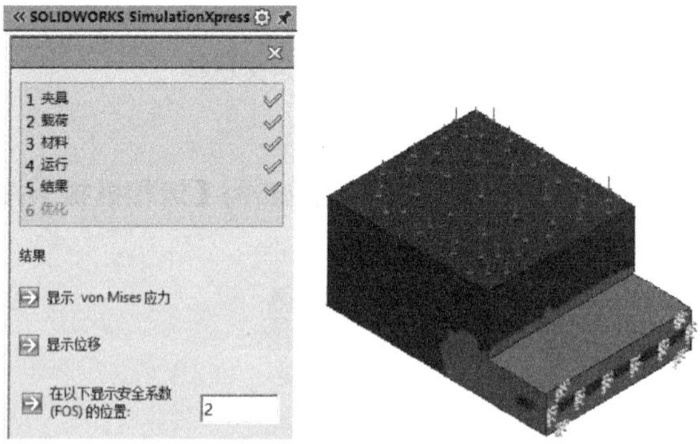

图 15-28　显示危险区域

（5）在【结果】选项中，单击【生成报表】按钮，如图 15-29 所示，分析报告将自动生成。

（6）关闭报表文件，进入下一个界面，在【您想优化您的模型吗？】下选择【是】单选项，如图 15-30 所示。应力分析完成。

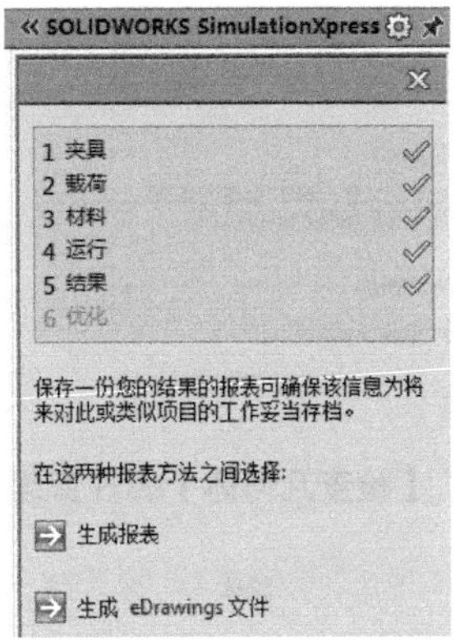

图 15-29　单击【生成报表】按钮

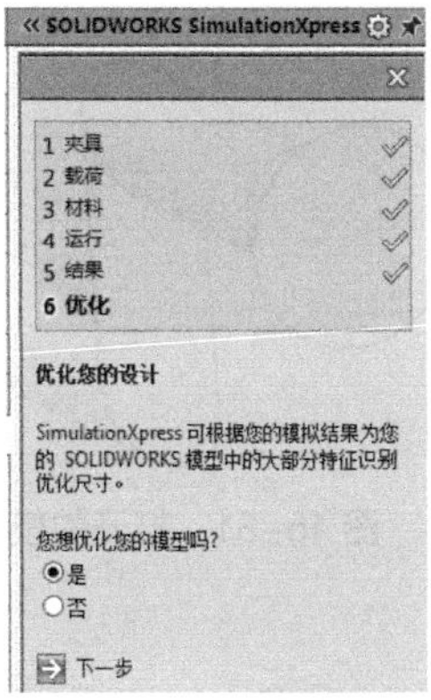

图 15-30　优化询问界面

15.3 流体分析

流体分析是一个流体力学应用程序，可计算流体是如何穿过零件或装配体模型的。根据算出的速度场，可以找到设计中存在问题的区域，以便在正式制造之前对零件进行改进。

15.3.1 分析步骤

使用 FloXpress 完成分析需要进行以下 6 个步骤。

（1）检查几何体。

（2）选择流体。

（3）设定流量入口条件。

（4）设定流量出口条件。

（5）求解模型。

（6）查看结果。

15.3.2 流体分析实例

1. 检查几何体

（1）启动中文版 SOLIDWORKS，单击【标准】工具栏中的【打开】按钮，弹出【打开】对话框，选择“配套数字资源 \ 第 15 章 \ 实例文件 \15.3\15.3.SLDPRT”文件，单击【打开】按钮，在绘图区域中显示出模型，如图 15-31 所示。

（2）选择【工具】|【Xpress 产品】|【FloXpress】菜单命令，弹出图 15-32 所示的属性管理器。

（3）在【流体体积】选项组中，单击【查看流体体积】按钮，绘图区域将高亮显示出流体的分布，并显示出最小流道的尺寸，如图 15-33 所示。

2. 选择流体

单击【检查几何体】属性管理器中的【下一步】按钮，系统将提示用户选择具体的流体，在本例中选择【水】单选项，如图 15-34 所示。

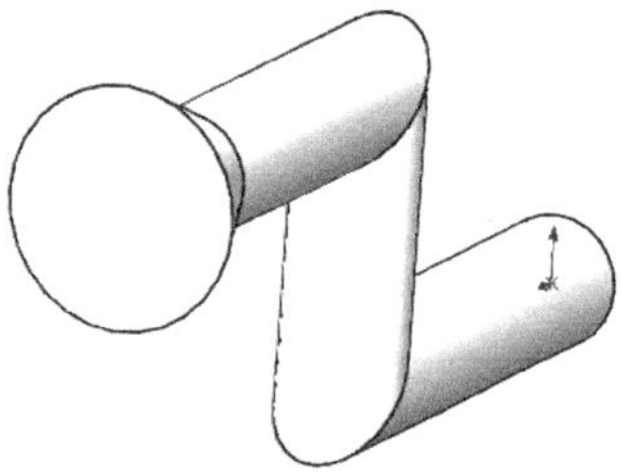

图 15-31　打开的模型

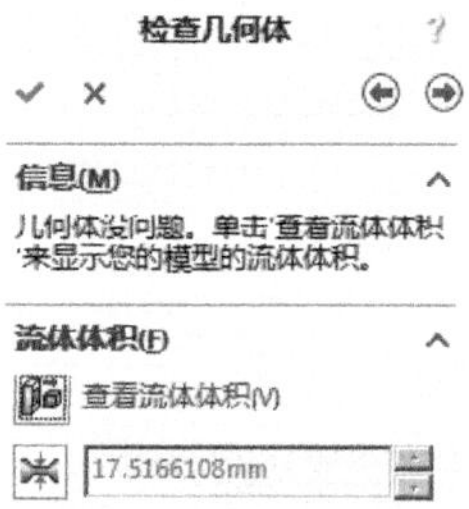

图 15-32 【检查几何体】属性管理器

图 15-33　显示流体体积

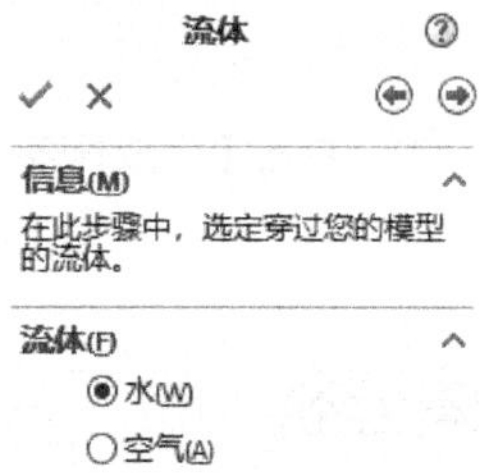

图 15-34　选择流体类型

3. 设定流量入口条件

（1）单击【流体】属性管理器中的【下一步】按钮，弹出【流量入口】属性管理器。

（2）在【入口】选项组中单击【压力】按钮，在【要应用入口边界条件的面】框中选择绘图区域中和流体相接触的端盖的内侧面，在 P【环境压力】数值框中输入“301325Pa”，如图 15-35 所示。

4. 设定流量出口条件

（1）单击【流量入口】属性管理器中的【下一步】按钮，弹出【流量出口】属性管理器。

（2）在【出口】选项组中单击【压力】按钮，单击【要应用出口边界条件的面】选择框，选择绘图区域中和流体相接触的端盖的内侧面，P【环境压力】数值框中的数值保持默认，如图 15-36 所示。

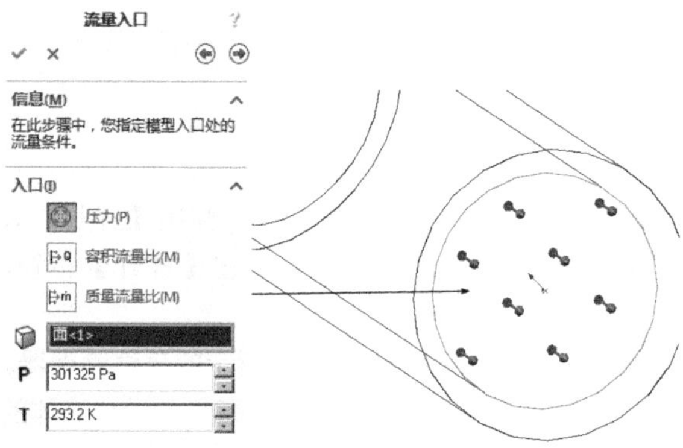

图 15-35　设置流量入口条件

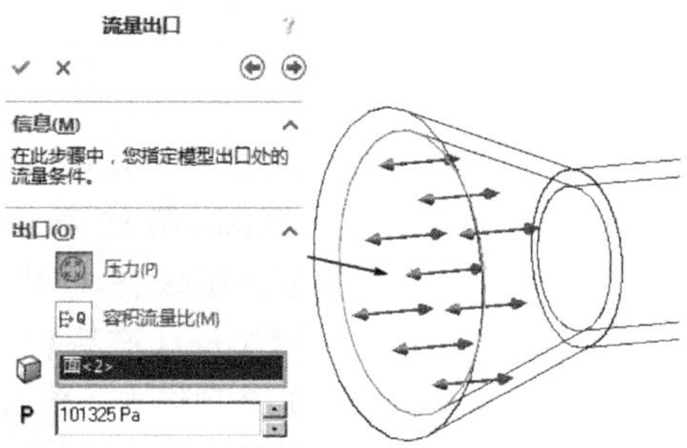

图 15-36　设置流量出口条件

5. 求解模型

（1）单击【流量出口】属性管理器中的【下一步】按钮，弹出【解出】属性管理器，如图 15-37 所示。

（2）在【解出】属性管理器中单击▷按钮，开始进行流体分析，屏幕上会显示出求解进度等信息，如图 15-38 所示。

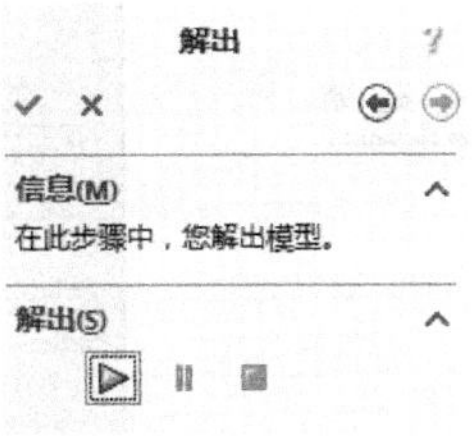

图 15-37 【解出】属性管理器

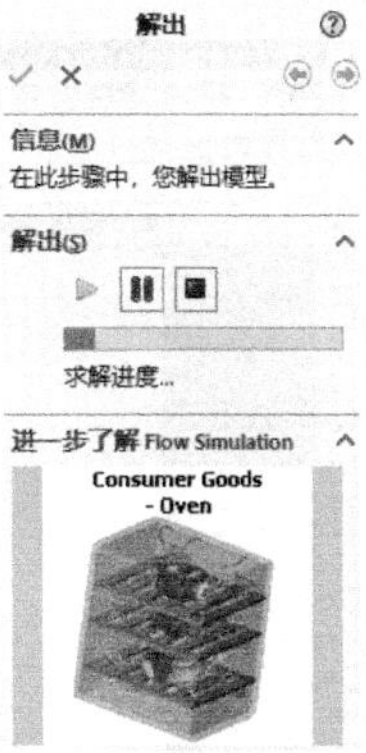

图 15-38 求解进度

6. 查看结果

（1）运行分析完成后，弹出【观阅结果】属性管理器，如图 15-39 所示。

（2）绘图区域中将显示出流体的速度分布，为了显示得更清晰，可以将管路零件隐藏，结果如图 15-40 所示。

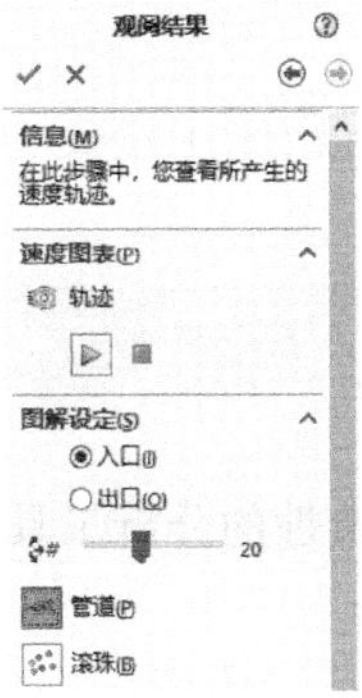

图 15-39 【观阅结果】属性管理器

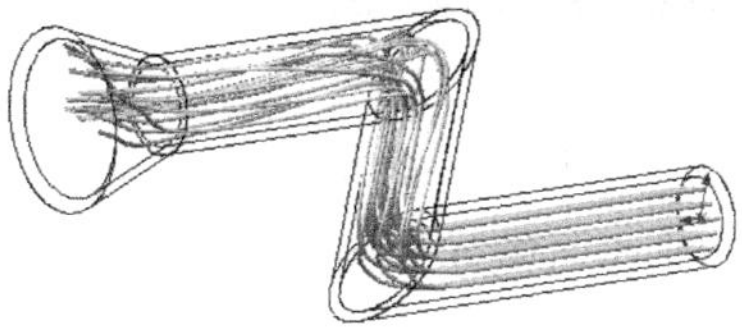

图 15-40 显示流体

（3）在【图解设定】选项组中单击▒【滚珠】按钮，绘图区域中的流体将以滚珠形式显示出来，如图 15-41 所示。

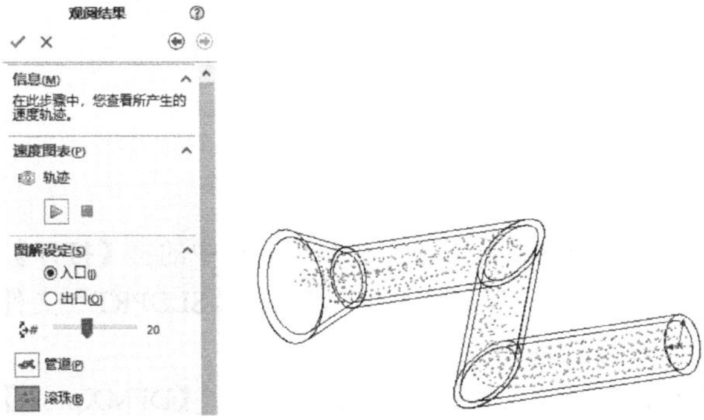

图 15-41 以滚珠形式显示流体

（4）在【报表】选项组中单击【生成报表】按钮，有关流体分析的结果将以 Word 文档的形式显示出来，如图 15-42 所示。

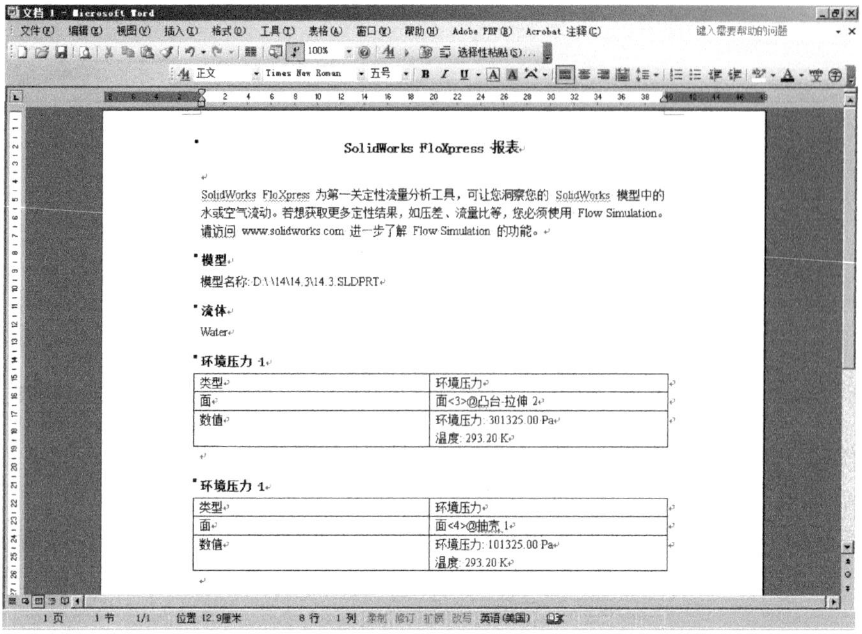
SolidWorks FloXpress 报表

SolidWorks FloXpress 为第一关定性流量分析工具，可让您洞察您的 SolidWorks 模型中的水或空气流动。若想获取更多定性结果，如压差、流量比等，您必须使用 Flow Simulation。请访问 www.solidworks.com 进一步了解 Flow Simulation 的功能。

模型

模型名称: D:\\14\14.3\14.3.SLDPRT

流体

Water

环境压力 1

类型	环境压力
面	面<3>@凸台-拉伸 2
数值	环境压力: 301325.00 Pa 温度: 293.20 K

环境压力 1

类型	环境压力
面	面<4>@抽壳 1
数值	环境压力: 101325.00 Pa 温度: 293.20 K

图 15-42　生成报表

15.4 数控加工分析

数控加工分析是一种用于核准 SOLIDWORKS 零件可制造性的分析工具。使用数控加工分析工具可以识别出可能导致加工问题或增加生产成本的设计区域。

15.4.1 分析步骤

使用数控加工分析工具完成分析需要进行以下 3 个步骤。

（1）规则说明。

（2）配置规则。

（3）核准零件。

15.4.2 数控加工分析实例

（1）启动中文版 SOLIDWORKS，单击【标准】工具栏中的【打开】按钮，弹出【打开】对话框，选择“配套数字资源\第 15 章\实例文件\15.4\15.4.SLDPRT”文件，单击【打开】按钮，在绘图区域中显示出模型，如图 15-43 所示。

（2）启动数控加工分析，选择【工具】|【Xpress 产品】|【DFMXpress】菜单命令，如图 15-44 所示。

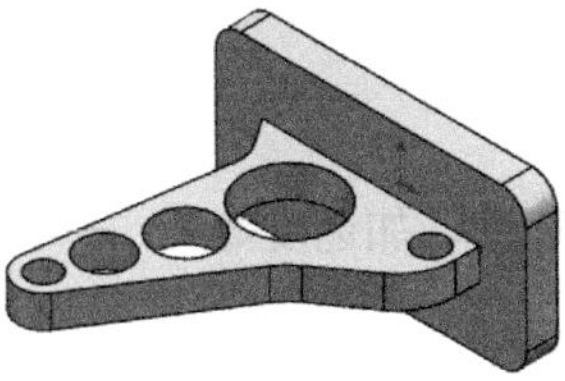

图 15-43　打开的模型

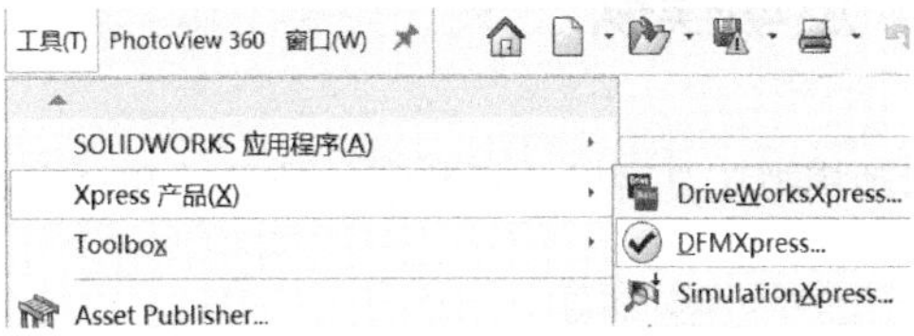

图 15-44　选择菜单命令

（3）弹出【DFMXpress】属性管理器，如图 15-45 所示。

（4）根据零件的形状设定检查规则，单击【设定】按钮，弹出参数设置界面，在界面中设置相应的参数，如图 15-46 所示。

图 15-45　属性管理器

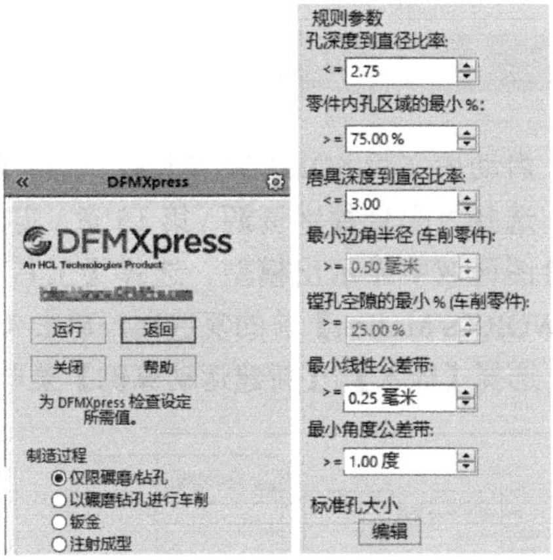

图 15-46　设置参数

（5）单击【返回】按钮，完成参数的设置。单击【运行】按钮，进行可制造性分析，结果将自动显示出来，如图 15-47 所示，其中【失败的规则】将显示成⊗，【通过的规则】将显示成✓。

（6）选择【失败的规则】|【外边线上的圆角】|【实例 [3]】，屏幕上将自动出现【外边线上的圆角-实例 [3]】的失败原因提示，如图 15-48 所示，绘图区域中将高亮显示该实例对应的特征。

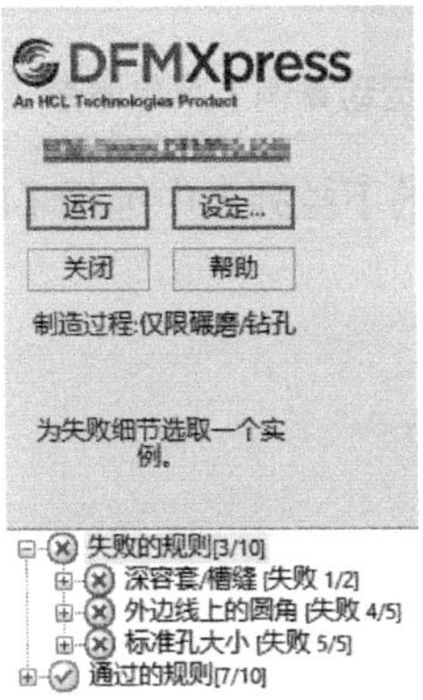

图 15-47　分析结果

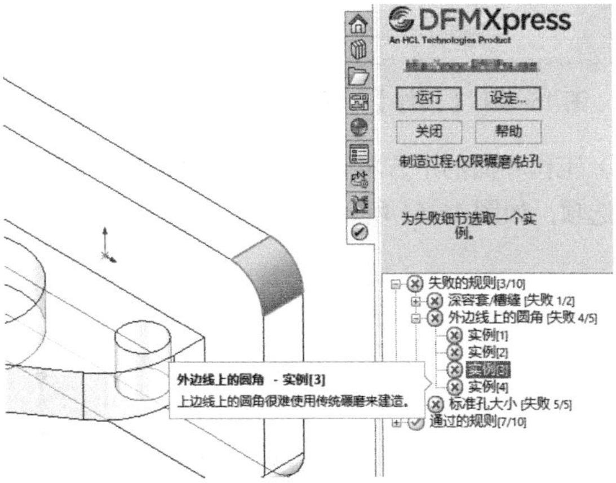

图 15-48　失败原因提示

15.5 运动模拟

运动模拟工具可以分析装配体的运动和动力参数，包括位移、速度、加速度等。

15.5.1 分析步骤

使用运动模拟工具完成分析需要进行以下 3 个步骤。

（1）装配模型。

（2）设置马达。

（3）分析运动。

15.5.2 运动模拟实例

（1）启动中文版 SOLIDWORKS，单击【标准】工具栏中的【打开】按钮，弹出【打开】对话框，选择“配套数字资源 \ 第 15 章 \ 实例文件 \15.5\15.5.SLDASM”文件，单击【打开】按钮，在绘图区域中显示出模型。选择【工具】|【插件】菜单命令，弹出【插件】对话框，勾选【SOLIDWORKS Motion】前的复选框，单击【确定】按钮，如图 15-49 所示。

（2）选择【插入】|【新建运动算例】菜单命令，如图 15-50 所示。

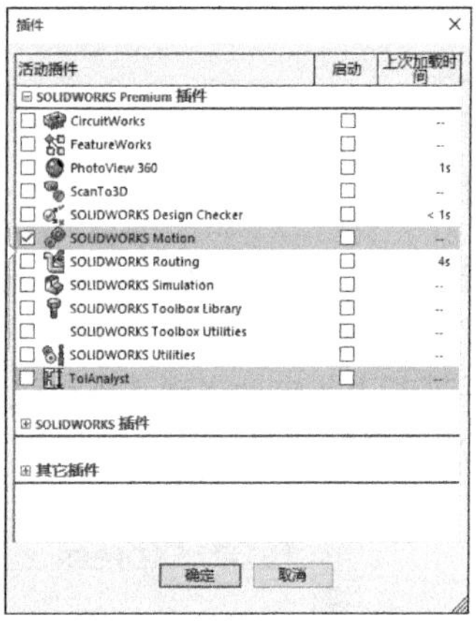

图 15-49 【插件】对话框

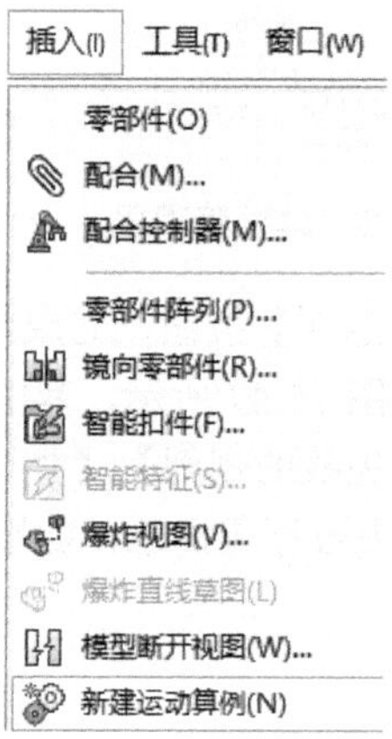

图 15-50 【新建运动算例】菜单命令

（3）工作界面的下方将自动显示运动算例管理器，在该区域左上方的下拉列表中选择【Motion 分析】选项，如图 15-51 所示。

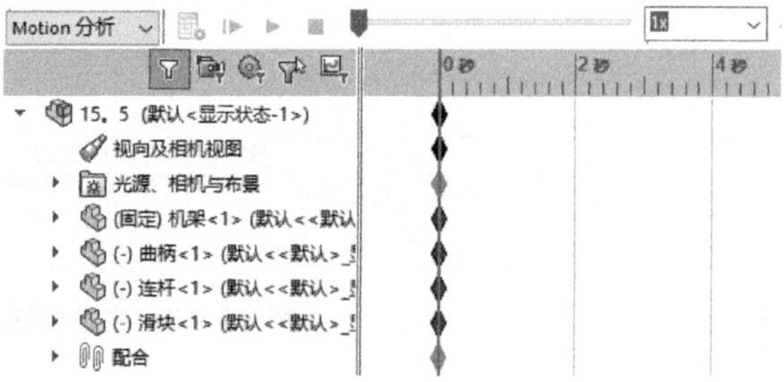

图 15-51 运动算例区域

（4）单击【运动管理器】工具栏中的【马达】按钮，弹出属性管理器。在属性管理器中的【零部件 / 方向】选项组中单击【马达位置】按钮后，选择绘图区域中的圆柱面，如图 15-52 所示。在【运动】选项组中的【速度】数值框中输入“12 RPM”。单击✓【确定】按钮，添加一个原动件。

（5）单击【计算】按钮进行计算，计算后运动算例区域中会发生变化，如图 15-53 所示。

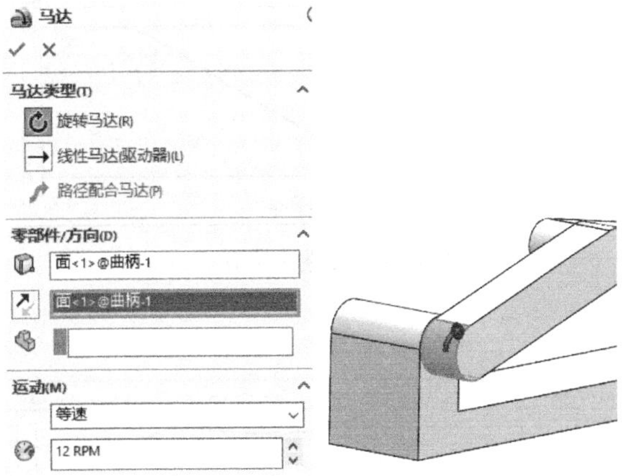

图 15-52 【马达】属性管理器

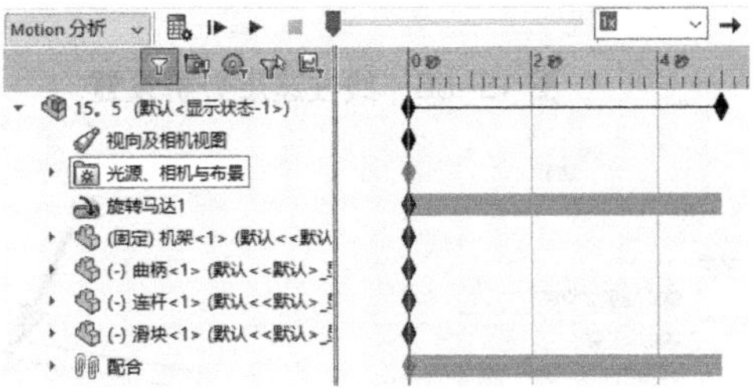

图 15-53 运动算例区域发生变化

（6）单击运动算例管理器的【结果与图解】按钮，弹出【结果】属性管理器。在【结果】选项组中，在【选取类别】下拉列表中选择【位移 / 速度 / 加速度】选项，在【选取子类别】下拉列表中选择【线性位移】选项，在【选取结果分量】下拉列表中选择【X 分量】选项，单击【需要测量的实体】按钮后选取两个对应的点，如图 15-54 所示。

（7）单击✓【确定】按钮，显示出线性位移结果，如图 15-55 所示。

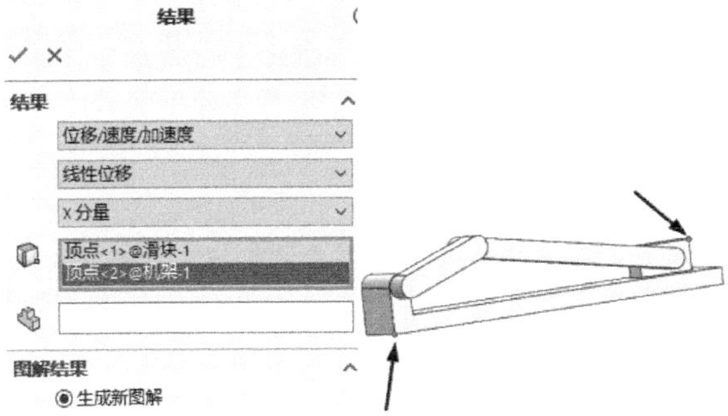

图 15-54 线性位移分析设置

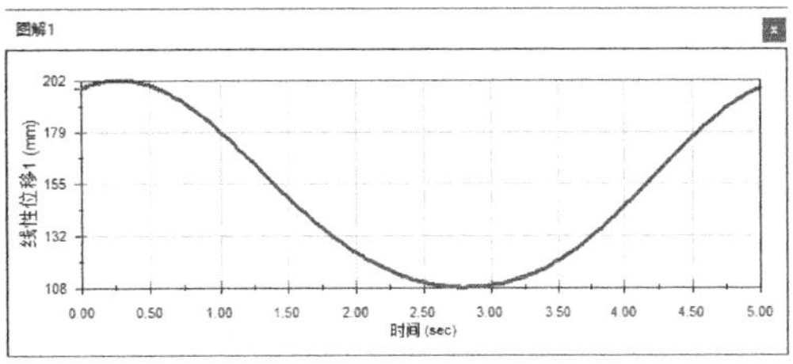

图 15-55 显示线性位移结果

（8）单击【结果与图解】按钮，弹出【结果】属性管理器，在【结果】选项组中，在【选取类别】下拉列表中选择【位移 / 速度 / 加速度】选项，在【选取子类别】下拉列表中选择【线性速度】选项，在【选取结果分量】下拉列表中选择【X 分量】选项，单击滑块的端点，如图 15-56 所示。

（9）单击✓【确定】按钮，显示线性速度分析结果，如图 15-57 所示。

（10）单击【结果与图解】按钮，弹出【结果】属性管理器，在【结果】选项组中，在【选取类别】下拉列表中选择【位移 / 速度 / 加速度】选项，在【选取子类别】下拉列表中选择【线性加速度】选项，在【选取结果分量】下拉列表中选择【X 分量】选项，单击滑块的端点，如

图 15-58 所示。

（11）单击✓【确定】按钮，显示线性加速度分析结果，如图 15-59 所示。

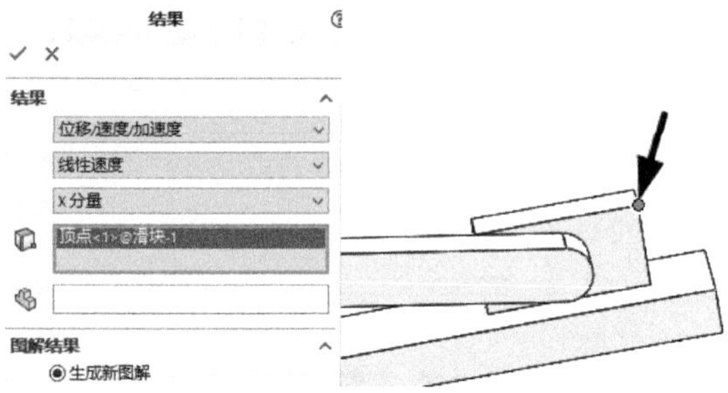

图 15-56　线性速度分析设置

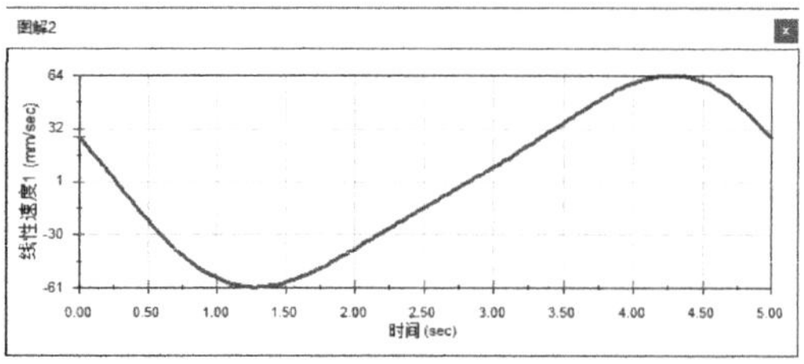

图 15-57　线性速度分析结果

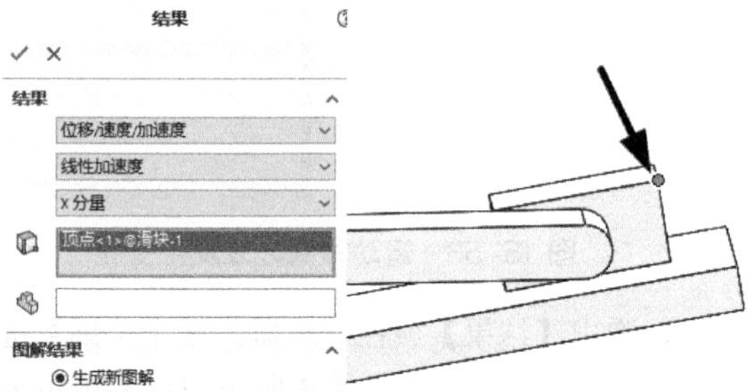

图 15-58　线性加速度分析设置

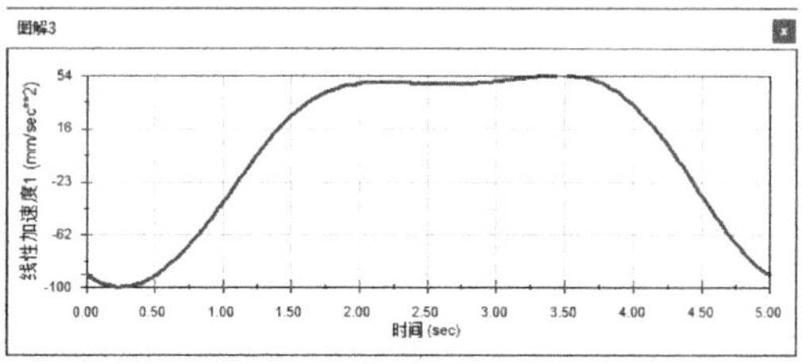

图 15-59　线性加速度分析结果